大学入学**共通テスト**

化学

の点数が面白いほどとれる本

東進ハイスクール・東進衛星予備校化学科講師、
駿台予備学校化学科講師
橋爪健作

＊この本には「赤色チェックシート」がついています。

はじめに

今，この本を手にとって「はじめに」を読んでくれている人の多くは，「大学入学共通テストではどのような問題が出題され，果たして高得点をとることができるのだろうか？」と不安に思っていると思います。

大学入学共通テストのようなマークシート型の一次試験は，「共通一次試験」・「センター試験」と名称を変更しながら過去40年以上も実施されてきました。**この長い出題の歴史の中では，「教科書レベルを超えることなく」，「良質な問題を出題する」という基本スタンスがずっと守られてきました**。もちろん，大学入学共通テストでもこの基本スタンスは守られるでしょう。ただし，あえて「大学入学共通テスト」と名称が変更されるからには，これまでと大きく変わる点も出てくるわけです。それが，**（今まで問題集等で練習したことのない）試験当日にはじめてみる問題を楽々と解く力（＝思考力）を問う点**です。

そこで，「基礎力」に加え，この「思考力」もつけられる参考書にするために，

❶ **「読みやすく」**て**「わかりやすい」**
❷ 本文中では，**思考過程が見えるような説明**を心がける
❸ **暗記すべき点**がどこかをはっきりさせる
❹ **解き方・考え方の解説**は，くわしくていねいに
❺ 受験生が手薄になりがちな有機化学での実験装置をすべて取り上げる
❻ 教科書では「発展内容」でも共通テストで素材として取り上げられる可能性が高い内容は扱う

など，考えられるすべての工夫を施すことで「最高の参考書」に仕上げました。

2002年にこの本の前身になる参考書を出版し，15年以上！も改訂を重ねながらマークシート型一次試験の進化とともに立ち止まることなく成長させてきました。毎年，数多く出版される参考書の中でも消えずに長く生き残ってきた本ですから，みなさんに自信をもっておすすめできます！

解説部分には，「化学」がそれほど得意でないキャラクター（原子くん）が登場します。この「原子くん」と一緒に，「なぜなのかな？」と考えながら読み進めてください。

解説の後には，**チェック問題**や**思考力のトレーニング**を載せています。この**チェック問題**で基礎～標準レベルの問題を解き抜く力，**思考力のトレーニング**で考える力を身につけてください。ここまでくれば，共通テストに自信をもって臨めるようになるはずです。

勉強をしていると，途中でつらくなることがあると思います。しかし，そのつらさを乗り越えて最後まで読み・解き進めることができたなら，皆さんが目標としている得点，ひいては，第一志望合格に確実に近づくのです。**最後の最後まであきらめず，この本でがんばって勉強してくださいね。**

最後になりましたが，本の執筆について適切なアドバイスをくださった㈱KADOKAWAの山崎英知さん，㈲マスターズさんには，この場をお借りして感謝します。

橋爪　健作

もくじ

第2章 溶液の性質

第3章 化学反応とエネルギー

第4章 化学反応の速さと平衡

第5章 無機物質

第6章 有機化合物

本文イラスト：熊アート，丸橋加奈
本文デザイン：長谷川有香（ムシカゴグラフィクス）

この本の特長と使い方

学習項目は教科書に準拠したものばかりです。**赤太字**は重要用語，太字は重要用語の説明文になっていますので，正確に覚えておきましょう。
また，解説は語り口調でわかりやすく，読みやすく工夫しました。

キャラクター（原子くん）が素朴だけど大切な質問を投げかけてくれます。

学習項目で必ず覚えておくべき**超重要事項**がまとめられています。

2 時間目

第1章　物質の状態

固　体

1 結晶と非晶質について

固体は，**結晶**と*****非晶質**（**アモルファス**）に分けることができる。**結晶は，粒子がくり返し規則正しく配列していて融点が一定のもの**で，**非晶質は粒子が不規則に配列していて融点が一定でないもの**なんだ。非晶質の代表例としてガラスとプラスチックを覚えておいてね。

＊無定形固体ともよぶ。

結晶の粒子ってどんなふうに並んでいるの？

結晶により，粒子の立体的な配列構造（＝**結晶格子**）が何種類もあるんだ。この結晶格子の**繰り返しの最小単位**（＝**単位格子**）がどうなっているか調べることで，結晶全体を理解するんだ。テレビの視聴率を調べるようなものだね。

えっ，どういうこと？

つまり，テレビを見ている全員（結晶全体）が何の番組を見ているか（どんなようすなのか）は調べることができないから，一部の人（単位格子）の視聴率（ようす）を調べることで，全員（結晶全体）を調べたことにするんだ。

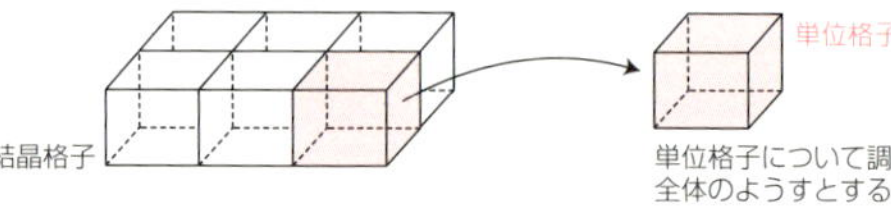

ポイント　固体について

- **結　晶** ➡ 規則正しく粒子が配列。融点が一定
- **非晶質**（アモルファス）➡ 不規則に粒子が配列。融点は一定でない
  例 **ガラス**，**プラスチック**

本書は，大学入学共通テスト「**化学**」に対応した参考書です。基礎事項だけでなく，実験や観察に基づいた化学現象や実験操作といった近年の出題傾向にも即して解説をていねいに行いました。センター試験の過去問や試行調査の問題を使って実戦形式での演習を行い，正確に解答を導く「対応力」を養成します。何度も繰り返して本番で実力が発揮できるように頑張りましょう。

チェック問題 6　標準　2分

分子の極性についての次の記述ア～エの中に，正しいものが2つ含まれている。正しいものの組み合わせを，下の①～⑥のうちから1つ選べ。

ア　メタン分子は，4つのC－H結合の極性がたがいに打ち消しあって，分子全体として無極性である。

イ　ホルムアルデヒド分子は，C＝O結合に極性がなく，分子全体として無極性である。

ウ　四塩化炭素分子は，4つのC－Cl結合の極性のため，分子全体として極性を示す。

エ　アンモニア分子は，3つのN－H結合の極性がたがいに打ち消しあわず，分子全体として極性を示す。

①　アとイ　②　アとウ　③　アとエ　④　イとウ
⑤　イとエ　⑥　ウとエ

センター試験の過去問などを使って，学習項目の理解度チェックを行います。問題のレベル表示（易／やや易／標準／やや難／難）と解答目標時間を示していますので，演習時の参考にしてください。

思は思考力を問う問題を示しています。

解答・解説

③

ア〈正しい〉C－H結合には極性があるが，メタンCH_4分子は正四面体形なので4つのC－H結合の極性がたがいに打ち消しあって分子全体として無極性である。

イ〈誤り〉ホルムアルデヒドHCHO（➡P.432）は，C＝O結合に極性があり，分子全体として極性である。

ウ〈誤り〉四塩化炭素CCl_4は，メタンCH_4と同じ正四面体形である。よって，4つのC－Cl結合の極性がたがいに打ち消しあって分子全体として無極性である。

エ〈正しい〉アンモニアNH_3は極性分子である。

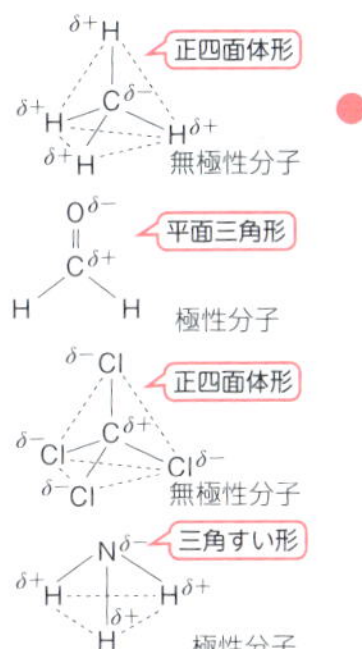

限られた時間内で正解を見つけ出すためのポイントを解説しています。ここで，解法の手順を身につけましょう。

第１章　物質の状態

1時間目　物質の構成と化学結合　復習

1 原子の構造・電子配置・イオンについて

❶ 原子の構造

原子は，中心部にある**原子核**とそのまわりをとりまく**電子**（負の電荷をもち，e^-と表される）から構成され，原子核は**陽子**（正の電荷をもつ）と**中性子**（電荷をもたない）とからできていたよね。**陽子の数は元素ごとに異なっている**（Hは**1**個，Cは**6**個，……）**ので，陽子の数で元素を区別できるんだ。陽子の数を原子番号**（➡原子の背番号だね）**といい**，元素記号の**左下**に書く。また，**陽子の数と中性子の数の和を質量数**といい，元素記号の**左上**に書くんだ。

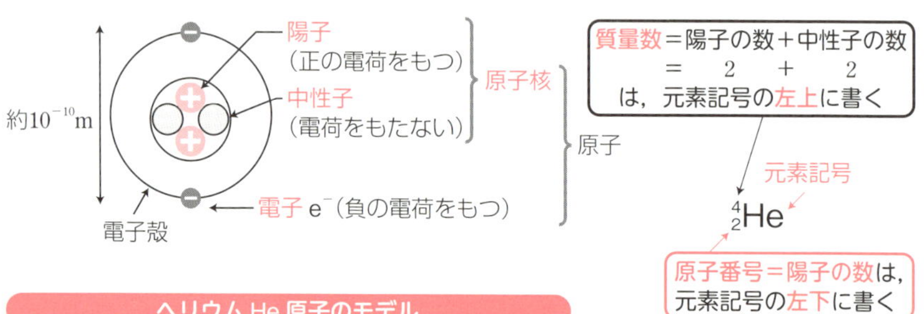

原子の中には，**原子番号（陽子の数）が同じで，質量数の異なる原子が存在するものがある**。これらを互いに**同位体**（**アイソトープ**）といい，**同位体の化学的性質（他の物質との反応のようす）はほぼ同じ**なんだ。

例　$^{12}_{6}C$，$^{13}_{6}C$，$^{14}_{6}C$ ➡ 炭素の同位体

❷ 放射性同位体

同位体の中には，不安定な原子核をもち，放射線とよばれる粒子や電磁波を出して他の原子に変化する（壊変（かいへん）する）放射性同位体（**ラジオアイソトープ**）**がある**んだ。

放射線には，**α（アルファ）線**，**β（ベータ）線**，**γ（ガンマ）線**などがあり，**α線は正の電荷，β線は負の電荷をそれぞれもち，γ線は電荷をもたない**んだ。共通テスト対策では，β線をおさえておいてね。

β線は負の電荷をもっているんだよね。

そうだね。**β線は「高速の電子 e^- の流れ」のこと**で，ここでは**中性子１個が陽子１個と電子１個に変わる変化**を考えることにするね。

中性子 ⟶ 陽子 ＋ 電子 e^-（β線）

原子がβ線を放出すると，その原子のもつ中性子１個が陽子１個に変わるから原子番号が１増加するんだ。
質量数はどうなると思う？

質量数は「陽子の数と中性子の数の和」だから，陽子が増えて質量数は１増えるんじゃないの？

おしいね。ここは原子くんのようなミスをする人が多いところだから，ていねいに考えてみるね。**β線を放出する放射性同位体としては，$^{14}_{6}C$ がよく出題される**んだ。
$^{14}_{6}C$ のもつ陽子の数は　陽子の数＝原子番号＝６個　で，
中性子の数は　中性子の数＝質量数－陽子の数＝14－６＝８個　だよね。
この中性子８個のうちの１個が陽子１個と電子１個に変わるんだったよね。

つまり，陽子は６＋１＝７個，中性子は８－１＝７個になるんだ。

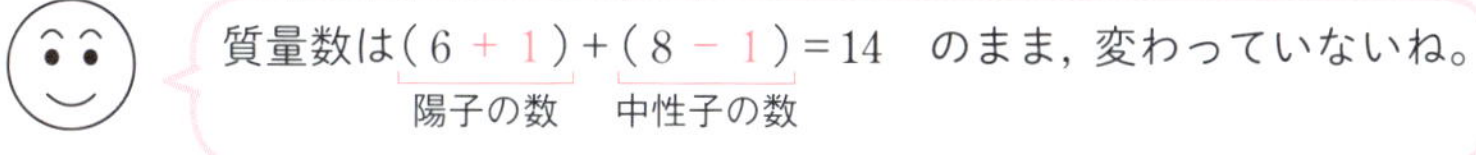

質量数は（６＋１）＋（８－１）＝14　のまま，変わっていないね。
陽子の数
中性子の数

そうなんだ。**β線を放出することで，その原子の原子番号は１増加するけれど，質量数は変化しない**んだよ。$^{14}_{6}C$ の場合は，原子番号が１増加することで原子番号７，質量数は変化せず14の $^{14}_{7}N$ に変化するんだ。

原子番号は６＋１＝７となるので，原子番号７の窒素原子Ｎに変化する。

質量数は変化しない

$$^{14}_{6}C \longrightarrow {}^{14}_{7}N + e^-$$

β線　➡ この反応を**β壊変**という

原子番号は１増加する

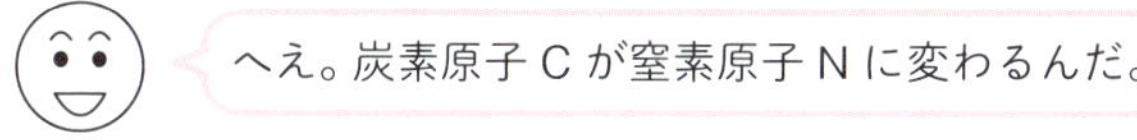

へえ。炭素原子Ｃが窒素原子Ｎに変わるんだ。

そうなんだ。この反応は長い年月をかけて進むので，遺跡で発掘された木片に残っている $^{14}_{6}C$ の存在比を調べると，その木が生きていた年代を推定することができるんだ。
大気中では，「$^{14}_{6}C$ が $^{14}_{7}N$ に変化し**減少する $^{14}_{6}C$ の量**」と宇宙から地球に降りそそぐ宇宙線により，「$^{14}_{7}N$ が $^{14}_{6}C$ に変化し**増加する $^{14}_{6}C$ の量**」がつり合っているんだ。

じゃあ，大気中の $^{14}_{6}C$ の存在比はずっと変化しないね。

そうなんだ。**大気中では「$^{14}_{6}C$ の減少する量＝$^{14}_{6}C$ の増加する量」となるので，ずっと昔から大気中の $^{14}_{6}C$ の存在比は変化していない**んだ。また，光合成のときに $^{14}_{6}C$ を CO_2 のかたちでとり込んで生育している植物は，枯れずに生きているかぎりは大気と同じ存在比で $^{14}_{6}C$ を保ち続けているけれど，枯れると $^{14}_{6}C$ のとり込みができなくなってしまう。つまり，**枯れてしまうと植物中の $^{14}_{6}C$ は，$^{14}_{6}C \longrightarrow {}^{14}_{7}N + e^-$（$\beta$ 線）の反応によって減少していく**んだ。

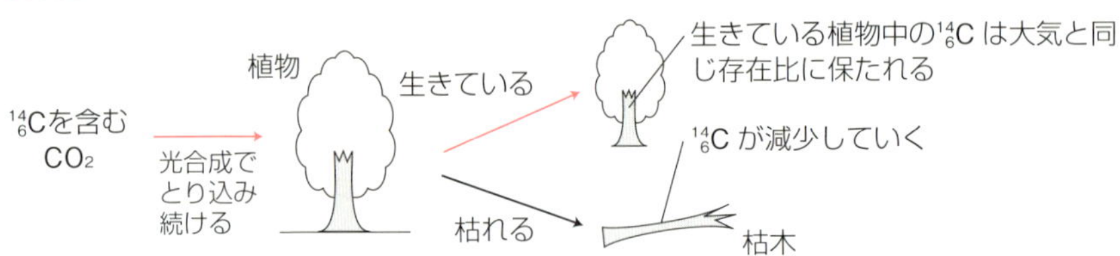

生きている木の中の $^{14}_{6}C$ の存在比は大気と同じに保たれているけど枯木の中の $^{14}_{6}C$ の存在比は減少していくんだね。

そうなんだ。このときの $^{14}_{6}C$ **の減少のしかたには特徴があって，5730年たつごとにその存在比が $\frac{1}{2}$ になる。放射性同位体が他の原子に変化することで，その存在比が $\frac{1}{2}$ になるまでの時間を半減期（はんげんき）という**んだ。

枯木の中の $^{14}_{6}C$ は5730年で $\frac{1}{2}$，5730×２年で $\frac{1}{4}$，5730×３年で $\frac{1}{8}$…と減少していくってことだね。

そうだね。枯木のもつ $^{14}_{6}C$ は次のグラフのように減少していくんだ。

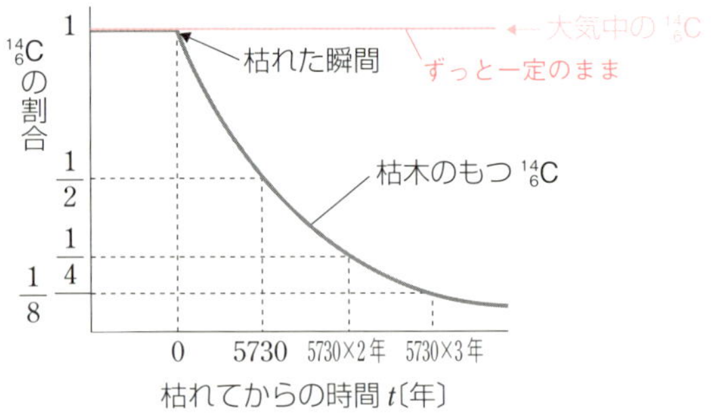

たとえば，枯木のもつ $^{14}_{6}C$ が現在の $\frac{1}{4}$ になっていれば，

大気中の $^{14}_{6}C$ の割合：1 —5730年経過→ 1 —5730年経過→ 1（現在） ⇐ ずっと昔から 1 のまま。

枯木のもつ $^{14}_{6}C$ の割合：1 —5730年経過→ $\frac{1}{2}$ —5730年経過→ $\frac{1}{4}$ ⇐ 5730 年たつごとに $\frac{1}{2}$ になる。

（1：枯れた瞬間）

となるので，この木は枯れてから5730× 2 年が経過した。つまり，5730× 2 年前に枯れた木と推定できるんだ。

ポイント 放射性同位体について

- 半減期が5730年の $^{14}_{6}C$ ➡ 枯木中の $^{14}_{6}C$ の存在比は5730年たつごとに $\frac{1}{2}$ 倍になる

思考力のトレーニング 1

ある地層から木片が出土した。この木片に含まれる炭素の $^{14}_{6}C$ の存在比は，現在の 8 分の 1 であった。この木は，何年前まで生存していたと推定されるか。次の①～⑦のうちから 1 つ選べ。ただし，現在から過去の間，大気中の $^{14}_{6}C$ の存在比は一定であり，$^{14}_{6}C$ の半減期を5730年とする。

① 716年前　② 1433年前　③ 2865年前　④ 5730年前
⑤ 11460年前　⑥ 14325年前　⑦ 17190年前

解答・解説

⑦

木片に含まれる $^{14}_{6}C$ が現在の 8 分の 1 なので，

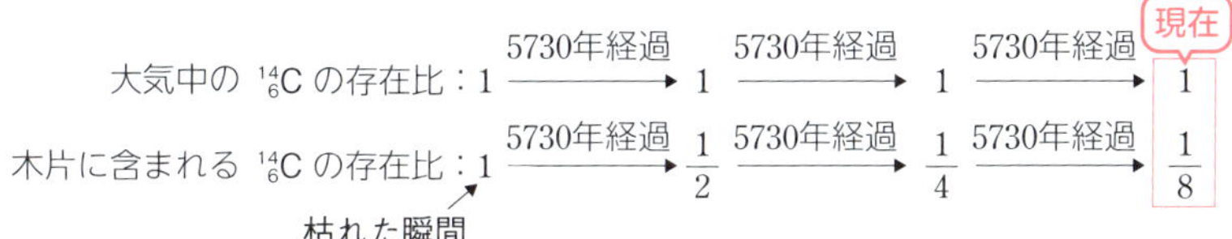

となり，この木は 5730× 3 ＝17190年前まで生存していたと推定される。

❸ 電子配置

原子は「原子核とそれをとりまく電子」からできていたよね。電子は，原子核を中心とするいくつかの決まった空間（＝**電子殻**という）を運動しているんだ。

電子殻は原子核に近いものから，順にK殻，L殻，M殻，……(➡Kからアルファベット順になる！)とよばれている。それぞれの電子殻に入ることができる電子の最大数も決まっていて，K殻は $2\times1^2=2$ 個，L殻は $2\times2^2=8$ 個，M殻は $2\times3^2=18$ 個になるんだ。だから，n 番目の電子殻に入ることができる電子の数は $2\times n^2=2n^2$ 個とすることもできるね。

ふーん。じゃあ，M殻の次はN殻になって，最大：$2\times4^2=32$ 個の電子が入るんだね！
⬅アルファベット順だから
⬅ $n=4$ を代入する

また，電子は**負電荷**を，原子核は**正電荷**(➡陽子があるので)を帯びている。そのため，**ふつう電子は原子核に強く引かれているK殻から順につまっていく**んだ。たとえば，原子番号が7の窒素原子 $_7$N なら，K殻に2個，L殻に5個つまりK(2)L(5)，原子番号が16の硫黄原子 $_{16}$S なら，K(2)L(8)M(6)になる。このような**電子の電子殻への入り方を電子配置という**んだ。

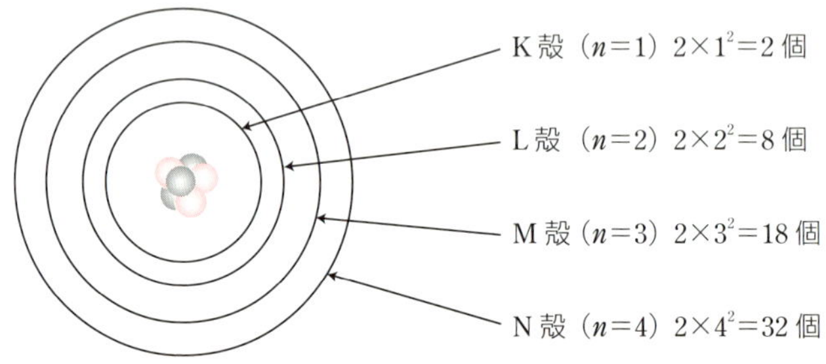

電子殻の名称と収容される電子の最大数（$2n^2$ 個）

元素名	原子	電子殻 K	L	M	N	元素名	原子	電子殻 K	L	M	N
水素	$_1$H	**1**				ナトリウム	$_{11}$Na	2	8	**1**	
ヘリウム	$_2$He	**2**				マグネシウム	$_{12}$Mg	2	8	**2**	
リチウム	$_3$Li	2	**1**			アルミニウム	$_{13}$Al	2	8	**3**	
ベリリウム	$_4$Be	2	**2**			ケイ素	$_{14}$Si	2	8	**4**	
ホウ素	$_5$B	2	**3**			リン	$_{15}$P	2	8	**5**	
炭素	$_6$C	2	**4**			硫黄	$_{16}$S	2	8	**6**	
窒素	$_7$N	2	**5**			塩素	$_{17}$Cl	2	8	**7**	
酸素	$_8$O	2	**6**			アルゴン	$_{18}$Ar	2	8	**8**	
フッ素	$_9$F	2	**7**			カリウム	$_{19}$K	2	8	8	**1**
ネオン	$_{10}$Ne	2	**8**			カルシウム	$_{20}$Ca	2	8	8	**2**

原子の電子配置

↑KとCaの電子配置は注意しよう！

最も外側の電子殻にある電子を**最外殻電子**といい，**最外殻電子は他の原子と結びつくときに使われることが多く，最外殻電子を価電子という**こともある。ただ，18族元

素のヘリウム $_{2}He$，ネオン $_{10}Ne$，アルゴン $_{18}Ar$，……つまり，**貴(希)ガスは他の原子と結びつきにくい**ので，原子の状態(＝**単原子分子**という)で存在し，その**価電子の数は 0 とする**んだ。

また，最大数の電子が入った電子殻(➡ K 殻なら 2 個，L 殻なら 8 個，……)のことを**閉殻**(へいかく)という。

ヘリウム $_{2}He$ やネオン $_{10}Ne$ は，最外殻が閉殻になっているね。

そうだね。最外殻が閉殻のヘリウム He やネオン Ne，最外殻電子の数が 8 個のアルゴン Ar やクリプトン Kr の電子配置は非常に安定なんだ。

アルゴン Ar は，貴ガスの中で空気中に最も多く含まれている

貴ガスの最外殻電子はどれも 8 個

原子	原子番号	電子殻			
		K	L	M	N
He	2	②			
Ne	10	2	⑧		
Ar	18	2	8	⑧	
Kr	36	2	8	18	⑧

（○印：閉殻）

❹ イオン

原子は，全体として電気的に**中性**だったよね。⬅(陽子の数＝電子の数)だから

この原子が，電子を失うと正(プラス)の電荷を帯びる(＝**陽イオン**という)，電子をとり入れると負(マイナス)の電荷を帯びる(＝**陰イオン**という)んだ。

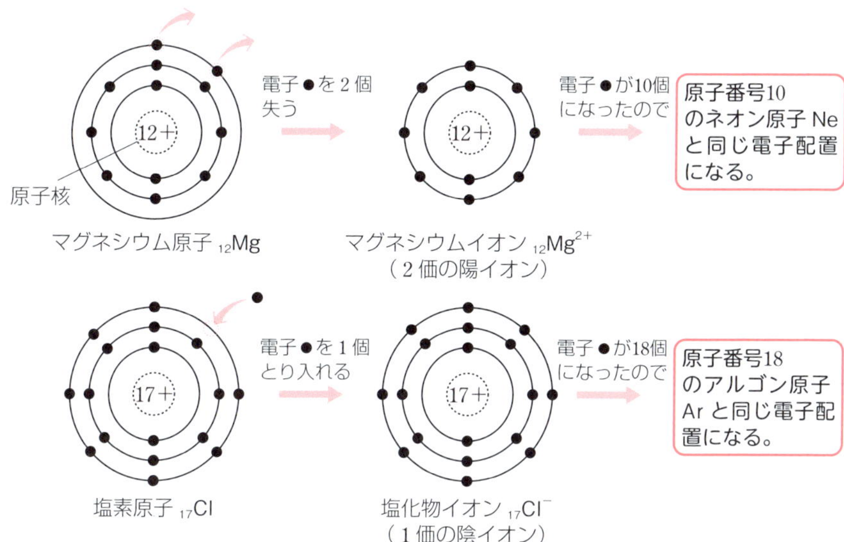

＊原子が電子を失うと＋の電荷をもつ陽イオンになり，電子をとり入れると－の電荷をもつ陰イオンになる。

この放出したり受けとったりする電子の数をイオンの価数といい，原子が n 個の電子を放出すると n 価の陽イオン，n 個の電子を受けとると n 価の陰イオンになる

んだ。ふつう，**価電子が１～３個の原子は価電子すべてを放出して１～３価の陽イオンになりやすく，価電子６，７個の原子は２，１個の電子を受けとって２，１価の陰イオンになりやすい**。

これは，イオンになるときに電子を放出したり受けとったりして，より安定な貴ガスと同じ電子配置になろうとするからなんだ。イオンになったときの電子配置は，下の例を見ると，水素イオン H^+ 以外は**原子番号が最も近い貴ガスと同じになっている**ことがわかるね。

1族	例	$_1H$	：K(1)	➡	$_1H^+$	：K(0)	(同じ電子配置をもつ原子はない)
		$_3Li$	：K(2)L(1)	➡	$_3Li^+$	：K(2)	($_2He$ と同じ電子配置)
2族	例	$_4Be$	：K(2)L(2)	➡	$_4Be^{2+}$	：K(2)	($_2He$ と同じ電子配置)
16族	例	$_8O$	：K(2)L(6)	➡	$_8O^{2-}$	：K(2)L(8)	($_{10}Ne$ と同じ電子配置)
17族	例	$_9F$	：K(2)L(7)	➡	$_9F^-$	：K(2)L(8)	($_{10}Ne$ と同じ電子配置)

チェック問題 1

標準 

表に示す陽子数，中性子数，電子数をもつ原子または単原子イオンア～カの中で，陰イオンのうち質量数が最も大きいものを，次の①～⑥のうちから１つ選べ。

① ア　② イ　③ ウ
④ エ　⑤ オ　⑥ カ

表

	陽子数	中性子数	電子数
ア	16	18	18
イ	17	18	18
ウ	17	20	17
エ	19	20	18
オ	19	22	19
カ	20	20	18

解答・解説

②

陰イオンとあるので，陽子数＜電子数の選択肢を探す。該当するのは，ア(陽子数16個，電子数18個)とイ(陽子数17個，電子数18個)の２つ。また，アの質量数は16＋18＝34，イの質量数は17＋18＝35なので，質量数はア＜イとなり，イが答。

2 周期表・イオン化エネルギー・電子親和力について

❶ 周期表

元素を**原子番号順**に並べ，**性質のよく似た元素が縦(＝族(ぞく)という)に並ぶように配列した表を周期表といった**よね(横は周期(しゅうき))。共通テストでは，原子番号１～36の元素を覚えておく必要があるんだ。がんばってね。

覚え方の例

周期＼族	1	2	3	4	5	6	7	8	9	10	11	12	13	14	15	16	17	18
1	$_{1}$H スイ																	$_{2}$He へー
2	$_{3}$Li リー	$_{4}$Be ベイ											$_{5}$B ボ	$_{6}$C ク	$_{7}$N ノ	$_{8}$O ー	$_{9}$F フ	$_{10}$Ne ネ
3	$_{11}$Na ナナ	$_{12}$Mg マグ											$_{13}$Al アリ	$_{14}$Si シッ	$_{15}$P プ	$_{16}$S ス	$_{17}$Cl ク	$_{18}$Ar アー
4	$_{19}$K ク	$_{20}$Ca カ	$_{21}$Sc スカ	$_{22}$Ti チ	$_{23}$V バ	$_{24}$Cr クロー	$_{25}$Mn マン	$_{26}$Fe 鉄	$_{27}$Co 子	$_{28}$Ni に	$_{29}$Cu どう？	$_{30}$Zn 会えん	$_{31}$Ga が	$_{32}$Ge ゲ	$_{33}$As 明日	$_{34}$Se せ	$_{35}$Br しゅう	$_{36}$Kr くる？

参考　113番元素名がニホニウム，元素記号がNhであることも知っておこう！この元素は，日本で発見されました。

加えて，**典型元素**や**遷移元素**にあたる場所や同じ族の元素の中で特別な名称でよばれる**アルカリ金属**，**アルカリ土類金属**，**ハロゲン**，**貴ガス**にあたる場所が問われることがあるので，次の図もあわせて覚えておいてね。（注 2族元素すべてをアルカリ土類金属とする場合もある。）

典型元素 → 1，2，12～18族の元素
遷移元素 → 3～11族の元素
アルカリ金属 → Hを除く1族元素
アルカリ土類金属 → 注 BeとMgを除く2族元素
ハロゲン → 17族元素
貴ガス → 18族元素

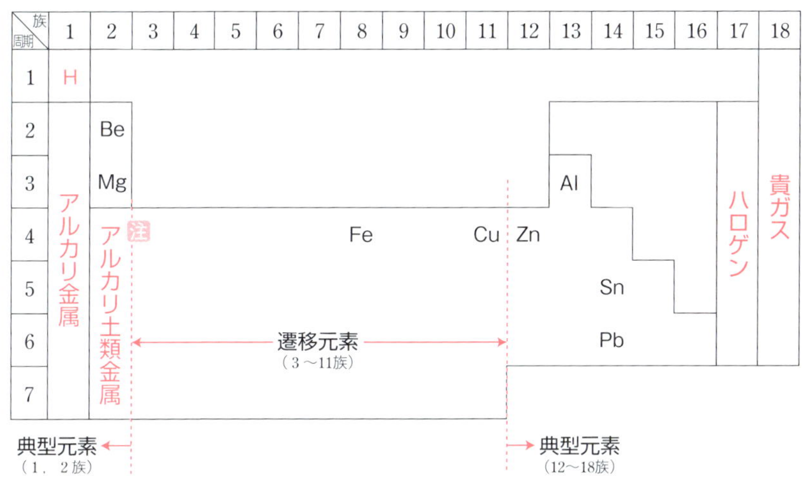

注 □は非金属元素，□以外は金属元素
Al，Zn，Sn，Pbなどは酸だけでなく強塩基とも反応する両性金属

原子・イオンを球形と考えたときの半径をそれぞれ原子半径・イオン半径という。原子半径やイオン半径については，周期的な規則性つまり**周期律**を見つけることができるんだ。

❷ 原子半径

典型元素の原子半径を ❶ 同族元素(同じ族の元素)と ❷ 同一周期(同じ周期)の元素に分けて考えてみるね。ただ，貴ガスについては ❶ だけを考えればいいんだ。

そうなんだ。貴ガスは他の原子と結びつきにくいことが原因で，原子半径の値が他の原子とは大きく異なるんだ。だから，貴ガスは，貴ガスどうしで原子半径を比べる，つまり次の同族元素についてだけを考えればいいんだ。

❶ 同族元素について

1 族元素の Li，Na，K の電子配置を考えると，

$_{3}$Li ：K(2)L(1)　⇐ 最外殻は L 殻
$_{11}$Na：K(2)L(8)M(1)　⇐ 最外殻は M 殻
$_{19}$K ：K(2)L(8)M(8)N(1)　⇐ 最外殻は N 殻

になるよね。

同族のときは原子核から最外殻までの距離(原子半径)は，原子番号が大きくなるほど大きくなっているね。

そうなんだ。**同族元素の原子半径は，原子番号が大きくなる(周期表で下にいく)ほど大きくなる**んだ。

貴ガスも原子番号が大きくなるほど原子半径が大きくなりそうだね。

そうだね。18族元素の He，Ne，Ar の電子配置は，

$_{2}$He ：K(2)　⇐ 最外殻は K 殻
$_{10}$Ne ：K(2)L(8)　⇐ 最外殻は L 殻
$_{18}$Ar ：K(2)L(8)M(8)　⇐ 最外殻は M 殻

になるからね。

❷ 同一周期の元素について(貴ガスを除く)

たとえば，第 3 周期の $_{11}$Na ～$_{17}$Cl で考えてみると，その電子配置は

$_{11}$Na：K(2)L(8)M(1)～$_{17}$Cl：K(2)L(8)M(7)　⇐ 最外殻は M 殻のまま

↑ $_{12}$Mg ～$_{16}$S では，最外殻の M 殻に電子が入っていく。

となって最外殻は M 殻のまま，原子番号が大きくなっているよね。**原子番号が大きくなると陽子の数が増えていくので，原子核の正電荷が大きくなり，最外殻電子が強く引きつけられる**。だから，最外殻は同じ M 殻であっても，**原子番号が大きくなる(周期表で右にいく)ほど原子半径は小さくなる**んだ。

周期	1族	2族	13族	14族	15族	16族	17族	18族
1	H 0.037							He 0.140
2	Li 0.152	Be 0.111	B 0.081	C 0.077	N 0.074	O 0.074	F 0.072	Ne 0.154
3	Na 0.186	Mg 0.160	Al 0.143	Si 0.117	P 0.110	S 0.104	Cl 0.099	Ar 0.188
4	K 0.231	Ca 0.197						

㊅

原子半径　数値の単位は nm（ナノメートル）(1nm＝10^{-9}m)

ポイント　原子半径について

- **同族元素** ➡ 原子番号が大きくなる（周期表で下にいく）ほど大きくなる
- **同一周期の元素**（貴ガスを除く）
  ➡ 原子番号が大きくなる（周期表で右にいく）ほど小さくなる

❸ イオン半径

❶ 陽イオンについて

原子が**陽イオン**になると最外殻電子を失うから，より内側の電子殻が最外殻になるよね。だから，陽イオンの半径はもとの原子の半径よりも小さくなるんだ。たとえば，原子番号11の Na で考えると，

$_{11}$Na　：K(2)L(8)**M(1)**　⇦最外殻は **M 殻**

$_{11}$Na$^+$　：K(2)**L(8)**　⇦最外殻は **L 殻**

Na が最外殻（M 殻）の電子を 1 個失うと Na$^+$ になる。

となるから，$_{11}$Na の半径より $_{11}$Na$^+$ の半径のほうが小さくなるんだ。

❷ 陰イオンについて

原子が**陰イオン**になると，最外殻に電子をとり入れるよね。たとえば，原子番号17の Cl で考えると，

$_{17}$Cl　：K(2)L(8)**M(7)**　⇦最外殻は **M 殻**

$_{17}$Cl$^-$　：K(2)L(8)**M(8)**　⇦最外殻は **M 殻**のまま

Cl が最外殻（M 殻）に電子を 1 個とり入れると Cl$^-$ になる。

となるよね。このとき，最も外側の電子殻はM殻のままだけど，M殻の電子の数は7個から8個に増えるんだ。**電子が増えると電子どうしの反発力が大きくなるから，陰イオンの半径はもとの原子の半径よりも大きくなる**。つまり，$_{17}Cl$ の半径より $_{17}Cl^-$ の半径のほうが大きくなるんだ。

原子が陽イオンになるとその半径が小さくなって，陰イオンになるとその半径が大きくなるんだね。

Na → Na^+　　Cl → Cl^-

原子半径(0.186 nm)　イオン半径(0.116 nm)　　原子半径(0.099 nm)　イオン半径(0.167 nm)

❸ 同じ電子配置をとるイオンについて

$_8O^{2-}$，$_9F^-$，$_{11}Na^+$，$_{12}Mg^{2+}$，$_{13}Al^{3+}$ はどれも**電子配置**が原子番号10のネオン Ne 原子と同じ電子配置(K(2)L(8))になるんだ。同じ電子配置，同数の電子をもったこれらのイオンは，原子番号が大きくなると陽子の数が増えていくよね。**陽子の数が増えていくと，原子核の正電荷が大きくなるので，原子核と電子の間の引力が大きくなって，電子が原子核に強く引きつけられるためにそのイオン半径は小さくなる**んだ。

● ネオン Ne 原子と同じ電子配置をもつイオンのイオン半径の比較

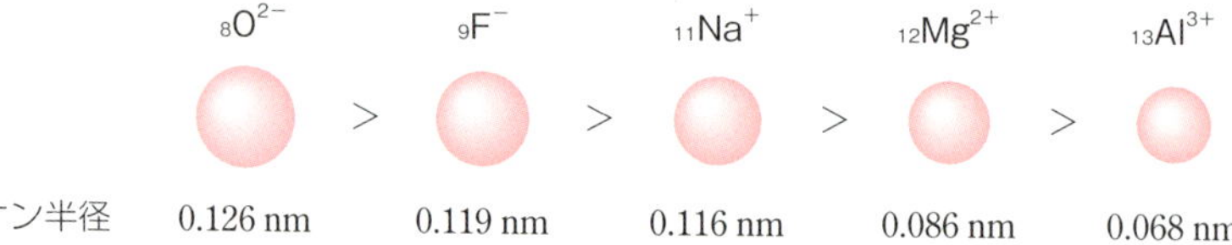

思考力のトレーニング 2

一般に，イオン半径は，原子核の正電荷の大きさと電子の数に依存する。

問　下線部に関連して，同じ電子配置であるイオンのうち，イオン半径の最も大きなものを，次の①～④のうちから1つ選べ。

①　O^{2-}　　②　F^-　　③　Mg^{2+}　　④　Al^{3+}

解答・解説

①

上記の「**同じ電子配置をとるイオンについて**」から，イオン半径の最も大きなものは O^{2-} とわかる。ただし，ここでは共通テストで求められている力(思考力・判断力)を使って解いてみよう。

情報や知識

- ①～④は同じ電子配置なので，**同数の電子**をもつ
- 正電荷の大きさは，陽子の数が**多い**ほど**大きい**
- 静電気力が**強く**なれば，原子核に電子が引きつけられるので，イオン半径は**小さく**なる

情報を統合し，考察・推論する → ①～④の電子の数は同数なので，陽子の数が多い(原子番号が大きい)ほどイオン半径は小さくなると考えられる。

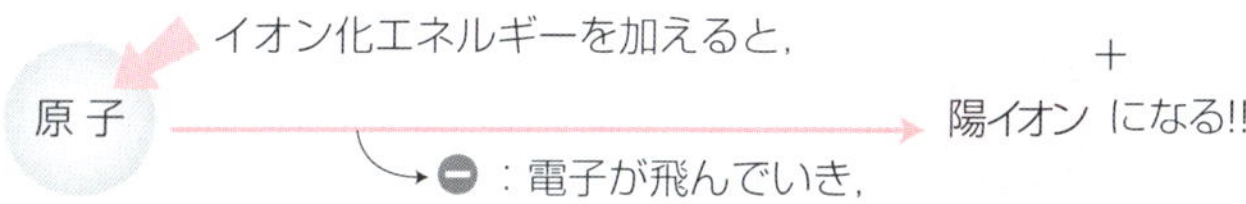

❹ イオン化エネルギー

原子から電子1個をとり去って，1価の陽イオンにするのに必要な最小のエネルギーをイオン化エネルギーというんだ。

次の図を利用してイオン化エネルギーをイメージできるようにすれば，忘れにくくなると思うよ。

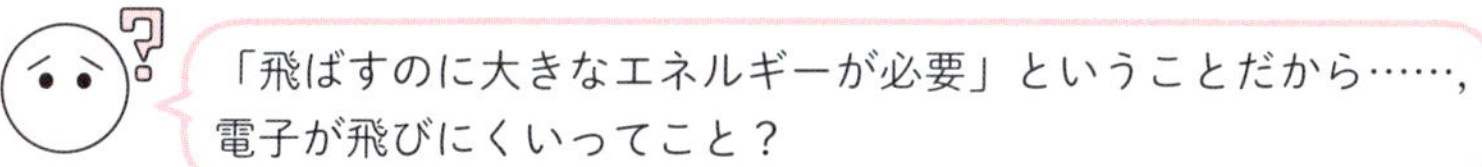

イオン化エネルギーが大きいってことは，どういうことかな？

「飛ばすのに大きなエネルギーが必要」ということだから……，電子が飛びにくいってこと？

そうだね。そして，**電子が飛びにくいということは陽イオンになりにくいということ**だよね。イオン化エネルギーが小さいときは，その逆になるんだ。

> **ポイント** イオン化エネルギーについて①
>
> - **イオン化エネルギー**が大きいと**陽イオン**になりにくい
> - **イオン化エネルギー**が小さいと**陽イオン**になりやすい

今度は，イオン化エネルギーと周期表の関係を調べてみよう。

まず，「縦の関係」(＝**同族**)にある元素について考えてみるね。

たとえば，水素Hを除いた1族元素(＝**アルカリ金属**)であるLi，Na，Kの電子配置は，もう大丈夫だよね？

$_{3}$Li はK(2)L(1)，$_{11}$Na はK(2)L(8)M(1)で，$_{19}$K はM殻の配置に注意してK(2)L(8)M(8)N(1)となるよ。

第1章 物質の状態

そうだね。じゃあ，**原子核から最外殻電子までの距離**はどうなるかな？

原子核に近いものから，K殻，L殻，M殻，……だったから，$_{19}$K がいちばん遠くなるね。

原子核から**遠くなるほど**，原子核(正に帯電)が最外殻電子(負に帯電)を引きつける力が**弱くなる**ね。引きつける力が弱くなれば，イオン化エネルギー(電子を飛ばすための力)は小さくてすむよね。

次に，「横の関係」(＝**同一周期**)にある元素についても考えてみるね。

たとえば，第2周期の $_{3}$Li から $_{10}$Ne までは**原子番号が大きくなると(陽子の数が増えていくので)**，原子核の正電荷が大きくなって，**最外殻電子が強く引かれるから，イオン化エネルギーが大きくなる**んだ。

ポイント　イオン化エネルギーについて②

- **同　　族**(縦)：原子番号 大 ➡ 原子核から最外殻電子までの距離 大 ➡ **最外殻電子**を引きつける力 弱 ➡ **イオン化エネルギー** 小
- **同一周期**(横)：原子番号 大 ➡ **最外殻電子**を引きつける力 強 ➡ **イオン化エネルギー** 大

イオン化エネルギーと周期表，イオン化エネルギーと原子番号の関係を図で表すと次のようになるんだ。

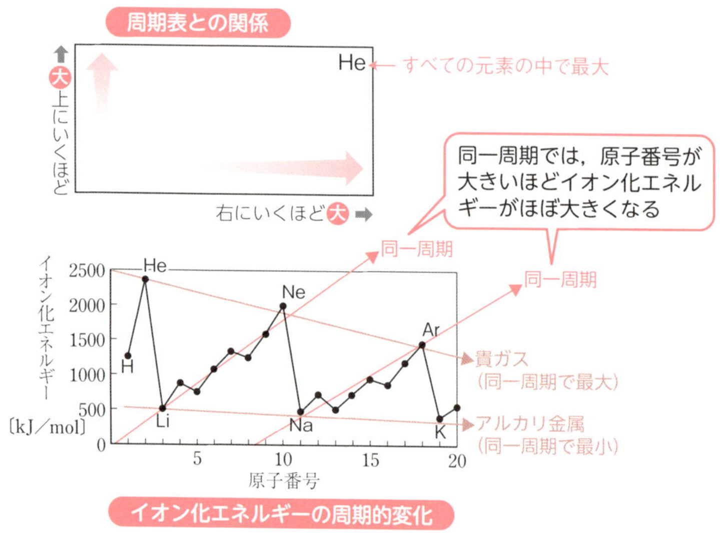

貴ガス(He, Ne, Ar)が山，アルカリ金属(Li, Na, K)が谷になっているね。

❺ 電子親和力

「**電子親和力**（でんししんわりょく）」**は，原子が電子1個を受けとって，1価の陰イオンになるときに放出されるエネルギーのことをいう**んだ。

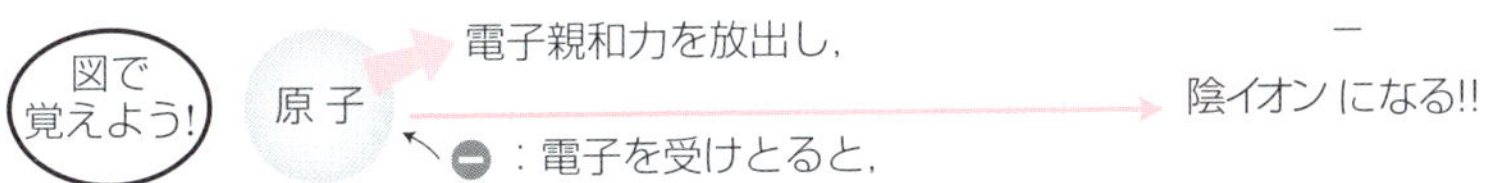

あとね，電子親和力の**大きい原子ほど陰イオンになりやすい**んだ。

うーん。時間がたつと忘れそうだね。

たしかに，「なりやすい」のか「なりにくい」のかは覚えにくいかもね。そのときは，次の電子親和力のグラフを使っておさえておくといいよ。

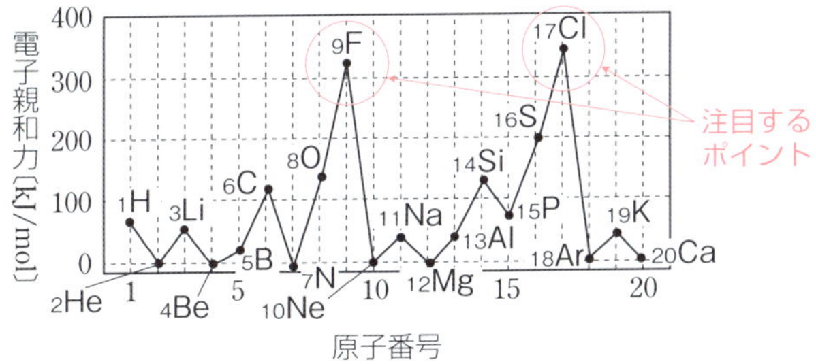

電子親和力のグラフから，**フッ素Fや塩素Clなどの17族のハロゲンの電子親和力が大きい**ことがわかるよね。ハロゲンって，何イオンになりやすかったか覚えてる？

1価の陰イオンのF^-やCl^-だったよ。

そうだね。電子親和力の**大きい**原子 ➡ グラフをイメージする ➡ 17族のハロゲン(F, Cl, ……)だ！ ➡ ハロゲンは陰イオンになり**やすい**

だから，「電子親和力の**大きい**原子ほど陰イオンになり**やすい**」と覚えるといいよ。

チェック問題 2

誤りを含むものを，次の①～⑤のうちから１つ選べ。

① イオン化エネルギーが小さい原子は，陽イオンになりやすい。
② 電子親和力が大きい原子は，陰イオンになりやすい。
③ 17族元素の原子は，同一周期の他の元素の原子と比較して，陰イオンになりやすい。
④ 18族元素の原子は，同一周期の中でイオン化エネルギーが最も大きい。
⑤ 2族元素の原子の2価の陽イオンは，同一周期の貴ガスと同じ電子配置である。

解答・解説

⑤

① 〈正しい〉イオン化エネルギーが小さい原子ほど，陽イオンになりやすい。
② 〈正しい〉電子親和力が大きい原子ほど，陰イオンになりやすい。
③ 〈正しい〉17族のハロゲンは陰性が強く F^-，Cl^-，Br^-，I^- になりやすい。
④ 〈正しい〉同じ周期の中でイオン化エネルギーが最も大きいのは18族の貴ガス。
⑤ 〈誤り〉（いずれも2族）$_4Be^{2+}$ は $_2He$，$_{12}Mg^{2+}$ は $_{10}Ne$，$_{20}Ca^{2+}$ は $_{18}Ar$ と同じ電子配置になる。同じ周期ではなく，いずれも異なる周期の貴ガスと同じ電子配置になる。（Be は第2周期だが He は第１周期，Mg は第３周期だが Ne は第２周期，Ca は第４周期だが Ar は第３周期）

3 電気陰性度・電子式と化学結合について

原子どうしが結びつく（＝**結合する**という）とき，**原子が結合に使われる電子を引きつける能力を数値にしたものを電気陰性度という**。だから，**電気陰性度の値が大きい原子ほど電子を強く引きつける**んだ。また，貴ガスは他の原子とほとんど結合しないので，貴ガスの電気陰性度はふつう考えないんだ。

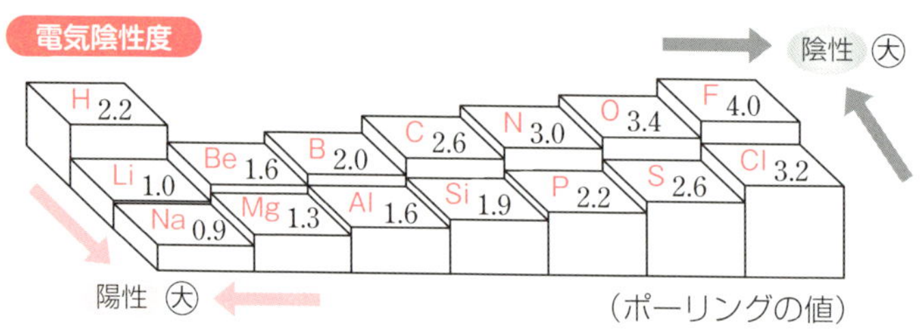

電気陰性度の値は周期表の右上にいくほど大きくなっているね。

そうなんだ。フッ素原子Fが最大で，覚えてほしい電気陰性度の値の大きさの順はF＞O＞Cl＞NとC＞Hなんだ。電気陰性度は，数値よりも数値の差に注目するようにしてね。

ポイント 電気陰性度について

- 周期表の右上の元素ほど大きくなり，フッ素原子Fが最大
- 電気陰性度の大きさの順は，F＞O＞Cl＞NとC＞Hを覚える

❶ 電子式と化学結合

元素記号のまわり（上下左右）に最外殻電子を・で表したものを**電子式**といい，電子式を書くときにはなるべく対をつくらないように書く。また，電子式を書いたときに，**対になっていない電子を不対電子，対になっている電子を電子対という**んだ。

ふつう，元素記号の上下左右に2個ずつ，最大8個まで電子を書く。

・N・（電子対・不対電子）

$_7$N：K(2)L(5)の最外殻電子5個を4個目までは元素記号の上下左右に1個ずつ対をつくらないように書き，5個目からは対にして書く。

電子式	Li・	・Be・	・B・	・C・	・N・	・O・	・F：	：Ne：
最外殻電子の数	1	2	3	4	5	6	7	8
価電子の数	1	2	3	4	5	6	7	0
不対電子・の数	1	2	3	4	3	2	1	0

化学結合（＝原子やイオンなどの粒子の結びつき方）には，おもに**共有結合**，**イオン結合**，**金属結合**の3種類があるんだ。

❷ 共有結合について

原子どうしが不対電子を出し合ってつくった電子対（＝共有電子対という）を2つの原子が共有することでつくられる結合を，共有結合という。このとき，それぞれの原子核が相手の電子を強く引きつけるからどちらの原子も貴ガスと同じ電子配置になって，安定な分子として存在するんだ。

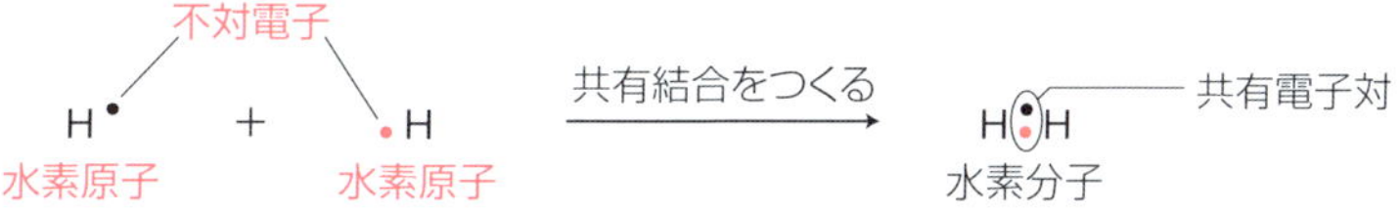

そして，共有結合に使われていない電子対は**非共有電子対**または**孤立電子対**というんだ。

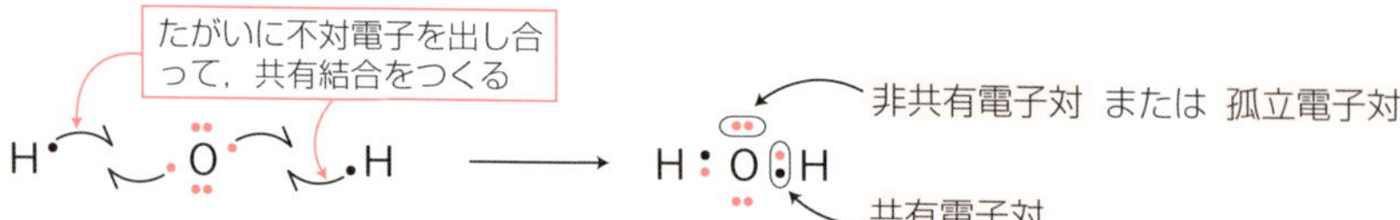

水素 H_2 の 1 組の共有結合は**単結合**，二酸化炭素 CO_2 の炭素 C と酸素 O 間の 2 組の共有結合は**二重結合**，窒素 N_2 の 3 組の共有結合は**三重結合**といい，1 組の共有電子対を 1 本の線（＝**価標**）で表した式を**構造式**というんだ。

分　子	水素 H_2	水 H_2O	二酸化炭素 CO_2	窒素 N_2
電子式	H : H	H : Ö : H	:Ö::C::Ö:	:N⋮⋮N:
構造式	H－H（単結合）	H－O－H（単結合）	O＝C＝O（二重結合）	N≡N（三重結合）

また，**一方の原子から非共有電子対が提供されて，それをもう一方の原子とたがいに共有することで生じる共有結合**もあるんだ。

A[ ] ＋ :B ⟶ A : B
BがAに非共有電子対を提供

共有結合なのに，不対電子を 1 個ずつ出し合っていないね。

そうなんだ。**このような共有結合を配位結合とよぶ**んだ。配位結合は結合のでき方が違うだけで，結合したあとは共有結合と見分けがつかない。

たとえば，次のオキソニウムイオン H_3O^+ の 3 つの O－H 結合やアンモニウムイオン NH_4^+ の 4 つの N－H 結合は，結合してしまったらどれが配位結合なのかわからなくなるよね。そこで，イメージしやすいように配位結合は矢印（→）で表すことがあるんだ。配位結合を見つけるには，結合する前のようすをよく見ておく必要があるよ。

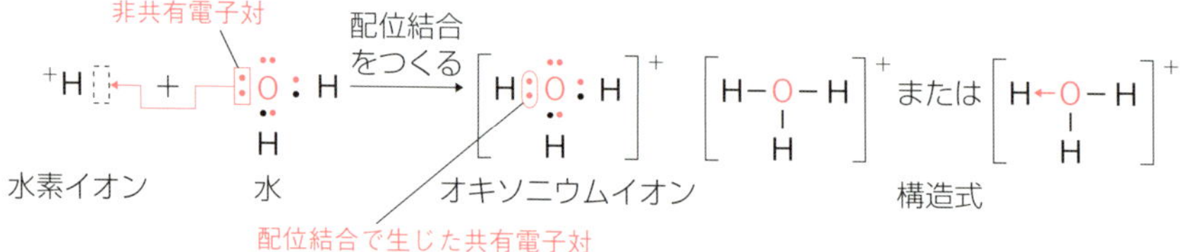

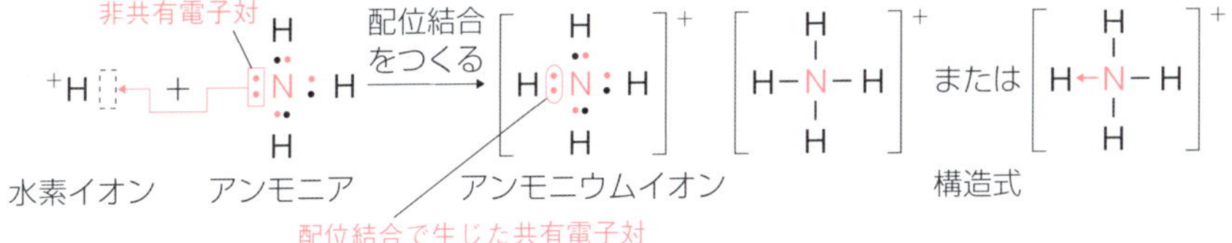

ヘキサシアニド鉄(Ⅲ)酸イオン $[Fe(CN)_6]^{3-}$ やジアンミン銀(Ⅰ)イオン $[Ag(NH_3)_2]^+$のような [　　] で表されるイオンを**錯イオン**というんだ。

錯イオンは，鉄(Ⅲ)イオン Fe^{3+}，銀イオン Ag^+，亜鉛イオン Zn^{2+}，銅(Ⅱ)イオン Cu^{2+} などの金属イオンにシアン化物イオン CN^- のような陰イオンやアンモニア分子 NH_3 のような分子が**配位結合**をつくってできているんだ。

どんな陰イオンや分子でもいいの？

そうでもないんだ。配位結合をつくるには非共有電子対が必要だったね。だから，**錯イオンをつくっている陰イオンや分子にも非共有電子対が必要**なんだ。シアン化物イオン $[:C⋮⋮N:]^-$ やアンモニア $H:\ddot{N}:H$（上下にH）には非共有電子対があって，これらの陰イオンや分子を**配位子**というんだ。錯イオンのもつ配位子の数(＝**配位数**)や錯イオンの形は金属イオンによって変わるよ。

（非共有電子対）

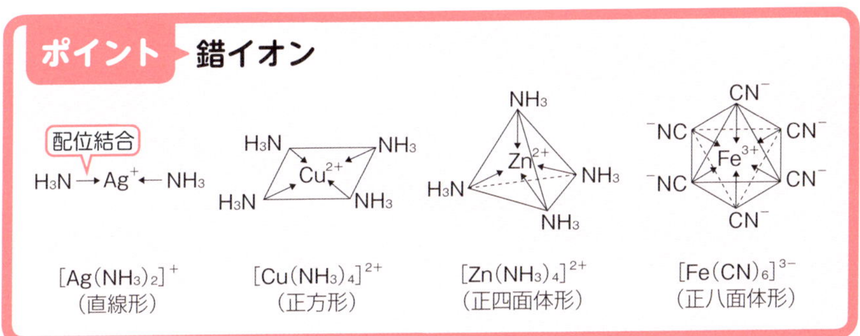

❸ イオン結合について

電子を失ってできた陽イオンと電子を受けとってできた陰イオンとが，イオン間にはたらく＋，－の引力(＝静電気力またはクーロン力という)によって結びついた結合をイオン結合というんだ。

$Na\cdot$ ＋ $\cdot\ddot{Cl}:$ ⟶ $Na^+[:\ddot{Cl}:]^-$

陽イオンと陰イオンからなる物質を表すには，イオンの数の比を最も簡単な整数比にした**組成式**を使うんだ。

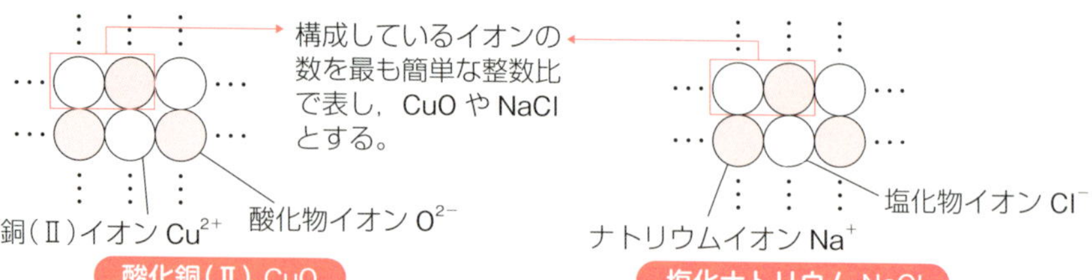

❹ 金属結合について

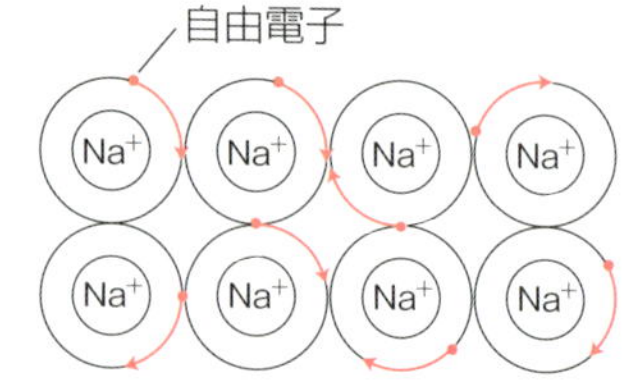

金属元素の原子は価電子を放出して陽イオンになりやすいよね。金属の単体は原子がとなり合い，自由に動きまわる価電子（＝**自由電子**）によって結びつけられている。この自由電子による原子間の結合のことを**金属結合**というんだ。

ふーん，結合の種類とようすはおおよそわかったけど，結合の種類をひと目で分類できるか自信ないな。

そうだね。元素には**金属**と**非金属**があるから，結合のしかた（くっつき方）は３パターンになるね。つまり，① **非金属と非金属**　② **金属と非金属**　③ **金属と金属の組み合わせ**だよね。

ここで，①を**共有結合**，②を**イオン結合**，③を**金属結合**と覚えたらどうかな？

へー，それなら化学式がわかれば，どんな結合からできているか簡単にわかるね。

一部例外もあるから気をつけないといけないんだ。たとえば，塩化アンモニウム NH_4Cl の非金属どうしの NH_4^+ と Cl^- は，イオン結合で結合しているから気をつけてね。

そういえば，NH_4^+ は３つの共有結合と１つの配位結合からできていたね。

ポイント 化学結合について

① 非金属 ＋ 非金属 ➡ 共有結合
② 金 属 ＋ 非金属 ➡ イオン結合
③ 金 属 ＋ 金 属 ➡ 金属結合
例外 NH_4Cl, $(NH_4)_2SO_4$ は，共有結合と配位結合に加え，イオン結合をもつ

チェック問題 3

元素A，元素B，およびAとBとからなる化合物Cがある。Aの原子はM殻に2個の価電子をもち，Bの原子はM殻に7個の価電子をもつ。

a Aの原子番号，Bの原子番号に相当する数を，次の①～⓪のうちから1つ選べ。
A [1]，B [2]
① 2　② 3　③ 4　④ 7　⑤ 8　⑥ 9
⑦ 11　⑧ 12　⑨ 13　⓪ 17

b Cの化学式は，次の①～⑧のうちのどれか。[3]
① MgO　② LiF　③ NaF　④ NaCl　⑤ KCl
⑥ $MgCl_2$　⑦ CaF_2　⑧ Al_2O_3

c A，Bの単体，および化合物Cに含まれる原子は，それぞれどのような化学結合をしているか。次の①～③のうちから適当なものを1つずつ選べ。ただし，同じものをくり返し選んでもよい。Aの単体 [4]，Bの単体 [5]，化合物C [6]
① イオン結合　② 共有結合　③ 金属結合

解答・解説

[1] ⑧，[2] ⓪，[3] ⑥，[4] ③，[5] ②，[6] ①

M殻に2個の価電子 ➡ K(2)L(8)M(2)　➡ 原子Aは，原子番号12のMgとわかる
M殻に7個の価電子 ➡ K(2)L(8)M(7)　➡ 原子Bは，原子番号17のClとわかる

Mg（原子A）と Cl（原子B）からなる化合物Cは，$MgCl_2$（化合物C）

Aの単体は，Mg（金属）と Mg（金属）…金属結合　Bの単体は，Cl（非金属）― Cl（非金属）…共有結合

化合物Cは，Mg（金属）Cl_2（非金属）…イオン結合（Mg^{2+}とCl^-からなる）

4 単位変換と物質量計算について

❶ 単位変換について

$1\ \mathrm{m} = 10^2\ \mathrm{cm}$ のように**「同じ量を 2 通りの単位で表せる」**とき

$$\frac{10^2\ \mathrm{cm}}{1\ \mathrm{m}} \quad \text{または} \quad \frac{1\ \mathrm{m}}{10^2\ \mathrm{cm}}$$

と表し，必要な方を選び単位ごと計算すると**目的の単位に変換することができる。**

たとえば，3 m を cm の単位に変換するときには $\frac{10^2\ \mathrm{cm}}{1\ \mathrm{m}}$ を選び，

$$3\ \mathrm{m} \times \frac{10^2\ \mathrm{cm}}{1\ \mathrm{m}} = 3 \times 10^2\ \mathrm{cm}$$

「m」どうしを消去する

とできるね。

❷ /(マイ)について

英語では「per」(パー)

g/cm^3 のように「/(マイ)」がついている単位を見つけたら，次の(1)と(2)を同時にイメージできるようにしてね。

g/cm^{3}なら，
- (1) 質量〔g〕÷体積〔cm^3〕から求めることができる！
- (2) **1 cm^3**あたりの質量〔g〕を表している！

/(マイ)を見たら，「割り算」と「1 がかくれている」だね！

❸ 物質量〔mol〕と粒子数・質量・気体の体積の関係について

(1) アボガドロ定数(記号 N_A)

1 mol あたりの粒子の数 6.0×10^{23}個をアボガドロ定数といい，共通テストでは 6.0×10^{23}/mol や N_A/mol と与えられる。

（粒子：原子，分子，イオンなど）

(2) モル質量

物質 1 mol あたりの質量をモル質量といい，共通テストでは原子量・分子量・式量に単位 g/mol をつけて与えられる。

例 Ne ＝20 は 20 g/mol，H_2O ＝18 は 18 g/mol，NaCl ＝58.5 は 58.5 g/mol

(3) モル体積

物質 1 mol あたりの体積をいい，0 ℃，1.013×10^5 Pa では気体の体積は 22.4L/mol になる。

（0 ℃，1.013×10^5 Pa：標準状態）

❹ 物質量(mol)計算のコツ

6.0×10^{23}/mol には 6.0×10^{23}個/1mol，g/mol には g/1mol，22.4 L/mol には 22.4 L/1mol のように，「個や 1 」を書きそえてから問題を解くようにしよう！

ポイント 単位変換と物質量計算について

- 単位ごと計算することでミスを防ぐ
- 個や 1 を書き加えてから解く

チェック問題 4

標準状態での窒素の密度を d〔g/L〕，窒素原子のモル質量を A〔g/mol〕，アボガドロ定数を N_A〔/mol〕とするとき，標準状態の窒素 4 L 中に存在する窒素分子の数を求める式として最も適当なものを，次の①～⑥のうちから 1 つ選べ。

① $\dfrac{dN_A}{2A}$　② $\dfrac{dN_A}{A}$　③ $\dfrac{2dN_A}{A}$　④ $\dfrac{N_A}{2dA}$　⑤ $\dfrac{N_A}{dA}$　⑥ $\dfrac{2N_A}{dA}$

解答・解説

③

窒素分子 N_2の数を求める点に注意する。

窒素原子 N のモル質量が A〔g/mol〕なので，窒素分子 N_2のモル質量は $2A$〔g/1mol〕（1 がかくれている）となる。また，密度は d〔g/1L〕（1 がかくれている），アボガドロ定数は N_A〔個/1mol〕（個：書く，1 がかくれている）と表すことができる。よって，4 L 中に存在する窒素分子 N_2の数は，単位を組み合わせると

（L どうしを消去する）

$$4\,\text{L}\times\frac{d\text{g}}{1\,\text{L}}\times\frac{1\,\text{mol}}{2A\text{g}}\times\frac{N_A\,\text{個}}{1\,\text{mol}}=\frac{2dN_A}{A}\,\text{〔個〕}$$

（g どうしを消去する　mol どうしを消去し，個を残す）

となる。

チェック問題 5

図に示すように，ステアリン酸($C_{17}H_{35}COOH$，分子量284)は水面に分子がすき間なく一層に並んだ膜(単分子膜)を形成する。したがって，ステアリン酸分子1個が占める面積がわかっていれば，単分子膜の面積から分子の数がわかる。このことを利用してアボガドロ定数を求める実験を行った。いま，質量 w〔g〕のステアリン酸が形成する単分子膜の面積は S〔cm^2〕であった。ステアリン酸分子1個が占める面積を a〔cm^2〕としたとき，アボガドロ定数 N_A〔/mol〕を計算する式として正しいものを，下の①～⑥のうちから1つ選べ。

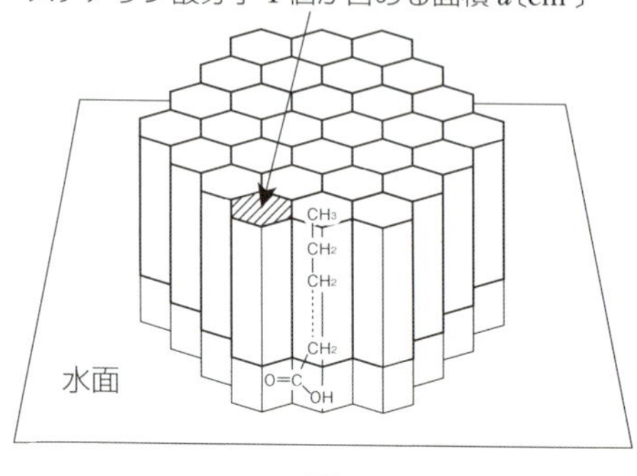

図

① $\dfrac{284S}{wa}$　② $\dfrac{284a}{wS}$　③ $\dfrac{wS}{284a}$　④ $\dfrac{wa}{284S}$　⑤ $\dfrac{284wS}{a}$　⑥ $\dfrac{284wa}{S}$

解答・解説

①

ステアリン酸の分子量が284なのでそのモル質量は284〔g/mol〕，アボガドロ定数は N_A〔/mol〕と表すことができる。ステアリン酸分子1個が占める面積(断面積)は a cm^2であり，これを「マイ」を用いて表すと，a cm^2/個となる。

（書く：〔g/1 mol〕，〔個/1 mol〕，cm^2/1個）

よって，単位を組み合わせると，次のようになる。

$$w\,\text{g} \times \frac{1\,\text{mol}}{284\,\text{g}} \times \frac{N_A\,\text{個}}{1\,\text{mol}} = S\,\text{cm}^2 \times \frac{1\,\text{個}}{a\,\text{cm}^2}$$

gどうしを消去する　molどうしを消去する　cm^2どうしを消去する

ステアリン酸〔g〕　ステアリン酸〔mol〕　ステアリン酸〔個〕　ステアリン酸の面積〔cm^2〕　ステアリン酸〔個〕

より，$N_A = \dfrac{284S}{wa}$〔/mol〕

思考力のトレーニング 3

ある金属Mの単体の密度は7.2 g/cm^3であり，その1.0 cm^3には8.3×10^{22}個のM原子が含まれている。このとき，Mの原子量として最も適当な数値を，次の①～⑦のうちから1つ選べ。ただし，アボガドロ定数は6.0×10^{23}/molとする。

①　7.2　②　23　③　27　④　39　⑤　52　⑥　55　⑦　72

解答・解説

金属Mの原子量をMとおくと，そのモル質量はM g/molと表せる。密度7.2 g/cm^3から「金属M 1.0 cm^3は7.2 g」，問題文から「金属M 1.0 cm^3には8.3×10^{22}個のM原子が含まれている」とわかる。また，アボガドロ定数は6.0×10^{23}個/molと表せ，金属M 1.0 cm^3について次の式が成り立つ。**単位**を組み合わせよう！

（1がかくれている）

molどうしを消去し，個を残す

$$7.2\,\text{g} \times \frac{1\,\text{mol}}{M\,\text{g}} \times \frac{6.0\times10^{23}\,\text{個}}{1\,\text{mol}} = 8.3\times10^{22}\,\text{個}$$

gどうしを消去する

より，$M \fallingdotseq 52$〔g/mol〕

別解　金属Mのモル質量〔g/mol〕を求めることができれば，金属Mの原子量がわかる。よって，単位がg/molになるように式を立ててもよい。

cm^3どうしを消去する　モル質量

$$\frac{7.2\,\text{g}}{1\,\text{cm}^3} \times \frac{1.0\,\text{cm}^3}{8.3\times10^{22}\,\text{個}} \times \frac{6.0\times10^{23}\,\text{個}}{1\,\text{mol}} \fallingdotseq 52\,\text{〔g/mol〕}$$

よって，原子量は52

個どうしを消去する　〔g/mol〕←この単位にする

第１章　物質の状態

固　体

1 結晶と非晶質について

固体は，**結晶**と*****非晶質**（**アモルファス**）に分けることができる。**結晶は，粒子がくり返し規則正しく配列していて融点が一定のもの**で，**非晶質は粒子が不規則に配列していて融点が一定でないもの**なんだ。非晶質の代表例としてガラスとプラスチックを覚えておいてね。

＊無定形固体ともよぶ。

結晶の粒子ってどんなふうに並んでいるの？

結晶により，粒子の立体的な配列構造（＝**結晶格子**）が何種類もあるんだ。この結晶格子の**繰り返しの最小単位**（＝**単位格子**）がどうなっているか調べることで，結晶全体を理解するんだ。テレビの視聴率を調べるようなものだね。

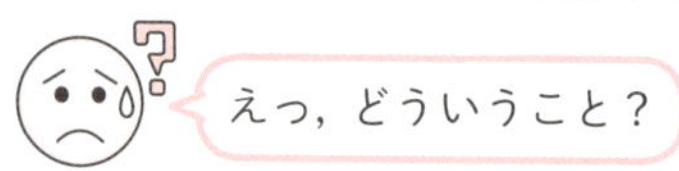

えっ，どういうこと？

つまり，テレビを見ている全員（結晶全体）が何の番組を見ているか（どんなようすなのか）は調べることができないから，一部の人（単位格子）の視聴率（ようす）を調べることで，全員（結晶全体）を調べたことにするんだ。

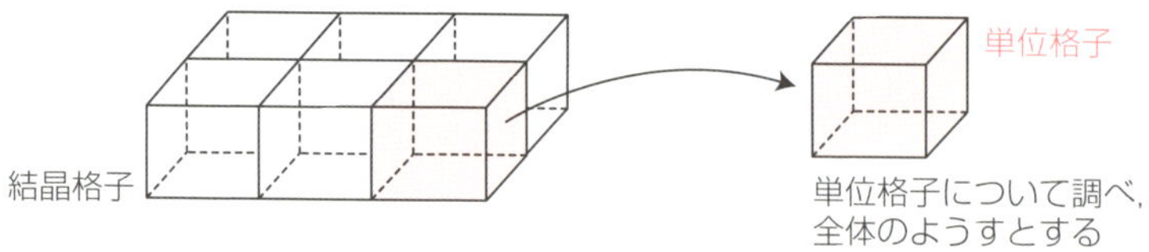

ポイント　固体について

- **結　晶** ➡ 規則正しく粒子が配列。融点が一定
- **非晶質**（アモルファス）➡ 不規則に粒子が配列。融点は一定でない
  例 **ガラス**，**プラスチック**

2 金属結晶について

金属元素どうしは金属結合で結びついていたよね。金属原子の間にある電子は，金属原子からほとんど引っ張らず勝手に（自由に）動き回るんだ。

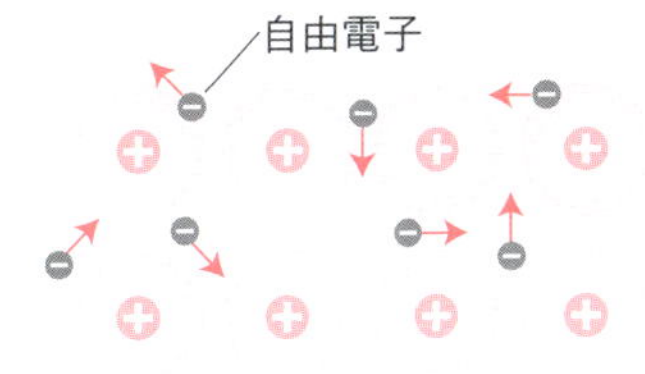

このような電子を**自由電子**といい，金属原子をくっつける「のり」の役割を果たしている。自由電子が，すべての金属原子に共有されてできた結晶を**金属結晶**というんだ。

自由電子ってどんなはたらきをしているの？

自由電子が光を反射することで金属光沢（金属のつや）が出て，自由電子が動くことで電気や熱がよく導かれるんだ。

また，結晶中の原子どうしの位置がずれても移動する自由電子により原子どうしの結合が保たれるので，金属の形を変えることができる。そのため，たたいてうすく広げたり（＝**展性**という），引っ張って長く延ばしたり（＝**延性**という）できるんだ。

金箔は展性を利用して，銅線は延性を利用してつくられるんだね。

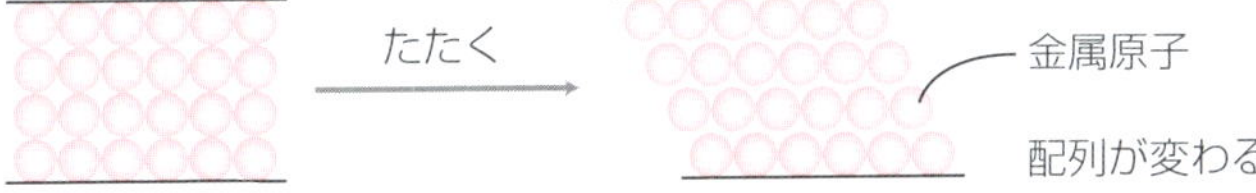

ポイント 金属結晶について

- **自由電子**をすべての原子が共有
  ➡ ① 金属光沢がある ② 熱や電気をよく導く ③ 展性・延性を示す

金属結晶は，金属原子が金属結合で規則正しく結合していて，その構造はたいてい次の図(1)〜(3)のいずれかに分類することができる。

(1) 体心立方格子

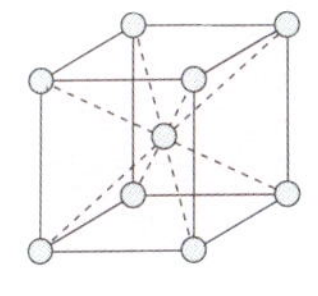

例 Na，K

(2) 面心立方格子

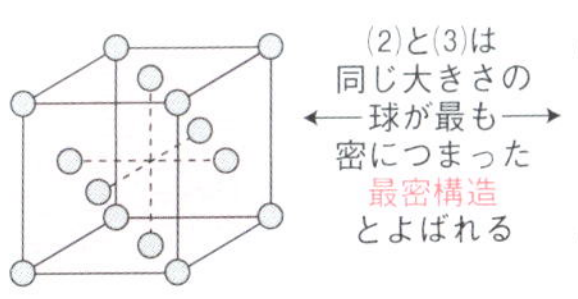

例 Cu，Ag，Al

(2)と(3)は同じ大きさの球が最も密につまった**最密構造**とよばれる

(3) 六方最密構造

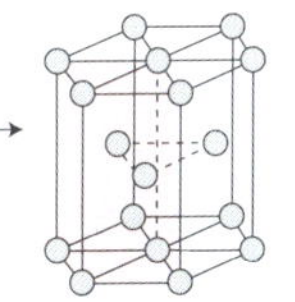

例 Mg，Zn

❶ 単位格子(　　部分)中に含まれる原子の数

まず，　　の中を覚え，次に単位格子の図を見ながら考えてみよう。

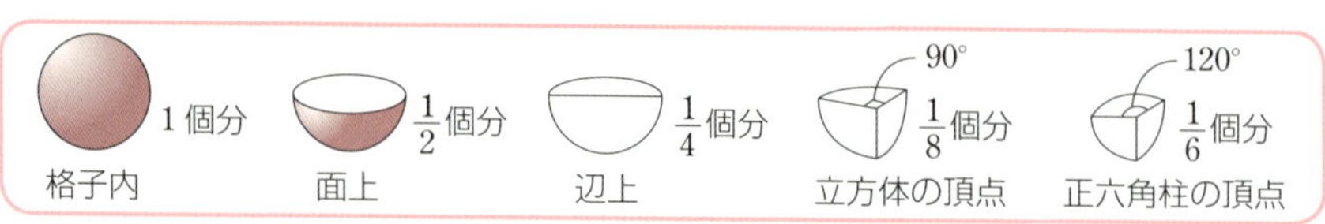

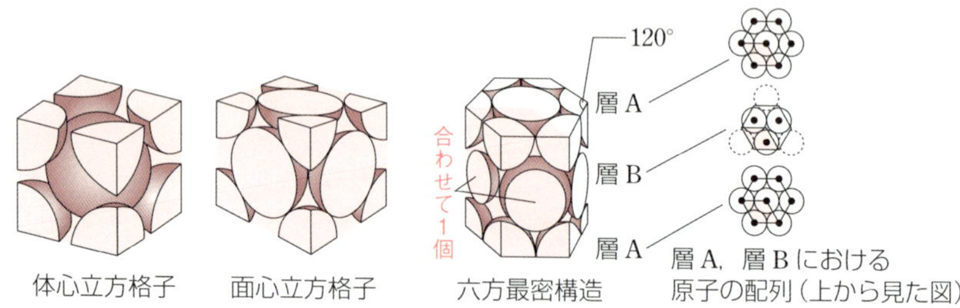

体心立方格子　面心立方格子　六方最密構造　層A，層Bにおける原子の配列(上から見た図)

立方体の「頂点は 8 か所」，「面は 6 面」であることに注意すると，「単位格子(図の立方体つまり　　部分)中の原子の数」は

体心立方格子：$\frac{1}{8}\times\boxed{8}+1=2$〔個〕

(頂点の原子の個数 / 格子内の原子の個数)

面心立方格子：$\frac{1}{8}\times\boxed{8}+\frac{1}{2}\times\boxed{6}=4$〔個〕

(頂点の原子の個数 / 面上の原子の個数)

になるんだ。

また，正六角柱は「頂点 12 か所」，「上下の面」と「正六角柱内」に原子があることに注意すると，

$$\frac{1}{6}\times\boxed{12}+\frac{1}{2}\times\boxed{2}+1\times\boxed{3}=6〔個〕$$

(頂点の原子の個数 / 面上の原子の個数 / 正六角柱内の原子の個数)

の原子が正六角柱内に含まれているよね。ただ，**六方最密構造の単位格子はこの正六角柱の3分の1に相当する**ので，

$6\div3=2$〔個〕

の原子が単位格子中に含まれているんだ。

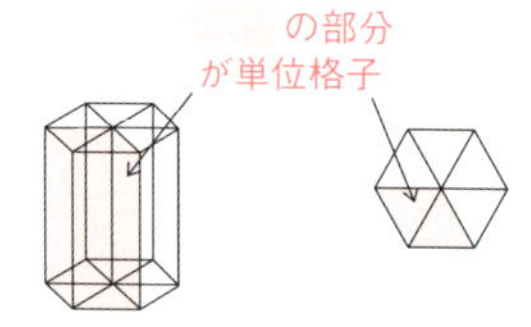

単位格子を横から見た図　単位格子を上から見た図

単位格子中に含まれる原子の数は，体心が2，面心が4，六方が2だね。

❷ 配位数

配位数って？

「1個の原子が他の原子何個に囲まれているか」を**配位数**というんだ。

体心立方格子の場合，単位格子の中心にある原子に注目すると，各頂点にある8個の原子に囲まれていることがわかる。**面心立方格子**の場合は単位格子の右の面にある原子に注目し，**六方最密構造**の場合は上の面にある原子に注目して考えるといいんだ。

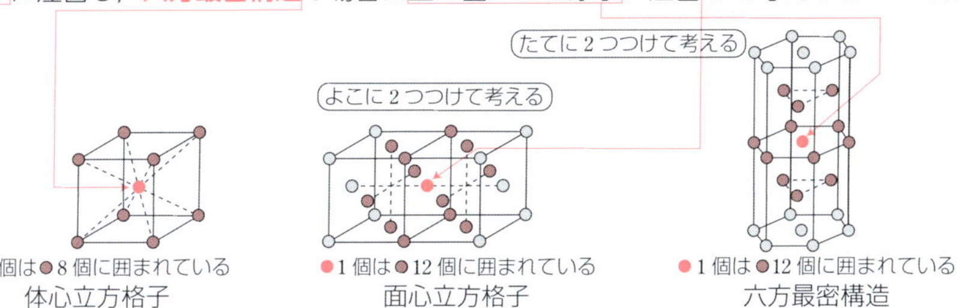

体心立方格子　　面心立方格子　　六方最密構造

❸ 原子の半径 r と単位格子一辺の長さ a との関係

体心立方格子の「原子の半径 r と単位格子一辺の長さ a との関係」は，図のように単位格子の断面に注目して求めるんだ。

$$4r=\sqrt{3}a \text{ より，} r=\frac{\sqrt{3}}{4}a$$

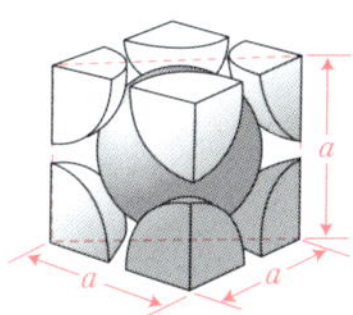

体心立方格子

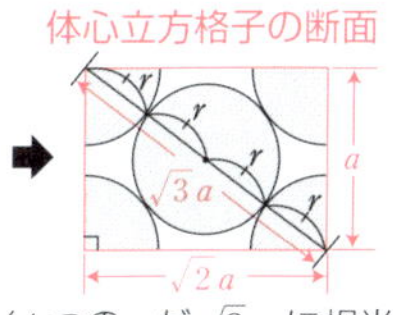

（4つの r が $\sqrt{3}a$ に相当するので，$4r=\sqrt{3}a$ となる。）

次に，面心立方格子の「原子の半径 r と単位格子一辺の長さ a との関係」は，図のように単位格子の面の部分に注目して求めるんだ。

$$4r=\sqrt{2}a \text{ より，} r=\frac{\sqrt{2}}{4}a$$

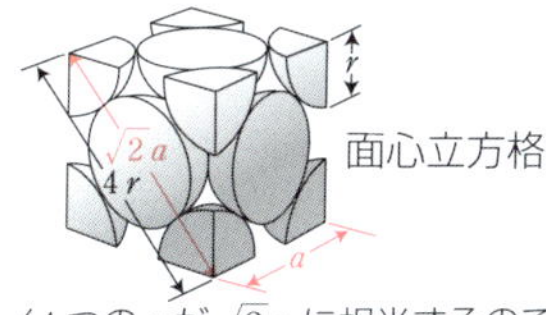

面心立方格子

（4つの r が $\sqrt{2}a$ に相当するので，$4r=\sqrt{2}a$ となる。）

ポイント 金属結晶

	単位格子中の原子の数	配位数	a と r の関係
体心立方格子	2	8	$\sqrt{3}a=4r$
面心立方格子	4	12	$\sqrt{2}a=4r$
六方最密構造	2	12	—

チェック問題 1

次の記述①～⑤のうちから，誤りを含むものを1つ選べ。

① 銅は，結晶内に動きやすい価電子が存在するので，電気をよく導く。
② ナトリウムの結晶(体心立方格子)では，単位格子中に2個の原子が含まれている。
③ 銅の結晶(面心立方格子)では，単位格子中に4個の原子が含まれている。
④ 銅の結晶(面心立方格子)では，どの原子も，等距離にある12個の原子で囲まれている。
⑤ 体心立方格子と面心立方格子は，ともに単位格子の中心にすき間がない。

解答・解説

⑤

① 〈正しい〉自由電子の説明。 ②，③ 〈正しい〉単位格子中の原子の数の説明。
④ 〈正しい〉配位数の説明。
⑤ 〈誤り〉体心立方格子や面心立方格子の断面を考えてみる。

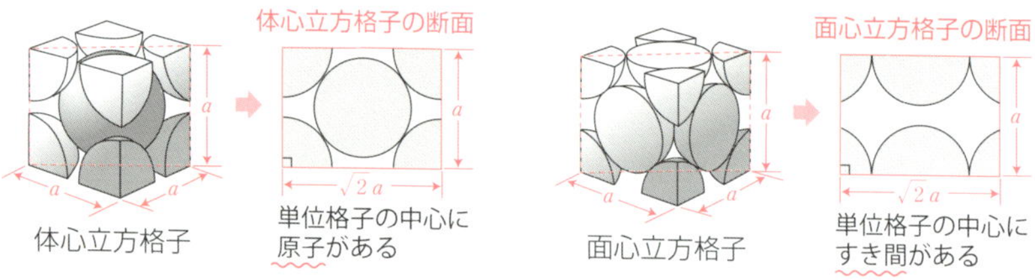

以上より，体心立方格子の中心にはすき間はないが，面心立方格子の中心にはすき間があることがわかる。

チェック問題 2

標準 2分

銀は右図に示すように，面心立方格子(最密構造)からなる結晶をつくる。右図の立方体の一辺の長さは原子の半径の何倍になるか。最も適当なものを，次の①～⑥のうちから1つ選べ。

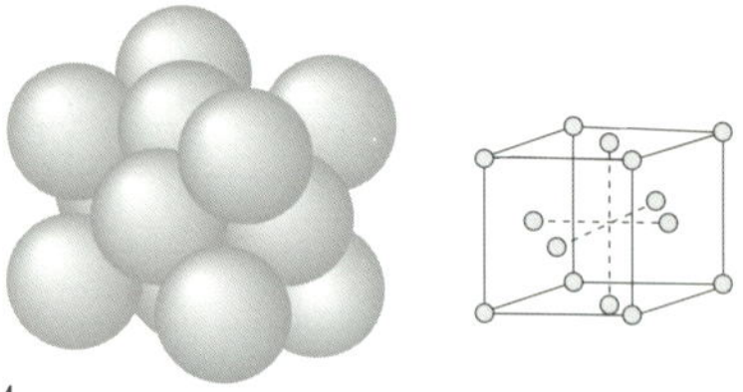

① $\dfrac{2}{\sqrt{3}}$　② $\sqrt{2}$　③ 2　④ $\dfrac{4}{\sqrt{3}}$　⑤ $2\sqrt{2}$　⑥ $2\sqrt{3}$

解答・解説

面心立方格子では，単位格子の面で図のように原子が接しているので，原子の半径を r とすると，立方体の一辺の長さ a とは，$4r=\sqrt{2}a$ の関係式が成り立つ。

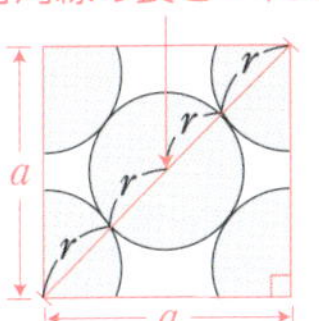

よって，$a=\dfrac{4r}{\sqrt{2}}=2\sqrt{2}r$ となり，一辺の長さ a は原子半径 r の $2\sqrt{2}$ 倍になる。

4 結晶格子の密度

金属結晶の密度〔g/cm^3〕を求めるときは，単位を意識しながら計算すればいいんだ。

g/cm^3 だから g ÷ cm^3 を求めればいいんだね。

そうなんだ。次のチェック問題で密度の計算に慣れてね。

チェック問題 3

図のような金属結晶がある。その単位格子の一辺の長さを L〔cm〕，結晶の密度を d〔g/cm^3〕，アボガドロ定数を N_A〔/mol〕としたとき，これに関する次の問い(a・b)に答えよ。

a　この金属の単位格子中に含まれる原子は何個か。
次の①～⑨のうちから，正しい数値を1つ選べ。

① 1　② 2　③ 3　④ 4　⑤ 5
⑥ 6　⑦ 7　⑧ 8　⑨ 9

b　この金属の原子量を L，d，N_A を用いて表したものを，次の①～⑥のうちから1つ選べ。

① dL^3N_A　② $\dfrac{dL^3N_A}{2}$　③ $\dfrac{dL^3N_A}{4}$　④ $\dfrac{2}{dL^3N_A}$　⑤ $\dfrac{2N_A}{dL^3}$　⑥ $\dfrac{8N_A}{dL^3}$

解答・解説

a ②　b ②

a　図から，この金属は体心立方格子である。単位格子中に含まれる原子は，

$$\underbrace{\frac{1}{8}}_{\text{頂点の原子の個数}}\times 8+\underbrace{1}_{\text{格子内の原子の個数}}=2\text{〔個〕}$$

b　この金属の原子量を M とおくと，そのモル質量は M g/mol と表せる。また，

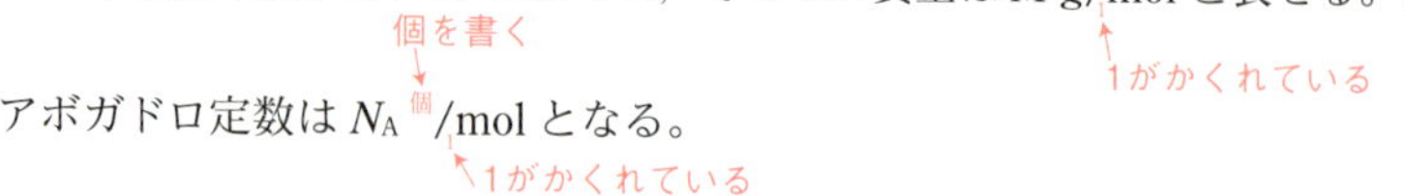

アボガドロ定数は N_A 個/mol となる。

密度 d の単位は g/cm^3 なので，密度 d〔g/cm^3〕は g ÷ cm^3 で求めることができる。個を g へと変換し，単位格子の体積 L^3〔cm^3〕で割ると，次の式が成り立つ。

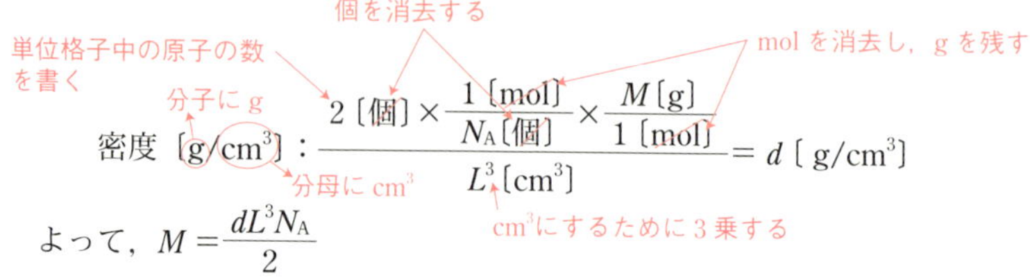

$$\text{密度〔g/cm}^3\text{〕}: \frac{2\,\text{〔個〕} \times \dfrac{1\,\text{〔mol〕}}{N_A\,\text{〔個〕}} \times \dfrac{M\,\text{〔g〕}}{1\,\text{〔mol〕}}}{L^3\,\text{〔cm}^3\text{〕}} = d\,\text{〔g/cm}^3\text{〕}$$

よって，$M = \dfrac{dL^3N_A}{2}$

3 イオン結晶について

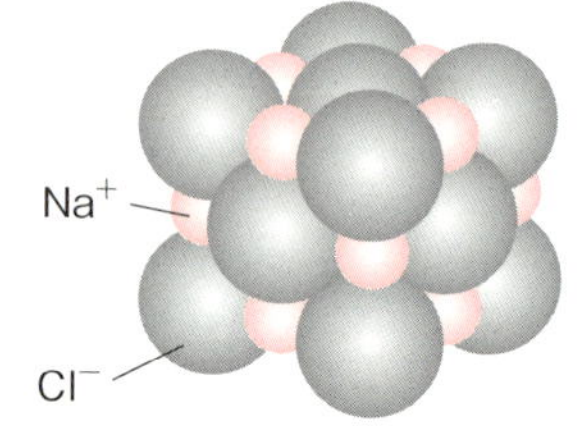

金属元素と非金属元素の結合は**静電気力（クーロン力）**で結びついた**イオン結合**だったよね。たとえば，塩化ナトリウム NaCl は，ナトリウムイオン Na^+ と塩化物イオン Cl^- が右の図のように，互いに静電気力で結びついてできているんだ。

NaCl のように，陽イオンと陰イオンが交互に立体的に配列してできた結晶を**イオン結晶**という。**イオン結晶は陽イオンと陰イオンがかなり強い静電気力で結びついているので，融点が高くて硬いものが多い**んだ。ただ，硬いけれど，強い力が加わってイオンの位置がずれると，簡単にこわれてしまうんだ（➡ もろい！）。

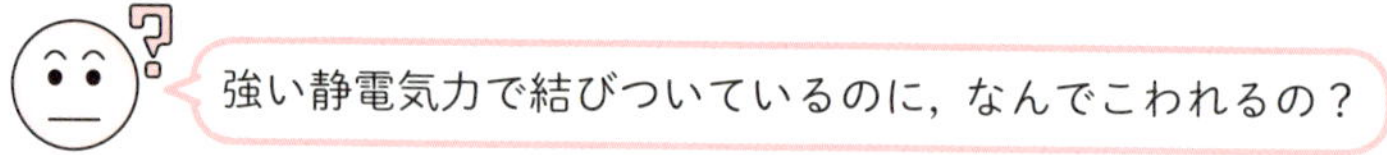

強い静電気力で結びついているのに，なんでこわれるの？

それはね，強い力によってイオンの配列がずれると陽イオンどうし，陰イオンどうしが出会うよね。そうすると，イオンどうしが反発してこわれる（＝**へき開**）んだ。

また，イオン結晶はイオンの位置が固定されているから**電気を導かない**んだ。ただ，**加熱してどろどろにして（＝融解）融解液にしたり，水に溶かして水溶液にしたりすると，イオンが動けるようになるので電気を導く**んだ。

ポイント イオン結晶について

- **結晶**の状態 ➡ 電気を導かない
- **融解液**，**水溶液** ➡ 電気を導く
- 外からの大きな力 ➡ こわれる(へき開)

イオン結晶の単位格子には，代表的な単位格子として，次の**塩化セシウム CsCl 型の結晶構造**(図 1)，**塩化ナトリウム NaCl 型の結晶構造**(図 2)，閃(せん)亜鉛鉱 ZnS 型の結晶構造(図 3)がある。このうち，NaCl 型と CsCl 型は単位格子の図を覚えていないと，共通テストの問題が解けないことがあるんだ。気をつけてね。

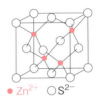

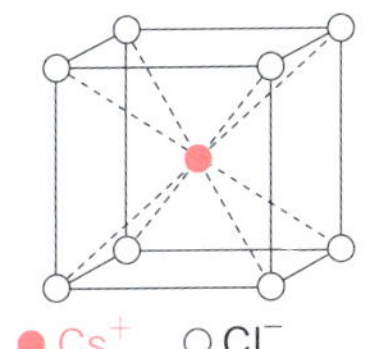

図 1　CsCl の単位格子

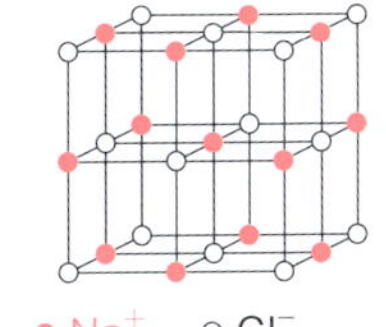

図 2　NaCl の単位格子

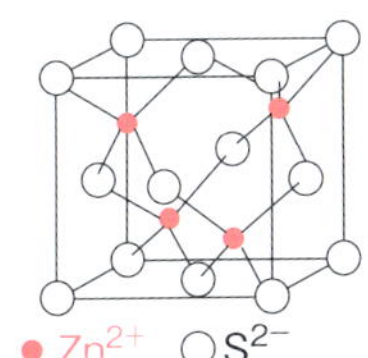

図 3　硫化亜鉛 ZnS の単位格子

❶ 単位格子中に含まれる陽イオンと陰イオンの数

まず，イオン結晶の単位格子中に含まれる陽イオンと陰イオンの数がきかれるんだ。上の図を見ながら，図 1 ～図 3 の各単位格子中に含まれるイオンの数を求めてみよう。

立方体の頂点は 8 か所，辺は12辺，面は 6 面あることに注意すると，

図 1　Cs^+：● $\underbrace{1}_{\text{格子内の }Cs^+\text{ の個数}}$ [個]　　Cl^-：○ $\underbrace{\frac{1}{8}}_{\text{頂点の }Cl^-\text{ の個数}} \times 8 = 1$ [個]

図 2　Na^+：● $\underbrace{\frac{1}{4}}_{\text{辺上の }Na^+\text{ の個数}} \times 12 + \underbrace{1}_{\text{格子内の }Na^+\text{ の個数}} = 4$ [個]　　Cl^-：○ $\underbrace{\frac{1}{2}}_{\text{面上の }Cl^-\text{ の個数}} \times 6 + \underbrace{\frac{1}{8}}_{\text{頂点の }Cl^-\text{ の個数}} \times 8 = 4$ [個]

図 3　Zn^{2+}：● $\underbrace{1}_{\text{格子内の }Zn^{2+}\text{ の個数}} \times 4 = 4$ [個]　　S^{2-}：○ $\underbrace{\frac{1}{8}}_{\text{頂点の }S^{2-}\text{ の個数}} \times 8 + \underbrace{\frac{1}{2}}_{\text{面上の }S^{2-}\text{ の個数}} \times 6 = 4$ [個]

結局，どの単位格子中にも，●と○は同じ個数ずつが含まれていることがわかるよね。つまり，●と○が 1 ：1 の比で含まれているから組成式が CsCl，NaCl，ZnS となるんだ。

❷ 配 位 数

やっぱり，金属結晶のときのように配位数もきかれるの？

そうなんだ。**イオン結晶の場合は，ふつう「●の最も近くに存在する○の数」を「●の配位数」，「○の最も近くに存在する●の数」を「○の配位数」という**んだ。

・CsCl　下の図より，●の配位数は 8，○の配位数も 8 になる。
・NaCl　下の図より，●の配位数は 6，○の配位数も 6 になる。

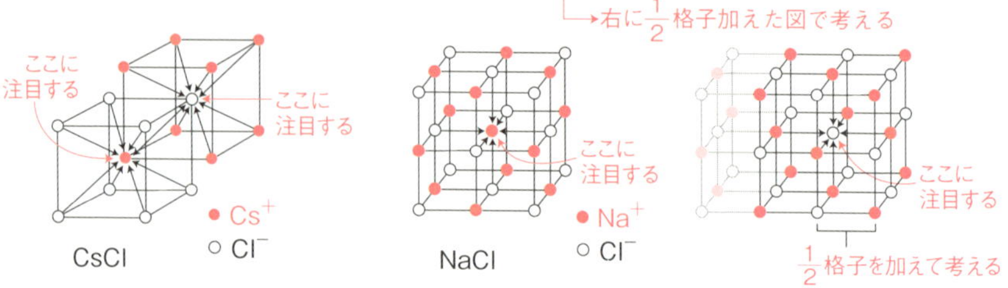

・ZnS　下の図より，●の配位数は 4，○の配位数も 4 になる。

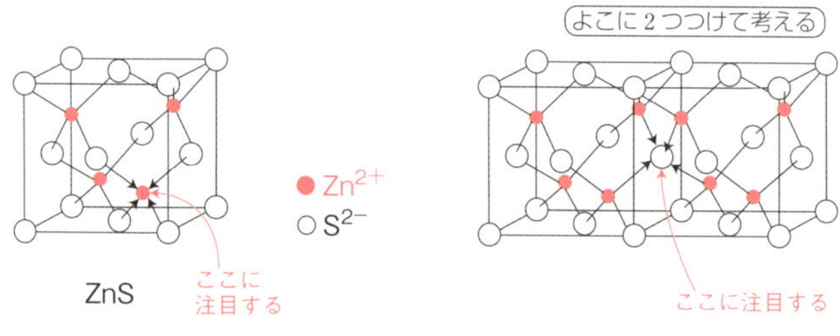

S^{2-} ○の配位数を図から考えるのは難しいね。

たしかにね。実は**組成が 1 : 1 になるイオン結晶は，「●の配位数＝○の配位数」になる**んだ。この事実を知っていると図を見て Zn^{2+} ●の配位数が 4 とさえわかれば，S^{2-} ○の配位数は図を見ずに Zn^{2+} ●の配位数と同じ 4 になるとわかるんだ。

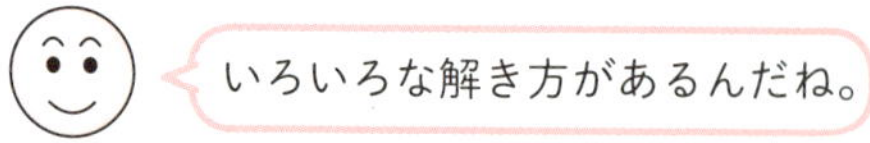

そうだね。**NaCl，CsCl，ZnS のように組成 1 : 1 のときにだけ**成り立つ点に注意してね。

❸ イオンの半径 r と単位格子一辺の長さ a との関係

CsCl 型では下の図のように単位格子の断面に注目して求め，NaCl 型では単位格子の面の部分に注目して求めるんだ。

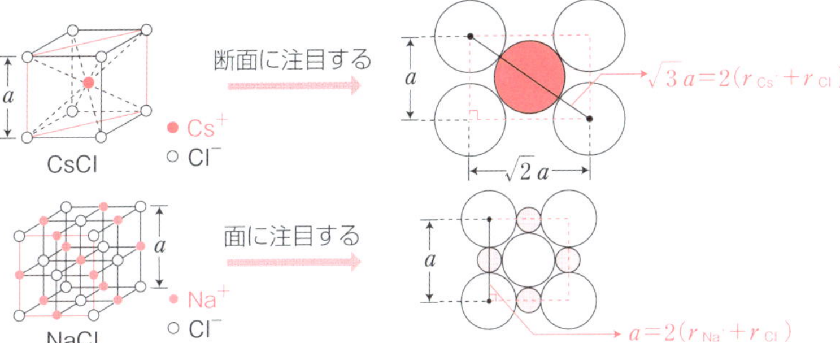

ポイント イオン結晶

	単位格子中のイオンの数		配位数		a と r の関係
CsCl 型	Cs^+ 1個	Cl^- 1個	Cs^+ 8	Cl^- 8	$\sqrt{3}a = 2(r_{Cs^+} + r_{Cl^-})$
NaCl 型	Na^+ 4個	Cl^- 4個	Na^+ 6	Cl^- 6	$a = 2(r_{Na^+} + r_{Cl^-})$
ZnS 型	Zn^{2+} 4個	S^{2-} 4個	Zn^{2+} 4	S^{2-} 4	—

チェック問題 4

標準 

右図は，陽イオン A(○)と陰イオン B(●)からできたイオン結晶の単位格子(結晶格子のくり返しの基本単位)を示している。この化合物の組成式として最も適当なものを，次の①～⑦から1つ選べ。

○陽イオンA
●陰イオンB

① AB_3　② A_4B_9　③ AB_2　④ AB
⑤ A_2B　⑥ A_9B_4　⑦ A_3B

解答・解説

陽イオンA○：$\underset{頂点}{\frac{1}{8}}\times 8+\underset{面上}{\frac{1}{2}}\times 6=4$［個］

陰イオンB●：$\underset{格子内}{1}\times 8=8$［個］

○：●＝4：8＝1：2　よって，AB_2となる。

注　イオン結晶には，NaCl型，CsCl型，ZnS型以外にも多くの単位格子が存在する。

④ 結晶格子の密度

イオン結晶の密度も単位を意識しながら計算すればいいの？

そうなんだ。ただ，イオン結晶のときは，単位格子中に含まれるイオンの数を調べるときに注意が必要なんだ。NaClの場合，単位格子中にNa^+が4個，Cl^-が4個含まれていたよね。じゃあ，NaClは単位格子中に何個含まれていると思う？

4＋4＝8個でしょ？

うーん。原子くんのようにうっかり8個と数えるミスが多いんだ。
単位格子中にNa^+とCl^-は4＋4＝8個含まれているけど，NaClは，

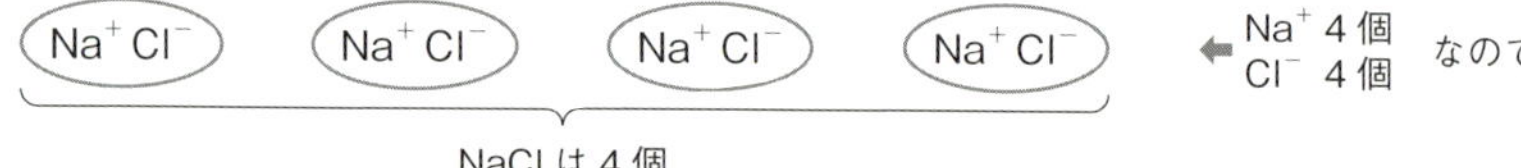

なので

だよね。気をつけてね。

チェック問題 5　やや難　2分

塩化ナトリウムの結晶は，図に示すように，ナトリウムイオンと塩化物イオンが交互に並んでいる。図の立方体の一辺の長さをa〔cm〕，結晶の密度をd〔g/cm^3〕，アボガドロ定数をN_A〔/mol〕とするとき，塩化ナトリウムの式量を与える式として最も適当なものを，次の①～⑥のうちから1つ選べ。

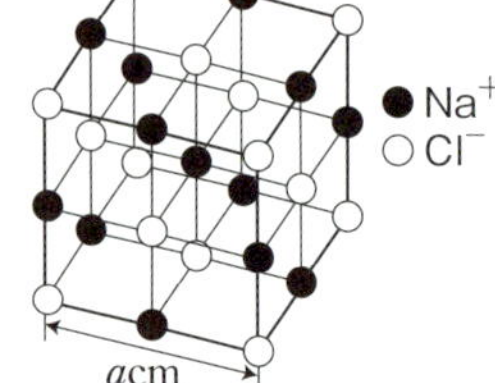

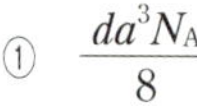

① $\dfrac{da^3N_A}{8}$　② $\dfrac{da^3N_A}{4}$　③ $\dfrac{da^3N_A}{5}$

④ $\dfrac{8N_A}{da^3}$　⑤ $\dfrac{4N_A}{da^3}$　⑥ $\dfrac{2N_A}{da^3}$

解答・解説

②

$$Na^+(\bullet):\underbrace{1}_{\text{格子内}}+\underbrace{\frac{1}{4}}_{\text{辺上}}\times 12=4\text{〔個〕},\quad Cl^-(\circ):\underbrace{\frac{1}{8}}_{\text{頂点}}\times 8+\underbrace{\frac{1}{2}}_{\text{面上}}\times 6=4\text{〔個〕}$$

がそれぞれ単位格子中に含まれている。よって，単位格子中には Na^+ 4個，Cl^- 4個つまり，4個 の NaCl が含まれていることがわかる。NaCl の式量を M とおくと，そのモル質量は M g/mol と表せる。（M：Na の原子量＋Cl の原子量）のこと

また，アボガドロ定数は N_A 個/mol となる。

よって，結晶の密度 d〔g/cm³〕は，

$$\underbrace{\left\{4\text{〔個〕}\times\frac{1\text{〔mol〕}}{N_A\text{〔個〕}}\times\frac{M\text{〔g〕}}{1\text{〔mol〕}}\right\}}_{\text{単位格子の質量〔g〕}}\div\underbrace{a^3\text{〔cm}^3\text{〕}}_{\text{単位格子の体積〔cm}^3\text{〕}}=d\text{〔g/cm}^3\text{〕}$$

単位格子中の NaCl の数　個を消去する　mol を消去し，g を残す　←g÷cm³を求める！

と表せ，$\dfrac{\dfrac{4M}{N_A}\text{〔g〕}}{a^3\text{〔cm}^3\text{〕}}=d\text{〔g/cm}^3\text{〕}$ となり，$M=\dfrac{da^3N_A}{4}$

❺ イオン結晶の融点

イオン結晶の融点は，**静電気力**（クーロン力）が強くはたらくほど，高くなるんだ。イオン間にはたらく静電気力は，

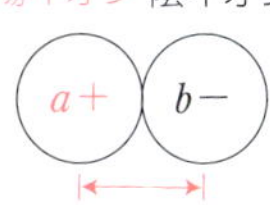

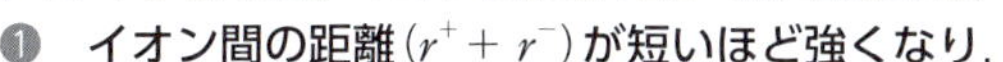

❶ **イオン間の距離（$r^+ + r^-$）が短いほど強くなり，**

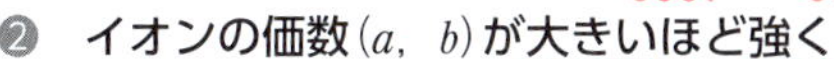

❷ **イオンの価数（a，b）が大きいほど強く**

なる。たとえば，どちらも NaCl 型の結晶構造をもつ NaF と NaCl の融点を比べてみるね。イオン半径の大きさは，

$${}_{9}F^-\ <\ {}_{17}Cl^-$$

（${}_{9}F^-$：最外殻が L 殻，${}_{17}Cl^-$：最外殻が M 殻）

になるんだ。

じゃあ，イオン間の距離は，　NaF　＜　NaCl　だね。

そうだね。イオンの価数は，Na^+F^-，Na^+Cl^- となり，どちらも **1価どうしの組み合わせ**だね。イオン結晶の融点の高低は，イオン間の距離とイオンの価数で決まったよね。イオン間の距離が**短い** NaF は同じ1価どうしの組み合わせである NaCl よりも融点が**高く**なるんだ。

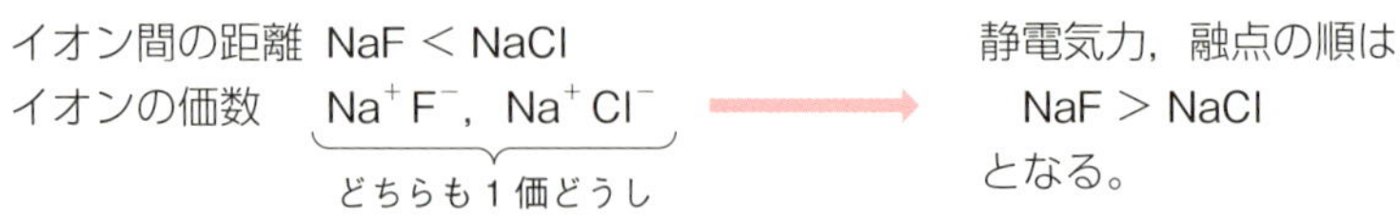

イオン間の距離 NaF < NaCl
イオンの価数 Na⁺F⁻，Na⁺Cl⁻
どちらも1価どうし
静電気力，融点の順は，
NaF > NaCl
となる。

イオン結晶の融点は，距離と価数に注目だね。

4 分子結晶について

❶ 分　子

非金属元素どうしは共有結合で結びついていたよね。共有結合で，いくつかの原子が結びついた粒を**分子**というんだ。分子にはどんなものがあるか知っているかい？

水素 H_2 や二酸化炭素 CO_2 は分子だったね。あと，貴ガス(ヘリウム He，ネオン Ne，アルゴン Ar，……)は単原子分子で存在するんだよね。

そうだね。分子は，原子 1 個からなるものを**単原子分子**，原子 2 個からなるものを**二原子分子**，原子 3 個からなるものを**三原子分子**とよんでいるんだ。

ところで，塩化水素 HCl は，電気陰性度が大きい塩素 Cl 原子と小さい水素 H 原子が結合しているよね。

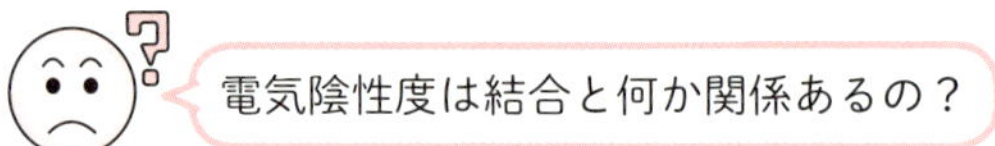

電気陰性度は結合と何か関係あるの？

電気陰性度って，結合に使われる電子を引きつける能力を数値にしたものだったね。塩化水素 HCl は，電気陰性度が大きい Cl が電気陰性度の小さい H から共有電子対を自分のほうに引いているんだ。

そのため，Cl のほうが－の電荷を少し帯びた状態(➡ δ－ と書く)になり，H が＋の電荷を少し帯びた状態(➡ δ＋ と書く)になる。**このような電荷のかたよりを極性といい，塩化水素 HCl のように極性のある分子を極性分子という**んだ。水素 H_2 のような単体の場合は，電気陰性度が同じだから極性がないよね。このように極性がない分子を**無極性分子**というんだ。

じゃあ，極性があればすべて極性分子なの？

そうでもないんだ。**一部分に極性があっても，直線形の二酸化炭素 CO_2 のように分子全体として極性が打ち消されると，無極性分子になる**んだ。

次に，よく出題される「分子の形」と「極性分子か無極性分子か」を示すね。

分子の形は覚えるの？

予想する方法もあるけど，出題される分子はかぎられているから，次のものを覚えておけばいいんだ。

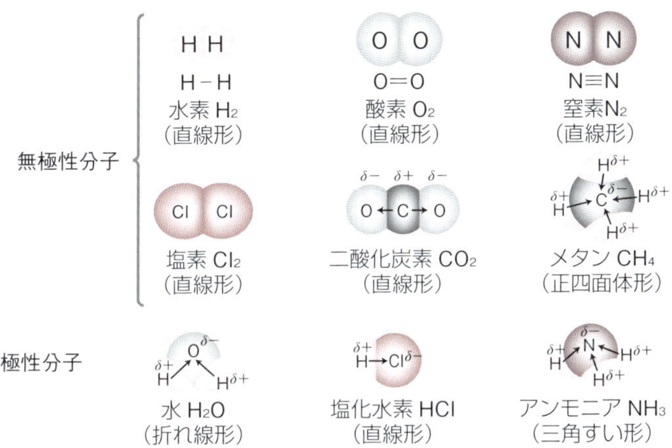

ポイント 極性分子と無極性分子の見分け方

① 単体 ➡ **無極性分子**（例 H_2，N_2，O_2，Cl_2 など）

② 違う種類の原子からなる二原子分子 ➡ **極性分子**（例 HCl，HF など）

③ 多原子分子の化合物

(a) CO_2（直線形），CH_4（正四面体形）➡ 無極性分子

(b) H_2O（折れ線形），NH_3（三角すい形）➡ 極性分子

チェック問題 6

標準 2分

分子の極性についての次の記述ア～エの中に，正しいものが2つ含まれている。正しいものの組み合わせを，下の①～⑥のうちから1つ選べ。

ア　メタン分子は，4つのC−H結合の極性がたがいに打ち消しあって，分子全体として無極性である。

イ　ホルムアルデヒド分子は，C＝O結合に極性がなく，分子全体として無極性である。

ウ　四塩化炭素分子は，4つのC−Cl結合の極性のため，分子全体として極性を示す。

エ　アンモニア分子は，3つのN−H結合の極性がたがいに打ち消しあわず，分子全体として極性を示す。

①　アとイ　　②　アとウ　　③　アとエ　　④　イとウ
⑤　イとエ　　⑥　ウとエ

解答・解説

③

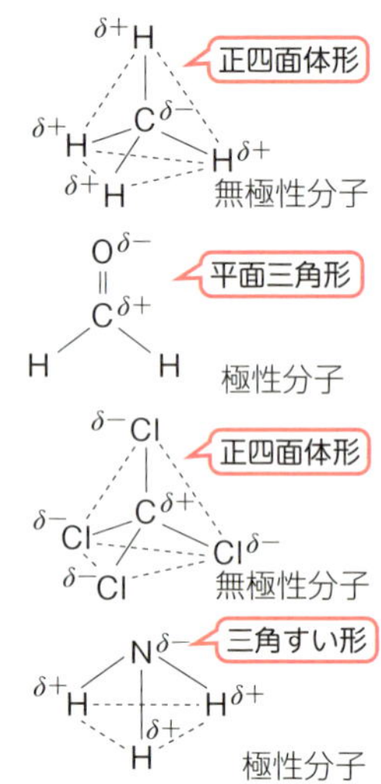

ア〈正しい〉C−H結合には極性があるが，メタンCH_4分子は正四面体形なので4つのC−H結合の極性がたがいに打ち消しあって分子全体として無極性である。

イ〈誤り〉ホルムアルデヒドHCHO(➡P.432)は，C＝O結合に極性があり，分子全体として極性である。

ウ〈誤り〉四塩化炭素CCl_4は，メタンCH_4と同じ正四面体形である。よって，4つのC−Cl結合の極性がたがいに打ち消しあって分子全体として無極性である。

エ〈正しい〉アンモニアNH_3は極性分子である。

❷ 分子間にはたらく力

ドライアイス CO_2 は，固体だよね。だけど，CO_2 分子をつくっている炭素原子Cや酸素原子Oは，それぞれ不対電子をすべて共有結合に使ってしまっているから，CO_2 どうしが近づいても分子間に新しい結合はできないよね。

じゃあ，なんでドライアイスは CO_2 が集まって(結合して)できているのかな？

そうだね。何かの結合力がはたらいているから，固体になっているんだよね。ドライアイス CO_2 には，CO_2 分子の間に弱い引力がはたらいているんだ。この弱い引力のことを**ファンデルワールス力**という。このファンデルワールス力が強くはたらく条件は次の ⓐ～ⓒ になるんだ。

ⓐ 分子の形が似ているときには，**分子量が大きくなるほど強くなる**。

ⓑ 分子量が同じくらいなら，**極性分子のほうが無極性分子より強くなる**。

ⓒ 分子量や極性が同じくらいなら，**分子の形が直線状になっているほど強くなる**。

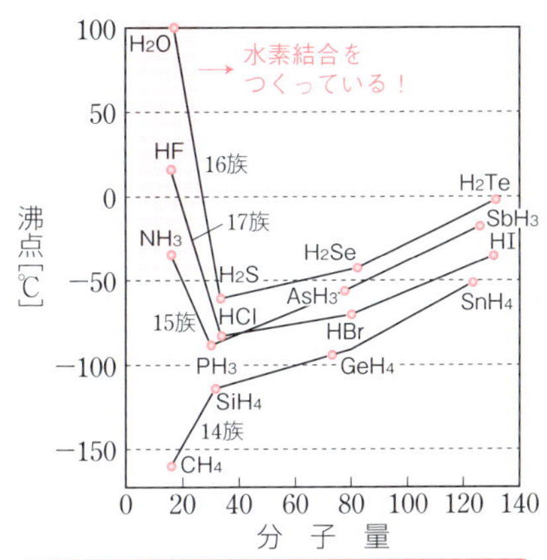

水素化合物の沸点

グラフは14～17族の水素化合物の沸点を調べたものなんだ。何か気がつくことはあるかな？

14族の水素化合物(CH_4，SiH_4，GeH_4，SnH_4)は，分子量が大きくなるほど沸点が高くなっているね。

そうなんだ。分子量が大きくなるとファンデルワールス力が強くなるよね。**分子間に強い引力がはたらくと分子を引き離すのにたくさんのエネルギーが必要になるから，沸点が高くなる**んだ。

ポイント ファンデルワールス力について

① 分子量㊅ ➡ ファンデルワールス力㊅ ➡ 沸点㊋

② 分子量がほぼ同じとき：無極性分子より極性分子 ➡ 沸点㊋

③ 分子量・極性がほぼ同じとき：分子の形が直線状 ➡ 沸点㊋

でも，14族以外はおかしな形のグラフになっているよ。

そうだね。たしかに14族の水素化合物（CH_4，SiH_4，GeH_4，SnH_4）の沸点は**ポイント**①どおりの結果になっているんだ。ところが前ページのグラフの　　　部分の**アンモニア NH_3，水 H_2O，フッ化水素 HF の沸点は，分子量が小さいのに沸点が異常に高い**。ということは，これらの分子どうしの間に非常に強い引力がはたらいていると考えられるね。次の図から何か気づくことはあるかな？

```
              H
      δ+      | δ-
H-N-H ··· N-H          δ-   δ+                δ-   δ+
  |        |          H-O ··· H-O           H-F ··· H-F
  H        H            |       |
                        H       H                        ···は水素結合
```

アンモニア NH_3，水 H_2O，フッ化水素 HF のそれぞれの分子は，電気陰性度の大きな原子（F，O，N）が水素原子をはさんだ形をとっているね。

電気陰性度の大きな F，O，N が，結合している電気陰性度の小さい H から共有電子対を自分のほうに引っ張っているから，F，O，N が $\delta-$ に，H は $\delta+$ になっているんだ。こうして，この F，O，N 原子と H 原子との間に静電気的な引力（＝**水素結合**という）がはたらく。**水素結合は，ファンデルワールス力よりもはるかに強い引力なので，水素結合をつくっている分子の沸点は分子量から予想される温度よりもはるかに高くなる**んだ。

ポイント　水素結合について

- F，O，N が，H をはさむ！
- 水素結合をつくっている分子の沸点は異常に高い

チェック問題 7

物質Aと物質Bの沸点を比較したとき，物質Bの沸点のほうが高い組み合わせを，次の①～⑥のうちから1つ選べ。

	物質A	物質B
①	水	硫化水素
②	食塩水	水
③	エタノール	ジメチルエーテル
④	アルゴン	ネオン
⑤	フッ化水素	塩化水素
⑥	塩　素	臭　素

解答・解説

⑥

① H−O−H ➡ 分子間に水素結合がはたらく（A：水）　H−S−H ➡ 分子間にファンデルワールス力がはたらく（B：硫化水素）

よって，沸点はA＞Bになる。

② 水溶液の沸点は水の沸点よりも高くなる。この現象を沸点上昇（➡ P.129）という。よって，沸点はA＞Bとなる。

③ A：エタノール　C_2H_5OH　　B：ジメチルエーテル　CH_3OCH_3

$C_2H_5-O-H \cdots O(H)-C_2H_5$　分子間に水素結合がはたらく

$CH_3-O-CH_3 \cdots CH_3-O-CH_3$　分子間にファンデルワールス力がはたらく

よって，沸点はA＞Bになる。

④ 貴ガスは単原子分子として存在しているので，原子量＝分子量となる。
分子量の順がAr＞NeなのでファンデルワールスカのShoさもAr＞Neとなる。よって，沸点はA＞Bとなる。

⑤ H−F（A：フッ化水素）➡ 分子間に水素結合がはたらく　H−Cl（B：塩化水素）➡ 分子間にファンデルワールス力がはたらく

よって，沸点はA＞Bになる。

⑥ 分子量の順がCl_2＜Br_2なので，ファンデルワールス力の強さはCl_2＜Br_2となり，沸点はCl_2＜Br_2となる。よって，沸点はA＜Bとなる。

❸ 分子結晶

共有結合で結びついてできた二酸化炭素 CO_2，ヨウ素 I_2，水 H_2O などの分子が，ファンデルワールス力や水素結合のような**分子間力により引き合ってできている結晶を分子結晶という**。

分子結晶は，それほどは強くない分子間の引力で結びついているので，**軟らかくて融点の低いものが多く**，**ドライアイス** CO_2 や**ヨウ素** I_2 のように固体から液体にならずに，直接気体に変化(＝**昇華**)するものもあるんだ。

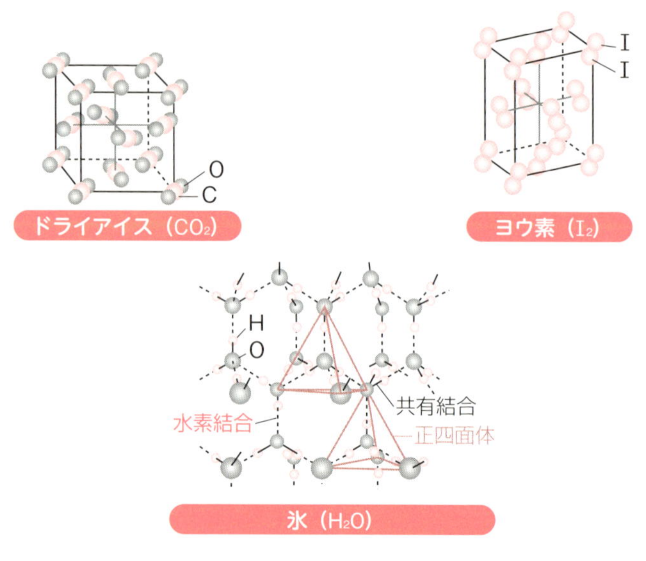

氷 H_2O の構造って正四面体形なんだね。

そうなんだ。**氷は 1 個の水 H_2O 分子が，他の 4 個の水 H_2O 分子との間に水素結合を形成して，正四面体構造をとっている**んだ。図を見るとわかるけど，氷はかなりすき間だらけだよね(＝**すき間の多い構造**)。

液体の水は水分子の配列がくずれすき間の少ない構造になるから，水の体積は氷の体積よりも小さくなる。同じ重さの氷と水であれば体積の大きい**氷のほうが密度が小さくなる**よね。

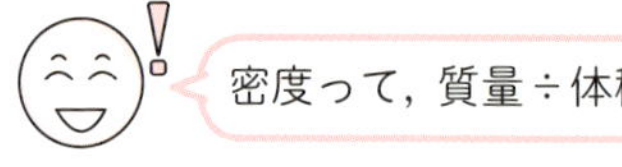

だから，氷は水より密度が小さく，水に浮くんだ。

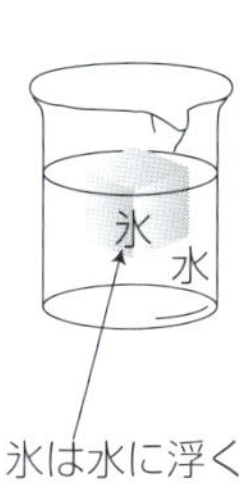

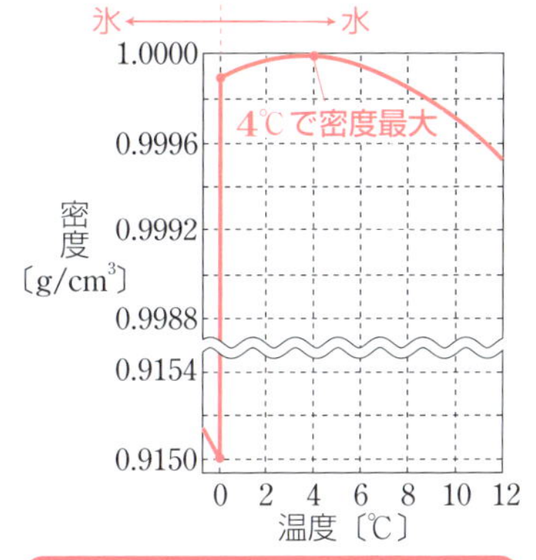

温度による水の密度の変化

ポイント 分子結晶について

- 軟らかくて融点の低いものが多く，昇華しやすいものもある

  例 ヨウ素 I_2，ドライアイス CO_2，ナフタレン $C_{10}H_8$，氷 H_2O など

チェック問題 8

次の記述①～⑤のうちから，内容に誤りを含むものを１つ選べ。

① ヨウ素の結晶では，ヨウ素分子どうしが弱い分子間力により規則正しく配列している。

② 氷の結晶では，隣り合った水分子の間に水素結合が形成されている。

③ 塩化カリウムの結晶では，塩化カリウムの分子どうしが電気的な引力で結びついている。

④ 金属の結晶が電気をよく導くのは，結晶内を自由に移動できる電子が存在するためである。

⑤ 氷の密度が液体の水よりも小さいのは，水素結合により H_2O 分子が規則的に配列することで，氷の結晶がすき間の多い構造になるためである。

解答・解説

③

① 〈正しい〉ファンデルワールス力からなる分子結晶である。

② 〈正しい〉H_2O 1個はまわりの H_2O 4個と水素結合を形成している。

③ 〈誤り〉塩化カリウム KCl の結晶には，分子は存在しない。

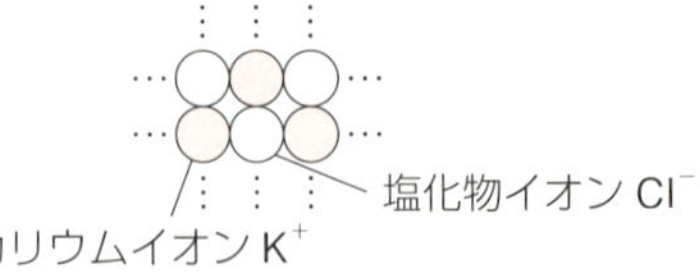

④ 〈正しい〉自由電子の説明。

⑤ 〈正しい〉氷は液体の水よりもすき間が多いため，その密度は液体の水よりも小さくなる。

5 共有結合の結晶について

非金属元素どうしは共有結合で結びついていたよね。共有結合で結びついたものは，酸素 O_2 や二酸化炭素 CO_2 のように，分子になることが多いけれど(➡ これらの結晶を**分子結晶**といったね)，**14族元素である炭素 C やケイ素 Si の結晶は，多くの原子が共有結合で規則正しく結びつき大きな結晶**(➡ 結晶全体は 1 個の**巨大な分子**とみなせる)**になっている**。これを**共有結合の結晶**というんだ。

共有結合の結晶は，原子が共有結合で強く結合しているので❶ **硬く融点が高い**，価電子がすべて共有結合に使われているのでその多くは❷ **電気を導かない**などの性質があるんだ。

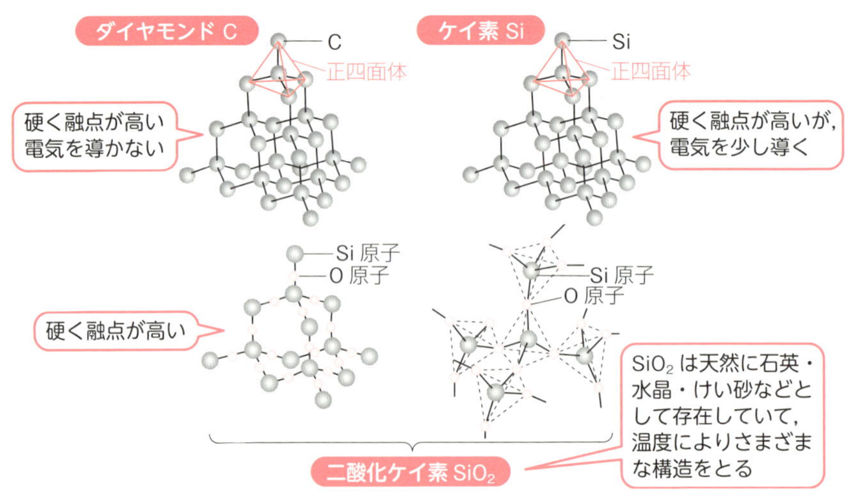

あれ？　炭素原子からできている黒鉛は電気を通さなかった？
たしか，電気分解のときに炭素棒（黒鉛）を使ったよ。

そうなんだ。**黒鉛**（グラファイト）C は，共有結合の結晶の中では少し変わった性質をもつんだ。

どう，変わっているの？

炭素の価電子って 4 個あったよね。　⬅ ${}_{6}$C：K(2)L(4) から考える

黒鉛は，この 4 個の価電子のうち 3 個が共有結合で正六角形の平面層状構造をつくり，**残り 1 個の価電子がこの平面にそって動く。そのため，黒鉛は固体状態で電気をよく導く**んだ。

また，平面層状構造はファンデルワールス力で積み重なっているので，軟らかく，うすくはがれやすい。

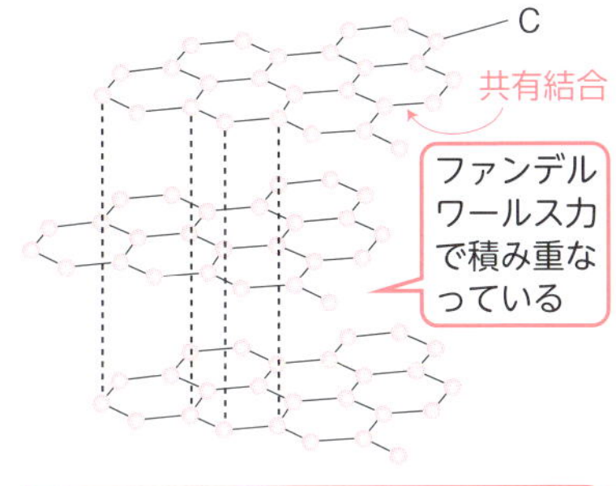

黒　鉛

あとね，**純度の高いケイ素** Si は，電気が流れると共有結合の一部が切れて価電子が現れ，**わずかに電気を導く**んだ。だから，**半導体の材料**として**太陽電池**や**集積回路**（IC）などに使われているんだ。

ポイント　共有結合の結晶について

● 硬く，融点が高く，電気を導きにくい　例外　**黒鉛**（グラファイト）

チェック問題 9

標準　

次の①～⑤のうちから，誤りを含むものを 1 つ選べ。

① ダイヤモンドと黒鉛はともに炭素の同素体である。
② ダイヤモンドは，ケイ素の結晶と同様の結晶構造をもつ。
③ 黒鉛には電気伝導性があるが，ダイヤモンドには電気伝導性がない。
④ 二酸化ケイ素の結晶は，固体の二酸化炭素と同様に分子結晶である。
⑤ ケイ素の単体は，太陽電池の材料に用いられる。

解答・解説

④

① 〈正しい〉同素体をつくる原子は，S，C，O，P（スコップ）と覚えておこう。

② 〈正しい〉ともに正四面体構造をもつ共有結合の結晶である。

③ 〈正しい〉電気分解の電極に黒鉛が利用されることがある。

④ 〈誤り〉 ドライアイスは分子結晶だが，二酸化ケイ素 SiO_2 は共有結合の結晶。

⑤ 〈正しい〉太陽電池や集積回路などに用いられる。

【ダイヤモンドの単位格子】

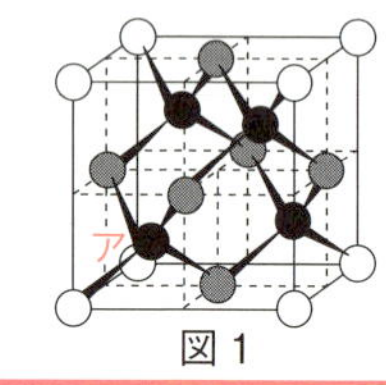

図 1
ダイヤモンドの単位格子

ダイヤモンドは，炭素原子 1 個が不対電子 4 個 ·C· で**他の炭素原子 C 4 個**と共有結合で**正四面体形**をつくりながら，1 個の巨大な分子になっているんだ。

└→配位数は 4 になる

まず，「**単位格子中に含まれる炭素原子の数**」について考えてみるよ。ダイヤモンドの場合，構成原子は炭素原子 C 1 種類だけど，見やすくするために，単位格子の頂点を占める原子を白丸○，面上のものを灰色●，格子内部にあるものを黒丸●（図 1）で示すね。そうすると，単位格子中には，

$$\underbrace{\frac{1}{8}}_{\text{頂点の○}}\times 8+\underbrace{\frac{1}{2}}_{\text{面上の●}}\times 6+\underbrace{1}_{\text{格子内の●}}\times 4=8\ 〔個〕$$

の炭素原子 C が含まれているんだ。

ダイヤモンドの配位数は……

炭素原子 1 個が不対電子 4 個で他の炭素原子 4 個と共有結合していたからダイヤモンド C の配位数は 4 だったね。配位数は図 1 の単位格子からもわかるんだ。

図 1 の炭素原子アに注目すると（図 2），他の炭素原子 4 個が炭素原子アを囲んでいることがわかるね。

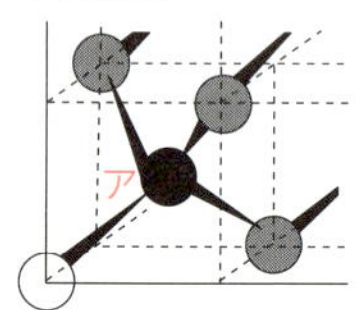

図 2

あとは，a と r の関係だね。

そうだね。次の **チェック問題** を解きながら，マスターしてね。

チェック問題 10

ダイヤモンドの単位格子(立方体)と，その一部を拡大したものを右の図に示す。単位格子の1辺の長さを a〔cm〕，ダイヤモンドの密度を d〔g/cm^3〕，アボガドロ定数を N_A〔/mol〕とする。

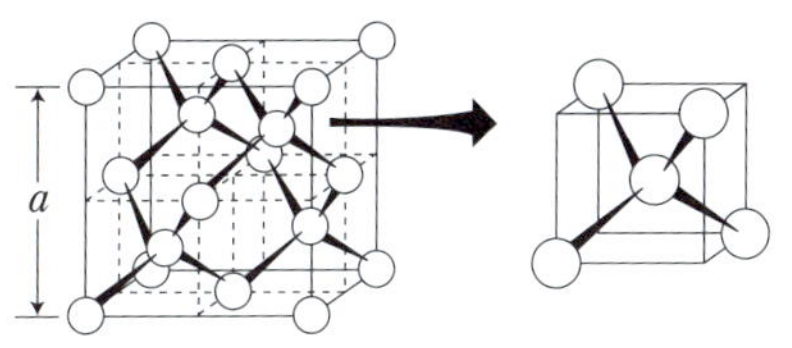

問1　炭素の原子量はどのように表されるか。次の①～④から1つ選べ。

① $\dfrac{a^3dN_A}{8}$　② $\dfrac{a^3dN_A}{9}$　③ $\dfrac{a^3dN_A}{10}$　④ $\dfrac{a^3dN_A}{12}$

問2　原子間結合の長さ〔cm〕はどのように表されるか。次の①～④から1つ選べ。

① $\dfrac{\sqrt{2}\,a}{4}$　② $\dfrac{\sqrt{3}\,a}{4}$　③ $\dfrac{\sqrt{2}\,a}{2}$　④ $\dfrac{\sqrt{3}\,a}{2}$

解答・解説

問1　①　　問2　②

問1　問題文の図より，単位格子中の炭素原子は，

$$\underbrace{\frac{1}{8}}_{\text{頂点}}\times 8+\underbrace{\frac{1}{2}}_{\text{面上}}\times 6+\underbrace{1}_{\text{格子内}}\times 4=8\text{〔個〕}$$

また，炭素の原子量を M とおくと，そのモル質量は M g/mol でアボガドロ定数は N_A 個/mol となる。

よって，ダイヤモンドの密度が d〔g/cm^3〕であることから，単位に注目すると次の式が成り立つ。

$$\text{密度〔g/cm}^3\text{〕}=\frac{8\text{〔個〕}\times\dfrac{1\text{〔mol〕}}{N_A\text{〔個〕}}\times\dfrac{M\text{〔g〕}}{1\text{〔mol〕}}}{a^3\text{〔cm}^3\text{〕}}=d\text{〔g/cm}^3\text{〕}$$

単位格子中の炭素原子の数を書く
個を消去する
mol を消去し，g を残す
分子に g
分母に cm^3
cm^3 にするために，3乗する

より，$M=\dfrac{a^3dN_A}{8}$

問2　炭素原子の半径を r として，単位格子の一部を拡大した図に注目すると，

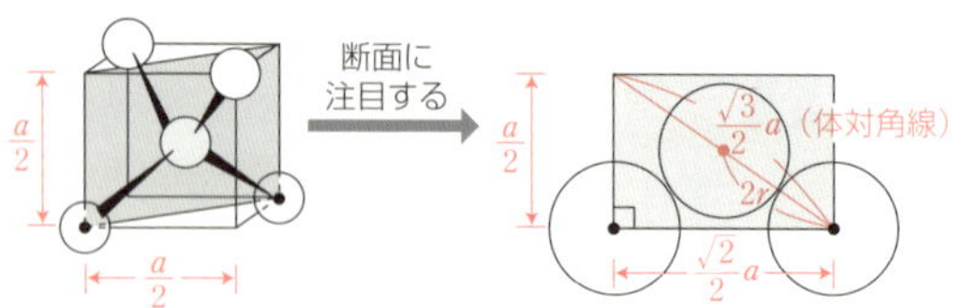

$$（体対角線の長さ）^2 = \left(\frac{a}{2}\right)^2 + \left(\frac{\sqrt{2}}{2}a\right)^2 より，体対角線の長さ = \frac{\sqrt{3}}{2}a$$

上図のようになり，**原子間結合の長さ** $2r$ は，

$$2r = \underbrace{\frac{\sqrt{3}}{2}a}_{体対角線} \times \underbrace{\frac{1}{2}}_{半分} = \frac{\sqrt{3}}{4}a$$

と表すことができる。

（$2r$ 原子間結合の長さ）

結局，a と r の関係は，$2r = \dfrac{\sqrt{3}}{4}a$ より，$8r = \sqrt{3}a$ になるね。

ポイント 共有結合の結晶（ダイヤモンド型）について

- 単位格子中の炭素原子の数　**8**
- 配位数　**4**
- a と r の関係　$8r = \sqrt{3}a$

最後に，今までに学んできた 4 種類の結晶についてまとめておくね。

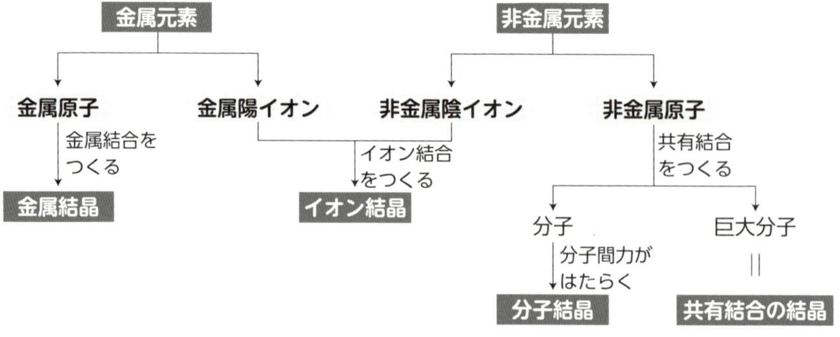

チェック問題 11

次の記述①～⑥のうちから，誤りを含むものを1つ選べ。

① 共有結合の結晶は，原子間で電子対を共有するため，電気伝導性を示すものはない。
② イオン結晶は，陽イオンと陰イオンからなるが，水に溶けにくいものもある。
③ 金属は，一般に熱や電気をよく導き，延性・展性を示す。
④ 分子結晶では，分子間にはたらく力が弱いため，室温で昇華するものがある。
⑤ 水分子は，非共有電子対をもつので，水素イオンと配位結合することができる。
⑥ イオン結晶は，全体として電気的に中性である。

解答・解説

①

① 〈誤り〉共有結合の結晶は，電気伝導性を示さないものが多い。ただし，ケイ素は半導体の性質を示し，黒鉛(グラファイト)は電気伝導性を示す。よって，電気伝導性を示すものもある。
② 〈正しい〉イオン結晶は NaCl のように，水に溶けやすいものが多い。ただし，$BaSO_4$，AgCl などは水に溶けにくい。(沈殿➡ P.267)
③ 〈正しい〉金属は，自由電子のはたらきにより，熱や電気をよく導く(➡ 熱伝導性，電気伝導性が大きい)。また，延性・展性を示す。
④ 〈正しい〉分子結晶であるドライアイス CO_2，ヨウ素 I_2，ナフタレン $C_{10}H_8$ などは室温で昇華する。
⑤ 〈正しい〉水 H_2O 分子は，水素イオン H^+ と配位結合し，オキソニウムイオン H_3O^+ となることができる。
⑥ 〈正しい〉Na^+Cl^-，Cs^+Cl^- のように全体としては電気的に中性になる。

3 時間目

第１章　物質の状態

物質の三態と状態変化

1 状態変化について

物質の状態には，固体・液体・気体の 3 つの状態があり，これらを物質の三態というんだ。物質の状態を考えるときは，温度や圧力も意識するようにしてね。

温度はなんとなくわかるけど，圧力もなの？

そうなんだ。たとえば，200℃の水（液体）っていわれてもピンとこないよね。それは，原子くんが生活している大気圧（1.013×10^5 Pa ＝ 1 atm（1 気圧））の下で水は 100℃で沸騰して水蒸気になってしまうからなんだけど，たとえば，200 気圧の下では水は 200℃でも液体なんだ。だから，物質の状態を考えるときには，温度だけでなく圧力も意識してほしいんだ。**固体・液体・気体の三態間の変化を状態変化（このように状態だけが変わる変化は物理変化ともいう）という**んだ。

物理変化があるなら，化学変化もあるの？

するどいね。炭素 C と酸素 O_2 が化合して二酸化炭素 CO_2 を生じるように，**ある物質が別の物質に変わる変化を化学変化または化学反応という**んだ。

ポイント　物理変化と化学変化について

- **物理変化** ➡ 状態や形だけが変わる変化
  - 例　固体・液体・気体の間の変化（状態変化）
  - ガラスが割れてこなごなになるような変化（形だけが変化）
- **化学変化**（化学反応） ➡ ある物質が別の物質に変わる変化

氷を加熱したときの状態変化と温度との関係を考えてみるね。1.013×10^5 Pa の下，氷を加熱したときの状態変化と温度変化のグラフは次のようになる。

1.013×10⁵Pa の下での氷の状態変化

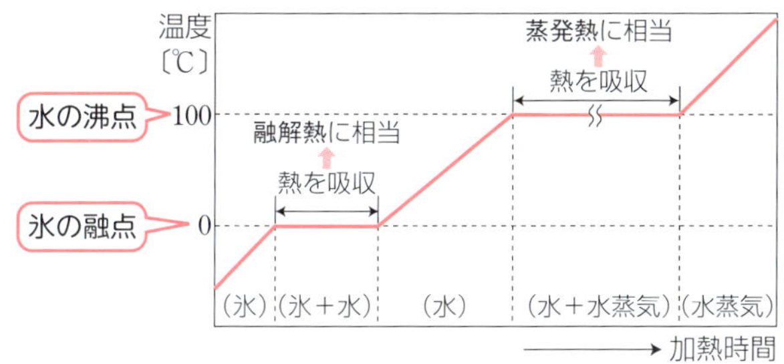

液体が沸騰して気体に変化するときの温度を**沸点**，固体がとけて液体に変化するときの温度を**融点**というんだ。

チェック問題 1

標準 

分子結晶をつくっている純物質 A の固体 w〔g〕を，圧力一定のもとで一様に加熱したところ，A は液体状態を経てすべて気体状態に変化した。図は，このときの，加えた熱量と A の温度との関係を示したグラフである。A の融解熱が H〔J/mol〕であるとき，A のモル質量は何 g/mol か。モル質量を求める式として最も適当なものを，下の①～⑤のうちから 1 つ選べ。

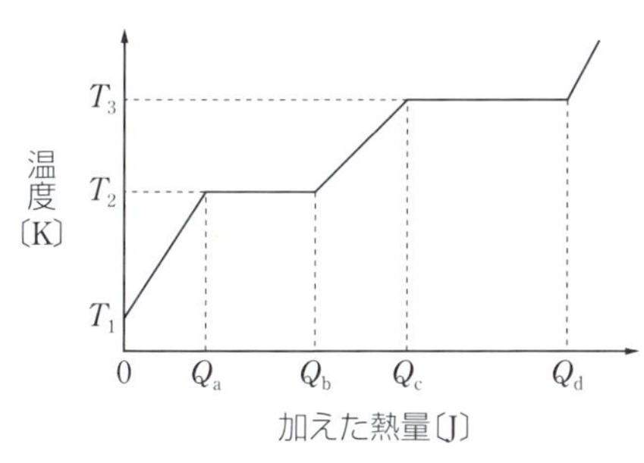

① $\dfrac{wH}{Q_a}$　② $\dfrac{wH}{Q_b-Q_a}$　③ $\dfrac{wH}{Q_c-Q_b}$　④ $\dfrac{wH}{Q_d-Q_c}$　⑤ $\dfrac{wHT_2}{Q_a(T_2-T_1)}$

解答・解説

T_2が融点，T_3が沸点になる。図から純物質 A の固体 w g がすべて液体に変化するために Q_b-Q_a J の熱量を吸収したことがわかる。A のモル質量を M_A g/mol と

おくと w g の A の物質量は $w\text{ g} \times \dfrac{1\text{ mol}}{M_A\text{ g}} = \dfrac{w}{M_A}$ mol となり，融解熱 H J/1 mol から次の式が成り立つ。

mol どうしを消去し，J を残す

$$\frac{H\text{ J}}{1\text{ mol}} \times \frac{w}{M_A}\text{ mol} = Q_b - Q_a\text{ J} \qquad \text{より，} \quad M_A = \frac{wH}{Q_b - Q_a}\ \text{〔g/mol〕}$$

T_2〔K〕の固体 A すべてを T_2〔K〕の液体 A にするために必要な熱量〔J〕

図からよみとることのできる熱量〔J〕

2 状態図について

圧力を縦軸，温度を横軸にとり，物質がどの状態なのかを表した図を**状態図**という。

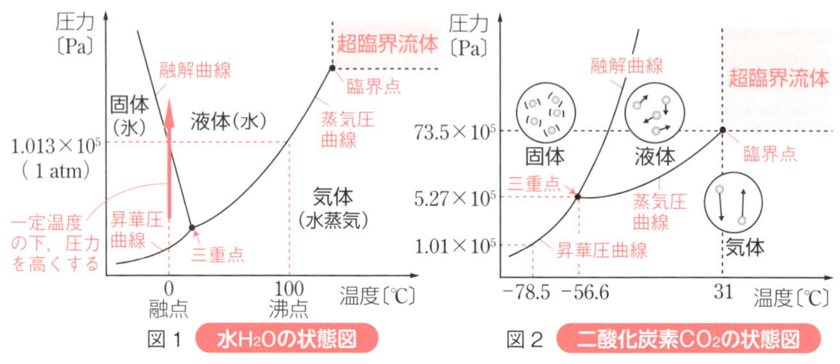

図 1 **水 H_2O の状態図**　　図 2 **二酸化炭素 CO_2 の状態図**

まずは，それぞれの状態を区切る曲線の名前を覚えてね。

「液体と気体」，「固体と気体」，「固体と液体」
↓ **蒸気圧曲線**　↓ **昇華圧曲線**　↓ **融解曲線**

というんだ。水と二酸化炭素の状態図を見くらべて気づくことはあるかな？

するどいね。水は融解曲線がわずかに左に傾いている（＝融解曲線の傾きが負）から，図 1 の矢印↑のように一定温度のもとで圧力を高くすると固体（氷）→液体（水）になるんだ。たとえば，アイススケートで氷の上をすべることができるよね。これは，スケート靴にとりつけられている金属の刃と氷の間に発生する圧力で，氷の一部が液体の水に変化するからなんだ。

三重点って，同時に固体・液体・気体になっているの？

そうなんだ。3つの曲線の交点を**三重点**といい，固体・液体・気体の3つの状態が共存している。図1や図2の，蒸気圧曲線を上にたどっていくと途切れた点があるよね。この点を**臨界点**といい，臨界点以上の温度や圧力では液体と気体の区別がなくなるんだ。臨界点以上の温度・圧力の条件で存在する物質を**超臨界流体**という。超臨界流体は液体と気体の区別がつかない物質のことで，液体と気体の中間的な性質をもっているんだ。

チェック問題 2

図は温度と圧力に応じて，二酸化炭素がとりうる状態を示す図である。ここで，A，B，C は固体，液体，気体のいずれかの状態を表す。臨界点以下の温度と圧力において，下の(**a**・**b**)それぞれの条件のもとで，気体の二酸化炭素を液体に変える操作として最も適当なものを，それぞれの解答群の①～④のうちから1つずつ選べ。ただし，T_T と P_T はそれぞれ三重点の温度と圧力である。

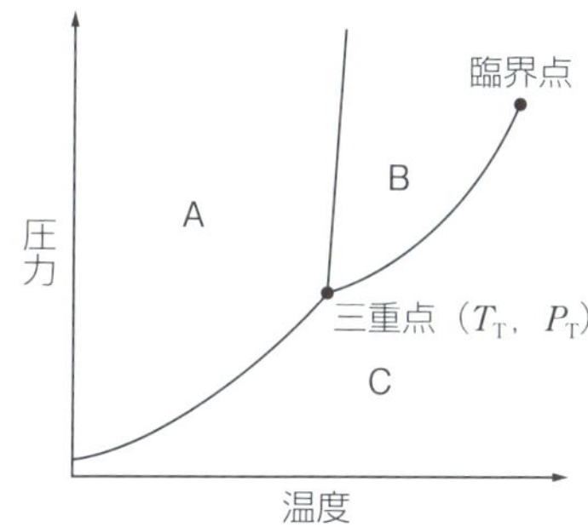

a　温度一定の条件

① T_T より低い温度で，圧力を低くする。
② T_T より低い温度で，圧力を高くする。
③ T_T より高い温度で，圧力を低くする。
④ T_T より高い温度で，圧力を高くする。

b　圧力一定の条件

① P_T より低い圧力で，温度を低くする。
② P_T より低い圧力で，温度を高くする。
③ P_T より高い圧力で，温度を低くする。
④ P_T より高い圧力で，温度を高くする。

解答・解説

a ④　**b** ③

A は固体，B は液体，C は気体を表している。図の三重点付近を拡大して考える。

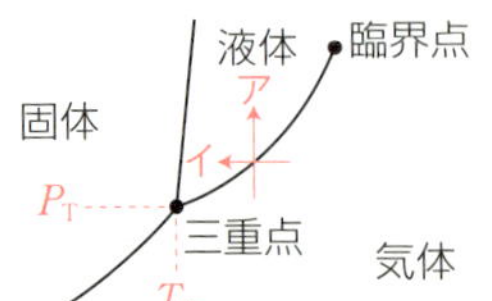

注　気体を液体に変える操作なのでアは上向きの矢印，イは左向きの矢印にする必要がある。また，液体の領域が三重点より高い温度・高い圧力である点に注意しよう。

気体の CO_2 を液体の CO_2 に変える操作には，

矢印ア→温度一定の下，圧力を高くする。
　└→三重点の T_T より高い温度で行う操作であることに注意！

矢印イ→圧力一定の下，温度を低くする
　└→三重点の P_T より高い圧力で行う操作であることに注意！

などが考えられる。よって，**a** は温度一定の条件とあるので矢印ア（T_T より高い温度で，圧力を高くする→④）となり，**b** は圧力一定の条件とあるので矢印イ（P_T より高い圧力で，温度を低くする→③）となる。

3 気体の拡散と絶対温度について

図のように，臭素 Br_2（液体）の入ったびんを密閉できる容器に入れ，ふたを開けておくと液体の表面から蒸発した赤褐色の気体，臭素 Br_2 がゆっくりと容器の中全体に広がっていく。この，**粒子が熱運動して全体に広がっていく現象を拡散という**。

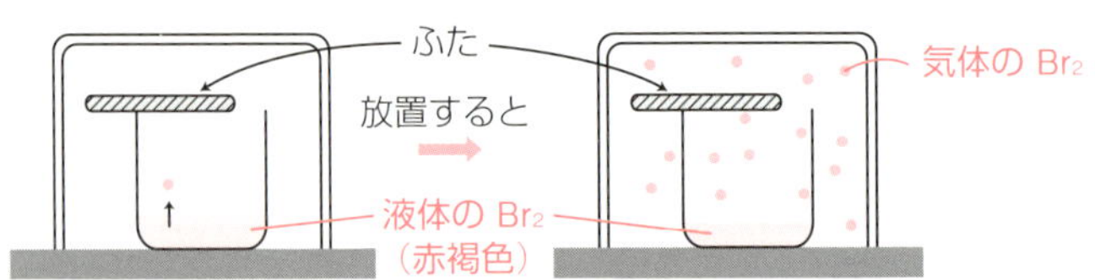

拡散は，粒子が熱運動により濃度の大きなところから小さなところへ広がって均一な濃度になる現象のことで，逆の現象は起こらないんだ。

チェック問題 3

右図のように，内容積を１：２の割合にしきった密閉容器がある。Aの部分にはアンモニアNH_3，Bの部分には塩化水素HClが，室温で，それぞれ1.013×10^5 Paで入っている。しきりをとり去り，十分な時間が経過した後の室温での状態として最も適当なものを，次の①～⑤のうちから１つ選べ。ただし，気体はすべて理想気体とする。

A
アンモニア
B
塩化水素

① NH_3とHClが均等に混合した気体となる。
② NH_3とHClがすべて反応して，NH_4Clの気体となる。
③ NH_3とHClがすべて反応して，NH_4Clの固体を生じる。
④ すべてのHClはNH_4Clになり，未反応のNH_3が残る。
⑤ すべてのNH_3はNH_4Clになり，未反応のHClが残る。

解答・解説

同温(室温)・同圧(1.013×10^5 Pa)の下では，体積と物質量〔mol〕が比例するのでNH_3：HCl＝１：２(体積比＝モル比)となる。

しきりをとり去るとNH_3とHClが容器全体に拡散し，接触するとNH_4Cl(固体)の白煙を生じる。

	NH_3	＋	HCl	⟶	NH_4Cl(固体)
(反応前)	1		2		
(反応後)	0		1 残る		1 生じる

よって，すべてのNH_3がNH_4Clになり，未反応のHClが残る。

気体の分子は熱運動により空間をさまざまな方向に飛びまわっていたよね。このとき，同じ温度であっても熱運動する分子の速さはすべて同じではなく，速いもの・遅いものとさまざまあるんだ。ある速さをもつ分子の割合を速さの分布といい，速さの分布は次の図のようになる。

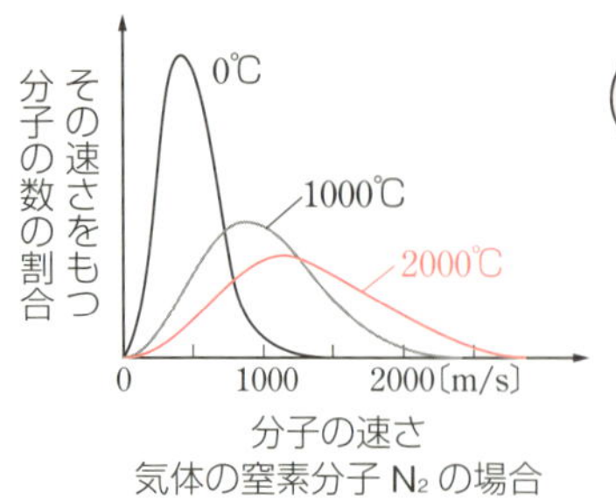

気体の窒素分子 N_2 の場合

温度が高いほど，速さの大きな分子の数の割合が多くなっているね。

チェック問題 4

気体に関する次の文章中の ア ～ ウ にあてはまる記号および語の組み合わせとして正しいものを，下の①～⑧のうちから1つ選べ。

気体分子は熱運動によって空間を飛び回っている。図は温度 T_1(実線)と温度 T_2(破線)における，気体分子の速さとその速さをもつ分子の数の割合との関係を示したグラフである。ここで T_1と T_2の関係は T_1 ア T_2である。変形しない密閉容器中では，単位時間に気体分子が容器の器壁に衝突する回数は，分子の速さが大きいほど イ なる。これは，温度を T_1から T_2へと変化させたときに，容器内の圧力が ウ なる現象と関連している。

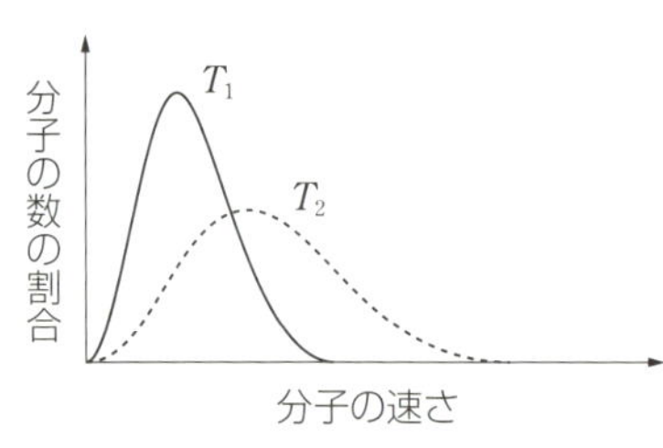

	ア	イ	ウ
①	＞	多　く	低　く
②	＞	多　く	高　く
③	＞	少なく	低　く
④	＞	少なく	高　く
⑤	＜	多　く	低　く
⑥	＜	多　く	高　く
⑦	＜	少なく	低　く
⑧	＜	少なく	高　く

解答・解説

温度が高くなるほど速さの大きな分子の数の割合が多くなることから，T_1 ア ＜ T_2である。また，気体分子が容器の器壁に衝突する回数は分子の速さが大きいほど イ 多く なる。そして，衝突回数が多くなるほど気体の圧力は高くなる。つまり，温度が高くなると，気体の圧力が ウ 高く なる現象と関連している。

第1章　物質の状態

4 時間目

気　体

1 気体の圧力・体積・温度について

ピストン付きの容器に気体を入れると，気体分子が容器の中を熱運動しピストンに衝突する。このときに**ピストンが受ける「単位面積あたりに加わる力」を気体の圧力という**んだ。

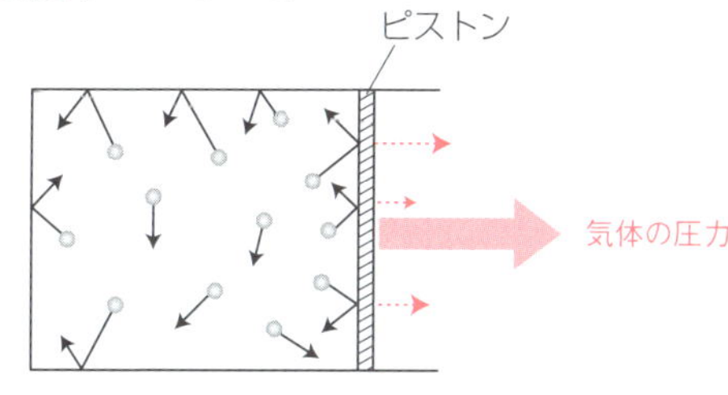

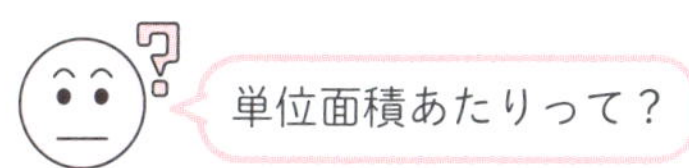

圧力〔N/m^2〕＝力の大きさ〔N〕÷力を受ける面積〔m^2〕については，中学時代に勉強したよね。単位からわかるように，圧力は**単位面積（1 m^2）あたりにかかる力の大きさ〔N〕**なんだ。

ぼくたちは，日ごろ空気の重さ（空気にはたらく重力）を感じていないけれど，空気にも重さがあるんだ。そして，地表の空気は，その上にある空気によって押されているために圧力が生じていて，これを**大気圧**という。大気圧を体に感じることはないけれど，見て確認することはできるんだ。

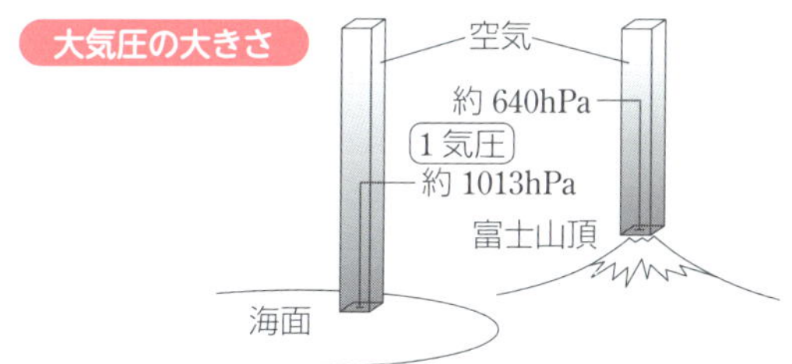

（N/m^2 はニュートン毎平方メートル，Pa はパスカル，hPa はヘクトパスカルとよみ，h（ヘクト）は10^2を表す。$1\,N/m^2 = 1\,Pa$，$1\,hPa = 10^2\,Pa$ であり，$1013\,hPa = 1013\times10^2\,Pa = 1.013\times10^5\,Pa = 1.013\times10^5\,N/m^2$ になる。）

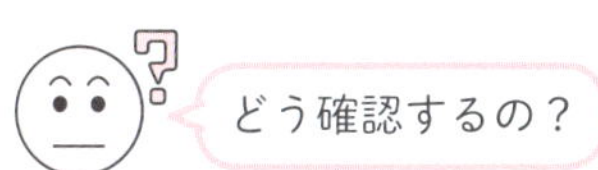

約 1 m のガラス管を用意して，その中に水銀 Hg をガラス管いっぱいに満たすんだ。この水銀をこぼさないように，水銀の入っている容器の中にさかさまに立てると，大部分の水銀はガラス管の中に残り，その高さは76cm で止まるんだ。

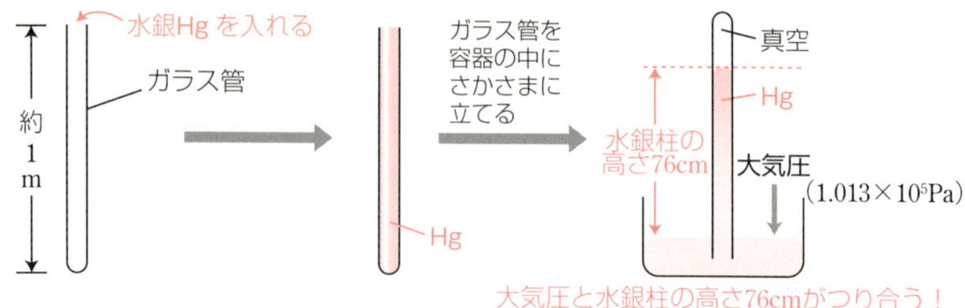

これで，大気圧が確認できているの？

そうなんだ。ここで，ガラス管の真空部分を割ると，水銀は高さが 0 cm になってしまう。つまり，割ることによってガラス管中にも大気圧 $(1.013\times10^5\ Pa)$ がかかるようになるから，水銀の高さが 0 cm になるんだ。

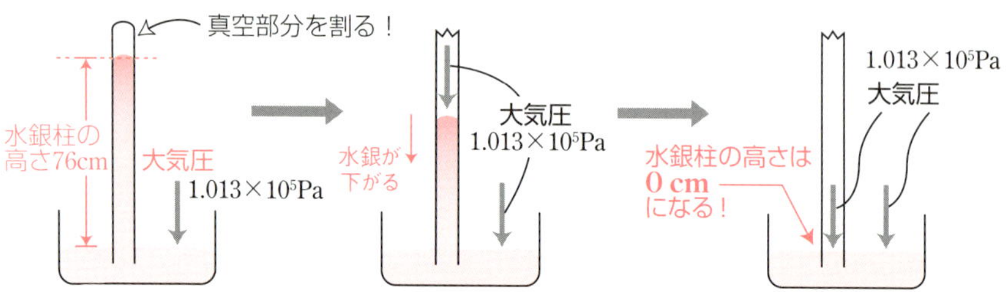

このことから，**大気圧 $(1.013\times10^5$ Pa ＝ 1 atm) は高さ 76 cm ＝760 mm の水銀が示す圧力と等しい**ことが確認できるね。この関係を，

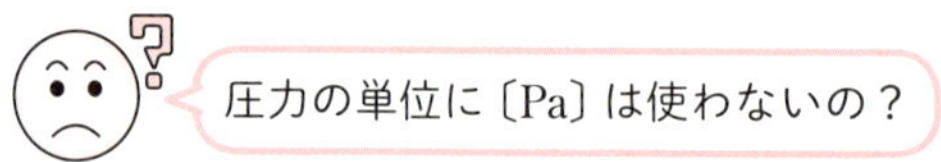

大気圧＝ **1 atm（1 気圧）＝76 cmHg ＝760 mmHg**

と書くんだ。

圧力の単位に〔Pa〕は使わないの？

もちろん使えるよ。ここで，**76 cm の水銀 Hg が示す圧力，つまり大気圧＝ 1 atm（1 気圧）を〔Pa〕で表してみる**ね。

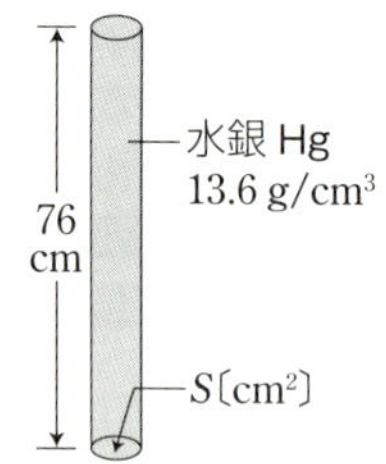

水銀柱の底面積を S〔cm²〕とすると，水銀の体積は，“底面積×高さ” より，

S〔cm²〕×76〔cm〕＝76S〔cm³〕　⬅ cm²× cm ＝ cm³ となる

となり，水銀の密度は13.6g/cm³ なので，水銀柱の質量〔g〕は，

$$76S\,[\mathrm{cm^3}]\times\frac{13.6\,[\mathrm{g}]}{1\,[\mathrm{cm^3}]}=1033.6S\,[\mathrm{g}]$$ ⬅ cm³ どうしを消去して g を残す

ここで，「1 kg の物体にはたらく重力は9.8 N（ニュートン）」であることと，**圧力〔N/m²〕＝力の大きさ〔N〕÷力を受ける面積〔m²〕**であることから，水

銀柱の底面にはたらいている圧力は，

kg どうしを消去して N を残す　　cm² にするために 2 乗する

$$\left\{1033.6S\,[\mathrm{g}] \times \frac{1\,[\mathrm{kg}]}{10^3\,[\mathrm{g}]} \times \frac{9.8\,[\mathrm{N}]}{1\,[\mathrm{kg}]}\right\} \div \left\{S\,[\mathrm{cm^2}] \times \left(\frac{1\,[\mathrm{m}]}{10^2\,[\mathrm{cm}]}\right)^2\right\}$$

g どうしを消去する　　cm² どうしを消去して m² を残す

$$=\frac{1033.6S \times 10^{-3} \times 9.8\,[\mathrm{N}]}{S \times 10^{-4}\,[\mathrm{m^2}]} \fallingdotseq 1.013\times10^5\,[\mathrm{N/m^2}]$$

となり，また「$1\,\mathrm{Pa} = 1\,\mathrm{N/m^2}$」なので，$1.013\times10^5\,[\mathrm{N/m^2}] = 1.013\times10^5\,[\mathrm{Pa}]$

つまり，大気圧は次のように表せるんだ。

大気圧 ＝ **1 atm** ＝ 76 cmHg ＝ **760 mmHg** ＝ $1.013\times10^5\,\mathrm{N/m^2}$ ＝ **1.013×10^5 Pa**

気体の体積は，気体分子の大きさのことではないんだ。**気体が自由に熱運動している空間を気体の体積**というので，同じ物質量〔mol〕の気体を入れてもピストンを押す力が変化すれば，体積も変化するんだ。

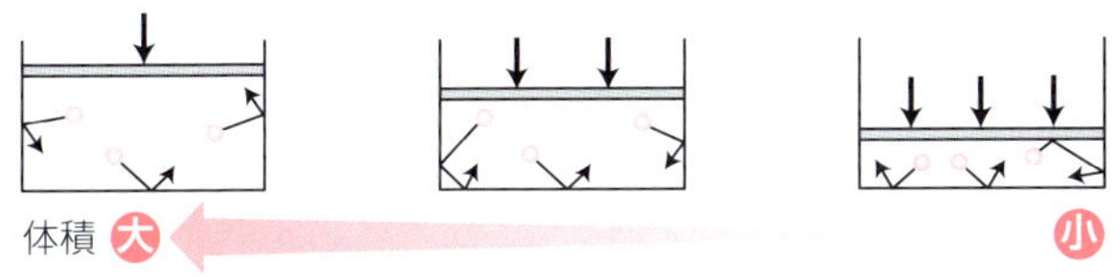

日常生活では，水の凝固点（融点）を 0 ℃，沸点を 100℃として決められたセルシウス温度 t〔℃〕を使っていたよね。ただ，分子の熱運動が完全に停止する温度の最低限界が−273℃（この温度を**絶対零度**という）だとわかってきたので，**−273℃（絶対零度）を原点とする新しい温度の表し方である絶対温度 T〔K〕（ケルビン）も使われるようになった**んだ。

T と t には，T〔K〕＝ 273 ＋ t〔℃〕の対応関係があるんだ。

思考力のトレーニング　やや難　2分

イギリスの科学者ボイルは，17 世紀の中ごろ，管内に閉じ込められた空気の体積(V)と圧力(P)との関係を調べ，ボイルの法則(PV ＝一定)を導いた。常温で大気圧(760mmHg)の下，断面積が一定の J 字管を用いて図のような実験を行ったとき，P および V に対応する長さはどれか。最も適当なものを，次の①～⓪のうちから 1 つずつ選べ。ただし，同じものをくり返し選んでもよい。

P に対応する長さ［ 1 ］mm，V に対応する長さ［ 2 ］mm

① c
② $b + c$
③ $c + d$
④ $a + b + c$
⑤ $b + c + d$
⑥ $c + 760$
⑦ $b + c + 760$
⑧ $c + d + 760$
⑨ $a + b + c + 760$
⓪ $b + c + d + 760$

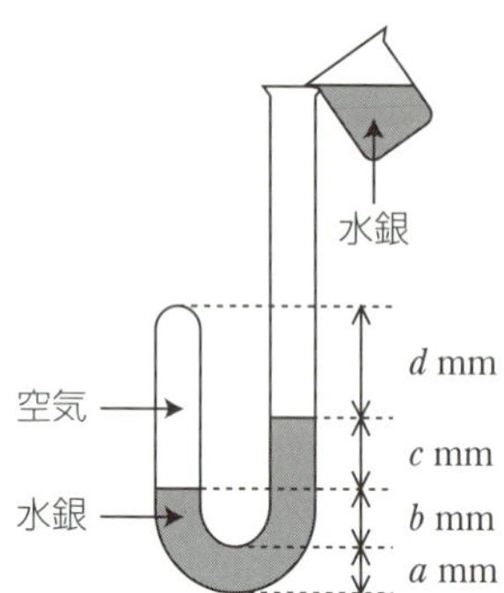

解答・解説

［ 1 ］ 大気圧：760 mmHg

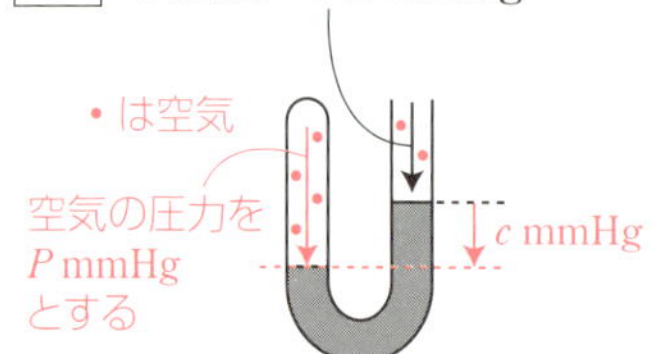

……でのつり合いの式

P mmHg ＝760mmHg ＋ c mmHg
（空気の圧力）（大気圧）（水銀 c mm が示す圧力）

［ 2 ］ 空気の体積 V は，空気が自由に熱運動している空間つまり　　の部分になる。

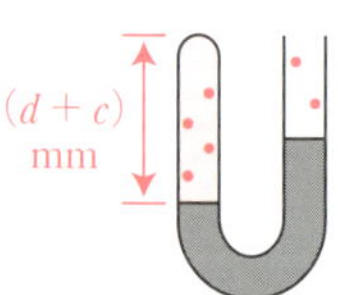

V に対応する長さは，$(d + c)$ mm

2 気体の状態方程式について

分子の大きさがなく，分子間力がはたらかないと考えた気体を理想気体といい，理想気体については次の重要公式が成り立つんだ。

$PV = nRT$　重要公式

この式を「**気体の状態方程式**」という。この式をみると，**気体の物質量 n〔mol〕は，圧力 P・体積 V・温度 T〔K〕の 3 つの値がわかれば求められる**ことがわかるね。

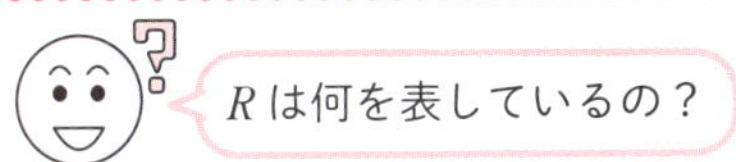

R は**気体定数**とよばれる定数なんだ。標準状態(0 ℃， 1 atm ＝ 1.013×10^5 Pa)では， 1 mol の気体の体積は 22.4L だったよね。だから，気体定数 R は，

❶　0 ℃，1.013×10^5 Pa(標準状態) で 1 mol の気体は 22.4L を占めるので，

$$R = \frac{PV}{nT} = \frac{1.013 \times 10^5 \text{〔Pa〕} \cdot 22.4 \text{〔L〕}}{1 \text{〔mol〕} \cdot 273 \text{〔K〕}} \fallingdotseq 8.3 \times 10^3 \text{〔Pa・L/(K・mol)〕}$$

単位に注目しよう！

・気体定数 R の値が $\mathbf{8.3 \times 10^3}$ のとき ➡ 圧力 P は Pa，体積 V は L，温度 T は K を使用する

❷　0 ℃， 1 atm (標準状態) で 1 mol の気体は 22.4L を占めるので，

$$R = \frac{PV}{nT} = \frac{1 \text{〔atm〕} \cdot 22.4 \text{〔L〕}}{1 \text{〔mol〕} \cdot 273 \text{〔K〕}} \fallingdotseq 0.082 \text{〔atm・L/(K・mol)〕}$$

単位に注目しよう！

・気体定数 R の値が **0.082** のとき ➡ 圧力 P は atm，体積 V は L，温度 T は K を使用する

のようにさまざまな値・単位になるんだ。共通テストでの気体定数 R は，$R = 8.3 \times 10^3$〔Pa・L/(K・mol)〕で与えられることが多い。ただし，与えられる R の単位によっては P や V の単位が変化するので注意してね。

気体の問題を解くときには，まず R の単位を確認するようにするよ。

ポイント　気体計算のポイント

- (P， V， T) の値がわかれば，n の値が求められる
  3 つのデータ
- $PV = nRT$ （与えられる気体定数 R の値や単位によって，P， V の単位を使い分けて解くようにしよう。）

次の図を見てほしいんだ。

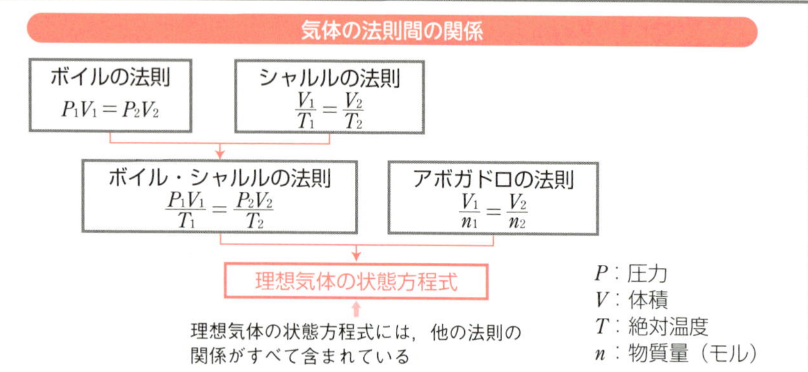

$PV = nRT$ には，他の法則の関係がすべて含まれているんだね。

そうなんだ。つまり，**気体の計算は $PV = nRT$ ですべて解くことができる**んだ。

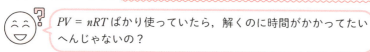

$PV = nRT$ ばかり使っていたら，解くのに時間がかかってたいへんじゃないの？

それほどでもないんだ。共通テストでは，計算量が少ないからね。もし，**圧力・体積・温度のうち数値が与えられていないものがあれば，圧力なら P，体積なら V，温度なら T と文字でおいたまま計算すればいい**んだ。

ポイント 気体の計算問題について

● 気体の計算問題 ➡ $PV = nRT$ を使えば，すべて解くことができる

チェック問題 1

水素ガスを容積 1.0 L の容器に入れ，密封して 400 K に加熱したところ，圧力は3.3×10^5 Pa となった。容器内の水素の質量は何 g か。最も適当な数値を，①～⑥のうちから 1 つ選べ。H = 1.0，気体定数は 8.3×10^3〔Pa・L/(K・mol)〕とする。

① 0.1　② 0.2　③ 1　④ 2　⑤ 10　⑥ 20

解答・解説

②

水素 H_2 の分子量は $1.0\times2=2.0$ なのでそのモル質量は 2.0 g/mol であり，容器内の水素 H_2 の質量を w〔g〕とすると，その物質量〔mol〕は，$w\,\text{g}\times\dfrac{1\ \text{mol}}{2.0\ \text{g}}$ になる。

R の単位から $P\to\text{Pa}$，$V\to\text{L}$，$n\to\text{mol}$，$T\to\text{K}$ を $PV=nRT$ に代入する。

$$\underbrace{3.3\times10^5}_{P\text{ に Pa}}\times\underbrace{1.0}_{V\text{ に L}}=\underbrace{\frac{w}{2.0}}_{n\text{ は mol}}\times\underbrace{8.3\times10^3}_{R}\times\underbrace{400}_{T\text{ に K}}$$ より，$w\fallingdotseq0.2$〔g〕

チェック問題 2

標準 2分

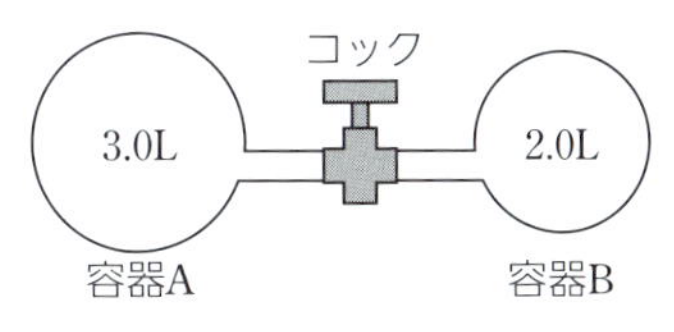

右図に示すように，容積 3.0 L の容器 A と容積 2.0L の容器 B をコックで連結した装置がある。すべてのコックが閉じている状態で，容器 A には 4.0×10^5 Pa の，容器 B には 5.0×10^5 Pa の窒素が入っている。温度を一定に保ったまま，中央のコックを開き，十分な時間が経過した後，容器内の圧力は何 Pa になるか。有効数字 2 桁で次の形式で表すとき，［1］～［3］にあてはまる数字を答えよ。［1］.［2］$\times10^{[3]}$ Pa

解答・解説

［1］ 4　［2］ 4　［3］ 5

温度が数値で与えられていないので，T〔K〕とおいて考える。

コックを開く前の容器 A 中の窒素 N_2 の物質量〔mol〕は，$PV=nRT$ より，

$$n_A=\frac{4.0\times10^5\times3.0}{RT}=\frac{12\times10^5}{RT}\ \text{〔mol〕}$$

← R は与えられていないので，R の単位を〔Pa・L/(K・mol)〕で考える

同様に，容器 B 中の窒素 N_2 の物質量〔mol〕は，

$$n_B=\frac{5.0\times10^5\times2.0}{RT}=\frac{10\times10^5}{RT}\ \text{〔mol〕}$$

温度 T を一定に保ったまま，コックを開いた後の圧力 P〔Pa〕は，

$$P\times\underbrace{(3.0+2.0)}_{\text{コックを開いた後の容器の容積}}=\Bigl(\underbrace{\frac{12\times10^5}{RT}}_{\text{A 中の }N_2\text{〔mol〕}}+\underbrace{\frac{10\times10^5}{RT}}_{\text{B 中の }N_2\text{〔mol〕}}\Bigr)\times RT$$ より，$P=4.4\times10^5$〔Pa〕

コックを開くと混合する

チェック問題 3

標準 3分

物質量が一定の理想気体の温度を T_1〔K〕または T_2〔K〕に保ったまま，圧力 P を変える。このときの気体の体積 V〔L〕と圧力 P〔Pa〕との関係を表すグラフを，次の①～⑥のうちから１つ選べ。ただし，$T_1 > T_2$ とする。

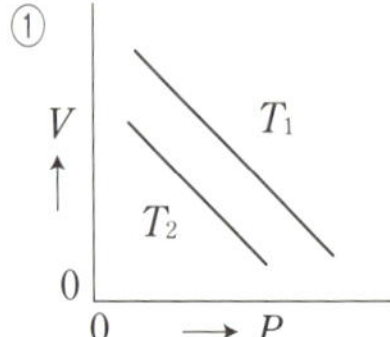

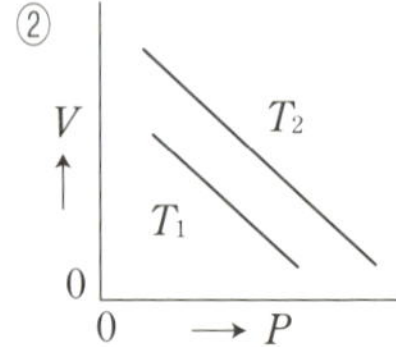

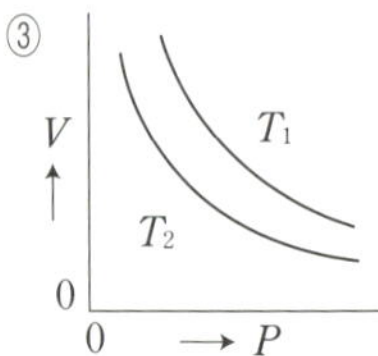

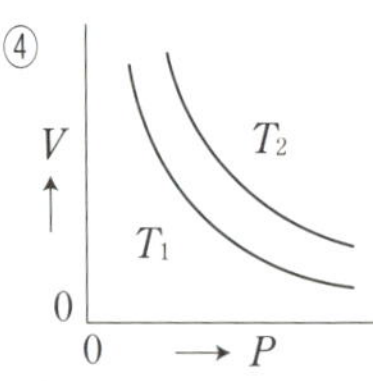

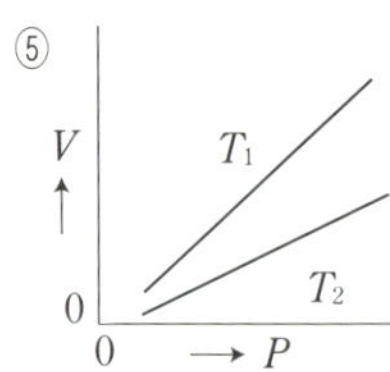

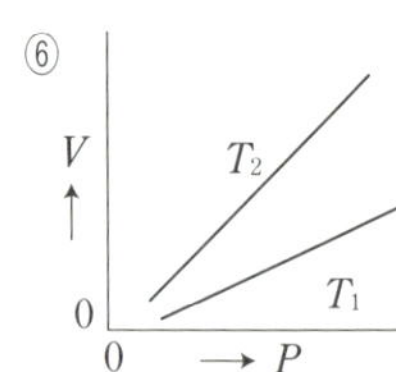

解答・解説

③

「物質量〔mol〕が一定の理想気体」とあるので，n は一定の値となる。「気体定数は一定の値」なので，R も一定の値となる。

T_1〔K〕において，$PV = nRT_1$ が成立する。
↓ n, R, T_1 が一定の値なので，□をつける
$PV = \boxed{n}\,\boxed{R}\,\boxed{T_1}$ …(ア)

T_2〔K〕において，$PV = nRT_2$ が成立する。
↓ n, R, T_2 が一定の値なので，□をつける
$PV = \boxed{n}\,\boxed{R}\,\boxed{T_2}$ …(イ)

（□は一定の値であることを示している）

＊ T_1，T_2 は，それぞれ**その温度の下で考えている**ので一定値になる。

式(ア)，(イ)のグラフは，横軸に P，縦軸に V をとると**反比例のグラフ**(ボイルの法則)になる。たとえば，$P = 1$ を代入すると $T_1 > T_2$ なので，式(ア)，(イ)より，**$V = nRT_1 > V = nRT_2$ ➡ T_1のときの V の値は T_2のときの V の値よりも大きくなる**。

よって，グラフは右図のようになる。

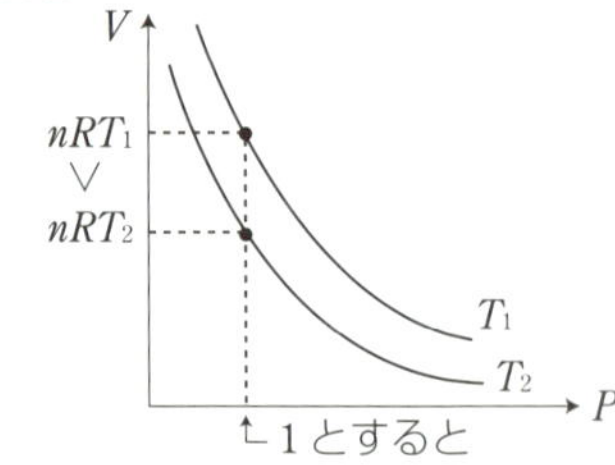

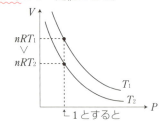

3 気体の分子量について

気体 1 L あたりの質量〔g〕を気体の密度というんだ。単位はどうなると思う？

1 L あたりの質量〔g〕だから，g/L だね。

そうだね。単位からわかるように，気体の密度〔g/L〕は g ÷ L で求めることができるんだ。

質量 w〔g〕の気体の物質量 n〔mol〕は，分子量を M とすると

$$n\,[\mathrm{mol}] = w\,[\mathrm{g}] \times \frac{1\,\mathrm{mol}}{M\,[\mathrm{g}]}$$

⇐モル質量は M〔g/mol〕となり，g どうしを消去して，mol を残す

となり，これを $PV = nRT$ に代入すると

$$PV = \frac{w}{M} \times RT \quad \cdots\cdots ①$$

⇐ $PV = nRT$ に $n = \frac{w}{M}$ を代入した

となるね。ここで，気体の密度を d〔g/L〕とすると

$$d\,[\mathrm{g/L}] = w\,[\mathrm{g}] \div V\,[\mathrm{L}]$$

⇐単位に注目すると，g ÷ L で求められる

なので，①を変形した

$$PM = \frac{w}{V} \times RT \quad \cdots\cdots ②$$

⇐ $\frac{w}{V}$ の形をつくる

に代入して

$$PM = d \times RT \quad \cdots\cdots ③$$

⇐ $\frac{w}{V} = d$ となる

が成立する。

この式から，ある温度 T での気体の圧力 P と密度 d がわかれば，気体の分子量 M を求めることができるね。

そうだね。また，③を変形すると $d = \frac{P}{RT} \times M$ になるよね。この式から，圧力 P と温度 T が一定のとき，気体定数 R はもともと一定値なので，**気体の密度 d は分子量 M に比例することがわかる**んだ。

分子量 M の大きい気体ほど重いってことだね。

ポイント 気体の分子量について

- ①式から，$M = \frac{wRT}{PV}$
- ③式から，$M = \frac{dRT}{P}$

チェック問題 4

標準 2分

揮発性の純物質Aの分子量を求めるために実験を行った。内容積が500 mLの容器にAの液体を約2 g入れ，小さな穴をあけたアルミニウム箔(はく)で口をふさいだ。これを，図のように87 ℃の温水に浸し，Aを完全に蒸発させて容器内を87 ℃のAの蒸気のみで満たした。その後，この容器を冷却したところ，容器内のAの蒸気はすべて液体になり，その液体の質量は1.4 gであった。Aの分子量はいくらか。最も適当な数値を，①～⑤のうちから1つ選べ。ただし，大気圧は1.0×10^5 Paであり，気体定数は$R=8.3\times10^3$ Pa・L/(K・mol)とする。

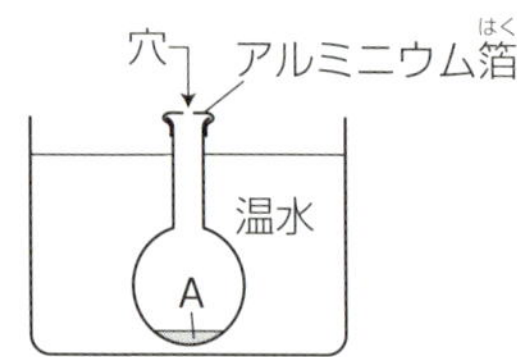

① 20　　② 63　　③ 84　　④ 110　　⑤ 120

解答・解説

③

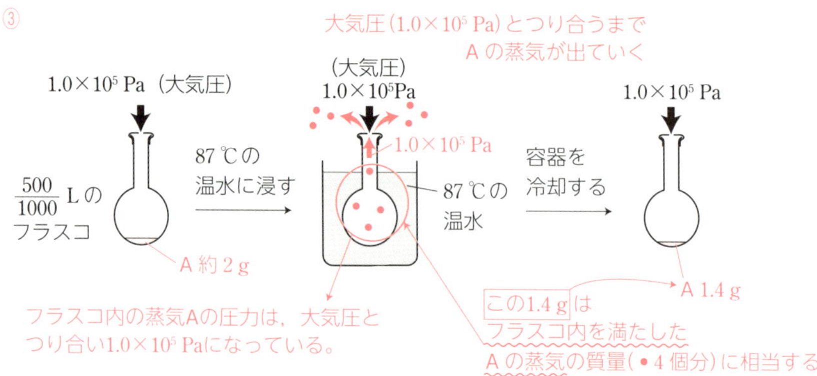

87 ℃でAはすべて気体として存在しており，この温度において蒸気Aについて$PV=\frac{w}{M}RT$が成立する。このとき，1.4 gのAは$\frac{500}{1000}$ Lのフラスコ内ですべて気体であり，その圧力は1.0×10^5 Paになる。よって，

$$1.0\times10^5\times\frac{500}{1000}=\frac{1.4}{M}\times8.3\times10^3\times(273+87)$$

から，$M\fallingdotseq84$になる。

チェック問題 5

次の①～⑤のうちから，常温，常圧で密度が最も小さいものを1つ選べ。
C＝12，N＝14，O＝16，Ar＝40

① N_2　② O_2　③ NO_2　④ CO_2　⑤ Ar

解答・解説

①

それぞれの分子量は，

$N_2=28$，$O_2=32$，$NO_2=46$，$CO_2=44$，$Ar=40$

$d=\frac{P}{RT}\times M$ より，気体の密度 d は，一定温度（常温），一定圧力（常圧）の下，分子量 M に比例するので，**分子量の最も小さな N_2 の密度が最も小さい。**

5 時間目

第1章　物質の状態

混合気体，理想気体と実在気体

1 モル分率と平均分子量について

容器の中で n_A〔mol〕の気体 A（分子量 M_A）と n_B〔mol〕の気体 B（分子量 M_B）が混合している。このとき，混合気体全モルに対する**気体 A と B のモルの割合をそれぞれ気体 A と気体 B のモル分率という**んだ。

$$\text{モル分率} = \frac{\text{成分気体の物質量〔mol〕}}{\text{混合気体の全物質量〔mol〕}}$$

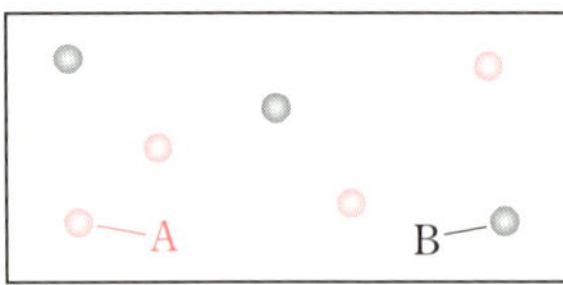

$$\text{A のモル分率} = \frac{n_A}{n_A + n_B}$$

← A の mol
← A と B の mol の合計

$$\text{B のモル分率} = \frac{n_B}{n_A + n_B}$$

A : n_A mol（モル質量 M_A〔g/mol〕），B : n_B mol（モル質量 M_B〔g/mol〕）

ここで，この**混合気体**の平均（見かけの）分子量 $\overline{M}$ を求めてみるね。

今回は 2 種類の気体 A，B が混合しているから，この**混合気体を（○と●を区別せず）1 種類の気体のように取り扱って，分子量 $\overline{M}$ を求める**。この $\overline{M}$ を**平均分子量（見かけの分子量）**というんだ。

$$\text{混合気体の全質量〔g〕} = \underbrace{n_A\text{〔mol〕} \times \frac{M_A\text{〔g〕}}{1\text{〔mol〕}}}_{\text{気体 A の質量〔g〕}} + \underbrace{n_B\text{〔mol〕} \times \frac{M_B\text{〔g〕}}{1\text{〔mol〕}}}_{\text{気体 B の質量〔g〕}}$$

$$\text{混合気体の全物質量〔mol〕} = \underbrace{n_A}_{\text{気体 A の物質量〔mol〕}} + \underbrace{n_B}_{\text{気体 B の物質量〔mol〕}}\text{〔mol〕}$$

平均分子量 $\overline{M}$ はそのモル質量が $\overline{M}$〔g/mol〕なので，g ÷ mol で求められるね。

$\overline{M}$〔g/mol〕＝**混合気体の全質量〔g〕÷混合気体の全物質量〔mol〕**

$$= (n_A \times M_A + n_B \times M_B) \div (n_A + n_B) = \frac{n_A M_A + n_B M_B}{n_A + n_B}$$

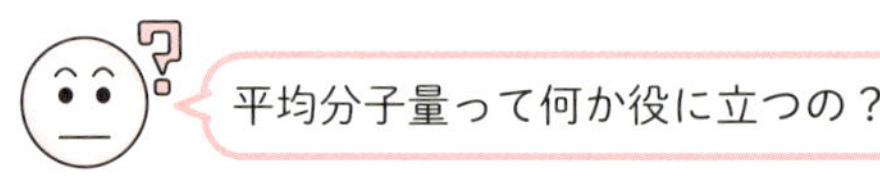

混合気体を 1 種類の気体とみなして，$PV = nRT$ に代入することができるので，平均分子量を調べることで混合気体が扱いやすくなることがあるんだ。

チェック問題 1

1.0×10^5 Pa の酸素6.0L と 2.0×10^5 Pa のアルゴン 2.0 L を混合した。この混合気体の平均分子量はおよそいくらか。次の①～⑤のうちから，最も適当な数値を1つ選べ。$O_2=32$，$Ar=40$

① 18　② 26　③ 28　④ 35　⑤ 38

解答・解説

④

温度が数値として与えられていないので，T とおいて考える。酸素 O_2 の物質量を n_{O_2}〔mol〕とおくと，$PV=nRT$ より，

$$n_{O_2}=\frac{1.0\times10^5\times6.0}{RT}=\frac{6.0\times10^5}{RT}\text{〔mol〕}$$ ⬅ R の単位は〔Pa・L/(K・mol)〕と考える

アルゴン Ar の物質量を n_{Ar}〔mol〕とおくと，同様に，

$$n_{Ar}=\frac{2.0\times10^5\times2.0}{RT}=\frac{4.0\times10^5}{RT}\text{〔mol〕}$$

$O_2=32$，$Ar=40$より，

混合気体の全質量〔g〕は，$\underbrace{\frac{6.0\times10^5}{RT}\text{mol}\times\frac{32\text{g}}{1\text{ mol}}}_{O_2\text{の質量〔g〕}}+\underbrace{\frac{4.0\times10^5}{RT}\text{mol}\times\frac{40\text{g}}{1\text{ mol}}}_{Ar\text{の質量〔g〕}}$

混合気体の全物質量〔mol〕は，$\underbrace{\frac{6.0\times10^5}{RT}}_{O_2\text{〔mol〕}}+\underbrace{\frac{4.0\times10^5}{RT}}_{Ar\text{〔mol〕}}$〔mol〕

$$\overline{M}\text{〔g/mol〕}=\frac{\frac{6.0\times10^5}{RT}\times32+\frac{4.0\times10^5}{RT}\times40\text{〔g〕}}{\frac{6.0\times10^5}{RT}+\frac{4.0\times10^5}{RT}\text{〔mol〕}}=\frac{6.0\times32+4.0\times40}{6.0+4.0}\fallingdotseq35\text{〔g/mol〕}$$

2 ドルトンの分圧の法則について

1 と同じように気体 A と気体 B が混合して，同じ容器の中に入っているとするね。この**気体 A や気体 B がそれぞれ単独で混合気体と同じ体積を占めたときに，気体 A や気体 B の示すそれぞれの圧力 P_A，P_B を A の分圧，B の分圧とよぶ**んだ。また，この混合気体全体が示す圧力を**全圧** P という。

そして，気体 A と気体 B からなる混合気体について，

$$P=P_A+P_B$$ ⬅ 全圧は，分圧の和となる

が成り立つんだ。この関係は，**混合気体の全圧は，その成分気体の分圧の和に等しい**（＝**ドルトンの分圧の法則**という）ことを示しているんだ。

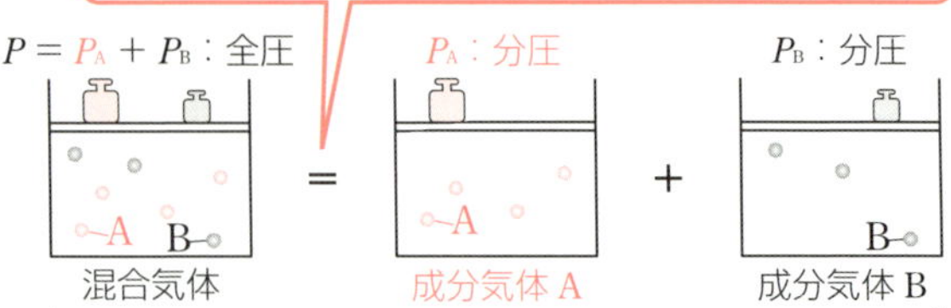

チェック問題 2

標準 

ドライアイスの小片と9.2g のエタノール(分子量46)を，容積 4.1L の密閉容器中で，加熱して完全に気化させた。さらに温度を上げて127℃にすると，この 2 種類の気体の分圧は，合わせて2.0×10^5 Pa になった。ドライアイスの質量〔g〕として最も適当な数値を，次の①～⑤のうちから 1 つ選べ。ただし，気体定数は $R = 8.3\times10^3$〔Pa・L/(K・mol)〕とする。C = 12，O = 16

①　0.6　　②　2.1　　③　4.2　　④　10.5　　⑤　25.2

解答・解説

②

ドライアイス CO_2 の分子量は44なのでモル質量は44 g/mol となり，その物質量〔mol〕はドライアイスの質量を x g とすると，

$$x\,\text{g} \times \frac{1\,\text{mol}}{44\,\text{g}} = \frac{x}{44}\,[\text{mol}]$$ ⬅ g どうしを消去して mol を残す

エタノールの物質量〔mol〕は，モル質量46 g/mol から，

$$9.2\,\text{g} \times \frac{1\,\text{mol}}{46\,\text{g}} = 0.20\,[\text{mol}]$$ ⬅ g どうしを消去して mol を残す

この混合気体について，$PV = nRT$ が成り立つ。

$$2.0\times10^5\times4.1=\left(\frac{x}{44}+0.20\right)\times8.3\times10^3\times(273+127)$$ より，$x \fallingdotseq 2.1$〔g〕

分圧の和＝全圧

ドライアイスは，完全に気化している

たしかにね。体積 V・温度 T はそのままで，それぞれの成分気体に注目することを，

「V，T：一定で分ける」

と書くようにクセづけてね。混合気体を見つけたら，「V，T：一定で分けた図」を書くようにしてみてね。

そうだね。図を書き，じっくり考えるトレーニングをつんでいけば混合気体の計算がいつのまにか得意になっていると思うよ。

● N_2 x mol と O_2 y mol が混合して，容器の中に入っている場合

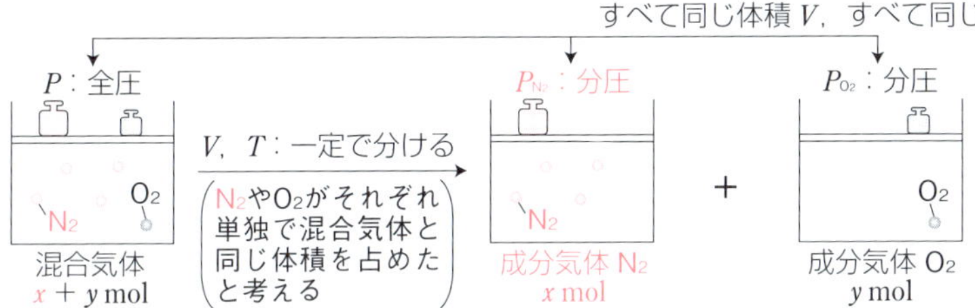

$P=\dfrac{RT}{V}\times n$ より P と n が比例するため，（$\dfrac{RT}{V}$：一定値になる）

$P=P_{N_2}+P_{O_2}$ や $P:P_{N_2}:P_{O_2}=(x+y):x:y$ が成り立つ。

（$P=P_{N_2}+P_{O_2}$：圧力は mol のように足すことができる）（$P:P_{N_2}:P_{O_2}=(x+y):x:y$：圧力比＝mol 比 ⇐ 圧力と mol が比例する）

$P:P_{N_2}=(x+y):x$ から，$P_{N_2}=P\times\dfrac{x}{x+y}$

（圧力比＝モル比，分圧＝全圧×モル分率）

$P:P_{O_2}=(x+y):y$ から，$P_{O_2}=P\times\dfrac{y}{x+y}$

（圧力比＝モル比，分圧＝全圧×モル分率）

ポイント　混合気体の分け方について

● V，T：一定で分けたとき，$\left\{\begin{array}{l}\text{圧力比＝物質量(モル)比}\\ \text{分圧＝全圧×モル分率}\end{array}\right\}$となる

チェック問題 3

標準　3分

容積が 2.0 L, 2.5 L, 0.50 L の容器 A ~ C を右図のように連結し，A には 2.0×10^5 Pa の窒素，C には 4.0×10^5 Pa の酸素を入れた。B は真空である。温度一定のまま，中央の 2 つのコックを開け，十分に長い時間がたったとき，窒素の分圧〔Pa〕はいくらになるか。有効数字 2 桁で次の形式で表すとき，[1]~[3] にあてはまる数字を答えよ。

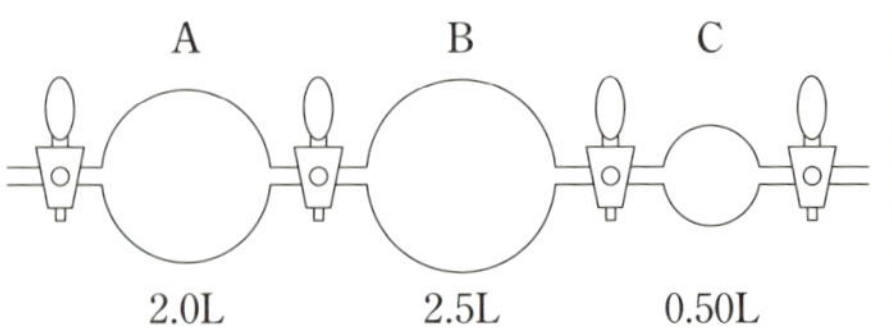

[1].[2] × 10^[3] Pa

解答・解説

[1] 8　[2] 0　[3] 4

温度が数値として与えられていないので，T〔K〕とおいて考える。

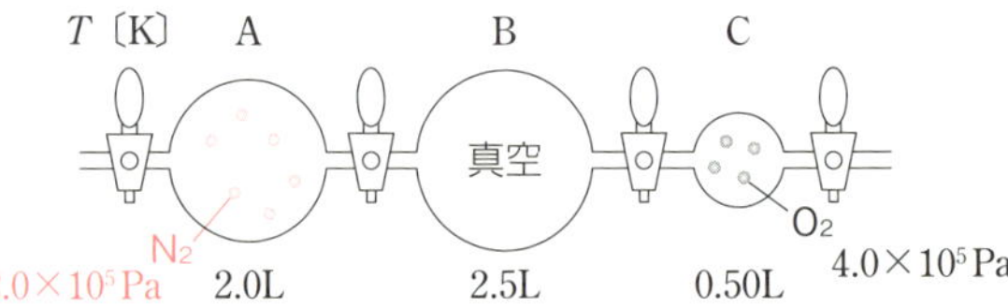

コックを開ける前の容器 A 中の窒素 N_2 の物質量〔mol〕は，$PV = nRT$ より，

$$n_{N_2} = \frac{2.0\times10^5\times2.0}{RT} = \frac{4.0\times10^5}{RT}\text{〔mol〕}$$

← R の単位は，〔Pa・L/(K・mol)〕で考える

同様に，容器 C 中の酸素 O_2 の物質量〔mol〕は，

$$n_{O_2} = \frac{4.0\times10^5\times0.50}{RT} = \frac{2.0\times10^5}{RT}\text{〔mol〕}$$

コックを開け，十分に長い時間がたつと N_2 と O_2 がたがいに拡散しあう。

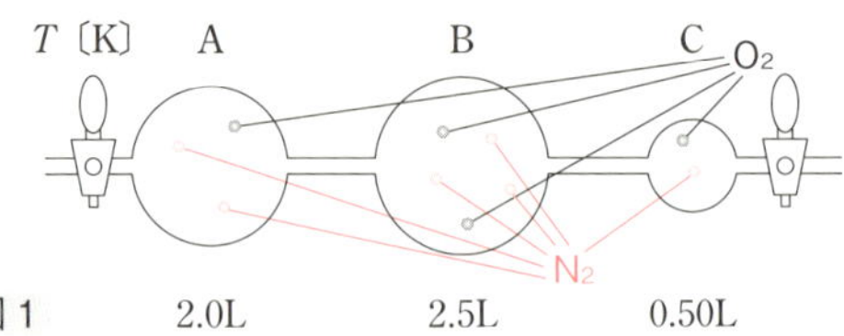

図 1

N_2 の分圧を求めるので，混合気体(図 1)について [V, T：一定の図] を考える。

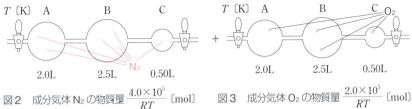

図2　成分気体 N_2 の物質量 $\dfrac{4.0\times10^5}{RT}$〔mol〕

図3　成分気体 O_2 の物質量 $\dfrac{2.0\times10^5}{RT}$〔mol〕

図2において，N_2 について，$PV = nRT$ が成り立つ。

$$P_{N_2}\times\underbrace{(2.0+2.5+0.50)}_{\text{A, B, Cはつながっている}} = \underbrace{\frac{4.0\times10^5}{RT}}_{N_2\text{〔mol〕}}\times RT \text{ より，} P_{N_2} = 0.80\times10^5 = 8.0\times10^4 \text{〔Pa〕}$$

（参考）　図3において，O_2 について，$PV = nRT$ が成り立つ。

$$P_{O_2}\times(2.0+2.5+0.50) = \underbrace{\frac{2.0\times10^5}{RT}}_{O_2\text{〔mol〕}}\times RT \text{ より，} P_{O_2} = 0.40\times10^5 = 4.0\times10^4 \text{〔Pa〕}$$

全圧 $P_{全}$ は，$P_{全} = P_{N_2} + P_{O_2} = 8.0\times10^4 + 4.0\times10^4 = 12\times10^4 = 1.2\times10^5$〔Pa〕

3 理想気体と実在気体について

理想気体とは，分子に大きさがなく，分子間力がはたらかないと仮定した仮想の気体のことなんだ。**理想気体**は，状態方程式 $PV = nRT$ に厳密に従うんだ。ところが，実際に存在するアンモニア NH_3 や二酸化炭素 CO_2 などの気体（＝**実在気体**）は，分子自身に大きさがあり，分子間に引力がはたらいている。

実在気体は分子間の引力や分子の大きさが無視できず，$PV = nRT$ が厳密に成立しないんだ。

実在気体は，理想気体とどれくらい違うの？

実在気体が理想気体とどれくらい異なるか（ずれるか）を考えるのに，理想気体や実在気体について，一定温度の下で圧力 P を変えながら $\dfrac{PV}{nRT}$ の値を調べたり（図1），一定圧力の下で温度 T を変えながら $\dfrac{PV}{nRT}$ の値を調べる（図2）ことがあるんだ。

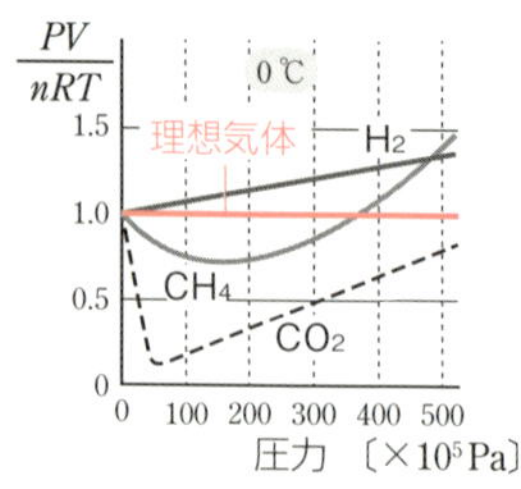

図１　圧力変化にともなう理想気体からのずれ

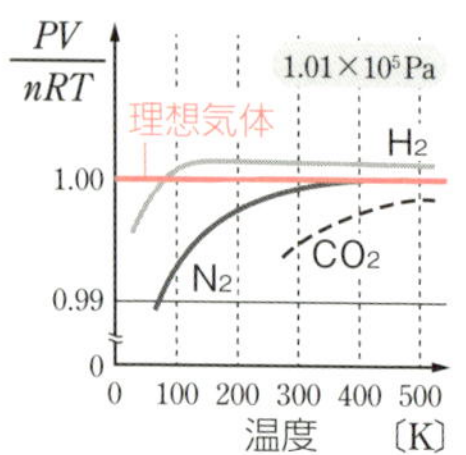

図２　温度変化にともなう理想気体からのずれ

図を見て，気づくことはあるかい？

図１を見ると，実在気体のそれぞれのグラフは左にいけばいくほど理想気体のグラフに近づいていくね。

そうなんだ。**左にいくほど(➡ 低圧になり，P が 0 Pa に近づくほど)，実在気体は理想気体に近づく**ことがわかるね。圧力についてもう少し考えてみよう。

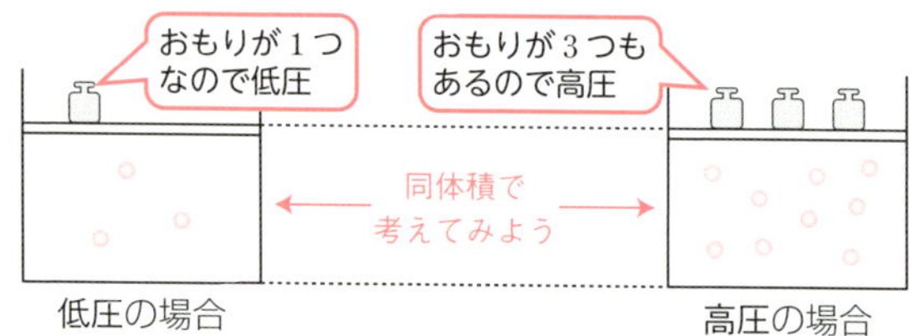

圧力の低い状態では，気体が密につまっていないね。

そうだね。**低圧状態では，気体分子間の距離が遠く離れているので，分子の大きさや分子間力が無視できる**んだ。

分子間力はわかるけど，分子の大きさはどうして無視できるの？

低圧の場合，同じ体積で考えると含まれている分子の数は少ないよね。そうすると，容器の体積に対して分子の大きさが気にならない(無視できる)ということなんだ。つまり，**気体全体の体積に対して分子の大きさが無視できる**んだ。

図２を見ると，実在気体のグラフは温度が高くなるほど理想気体に近づいているね。

そうだね。**高温になるほど実在気体は理想気体に近づく**ね。**高温になるほど気体は激しく熱運動するので，分子間力の影響が無視できる**んだ。

低温　分子間力が強くはたらく

高温　激しい運動
一瞬ですれ違うので，分子間力がはたらきにくい

低圧・高温になると実在気体が理想気体に近づくんだね。

ポイント　理想気体と実在気体について

● 実在気体が理想気体に近づく条件：**高温**・**低圧**

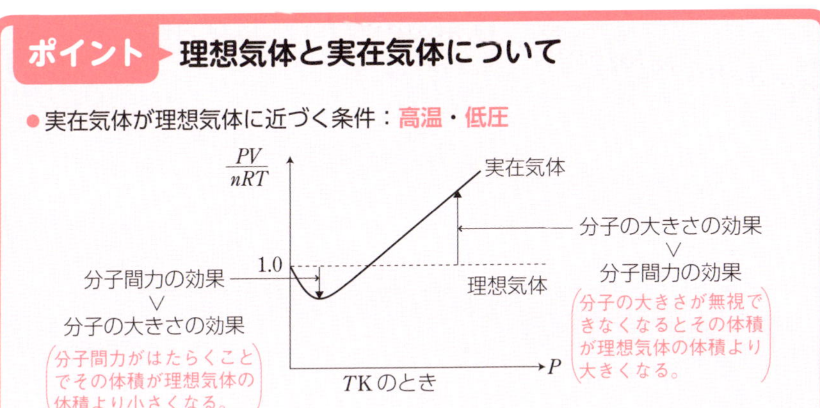

チェック問題 4

気体に関する記述として次の①～⑦のうちから，正しいものを2つ選べ。ただし，Pは圧力，Vは気体の体積，Rは気体定数，Tは絶対温度を表す。

① P，Vをどのような単位で表しても，Rの数値は同一である。
② 標準状態における実在気体1 molの体積Vは，気体の種類によらず一定で22.4 Lである。
③ 理想気体では，$\frac{PV}{nRT}$の値がPに比例して増加する。
④ 理想気体では，$\frac{PV}{nRT}$の値がTに比例する。
⑤ 実在気体の$\frac{PV}{nRT}$の値が理想気体の値からずれるのは，分子間力が1つの原因である。
⑥ 実在気体は，常圧では温度が低いほど理想気体に近いふるまいをする。
⑦ 実在気体であるアンモニア1 molの体積が，標準状態において22.4 Lより小さいのは，アンモニア分子間に分子間力がはたらいているためである。

解答・解説

⑤, ⑦

① 〈誤り〉P, Vの単位が変われば, Rの数値は変化する。(➡ P.75)

② 実在気体〈誤り〉→理想気体が正しい。

③ 〈誤り〉Pが変化しても, 理想気体では $\frac{PV}{nRT}$ の値は一定値(1.0)をとる。

④ 〈誤り〉Tが変化しても, 理想気体では $\frac{PV}{nRT}$ の値は一定値(1.0)をとる。

⑤ 〈正しい〉分子間力や分子の大きさが原因でずれる。

⑥ 〈誤り〉実在気体は, 温度が高いほど理想気体に近いふるまいをする。

⑦ 〈正しい〉アンモニア NH_3は, 分子間に強い引力である水素結合がはたらく。

チェック問題 5

実在気体に関する次の文章中の ア ・ イ にあてはまる語句の組み合わせとして最も適当なものを, 下の①～⑥のうちから1つ選べ。

図はヘリウムとメタンについて, 温度 T〔K〕を一定(300 K)とし, $\frac{PV}{nRT}$ の値が圧力 P〔Pa〕とともに変化する様子を示したものである。ここで, Vは気体の体積〔L〕, nは物質量〔mol〕, Rは気体定数〔Pa・L/(K・mol)〕である。メタンでは, 図の圧力の範囲で, $\frac{PV}{nRT}$ の値は1よりも小さく, 圧力が大きくなるとこの値は減少している。これは ア の影響に比べて イ の影響が大きいことによる。一方, ヘリウムでは, $\frac{PV}{nRT}$ の値は1より大きく, 圧力が大きくなるとこの値は増加している。これは, イ の影響が非常に小さく, ア の影響が大きくあらわれるためである。

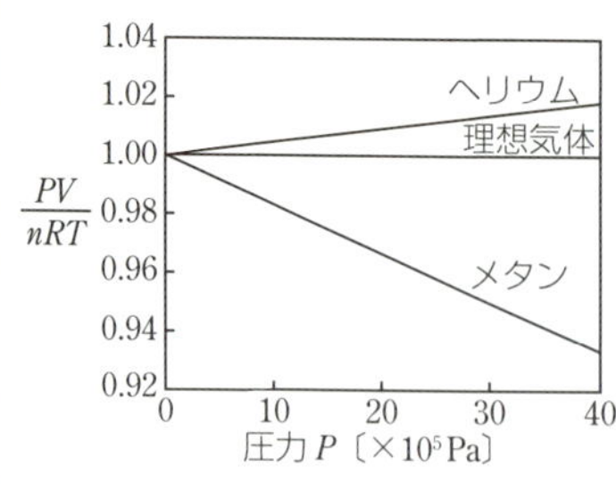

	ア	イ
①	分子間力	分子自身の体積
②	分子間力	分子の熱運動
③	分子自身の体積	分子間力
④	分子自身の体積	分子の熱運動
⑤	分子の熱運動	分子間力
⑥	分子の熱運動	分子自身の体積

解答・解説

③

ヘリウム He のように，分子量が小さな無極性分子は，理想気体に近い挙動を示す。

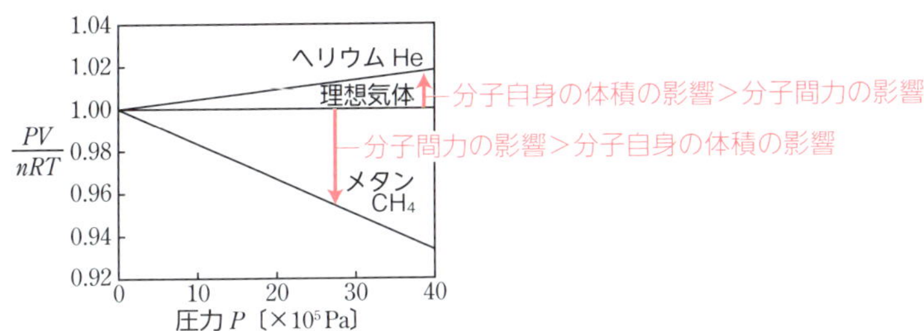

第1章　物質の状態

6時間目　(飽和)蒸気圧

1 (飽和)蒸気圧について

ビーカーの中に水滴を入れて，そのまま放置するとどうなるかな？

そのうち蒸発して，すべてなくなってしまうね。

そうだね。次に，右下のようにビーカーに水を入れ，ふたをし，長い時間放置すると，水は一部が残ったままになるよね。このとき，**水の一部は蒸発して水蒸気になっていくとともに，水蒸気の一部は凝縮して水に戻り，そのうち，蒸発も凝縮も起こらなくなったように見える状態になる**んだ。

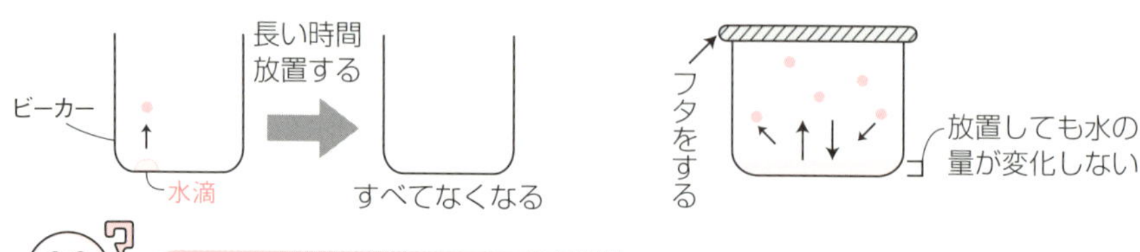

蒸発も凝縮も起こっていないの？

ちょっと，ちがうんだ。**蒸発する水分子の数と凝縮する水分子の数が等しくなっているだけで，蒸発や凝縮が止まっているわけではない**んだ。このように，見かけ上(残っている水の量)の変化がない状態を**気液平衡**(**蒸発平衡**)といい，この平衡状態における蒸気の圧力を**飽和蒸気圧**または**蒸気圧**という。飽和蒸気圧は，❶ **液体の種類と温度だけで決まる最大の圧力**で，❷ **温度が一定ならば，残っている液体の量，容器の大きさ，他の気体の存在に関係なく一定**になるんだ。

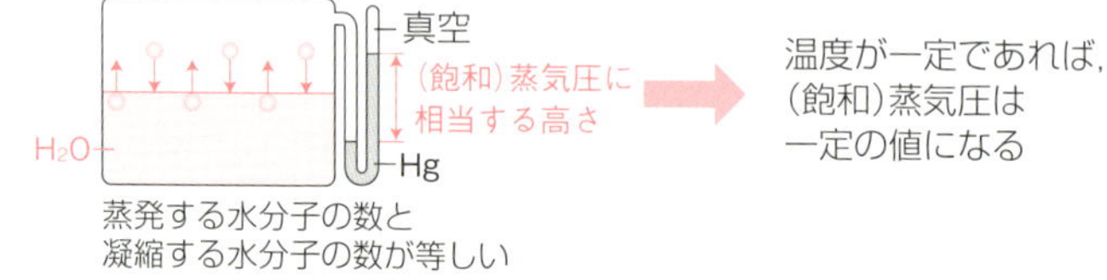

温度によって，(飽和)蒸気圧はどう変化するの？

液体の温度が高くなると，液体の表面から蒸発する分子の数が増え，気体分子が多くなり熱運動も激しくなるので，(飽和)蒸気圧は温度が高くなると大きくなる。この**(飽和)蒸気圧と温度の関係を示すグラフを蒸気圧曲線という**んだ。

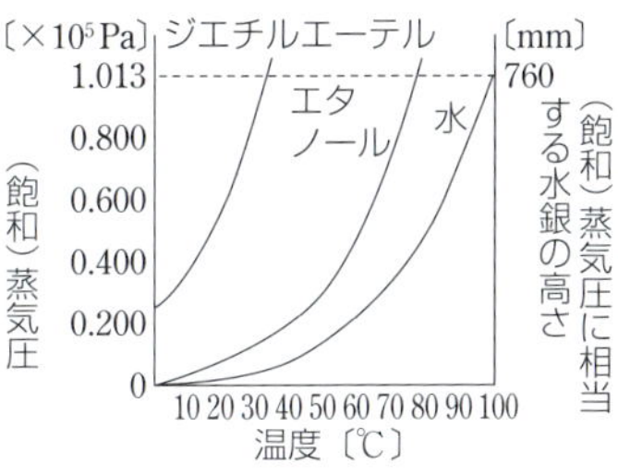

思考力のトレーニング 1

やや難 3分

図に示すような装置を用い，大気圧が 1.013×10^5 Pa (＝760 mmHg)のとき，温度 25 ℃で次の操作 a を行うと，ガラス管内の水銀柱の上部に空間ができる。この実験に関する記述として誤りを含むものを，下の①～⑤のうちから 1 つ選べ。

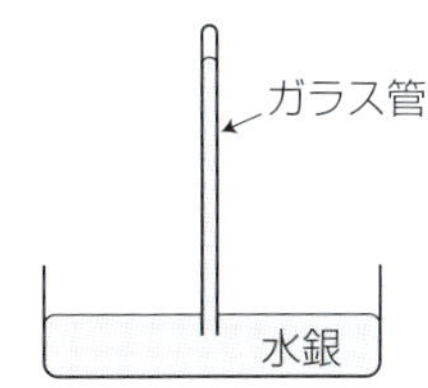

操作 a　一端を閉じた全長 900 mm のガラス管に水銀を満たし，容器内の水銀に沈んでいるガラス管の長さが 50 mm となるように，容器内の水銀面に対してガラス管を垂直に倒立させる。

① 操作 a で，容器内の水銀に沈めるガラス管の長さを 100 mm にするとガラス管内上部の空間の体積は減少する。
② 図に示したガラス管の下端から上部の空間に少量のメタノールを入れると水銀柱は低くなる。
③ 大気圧が下がると図に示したガラス管内上部の空間の体積は減少する。
④ 操作 a で，全長 700 mm のガラス管に変えると，ガラス管内の上部に空間は生じない。
⑤ 操作 a で，全長 1200 mm のガラス管に変えると，図と同様にガラス管内の上部に空間が生じ，水銀柱の高さは全長 900 mm の長さのガラス管を用いた場合と同じになる。

解答・解説

③

P.72で学んだ水銀柱の内容を再度確認しておくこと。

① 〈正しい〉沈めるガラス管の長さを 50 mm → 100 mm にすれば，上部の空間の体積は 50 mm 分減少する。

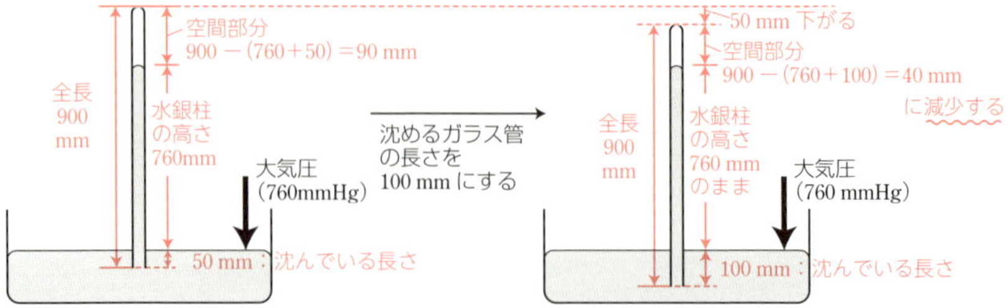

② 〈正しい〉入れたメタノールの量が与えられていないため，メタノールが空間中ですべて気体として存在しているか気液平衡の状態なのかはわからない。いずれにしてもメタノールの蒸気は圧力を示し，このメタノールが示す圧力を $P_{メタ}$ mmHg とすると，水銀柱の高さは 760 － $P_{メタ}$ mm となり，低くなる。

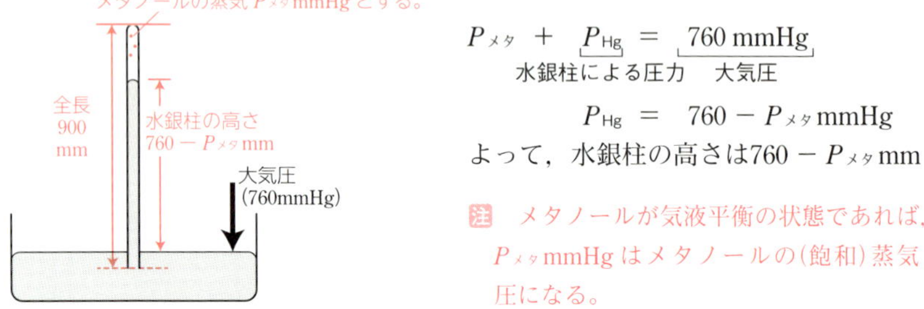

$$P_{メタ} + \underbrace{P_{Hg}}_{水銀柱による圧力} = \underbrace{760\ \mathrm{mmHg}}_{大気圧}$$

$$P_{Hg} = 760 - P_{メタ}\ \mathrm{mmHg}$$

よって，水銀柱の高さは760 － $P_{メタ}$ mm

注 メタノールが気液平衡の状態であれば，$P_{メタ}$ mmHg はメタノールの(飽和)蒸気圧になる。

③ 〈誤り〉大気圧が 760 mmHg より下がると，大気圧とつり合う水銀柱の高さは 760 mm より低くなり，空間の体積は増加する。

④ 〈正しい〉全長が 700 mm になると水銀柱は 760 mm の高さで大気圧とつり合おうとするために空間は生じない。

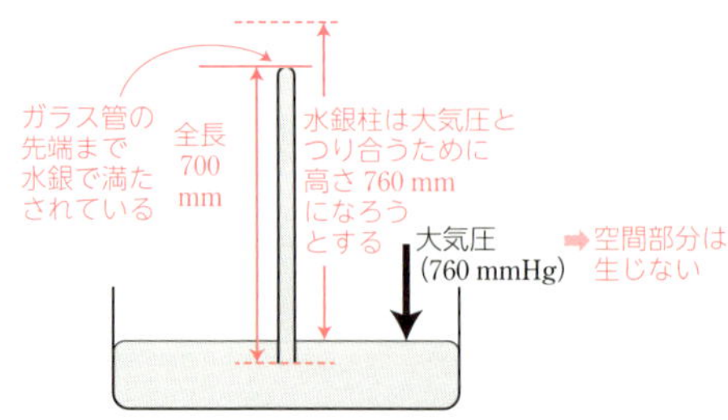

⑤ 〈正しい〉全長が 1200 mm になっても水銀柱は 760 mm の高さで大気圧とつり合うため，水銀柱の高さは 760 mm のまま全長 900 mm のときと同じ。

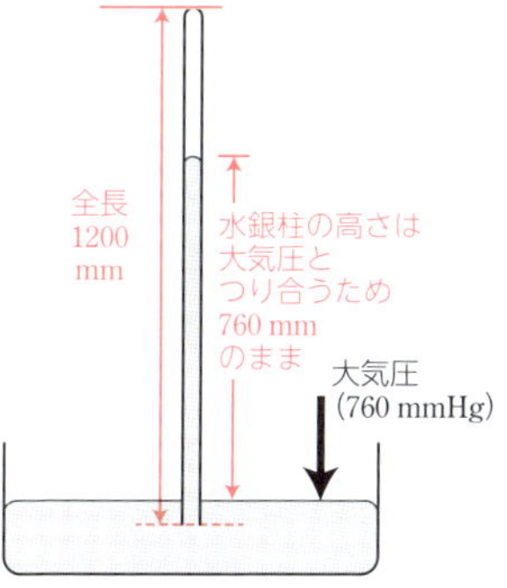

2 (飽和)蒸気圧の計算について

(飽和)蒸気圧の計算問題は，温度一定の密閉容器の中で，次のⓐとⓑのどちらの状態になるかを判定させる問題がよく出題されるんだ。

ⓐ 揮発性の液体Xがすべて気体として存在している。
ⓑ 液体Xと気体Xが共存して，Xは(飽和)蒸気圧 P_0 を示している。

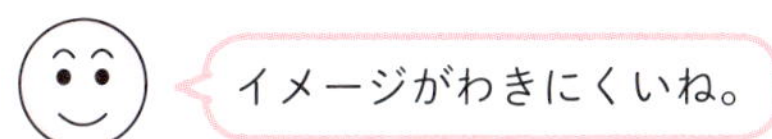

次の図から，密閉容器でのXのようすを見ながらⓐとⓑとの違いをおさえてね。
（T〔K〕における **Xの(飽和)蒸気圧を P_0** とする。）

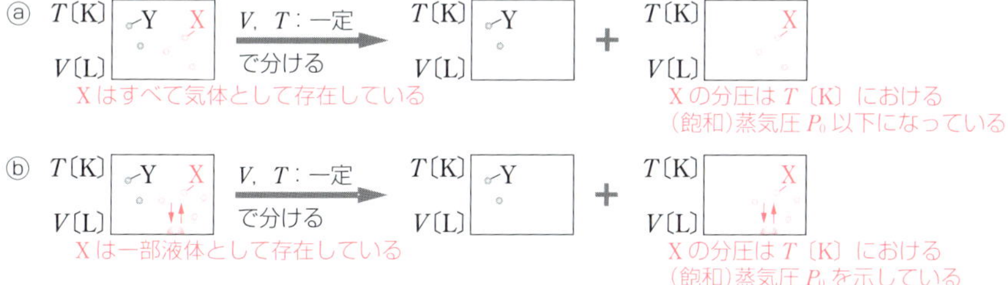

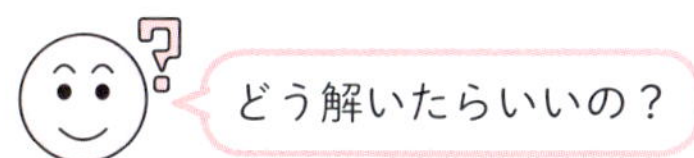

Xの(飽和)蒸気圧 P_0 は，温度が一定だったら常に一定の値をとり続けるんだ。いいかえると，**Xは(飽和)蒸気圧 P_0 を超える圧力をとることはできない**よね。この性質を利用し計算問題を解くんだ。

【(飽和)蒸気圧の計算問題の解き方】

温度一定の下，内容積一定の容器に入れたXの状態を調べる。

ステップ1

容器内のXが**すべて気体である**と仮定して，仮の圧力 P_{if} を求める。

ステップ2

ⓐ　$\boldsymbol{P_{if}} \leqq$（Xの（飽和）蒸気圧 $\boldsymbol{P_0}$）の場合

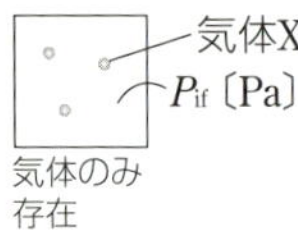

P_{if} がXの（飽和）蒸気圧 P_0 以下になることは可能なので仮定は正しく，容器内にはXがすべて気体として存在している。また，**その圧力は P_{if} を示す**。

ⓑ　$\boldsymbol{P_{if}} >$（Xの（飽和）蒸気圧 $\boldsymbol{P_0}$）の場合

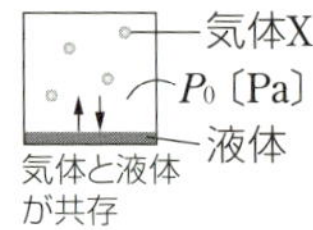

P_{if} がXの（飽和）蒸気圧 P_0 を超えることはないので，仮定は間違っており，容器内には液体Xと気体Xが共存している。また，**その圧力はXの（飽和）蒸気圧 P_0 を示す**。

チェック問題 1

標準 

図はエタノールの蒸気圧曲線である。容積 1.0 L の密閉容器に 0.010 mol のエタノールのみが入っている。容器の温度が 60 ℃および 40 ℃のとき，容器内の圧力はそれぞれ何 Pa か。圧力の値の組み合わせとして最も適当なものを，下の①～⑦のうちから1つ選べ。ただし，気体定数は $R = 8.3 \times 10^3$ Pa・L/(K・mol) とする。また，容器内での液体の体積は無視できるものとする。

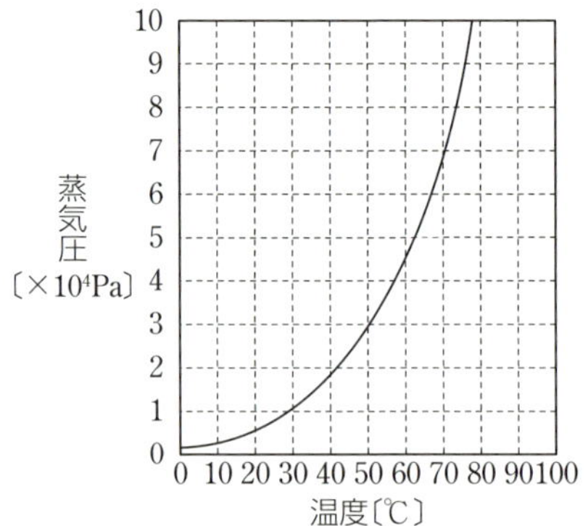

	60 ℃での圧力〔Pa〕	40 ℃での圧力〔Pa〕
①	2.3×10^4	1.8×10^4
②	2.8×10^4	1.8×10^4
③	4.5×10^4	1.8×10^4
④	2.3×10^4	2.3×10^4
⑤	2.8×10^4	2.3×10^4
⑥	2.8×10^4	2.6×10^4
⑦	4.5×10^4	2.6×10^4

解答・解説

②

図から 60 ℃のときのエタノール蒸気圧を読みとると，$P_0 \fallingdotseq 4.5\times10^4$ Pa になる。

ステップ1

1.0 L の密閉容器に入れたエタノール 0.010〔mol〕が 60 ℃ですべて気体であると仮定して，仮の圧力 P_{if} を求める。

$$P_{if} \times 1.0 = 0.010 \times 8.3 \times 10^3 \times (273+60) \text{ より，} P_{if} \fallingdotseq 2.8 \times 10^4 \text{〔Pa〕}$$

ステップ2

$P_{if} = 2.8\times10^4$〔Pa〕$< P_0 = 4.5\times10^4$〔Pa〕(60 ℃のエタノールの(飽和)蒸気圧)となり，仮定が正しく，容器内にはエタノールがすべて気体として存在している。

また，その圧力は 2.8×10^4〔Pa〕になる。

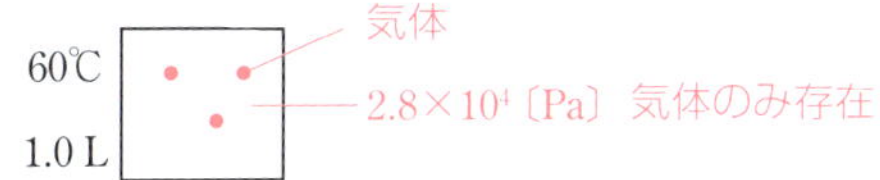

図から 40 ℃のときのエタノールの蒸気圧を読みとると，$P_0 \fallingdotseq 1.8\times10^4$ Pa になる。

ステップ1

1.0 L の密閉容器に入れたエタノール 0.010〔mol〕が 40 ℃ですべて気体であると仮定して，仮の圧力 P_{if} を求める。

$$P_{if} \times 1.0 = 0.010 \times 8.3 \times 10^3 \times (273+40) \text{ より，} P_{if} \fallingdotseq 2.6 \times 10^4 \text{〔Pa〕}$$

ステップ2

$P_{if} = 2.6\times10^4$〔Pa〕$> P_0 = 1.8\times10^4$〔Pa〕(40 ℃のエタノールの(飽和)蒸気圧)となり，仮定が誤っていたので，容器内には液体のエタノールと気体のエタノールが共存している。また，その圧力は(飽和)蒸気圧である 1.8×10^4〔Pa〕になる。

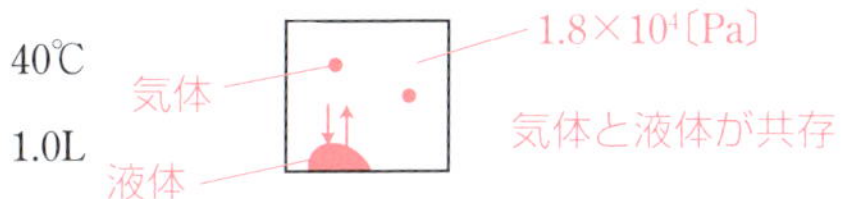

チェック問題 2

0 ℃，1.013×10^5 Pa で，体積 1.12 L の窒素と 0.10 mol のエタノールをピストンの付いた容器に入れ，57 ℃で容積を 2.46 L にした。このとき，気体として存在するエタノールの物質量〔mol〕は，窒素の物質量〔mol〕の何倍になるか。最も適当な数値を，次の①～⑥のうちから 1 つ選べ。ただし，57 ℃におけるエタノールの(飽和)蒸気圧は 4.0×10^4 Pa とし，気体定数は $R = 8.3\times10^3$〔Pa・L/(K・mol)〕とする。

① 0.2　② 0.5　③ 0.7　④ 1.1　⑤ 1.4　⑥ 2.0

解答・解説

③

窒素 N_2 の体積は，0 ℃，1.013×10^5 Pa(標準状態)で 1.12 L とあるので，その物質量〔mol〕は，$1.12\cancel{L}\times\dfrac{1\ \text{mol}}{22.4\cancel{L}}=0.050$〔mol〕 ⬅ L どうしを消して mol を残す

エタノールについては，

ステップ 1

容器内(2.46L)に入れたエタノール 0.10〔mol〕がすべて気体であると仮定して，仮の圧力 P_{if} を求める。

$$P_{\text{if}}\times2.46=0.10\times8.3\times10^3\times(273+57)\text{より，}P_{\text{if}}\fallingdotseq1.1\times10^5\text{〔Pa〕}$$

ステップ 2

$P_{\text{if}}=1.1\times10^5$〔Pa〕$>P_0=4.0\times10^4$〔Pa〕（エタノールの(飽和)蒸気圧)となり，仮定が誤っていたので，容器内には液体のエタノールと気体のエタノールが共存していて，エタノールの分圧〔Pa〕は $P_0=4.0\times10^4$〔Pa〕となる。

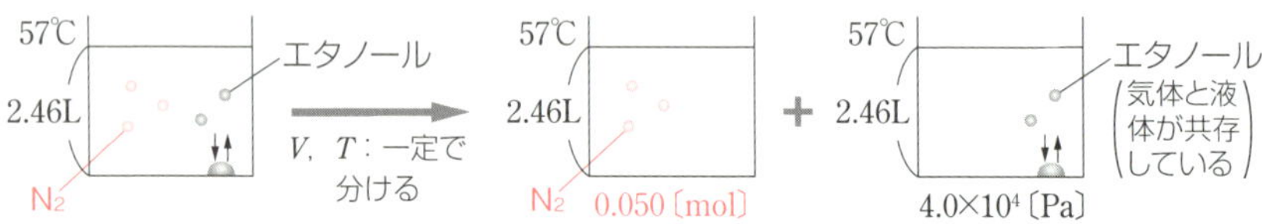

ここで，気体として存在するエタノールの物質量〔mol〕は，$PV=nRT$ より，

気体として存在するエタノールの分圧 P_0 を代入する

$$n=\frac{PV}{RT}=\frac{4.0\times10^4\times2.46}{8.3\times10^3\times(273+57)}\fallingdotseq0.036\text{〔mol〕}$$

よって，気体のエタノールの物質量〔mol〕は窒素 N_2 の物質量〔mol〕の

$$\frac{0.036}{0.050}\fallingdotseq0.7\text{〔倍〕}$$

（エタノール ➡ 0.036，窒素 ➡ 0.050）

3 水上置換や沸点について

水素 H_2 のような水に溶けにくい気体を発生させたときは，どう集めたらいい？

水に溶けにくいのだから，水上置換で集めるのがいいね。

そうだね。このとき，メスシリンダー内は水素 H_2 と水蒸気 H_2O の混合気体になっているよね。**メスシリンダー内の水面と外の水面が一致している(つまり，メスシリンダーの内と外の圧力が等しい)ことから**，次の関係式が成り立つんだ。

（大気圧）＝（捕集した水素の分圧）＋（水蒸気の分圧（水の（飽和）蒸気圧））

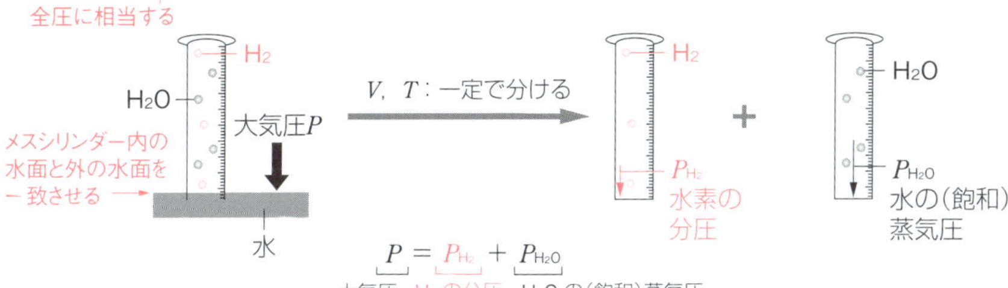

思考力のトレーニング 2

やや難 3分

水への溶解度が無視できる気体Aの分子量を求めるため，右図に示す装置を使って，次のa～dの順序で実験した。

a　気体Aがつまった耐圧容器の質量を測定したところ，W_1〔g〕であった。

b　耐圧容器から，ポリエチレン管を通じて気体Aをメスシリンダーにゆっくりと導き，内部の水面が水槽の水面より少し上まで下がったとき，気体Aの導入をやめた。メスシリンダーの目盛りを読んだところ，気体の体積はV_1〔L〕であった。

c　メスシリンダーを下に動かし，内部の水面を水槽の水面と一致させて目盛りを読んだところ，気体Aの体積はV_2〔L〕であった。

d　ポリエチレン管を外して耐圧容器の質量を測定したところ，W_2〔g〕であった。

実験中，大気圧はP〔Pa〕，気温と水温は常にT〔K〕であった。水の（飽和）蒸気圧をp〔Pa〕，気体定数をR〔Pa・L/(K・mol)〕とするとき，気体Aの分子量はどのように表されるか。最も適当なものを，次の①～⑥のうちから1つ選べ。ただし，ポリエチレン管の内容積は無視できるものとする。

① $\dfrac{RT(W_1-W_2)}{(P+p)V_1}$　② $\dfrac{RT(W_1-W_2)}{PV_1}$　③ $\dfrac{RT(W_1-W_2)}{(P-p)V_1}$

④ $\dfrac{RT(W_1-W_2)}{(P+p)V_2}$　⑤ $\dfrac{RT(W_1-W_2)}{PV_2}$　⑥ $\dfrac{RT(W_1-W_2)}{(P-p)V_2}$

解答・解説

⑥

耐圧容器の質量差W_1-W_2〔g〕の気体Aを水上置換で捕集したことがわかる。

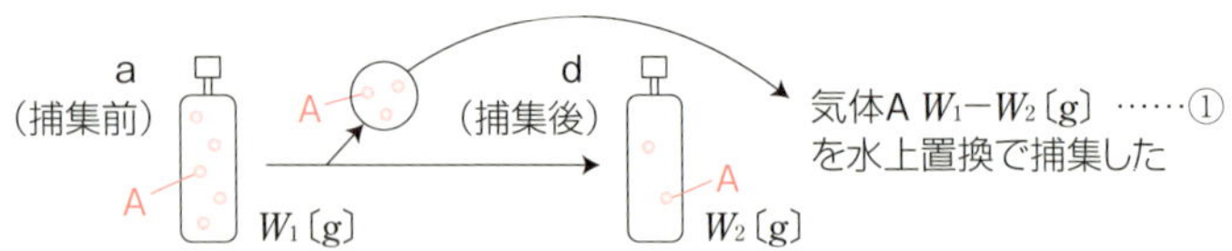

水上置換で捕集する場合，**容器内部の水面と水槽の水面を一致させる**ことで，メスシリンダー内と大気圧を等しく保つことができる。

↳本問では V_1〔L〕でなく，V_2〔L〕で考えなくてはいけない。

T〔K〕における水の(飽和)蒸気圧つまり分圧が p〔Pa〕であることに注意して，V，T：一定で分ける(このときの気体Aの分圧を P_A〔Pa〕とおく)。

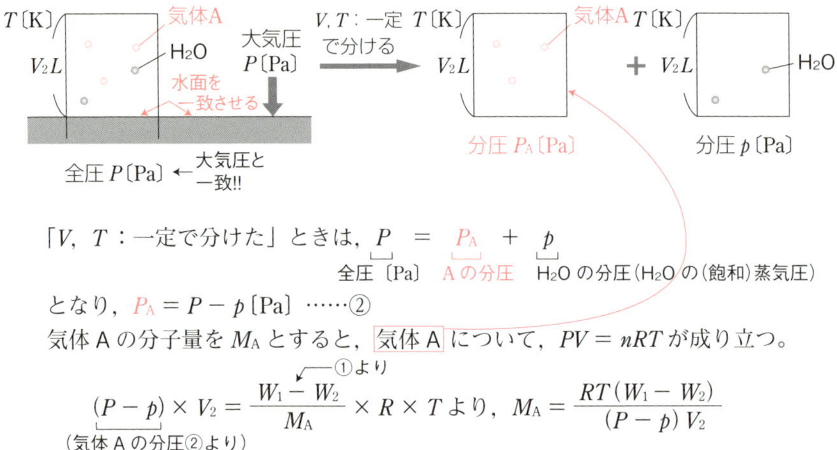

「V，T：一定で分けた」ときは，$P = P_A + p$

（P：全圧〔Pa〕，P_A：Aの分圧，p：H_2O の分圧(H_2O の(飽和)蒸気圧)）

となり，$P_A = P - p$〔Pa〕……②

気体Aの分子量を M_A とすると，気体Aについて，$PV = nRT$ が成り立つ。

$$(P - p) \times V_2 = \frac{W_1 - W_2}{M_A} \times R \times T \text{より，} M_A = \frac{RT(W_1 - W_2)}{(P - p)V_2}$$

（$(P-p)$：気体Aの分圧②より，$W_1 - W_2$：①より）

液体を加熱していくと，液体の表面からだけでなく**液体の内部からも蒸気が気泡となって発生する**。この現象を**沸騰**といい，沸騰が続いている間は加えた熱が液体の分子を気体にするために使われ一定の温度が続く。このときの温度を**沸点**というんだ。

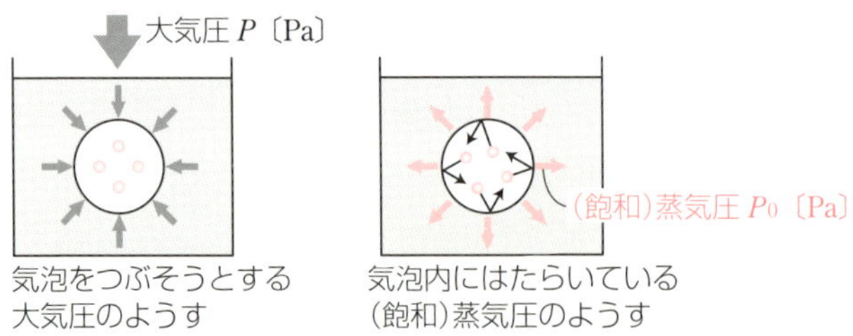

気泡をつぶそうとする大気圧のようす　　気泡内にはたらいている(飽和)蒸気圧のようす

図からもわかるとおり，**大気圧＝(飽和)蒸気圧($P = P_0$)になると，気泡がつぶれずに液体中に存在できる**。ふつう，大気圧は 1.013×10^5 Pa(1 atm)なので，(飽和)蒸気圧が 1.013×10^5 Pa(1 atm)になる温度がその液体の沸点になるんだ。

大気圧 P〔Pa〕
沸騰している
P
大気圧が P〔Pa〕なので，気泡内部の蒸気の圧力＝P〔Pa〕になれば沸騰する。
(飽和)蒸気圧〔Pa〕
蒸気圧曲線
(飽和)蒸気圧が大気圧と同じ P〔Pa〕になった温度を読みとる
温度〔℃〕
沸点

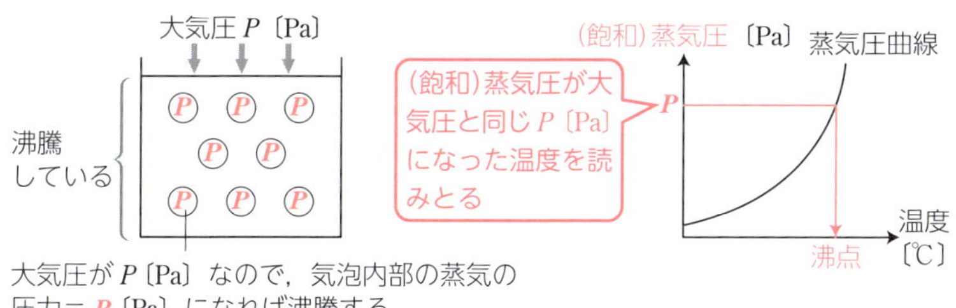

チェック問題 3　やや難　2分

図は，水の温度と蒸気圧との関係を示したグラフである。外圧(液体に接する気体の圧力)が変化したときの，水の沸点を表すグラフとして最も適当なものを，次の①～⑥のうちから１つ選べ。

蒸気圧〔×10⁵Pa〕
2.0
1.5
1.0
0.5
0
0 20 40 60 80 100 120 140
温度〔℃〕

①
②
③
④
⑤
⑥
沸点〔℃〕
140
120
100
80
60
40
20
0
0 0.5 1.0 1.5 2.0
外圧〔×10⁵Pa〕

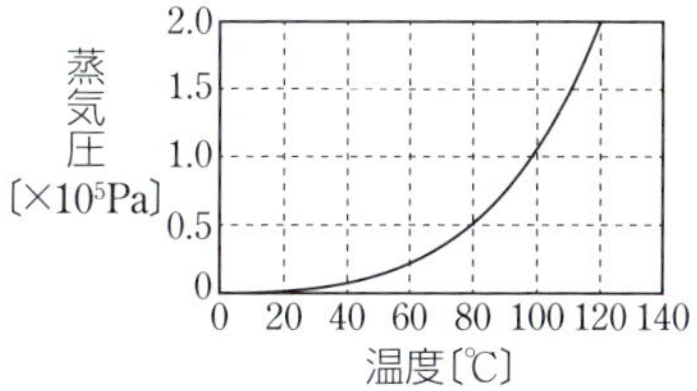

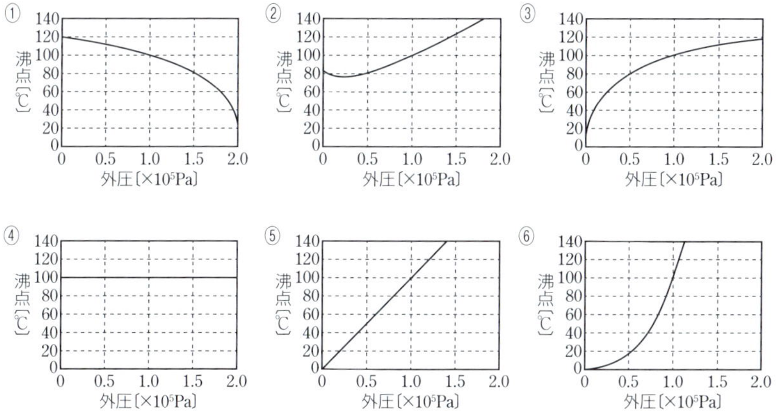

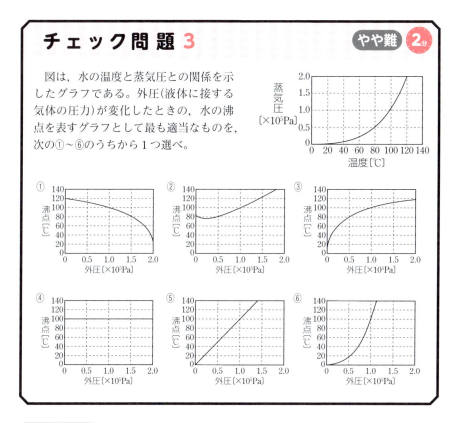

解答・解説

③

水に接する気体の圧力(外圧)と水の(飽和)蒸気圧が等しくなると，沸騰が起こる。このときの温度が沸点になる。

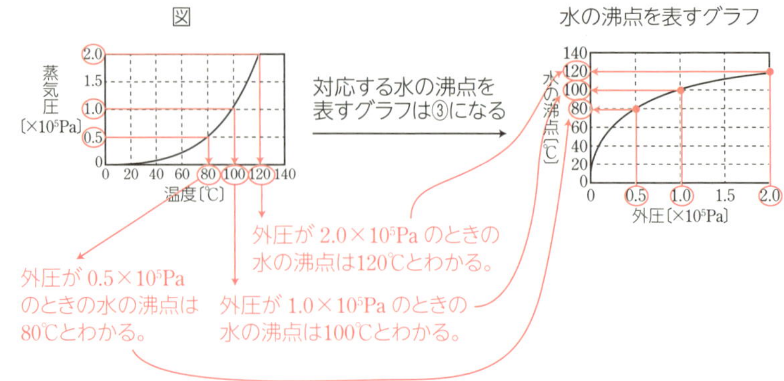

4 気体・蒸気圧計算の応用について

チェック問題をくり返し解いていると，少しずつ余裕が出てきて同じ問題を解いていても見える景色が変わってくるよね。原子くんもレベルアップしてきたし，ここで難しめの気体計算の解き方の【コツ】を紹介することにするね。

解き方の【コツ①】

気体・蒸気圧の計算問題では，問題文の操作を簡単な図で表す。

解き方の【コツ②】

$PV = nRT$ と書き，変化していない値(一定の値)を探し□をつけ，□をまとめることで得られる式を使う。

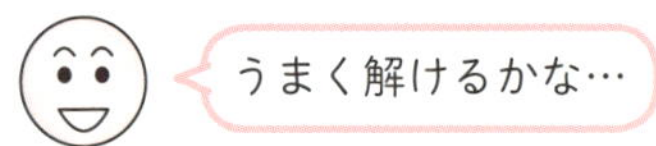

次のチェック問題をいっしょに解きながら慣れていこうよ。

標準

27 ℃，1.0×10^5 Pa で，体積一定の密閉容器をアルゴンで満たした。この容器内の温度を 177 ℃に上げたとき，容器内の圧力は何 Pa か。有効数字 2 桁で次の形式で表すとき，[1]～[3]にあてはまる数字を答えよ。

[1].[2]$\times10^{[3]}$ Pa

解答・解説

[1] 1　[2] 5　[3] 5

問題文の操作を次の図で表す(【コツ①】)

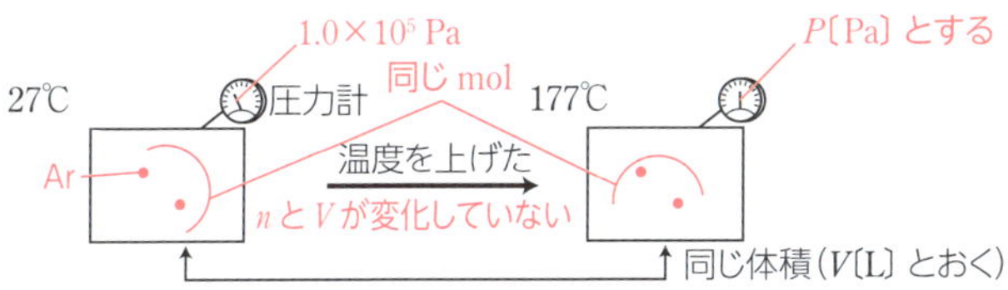

温度を上げる前と後で，物質量 n〔mol〕，体積 V〔L〕が等しく，気体定数 R も等しいので，【コツ②】より

$$P\boxed{V}=\boxed{n}\boxed{R}T \quad \text{より} \quad \frac{P}{T}=\boxed{\frac{nR}{V}}=(\text{一定})$$

変化していない値に□をつける　→新しく得られた式

となり，温度を上げる前と後の$\frac{P}{T}$が同じ値になるとわかる。

よって，$\frac{P}{T}=\frac{1.0\times10^5}{273+27}=\frac{P}{273+177}$ となり，$P=1.5\times10^5$〔Pa〕

チェック問題 5

ピストン付きの密閉容器に窒素と少量の水を入れ，27 ℃で十分な時間静置したところ，圧力が 4.50×10^4 Pa で一定になった。密閉容器の容積が半分になるまで圧縮して 27 ℃で十分な時間静置すると，容器内の圧力は何 Pa になるか。有効数字 3 桁で下の形式で表すとき，□1□～□4□にあてはまる数字を答えよ。ただし，密閉容器内に液体の水は常に存在し，その体積は無視できるものとする。また，窒素は水に溶解しないものとし，27 ℃の水の蒸気圧は 3.60×10^3 Pa とする。

□1□.□2□□3□ ×10^□4□ Pa

解答・解説

密閉容器内に液体の水が**常に**存在している点に注意しよう。

図に表す(【コツ①】)

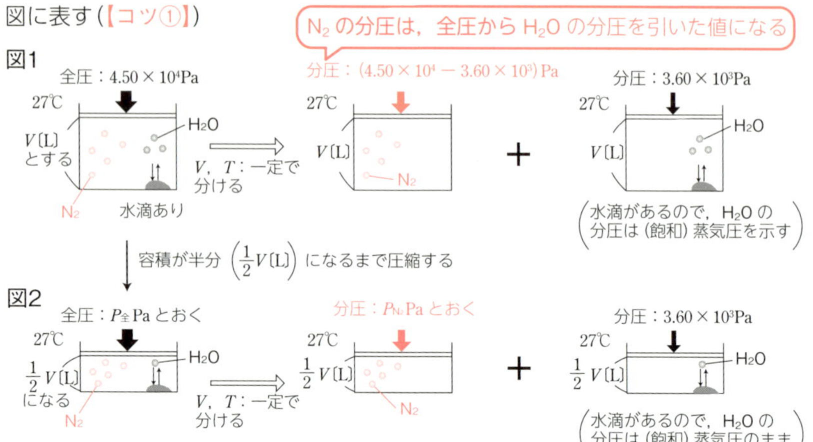

図1と図2の**窒素 N_2** に注目する。物質量 n〔mol〕，温度 T〔K〕(273＋27＝300 K)，気体定数 R が変化していない。図2における**窒素 N_2 の分圧**を P_{N_2}〔Pa〕とすると，$PV = \boxed{n}\ \boxed{R}\ \boxed{T}$ より $PV =$(一定)となり，

【コツ②】

N_2について次の式が成り立つ。

$$PV = (4.50 \times 10^4 - 3.60 \times 10^3) \times V = P_{N_2} \times \frac{1}{2} V$$

より，$P_{N_2} = 8.28 \times 10^4$〔Pa〕

図2での全圧 $P_全$〔Pa〕は，

$$P_全 = 8.28 \times 10^4 + 3.60 \times 10^3 = 8.64 \times 10^4 \text{〔Pa〕}$$

(全圧) (N_2の分圧) (H_2O の分圧)

思考力のトレーニング 3

なめらかに動くピストン付きの密閉容器に 20 ℃で CO_2を入れ，圧力 600 Pa に保ち，温度を 20 ℃から－140 ℃まで変化させた。このとき，容器内の CO_2の温度 t と体積 V の関係を模式的に表した図として最も適当なものを，次の①～④のうちから1つ選べ。ただし，温度 t と圧力 p において CO_2がとりうる状態は図のようになる。図は縦軸が対数で表されている。

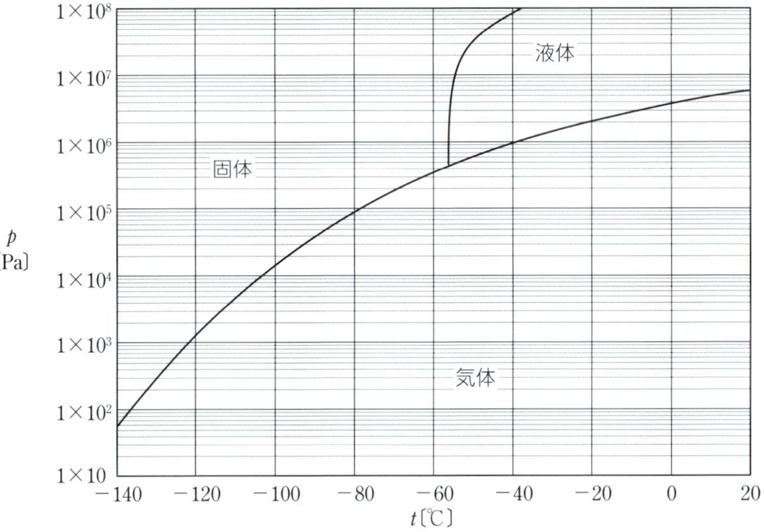

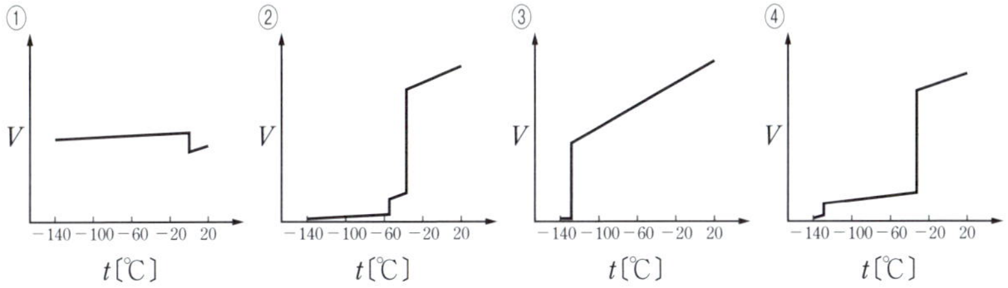

液体
固体
気体
p〔Pa〕: 1×10, 1×10^2, 1×10^3, 1×10^4, 1×10^5, 1×10^6, 1×10^7, 1×10^8
t〔℃〕: －140, －120, －100, －80, －60, －40, －20, 0, 20

① ② ③ ④
V
t〔℃〕: －140 －100 －60 －20 20

解答・解説

与えられた図は，縦軸(圧力 P)が対数で表された CO_2の状態図(➡ P.66)である。

圧力 600 Pa ＝0.6×10^3 Pa に保ち，20 ℃から－140 ℃まで温度を下げている。これを図中に示すと次の矢印ⓐとなる。

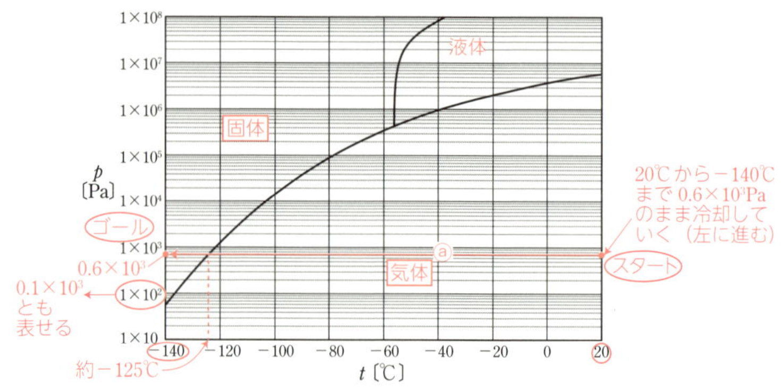

図中の←(矢印ⓐ)の変化は，600 Pa(一定圧力)の下で 気体 の CO_2 の温度を下げ 固体 の CO_2(ドライアイス)にする変化であるとわかる。このとき，20 ℃から −125 ℃までは CO_2 は気体として存在し，−125 ℃より温度が下がると固体として存在することがわかる。

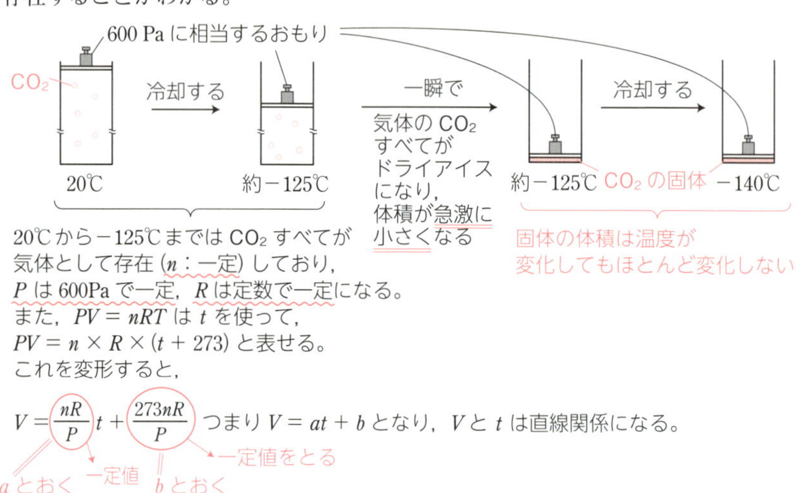

また，$PV = nRT$ は t を使って，

$PV = n \times R \times (t + 273)$ と表せる。

これを変形すると，

$V = \dfrac{nR}{P}t + \dfrac{273nR}{P}$ つまり $V = at + b$ となり，V と t は直線関係になる。

$\dfrac{nR}{P}$：a とおく　一定値をとる

$\dfrac{273nR}{P}$：b とおく　一定値をとる

以上より CO_2 の t と V の関係を模式的に表した図は③となる。

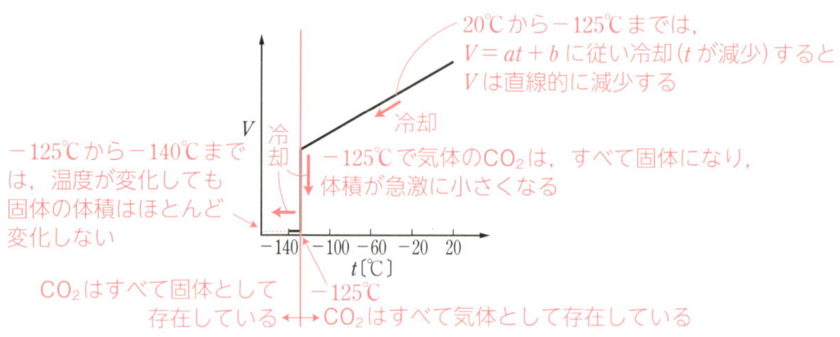

20℃から−125℃までは，$V = at + b$ に従い冷却（t が減少）すると V は直線的に減少する
冷却
冷却
−125℃で気体のCO_2は，すべて固体になり，体積が急激に小さくなる
−125℃から−140℃までは，温度が変化しても固体の体積はほとんど変化しない
V
t〔℃〕
−125℃
CO_2はすべて固体として存在している
CO_2はすべて気体として存在している

第２章　溶液の性質

溶　　液

1 溶液について

塩化ナトリウム NaCl やスクロース $C_{12}H_{22}O_{11}$（砂糖の主成分）をビーカー中の水に入れたらどうなるかな？

水に溶けるね。

そうだね。このように，塩化ナトリウムやスクロース（＝**溶質**という）が水（＝**溶媒**という）に溶けて均一になる現象を**溶解**，できた混合物のことを**溶液**というんだ。

ふーん，溶媒って水だけなの？

溶媒には，**水 H_2O やエタノール C_2H_5OH のような極性分子からなる極性溶媒とベンゼン C_6H_6 や四塩化炭素 CCl_4 のような無極性分子からなる無極性溶媒がある**んだ。

水 H_2O や四塩化炭素 CCl_4 は前に勉強したから知っているけど，エタノール C_2H_5OH やベンゼン C_6H_6 についてはわからないよ。

そうだね。それぞれの分子は次のような形をしていて，それぞれ極性分子，無極性分子に分けることができるんだ。

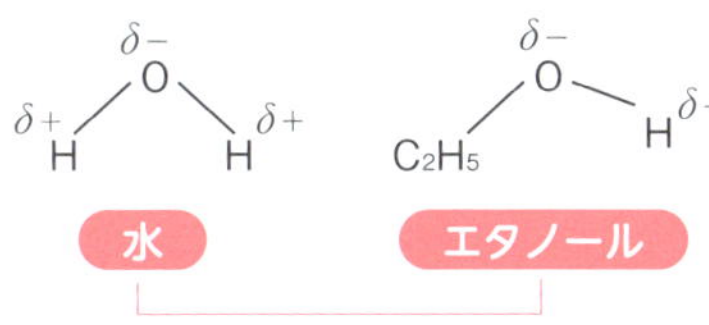

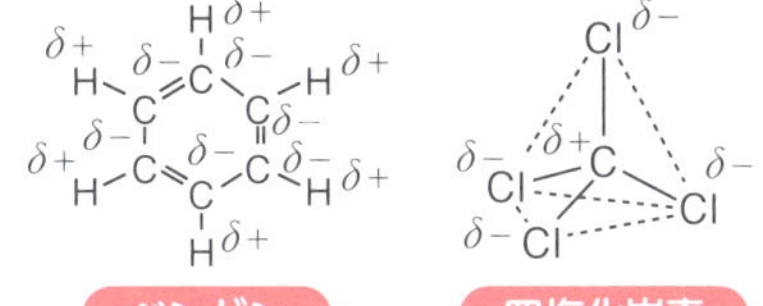

無極性分子（分子全体では，極性がない）

じゃあ，溶質にもいろいろあるの？

そうなんだ。**溶質には，塩化ナトリウム NaCl や塩化水素 HCl のように，水に溶けて陽イオンと陰イオンに電離する物質（＝電解質という）がある**んだ。

$$NaCl \longrightarrow Na^+ + Cl^- \qquad HCl \longrightarrow H^+ + Cl^-$$ ⇐ 電解質

また，**スクロース（$C_{12}H_{22}O_{11}$ または $C_{12}H_{14}O_3(OH)_8$）のように水に溶けても電離しない物質（＝非電解質という）もある**んだよ。

ポイント 溶液について

- 溶液は，溶質 {電解質・非電解質} と溶媒 {極性溶媒・無極性溶媒} からなる

塩化ナトリウム NaCl やスクロース $C_{12}H_{14}O_3(OH)_8$は水によく溶けるけど，ベンゼン C_6H_6 や四塩化炭素 CCl_4 は水にはほとんど溶けないんだ。

溶ける・溶けないの溶質と溶媒の組み合わせがあるの？

そうなんだ。溶け方の違いは「溶質と溶媒の極性や構造が似たものどうしなのか」で決まってきて，ふつう，**極性や構造が似たものどうしであればよく溶け合う**し，**そうでなければあまり溶けない**んだ。

塩化ナトリウム NaCl は**極性溶媒**である水 H_2O に溶けたね。これは，電気陰性度が O ＞ H なので水 H_2O 分子の共有電子対が酸素 O 原子のほうにかたよって，水 H_2O 分子の酸素 O 原子は $\delta-$，水素 H 原子は $\delta+$ に分極している。ここで，イオン結晶である NaCl を水の中に入れると，水 H_2O の $\delta-$ に帯電している O 原子の部分が Na^+ に，$\delta+$ に帯電している H 原子の部分が Cl^- に引きつけられて，それぞれのイオンをとり囲んで混ざっていくんだ。このように，**溶質が水にとり囲まれることを水和，水和されているイオンを水和イオン**という。

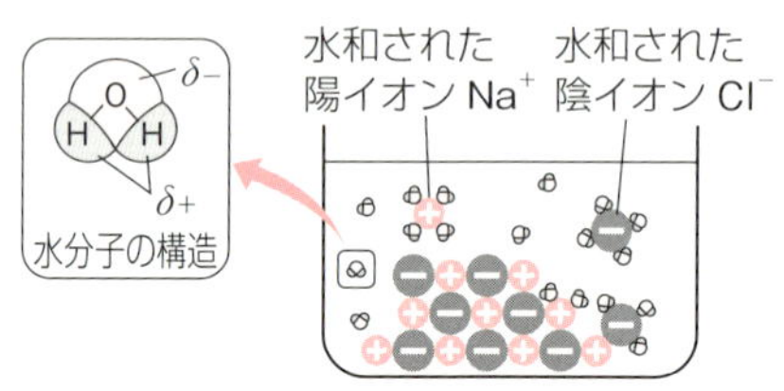

塩化ナトリウムの水への溶解

ただ，同じイオン結晶でも AgCl や $BaSO_4$ などはイオンが強く結びついて水にほとんど溶けない(**沈殿**➡ P.268)んだ。

じゃあ，スクロースは水にどうやって溶けるの？

スクロース $C_{12}H_{14}O_3(OH)_8$ はヒドロキシ基 －OH を多くもっているから，水分子に**水素結合**によってとり囲まれて(水和されて)よく混ざり合うんだ。

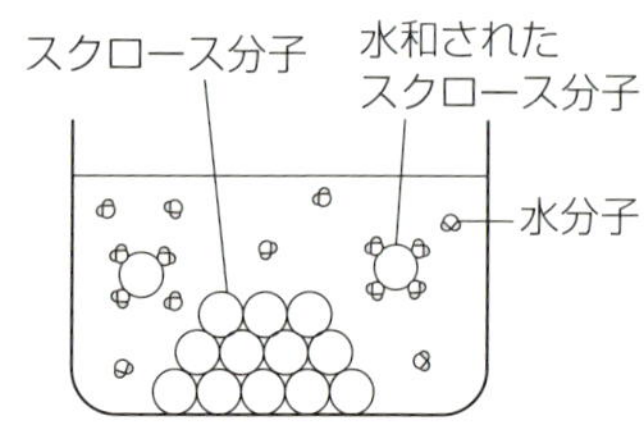

スクロースの水への溶解

ここで，**無極性分子**であるベンゼンを水に加えてみるね。

ベンゼンの分子間にはどんな力がはたらいていたかな？

無極性分子の間だからファンデルワールス力だよね。

そうだね。そして，極性分子である水 H_2O 分子の間には水素結合がはたらいているよね。**水分子間の水素結合のほうがはるかに強いので，弱いファンデルワールス力で結びついているベンゼンが入りこむことはできない**んだ。

入りこめないとどうなるの？

ベンゼンは水に溶けず，ベンゼンの層と水の層に分かれるんだ。このとき，密度の小さいベンゼンの層が水の層の上にくるんだよ。

ポイント 物質の溶解について

- イオン結晶（例外 AgCl，$BaSO_4$）や－OH をもつ物質…極性溶媒に溶ける
- 無極性分子……無極性溶媒に溶ける

溶質＼溶媒	極性溶媒（水など）	無極性溶媒（ベンゼンなど）
イオン結晶の物質（例 NaCl） 極性物質（例 スクロース）	溶けるものが多い	溶けないものが多い
無極性物質（例 ヨウ素 I_2）	溶けないものが多い	溶けるものが多い

チェック問題 1

溶解に関する記述として誤りを含むものを，次の①～⑤のうちから１つ選べ。

① 固体の臭化ナトリウムを水に入れると，ナトリウムイオンと臭化物イオンはそれぞれ水分子に囲まれた水和イオンとなって溶解する。
② 多くの水溶性の固体の水に対する溶解度は，水温が高くなるほど大きくなる。
③ 塩化水素を水に溶かすと，H－Cl 間の結合が切れて電離する。
④ エタノールは，極性溶媒である水に溶ける。
⑤ 四塩化炭素は，無極性溶媒であるヘキサンに溶けない。

解答・解説

① 〈正しい〉臭化ナトリウム NaBr は Na^+ と Br^- に電離し，Na^+ と Br^- はそれぞれ水分子により水和される。

② 〈正しい〉水酸化カルシウム $Ca(OH)_2$ のように水温が高くなると溶解度が小さくなるものもあるが，多くは水温が高くなるほど溶解度は大きくなる(P.119)。

③ 〈正しい〉H－Cl 間の共有結合が切れて次のように電離する。

$$HCl \longrightarrow H^+ + Cl^-$$

④ 〈正しい〉エタノール C_2H_5OH は親水基である－OH と疎水基である炭化水素基 C_2H_5－をもつ。エタノールは，炭化水素基のもつ C 原子の数が少なく疎水基の影響が小さいため，極性溶媒である水に溶ける。

⑤ 〈誤り〉四塩化炭素 CCl_4 は無極性分子なので，無極性溶媒であるヘキサン C_6H_{14} に溶ける。

思考力のトレーニング

難　3分

電荷の偏(かたよ)りの起こりやすさでイオンを分類すると，表のようになる。

表　イオンにおける電荷の偏りの起こりやすさ

	偏りが起こりにくい	中間	偏りが起こりやすい
陽イオン	Mg^{2+}, Al^{3+}, Ca^{2+}	Fe^{2+}, Cu^{2+}	Ag^+
陰イオン	OH^-, F^-, $SO_4{}^{2-}$, O^{2-}	Br^-	S^{2-}, I^-

イオンどうしの結合は，陽イオンと陰イオンの間にはたらく強い［　　］に加えて，この電荷の偏りの効果によっても強くなる。経験則として，陽イオンと陰イオンは，電荷の偏りの起こりやすいイオンどうし，もしくは起こりにくいイオンどうしだと強く結合する傾向がある。そのため，水和などの影響が小さい場合，化合物を構成するイオンの電荷の偏りの起こりやすさが同程度であるほど，その化合物は水に溶けにくくなる。たとえば Ag^+ は電荷の偏りが起こりやすいので，電荷の偏りが起こりやすい I^- とは水に溶けにくい化合物 AgI をつくり，偏りの起こりにくい F^- とは水に溶けやすい化合物 AgF をつくる。

このような電荷の偏りの起こりやすさにもとづく考え方で，化学におけるさまざまな現象を説明することができる。ただし，他の要因のために説明できない場合もあるので注意が必要である。

問1　［　　］にあてはまる語を，次の①～⑤のうちから1つ選べ。

①　ファンデルワールス力　②　電子親和力　③　水素結合
④　静電気力(クーロン力)　⑤　金属結合

問2　溶解性に関する事実を述べた記述のうち，下線部のような考え方では説明することのできないものを，次の①～④のうちから1つ選べ。

① フッ化マグネシウムとフッ化カルシウムは，ともに水に溶けにくい。

② Al^{3+}を含む酸性水溶液に硫化水素を通じた後に塩基性にしていくと，水酸化アルミニウムの沈殿が生成する。

③ ヨウ化銀と同様に硫化銀は水に溶けにくい。

④ 硫酸銅(Ⅱ)と硫酸マグネシウムは，ともに水によく溶ける。

第2章 溶液の性質

解答・解説

問１ ④　　問２ ④

問１ 陽イオンと陰イオンは 静電気力(クーロン力) で結びついている。

問２ 下線部には，イオンの電荷の偏りの**起こりやすさが同程度**であるほど，**水に溶けにくく**なるとある。表からよみとる

つまり，Ag^{+}(偏りが起こりやすい)とI^{-}(偏りが起こりやすい)からなるAgIは水に溶けにくい。
やすいとやすいなので，起こりやすさが同程度である

Ag^{+}(偏りが起こりやすい)とF^{-}(偏りが起こりにくい)からなるAgFは水に溶けやすい。
やすいとにくいなので，起こりやすさが異なる

① 〈説明できる〉MgF_2は，Mg^{2+}(起こり**にくい**)とF^{-}(起こり**にくい**)からなるので水に溶けにくい。CaF_2も，Ca^{2+}(起こり**にくい**)とF^{-}(起こり**にくい**)からなるので水に溶けにくい。

② 〈説明できる〉$Al(OH)_3$は，Al^{3+}(起こり**にくい**)とOH^{-}(起こり**にくい**)からなるので，水に溶けにくい沈殿である。

③ 〈説明できる〉AgIはAg^{+}(起こり**やすい**)とI^{-}(起こり**やすい**)からなり，Ag_2SはAg^{+}(起こり**やすい**)とS^{2-}(起こり**やすい**)からなるので，いずれも水に溶けにくい。

④ 〈説明することができない〉$CuSO_4$はCu^{2+}(起こりやすさ**中間**)とSO_4^{2-}(起こり**にくい**)からなるので，偏りの起こりやすさが同程度ではなく水には**やや溶けにくい**と予想できる。

また，$MgSO_4$はMg^{2+}(起こり**にくい**)とSO_4^{2-}(起こり**にくい**)からなるので水には溶け**にくい**と予想できる。

ところが，選択肢にはともに水に**よく溶ける**とある。つまり，偏りの起こりやすさから予想される結果では説明することができない。よって，$CuSO_4$や$MgSO_4$がともに水によく溶けるのは，本文中にある「他の要因のために説明できない場合」に相当するとわかる。

2 濃度について

溶質の量が，「基準とするものの量」に対してどれくらい溶けているかを表したものを濃度というんだ。溶液の場合，何を基準にしたらいいのかな？

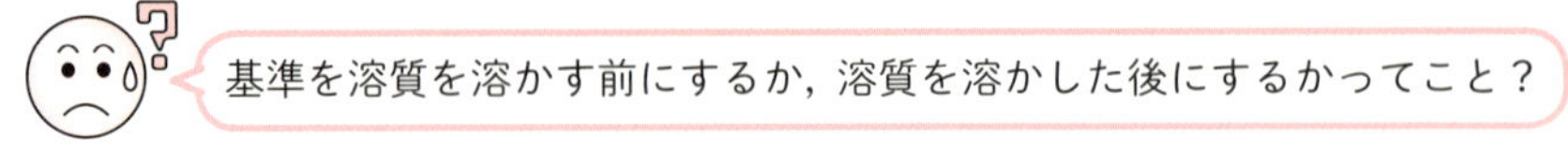

基準を溶質を溶かす前にするか，溶質を溶かした後にするかってこと？

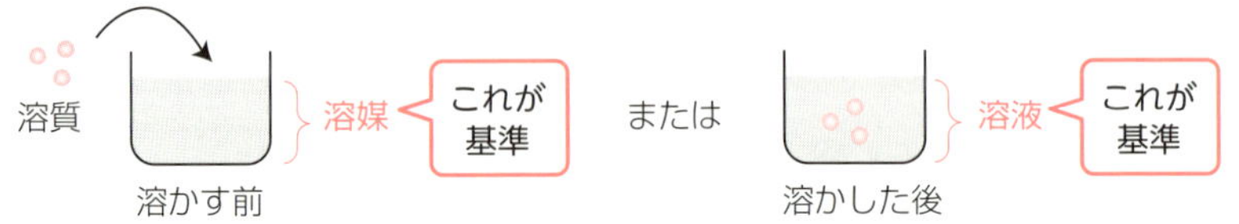

そうなんだ。溶質を溶かす前の**溶媒を基準**にとるか，溶かした後の**溶液を基準**にとるかで，濃度の表し方がいくつかあるんだ。

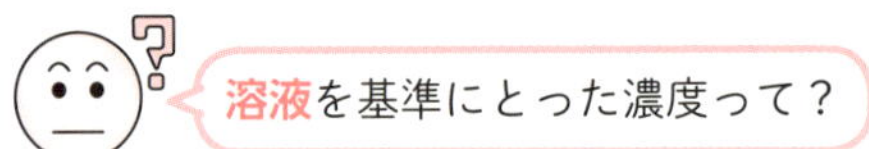

溶液を基準にとった濃度って？

まず，**溶液の質量〔g〕を基準にとった「質量パーセント濃度」がある**んだ。

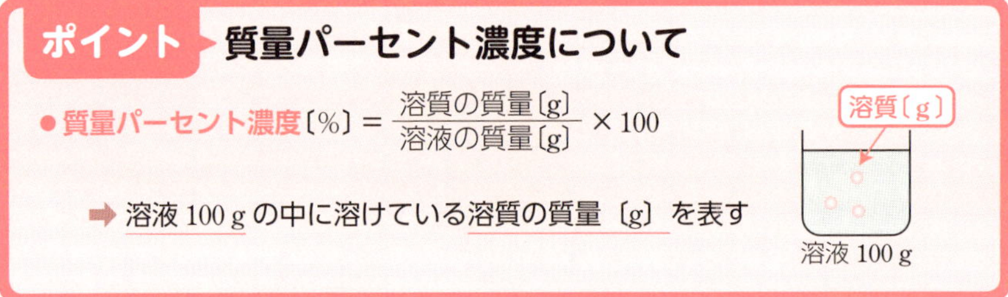

チェック問題 2 易 1分

グルコース 18 g を水 182 g に溶かした水溶液の質量パーセント濃度〔%〕を小数第 2 位まで求めよ。

解答・解説

9.00〔%〕

$$\frac{\text{溶質：18 g}}{\text{溶液：(18+182) g}} \times 100 = 9.00〔\%〕$$

チェック問題 3

標準 2分

質量パーセント濃度 8.0 % の水酸化ナトリウム水溶液の密度は 1.1 g/cm^3 である。この溶液 100 cm^3 に含まれる水酸化ナトリウムの物質量は何 mol か。有効数字 2 桁で次の形式で表すとき，[1]～[3]にあてはまる数字を答えよ。H＝1.0，O＝16，Na＝23 とする。 [1].[2]×10$^{-[3]}$ mol

解答・解説

[1] 2　[2] 2　[3] 1

質量パーセント濃度は，溶液 100 g の中に溶けている溶質の質量〔g〕を表すので，8.0 %は $\frac{8.0\ \text{g NaOH}}{100\ \text{g 溶液}}$ と表すことができる。

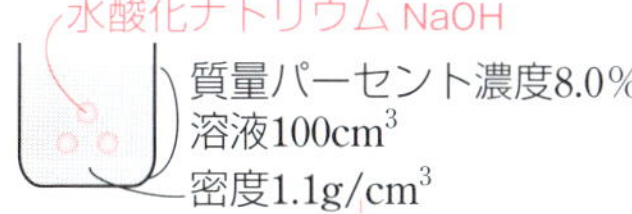

NaOH の式量は 23（Na）＋16（O）＋1.0（H）＝40 なので，モル質量は 40g/mol となる。

$$100\ \text{cm}^3 \times \frac{1.1\ \text{g}}{1\ \text{cm}^3} \times \frac{8.0\ \text{g}}{100\ \text{g}} \times \frac{1\ \text{mol}}{40\ \text{g}} = 2.2\times10^{-1}\ \text{〔mol〕}$$

水溶液の cm^3 どうしを消去する
NaOH の g どうしを消去し，mol を残す
水溶液の g どうしを消去する
NaOH＋H_2O〔g〕　NaOH〔g〕　NaOH〔mol〕

次に，**溶液の体積〔L〕を基準にとった濃度を「モル濃度」（単位：mol/L）という**。/（マイ）に注目すると次のポイントのようになるね。

ポイント　モル濃度について

● **モル濃度**〔mol/L〕
＝溶質の物質量〔mol〕÷溶液の体積〔L〕
➡ 溶液 1 L に溶けている溶質の物質量〔mol〕を表す

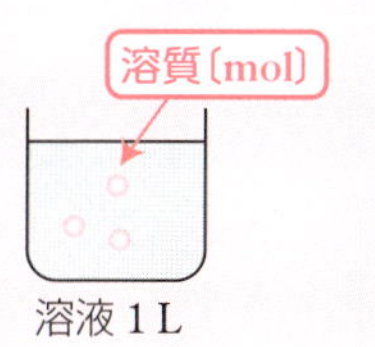

チェック問題 4

標準 1分

グルコース（分子量180）18 g を水に溶かして100 mL とした水溶液のモル濃度〔mol/L〕を小数第2位まで求めよ。

解答・解説

1.00〔mol/L〕

$$\underbrace{\left(18\,\text{g} \times \frac{1\,\text{mol}}{180\,\text{g}}\right)}_{\text{溶質〔mol〕}} \div \underbrace{\left(100\,\text{mL} \times \frac{1\,\text{L}}{10^3\,\text{mL}}\right)}_{\text{溶液〔L〕}} = 1.00\,\text{〔mol/L〕}$$

●**チェック問題 4** の1.00 mol/L のグルコース水溶液100 mL の調製のしかた

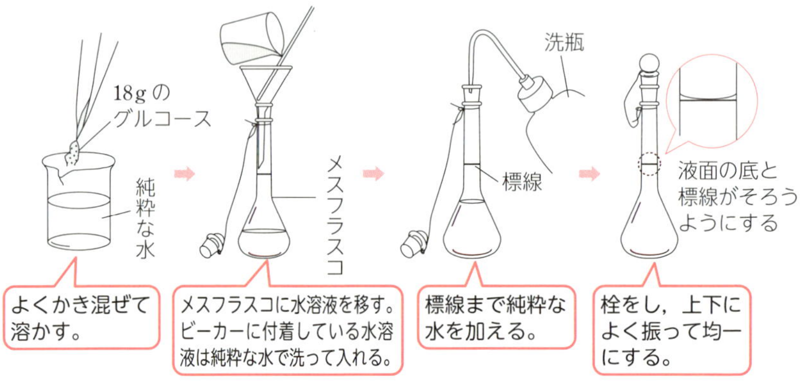
18gの
グルコース
純粋な水
メスフラスコ
洗瓶
標線
液面の底と
標線がそろう
ようにする
よくかき混ぜて
溶かす。
メスフラスコに水溶液を移す。
ビーカーに付着している水溶
液は純粋な水で洗って入れる。
標線まで純粋な
水を加える。
栓をし，上下に
よく振って均一
にする。

チェック問題 5

標準 3分

モル濃度に関する次の問い（a，b）に答えよ。

a　0 ℃，1.013×10^5 Pa で560 mL の塩化水素を純水に溶かし，塩酸50 mL をつくった。この塩酸のモル濃度は何 mol/L か。①～⑥のうちから1つ選べ。

①　0.025　②　0.050　③　0.25　④　0.50　⑤　2.5　⑥　5.0

b　硫酸銅（Ⅱ）五水和物50 g を水に溶解させ，500 mL の水溶液とした。この水溶液のモル濃度は何 mol/L か。①～⑤のうちから1つ選べ。H＝1.0，O＝16，S＝32，Cu＝64とする。

①　0.10　②　0.20　③　0.31　④　0.40　⑤　0.63

解答・解説

a ④　　b ④

a　0℃，1.013×10^5 Pa（標準状態）では，塩化水素 HCl 1 mol の体積は $22.4\,\text{L}\times\dfrac{10^3\,\text{mL}}{1\,\text{L}}$ であり，そのモル体積は 22.4×10^3 mL/mol となる。よって，塩酸（塩化水素 HCl の水溶液）のモル濃度は，

$$\underbrace{\left(560\,\text{mL}\times\frac{1\,\text{mol}}{22.4\times10^3\,\text{mL}}\right)}_{\text{溶質 HCl〔mol〕}}\div\underbrace{\left(50\,\text{mL}\times\frac{1\,\text{L}}{10^3\,\text{mL}}\right)}_{\text{溶液〔L〕}}=0.50\,\text{〔mol/L〕}$$

b　硫酸銅（Ⅱ）五水和物 $CuSO_4\cdot5H_2O$ が 1 個あればその中に含まれる $CuSO_4$ は 1 個なので，$CuSO_4\cdot5H_2O$ 6.0×10^{23}個（1 mol）には $CuSO_4$が6.0×10^{23}個（1 mol）含まれている。つまり，**「個数の関係＝ mol の関係」** となる。

また，$CuSO_4\cdot5H_2O$ の式量：$\underbrace{64}_{Cu}+\underbrace{32}_{S}+\underbrace{16}_{O}\times4+(\underbrace{1.0}_{H}\times2+\underbrace{16}_{O})\times5=250$のモル質量は250g/mol になる。よって，溶かした $CuSO_4\cdot5H_2O$ は$50\,\text{g}\times\dfrac{1\,\text{mol}}{250\,\text{g}}=\dfrac{1}{5}$ mol であり，$CuSO_4\cdot5H_2O$ の物質量〔mol〕＝ $CuSO_4$ の物質量〔mol〕なので，水溶液中の $CuSO_4$ も $\dfrac{1}{5}$ mol になる。

よって，この水溶液のモル濃度は，

$$\underbrace{\left(\frac{1}{5}\,\text{mol}\right)}_{\text{溶質 }CuSO_4\text{〔mol〕}}\div\underbrace{\left(500\,\text{mL}\times\frac{1\,\text{L}}{10^3\,\text{mL}}\right)}_{\text{溶液〔L〕}}=0.40\,\text{〔mol/L〕}$$

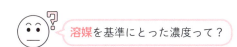

溶媒を基準にとった濃度って？

溶媒の質量〔kg〕を基準にとった濃度を「質量モル濃度」（単位 mol/kg）という。
/（マイ）に注目すると次のポイントのようになるね。

ポイント　質量モル濃度について

● 質量モル濃度〔mol/kg〕
＝溶質の物質量〔mol〕÷溶媒の質量〔kg〕
➡ 溶媒 1 kg に溶けている溶質の物質量〔mol〕を表す

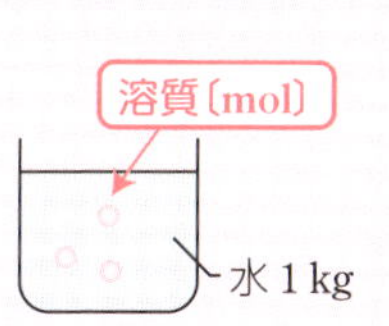

チェック問題 6

グルコース(分子量180)18 g を水に溶かして218 g とした水溶液の質量モル濃度〔mol/kg〕を小数第2位まで求めよ。

解答・解説

0.50〔mol/kg〕

$$\underbrace{\left(18\,\text{g} \times \frac{1\,\text{mol}}{180\,\text{g}}\right)}_{\text{溶質〔mol〕}} \div \underbrace{\left\{\overbrace{(218-18)}^{\text{水}}\,\text{g} \times \frac{1\,\text{kg}}{10^3\,\text{g}}\right\}}_{\text{溶媒〔kg〕}} = 0.10\,\text{〔mol〕} \div 0.20\,\text{〔kg〕}$$

$$= 0.50\,\text{〔mol/kg〕}$$

ここまでの**チェック問題**の計算だったら簡単だね。

そうだね。ここまでの濃度計算だったら，公式を覚えて代入するという機械的な作業でも解けるよね。でもね，公式代入の練習だけでは共通テストの問題を「いつも」「確実に」解くことはできないんだ。ただ，公式暗記では対応できないといっても，問題を解くうえで**最低限必要な「定義」は覚えてね**。

共通テストの問題をいつも確実に解くためには，「定義」をどう覚えたらいいの？

何が基準になっていたかを考えながら，**単位を覚えていく**んだ。前にも紹介したけど，「**単位**」に注目しながら計算していくことが大切。単位に注目すればミスを減らすことができ，「いつも」「確実に」問題を解くことができるよ。

チェック問題 7

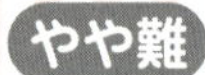

質量パーセント濃度が c〔%〕の過酸化水素水の密度を d〔g/cm^3〕とするとき，この水溶液のモル濃度〔mol/L〕を表す式として正しいものはどれか。次の①～⑥のうちから1つ選べ。ただし，原子量は H＝1.0，O＝16 とする。

① $\dfrac{0.1c}{34d}$　② $\dfrac{10c}{34d}$　③ $\dfrac{100c}{34d}$　④ $\dfrac{0.1cd}{34}$　⑤ $\dfrac{10cd}{34}$　⑥ $\dfrac{100cd}{34}$

解答・解説

⑤

113ページの ポイント より，質量パーセント濃度は，**溶液100 g の中に溶けている溶質〔g〕を表す**ので，$\dfrac{c\text{ g 溶質}}{100\text{ g 溶液}}$ ……① と表すことができる。

密度 d〔g/cm^3〕より，$\dfrac{d\text{g 溶液}}{1\text{ cm}^3\text{溶液}}$ と表すことができ，

$1\text{ cm}^3 = 1\text{ mL}$ なので，$\dfrac{d\text{g 溶液}}{1\text{ mL 溶液}}$ または $\dfrac{1\text{ mL 溶液}}{d\text{g 溶液}}$ ……② と表すこともできる。

また，過酸化水素 H_2O_2 の分子量は34なのでそのモル質量は34 g/mol となる。

モル濃度は，$\dfrac{\text{溶質〔mol〕}}{\text{溶液〔L〕}}$ なので，分母や分子に①および②，モル質量を代入し，溶質，溶液の単位である mol，L に変換して求める。

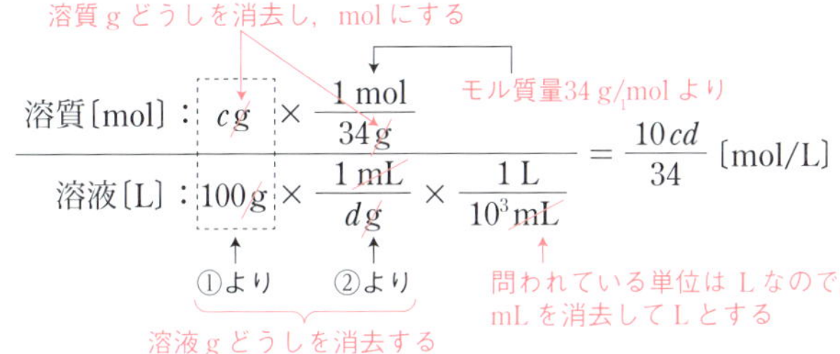

溶質 g どうしを消去し，mol にする
モル質量34 g/mol より
溶質〔mol〕：cg × 1 mol / 34 g
溶液〔L〕：100 g × 1 mL / dg × 1 L / 10³ mL
= 10cd / 34 〔mol/L〕
①より
②より
溶液 g どうしを消去する
問われている単位は L なので，
mL を消去して L とする

チェック問題 8

ある溶液のモル濃度が C〔mol/L〕，密度が d〔g/cm^3〕，溶質のモル質量が M〔g/mol〕であるとき，この溶液の質量モル濃度〔mol/kg〕を求める式はどれか。正しいものを，次の①～⑤のうちから１つ選べ。

① $\dfrac{C}{1000d}$　② $\dfrac{1000CM}{d}$　③ $\dfrac{CM}{10d}$　④ $\dfrac{C}{1000d-CM}$　⑤ $\dfrac{1000C}{1000d-CM}$

解答・解説

⑤

モル濃度が C mol/L なので，溶液 1 L ＝1000 mL に溶けている溶質は C mol とわかる。また，d g/cm^3，M g/mol より，この溶液の質量モル濃度〔mol/kg〕は，

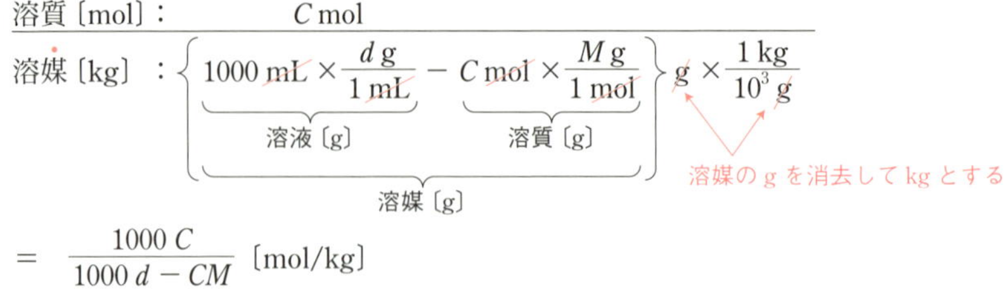

$$
\frac{溶質〔mol〕:\quad C\,\mathrm{mol}}{溶媒〔kg〕:\left\{\underbrace{1000\,\mathrm{mL}\times\frac{d\,\mathrm{g}}{1\,\mathrm{mL}}}_{溶液〔g〕}-\underbrace{C\,\mathrm{mol}\times\frac{M\,\mathrm{g}}{1\,\mathrm{mol}}}_{溶質〔g〕}\right\}\mathrm{g}\times\frac{1\,\mathrm{kg}}{10^3\,\mathrm{g}}}
$$

$$
=\frac{1000\,C}{1000\,d-CM}\ 〔\mathrm{mol/kg}〕
$$

3 固体の溶解度について

硫酸銅（Ⅱ）$CuSO_4$ を**温度一定**の水に溶かし続けていくと，どうなるかな？

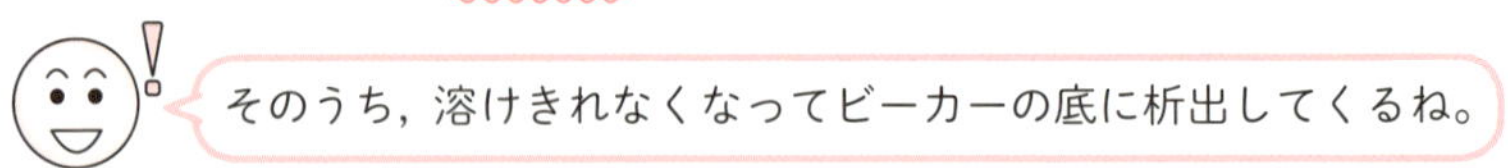

そうだね。溶媒（水）に溶ける溶質の量は，**溶媒の量や温度によって**限界があるんだ。限界まで溶質が溶けた溶液のことを**飽和溶液**といい，このときに溶けている**溶質の量を溶解度**という。

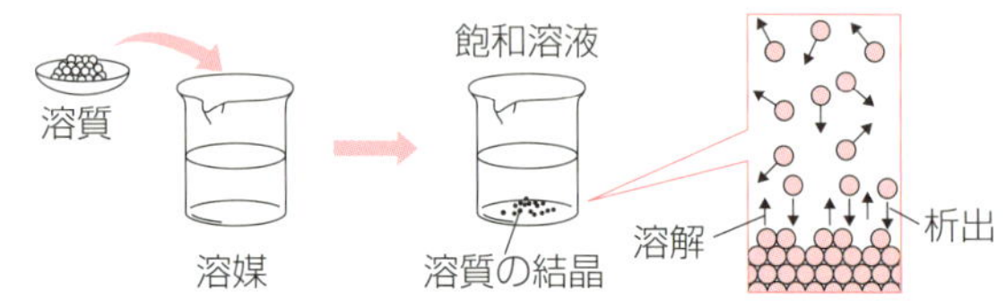

ふつう，溶解度は**溶媒 100 g に溶ける溶質の最大質量〔g〕**で表される。ただ，溶媒には水を使うことがほとんどなので，**水 100 g に溶ける溶質の最大質量〔g〕**といいかえることもできるね。ここで，100 g の水に溶ける溶質の最大質量を S〔g〕として，P.34で勉強した /（マイ）を使って溶解度を表すと，どうなるかな？

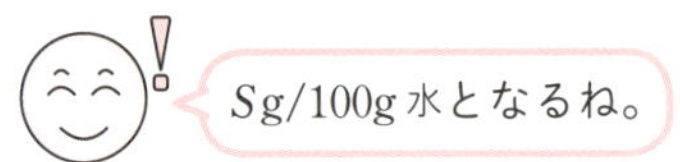

ポイント **固体の溶解度について**

● 水 100g に溶ける溶質の最大質量 S〔g〕 ⟺ Sg / 100g 水
（Sg：溶ける溶質の最大質量，100g 水：水 100 g あたり）

溶解度って，溶媒の温度によって変化するんだったよね。これを，ひと目でわかるように表すならどうする？

グラフを使うといいね。

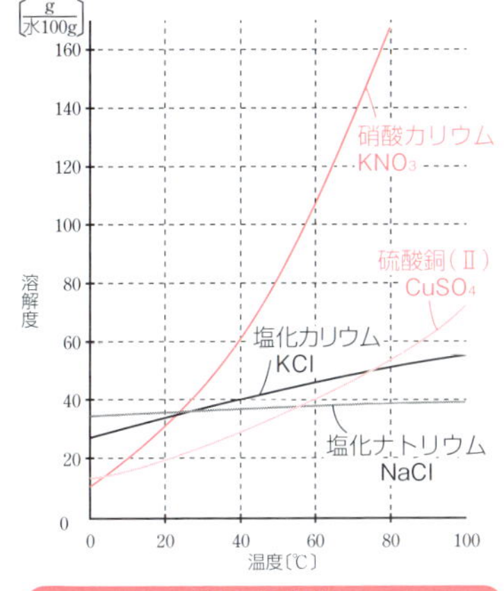

溶解度曲線

そうだね。ふつう，右の図のように「横軸に温度」，「縦軸に溶解度」をとったグラフで表すんだ。このグラフのことを**溶解度曲線**という。

溶解度は，温度が高くなると大きくなっているね。

そうだね。ただ，水酸化カルシウム $Ca(OH)_2$ のように温度が高くなると溶解度が小さくなる物質もあるので，すべての固体についていえるわけではないんだ。気をつけてね。

固体の溶解度の計算問題はどう解けばいいの？

固体の溶解度は，次の【コツ①～③】に注目しながら問題を解くといいんだ。溶解度は，Sg/100g 水とするね。

【コツ①】 飽和溶液を探し，**それぞれの温度**において，次のどちらかの式を立てる。

$$\frac{溶質〔g〕}{溶媒〔g〕} = \frac{S}{100} \quad \cdots\cdots(\text{A 式})$$

（S：溶質は最大 Sg 溶ける　100：溶媒 100 g に，）

$$\frac{溶質〔g〕}{飽和溶液〔g〕} = \frac{S}{100 + S} \quad \cdots\cdots(\text{B 式})$$

（S：溶質は最大 S g 溶ける　$100 + S$：飽和溶液（$100 + S$）g に）

(A 式) は両辺とも「分母が溶媒」，「分子が溶質」でその比が同じ値になること，(B 式) は両辺とも「分母が飽和溶液」，「分子が溶質」でその比が同じ値になることを表しているんだ。

2 つの式は，どっちを使ったらいいの？

飽和水溶液では，(A 式) と (B 式) のどちらも成り立つ。だから，計算がラクになるほうの式を使えばいいんだよ。

計算がラクになる式をどうやって見つけたらいいの？

はじめは，(B 式) を使う練習を積んでみてね。慣れてきたら，「ここでは (B 式) よりも (A 式) を使うと計算がラクになるかな？」と検討する。このような練習を積んでいくと，だんだん最適な式がわかってくると思うよ。

【コツ②】　うわずみ液に注目する。

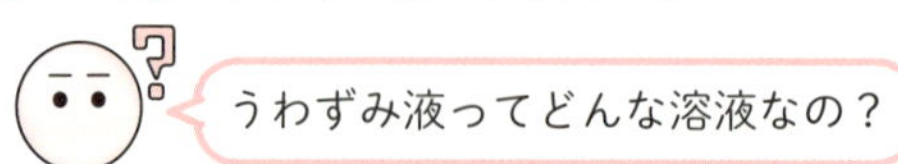
うわずみ液ってどんな溶液なの？

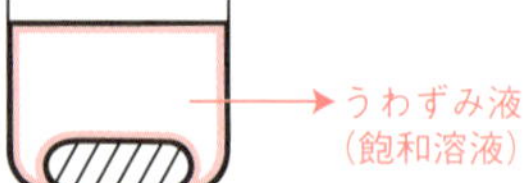
うわずみ液
（飽和溶液）

溶質が溶けきれなくなって，ビーカーの底に析出したときのうわずみのところをいうんだ。

うわずみの部分は，溶質がこれ以上溶けることができない（➡ つまり，限界まで溶けている溶液）ので，**飽和溶液になる**んだ。

【コツ③】　結晶水をもつ物質は，無水物と水に分ける。

たとえば，結晶水をもつ物質には，$CuSO_4 \cdot 5H_2O$ があるよ。

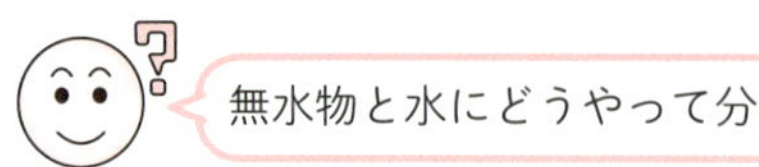
無水物と水にどうやって分けたらいいの？

$CuSO_4 \cdot 5H_2O = 250$ で，$CuSO_4 = 160$，$H_2O = 18$ だから，$CuSO_4 \cdot 5H_2O$ が X〔g〕あったとすると，次のように無水物 $CuSO_4$ と水 H_2O に分けることができるんだ。

$CuSO_4 \cdot 5H_2O$（$CuSO_4$：160，$5H_2O$：90，計 250）

$$X\text{〔g〕}\begin{cases} CuSO_4 : X\text{g}\ \cancel{CuSO_4 \cdot 5H_2O} \times \dfrac{160\text{g}\ CuSO_4}{250\text{g}\ \cancel{CuSO_4 \cdot 5H_2O}} = \dfrac{160}{250}X\text{〔g〕}CuSO_4 \\ H_2O : X\text{g}\ \cancel{CuSO_4 \cdot 5H_2O} \times \dfrac{90\text{g}\ H_2O}{250\text{g}\ \cancel{CuSO_4 \cdot 5H_2O}} = \dfrac{90}{250}X\text{〔g〕}H_2O \end{cases}$$

チェック問題 9

標準

3分

80 ℃ で，100 g の硝酸カリウム KNO_3 を水 100 g に溶かした。この溶液を 27 ℃ まで冷却したところ，硝酸カリウムが析出した。析出した硝酸カリウムの質量として最も適当な値を，次の①～⑤のうちから 1 つ選べ。ただし，硝酸カリウムは，水 100 g に対して 27 ℃ で 40 g，80 ℃ で 169 g まで溶ける。

①　100 g　　②　80 g　　③　60 g　　④　40 g　　⑤　20 g

解答・解説

③

27 ℃のときの KNO_3 の溶解度は，40 g/100 g 水

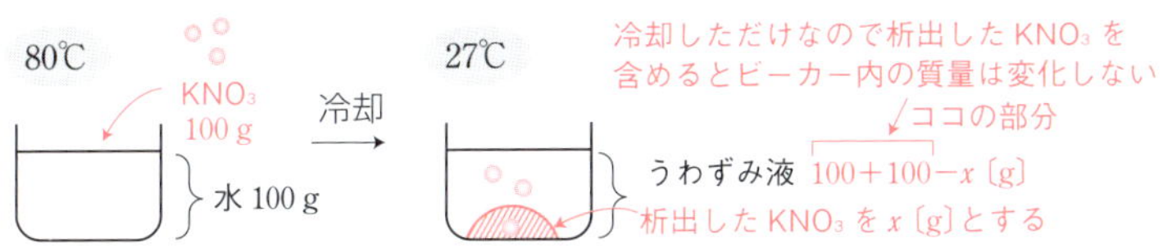

【コツ②】より，27℃ におけるうわずみ液(飽和溶液)は，100 + 100 − x〔g〕
うわずみ液に溶けている溶質(KNO_3)は 100 − x〔g〕となるので，
【コツ①】より，27℃ で(B 式)を立てる。

$$\frac{100 - x}{100 + 100 - x} = \frac{40}{100 + 40}$$ より，$x = 60$〔g〕

うわずみ液中の溶質→ 溶質 $100 - x$
うわずみ液は飽和溶液 → 飽和溶液 $100 + 100 - x$
溶解度 40，溶解度 100 + 40 ← 27℃の溶解度 $S = 40$ を代入

別解　(A 式)を使っても解ける。

$$\frac{100 - x}{100} = \frac{40}{100}$$ より，$x = 60$〔g〕

うわずみ液中の溶質→ 溶質 $100 - x$
うわずみ液中の溶媒→ 溶媒 100
溶解度 40 ← 27℃の溶解度 $S = 40$ を代入

チェック問題 10

40℃ での硝酸カリウム KNO_3 の飽和溶液 100 g を 20℃ まで冷却したら析出する硝酸カリウムの質量として最も適当な値を，次の①～⑤のうちから 1 つ選べ。ただし，硝酸カリウムは，水 100 g に対して 20℃ で 31 g，40℃ で 64 g まで溶ける。

①　20 g　②　25 g　③　30 g　④　35 g　⑤　40 g

解答・解説

①

KNO_3 の溶解度は，40℃ 64 g/100 g 水，20℃ 31 g/100 g 水

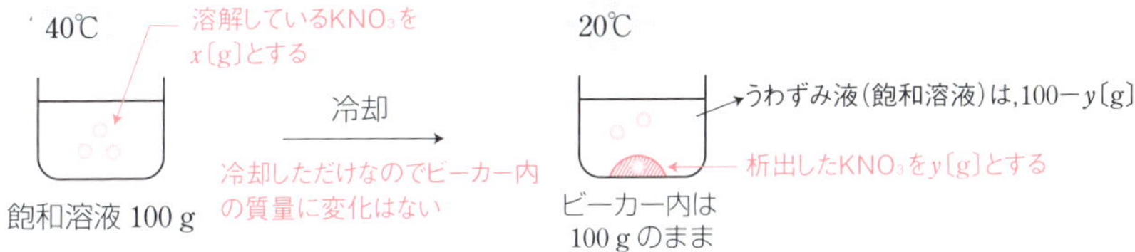

【コツ①】より，40℃において(B式)を立てる。

$$\frac{x}{100} = \frac{64}{100+64}$$ より，$x = 39.0$〔g〕

（x：溶質，100：飽和溶液，64：溶解度，40℃の溶解度 $S = 64$ を代入）

【コツ②】より，20℃におけるうわずみ液(飽和溶液)は，$100 - y$〔g〕
うわずみ液に溶けている溶質(KNO_3)は　$x - y$〔g〕となるので，
【コツ①】より，20℃で(B式)を立てる。$x = 39.0$〔g〕を代入すると，

$$\frac{39.0 - y}{100 - y} = \frac{31}{100+31}$$ より，$y \fallingdotseq 20$〔g〕

（$39.0 - y$：うわずみ液中の溶質，$100 - y$：うわずみ液は飽和溶液，31：溶解度，20℃の溶解度 $S = 31$ を代入）

チェック問題 11

ある濃度の硫酸銅(Ⅱ)$CuSO_4$水溶液205 gを，60 ℃から20 ℃に冷却したところ，25 gの$CuSO_4 \cdot 5H_2O$(式量250)の結晶が得られた。もとの水溶液に含まれていた$CuSO_4$(式量160)の質量として最も適当な値を，次の①～⑤のうちから1つ選べ。ただし，$CuSO_4$(無水塩)は，水100gあたり，60 ℃で40 g，20 ℃で20 gまで溶ける。

①　32 g　②　46 g　③　48 g　④　53 g　⑤　80 g

解答・解説

②

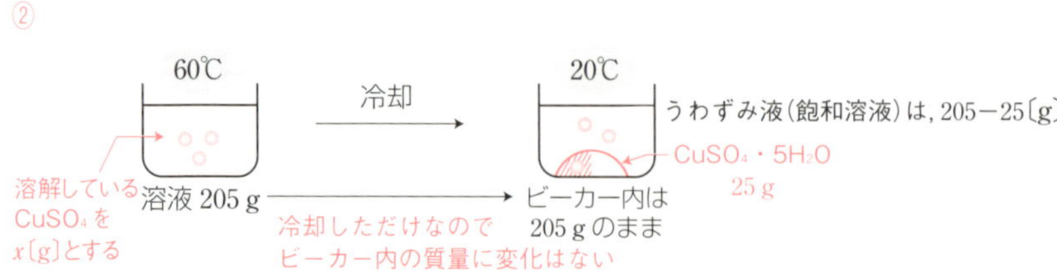

【コツ③】より，$CuSO_4 \cdot 5H_2O$ 25 gを分ける。（250 = 160 + 90）

$CuSO_4$：$\frac{160}{250} \times 25$〔g〕　H_2O：$\frac{90}{250} \times 25$〔g〕

【コツ②】より，20℃におけるうわずみ液(飽和溶液)は，205－25〔g〕

うわずみ液に溶けている溶質($CuSO_4$)は　$x - \frac{160}{250} \times 25$〔g〕なので，

【コツ①】より，20℃ で(B 式)を立てる。

$$\frac{x-\frac{160}{250}\times 25}{205-25}=\frac{20}{100+20}$$ より，$x=46$〔g〕

（うわずみ液中の溶質→ 溶質，うわずみ液は飽和溶液→ 飽和溶液，溶解度，20℃ の溶解度より $S=20$ を代入）

4 気体の溶解度について

夏の暑い日に，池の水温が上がり魚が窒息死することがある。これは，暑くなり水温が上がり水の中に溶けている酸素 O_2 の量が減少することで起こるんだ。

気体は，温度が高くなると水に溶けにくくなるんだね。

そうなんだ。また，炭酸飲料水のキャップをあけると，二酸化炭素 CO_2 の泡が水溶液中からシュワシュワ出てくる。これは，炭酸飲料水は高圧で CO_2 を水に溶かしているので，キャップを開けると圧力が下がり水溶液中に溶けきれなくなった CO_2 が気体となって発生するからなんだ。

気体は，圧力が下がっても水に溶けにくくなるのか…。

そうだね。**気体の溶解度は ① 温度が高く，② 圧力が低いほど小さく**なることがわかるね。

1803年，イギリスのヘンリーは，

溶解度のあまり大きくない気体では，一定温度で，一定量の溶媒に溶ける気体の溶解度は，その気体の圧力に比例する

（溶解度：物質量(mol)，質量(mg，g)　圧力：混合気体の場合は分圧）

ことを発見した。これを**ヘンリーの法則**というんだ。

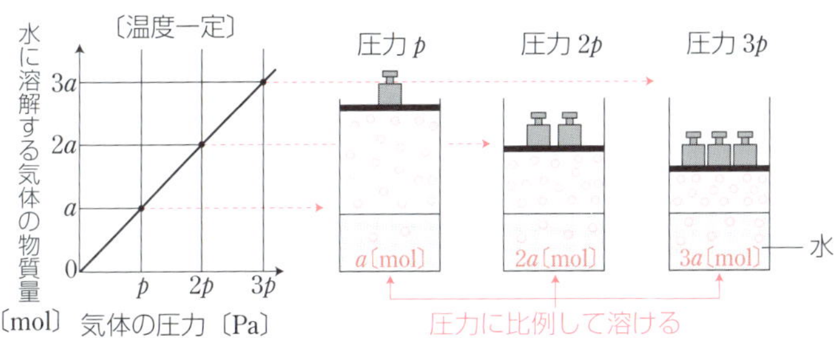

ヘンリーの法則を考えるときに，注意してほしいポイントが2つあるんだ。ここでは，溶媒として「水」を使う場合を考えることにするね。

ポイント1　**「溶解度のあまり大きくない気体」とは**，水素 H_2，酸素 O_2，窒素 N_2 などの**水に溶けにくい気体をいう**。水に非常によく溶ける塩化水素 HCl やアンモニア NH_3 などの気体について，ヘンリーの法則は成り立たないんだ。

ポイント2　**混合気体では，一定量の水に溶ける気体の質量〔mg，g〕や物質量〔mol〕は，それぞれの気体の分圧に比例**する。たとえば，窒素 N_2 と酸素 O_2 の混合気体のときは，N_2 の分圧に比例して N_2 が，O_2 の分圧に比例して O_2 が一定量の水に溶けるんだ。

計算問題が解けるか心配だよ。

ヘンリーの法則を使った計算は，問題文で与えられている条件を，

$$\frac{\text{水に溶ける気体の物質量〔mol〕または質量〔mg，g〕}}{\text{気体の圧力〔Pa〕・水の体積〔mL，L〕}}$$

の形に表して，単位を消去しながら解けばいいんだ。

たとえば，問題文に

「0℃，1.0×10^5 Pa で 1.0 L の水に酸素 O_2 は 2.2×10^{-3} mol 溶ける。」

と与えられていたら，まず，

$$\frac{2.2\times10^{-3}\ \text{mol}}{1.0\times10^5\ \text{Pa}\cdot\text{水}\,1.0\ \text{L}}\quad\cdots\cdots(*)$$

（分子：1.0×10^5 Pa の下，水 1.0 L に溶解する酸素の物質量〔mol〕）
酸素 O_2 は，1.0×10^5 Pa の下で 水 1.0 L に対して 2.2×10^{-3} mol 溶解する

と表し，あとは単位を消去し，計算していくんだ。

ポイント　ヘンリーの法則について

- 分数の式の形に表して単位を消去することで解く
  1. 溶解度のあまり大きくない気体について成立する
  2. 混合気体の場合，それぞれの気体の分圧に比例する

チェック問題 12

標準 

25℃，1.0×10^5 Pa の地球の大気と接している水2.0 L に溶ける CO_2 の物質量は何 mol か。有効数字 2 桁で下の形式で表すとき，[1]～[3] にあてはまる数字を答えよ。ただし，CO_2 の水への溶解はヘンリーの法則のみに従い，25℃，1.0×10^5 Pa の CO_2 は水1.0L に0.033 mol 溶け，地球の大気は CO_2 を体積で0.040 %含むものとする。 [1].[2] $\times 10^{-[3]}$ mol

第2章 溶液の性質

解答・解説

[1] 2 [2] 6 [3] 5

同じ圧力，同じ温度の下では，$V=\boxed{\dfrac{RT}{P}}\times n$ となり

→P：一定，T：一定

→一定の値となる

気体の体積：V と物質量：n が比例する。つまり，体積比＝モル比，体積%＝モル% になるので，CO_2 の体積% 0.040%はモル分率にすると $\dfrac{0.040}{100}$ になる。

→0.040 や $\dfrac{4}{100}$ と しないように 注意しよう！

注 a %は割合で表すと $\dfrac{a}{100}$

CO_2 の分圧 P_{CO_2} は「**分圧＝全圧×モル分率**」から，

$$P_{CO_2}=1.0\times10^5\times\frac{0.040}{100}\ \text{〔Pa〕}\cdots\cdots①$$ になる。

本問の場合，25℃での CO_2 のデータは，

分子は mol，g，mg の いずれかで書く！

$P_{CO_2}=1.0\times10^5$ Pa の下，水 1.0 L に溶ける CO_2 の物質量〔mol〕

$$\frac{0.033\ \text{mol}}{1.0\times10^5\ \text{Pa}\cdot\text{水}\ 1.0\ \text{L}}\cdots\cdots②$$ と表せる。

CO_2 は　の下で，　に対して

よって，25℃で1.0×10^5Pa の地球の大気(全圧に相当)と接している水2.0 L に溶ける CO_2 は，①と②から，

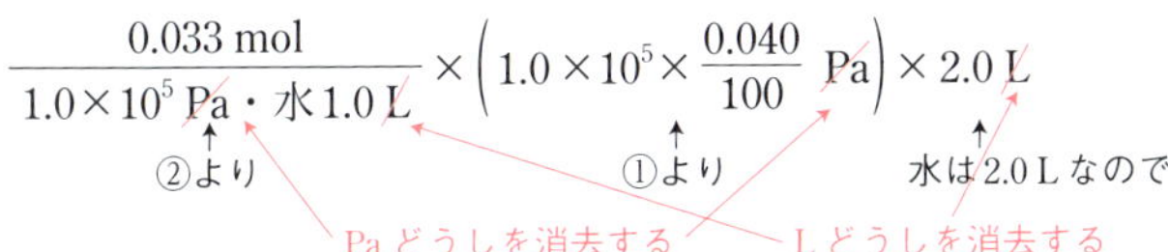

$$\frac{0.033\ \text{mol}}{1.0\times10^5\ \text{Pa}\cdot\text{水}\ 1.0\ \text{L}}\times\left(1.0\times10^5\times\frac{0.040}{100}\ \text{Pa}\right)\times2.0\ \text{L}$$

$$=0.033\times\frac{1.0\times10^5\times\dfrac{0.040}{100}}{1.0\times10^5}\times\frac{2.0}{1.0}\fallingdotseq2.6\times10^{-5}\ \text{mol}$$

チェック問題 13　やや難　3分

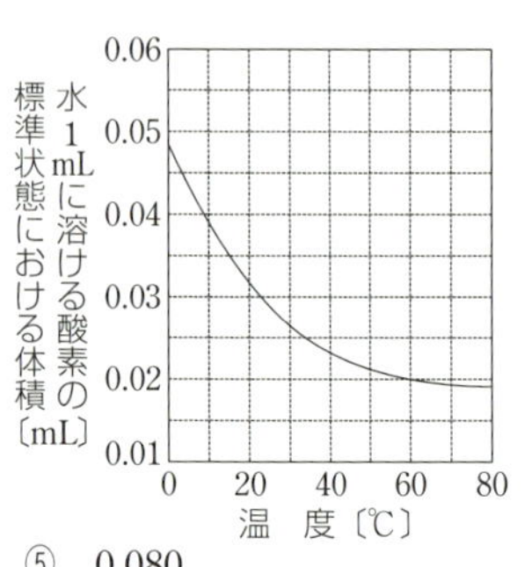

水に対する酸素の溶解度曲線を右図に示す。縦軸は，1.0×10^5 Pa で水 1 mL に溶ける酸素の体積を，標準状態(0 ℃，1.013×10^5 Pa)での値に換算したものである。0 ℃で 2.0×10^5 Pa の酸素と接していた 4.0 L の水を，同じ圧力で 60 ℃に温めたとき，出てくる酸素は何 g か。最も適当な数値を，次の①～⑤のうちから 1 つ選べ。$O_2=32$

①　0.32　　②　0.22　　③　0.16　　④　0.11　　⑤　0.080

解答・解説

①

分数の式に表すとき，分子は mol，g，mg で表すんだよね……

そうなんだ。本問は問題の条件が体積〔mL〕で表されているよね。体積で表されているときは，体積を物質量〔mol〕に変換する必要があるんだ。変換するときには，必ず圧力と温度の条件をチェックしてね。

この問題は，標準状態(0 ℃，1.013×10^5Pa)って書いてあるね。

標準状態(0 ℃，1.013×10^5 Pa)では，気体 1 mol の体積は 22.4 L だったよね。これを利用して，グラフの値を体積〔mL〕から物質量〔mol〕に変換してみるね。まず，0 ℃と 60 ℃のときのデータをグラフから読みとってみよう。

0 ℃では約 0.048mL，
60 ℃では 0.020mL だね。

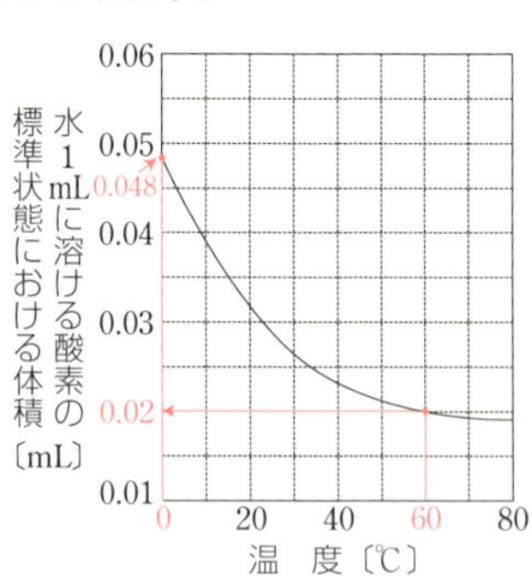

そうだね。標準状態で酸素 O_2 1 mol の体積は

$22.4\,\cancel{\text{L}}\times\dfrac{10^3\,\text{mL}}{1\,\cancel{\text{L}}}$ であることと，グラフのデータは酸素 O_2 の圧力が 1.0×10^5 Pa で水 1 mL に溶ける酸素の体積が与えられていることから，

0 ℃のデータは,

mL を mol に変換して代入する

$$\frac{\frac{0.048}{22.4\times10^3}\text{mol}}{1.0\times10^5\text{Pa}\cdot\text{水 }1\text{ mL}} \quad \cdots\cdots①$$

$\left(0.048\text{mL}\times\frac{1\text{ mol}}{22.4\times10^3\text{mL}}\right.$ と変換する$\left.\right)$

溶解する

酸素 O_2 は, の下で, に対して

60 ℃のデータは，同じように

$$\frac{\frac{0.020}{22.4\times10^3}\text{mol}}{1.0\times10^5\text{Pa}\cdot\text{水 }1\text{ mL}} \quad \cdots\cdots②$$

とそれぞれ表せる。0 ℃で 2.0×10^5 Pa の酸素 O_2 と接している $4.0\text{ L}\times\frac{10^3\text{mL}}{1\text{ L}}$ の水には，①より，

$$\frac{\frac{0.048}{22.4\times10^3}\text{mol}}{1.0\times10^5\text{Pa}\cdot\text{水 }1\text{ mL}}\times2.0\times10^5\text{Pa}\times4.0\times10^3\text{mL}=\frac{0.048\times8}{22.4}\text{[mol]}$$

↑①より

の O_2 が溶けていて，60 ℃で 2.0×10^5 Pa の酸素 O_2 と接している $4.0\text{ L}\times\frac{10^3\text{mL}}{1\text{ L}}$ の水には，②より，

$$\frac{\frac{0.020}{22.4\times10^3}\text{mol}}{1.0\times10^5\text{Pa}\cdot\text{水 }1\text{ mL}}\times2.0\times10^5\text{Pa}\times4.0\times10^3\text{mL}=\frac{0.020\times8}{22.4}\text{[mol]}$$

↑②より

の O_2 が溶けている。0 ℃の水 4.0 L を 60 ℃に温めたとき，

$$\underset{(0℃)}{\frac{0.048\times8}{22.4}}-\underset{(60℃)}{\frac{0.020\times8}{22.4}}=\frac{8}{22.4}\times(0.048-0.020)\text{[mol]}$$

の O_2 が出てくるので，その質量〔g〕は O_2 のモル質量32〔g/mol〕より，

$$\frac{8}{22.4}\times(0.048-0.020)\text{mol}\times\frac{32\text{g}}{1\text{ mol}}=0.32\text{[g]}$$

チェック問題 14

標準 

一定量の水に酸素を溶かす実験を行った。この実験に関する記述について，誤りを含むものを，次の①～⑤のうちから 1 つ選べ。

① 酸素の圧力を 1.0×10^5 Pa から 2.0×10^5 Pa に上げると，溶ける酸素の質量は約 2 倍になる。

② 圧力を変えたときに溶ける酸素の体積は，溶かしたときの圧力のもとで測れば，ほぼ一定である。

③ 酸素と水が接触する面積を変えても，溶かすことのできる酸素の質量は変わらない。

④ 1.0×10^5 Pa の空気に接した水には，0.20×10^5 Pa の酸素に接した水に比べ，質量で約 5 倍の酸素が溶ける。

⑤ 水の温度を上げると，溶ける酸素の質量は減る。

解答・解説

④

① 〈正しい〉水の量は一定とあるので，酸素 O_2 の圧力が 2 倍に上がれば溶ける酸素 O_2 の質量(〔g〕，〔mg〕)は約 2 倍になる。

② 〈正しい〉たとえば，温度一定(0 ℃ ＝273 K)の下で考えてみる。

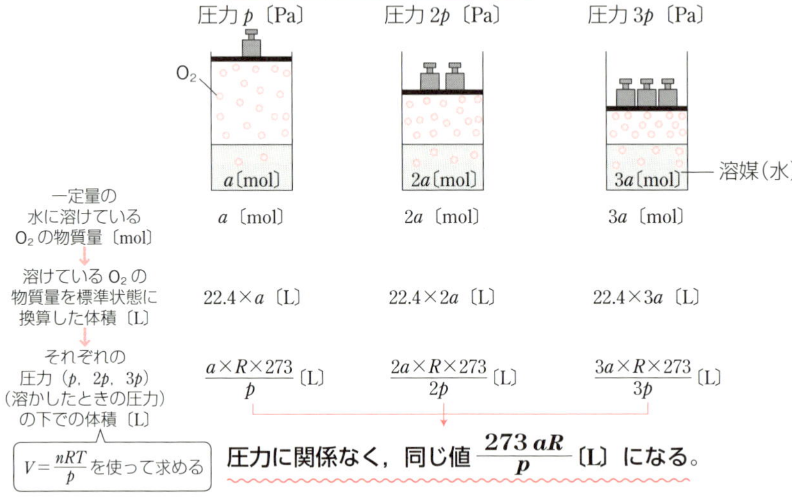

③ 〈正しい〉面積を変えても，水の量が一定で酸素の圧力が一定であれば，溶かすことのできる酸素 O_2 の質量(〔g〕，〔mg〕)は変わらない。

④ 〈誤り〉空気は，窒素 N_2 と酸素 O_2 のモル比がほぼ 4 ： 1 である。よって，1.0×10^5 Pa の空気中の酸素 O_2 の分圧はほぼ $1.0\times10^5\times\frac{1}{4+1}=0.20\times10^5$ Pa となり，0.20×10^5 Pa の酸素 O_2 に接した水に溶けている酸素 O_2 の質量と同じ質量(約 1 倍)の酸素 O_2 が溶ける。

⑤ 〈正しい〉水の温度が上がれば，酸素 O_2 は水に溶けにくくなる。

第2章　溶液の性質

希薄溶液とコロイド溶液

1 蒸気圧降下・沸点上昇について

純粋な溶媒は決まった温度で決まった(飽和)蒸気圧を示し，その表面では，液体分子の蒸発と気体分子の凝縮が常に起こっていたよね。このとき，スクロースなどの蒸発しにくい溶質(＝**不揮発性の物質**)を溶かすと，溶液の表面から蒸発する溶媒分子の数が溶質を溶かす前に比べて少なくなるんだ。そのため，**溶液の蒸気圧が純粋な溶媒の蒸気圧に比べて低くなる蒸気圧降下という現象が起こる**。蒸気圧降下の大きさ(＝**蒸気圧降下度** ΔP)は，溶質の種類には関係なく，**溶質の物質量(モル)**によって決まるんだ。

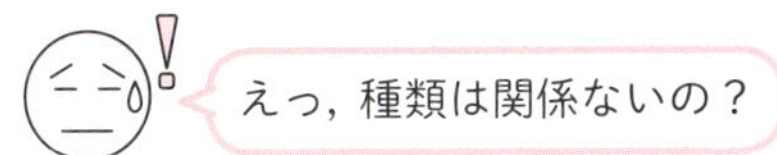

そうなんだ。溶質の種類に関係なく溶質の物質量(モル)が多くなるほど，つまり**濃度が大きくなるほど蒸気圧降下度 ΔP は大きくなる**。このとき，電解質の場合は電離した後の溶質の物質量〔mol〕を考えることに注意してね。

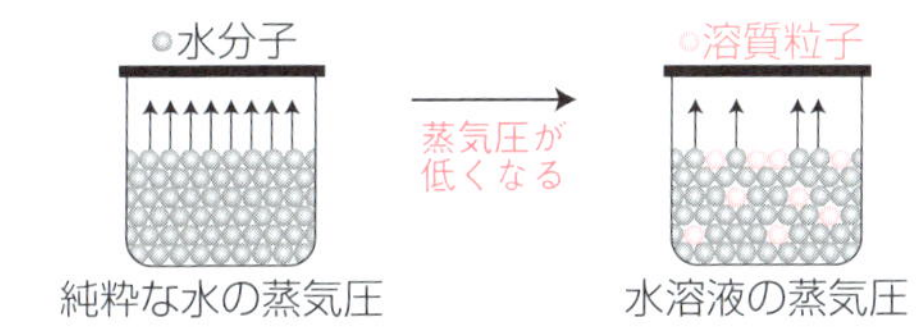

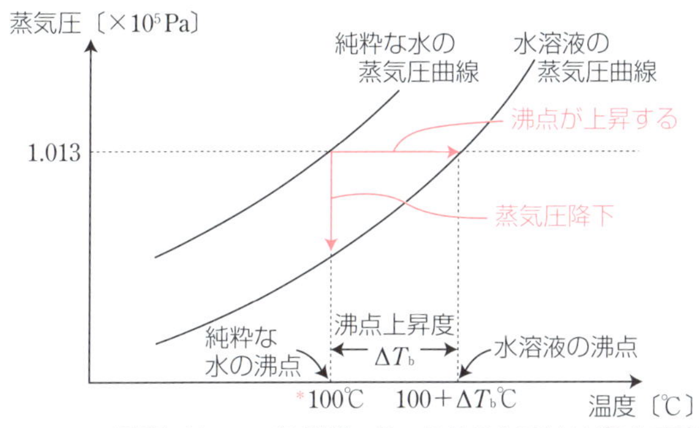

＊正確には99.974℃だが，ふつうテストでは100℃とする

沸点は，**大気圧＝(飽和)蒸気圧になるときの温度**だったね。じゃあ，蒸気圧降下が起こっている溶液の沸点はどうなるかな？

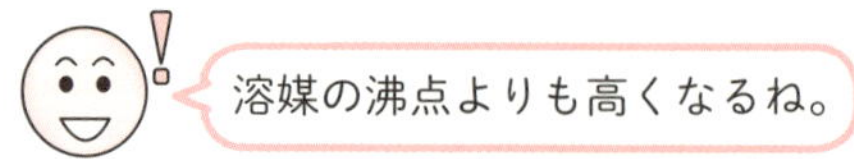

そうだね。**溶液の沸点のほうが純粋な溶媒の沸点よりもわずかに高くなる現象を沸点上昇**といい，溶液と溶媒の沸点の差 ΔT_b を**沸点上昇度**というんだ。

チェック問題 1

標準　2分

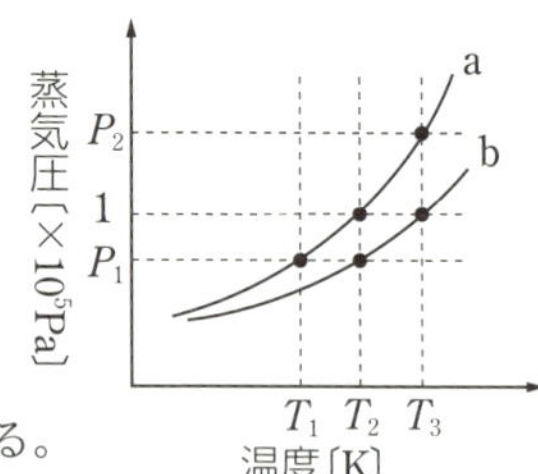

図は，純溶媒とこれに不揮発性の溶質を少量溶解した溶液の蒸気圧変化を示したものである。次のうち，誤りを含むものを２つ選べ。なお，大気圧を 1×10^5 Pa とする。

① 曲線 a は溶液の蒸気圧曲線である。
② 純溶媒の大気圧における沸点は T_2〔K〕である。
③ 溶液の大気圧での沸点上昇度は T_3-T_2〔K〕である。
④ T_3〔K〕で溶液は純溶媒よりも $(P_2-1)\times10^5$〔Pa〕だけ低い蒸気圧を示す。
⑤ $P_1\times10^5$〔Pa〕における溶液の沸点は T_2〔K〕である。
⑥ T_2〔K〕における純溶媒の蒸気圧は $P_1\times10^5$〔Pa〕である。
⑦ T_2〔K〕で純溶媒は溶液よりも $(1-P_1)\times10^5$〔Pa〕だけ高い蒸気圧を示す。
⑧ T_2〔K〕，$P_2\times10^5$〔Pa〕では，溶液と純溶媒のどちらも液体で存在する。

解答・解説

①，⑥

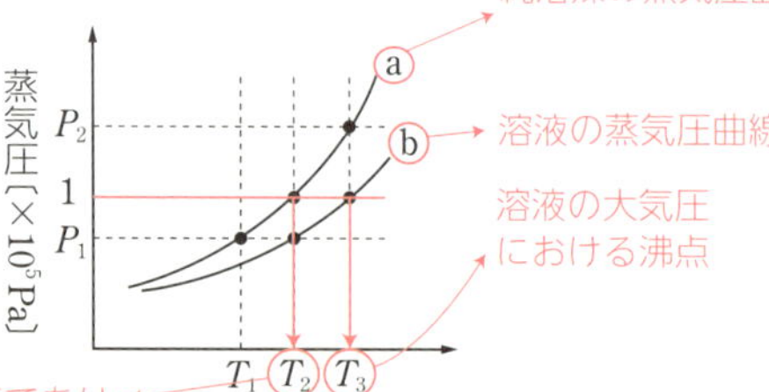

① 〈誤り〉溶液ではなく純溶媒が正しい。
③ 〈正しい〉大気圧 $(1\times10^5\ \mathrm{Pa})$ での沸点上昇度は，$\Delta T_b=T_3-T_2$〔K〕である。
④ 〈正しい〉T_3〔K〕で蒸気圧降下度は，$\Delta P=P_2\times10^5-1\times10^5=(P_2-1)\times10^5$〔Pa〕になる。

⑥ 〈誤り〉 T_2〔K〕における純溶媒の蒸気圧は 1×10^5〔Pa〕になる。

⑦ 〈正しい〉 T_2〔K〕で純溶媒は溶液よりも $1 \times 10^5 - P_1 \times 10^5 = (1 - P_1) \times 10^5$〔Pa〕だけ高い蒸気圧を示す。

⑧ 〈正しい〉 蒸気圧曲線より上ではどちらも液体で存在する(➡ P.66)。

第2章 溶液の性質

2 凝固点降下について

溶液を冷やしていくと，まず溶媒だけが凝固しはじめる。この溶媒だけが凍りはじめる温度をふつう溶液の凝固点というんだ。

まず，溶媒だけが凝固するんだね。知らなかったよ。

そして，**溶液の凝固点は，溶媒の凝固点よりも低くなる。この現象を凝固点降下というんだ。**

溶媒の凝固点では，凝固する溶媒分子と溶け出す溶媒分子の数が同じでつり合った状態になっている。ここに，溶質を加えて溶液にすると，溶質粒子の数の分だけ，凝固する溶媒分子の数が減少して凝固が起こりにくくなるよね。そこで，溶液全体の温度をさらに下げることで固体から溶媒分子が溶け出す数を減少させて，つり合った状態にするんだ。だから，溶液の凝固点は溶媒の凝固点よりも低くなるんだ。

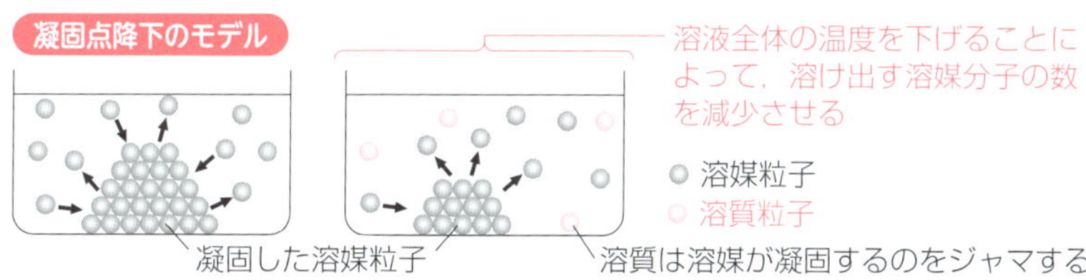

右下図のような装置を使い，溶媒や溶液の温度が時間とともにどのように変化するかを調べると左下図を得ることができるんだ。純粋な溶媒と溶液の凝固点の差 ΔT_f を**凝固点降下度**という。

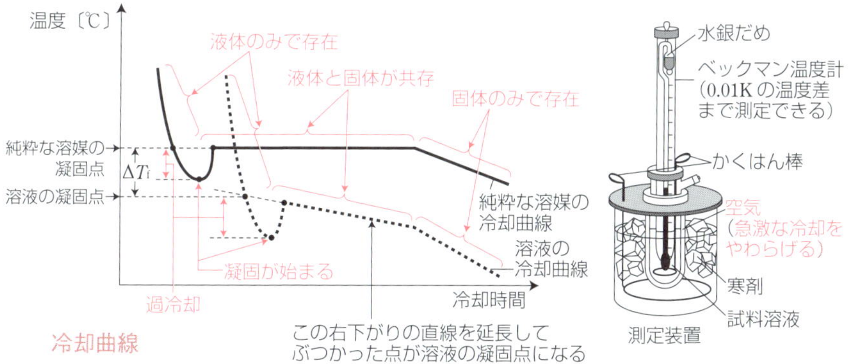

冷却曲線

純粋な溶媒をゆっくり冷やしていくと，**凝固点より低い温度になっても凝固が起こらず液体のままで存在している状態**（**過冷却**）になり，その後，凝固がはじまると凝固熱が発生し温度が凝固点まで上昇するんだ。

凝固熱についてくわしく教えてよ。

固体を加熱すると液体になるから，固体＋ $Q\,\mathrm{kJ}$ ＝液体 と表せるよね。この熱化学方程式を右辺から左辺に向かって見ると液体＝固体＋ $Q\,\mathrm{kJ}$ となる。この**液体が固体になる**（凝固する）**ときに発生する熱**（$Q\,\mathrm{kJ}$）**を凝固熱**というんだ。

（加熱している）

温度が凝固点まで上昇した後も純粋な溶媒をゆっくり冷やしていくと，溶媒がすべて凝固するまでは発生する凝固熱をまわりの寒剤（冷却剤）が吸収するので**温度が一定に保たれる**んだ。

溶液の場合も過冷却の後に発生する凝固熱により温度が上昇し，凝固が進んでいくんだ。

冷却曲線を見ると，溶液の場合は純粋な溶媒とちがって，凝固中も徐々に温度が低下しているね。

そうだね。これは，**溶液中の溶媒だけが凝固することで溶液の濃度が増加し，凝固点降下が大きくなるから**なんだ。

チェック問題 2　標準　2分

図は，ある純溶媒を冷却したときの冷却時間と温度の関係を表したものである。図に関する記述として誤りを含むものを，次の①～⑤のうちから１つ選べ。

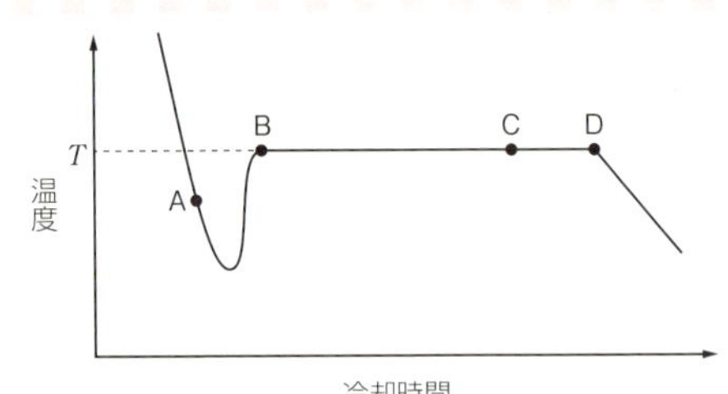

① 温度 T は凝固点である。
② 点Ａでは過冷却の状態にある。
③ 点Ｂから凝固がはじまった。
④ 点Ｃでは，液体と固体が共存していた。
⑤ この溶媒に少量の物質を溶かして冷却時間と温度の関係を調べたところ，点Ｄに相当する状態の温度は純溶媒に比べて低下した。

解答・解説

③ 〈誤り〉凝固が始まるのは**ココ**。

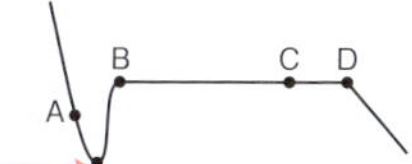

⑤ 〈正しい〉溶液では，凝固が進むと温度が徐々に下がり続けるため点Bに相当する状態→点D相当する状態に向かって右下りのグラフになる。よって，点Dに相当する状態の温度は，純溶媒に比べて低下する。

3 沸点上昇，凝固点降下の計算について

不揮発性の溶質を溶かした溶液の**沸点上昇度 ΔT_b や凝固点降下度 ΔT_f は，うすい溶液では溶質の種類に関係なく，溶液の質量モル濃度 m〔mol/kg〕に比例する**ことが知られている。これを式で表すと，

沸点上昇度：$\Delta T_b = K_b \times m$

凝固点降下度：$\Delta T_f = K_f \times m$

となるんだ。

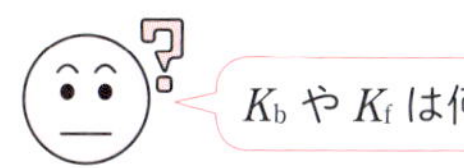

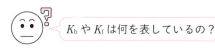

K_b や K_f は何を表しているの？

K_b は**モル沸点上昇**，K_f は**モル凝固点降下**とよばれる「溶媒の種類によって決まっている値」，つまり「**比例定数**」なんだ。この式を使うときに注意しなければいけないのは，**電解質のときには電離後の全溶質粒子(全イオン)の質量モル濃度を代入する点**なんだ。あと，温度差を表す ΔT_b や ΔT_f の単位にはふつう〔K〕を使う。温度の差を考えているときは〔℃〕は〔K〕に変換できることも確認しておいてね。

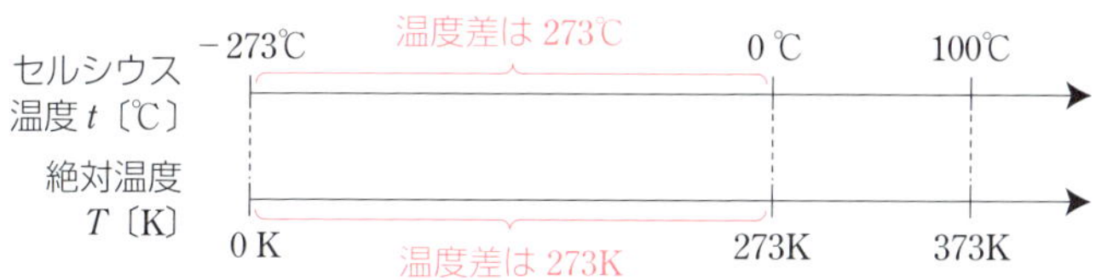

●温度差を考えるときは，273〔℃〕=273〔K〕つまり〔℃〕=〔K〕と変換できる。

ポイント 沸点上昇，凝固点降下の計算について

● **沸点上昇度**：$\Delta T_b = K_b \times m$　● **凝固点降下度**：$\Delta T_f = K_f \times m$

m：電解質の場合，m は電離後の全溶質粒子の質量モル濃度

チェック問題 3

標準 

沸点上昇度が最も小さいものを，次の水溶液①～⑤のうちから1つ選べ。ただし，電解質を溶質とする場合の沸点上昇度の大きさは，一定質量の溶媒に溶けているイオンの総数に比例するものとする。

① 0.3 mol/kg グリセリン水溶液　② 0.5 mol/kg グルコース水溶液
③ 0.3 mol/kg KCl 水溶液　④ 0.3 mol/kg $AlK(SO_4)_2$ 水溶液
⑤ 0.2 mol/kg $MgCl_2$ 水溶液

解答・解説

①

$KCl \longrightarrow K^+ + Cl^-$ （溶質粒子数が2倍になる）

$AlK(SO_4)_2 \longrightarrow Al^{3+} + K^+ + 2SO_4^{2-}$ （溶質粒子数が4倍になる）

$MgCl_2 \longrightarrow Mg^{2+} + 2Cl^-$ （溶質粒子数が3倍になる）とそれぞれ電離する。よって，

注 グリセリンやグルコースは電離しない。

① $\Delta T_b = K_b \times 0.3 = 0.3\,K_b$　② $\Delta T_b = K_b \times 0.5 = 0.5\,K_b$
③ $\Delta T_b = K_b \times 0.3 \times 2 = 0.6\,K_b$　④ $\Delta T_b = K_b \times 0.3 \times 4 = 1.2\,K_b$
⑤ $\Delta T_b = K_b \times 0.2 \times 3 = 0.6\,K_b$ となり，ΔT_b が最も小さいものは，$0.3\,K_b$ の①

思考力のトレーニング

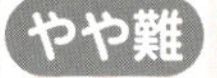 

融点6.52 ℃のシクロヘキサン15.80 g にナフタレン $C_{10}H_8$ 30.0 mg を加えて完全に溶かした。その溶液を氷水で冷却し，よくかき混ぜながら溶液の凝固点を求めたところ6.22 ℃となった。溶液の凝固点を用いて，シクロヘキサンのモル凝固点降下を求めると，何 K・kg/mol になるか。有効数字2桁で次の形式で表すとき，[1]～[3]にあてはまる数字を答えよ。ただし，H＝1.0，C＝12とする。

[1].[2] × 10^[3] K・kg/mol

解答・解説

[1] 2　[2] 0　[3] 1

凝固点降下度：$\Delta T_f = \underbrace{6.52}_{\text{溶媒（シクロヘキサン）の凝固点}} - \underbrace{6.22}_{\text{溶液の凝固点}} = 0.30$〔K〕

温度差は〔℃〕=〔K〕となる。

融点＝凝固点よりわかる

ナフタレン $C_{10}H_8$ の分子量は $\underbrace{12}_{C} \times 10 + \underbrace{1.0}_{H} \times 8 = 128$ なので，

そのモル質量は128 g/mol となり，ナフタレン溶液の質量モル濃度〔mol/kg〕は，

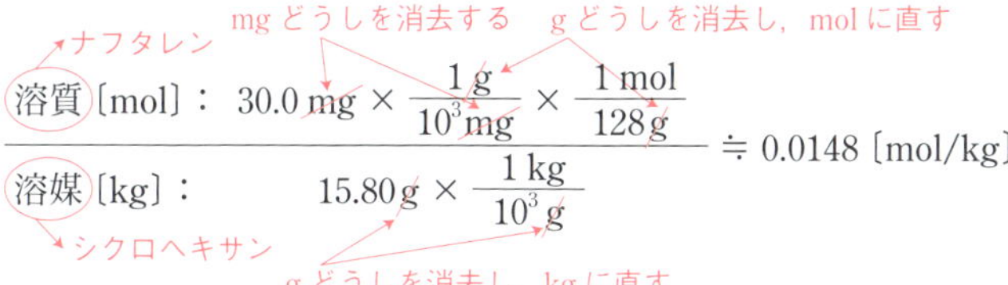

$$\frac{\text{溶質〔mol〕}: 30.0\,\text{mg} \times \dfrac{1\,\text{g}}{10^3\,\text{mg}} \times \dfrac{1\,\text{mol}}{128\,\text{g}}}{\text{溶媒〔kg〕}: 15.80\,\text{g} \times \dfrac{1\,\text{kg}}{10^3\,\text{g}}} \fallingdotseq 0.0148\ \text{〔mol/kg〕}$$

となる。これらを $\Delta T_f = K_f \times m$ に代入すると，

$$0.30\ \text{〔K〕} = K_f \times 0.0148\ \text{〔mol/kg〕}$$

となり，シクロヘキサン（溶媒）の $K_f \fallingdotseq 2.0 \times 10^1$〔K・kg/mol〕とわかる。

4 浸透圧について

セロハン膜，生物の細胞膜，動物のぼうこう膜などは，水などの小さな溶媒分子は通すけど，デンプンなどの大きな溶質粒子は通しにくい性質があるんだ。このように，**ある成分は通すけれど，他の成分は通さない性質をもつ膜を半透膜という**んだ。

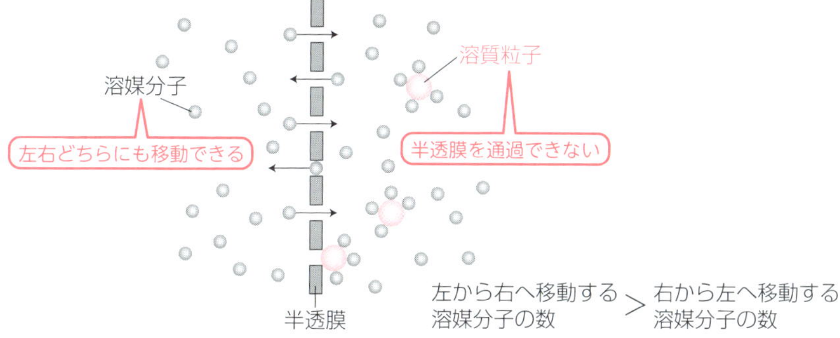

溶質粒子は半透膜を通過できていないね。

そうなんだ。半透膜にはいろいろな種類があり，ここでは溶媒分子は通すけれど溶質粒子は通さない半透膜を使うことにするね。

半透膜で中央を仕切ったU字管の左右に，純粋な水と水溶液を液面の高さが同じ

になるように入れて放置してみるね(下の図１)。このとき，小さな水分子は半透膜の左右どちらにも移動することができるけど，「右(水溶液)から左(水)へ」は「左(水)から右(水溶液)へ」に比べると溶質粒子が存在しているので移動できる水分子の数が少なくなって，水溶液の方により多くの**水分子が移動**(**浸透**)して水溶液の濃度が低くなっていく。つまり，水の液面が下がり，水溶液の液面が上がっていくんだ。

水の液面は下がって，水溶液の液面は上がるんだね。

そうなんだ。このとき，**水の浸透をくい止め，両液の液面を同じ高さに保つには，水溶液の液面に余分な圧力を加えて**「右(水溶液)から左(水)へ」移動する水分子の数を増やす必要があるよね(図２)。**この圧力を浸透圧**というんだ。

余分な圧力を加えない場合は，両液面の高さの差が h になったところで見かけ上水の浸透が止まり，この差はそれ以上変化しなくなる(図３)。

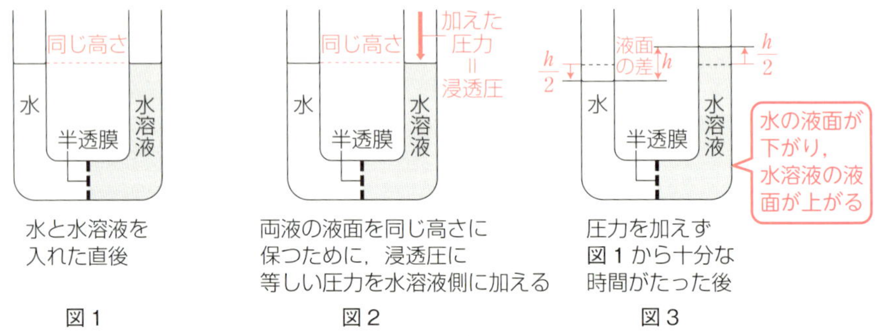

図２で水溶液側に浸透圧より高い圧力を加えたらどうなると思う？

水溶液中の水分子が水側に移動するの？

するどいね。この現象を**逆浸透**といって，海水の淡水化に利用されているんだ。

チェック問題 4

浸透圧に関する次の記述①～⑤のうちから，内容が正しいものを１つ選べ。

① 浸透圧は，半透膜を通して純水側から水溶液側へ水を浸透させるために，純水側に加える余分の圧力である。

② 半透膜で純水と水溶液をへだてるとき，純水の量を多くすると浸透圧は大きくなる。

③ 赤血球を純水に入れると，細胞膜が半透膜としてはたらき，水分を失って縮む。

④　純水とスクロース水溶液を半透膜で仕切り，液面の高さをそろえて放置すると，スクロース水溶液の体積が減少し，純水の体積が増加する。
⑤　浸透圧は，高分子化合物の分子量の測定に利用される。

解答・解説

⑤

①　浸透圧は，純水と水溶液の液面の高さの差をゼロにするため，**水溶液側**に加える余分の圧力となる。〈誤り〉
②　浸透圧は水溶液の濃度や温度が変化すると変化するが，純水の量には**影響されない**。(浸透圧について成り立つ式 $\Pi = CRT$ から，Π は C と T で決まる。)〈誤り〉
③　細胞膜内は溶液なので，赤血球は**水分を得てふくらみ**やがて破裂する。〈誤り〉
④　スクロース水溶液の体積は増加し，純水の体積が減少する。〈誤り〉
⑤　〈正しい〉デンプンなどの高分子化合物の平均分子量の測定に，浸透圧について成り立つ式 $\Pi V = \frac{w}{M}RT$ を利用することが多い。

うすい溶液の浸透圧 Π〔Pa〕と溶液の体積 V〔L〕，溶液中の溶質の物質量 n〔mol〕，絶対温度 T〔K〕の間には，

重要公式　$\boldsymbol{\Pi V = nRT}$　（R〔Pa・L/(K・mol)〕）

の関係式が成り立ち，この関係を**ファントホッフの法則**というんだ。

気体の状態方程式 $PV = nRT$ と同じ形だね。

そうなんだ。R〔Pa・L/(K・mol)〕は，気体定数と同じ値だからね。また，浸透圧 Π〔Pa〕は溶液のモル濃度 C〔mol/L〕を使って，

$$\boldsymbol{\Pi = \frac{n}{V}RT = CRT}$$

⬅ $\frac{n〔\text{mol}〕}{V〔\text{L}〕} = C$〔mol/L〕におきかえる（モル濃度〔mol/L〕）

と表すこともできるんだ。

浸透圧 Π〔Pa〕は，溶液のモル濃度 C〔mol/L〕と絶対温度 T〔K〕に比例するんだね。

そうだね。たとえば，1.0×10^{-3}mol/Lのデンプン水溶液について，27℃(=300K)におけるその浸透圧は，次のように求めることができる。$R = 8.3\times10^3$〔Pa・L/(K・mol)〕とする。

$\Pi = 1.0\times10^{-3}\times8.3\times10^3\times300 \fallingdotseq 2.5\times10^3$〔Pa〕　⬅ $\Pi = CRT$ に代入する

単位については，$\frac{\text{mol}}{\text{L}}\times\frac{\text{Pa}\cdot\text{L}}{\text{K}\cdot\text{mol}}\times\text{K}$

ここで，**溶質が電解質の場合**，電離する割合に応じて溶質粒子の総数が増加するので，**電離後の全イオンのモル濃度を考える**ことに注意してね。

ポイント **浸透圧について**

● 浸透圧 Π〔Pa〕は，絶対温度 T〔K〕とモル濃度 C〔mol/L〕に比例し，気体定数を R〔Pa・L/(K・mol)〕とおくと，次の式から求めることができる。

$$\Pi = C \times R \times T$$

Π：浸透圧〔Pa〕　C：モル濃度〔mol/L〕　R：気体定数〔Pa・L/(K・mol)〕　T：絶対温度〔K〕

このとき，モル濃度は全溶質粒子（電離する溶質では電離後の全イオン）のモル濃度である点に注意しよう。

チェック問題 5

金が水中に分散しているコロイド溶液 200 mL がある。この溶液の浸透圧は 27 ℃ で 8.3×10^3 Pa であった。この溶液に含まれるコロイド粒子（➡ P.140）の数は何個か。次の①～⑧のうちから最も適当な数値を1つ選べ。ただし，気体定数は 8.3×10^3 Pa・L/(K・mol)，アボガドロ定数は 6.0×10^{23}/mol とする。

① 4.4×10^{19}　② 1.2×10^{20}　③ 4.0×10^{20}　④ 2.0×10^{21}
⑤ 4.4×10^{21}　⑥ 1.2×10^{23}　⑦ 4.0×10^{23}　⑧ 6.0×10^{23}

解答・解説

$\Pi = CRT$ に代入する。

$$8.3\times10^3 = C\times8.3\times10^3\times(273+27) \text{ より，} C = \frac{1}{300}\text{〔mol/L〕}$$

溶液 200mL 中のコロイド粒子の数は，アボガドロ定数 6.0×10^{23} 個/mol より

$$\frac{\frac{1}{300}\,\text{mol}}{1\,\text{L}} \times \frac{200}{1000}\,\text{L} \times \frac{6.0\times10^{23}\,\text{個}}{1\,\text{mol}} = 4.0\times10^{20}\text{〔個〕}$$

〔mol/L〕　〔mol〕　〔個〕

チェック問題 6

標準 3分

U字管の中央に半透膜を固定し，一方の側に純水を，もう一方の側に水溶液a～cの一つを，液面の高さが同じになるように入れた。十分な時間をおくと，水分子だけが半透膜を透過し，図のように，液面の高さにhの差が生じた。同様の実験を他の水溶液についても行ったところ，hの大きさはそれぞれの水溶液で異なっていた。水溶液a～cをhが大きい順に並べたものはどれか。正しいものを，下の①～⑥のうちから1つ選べ。ただし，電解質は完全に分離しているものとする。

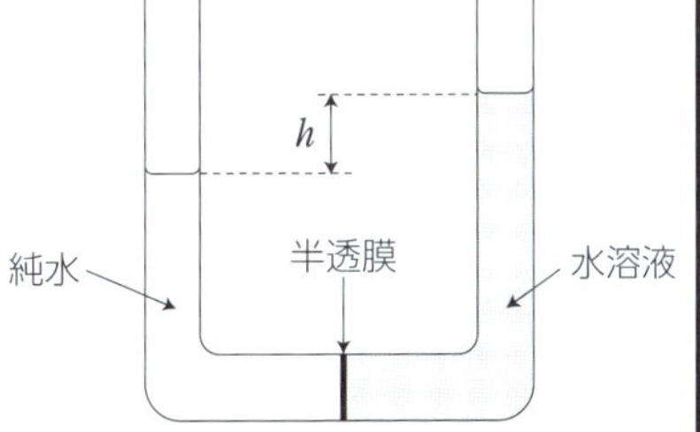

a　0.20 mol/Lのグリセリン水溶液
b　0.25 mol/Lの塩化カリウム水溶液
c　0.10 mol/Lの硫酸ナトリウム水溶液

① a＞b＞c　② a＞c＞b
③ b＞a＞c　④ b＞c＞a
⑤ c＞a＞b　⑥ c＞b＞a

解答・解説

④

液面差hの示す圧力は，浸透後の水溶液の浸透圧になる。また，浸透圧Πは$\Pi = CRT$より，モル濃度Cに比例する。

この結果，$\left\{ \begin{array}{c} h\text{と浸透圧} \\ \text{浸透圧とモル濃度} \end{array} \right\}$が**比例**することから，$h$はモル濃度に**比例**することがわかる。ここで，a～cの全溶質粒子のモル濃度は，

a　グリセリンは電離しないので，0.20 mol/Lのまま

b　塩化カリウムKClは，KCl ⟶ $K^+ + Cl^-$（溶質粒子数が2倍になる）のように完全に電離するので，0.25×2＝0.50 mol/L

c　硫酸ナトリウムNa_2SO_4はNa_2SO_4 ⟶ $2Na^+ + SO_4^{2-}$（溶質粒子数が3倍になる）のように完全に電離するので，0.10×3＝0.30 mol/Lとなる。よって，浸透後の水溶液のモル濃度の濃さの順は，b＞c＞aとなり，hとモル濃度は比例するので，hの大きさの順もb＞c＞aとなる。

5 コロイド溶液について

スクロースや NaCl を水に溶かした水溶液を観察したら…？

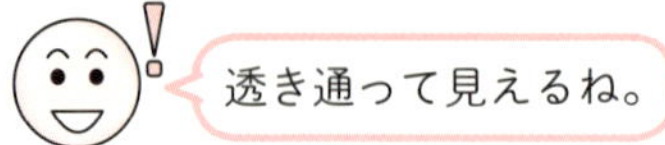

そうだね。溶質(スクロース分子や NaCl が電離して生じる Na^+ と Cl^-)はとても小さく，溶媒(水分子)とほぼ同じぐらいの大きさなので，光がそのまま通過するんだ。このような溶液を**真の溶液**という。それに対して，デンプンやタンパク質などの溶質を水に溶かした溶液は，真の溶液とは異なるさまざまな性質を示す。このような，**デンプンやタンパク質などの溶液をコロイド溶液という**んだ。

デンプンやタンパク質の大きさはどれくらいなの？

ろ紙は通れるけれどセロハンなどの半透膜は通れない大きさで，**直径 10^{-9}m ～ 10^{-7}m 程度**なんだ。これくらいの大きさの粒子を**コロイド粒子**という。

コロイド粒子を分散させている物質を**分散媒**，分散しているコロイド粒子を**分散質**といい，コロイド粒子が分散した状態または物質を**コロイド**というんだ。分散媒や分散質には，さまざまな状態があるため，さまざまなコロイドが知られている。

いろいろなコロイドの例

分散媒		固体	液体	気体
分散質	固体	ルビー，ステンドグラス	墨汁，絵の具	煙，空気中のホコリ
	液体	ゼリー，豆腐	牛乳，マヨネーズ	霧，雲，もや
	気体	マシュマロ，スポンジ	泡	気体どうしは混ざる

ポイント コロイド溶液について

コロイド粒子 ➡ 直径は 10^{-9}m ～ 10^{-7}m の粒子
➡ ろ紙は通過，半透膜は通過しない大きさ
例 デンプン，タンパク質，セッケン，水酸化鉄(Ⅲ) $Fe(OH)_3$

コロイド溶液の示す性質にはどんなものがあるの？

コロイド溶液に横から強い光を当てると，光の進路がはっきりと観察できる現象を**チンダル現象**というんだ。

なぜ，はっきりと観察できるの？

コロイド粒子が光を散乱するからなんだ。そして，チンダル現象を起こしているコロイド溶液を**限外顕微鏡**で観察すると，光ったコロイド粒子が不規則なジグザグ運動(＝**ブラウン運動**)をしているようすが観察できる。

ブラウン運動って，コロイドが勝手にジグザグに動いているの？

ちがうんだ。**熱運動している溶媒分子が，コロイド粒子に不規則に衝突することで，コロイド粒子が自分からジグザグに動いているように見える**んだ。

チンダル現象

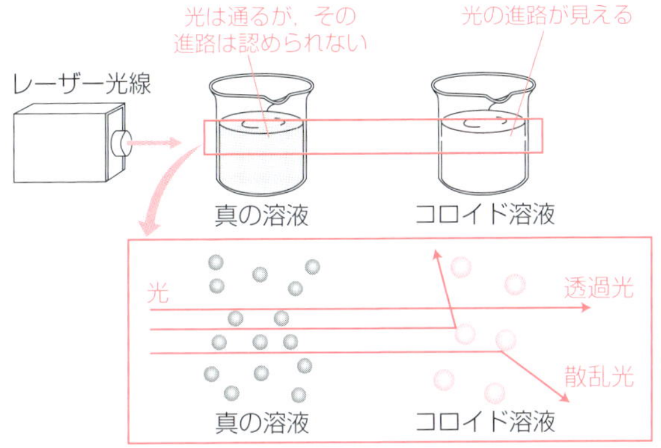

ブラウン運動

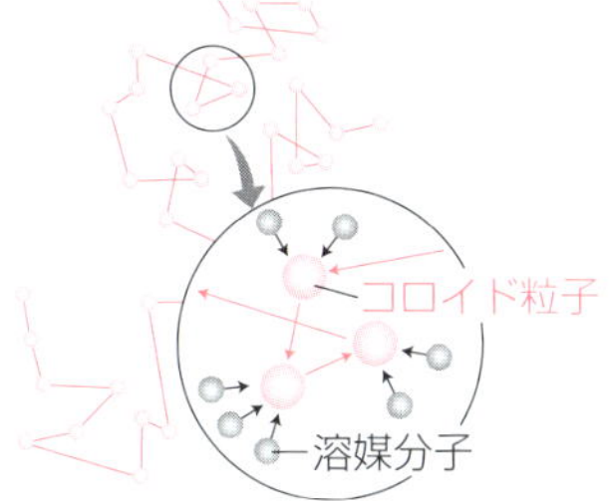

溶媒分子が熱運動により
コロイド粒子に衝突して
起こる不規則な運動

U字管にコロイド溶液を入れて直流電圧をかけると，コロイド粒子が陽極または陰極に向かってゆっくりと移動する現象を**電気泳動**という。コロイド粒子が＋または－に帯電しているので，反対符号の電極に引きよせられて移動するんだ。

電気泳動

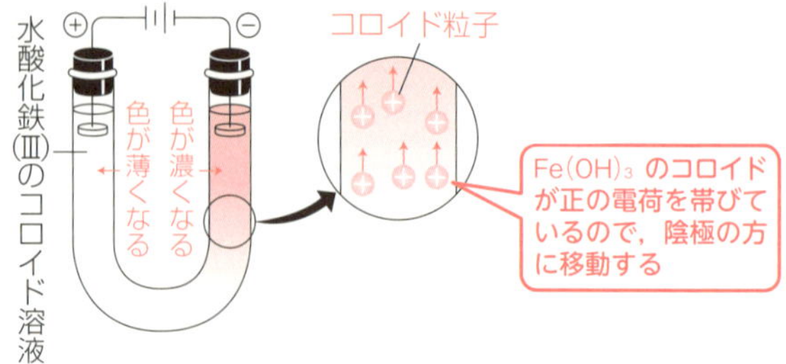

＋電荷をもつコロイド（正コロイド）の例として水酸化鉄（Ⅲ） $Fe(OH)_3$ のコロイド，－電荷をもつコロイド（負コロイド）の例として粘土のコロイドを覚えてね。

コロイド粒子は，ろ紙は通れるけれどセロハン膜などの半透膜は通れない大きさだったね。もし，コロイド溶液に分子やイオンなどの不純物が含まれていたら，不純物を除くためにどうすればいいかな？

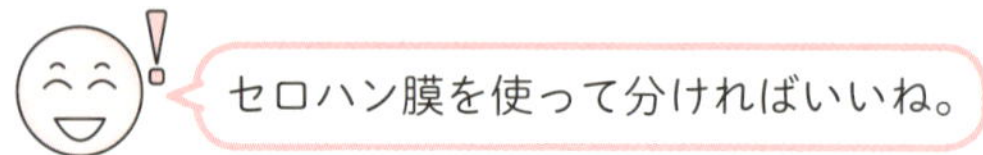

セロハン膜を使って分ければいいね。

そうだね。コロイドはセロハン膜を通ることができないから，分子やイオンなどの不純物を含んだコロイド溶液をセロハン膜に包んで，流水中に浸すと，不純物である分子やイオンがセロハン膜の外に出ていってしまう。このような**コロイド溶液を精製する操作のことを透析というん**だ。

透　析

例　塩化鉄（Ⅲ） $FeCl_3$ 水溶液を沸騰水中に滴下して得た赤褐色の水酸化鉄（Ⅲ） $Fe(OH)_3$ のコロイド溶液を精製する。

$$FeCl_3 + 3H_2O \longrightarrow Fe(OH)_3 + 3HCl$$

⬅中和の逆反応になっている！

$Fe(OH)_3$：コロイド　HCl：不純物

不純物を含んだコロイド溶液をセロハン膜（半透膜）の袋に入れる

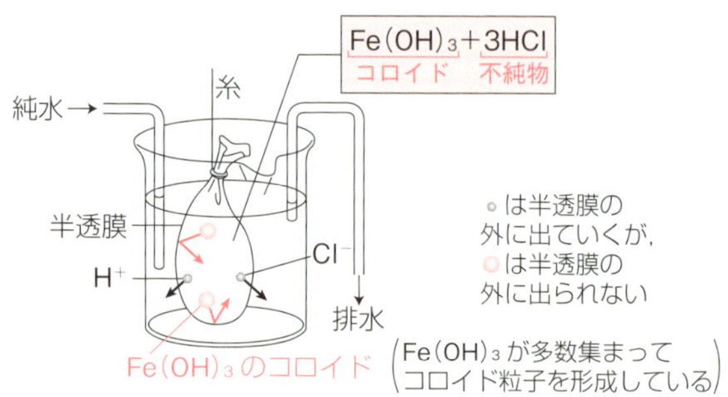

ポイント コロイド溶液の性質について

- **チンダル現象**：コロイド粒子が光を散乱するために，光の進路が見える現象
- **ブラウン運動**：熱運動している溶媒が衝突することで起こるコロイド粒子の不規則な運動
- **電気泳動**：帯電したコロイド粒子が電極に引かれて移動する現象
- **透　析**：半透膜を用いてコロイド溶液を精製する操作

水分子を引きつける力(水と仲がいいのか，あまりよくないのか)の違いで，コロイドを分類することができるんだ。

分類するとどうなるの？

水分子との親和力が小さい(水と仲があまりよくない)コロイドは**疎水コロイド**という。**疎水コロイドは，表面が＋または－のどちらかに帯電して，同じ電荷で反発しながら沈殿せずに分散している**んだ。

また，水分子との親和力が大きい(水と仲がいい)コロイドは**親水コロイド**という。**親水コロイドは，表面に多くの水分子を強く引きつけて水中で安定している**んだ。

疎水コロイド

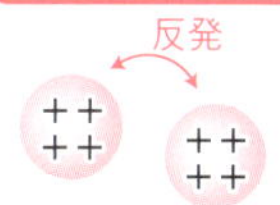

$Fe(OH)_3$，粘土などの無機物質に多い

親水コロイド

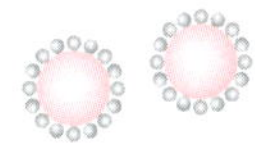

デンプン，タンパク質，セッケンなどの有機化合物に多い

コロイドによって，沈殿しない理由がちがうんだね。

そうだね。だから，**それぞれのコロイドが沈殿しない原因を除くとコロイドは沈殿してしまう**んだ。疎水コロイドを沈殿させるにはどうしたらいいかな？

表面が同じ電荷で反発して分散しているのだから，反対符号のイオンを加えてあげればいいね。

そうなんだ。ただ，このとき陽イオンや陰イオンだけを加えることはできないので，**少量の電解質**を加えるんだ。この電解質から電離して生じた陽イオンと陰イオンのうち，コロイド表面の電荷と反対符号のイオンが，コロイドにくっつき反発する力を除いてくれる。すると，疎水コロイドは集まって沈殿する。これを**凝析**というんだ。

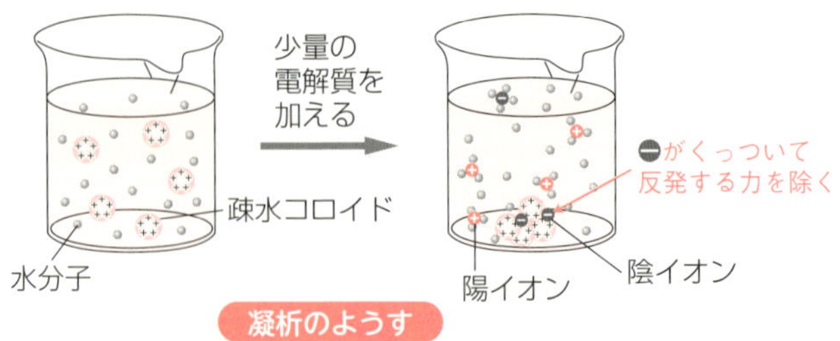

また，少量の電解質を加えるにしても，**「コロイド表面の電荷と反対符号」で「その価数の大きいイオン」が含まれている電解質のほうが凝析の効果が大きい**んだ。

＋電荷をもつ $Fe(OH)_3$ のコロイドは，塩化物イオン Cl^- よりも硫酸イオン SO_4^{2-} のほうが，－電荷をもつ粘土のコロイドならナトリウムイオン Na^+ よりもアルミニウムイオン Al^{3+} のほうが効果的に凝析させることができるんだね。

親水コロイドは，多くの水分子がコロイドを安定化していたね。親水コロイドに**多量の電解質**を加えると，コロイドをとりまいている水和水が，電離して生じた陽イオンや陰イオンに水和することで引き離される。コロイドを支えていた水和水が除かれたので，親水コロイドは集まって沈殿してしまう。これを**塩析**というんだ。

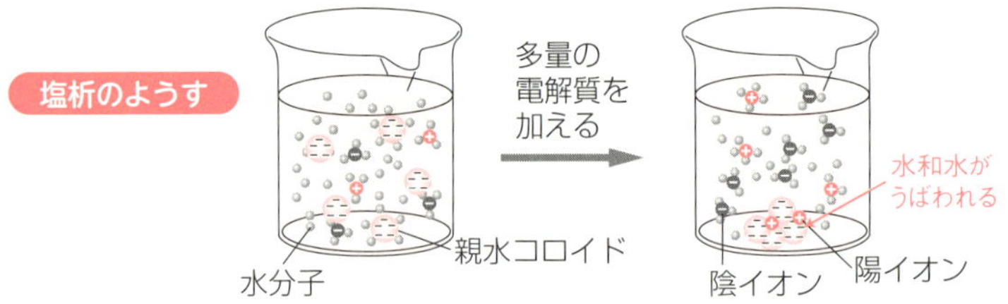

疎水コロイドに親水コロイドを加えると，親水コロイドが疎水コロイドをおおう。**表面を親水コロイドがおおっているので，そのまわりをさらに水和水がとりまくんだ。これで，少量の電解質を加えても凝析しにくくなる**よね。このようなはたらきをもつ親水コロイドを**保護コロイド**というんだ。

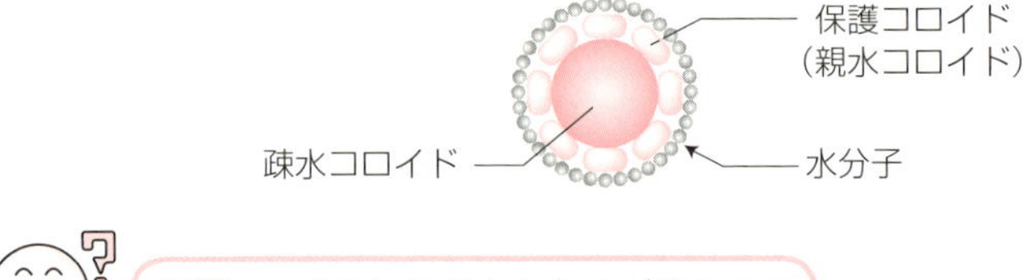

保護コロイドにはどんなものがあるの？

インク中の**アラビアゴム**や，墨汁中の**ニカワ**がそうなんだ。また，**ゼラチン**は保護コロイドとしての作用がとても強いんだ。

ポイント　コロイドの性質について

- **疎水コロイド**
  - 少量の電解質でコロイドのもつ電荷が中和され凝析する
  - 【凝析効果】
  - "反対符号"で"その価数の大きい"イオンの効果が大きい
  - 例　$Fe(OH)_3$(＋に帯電)………PO_4^{3-} ＞ SO_4^{2-} ＞ Cl^-
  - 粘土(－に帯電)…Al^{3+} ＞ Mg^{2+} ＞ Na^+
- **親水コロイド**：多量の電解質を加えると水和水が除かれ塩析する
- **保護コロイド**：疎水コロイド安定化のために加える親水コロイド

第2章　溶液の性質

チェック問題 7

コロイドに関する次の(1)～(11)の記述について，正しいものには○を，誤っているものには×をつけよ。

(1)　流動性を示す液体状のコロイド溶液をゲル，流動性を失って固体状となったものをゾルという。

(2)　デンプンの水溶液に強い光線をあてると光の通路が明るく輝いて見える。

(3)　コロイド溶液を限外顕微鏡で観察すると，静止しているコロイド粒子が見える。

(4)　ブラウン運動は，コロイド粒子とコロイド粒子が不規則に衝突するために起こる現象である。

(5)　水酸化鉄(Ⅲ)のコロイド溶液に，電極を入れて直流電圧をかけると，コロイド粒子は陰極側に移動する。

(6)　コロイド粒子はセロハン膜を通過しないが，小さな分子やイオンはセロハン膜を通過する。この性質を利用して，コロイド溶液を精製する操作を塩析という。

(7)　疎水コロイドの溶液に少量の電解質を加えると，コロイド粒子が集合して沈殿する。この現象を凝析という。

(8)　疎水コロイドである硫黄のコロイドは，多量の電解質を加えても沈殿しない。

(9)　粘土で濁った川の水を浄化するには，硫酸アルミニウムのほうが硫酸ナトリウムよりも有効である。

(10)　豆乳やゼラチン溶液に多量の電解質を加えると，沈殿が生じる。

⑾ 水酸化鉄(Ⅲ)のコロイド溶液に，親水コロイドを加えておくと，少量の電解質を加えても，コロイド粒子は容易には沈殿しない。

解答・解説

(1) × (2) ○ (3) × (4) × (5) ○ (6) ×
(7) ○ (8) × (9) ○ ⑽ ○ ⑾ ○

(1) **ゾル**…流動性を示すコロイド溶液
ゲル…流動性を失った固体状のコロイド溶液
(2) チンダル現象の説明。
(3) 静止している(誤) → 動いている(正)
(4) ブラウン運動は，溶媒がコロイド粒子に衝突することによる不規則な運動。
(5) 電気泳動の説明。
(6) 塩析(誤) → 透析(正)
(7) 凝析の説明。
(8) 疎水コロイドは，少量の電解質で凝析する。
(9) 粘土は－電荷をもつコロイドなので，Na^+ より価数の大きな Al^{3+} のほうが有効。
⑽ 塩析の説明。
⑾ 保護コロイドの説明。

第3章　化学反応とエネルギー

熱化学

1 熱化学方程式と反応熱について

「使い捨てカイロ」って，なぜ袋から出すとあたたまるのかな？

袋を開けることで化学反応かなにかが起こるの？

そうなんだ。カイロの袋は，酸素を通しにくいフィルムでできていて，袋を開けると酸素 O_2 が鉄粉の混合物に触れさびていく(反応する)。このときに発熱するからあたたかくなるんだ。カイロがあたたまるようすを反応式で表せる？

反応式中に熱が出ていることを表すことなんてやったことがないよ。

反応のようすと**熱の出入り**を表すときには，化学反応式に熱の出入りを書き加えた**熱化学方程式**で表すんだ。

化学反応が起こるとき，**熱を放出する反応を発熱反応といい反応式の右辺に正(＋)の符号をつけて熱量を表し，熱を吸収する反応を吸熱反応といい同じように負(−)の符号をつけて熱量を表す**。このとき，放出または吸収される熱を**反応熱**というんだ。

熱量の単位はどうするの？

熱量の単位には，**ジュール**(記号：J)を使うんだ。ジュールJは，1 km ＝ 10^3m と同じように **1 kJ ＝ 10^3J** の関係があるんだ。 ⇐ k(キロ)は 10^3 を表す

また，熱化学方程式を書くときには「⟶」ではなく「＝」を使い，物質の状態(固体なのか，液体なのか，それとも気体なのか)を化学式の後ろに書くようにしてね。

物質の状態はどう判断したらいいの？

ふつう，常温・常圧つまり**25℃，1.013×10^5Pa での状態**を書く。状態を判定するには，実験室(➡ 20 ℃前後で，1.013×10^5Pa だよね)で固体なのか，液体なのか，気体なのかを考えればいいね。あと，水については25 ℃，1.013×10^5Pa で気体のときと液体のときがあるよね。水の状態については問題文に書かれていることがほとんどだけど，もし書かれていなければ液体と考えて解いてね。

カイロの反応は，けっきょくどうなるの？

今までの内容に注意して書くと，次のようになるんだ。

$$2Fe\,(固) \quad + \quad \frac{3}{2}O_2\,(気) \quad = \quad Fe_2O_3\,(固) \quad + \quad 825\,\mathrm{kJ}$$

酸素 O_2 の係数は分数のままでいいの？

化学反応式を書くときには，今までは係数は整数にしていたよね。ところが，熱化学方程式を書くときには**「表現する反応熱」の種類によっては，係数が分数になることがある**んだ。この場合，Fe_2O_3 が 1 mol 生成するときの反応熱を表しているので，O_2 の係数が分数になってかまわないんだ。

ポイント　熱化学方程式について

$$2Fe\,(固) \quad + \quad \frac{3}{2}O_2\,(気) \quad = \quad Fe_2O_3\,(固) \quad + \quad 825\mathrm{kJ}$$

- **発熱反応** ➡ ＋で表す
- **吸熱反応** ➡ －で表す
- 「⟶」ではなく「＝」で表す
- 状態(固体・液体・気体)を明記する
  ＊ただし，状態が明らかなときは，状態を書かなくてもよい

反応熱や**結合エネルギー**は，さまざまな種類があり，どれも重要なので理解しておく必要があるんだ。

いろいろな反応熱や結合エネルギー

❶ **生成熱**

化合物 1 mol がその成分元素の単体から生成するときの反応熱〔kJ/mol〕

（化合物 → H_2O，NH_3，……など　単体 → H_2，N_2，……など）

例　アンモニア NH_3 の生成熱が 46 kJ/mol であることを熱化学方程式で表す。

$$\frac{1}{2}N_2\,(気) + \frac{3}{2}H_2\,(気) = 1\,NH_3\,(気) + 46\,\mathrm{kJ}$$

（1 → 化合物 1 mol を表している）

❷ **燃焼熱**

物質 1 mol が完全燃焼するときに発生する反応熱〔kJ/mol〕

（物質 → 単体・化合物のどちらでもよい　完全燃焼 → C は CO_2 に，H は H_2O に変化する）

例　エタン C_2H_6 の燃焼熱が 1560 kJ/mol であることを熱化学方程式で表す。ただし，生成する H_2O は液体とする。

$$1\,C_2H_6\,(気) + \frac{7}{2}O_2\,(気) = 2CO_2\,(気) + 3H_2O\,(液) + 1560\,\mathrm{kJ}$$

（1 → 完全燃焼する物質 1 mol を表している）

❸ **中和熱**

酸と塩基が中和反応して，1 mol の水が生じるときの反応熱〔kJ/mol〕

例　$HCl\,aq + NaOH\,aq = 1\,H_2O\,(液) + NaCl\,aq + 57\,\mathrm{kJ}$

（aq → 水溶液を表している　1 → H_2O 1 mol を表している）

❹ 溶 解 熱

物質 1 mol が多量の溶媒に溶けるときの熱量〔kJ/mol〕

例　水酸化ナトリウム NaOH が多量の水に溶けるときの溶解熱が 45 kJ/mol であることを熱化学方程式で表す。

1NaOH (固) ＋ aq ＝ NaOH aq ＋ 45 kJ

多量の水を表している

溶ける物質 1 mol を表している

❺ 結合エネルギー

気体分子内の共有結合 1 mol を切り離して気体状の原子にするのに必要なエネルギー〔kJ/mol〕→気体状の結合1 mol を表している

例　H－H 結合の結合エネルギーが432 kJ/mol であることを熱化学方程式で表す。

H－H (気) ＋ 432 kJ ＝ H (気) ＋ H (気)

気体状　「左辺」にエネルギーを加えて結合を切断する　バラバラになっても気体状のまま

よって，H_2 (気) ＝ 2H (気) － 432 kJ

結合を切断するのに「左辺」にエネルギーを加えるので「右辺」に移項するとマイナスになる。

3 個以上の原子からなる多原子分子をそれぞれの構成原子(バラバラの原子状態)にするには，分子をつくっているそれぞれの原子間の結合エネルギーの合計に相当するエネルギーが必要になる。

結合エネルギー〔kJ/mol〕は，気体分子内の共有結合 1 mol を切り離すのに必要なエネルギーだったね。ここで，C－H 結合の結合エネルギーを x〔kJ/mol〕とすると，気体状のメタン CH_4 1 mol をバラバラの原子状態(C (気)，H (気)) にするには，C－H(気) 結合 1 mol は x kJ で切るとバラバラ(C (気)，H (気)) になるので，メタン

C ＋ H(気) は，x kJ で切れる

CH_4(気)のもつ結合をすべて切るには　H－C(－H)(－H)－H (気)　4 × x kJ が必要になるんだ。

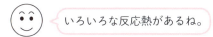

だから，CH_4 (気) ＋ 4x kJ ＝ C (気) ＋ 4H (気)

気体状　左辺にエネルギーを加えて結合を切断する　バラバラになっても気体状のまま

となり，CH_4 (気) ＝ C (気) ＋ 4H (気) － 4x kJ
と書くことができる。

いろいろな反応熱があるね。

そうだね。反応熱や結合エネルギーは，**どの物質 1 mol について表しているのか**をおさえると，覚えやすいよ。

ポイント 反応熱や結合エネルギーについて

● 反応熱や結合エネルギーは kJ/mol ←ココに注意して覚える！

発熱か吸熱かは覚えるの？

生成熱や**溶解熱**は，**発熱・吸熱どちらのときもある**んだ。だから，問題の中で発熱なら＋で（ただし，＋は省略されて書かれるから気をつけてね），吸熱なら－で与えられるから，その場で判断できるよ。また，**燃焼熱**と**中和熱**は**常に発熱になり**，結合エネルギーは前ページのように考えると右辺で－になるんだ。

他におさえておく熱はあるの？

固体⇄液体⇄気体のように物質がその状態を変えることが**状態変化**だったね。この状態変化を表す用語と熱の出入りを下の図で覚えてほしいんだ。

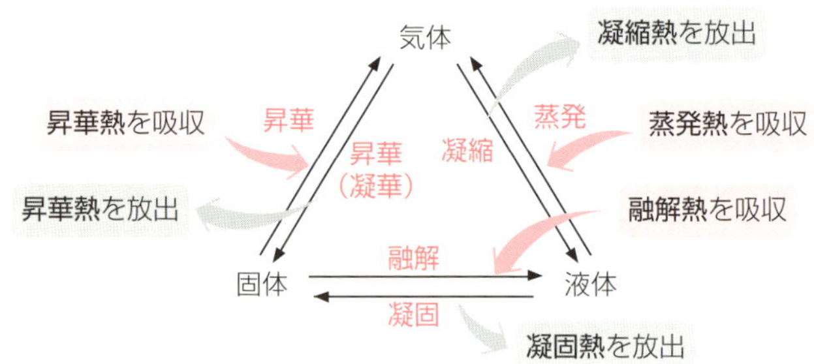

「放出」・「吸収」を覚えるのは大変だよ。

「放出」か「吸収」かは，具体例で考えてね。固体である氷を加熱すると，液体である水になるよね。つまり，固体＋熱＝液体となるので，**固体から液体になるときには⟶（左辺から右辺）で考えて，固体＝液体－熱なので，融解熱を吸収する，液体から固体になるときには⟵（右辺から左辺）で考えて，固体＋熱＝液体なので凝固熱を放出する**と考えればいいんだ。他も同じように考えてみてね。

チェック問題 1

化学反応や状態変化にともなう熱の出入りに関する記述として誤っているものを，次の①～⑥のうちから1つ選べ。

① 生成熱は，物質1 molがその成分元素の単体から生成するときの反応熱である。
② 燃焼熱は，物質1 molが完全燃焼するときの反応熱である。
③ 中和熱は，H^+とOH^-が反応して水1 molが生じるときの反応熱である。
④ 溶解熱は，溶質1 molが多量の溶媒に溶解するときの熱量である。
⑤ 蒸発熱は，物質が蒸発するときに発生する熱量である。
⑥ 融解熱は，物質が融解するときに吸収する熱量である。

解答・解説

⑤

反応熱については，もう一度P.149，150を確認しておこう！(①，②，③，④すべて〈正しい〉)

⑤ たとえば，液体の水(H_2O(液))を加熱すると気体の水(H_2O(気))になる。この状態変化を蒸発といい，これを熱化学方程式に表すと，H_2O(液) $+ Q$ kJ（加熱している） $\xrightarrow{\text{蒸発}}$ $= H_2O$(気)となり，H_2O(液) $= H_2O$(気) $- Q$ kJと直すことができる。よって，蒸発熱は吸収する熱量である。〈誤り〉

⑥ ⑤と同様に考える。H_2O(固) $+ Q$ kJ（加熱している） $\xrightarrow{\text{融解}}$ $= H_2O$(液)から，H_2O(固) $= H_2O$(液) $- Q$ kJとなる。よって，融解熱は吸収する熱量である。〈正しい〉

チェック問題 2

次の熱化学方程式を参考に，記述として誤りを含むものを，次の①～⑤のうちから1つ選べ。H = 1.0，O = 16

N_2(気) + O_2(気) = 2 NO(気) − 180.6 kJ
C(黒鉛) + O_2(気) = CO_2(気) + 394 kJ
2 CO(気) + O_2(気) = 2 CO_2(気) + 566 kJ
$AgNO_3$(固) + aq = $AgNO_3$ aq − 22.6 kJ
H_2O(液) = H_2O(気) − 43.9 kJ

① 一酸化窒素の生成熱は，−90.3 kJ/mol である。
② $CO_2 \longrightarrow$ C（黒鉛）＋ O_2 の反応は，吸熱反応である。
③ 一酸化炭素 2 mol と酸素 1 mol がもっているエネルギーの和は，二酸化炭素 2 mol がもっているエネルギーより大きい。
④ 純水に硝酸銀を溶解させると，溶液の温度が上がる。
⑤ 6 g の水を蒸発させるためには，約14.6 kJ の熱を加えなければならない。

解答・解説

④

① **NO の生成熱は，NO 1 mol がその成分元素の単体（N_2，O_2）から生成するときの反応熱**なので，$\dfrac{-180.6\ \text{kJ}}{2\ \text{mol}} = -90.3$〔kJ/mol〕となる。〈正しい〉

② 与えられた熱化学方程式を変形すると，

CO_2（気）＝ C（黒鉛）＋ O_2（気）− 394 kJ となる。〈正しい〉

③ 2CO（気）＋ O_2（気）＝ $2CO_2$（気）＋ 566 kJ 〈正しい〉

CO 2 mol と O_2 1 mol がもつエネルギーの和　CO_2 2 mol のもつエネルギー　↑この分大きい

④ 与えられた熱化学方程式は，$AgNO_3$（固）＋ aq ＝ $AgNO_3$ aq − 22.6 kJ

この反応は，吸熱反応なので，溶液の温度が**下がる**。上がるは〈誤り〉➡ 下がるが正しい。

⑤ 与えられた熱化学方程式から，H_2O（液）1 mol を蒸発させるのに43.9 kJ 必要になることがわかる。ここで，水 6 g の物質量〔mol〕は，H_2O ＝ 18からそのモル質量が18〔g/mol〕になるので，$6\ \text{g} \times \dfrac{1\ \text{mol}}{18\ \text{g}} = \dfrac{1}{3}$〔mol〕となる。よって，6 g の水を蒸発させるためには，$\dfrac{43.9\ \text{kJ}}{H_2O(\text{液})\ 1\ \text{mol}} \times \dfrac{1}{3}\ \text{mol} \fallingdotseq 14.6$〔kJ〕が必要になる。〈正しい〉

思 考力のトレーニング 1

将来のエネルギー資源として期待されているメタンハイドレートは，水分子が形成するかご状構造の中にメタン分子がとり込まれた固体物質として海底などに存在する。メタン 1 分子あたり平均5.8個の水分子で構成されるメタンハイドレート1.2 kg から，メタンを気体としてすべてとり出して完全燃焼させる。次の問い（a・b）に答えよ。ただし，H ＝ 1.0，C ＝ 12，O ＝ 16とする。

a　燃焼で消費される酸素の物質量は何 mol か。最も適当な数値を，次の①～⑥のうちから１つ選べ。

①　5.0　　②　10　　③　20　　④　65　　⑤　75　　⑥　130

b　このとき発生する熱量は何 kJ か。最も適当な数値を，次の①～⑥のうちから１つ選べ。ただし，気体のメタンの燃焼熱は 890 kJ/mol とする。

①　8.9×10^2　　②　4.5×10^3　　③　5.8×10^3
④　8.9×10^3　　⑤　4.5×10^4　　⑥　5.8×10^4

解答・解説

a　③　　b　④

a　メタンハイドレートは「メタン CH_4 1 分子あたり平均5.8個の水分子で構成される」とあるので，**その化学式は $CH_4\cdot5.8\,H_2O$ と予想できる**。
→ポイント

$CH_4\cdot5.8\,H_2O$ のモル質量は120.4 g/mol となり，その1.2 kg の物質量は，
（CH_4＝16，H_2O＝18なので16＋5.8×18から求める）

$$1.2\,\text{kg}\times\frac{10^3\,\text{g}}{1\,\text{kg}}\times\frac{1\,\text{mol}}{120.4\,\text{g}}\fallingdotseq10\,\text{mol}$$

になる。また，メタンハイドレート $CH_4\cdot5.8\,H_2O$ 1 個(mol)中に含まれているメタン CH_4は 1 個(mol)なので，　メタンハイドレート10 mol＝メタン10 mol　になる。

よって，メタン CH_4 の完全燃焼の反応式

$$1\,CH_4+2O_2\longrightarrow CO_2+2H_2O$$

から，消費される O_2 の物質量〔mol〕は CH_4 の ×2(mol)とわかるので，

10（CH_4〔mol〕）×2 ＝ 20〔mol〕（O_2〔mol〕）になる。

b　CH_4 の燃焼熱890 kJ/mol より，メタンハイドレート10 mol からとり出せる CH_4 10 mol を完全燃焼させることで発生する熱量〔kJ〕は，

$$\frac{890\,\text{kJ}}{CH_4\ 1\,\text{mol}}\times10\,\text{mol}=8.9\times10^3\,\text{〔kJ〕}$$　になる。

2 エネルギー図について

今，机に消しゴムが置いてあるとするね。この消しゴムを机の50 cm 上に持ち上げるにはどうしたらいい？

力を加えて持ち上げればいいよ。

そうだね。消しゴムに，力を加えて机の50cm上に持ち上げることができるね。じゃあ，50cm上に持ち上げた消しゴムは，手を離すとどうなるかな？

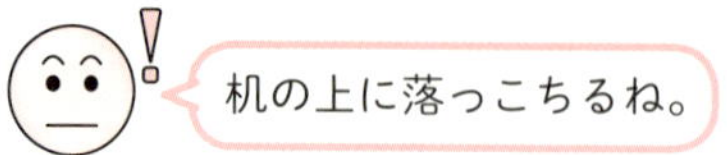

そうだね。このとき，下の図のように消しゴムはエネルギーを放出しながら落っこちるんだ。

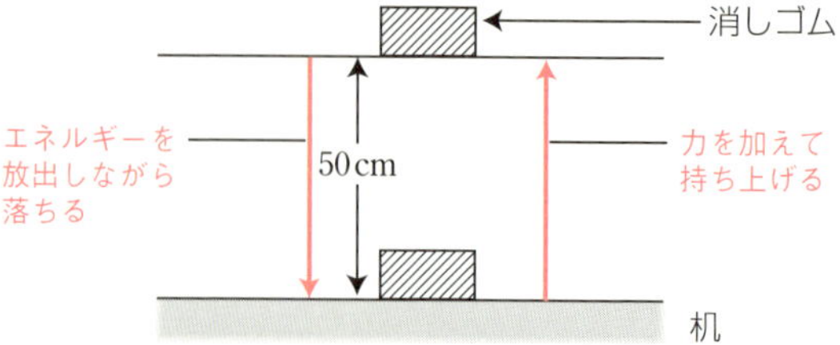

化学反応も，消しゴムの話と同じように考えることができるんだ。化学変化が起こることによって，反応する物質と生成する物質のエネルギーの差が反応熱の形で現れる。この**反応する物質と生成する物質のエネルギーの関係を図で表したものをエネルギー図という**んだ。

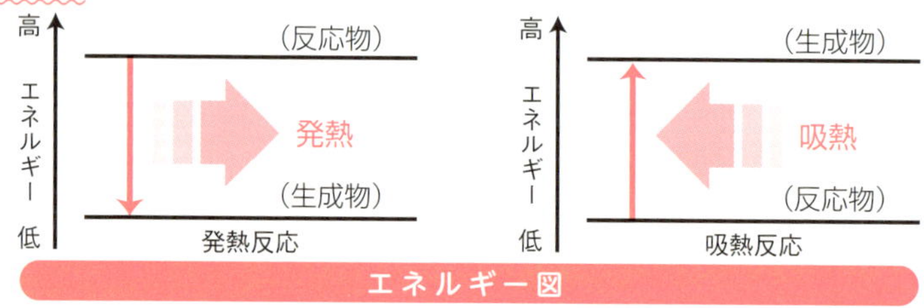

炭素(黒鉛)の燃焼熱394kJ/molを，熱化学方程式で書くとどうなるかな？

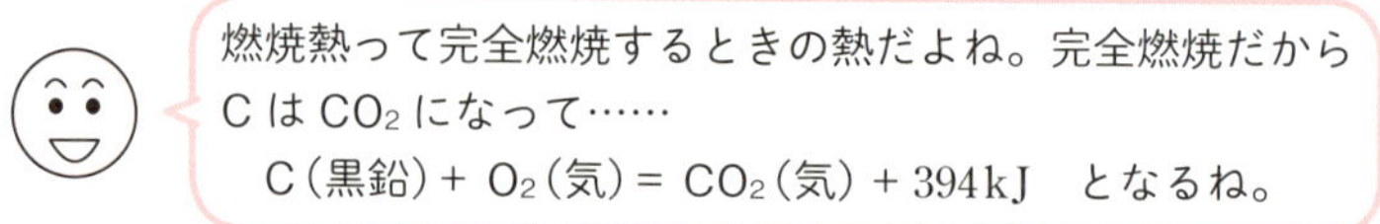

そうだね。ここで，消しゴムを持ち上げるときの要領でこの熱化学方程式を考えてみるね。つまり，右辺から左辺に向かって考えるんだ。消しゴム(CO_2(気))にエネルギー(394kJ)を加えて持ち上げたと考えるんだ。持ち上げたらどうなるかな？

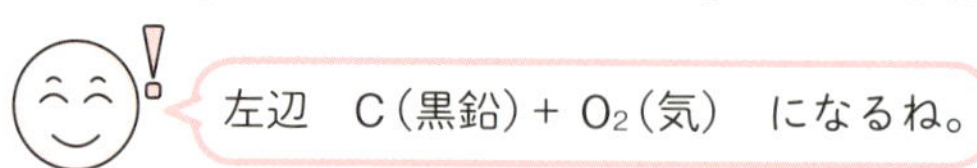

そうだね。この関係をエネルギー図にかくと右図になる。最初のうちはエネルギー図をかくのは大変だけど，あきらめずに練習してね。

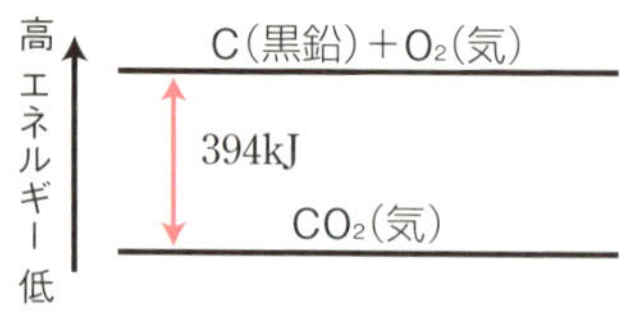

3 ヘスの法則について

黒鉛 C から一酸化炭素 CO ができるときの反応熱，つまり**一酸化炭素 CO の生成熱を求める**ことができるかな？

簡単だよ。黒鉛を不完全燃焼させる実験から求めればいいね。

ところが，そうもいかないんだ。黒鉛 C を不完全燃焼させても，一酸化炭素 CO と二酸化炭素 CO_2 が同時に両方できてしまうんだ。

じゃあ，どうしたらいいの？

黒鉛 C の燃焼熱（下の式①）や一酸化炭素 CO の燃焼熱（式②）は，実験により求められているから，このデータを使って一酸化炭素 CO の生成熱を**間接的に求めることができる**んだ。

$$\mathrm{C\,(黒鉛)} + \mathrm{O_2\,(気)} = \mathrm{CO_2\,(気)} + 394\,\mathrm{kJ} \quad \cdots\cdots ①$$

$$\mathrm{CO\,(気)} + \frac{1}{2}\mathrm{O_2\,(気)} = \mathrm{CO_2\,(気)} + 283\,\mathrm{kJ} \quad \cdots\cdots ②$$

間接的にって？

①式から②式を引き算すると，どうなるかな？

CO_2（気）が消えて，$\mathrm{C\,(黒鉛)} + \frac{1}{2}\mathrm{O_2\,(気)} - \mathrm{CO\,(気)} = 111\,\mathrm{kJ}$ になるね。

ここで，CO（気）を右辺へ移項すると，どうなるかな？

あっ，$\mathrm{C\,(黒鉛)} + \frac{1}{2}\mathrm{O_2\,(気)} = \mathrm{CO\,(気)} + 111\,\mathrm{kJ}$ になるね。
一酸化炭素 CO の生成熱を求めることができたね。

というように，一酸化炭素 CO の生成熱を求めることができる。今，簡単に引き算して求めたけど，じつは重要な法則を使って解いているんだ。

次の図からもわかるとおり，反応のはじめと終わりの状態さえ決まっていれば，［経路Ⅰ］を通っても［経路Ⅱ］を通っても反応熱の大きさは変わっていないよね。

反応の経路に関係なく，反応熱が決まることを**ヘスの法則**という。ヘスの法則を使って，**実験で直接判定することが難しい反応熱も，数学の連立方程式のように求めることができる**んだ。

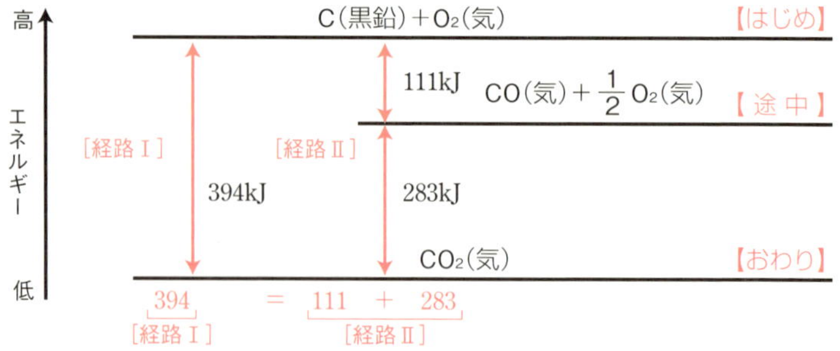

ポイント ヘスの法則について

● 物質が変化するとき出入りする熱量(**反応熱**)は，変化する前の状態と変化した後の状態だけで決まり，反応の経路には無関係である

❶ さまざまな反応熱を求める

パターンⅠ　生成熱のデータを使って反応熱を求める

【例題 1】 やや難 3分

アセトアルデヒド CH_3CHO，メタン CH_4 および一酸化炭素 CO の生成反応は，それぞれ次の熱化学方程式で表される。

$$2C\ (黒鉛) + 2H_2\ (気) + \frac{1}{2}O_2\ (気) = CH_3CHO\ (気) + 166\,kJ \quad \cdots\cdots(1)$$

$$C\ (黒鉛) + 2H_2\ (気) = CH_4\ (気) + 74\,kJ \quad \cdots\cdots(2)$$

$$C\ (黒鉛) + \frac{1}{2}O_2\ (気) = CO\ (気) + 111\,kJ \quad \cdots\cdots(3)$$

アセトアルデヒドがメタンと一酸化炭素に熱分解する反応の熱化学方程式を，

$$CH_3CHO\ (気) = CH_4\ (気) + CO\ (気) + \boxed{}\,kJ \quad \cdots\cdots(4)$$

とするとき，□に入れる数値として最も適当なものを，次の①～⑥のうちから1つ選べ。

① −351　② −190　③ −19　④ 19　⑤ 190　⑥ 351

さっきのように，連立方程式の要領で解けばいいよね。

そうだね。(1)～(3)式を使って，(4)式をつくればいいんだ。このとき，(1)～(3)式にあって**(4)式の中にない化学式を消去すればいい**んだ。この例題では，(1)～(3)式すべてにある C(黒鉛)が消しやすそうだね。

(2)式＋(3)式－(1)式より，C(黒鉛)を消去すると，

$$0 = CH_4\,(気) + CO\,(気) - CH_3CHO\,(気) + (74+111-166)\,kJ$$

となり，C(黒鉛)に加えて(4)式にない O_2(気)や H_2(気)もまとめて消える。よって，

$$CH_3CHO\,(気) = CH_4\,(気) + CO\,(気) + \boxed{(74+111-166)}\,kJ$$

他の問題も連立方程式の要領で解けるか，自信ないな。

たしかに，この練習を多く積んでも「他の問題も解ける！」っていう自信はわいてこないかもね。もちろん，**熱化学方程式の問題を解くのに連立方程式の要領で解くことも大切**だけど，いつもたしたり引いたりしていても，何が起こっているのか見えにくいし，確実に解けるか少し不安かもね。

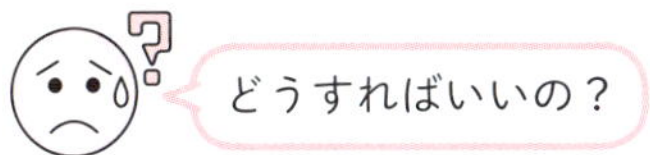

どうすればいいの？

エネルギー図を使って解けばいいんだ。エネルギー図がうまくかけるようになると，「確実に」かつ「(問題によっては)速く解く」ことができる。もちろん，たしたり引いたりしたほうが簡単に答えが出るときもあるので，エネルギー図を使って解くかどうかはその場で判断してね。熱化学方程式の数が少ないときにはたしたり引いたりして求める方が，有効になることが多いんだ。

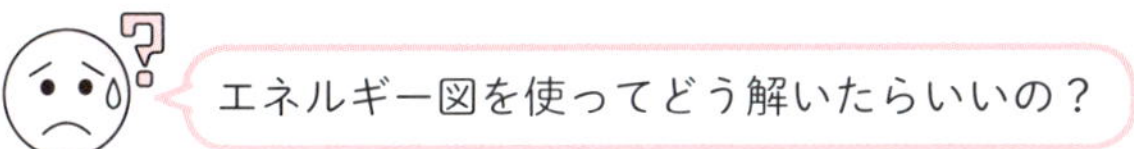

エネルギー図を使ってどう解いたらいいの？

今回のように「**生成熱のデータを使って反応熱を求める**」ときには，まず「**単体」ラインをいちばん上に引いて，図をつくっていく**んだ。そうすると次のようになるんだ。

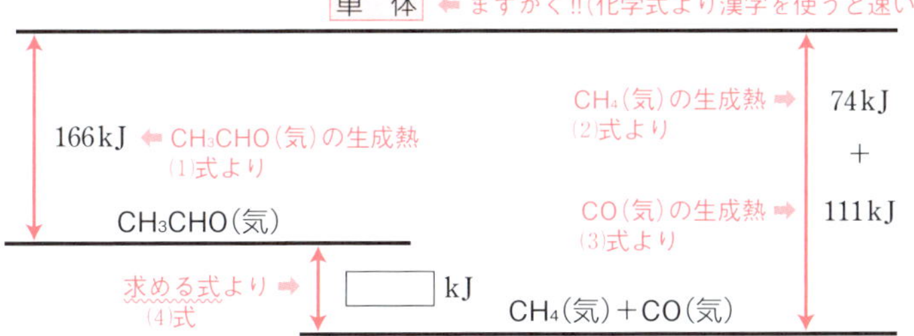

左右どちらの経路を通っても反応熱の大きさは変わらない(**ヘスの法則**)から，左＝右となって ☐ を Q とおくと，$166 + Q = 74 + 111$ となるんだ。

だから，$Q = 19$〔kJ〕だね。または，

公式　**反応熱＝(右辺にある物質の生成熱の合計)－(左辺にある物質の生成熱の合計)**

を使ってもいいんだ。公式 に(4)式をあてはめて解いてみるね。□をQとおくと，

$$Q = (74+111) - (166) = 19 \text{〔kJ〕}$$

反応熱　CH$_4$(気)とCO(気)の生成熱の合計(右辺)　CH$_3$CHO(気)の生成熱(左辺)

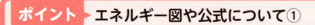

これはあざやかに解けたね！

たしかにうまくいくとあざやかに解けるね。ただ，エネルギー図であれば，あらゆる問題に対応できるんだ。公式 をたよりすぎないようにね。あと，今回紹介した公式は(右辺)－(左辺)になっていることに注意しておいてね。

ポイント　エネルギー図や公式について①

●「生成熱のデータを使って反応熱を求める」場合，次の図にあてはめる。

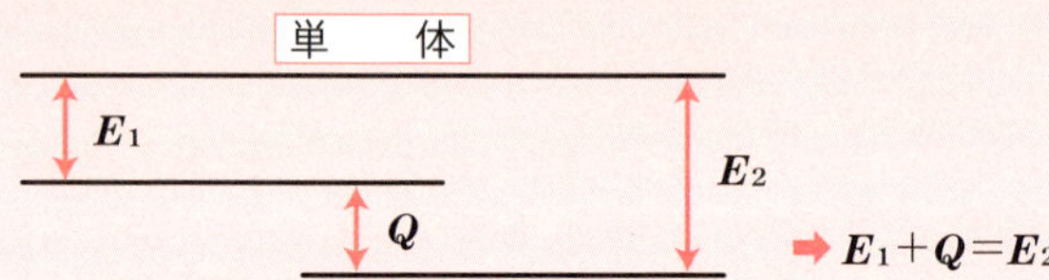

➡ $E_1 + Q = E_2$

●反応熱＝(右辺にある物質の生成熱の合計)－(左辺にある物質の生成熱の合計)

パターンⅡ　燃焼熱のデータを使って反応熱を求める

【例題２】　やや難　3分

一酸化炭素と水素から酢酸が生成する反応は，次の熱化学方程式で表される。

$$2CO\text{(気)} + 2H_2\text{(気)} = CH_3COOH\text{(液)} + Q\text{〔kJ〕} \quad \cdots\cdots(1)$$

この式の反応熱 Q〔kJ〕を，熱化学方程式(2)～(4)を用いて求めると，何 kJ になるか。その数値として最も適当なものを，下の①～⑥のうちから１つ選べ。

$$CH_3COOH\text{(液)} + 2O_2\text{(気)} = 2CO_2\text{(気)} + 2H_2O\text{(液)} + 877.4\text{ kJ} \quad \cdots\cdots(2)$$

$$CO\text{(気)} + \frac{1}{2}O_2\text{(気)} = CO_2\text{(気)} + 284.3\text{ kJ} \quad \cdots\cdots(3)$$

$$H_2\text{(気)} + \frac{1}{2}O_2\text{(気)} = H_2O\text{(液)} + 286.9\text{ kJ} \quad \cdots\cdots(4)$$

①　265.0　②　132.7　③　21.0　④　−21.0　⑤　−132.7　⑥　−265.0

まずは，連立方程式の要領で解いてみるね。

そうだね。(2)〜(4)式を使って，(1)式をつくればいいよね。このとき，(2)〜(4)式にあって**(1)式の中にない化学式を消去すればいい**んだ。この例題は，(2)〜(4)式すべてにある O_2(気)が消しやすそうだね。

(3)式×2＋(4)式×2－(2)式より，O_2(気)を消去すると，

$2CO$(気)＋$2H_2$(気)－CH_3COOH(液)＝(284.3×2＋286.9×2－877.4) kJ

となり，O_2(気)に加えて(1)式にない CO_2(気)や H_2O(液)もまとめて消える。よって，

$2CO$(気)＋$2H_2$(気)＝CH_3COOH(液)＋(284.3×2＋286.9×2－877.4) kJ

答 ①

今回のエネルギー図はどうかけばいいの？

(2)式は CH_3COOH(液)の燃焼熱，(3)式は CO(気)の燃焼熱，(4)式は H_2(気)の燃焼熱を表しているよね。**「燃焼熱のデータを使って反応熱を求める」ときには，まず「完全燃焼後(CO_2(気)＋H_2O(液))」をいちばん下に引いて，図をつくっていく**んだ。

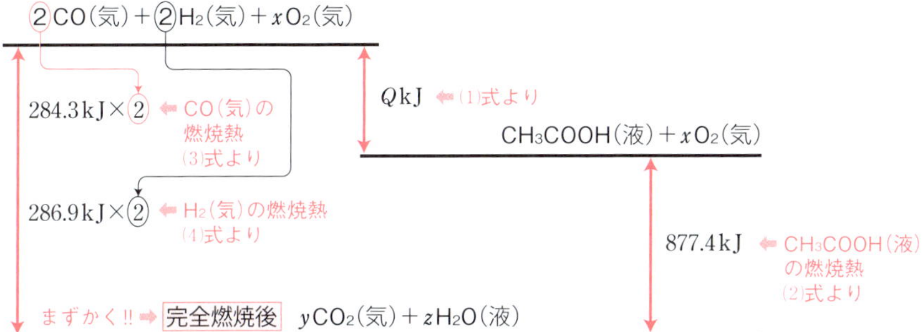

($x＝2$，$y＝2$，$z＝2$ だが，文字式のままや漢字を使ってエネルギー図をかけば，解く時間を省略できる。)

ヘスの法則より，284.3×2＋286.9×2＝Q＋877.4　よって，Q＝265.0〔kJ〕

あと，公式

反応熱＝(左辺にある物質の燃焼熱の合計)－(右辺にある物質の燃焼熱の合計)

を使って解くこともできるんだ。公式 に(1)式をあてはめて解いてみるね。

Q＝(284.3×2＋286.9×2)－877.4＝265.0〔kJ〕

反応熱　CO(気)と H_2(気)の燃焼熱の合計(左辺)　CH_3COOH(液)の燃焼熱(右辺)

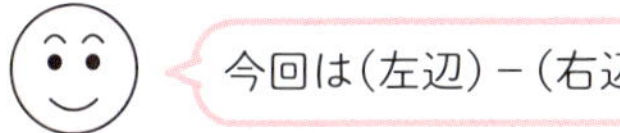

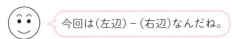

今回は(左辺)－(右辺)なんだね。

そうなんだ。この 公式 だけ(左辺)－(右辺)になっているので，注意してね。

ポイント エネルギー図や公式について②

- 「燃焼熱のデータを使って反応熱を求める」場合，次の図にあてはめる。

➡ $E_1 = Q + E_2$

- 反応熱＝(左辺にある物質の燃焼熱の合計)－(右辺にある物質の燃焼熱の合計)

パターンⅢ　結合エネルギーのデータを使って反応熱を求める

【例題３】　やや難　3分

H_2O(気) 1 mol 中の O－H 結合を，すべて切断するのに必要なエネルギーは何 kJ か。最も適当な数値を，下の①～⑤のうちから１つ選べ。ただし H－H および O＝O の結合エネルギーは，それぞれ436 kJ/mol，498 kJ/mol とする。また，H_2O(液)の生成熱〔kJ/mol〕および蒸発熱〔kJ/mol〕は，それぞれ次の熱化学方程式(1)，(2)で表されるものとする。

$$H_2(\text{気}) + \frac{1}{2}O_2(\text{気}) = H_2O(\text{液}) + 286\,\text{kJ} \quad \cdots\cdots(1)$$

$$H_2O(\text{液}) = H_2O(\text{気}) - 44\,\text{kJ} \quad \cdots\cdots(2)$$

①　443　　②　692　　③　927　　④　971　　⑤　1176

与えられた結合エネルギーから，次の熱化学方程式が書ける。

H－H の結合エネルギーが436 kJ/mol なので，$H_2(\text{気}) = 2H(\text{気}) - 436\,\text{kJ}$　……(3)

O＝O の結合エネルギーが498 kJ/mol なので，$O_2(\text{気}) = 2O(\text{気}) - 498\,\text{kJ}$　……(4)

と表せる。

O－H の結合エネルギーを x kJ/mol とすると，求めるエネルギーは，H_2O(気) 1 mol 中の O－H 結合をすべて切断するのに必要なエネルギーなので

$2x$ kJ ⇐ H↑O↑H（x kJ　x kJ）　になる。

となる。

よって，

$$H_2O(\text{気}) = 2H(\text{気}) + O(\text{気}) - 2x\,\text{kJ} \quad \cdots\cdots(5)$$ と表せる。

(1)～(4)式を使って，(5)式を表現するので，

(1)式　＋　(2)式　－　(3)式　－　(4)式　×　$\frac{1}{2}$　より，

（(1)式＋(2)式：この２式を加えると H_2O(液)が消える）
（(3)式：この式を引くと H_2(気)が消える）
（(4)式×$\frac{1}{2}$：この式を引くと $\frac{1}{2}O_2$(気)が消える）

$$0 = H_2O(気) - 2H(気) - O(気) + \left(286 - 44 + 436 + 498 \times \frac{1}{2}\right) kJ$$

$$H_2O(気) = 2H(気) + O(気) - \boxed{\left(286 - 44 + 436 + 498 \times \frac{1}{2}\right)} kJ$$

$$H_2O(気) = 2H(気) + O(気) - \boxed{927} kJ$$

答 ③

今回のような「**結合エネルギーのデータを使って反応熱を求める**」ときには，まず「**気体状の原子（バラバラ原子）」ラインをいちばん上に引いて，図をつくっていく**。

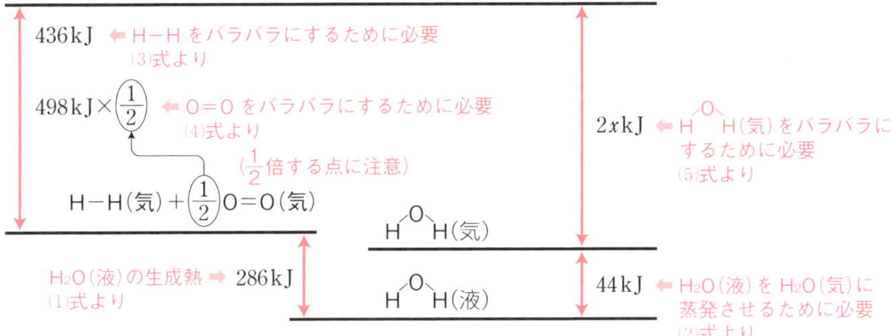

ヘスの法則より，$436 + 498 \times \frac{1}{2} + 286 = 2x + 44$

よって，$2x = 927$〔kJ〕となる。 ← 求める数値は，H_2O(気) 1 mol 中の O−H 結合をすべて切断するのに必要な $2x$〔kJ〕

公式 **反応熱＝(右辺にある物質の結合エネルギーの合計)**

−(左辺にある物質の結合エネルギーの合計)

を使うこともできる。ただ，公式 は反応物と生成物がすべて気体のときに成立するので，(1)式＋(2)式より H_2O(液)を消去してから 公式 にあてはめて解いてね。

$$H_2(気) + \frac{1}{2}O_2(気) = H_2O(液) + 286kJ \quad \cdots\cdots(1)$$

$$+)\quad H_2O(液) = H_2O(気) - 44kJ \quad \cdots\cdots(2)$$

$$H_2(気) + \frac{1}{2}O_2(気) = H_2O(気) + 242kJ \quad \cdots\cdots(*)$$

H_2O(液)を消去するためにたす

(*)の式を 公式 にあてはめる。

$$242 = (2x) - \left(436 + 498 \times \frac{1}{2}\right)$$ より，$2x = 927$〔kJ〕

242：反応熱　(2x)：H_2O(気)の結合エネルギーの合計(右辺)　$\left(436 + 498 \times \frac{1}{2}\right)$：$H_2$(気)と O_2(気)の結合エネルギーの合計(左辺)

第3章 化学反応とエネルギー

ポイント エネルギー図や公式について③

●「結合エネルギーのデータを使って反応熱を求める」場合，次の図にあてはめる。

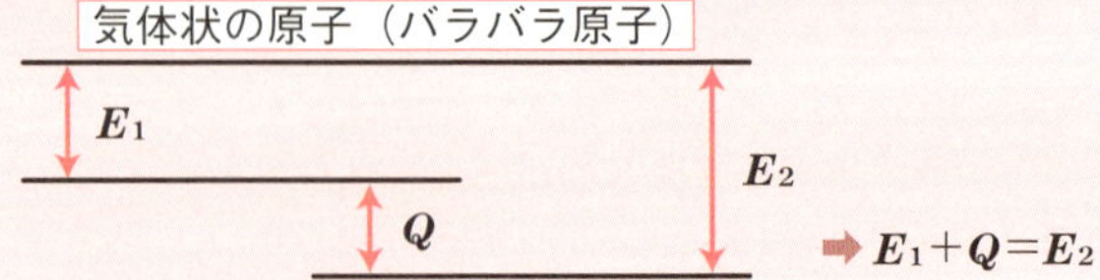

➡ $E_1+Q=E_2$

●反応熱＝（右辺にある物質の結合エネルギーの合計）

－（左辺にある物質の結合エネルギーの合計）

注 公式 は反応物と生成物がすべて気体のときに成立する

4 物質の比熱について

物質 1 g の温度を 1 K 上げるのに必要な熱量を，その物質の比熱といい，単位の記号にはふつう J/(g･K) を使うんだ。比熱の問題を解くときには，まず g が何 1 g あたりを表しているのかをチェックしてほしいんだ。水の比熱であれば「水 1 g あたり」，水溶液の比熱であれば「水溶液 1 g あたり」を表すことになるんだ。

比熱が c〔J/(g･K)〕のとき
→水の比熱であれば，水 1 g あたりを表している
→水溶液の比熱であれば，水溶液 1 g あたりを表している

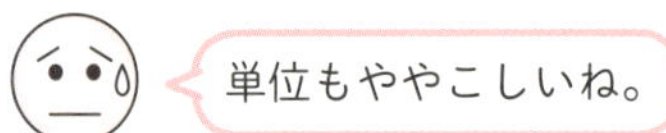

単位もややこしいね。

そうなんだ。あと，温度差の単位には，ふつう K を使ったことや，温度差を考えているときは単位〔K〕を〔℃〕に変換することができた(➡ P.133参照)ことも思い出してね。比熱の問題は，数字や言葉をおぎなうと考えやすくなる。

たとえば，水の比熱4.2〔J/(g･K)〕なら，次のように書くんだ。

$$\frac{\textbf{4.2J 必要}}{\textbf{1 g の水を・1 K 上げるのに}} \quad \text{または} \quad \frac{\textbf{4.2J 発生}}{\textbf{1 g の水が・1 K 上がると}}$$

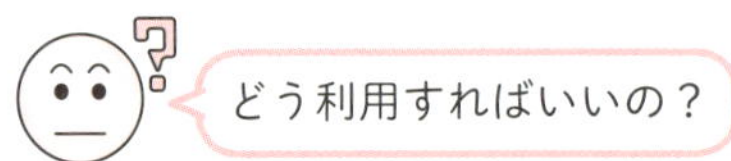

どう利用すればいいの？

問題を解くときには，**単位に注目しながら**この分数式を利用するんだ。つまり，比熱が c〔J/(g･K)〕，質量 m〔g〕の物質を，温度 Δt〔K〕上昇させるのに必要な熱量 Q〔J〕は，

$$Q\text{〔J〕}=\frac{c\text{J 必要}}{1\text{g の物質}\cdot 1\text{K 上げるのに}}\times m\text{g}\times \Delta t\text{K（上昇）}=cm\Delta t\text{〔J〕}$$

となる。

ポイント 比熱について

● 物質 1 g の温度を 1 K 上げるのに必要な熱量
➡ 比熱の問題を解くときは，数字や言葉をおぎなって解くとよい

チェック問題 3

標準 

プロパン C_3H_8 の完全燃焼により10 L の水の温度を22 ℃上昇させた。この加熱に必要なプロパン C_3H_8 の体積は，0 ℃，1.013×10^5 Pa で何 L か。最も適当な数値を，次の①～⑥のうちから1つ選べ。ただし，水の密度と比熱はそれぞれ $1.0 g/cm^3$，4.2 J/(g・K) とする。また，プロパン C_3H_8 の燃焼熱は2200 kJ/mol で，燃焼によって発生した熱はすべて水の温度上昇に使われたものとする。

① 0.019　② 0.42　③ 0.53　④ 2.4　⑤ 9.4　⑥ 53

解答・解説

⑤

必要なプロパンの 0 ℃，1.013×10^5 Pa（標準状態）での体積を V〔L〕とすると，その物質量は $V \text{L} \times \dfrac{1 \text{ mol}}{22.4 \text{ L}} = \dfrac{V}{22.4}$ mol となる。

このプロパンの完全燃焼により発生した熱量〔kJ〕は，

$$\frac{2200 \text{ kJ 発生}}{C_3H_8 \text{ 1 mol 完全燃焼}} \times \frac{V}{22.4} \text{ mol} \quad \cdots\cdots①$$

となる。また，水10 L が22K 上昇するために必要な熱量〔kJ〕は，比熱4.2 J/(1 g・1 K) や密度 $1.0 g/cm^3 = 1.0 g/mL$ より，

温度差は〔℃〕=〔K〕

$$\frac{4.2 \text{ J 必要}}{\text{水 1 g・1 K 上昇}} \times \underbrace{\left\{ 10 \text{ L} \times \frac{10^3 \text{ mL}}{1 \text{ L}} \times \frac{1.0 \text{ g}}{1 \text{ mL}} \right\}}_{\text{水}} \times 22 \text{ K 上昇} \times \frac{1 \text{ kJ}}{10^3 \text{ J}} \quad \cdots\cdots②$$

よって，プロパンの完全燃焼により水の温度が上昇したので，①式＝②式となり，

$$\underbrace{2200 \times \frac{V}{22.4}}_{\text{発生した熱量〔kJ〕}} = \underbrace{4.2 \times 10 \times 10^3 \times 1.0 \times 22 \times \frac{1}{10^3}}_{\text{22 K 上昇するのに必要な熱量〔kJ〕}} \quad \text{より，} V \fallingdotseq 9.4 \text{〔L〕}$$

そういえば，比熱が大きい・小さいってどういうことなの？

たとえば，比熱が c〔J/(g・K)〕の物質で考えてみるね。比熱 c が大きいということは，物質 1 g を 1 K 上げるのに**多くの熱量が必要**ということになるよね。

熱を加えたときの温度変化が小さいともいえるね。

そうだね。**比熱の大きな物質はあたたまりにくく，さめにくい**といえるんだ。
共通テストで比熱の問題が出題されるときには溶解熱や中和熱がからんだ問題がよく出題されるんだ。次の **チェック問題 4** と **5** をていねいに解いてみてね。

チェック問題 4

硝酸アンモニウム NH_4NO_3 の水への溶解の熱化学方程式は，次式のように表される。

$$NH_4NO_3(固) + aq = NH_4NO_3\,aq - 26\,kJ$$

熱の出入りのない容器(断熱容器)に25 ℃の水 V〔mL〕を入れ，同温度の NH_4NO_3 を m〔g〕溶解して均一な水溶液とした。このときの水溶液の温度〔℃〕を表す式として正しいものを，次の①～⑥のうちから1つ選べ。ただし，水の密度を d〔g/cm³〕，この水溶液の比熱を c〔J/(g・K)〕，NH_4NO_3 のモル質量を M〔g/mol〕とする。また，溶解熱はすべて水溶液の温度変化に使われたものとする。

① $25 + \dfrac{2.6\times10^4 m}{c(Vd + m)M}$　　② $25 - \dfrac{2.6\times10^4 m}{c(Vd + m)M}$

③ $25 + \dfrac{2.6\times10^4 m}{cVdM}$　　④ $25 - \dfrac{2.6\times10^4 m}{cVdM}$

⑤ $25 + \dfrac{2.6\times10^4 M}{c(Vd + m)m}$　　⑥ $25 - \dfrac{2.6\times10^4 M}{c(Vd + m)m}$

解答・解説

②

与えられた熱化学方程式より，NH_4NO_3 の溶解熱は吸熱（→符号がマイナスだから）なので，NH_4NO_3 m g を水 V mL に溶解したら水溶液の温度は下がる。ここで，NH_4NO_3 m g の物質量はそのモル質量 M g/mol より，$m\,g \times \dfrac{1\,mol}{M\,g} = \dfrac{m}{M}$ mol になる。

よって，NH_4NO_3 m g の水への溶解により吸収された熱量〔kJ〕は，

$$\frac{26\,kJ\ 吸収}{NH_4NO_3\ 1\,mol} \times \frac{m}{M}\,mol \quad \cdots\cdots(1)$$

となる。

また，水 V mL の質量はその密度 d g/cm^3 = d g/mL から $V \text{mL} \times \dfrac{d\,\text{g}}{1\,\text{mL}}$ になる。

この水 Vd g に m g の NH_4NO_3 を溶解して得られる NH_4NO_3 水溶液の質量は $(\underbrace{Vd}_{水} + \underbrace{m}_{NH_4NO_3})$ g なので，この水溶液(比熱 c J/(g·K))の温度が ΔT K 下がるのに必要とされる熱量〔kJ〕は，

水の比熱でなく水溶液の比熱である点に注意しよう！

$$\frac{c\,\text{J 吸収}}{1\,\text{g 水溶液が・}1\,\text{K 下がるのに}} \times \underbrace{(Vd + m)}_{水溶液}\text{g} \times \Delta T\,\text{K 下がる} \times \frac{1\,\text{kJ}}{10^3\,\text{J}} \quad \cdots\cdots(2)$$

となる。ここで，(1)=(2)となり，

$$\underbrace{26 \times \frac{m}{M}}_{吸収した熱量〔kJ〕} = \underbrace{c \times (Vd + m) \times \Delta T \times \frac{1}{10^3}}_{\Delta T\text{K 下がるのに必要な熱量〔kJ〕}}$$

$$\Delta T = \frac{2.6 \times 10^4 m}{c(Vd + m)M} \text{〔K〕}$$

よって，**25℃**の水に**25℃**の NH_4NO_3 を溶解しているので，水溶液の温度は

$$25 - \Delta T = 25 - \underbrace{\frac{2.6 \times 10^4 m}{c(Vd + m)M}}_{温度差は〔K〕=〔℃〕なので} \text{〔℃〕になる。}$$

チェック問題 5

塩酸と水酸化ナトリウムの水溶液とから，1 mol の水が生成するときの中和熱 Q を求めるために，次の実験を行った。実験の結果から求められた Q の値〔kJ/mol〕として最も適当な数値を，下の①～⑥のうちから1つ選べ。

この実験に用いられたすべての水溶液について，水溶液の比熱は4.2 J/(g・K)，また，密度は 1 g/mL であるとして計算せよ。

実験　発泡スチロールで断熱した容器に，0.2 mol/L の塩酸200mL を入れ，あらかじめ温度を測っておく。この中に，塩酸と同じ温度に保った1.0 mol/L の水酸化ナトリウム水溶液40 mL を加え，よく混合したのち，再び水溶液の温度を測定した。温度は，2.20 K 上昇した。

① 2.22　　② 44.4　　③ 55.4
④ 2217.6　　⑤ 4.44×10^4　　⑥ 5.54×10^4

解答・解説

③

0.2 mol/L 塩酸200 mL 中の塩化水素 HCl の物質量〔mol〕は，$\dfrac{0.2\,\text{mol}}{1\,\text{L}} \times \dfrac{200}{1000}\,\text{L} =$ 0.040〔mol〕になり，1.0mol/L 水酸化ナトリウム水溶液40 mL 中の水酸化ナトリウ

ム NaOH の物質量〔mol〕は，$\frac{1.0\ \text{mol}}{1\ \text{L}} \times \frac{40}{1000}\ \text{L} = 0.040$〔mol〕になる。塩酸と水酸化ナトリウム水溶液との中和の反応式と反応前後の物質量〔mol〕の量関係は次のようになる。

	HCl	＋	NaOH	⟶	NaCl	＋	H_2O
（反応前）	0.040 mol		0.040 mol				
（反応後）	0		0		0.040 mol		0.040 mol

中和熱が Q〔kJ/mol〕で，H_2O が 0.040 mol 生成したことから発生した熱量〔kJ〕は，

$$\frac{Q\ \text{kJ}}{H_2O\ 1\ \text{mol}\ 生成} \times 0.040\ \text{mol} = 0.040Q\ [\text{kJ}] \quad \cdots\cdots(1)$$

塩酸200 mL と水酸化ナトリウム水溶液40 mL を混合すると，混合水溶液全体の体積は，ほぼ(200＋40) mL となる。

200mL ＋ 40mL ⟶ ほぼ (200＋40)mL

混合水溶液の質量〔g〕は，密度が 1 g/mL なので，$(200+40)\ \text{mL} \times \frac{1\ \text{g}}{1\ \text{mL}} = (200+40)\ \text{g}$ となり，この水溶液の温度が2.20K 上昇するのに必要な熱量〔kJ〕は，

$$\frac{4.2\ \text{J}\ 必要}{水溶液\ 1\ \text{g}\ が・1\ \text{K}\ 上昇するのに} \times (200+40)\ \text{g} \times 2.20\ \text{K}\ 上昇 \times \frac{1\ \text{kJ}}{10^3\ \text{J}} = 2.2176\ \text{kJ} \quad \cdots\cdots(2)$$

中和反応により，温度上昇が起こったので，(1)=(2)となり，

$$\underbrace{0.040Q}_{発生した熱量\ [\text{kJ}]} = \underbrace{2.2176}_{2.20\ \text{K}\ 上昇するのに必要な熱量\ [\text{kJ}]} \quad より，Q \fallingdotseq 55.4\ [\text{kJ/mol}]$$

思考力のトレーニング 2

難 

ある容器に15 ℃の水500 mL を入れ，そこに固体の水酸化ナトリウム1.0 mol を加え，すばやく溶解させたところ，溶液の温度は右図の領域 A の変化を示した。逃げた熱の補正をすると，溶液の温度は35 ℃まで上昇したことになる。溶液の温度が30 ℃まで下がったとき，同じ温度の2.0 mol/L の塩酸500 mL をすばやく加えたところ，再び温度が上昇して領域 B の温度変化を示した。

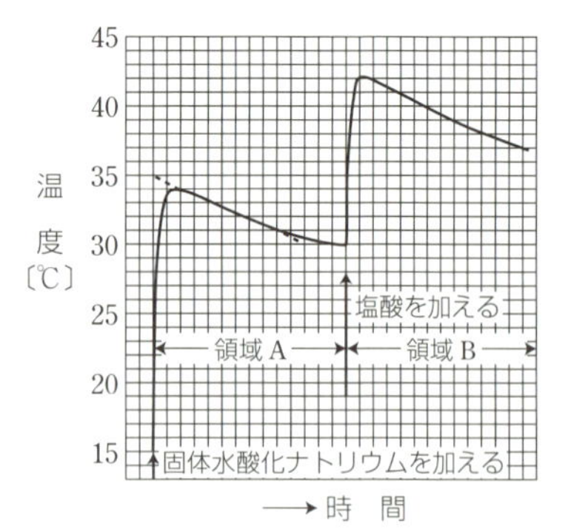

この図から温度上昇を読みとり，HClaq + NaOH(固)⟶NaClaq + H_2O の反応熱として最も適当な数値を，次の①～⑤のうちから１つ選べ。ただし，固体の水酸化ナトリウムの溶解や中和反応による溶液の体積変化はないものとし，水溶液の密度1.0 g/mL，比熱は4.2 J/(g・K)とする。

① 54.6　② 96.6　③ 138.6　④ 180.6　⑤ 222.6

解答・解説

②

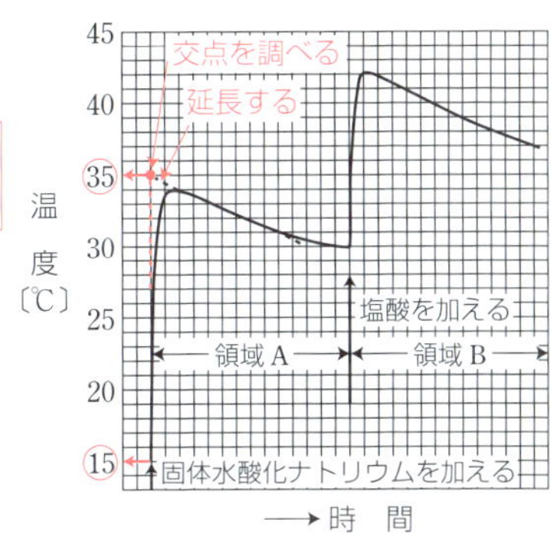

領域 A での実験は，NaOH(固)を水に溶かし，その溶解熱を求める実験。ふつう熱の出入りを断つ容器を使うが，それでも時間の経過とともに熱が容器の外に逃げていき水溶液の温度が下がっていってしまう。また，NaOH(固)が水に完全に溶けるまでに時間がかかり，その間にも熱が逃げている。NaOH(固)が水に溶けるのに時間がまったくかからず，熱が逃げなかったと考えて，**右下りの直線を延長し NaOH(固)を加えた時間との交点の温度を調べて計算する**。→大切!!

（発泡ポリスチレン製のものを使うことが多い）

NaOH(固)の溶解による溶液の体積変化はないとあるので水500 mL は水溶液500 mL と考えることができ，得られた水酸化ナトリウム水溶液の質量は，

$$500\,\text{mL} \times \frac{1.0\,\text{g}}{1\,\text{mL}} = 500\,\text{g 水溶液になる。}$$

また，水溶液の比熱は，$\dfrac{4.2\text{J 発生}}{1\,\text{g 水溶液が・1 K 上がると}}$ と書ける。

ここで，NaOH(固)の溶解熱を Q_1 kJ/mol とおくと，グラフから(35－15)℃＝(35－15)K の温度が上がったことがわかり，次の式が成り立つ。

（kJ ÷ mol で求められる）（温度の差は℃＝K と変換できる）

（NaOH 1 mol あたりを表している。）

$$Q_1\,\text{kJ/mol} = \frac{\dfrac{4.2\text{J 発生}}{1\,\text{g 水溶液が・1 K 上がると}} \times 500\text{g 水溶液が} \times (35-15)\,\text{K 上がった} \times \dfrac{1\,\text{kJ}}{10^3\,\text{J}}}{\text{NaOH(固) 1.0mol}}$$

（加えた NaOH(固)は1.0 mol だった）

＝42 kJ/mol

よって，溶解熱を表す熱化学方程式は，

NaOH(固) + aq ＝ NaOHaq ＋42 kJ　……(1)　となる。

領域 B での反応式と反応前後の物質量〔mol〕の関係は次のようになる。

$$\begin{array}{lcccc} & HCl & + \ NaOH & \longrightarrow \ NaCl & + \ H_2O \\ （反応前） & \dfrac{2.0\ \text{mol}}{1\ \text{L}} \times \dfrac{500}{1000}\ \text{L} = 1.0\ \text{mol} & 1.0\ \text{mol} & & \\ （反応後） & 0 & 0 & 1.0\ \text{mol} & 1.0\ \text{mol} \end{array}$$

中和熱を Q_2kJ/mol とおくと，H_2O が1.0mol 生成したことから発生した熱量は，

$$\frac{Q_2\,\text{kJ}}{1\ \text{mol}\ H_2O} \times 1.0\ \text{mol}\ H_2O = Q_2\,\text{kJ} \quad \cdots\cdots①$$

また，グラフより，(43−30)℃＝(43−30) K の温度が上がったことがわかる。

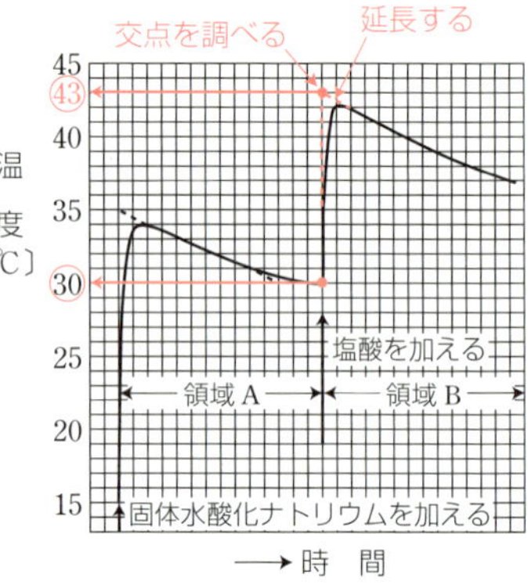

中和反応による溶液の体積変化はないものとするとあるので，混合水溶液の体積は，

$\underbrace{500}_{\text{NaOH 水溶液}} + \underbrace{500}_{\text{HCl 水溶液}} = \underbrace{1000}_{\text{混合水溶液}}$〔mL〕となり，

その質量は，$1000\ \text{mL} \times \dfrac{1.0\text{g}}{1\ \text{mL}} = 1000\ \text{g}$

水溶液になる。

ここで，中和により発生した熱量は，

$$\frac{4.2\text{J 発生}}{1\text{ g 水溶液が・1 K 上がると}} \times \underbrace{1000\text{g 水溶液}}_{\text{NaOH 水溶液＋HCl 水溶液}} \times (43-30)\text{ K 上がった} \times \frac{1\text{ kJ}}{10^3\text{ J}} \quad \cdots\cdots②$$

とも表せる。よって，①＝②となり，

$$Q_2 = 4.2 \times 1000 \times (43-30) \times \frac{1}{10^3} \quad \text{より，} \quad Q_2 = 54.6\ \text{kJ/mol}$$

$$HCl\,aq + NaOH\,aq = NaCl\,aq + H_2O(液) + 54.6\ \text{kJ} \quad \cdots\cdots(2)$$

(1)＋(2)より，$HCl\,aq + NaOH(固) = NaCl\,aq + H_2O(液) + 96.6\ \text{kJ}$

となる。

第3章　化学反応とエネルギー

酸化還元滴定とイオン化傾向・電池

1 酸化還元滴定について

酸化還元反応は，電子 e^- が受けわたされる反応だったよね。このとき，**相手の物質に電子 e^- を与えて相手を還元する物質を還元剤，相手の物質から電子 e^- を受けとって相手を酸化する物質を酸化剤**というんだ。

たとえば，銅 Cu の電子 e^- を含むイオン反応式をかいてみるね。

$$\underset{0}{Cu} \longrightarrow \underset{+2}{Cu^{2+}} + 2e^-$$

酸化数　0　　+2

銅 Cu は電子 e^- を与えているから，還元剤だね。

そうだね。また，還元剤である Cu は酸化剤に酸化されることで Cu^{2+} に変化し，その酸化数は 0 から＋2 に増えている。つまり，

還元剤 ➡ 酸化されて，電子 e^- を失い，酸化数が増える

とわかるね。酸化剤については，還元剤の逆を考えればいいんだ。

ポイント　酸化還元の定義と還元剤・酸化剤について

● 定義を確認しておこう

還元剤	酸化される	電子を失う	酸化数が増加する
酸化剤	還元される	電子を得る	酸化数が減少する

チェック問題 1

二硫化炭素 CS_2 を水とともに150℃以上に加熱すると，式(1)の反応が起こる。

$$CS_2 + 2H_2O \longrightarrow CO_2 + 2H_2S \qquad (1)$$

式(1)の反応は，各原子の酸化数が変化しないので酸化還元反応ではない。

式(1)と同様に，酸化還元反応でないものを次の①～④のうちから１つ選べ。

① $2Na + 2H_2O \longrightarrow 2NaOH + H_2$　　② $CaO + H_2O \longrightarrow Ca(OH)_2$

③ $3NO_2 + H_2O \longrightarrow 2HNO_3 + NO$　　④ $CO + H_2O \longrightarrow H_2 + CO_2$

解答・解説

②

各原子の酸化数を調べ，反応前後で同じ原子の酸化数が変化していればその反応は酸化還元反応であり，変化していなければ酸化還元反応でない。

$$\underset{+4\ -2}{CS_2} + \underset{+1\ -2}{2H_2O} \longrightarrow \underset{+4\ -2}{CO_2} + \underset{+1\ -2}{2H_2S}$$

酸化数 ➡ 酸化数が変化していない式(1)は酸化還元反応でない。

このように酸化数の変化を調べてもよいが，反応式のどこかに単体(➡ Na，Fe，C，H_2 など)があるとその反応は酸化還元反応になることを知っていると便利。これにより，反応式中に Na や H_2 という単体がある①と④は酸化還元反応とわかる。あとは，②と③について酸化数の変化を調べ，判定すればよい。

② $\underset{+2\ -2}{CaO} + \underset{+1\ -2}{H_2O} \longrightarrow \underset{+2\ -2\ +1}{Ca(OH)_2}$ ➡ どの原子の酸化数も変化していない

③ $\underset{+4}{3NO_2} + H_2O \longrightarrow \underset{+5}{2HNO_3} + \underset{+2}{NO}$ ➡ N の酸化数が変化している

よって，酸化還元反応でないものは②になる。

酸化還元反応を利用し，還元剤または酸化剤の濃度を求める操作を酸化還元滴定という。よく知られているのが「**過マンガン酸カリウム $KMnO_4$ を用いた酸化還元滴定**」で，酸・塩基の中和滴定のときと同じ器具(ホールピペット，メスフラスコ，ビュレット，コニカルビーカーや三角フラスコなど)が使われるんだ。

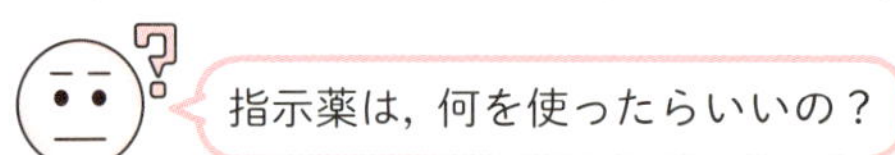
指示薬は，何を使ったらいいの？

$KMnO_4$ を用いる滴定は，**$KMnO_4$ が「酸化剤」と「指示薬」の 2 つの役割をもっている**ので指示薬を使う必要がないんだ。酸化剤である **MnO_4^- の水溶液は赤紫色**で，硫酸で酸性にした条件の下，還元剤と反応しほぼ無色の Mn^{2+} の水溶液に変化する。この色の変化から反応の終点を知ることができるんだ。

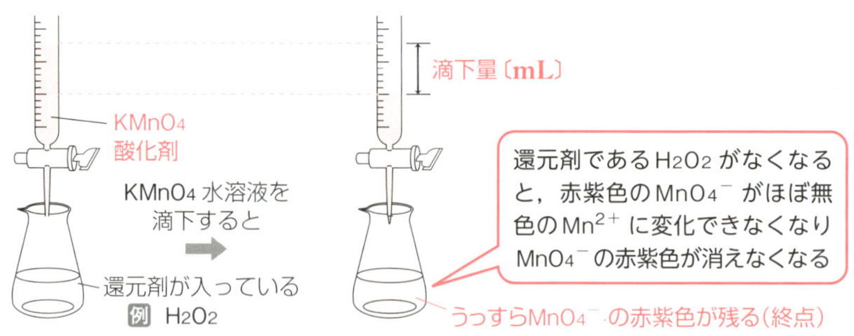
KMnO4
酸化剤
KMnO4 水溶液を滴下すると
還元剤が入っている
例 H2O2
滴下量〔mL〕
還元剤であるH2O2 がなくなると，赤紫色のMnO4⁻ がほぼ無色のMn2+ に変化できなくなりMnO4⁻ の赤紫色が消えなくなる
うっすらMnO4⁻ の赤紫色が残る(終点)

「**酸化還元滴定の終点**」では，還元剤と酸化剤が過不足なく(ぴったり)反応することに注目すると，次の関係式が成り立つ。

還元剤が放出した電子 e^- の物質量〔mol〕
＝酸化剤が受けとった電子 e^- の物質量〔mol〕

チェック問題 2

標準 

濃度不明の過酸化水素水10.0mL を希硫酸で酸性にし，これに0.0500mol/L の過マンガン酸カリウム水溶液を滴下した。滴下量が20.0mL のときに赤紫色が消えずにわずかに残った。過酸化水素水の濃度として最も適当な数値を，下の①～⑥のうちから１つ選べ。ただし，過酸化水素および過マンガン酸イオンの反応は，電子を含む次のイオン反応式で表される。

$$H_2O_2 \longrightarrow O_2 + 2H^+ + 2e^-$$
$$MnO_4^- + 8H^+ + 5e^- \longrightarrow Mn^{2+} + 4H_2O$$

① 0.0250	② 0.0400	③ 0.0500
④ 0.250	⑤ 0.400	⑥ 0.500

解答・解説

④

求める過酸化水素 H_2O_2 水の濃度を x mol/L とおく。H_2O_2 は赤紫色が消えずにわずかに残った点(➡ 終点)までに，

$$\frac{x \text{ mol}}{1 \text{ L}} \times \frac{10.0}{1000} \text{ L} \times 2 \text{〔mol〕} \quad (\times 2) \quad \mathbf{1}H_2O_2 \longrightarrow O_2 + 2H^+ + \mathbf{2}e^- \text{より}$$

の e^- を放出する。また，$KMnO_4(MnO_4^-)$ は終点までに，

$$\frac{0.0500 \text{ mol}}{1 \text{ L}} \times \frac{20.0}{1000} \text{ L} \times 5 \text{〔mol〕} \quad (\times 5) \quad \mathbf{1}MnO_4^- + 8H^+ + \mathbf{5}e^- \longrightarrow \cdots \text{より}$$

の e^- を受けとる。この滴定の終点では，

$$\underbrace{x \times \frac{10.0}{1000} \times 2}_{\text{還元剤が放出した }e^-\text{〔mol〕}} = \underbrace{0.0500 \times \frac{20.0}{1000} \times 5}_{\text{酸化剤が受けとった }e^-\text{〔mol〕}}$$

が成り立つ。よって，$x = 0.250$〔mol/L〕

第3章 化学反応とエネルギー

思 考力のトレーニング 1

やや難 3分

物質Aを溶かした水溶液がある。この水溶液を2等分し，それぞれの水溶液中のAを，硫酸酸性条件下で異なる酸化剤を用いて完全に酸化した。0.020 mol/L の過マンガン酸カリウム水溶液を用いると x〔mL〕が必要であり，0.010 mol/L の二クロム酸カリウム水溶液を用いると y〔mL〕が必要であった。x と y の量的関係を表す $\frac{x}{y}$ として最も適当な数値を，下の①～⑧のうちから1つ選べ。ただし，2種類の酸化剤のはたらき方は，次式で表され，いずれの場合もAを酸化して得られる生成物は同じである。

$$MnO_4^- + 8H^+ + 5e^- \longrightarrow Mn^{2+} + 4H_2O$$
$$Cr_2O_7^{2-} + 14H^+ + 6e^- \longrightarrow 2Cr^{3+} + 7H_2O$$

① 0.50　② 0.60　③ 0.88　④ 1.1
⑤ 1.2　⑥ 1.7　⑦ 2.0　⑧ 2.4

解答・解説

②

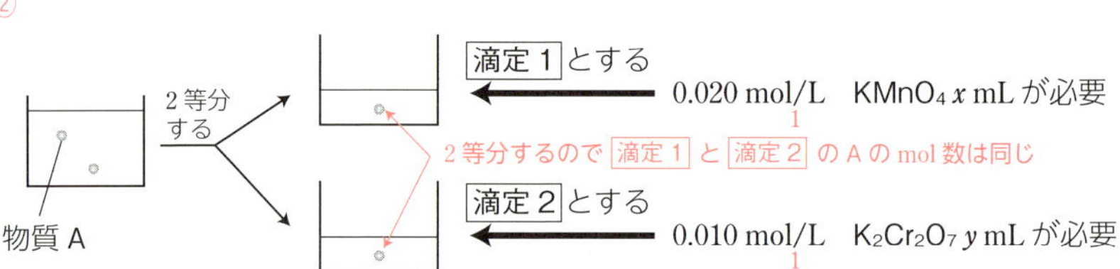

Aは，酸化剤である $KMnO_4$ や $K_2Cr_2O_7$ と反応するので還元剤とわかる。
滴定1 と 滴定2 の終点では，それぞれ次の式が成り立つ。

滴定1

$1MnO_4^- + 8H^+ + 5e^- \rightarrow \cdots$ より（×5）

$$\begin{pmatrix}\text{2等分した後の}\\ \text{還元剤Aが}\\ \text{放出した }e^-\text{ mol}\end{pmatrix} = \underbrace{0.020 \times \frac{x}{1000}}_{MnO_4^-\text{〔mol〕}} \times 5 \quad \cdots①$$

（$0.020 \times \frac{x}{1000} \times 5$：$MnO_4^-$ が受けとった e^-〔mol〕）

滴定2

$1Cr_2O_7^{2-} + 14H^+ + 6e^- \rightarrow \cdots$ より（×6）

$$\begin{pmatrix}\text{2等分した後の}\\ \text{還元剤Aが}\\ \text{放出した }e^-\text{ mol}\end{pmatrix} = \underbrace{0.010 \times \frac{y}{1000}}_{Cr_2O_7^{2-}\text{〔mol〕}} \times 6 \quad \cdots②$$

（$0.010 \times \frac{y}{1000} \times 6$：$Cr_2O_7^{2-}$ が受けとった e^-〔mol〕）

2等分した後の還元剤Aが終点までに放出したe^-のmolは，滴定1・滴定2のどちらも同じ量なので，①＝②となる。

$$\underbrace{0.020 \times \frac{x}{1000} \times 5}_{\text{滴定1の終点までに }MnO_4^-\text{が受けとった }e^-\text{〔mol〕}} = \underbrace{0.010 \times \frac{y}{1000} \times 6}_{\text{滴定2の終点までに }Cr_2O_7^{2-}\text{が受けとった }e^-\text{〔mol〕}} \quad \text{より，} \quad \frac{x}{y} = \frac{0.010 \times 6}{0.020 \times 5} = 0.60$$

化学的酸素要求量（COD）

河川の汚れの原因の1つに，工場排水などに含まれる有機化合物があるんだ。この有機化合物の量はCODの値〔mg/L〕で表すことが多い。**COD〔mg/L〕は，有機化合物を酸化するために消費された$KMnO_4$の量をO_2の質量〔mg〕に換算（試料水1Lあたり）して表す**んだ。

難しいね。

そうだね。単位〔mg/L〕（mg→O_2のmg，L→試料水1L）に注目すれば覚えやすいんだけど，共通テストで出題されるときはCODの説明は問題文中に書いてあるから心配しなくていいよ。

思考力のトレーニング 2

難

COD（化学的酸素要求量）の値〔mg/L〕は，水1Lに含まれる有機化合物などを酸化するのに必要な過マンガン酸カリウム$KMnO_4$の量を，酸化剤としての酸素の質量〔mg〕に換算したもので，水質の指標の1つである。

過マンガン酸イオンMnO_4^-と酸素O_2は，酸性溶液中で次のように酸化剤としてはたらく。

$$MnO_4^- + 8H^+ + 5e^- \longrightarrow Mn^{2+} + 4H_2O \quad \cdots\cdots(1)$$
$$O_2 + 4H^+ + 4e^- \longrightarrow 2H_2O \quad \cdots\cdots(2)$$

したがって，$KMnO_4$ 4molは，酸化剤としてのO_2 [1] molに相当する。

この試料水100mL中の有機化合物と過不足なく反応する$KMnO_4$の物質量は，2.0×10^{-5} molであった。試料水1.0Lに含まれる有機化合物を酸化するのに必要な$KMnO_4$の量を，O_2の質量〔mg〕に換算してCODの値を求めると，[2].[3] mg/Lになる。

[1]～[3]にあてはまる数字を答えよ。ただし，O＝16とする。

解答・解説

[1] 5　[2] 8　[3] 0

CODの問題は,「e^- の個数(係数)を MnO_4^- にそろえる」ことからはじめるとよい。

MnO_4^- の代わりに O_2 を酸化剤として用いるなら,(1)式と(2)式×$\frac{5}{4}$より,

$$\boxed{1}\ MnO_4^- + 8H^+ + 5e^- \longrightarrow Mn^{2+} + 4H_2O$$ ⬅(1)式より

$$\boxed{\frac{5}{4}}\ O_2 + 5H^+ + 5e^- \longrightarrow \frac{5}{2}H_2O$$ ⬅(2)式を$\frac{5}{4}$倍にしたもの

受けとる e^- の個数(係数)をそろえる

となり,MnO_4^- $\boxed{1}$ mol に相当する O_2 は $\boxed{\frac{5}{4}}$ mol とわかる。

→O_2〔mol〕は,MnO_4^-〔mol〕の$\frac{5}{4}$倍に相当する!

したがって,$KMnO_4$ 4 mol は,酸化剤としての O_2 $\boxed{5}$ mol に相当する。

$KMnO_4^-$〔mol〕の$\frac{5}{4}$倍

次に,この試料水100 mL中の有機化合物と過不足なく反応する $KMnO_4$ 2.0×10^{-5} mol を O_2 の質量〔mg〕に換算する。

$O_2 = 32$より,そのモル質量は32〔g/mol〕なので,

O_2は $KMnO_2$の$\frac{5}{4}$倍に相当

$$2.0\times10^{-5} \times \frac{5}{4} \times 32 \times 10^3 = 0.80\ \text{mg}$$

$KMnO_4$〔mol〕 O_2〔mol〕に換算 O_2〔g〕 O_2〔mg〕

よって,CODの値〔mg/L〕は,試料水が$\frac{100}{1000}$Lであることに注意して,

mg ÷ L で求めることができる

$$\underbrace{0.80\ \text{mg}}_{O_2\text{〔mg〕}} \div \underbrace{\frac{100}{1000}\text{L}}_{\text{試料水〔L〕}} = \frac{0.80\ \text{mg}}{\frac{100}{1000}\text{L}} = \boxed{8.0}\text{〔mg/L〕}$$ になる。

2 金属のイオン化傾向について

還元剤は e^- を放出する物質で,酸化剤は e^- を受けとる物質なので,

(**還元剤**) $\rightleftarrows$ (**酸化剤**) + ne^- (n =1, 2, 3, ……)

の関係がある。

金属の単体は,おもに還元剤として反応する物質だったよね。

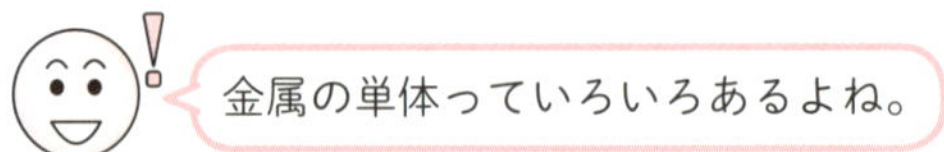

そうなんだ。**金属単体の還元剤としての強さの順序を覚える必要がある**んだ。そのために,**金属のイオン化傾向の**順序(**イオン化列**という)を覚えてほしいんだ。これを覚えると,おもな金属単体の還元剤としての強さの順序を知ることができる。

ポイント　イオン化傾向について①

● 金属単体が水中で電子 e^- を失って陽イオンになろうとする性質を**イオン化傾向**といい，その大きさの順（イオン化列）は，

リ　カ　バ　カ　ナ　マ　ア　ア　テ　ニ　ス　ナ
Li > K > Ba > Ca > Na > Mg > Al > Zn > Fe > Ni > Sn > Pb

ヒ　ド　ス　ギる　借　金
> (H_2) > Cu > Hg > Ag > Pt > Au

覚える！

これで，酸化還元反応が起こるか・起こらないかを判定できるようになるんだ。

たとえば，「銀イオン Ag^+ の水溶液に銅 Cu を入れる」と……，**Cu は Ag よりもイオン化傾向が大きい，つまり陽イオンになりやすい**ので，Cu が Cu^{2+} となって溶けていくんだ。

$Cu \longrightarrow Cu^{2+} + 2e^-$　……①

このとき，（還元剤）⇄（酸化剤）＋ ne^- の関係を Ag にあてはめて考えると，Ag ⇄ Ag^+ ＋ e^- となり，Ag^+ は酸化剤として Cu の放出した e^- を受けとる。

$Ag^+ + e^- \longrightarrow Ag$　……②

よって，①＋②× 2 より，

$Cu + 2Ag^+ \xrightarrow{\bigcirc} Cu^{2+} + 2Ag$　⇐ イオン化傾向が Cu > Ag なので反応する

反応する

の反応が起こり，Ag が析出する（これを**銀樹**という）んだ。

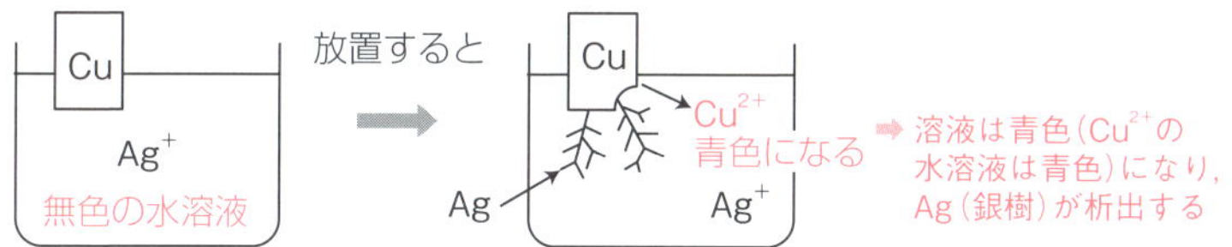

ところが，これとは逆に，**銅（Ⅱ）イオン Cu^{2+} の水溶液に銅 Cu よりイオン化傾向の小さな銀 Ag を入れても，反応しない**。

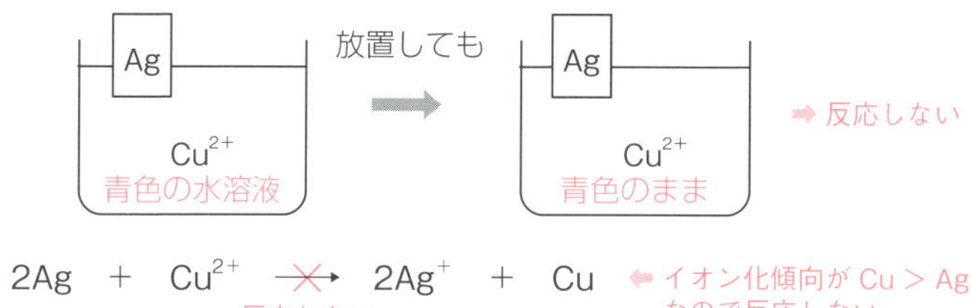

$2Ag + Cu^{2+} \xrightarrow{\times} 2Ag^+ + Cu$　⇐ イオン化傾向が Cu > Ag なので反応しない

反応しない

イオン化傾向の大きな金属は，自分よりイオン化傾向の小さな金属を水溶液中から追い出すことができるんだね。

そうなんだ。でも，**イオン化傾向の小さな金属が自分よりイオン化傾向の大きな金属を追い出すことはできない**んだ。

ポイント イオン化傾向の利用について②

● **イオン化傾向**　M > N のとき

N^{n+} ＋ M ➡ 反応する　　M^{m+} ＋ N ➡ 反応しない

チェック問題 3

金属 A と金属 B は，Au，Cu，Zn のいずれかである。A と B の金属板の表面をよく磨いて，金属イオンを含む水溶液にそれぞれ浸した。金属板の表面を観察したところ，表のようになった。A と B の組み合わせとして最も適当なものを，下の①～⑥のうちから１つ選べ。ただし，金属をイオン化傾向の大きな順に並べた金属のイオン化列は，Zn > Sn > Pb > Cu > Ag > Au である。

金属	水溶液に含まれる金属イオン	観察結果
A	Cu^{2+}	金属が析出した
A	Pb^{2+}	金属が析出した
A	Sn^{2+}	金属が析出した
B	Ag^{+}	金属が析出した
B	Pb^{2+}	金属は析出しなかった
B	Sn^{2+}	金属は析出しなかった

	金属 A	金属 B
①	Au	Cu
②	Au	Zn
③	Cu	Au
④	Cu	Zn
⑤	Zn	Au
⑥	Zn	Cu

解答・解説

イオン化傾向の大きな金属がイオン化傾向の小さな金属を追い出す(析出させる)。

金属 A は，Cu^{2+}，Pb^{2+}，Sn^{2+}のいずれとも反応し金属を析出させるので，イオン化傾向の順は A > Cu，A > Pb，A > Sn となり，A > Sn > Pb > Cu の順になる。与えられた金属の中で，Sn よりイオン化傾向の大きな金属は Zn のみ。よって，金属 A は Zn。

金属 B は Ag^{+}と反応するが，Pb^{2+}や Sn^{2+}と反応しないので，イオン化傾向の順は B > Ag，B < Pb，B < Sn となり、Sn > Pb > B > Ag の順になる。与えられた金属の中で Ag よりイオン化傾向が大きく Pb よりイオン化傾向の小さな金属 B は Cu。

3 金属の反応性について

金属の反応性（空気中の酸素 O_2 との反応，水 H_2O との反応）は，次のようになるんだ。

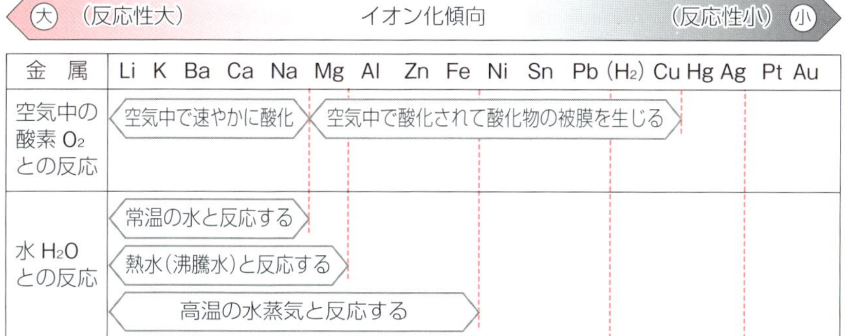

大（反応性大）　イオン化傾向　（反応性小）小

金属	Li K Ba Ca Na	Mg	Al Zn	Fe Ni Sn Pb (H₂) Cu	Hg Ag	Pt Au
空気中の酸素 O_2 との反応	空気中で速やかに酸化	空気中で酸化されて酸化物の被膜を生じる	空気中で酸化されて酸化物の被膜を生じる	空気中で酸化されて酸化物の被膜を生じる		
水 H_2O との反応	常温の水と反応する					
	熱水（沸騰水）と反応する	熱水（沸騰水）と反応する				
	高温の水蒸気と反応する	高温の水蒸気と反応する	高温の水蒸気と反応する			

まず，**イオン化傾向の大きな金属が酸化されやすくて反応性が高く，イオン化傾向が小さくなると酸化されにくく，反応性が低いという原則**をおさえてね。次に，❶空気中の酸素 O_2 との反応 ❷ 水 H_2O との反応を理解していくといいよ。

❶ 空気中の酸素 O_2 との反応

イオン化傾向の大きな Li，K，Ba，Ca，Na は，乾いた空気中で酸素 O_2 に速やかに酸化されて金属光沢を失う。たとえば，ナトリウム Na と O_2 の反応は次のようにつくればいいんだ。

$$4\times(Na \longrightarrow Na^+ + e^-) \quad \Leftarrow Na は Na^+ へ$$
$$+)\ O_2 + 4e^- \longrightarrow 2O^{2-} \quad \Leftarrow O_2 は 2O^{2-} へ$$
$$4Na + O_2 \longrightarrow 2Na_2O$$

完全燃焼の反応式をつくるようにつくったほうが楽じゃない？

たしかに，完全燃焼の反応式をつくったときのやり方でつくるほうが速くつくることができるね。次の❶～❹のようにつくればいいね。

❶ 反応式の右辺に生成物 Na_2O を書き，Na の係数を 1 とおく。

$$1Na + O_2 \longrightarrow Na_2O \quad \Leftarrow Na は Na_2O に酸化される$$

❷ 生成物 Na_2O に係数をつける。

$$1Na + O_2 \longrightarrow \frac{1}{2}Na_2O \quad \Leftarrow Na は左辺に 1 個あるので，Na_2O の係数は \frac{1}{2}$$

❸ O_2 に係数をつける

$$1Na + \frac{1}{4}O_2 \longrightarrow \frac{1}{2}Na_2O \quad \Leftarrow O は右辺に \frac{1}{2} 個あるので O_2 の係数は \frac{1}{4}$$

❹ 全体を 4 倍して，完成させる。

$$4Na + O_2 \longrightarrow 2Na_2O \quad \Leftarrow 係数すべてを整数にして完成する$$

次に紹介する O_2 との反応も同じやり方でつくってみてね。イオン化傾向が Na よりも小さなマグネシウム Mg やアルミニウム Al などは，空気中で徐々に酸化されて表面に酸化物の被膜を生じる。

$$2Mg + O_2 \longrightarrow 2MgO$$
$$4Al + 3O_2 \longrightarrow 2Al_2O_3$$

イオン化傾向の小さな Ag，Pt，Au などは空気中で酸化されにくく，ずっと美しい金属光沢が保たれるんだ。

Ag，Pt，Au って，**貴金属**だね。

そうだね。あと，空気中で高温に熱すると，マグネシウム Mg やアルミニウム Al は多くの熱と強い光を放ちながら激しく燃焼することを知っておいてね。

$$2Mg + O_2 \longrightarrow 2MgO + 光$$
$$4Al + 3O_2 \longrightarrow 2Al_2O_3 + 光$$

ポイント　金属単体と酸素との反応について①

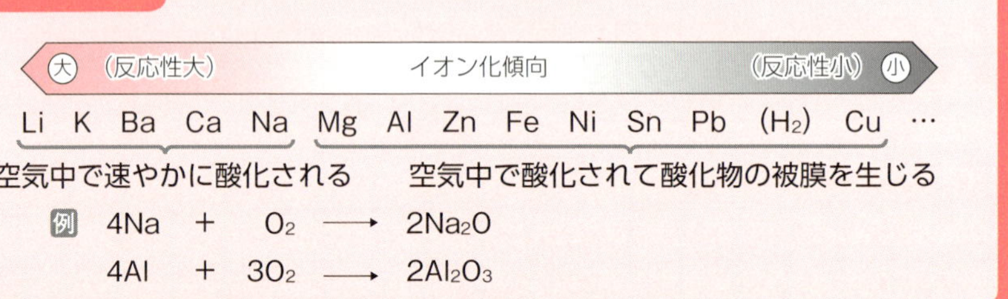

空気中で速やかに酸化される　　空気中で酸化されて酸化物の被膜を生じる

例 $4Na + O_2 \longrightarrow 2Na_2O$

$4Al + 3O_2 \longrightarrow 2Al_2O_3$

❷ 水 H_2O との反応

イオン化傾向の大きな Li，K，Ba，Ca，Na は**常温の水と激しく反応**して水素 H_2 を発生するんだ。とくにナトリウム Na やカルシウム Ca と水 H_2O の反応については，その反応式をつくれるようにしておこう。

反応式中に**単体**(➡ Na，Ca，……)があると，その反応は酸化還元反応だったね。

そうだね。だから，Na や Ca が，Na^+ や Ca^{2+} となって H_2O と酸化還元反応を起こすんだ。

$$Na \longrightarrow Na^+ + e^- \quad \cdots\cdots ①$$
$$2H_2O + 2e^- \longrightarrow H_2 + 2OH^- \quad \cdots\cdots ②$$

①× 2 +②より，

$$2Na + 2H_2O \longrightarrow 2NaOH + H_2$$

負極には還元剤，**正極には酸化剤**が使われているんだよね。

そうだね。「**還元剤は酸化され**」て，「**酸化剤は還元され**」たよね。だから，電池を使う（電池を**放電**させる）と，還元剤のある**負極では酸化反応**，酸化剤のある**正極では還元反応**が起こる。また，e^- のやりとりをする物質は**活物質**といい，負極で酸化される還元剤は**負極活物質**，正極で還元される酸化剤は**正極活物質**というんだ。

あと，11で詳しく紹介するボルタ電池やダニエル電池のように2種類の金属（＝電極）を電解質水溶液に浸してつくった電池では，**イオン化傾向の大きな金属板が負極**になると覚えておくと役に立つよ。

ポイント 電池について

● **電池** ➡ **還元反応と酸化反応の起こる場所を導線で接続した装置**

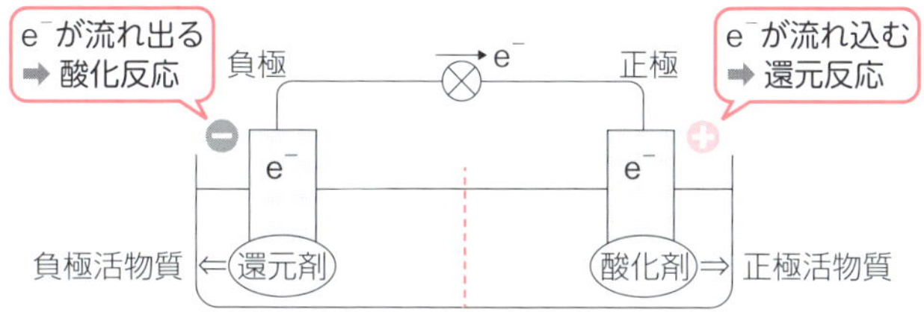

- **「還元剤を見つけて−極と決定する」**
- **「イオン化傾向の大きいほうの金属板を見つけて−極と決定する」**

のどちらかを使い，−極を決めよう。

電池って多くの種類があるよね。

そうだね。ここでは，身近にある実用電池を見ていくことにするね。

たくさんあると覚えきれないよ。

たしかにね。これから紹介する電池式を見て，負極と正極を判定する練習をしておくだけでいいのでやってみてね。

電池式って，はじめて出てきたね。

電池を（−）負極｜電解質｜正極（＋）のように表したものを電池式というんだ。

❶ マンガン乾電池　(−)Zn ｜ $ZnCl_2$ aq，NH_4Cl aq ｜ MnO_2・C(＋)

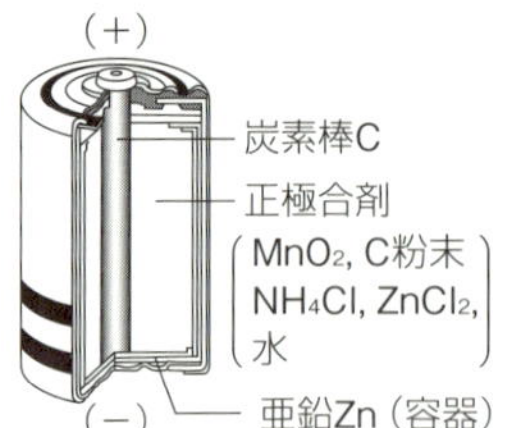

マンガン乾電池は，**還元剤である亜鉛 Zn が負極**となり電子 e^- を放出し，**酸化剤である酸化マンガン(Ⅳ) MnO_2 が正極**として電子 e^- を受けとるんだ。

マンガン乾電池は，充電できず放電だけが起こる**一次電池**なんだ。

❷ アルカリマンガン乾電池　(−)Zn ｜ KOH aq ｜ MnO_2(＋)

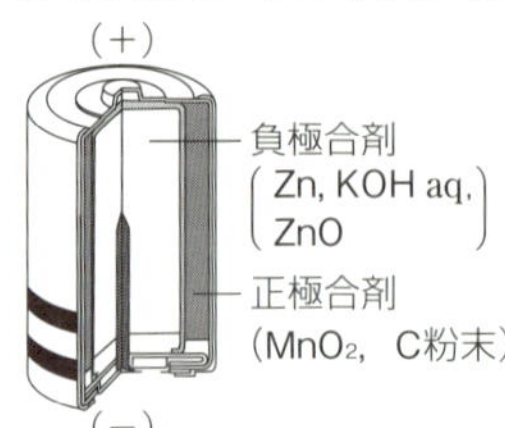

マンガン乾電池の電解質に水酸化カリウム KOH 水溶液を使った電池で，マンガン乾電池と同じように**亜鉛 Zn が負極**，**酸化マンガン(Ⅳ) MnO_2 が正極**になるんだ。マンガン乾電池より長持ちするよ。

❸ リチウム電池　(−)Li ｜ Li 塩 ｜ MnO_2(＋)

還元剤であるリチウム Li が負極，**酸化剤である酸化マンガン(Ⅳ) MnO_2 が正極**になる。

❹ 酸化銀電池(銀電池)　(−)Zn ｜ KOH aq ｜ Ag_2O(＋)

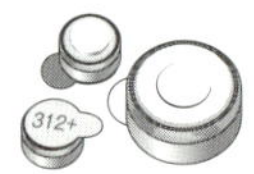

還元剤である亜鉛 Zn が負極，**酸化剤である酸化銀 Ag_2O が正極**になるんだ。

❺ 空気亜鉛電池(空気電池)　(−)Zn ｜ KOH aq ｜ O_2(空気)(＋)

還元剤である亜鉛 Zn が負極，**正極では空気中の酸素 O_2 が酸化剤**としてはたらくんだ。

❻ 鉛蓄電池　(−)Pb ｜ H_2SO_4 aq ｜ PbO_2(＋)

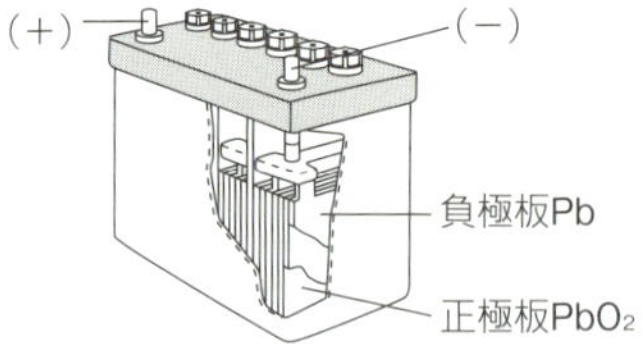

還元剤である鉛 Pb が負極，酸化剤である酸化鉛(Ⅳ) PbO_2 が**正極になる**んだ。鉛蓄電池は，**充電**(➡ 起電力を回復させる操作)によってくり返し使うことのできる**二次電池**(**蓄電池**ともいう)なんだ。

起電力ってはじめて出てきたね。

そうだね。**正極と負極の間に生じる電圧のことを起電力といい，電流を流そうとするはたらきの大きさを電圧という**んだ。

そういえば，電流の単位はアンペア〔A〕やミリアンペア〔mA〕，電圧の単位はボルト〔V〕を使ったね。

❼ ニッケル・カドミウム電池（ニカド電池）

(−) Cd ｜ KOH aq ｜ NiO(OH) (＋)

還元剤であるカドミウム Cd が負極，酸化剤である酸化水酸化ニッケル(Ⅲ) NiO(OH)が正極になる。

❽ ニッケル・水素電池　(−) MH ｜ KOH aq ｜ NiO(OH) (＋)

MH は水素 H_2 を吸着・放出できる水素吸蔵合金を表している。還元剤である水素 H_2 をもつ合金が負極，酸化剤である酸化水酸化ニッケル(Ⅲ) NiO(OH)が正極になる。

❾ リチウムイオン電池　(−) C(黒鉛)と Li の化合物 ｜ Li 塩 ｜ $LiCoO_2$ (＋)

この電池はしくみが複雑なので，**C(黒鉛)と Li の化合物が負極**になると知っておいてね。

❿ 燃料電池（リン酸形）　(−) H_2 ｜ H_3PO_4 aq ｜ O_2 (＋)

還元剤である水素 H_2 が負極，酸化剤である酸素 O_2 が正極になるんだ。

❶～❿で見てきた実用電池の電池式・分類，起電力は次の表のようになるんだ。

電池の名称	電池式・分類	起電力
❶ **マンガン乾電池**	(−) Zn ｜ $ZnCl_2$ aq，NH_4Cl aq ｜ MnO_2・C (＋) **一次電池**	1.5 V
❷ アルカリマンガン乾電池	(−) Zn ｜ KOH aq ｜ MnO_2 (＋) 一次電池	1.5 V
❸ リチウム電池	(−) Li ｜ Li 塩 ｜ MnO_2 (＋) 一次電池	3.0 V
❹ 酸化銀電池	(−) Zn ｜ KOH aq ｜ Ag_2O (＋) 一次電池	1.55 V
❺ 空気亜鉛電池	(−) Zn ｜ KOH aq ｜ O_2 (＋) 一次電池	1.4 V
❻ **鉛蓄電池**	(−) Pb ｜ H_2SO_4 aq ｜ PbO_2 (＋) **二次電池**	2.0 V
❼ ニッケル・カドミウム電池	(−) Cd ｜ KOH aq ｜ NiO(OH) (＋) 二次電池	1.3 V
❽ ニッケル・水素電池	(−) MH ｜ KOH aq ｜ NiO(OH) (＋) 二次電池	1.35 V
❾ リチウムイオン電池	(−) C(黒鉛)と Li の化合物 ｜ Li 塩 ｜ $LiCoO_2$ (＋) 二次電池	**4.0 V**
❿ **燃料電池（リン酸形）**	(−) Pt・H_2 ｜ H_3PO_4 aq ｜ O_2・Pt (＋)	1.2 V

リチウムイオン電池って，起電力が他の電池とくらべるとかなり高いね。

そうだね。放電や充電により，リチウムイオンLi^+が負極と正極の間を行ったりきたりする電池なんだ。小型・軽量・高電圧で，電解質に水が含まれていないので，寒さにも強い。ノートパソコンやスマートフォンなどに使われているよ。

チェック問題 4

標準 

電池に関する記述として正しいものを，次の①～⑥のうちから１つ選べ。

① ダニエル電池は，希硫酸に亜鉛板と銅板を浸したものである。
② 一次電池は，外部から電流を流して，起電力を回復させることができる。
③ リチウム電池の起電力は，マンガン乾電池の起電力より小さい。
④ マンガン乾電池では，正極に酸化マンガン(Ⅳ)，負極に炭素を用いる。
⑤ 電解液としてリン酸水溶液を用いた燃料電池では，正極で水が生成する。
⑥ 太陽電池は，熱エネルギーを電気エネルギーに変換して，起電力を生じる。

解答・解説

⑤

① 〈誤り〉ダニエル電池は，硫酸亜鉛$ZnSO_4$水溶液に亜鉛板を浸したものと，硫酸銅(Ⅱ)$CuSO_4$水溶液に銅板を浸したものを，両方の水溶液が混じらないように素焼き板で仕切った電池( P.186)である。希硫酸に亜鉛板と銅板を浸した電池は，ボルタ電池(➡ P.185)である。

② 〈誤り〉起電力と回復させることができるのは**二次電池**である。

③ 〈誤り〉リチウム電池(起電力3.0 V)やリチウムイオン電池(起電力4.0 V)のようにイオン化傾向の大きなリチウムLiが使われている電池は起電力が大きい。マンガン乾電池の起電力は1.5 V程度。小さいではなく，大きいであれば正しい。

④ 〈誤り〉マンガン乾電池では，正極に酸化マンガン(Ⅳ)MnO_2が，負極に**亜鉛Zn**が用いられる。

⑤ 〈正しい〉電解液としてリン酸H_3PO_4水溶液を用いた燃料電池では負極と正極でそれぞれ次の反応が起こる(➡ P.194)。

$$\ominus\quad H_2 \longrightarrow 2H^+ + 2e^-$$

$$\oplus\quad O_2 + 4H^+ + 4e^- \longrightarrow 2H_2O$$

正極で水H_2Oが生成する。

⑥ 〈誤り〉ここまでにでてきた電池は，化学エネルギーを電気エネルギーとしてとり出す化学電池だが，太陽電池のように**光エネルギー**を電気エネルギーに化学反応を行わずに直接変換する電池を物理電池という。

第３章　化学反応とエネルギー

電　池

1 ボルタ電池とダニエル電池について

① ボルタ電池

亜鉛 Zn 板と銅 Cu 板を希硫酸 H_2SO_4 に浸し導線で結んだものをボルタ電池というんだ。Zn は Cu よりイオン化傾向が大きい（陽イオンになりやすい）ので，還元剤である Zn が Zn^{2+} になるとともに，亜鉛板から銅板に向かって電子 e^- が流れる。この流れてくる電子 e^- を銅板の表面上で酸化剤である H^+ が受けとって**水素 H_2 が発生**するんだ。

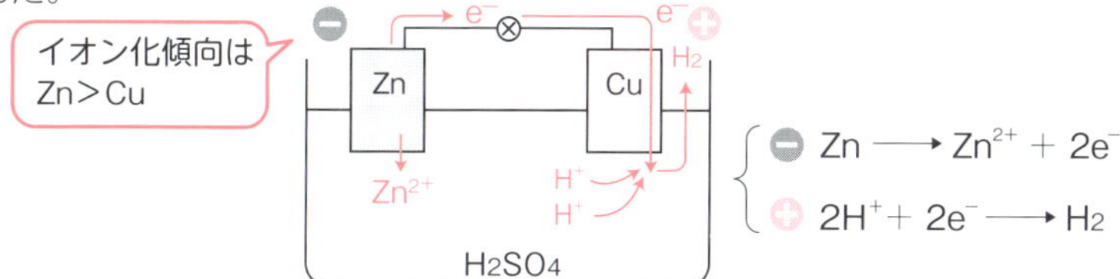

ボルタ電池は，還元剤である Zn と酸化剤である希硫酸の H^+ との間がしきられていないね。

そうなんだ。ボルタ電池は，還元剤と酸化剤をしきり板で分けていない以外にも，いろいろと問題がある電池なんだ。あまり多くのことが問われる電池ではないので，ボルタ電池については，**各極の反応式と放電をはじめるとすぐに起電力が 1.1V から 0.4V くらいに低下（＝電池の分極という）すること**を知っておいてね。

チェック問題 1

標準 

ある電解質の水溶液に，電極として２種類の金属を浸し，電池とする。この電池に関する次の記述（A ～ C）について，［ア］～［ウ］にあてはまる語の組み合わせとして最も適当なものを，①～⑧のうちから１つ選べ。

A　イオン化傾向のより小さい金属が［ア］極となる。

B　放電させると［イ］極で還元反応が起こる。

C　放電によって電極上で水素が発生する電池では，その電極が［ウ］極である。

	ア	イ	ウ
①	正	正	正
②	正	正	負
③	正	負	正
④	正	負	負
⑤	負	正	正
⑥	負	正	負
⑦	負	負	正
⑧	負	負	負

解答・解説

①

ボルタ電池をイメージして解くとよい。

A　イオン化傾向のより大きな金属が負極となり，小さい金属は［正］極となる。

B　還元剤は酸化され，酸化剤は還元された。つまり，負極(還元剤あり)では酸化反応が起こり，［正］極(酸化剤あり)では還元反応が起こる。

C　水素が発生する電極は［正］極となる。ボルタ電池の銅板に相当する。

❷ ダニエル電池

亜鉛 Zn 板を浸した硫酸亜鉛 $ZnSO_4$ 水溶液と銅 Cu 板を浸した硫酸銅(Ⅱ) $CuSO_4$ 水溶液を素焼き板でしきり，導線で結んだものをダニエル電池というんだ。

Zn は Cu よりもイオン化傾向が大きい(陽イオンになりやすい)ので，還元剤である Zn が Zn^{2+} になるとともに，亜鉛板から銅板に向かって電子 e^- が流れる。この流れてくる電子 e^- を銅板の表面上で酸化剤の Cu^{2+} が受けとり**銅 Cu が析出する**んだ。このことから，負極活物質は Zn，正極活物質は Cu^{2+} ということになるね。

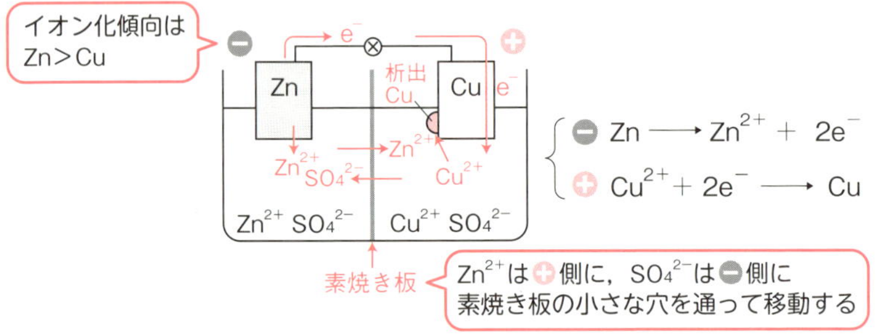

素焼き板(しきり板)の役割は，わかるかい？

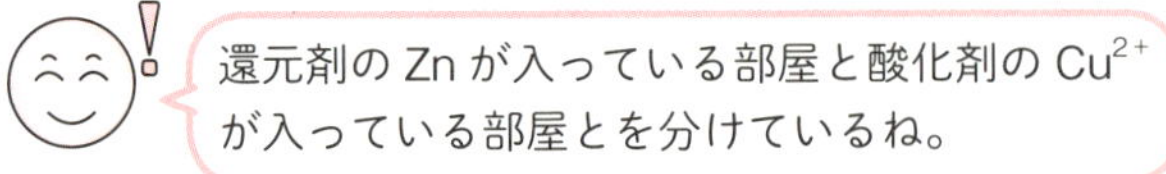

還元剤の Zn が入っている部屋と酸化剤の Cu²⁺
が入っている部屋とを分けているね。

そうだね。**素焼き板は，負極の水溶液と正極の水溶液が混ざるのを防いでいる**んだ。でもそれだけではないんだ。仮に，還元剤の部屋と酸化剤の部屋を，**素焼き板を使わずに** 2 つのビーカーを使って分けたとするね。この場合，e^- が流れると，負極側では Zn^{2+} が生じるんだ。

また，正極側では Cu^{2+} が Cu として析出することで，Cu^{2+} といっしょに入っていた SO_4^{2-} が余る。その結果，電子 e^- の流れは次の図のように止まってしまう。

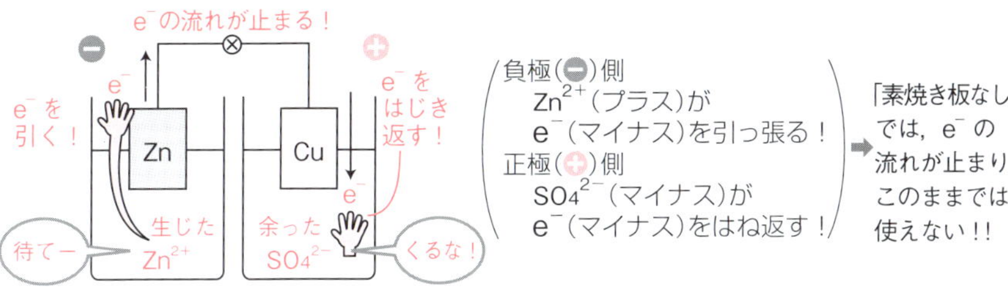
e⁻の流れが止まる！
e⁻を引く！
e⁻
Zn
Cu
e⁻をはじき返す！
e⁻
生じた Zn^{2+}
余った SO_4^{2-}
待てー
くるな！
負極(−)側
Zn^{2+}(プラス)が
e^-(マイナス)を引っ張る！
正極(+)側
SO_4^{2-}(マイナス)が
e^-(マイナス)をはね返す！
「素焼き板なし」では，e^-の流れが止まり，このままでは使えない!!

ところが，素焼き板を使うと素焼き板には小さな穴が数多くあいているので，この穴を**「生じた Zn^{2+}」が(+)側に，「余った SO_4^{2-}」が(−)側にたがいに引かれて移動する**。このように素焼き板を**イオンが移動し，両水溶液が電気的につながれ**，電子 e^- が流れるようになるんだ。つまり，**導線中を e^- が移動し電解質水溶液中をイオンが移動することで電池が機能する。**

だから，素焼き板を「イオンを通さないしきり板」に変えると，電池は使えなくなるんだ。

チェック問題 2　標準　3分

銅板と亜鉛板を電極として図のようなダニエル電池をつくり，電極間に電球をつないで放電させた。この電池について，下の問い(a ~ c)に答えよ。ただし，Cu ＝ 64，Zn ＝ 65とする。

電球
素焼き板
Zn　Cu
$ZnSO_4aq$　$CuSO_4aq$

a　電球が点灯しているとき，還元されるものはどれか。

①　Zn　②　Zn^{2+}　③　Cu　④　Cu^{2+}
⑤　H^+　⑥　OH^-　⑦　SO_4^{2-}

b　素焼き板を通って，硫酸銅(II)水溶液から硫酸亜鉛水溶液の方へ移動するものはどれか。

①　Zn　②　Zn^{2+}　③　Cu　④　Cu^{2+}　⑤　SO_4^{2-}

c　この実験に関する記述として誤りを含むものを，次の①～⑦のうちから2つ選べ。

①　放電を続けると，銅板側の水溶液の色がうすくなった。
②　銅板上には水素の泡が発生した。
③　素焼き板のかわりに白金板を用いると電球は点灯しなかった。
④　硫酸銅(II)水溶液の濃度を高くすると，電球はより長い時間点灯した。
⑤　亜鉛板と硫酸亜鉛水溶液のかわりにマグネシウム板と硫酸マグネシウム水溶液を用いても電球は点灯した。
⑥　負極の亜鉛板の質量変化と，正極の銅板の質量変化は等しい。

⑦ 電流は，銅板から豆電球を経て亜鉛板に流れる。

解答・解説

a ④　b ⑤　c ②，⑥

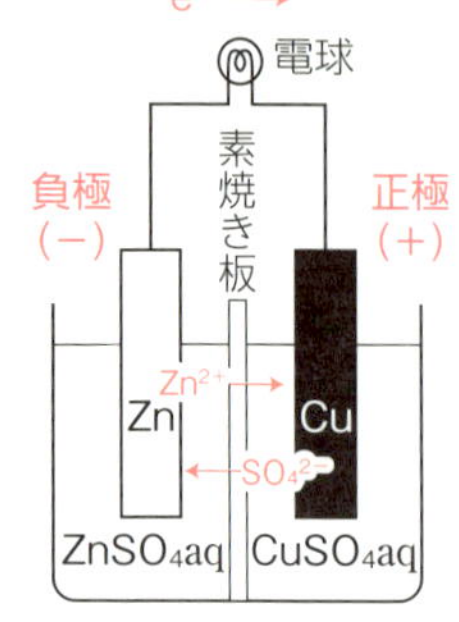

ダニエル電池を放電させると右の図のようになり，負極と正極で次の反応が起こる。

⊖ $Zn \longrightarrow Zn^{2+} + 2e^-$

⊕ $Cu^{2+} + 2e^- \longrightarrow Cu$

a 還元されるものは，酸化剤としてはたらく Cu^{2+}。

b ⊖極側で過剰になる Zn^{2+} は，⊕極側で過剰になる SO_4^{2-} に引かれる。また，⊕極側で過剰になる SO_4^{2-} は⊖極側で過剰になる Zn^{2+} に引かれる。よって，素焼き板を通って，硫酸銅(II)水溶液から硫酸亜鉛水溶液のほうへ移動するのは SO_4^{2-} になる。図を見て，イオンの動きを確認しておこう！

c ① 〈正しい〉放電を続けると銅板側では Cu^{2+} が減少し，Cu が析出する。Cu^{2+} の濃度が小さくなるので，水溶液の色はうすくなる(Cu^{2+} の水溶液は青色)。

② 〈誤り〉銅板上には銅 Cu が析出する。

③ 〈正しい〉白金板はイオンを通さない。素焼き板のかわりに白金板を用いると，イオンが移動できないので電池は使えなくなり，電球は点灯しない。

④ 〈正しい〉放電すると Cu^{2+} の濃度が小さくなるので $CuSO_4$ 水溶液の濃度を高く(Cu^{2+} の濃度を大きく)しておくと，長い時間放電することができる。

⑤ 〈正しい〉このような電池をダニエル型電池という。ダニエル型電池では，**2種類の金属のイオン化傾向の差が大きいほど起電力が大きくなる**。電池式は，(−)Mg | $MgSO_4$ aq | $CuSO_4$ aq | Cu(+)となり，電球はダニエル電池

イオン化傾向は Mg > Cu なので，Mg 板が負極になる

(−)Zn | $ZnSO_4$ aq | $CuSO_4$ aq | Cu(+)よりも明るく点灯する。

(イオン化傾向は Mg > Zn > Cu なので，イオン化傾向の差は Mg と Cu の組み合わせのほうが Zn と Cu の組み合わせよりも大きくなる。)

⑥ 〈誤り〉負極では $Zn \longrightarrow Zn^{2+} + 2e^-$，正極では $Cu^{2+} + 2e^- \longrightarrow Cu$ が起こっている。よって 2 mol の e^- が流れると Zn 1 mol が溶解し，Cu 1 mol が析出することがわかる。**物質量〔mol〕の変化は等しくなるが，Zn と Cu の原子量が異なるので質量変化は等しくならない**。

⑦ 〈正しい〉電子は亜鉛板から銅板に流れ，電流は銅板から亜鉛板に流れる。電流が流れる向きと，電子が流れる向きは逆になる。

チェック問題 3

起電力が最も大きいものを，次の電池①～④のうちから１つ選べ。ただし，電解質の濃度はすべて同じ（0.5mol/L）とする。aq は水溶液を表す。

① Zn ｜ $ZnSO_4$ aq ｜ $FeSO_4$ aq ｜ Fe　② Zn ｜ $ZnSO_4$ aq ｜ $NiSO_4$ aq ｜ Ni
③ Zn ｜ $ZnSO_4$ aq ｜ $CuSO_4$ aq ｜ Cu　④ Ni ｜ $NiSO_4$ aq ｜ $CuSO_4$ aq ｜ Cu

解答・解説

③

ダニエル型電池では，２種類の金属の**イオン化傾向の差が大きいほど起電力が大きくなる**。選択肢中の金属をイオン化傾向の大きい順に並べると，Zn > Fe > Ni > Cu の順になるので，イオン化傾向の差が最も大きい③の電池（ダニエル電池）の起電力が最も大きくなる。

2 鉛蓄電池について

希硫酸 H_2SO_4 に浸した鉛 Pb と酸化鉛（Ⅳ）PbO_2 の極板が導線で結ばれたものを鉛蓄電池という。

この電池は，金属単体の Pb が**還元剤**（→負極活物質であり⊖極になる）として，PbO_2 が**酸化剤**（→正極活物質であり⊕極になる）として使われていて，e^- が流れると **Pb および PbO_2 はともに Pb^{2+} に変化する**。その後，負極や正極で生じた Pb^{2+} は希硫酸中の SO_4^{2-} と結びつき，水に不溶な白色の硫酸鉛（Ⅱ）$PbSO_4$ となって，極板の表面にくっつくんだ。

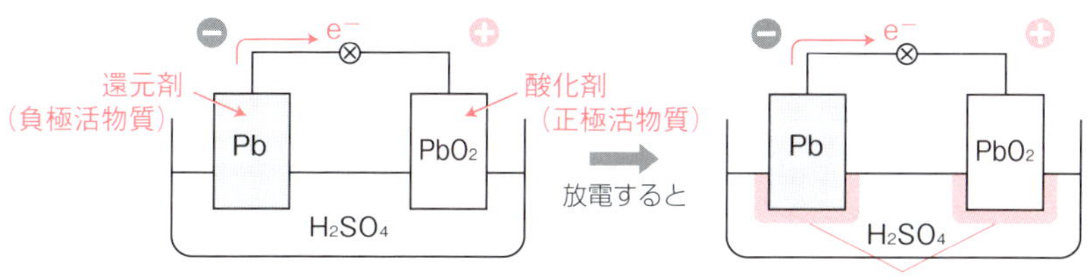

⊖　$Pb \longrightarrow Pb^{2+} + 2e^-$　⇐ Pb は Pb^{2+} に変化する

+）　SO_4^{2-}　SO_4^{2-}　⇐ Pb^{2+} が SO_4^{2-} と結びつく

加えてまとめる　$Pb + SO_4^{2-} \longrightarrow PbSO_4 + 2e^-$

⊕ PbO_2 ＋ $4H^+$ ＋ $2e^-$ ⟶ Pb^{2+} ＋ $2H_2O$ ⇐ PbO_2 は Pb^{2+} に変化する

＋) SO_4^{2-} SO_4^{2-} ⇐ Pb^{2+} が SO_4^{2-} と結びつく

加えてまとめる $PbO_2 + 4H^+ + SO_4^{2-} + 2e^-$ ⟶ $PbSO_4$ ＋ $2H_2O$

あれっ？　今回の電池には，素焼き板が使われていないね。

そうなんだ。還元剤である Pb と酸化剤である PbO_2 はともに固体なのでしきりはいらないし，同じ電解質水溶液に浸されていて電気的にもつながっているからね。

また，充電によってくり返し使える**二次電池**（または**蓄電池**）なので，鉛蓄電池は自動車のバッテリーとして使われているんだ。それに対して，乾電池のように充電できない電池を**一次電池**といったね。

ポイント 鉛蓄電池について

- (−) Pb ｜ H_2SO_4 aq ｜ PbO_2 (＋)

  ⊖ $Pb + SO_4^{2-}$ ⟶ $PbSO_4 + 2e^-$

  ⊕ $PbO_2 + 4H^+ + SO_4^{2-} + 2e^-$ ⟶ $PbSO_4 + 2H_2O$

鉛蓄電池については，計算問題が出題されることが多いんだ。

まずは，負極と正極で起こる反応について見直してみるね。

⊖ Pb ＋ SO_4^{2-} ⟶ $PbSO_4$ ＋ $2e^-$

SO_4 分の質量が増加する

⊕ PbO_2 ＋ $4H^+$ ＋ SO_4^{2-} ＋ $2e^-$ ⟶ $PbSO_4$ ＋ $2H_2O$

SO_2 分の質量が増加する

放電により両極板とも $PbSO_4$ が付着するので質量が増加する。

e^- 2 mol あたり，⊖極は SO_4，⊕極は SO_2 の分だけ質量が増加しているね。

そうなんだ。原子量を S = 32，O = 16 とすると，SO_4 = 96，SO_2 = 64 だから，放電すると **e^- 2 mol あたり⊖極は 96 g，⊕は 64 g 質量が増加する**ことがわかる。

次に，鉛蓄電池全体の反応式をつくるね。⊖極と⊕極はどうまとめたらいいかな？

⊖極と⊕極でやりとりする e^- が同じ 2 mol だから，⊖極と⊕極をそのまま加えるだけでいいね。

そうだね。⊖極と⊕極の e^- を含んだイオン反応式を加えてまとめてみるね。

$$\ominus\ Pb + SO_4^{2-} \longrightarrow PbSO_4 + 2e^-$$

$$+)\ \oplus\ PbO_2 + 4H^+ + SO_4^{2-} + 2e^- \longrightarrow PbSO_4 + 2H_2O$$

加える

$$Pb + PbO_2 + 4H^+ + 2SO_4^{2-} \xrightarrow{e^-\,2\,mol} 2PbSO_4 + 2H_2O$$

まとめる

$$(全体)\ Pb + PbO_2 + 2H_2SO_4 \xrightarrow{e^-\,2\,mol} 2PbSO_4 + 2H_2O$$

（全体）の反応式から，H_2SO_4 が減少して H_2O が生成することがわかるね。

そうだね。**鉛蓄電池は放電するにつれて，H_2SO_4 が減少し H_2O が生成するので，電解質水溶液である希硫酸の濃度が低下する**んだ。また，このとき，e^- **2 mol** あたり H_2SO_4 が **2 mol** 減少し，H_2O が **2 mol** 増加することがわかるね。

チェック問題 4

やや難　4分

鉛蓄電池を放電したとき，負極，正極の質量の変化量の関係を表す直線として最も適当なものを，図中の①～⑥のうちから1つ選べ。

ただし，原子量は，H = 1.0，O = 16，S = 32，Pb = 207とする。

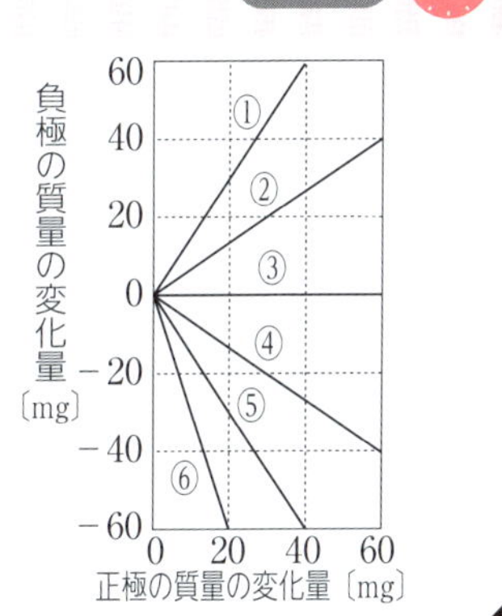

解答・解説

①

放電により e^- 2 mol あたり⊖極は SO_4（式量96），⊕極は SO_2（式量64）の分だけそれぞれ質量が増えるので，⊖極と⊕極の質量の変化量の比は，

e^- 2 mol で　⊖：⊕ ＝ ＋96 g：＋64 g ＝ 3：2（質量比）

質量比が　⊖：⊕ ＝ 3：2 なので，負極（たて）＋30 mg，正極（横）＋20 mg を通る①のグラフが解答となる。

鉛蓄電池は充電することができたよね。**充電するときには，外部電源の負極を鉛蓄電池の負極と外部電源の正極を鉛蓄電池の正極とつなぐ**必要があるんだ。

充電するときは，⊖と⊖，⊕と⊕をつなぐんだね。

思考力のトレーニング 1

難 

ある程度放電した鉛蓄電池を図1のように充電したとき，電解液中の硫酸イオンの質量の増加と，電極 A の質量の変化の関係を表す直線として最も適当なものを，図2の①～⑤のうちから1つ選べ。ただし，電極の質量には表面に付着している固体の質量を含め，O ＝ 16，S ＝ 32とする。

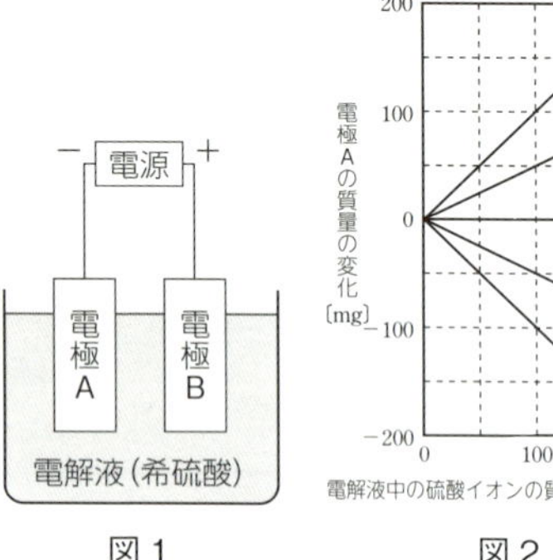

図1　図2

解答・解説

④

充電は－と－，＋と＋をつなぐので，電源の－とつながれている電極 A は鉛蓄電池の⊖極つまり，Pb とわかる。

（電源の＋とつながれている電極 B は，鉛蓄電池の⊕極である PbO_2 になる。）

充電では放電の逆反応が起こるので，電極 A では，

（電極 A）　$PbSO_4 + 2e^- \xrightarrow{充電} Pb + SO_4^{2-}$　……(1)

e^- 2 mol あたり SO_4 分の質量が減少する

が起こる。

鉛蓄電池を放電すると e^- 2 mol あたり電解液中の H_2SO_4（SO_4^{2-}）が 2 mol **減少**する（➡ P.191）ので，充電では e^- 2 mol あたり電解液中の H_2SO_4（SO_4^{2-}）は 2 mol **増加**することがわかる。

（電解液）　e^- 2 mol で SO_4^{2-} が 2 mol 増加　……(2)

(1)と(2)より，充電することで，

e^- 2 mol あたり，電極 A は SO_4 ＝ 96 g 質量が**減少**し，

電解液中の SO_4^{2-} は $2\,\text{mol} \times \dfrac{96\,\text{g}}{1\,\text{mol}} = 192\,\text{g}$ 質量が**増加**することになる。

SO_4^{2-} ＝96よりモル質量は96 g/mol
（電子の質量は非常に小さいので式量は SO_4 と同じ96でよい）

よって，電極 A と電解液中の SO_4^{2-} の質量の変化量の比は，

$$(\text{電極 A}):(\text{電解液中の } SO_4^{2-}) = -96\,g : +192\,g = 1:2\ (\text{質量比})$$

たて　よこ　充電により電極 A は軽くなるのでマイナス！　充電により SO_4^{2-} は増えるのでプラス！

質量比が 1 ： 2 なので，電極 A(たて) −100 mg，電解液中の SO_4^{2-}(よこ) +200 mg を通る④のグラフが解答になる。

3 電気量と電子の物質量について

1 アンペア〔A〕の電流が 1 秒〔s〕間流れたときに運ぶ電気量が 1 クーロン〔C〕なんだ。

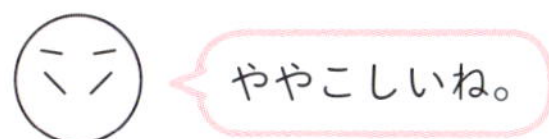

そうだね。電流の単位であるアンペア〔A〕とクーロン〔C〕や秒〔s〕の関係は，

$$A = C/秒 \quad つまり\ 〔A〕 = \frac{〔C〕}{〔s〕}$$

になることを知っていればいいんだ。単位を見ると，

アンペア〔A〕×秒〔s〕＝クーロン〔C〕　$\Leftarrow \frac{C}{\cancel{s}} \times \cancel{s} = C$

になることがわかるね。

また，電子 e^- 1mol のもつ電気量の大きさを**ファラデー定数 F** といって，

$$F = 9.65 \times 10^4\ 〔C/mol〕$$

となり，電子 e^- 1 個がもつ電気量を x〔C〕，アボガドロ定数を N〔/mol〕とすると，それぞれ x〔C/個〕，N〔個/mol〕と表せるので，ファラデー定数 F〔C/mol〕との関係は，

（e^- 1 個）

$$x \times N = F \quad \Leftarrow \frac{C}{\cancel{個}} \times \frac{\cancel{個}}{mol} = \frac{C}{mol}$$

になるんだ。

ポイント　電気分解の法則について

- 電流：$〔A〕 = \frac{〔C〕}{〔s〕}$
- ファラデー定数：$F = 9.65 \times 10^4$〔C/mol〕

まとめると，I〔A〕の電流を t〔s〕間流したときに流れる電子の物質量〔mol〕は，

$$式：I \times t \times \frac{1}{96500}\ 〔mol〕 \quad \left(単位：\frac{\cancel{C}}{\cancel{s}} \times \cancel{s} \times \frac{mol}{\cancel{C}} = mol\right)$$

となるんだ。

第3章 化学反応とエネルギー

4 燃料電池について

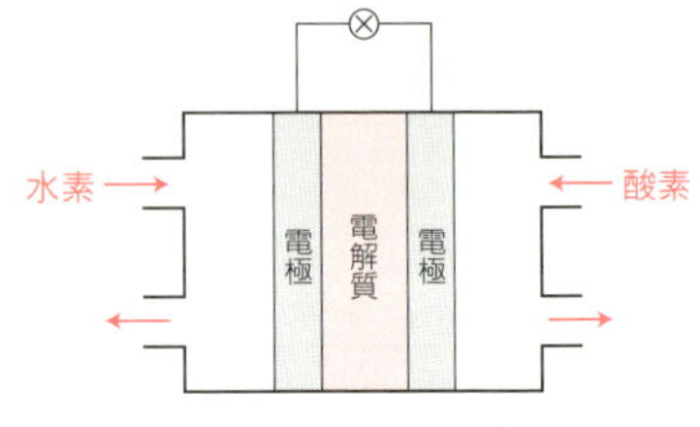

2枚の多孔質の電極でしきられた容器に電解質を入れ，両側には**水素 H_2 などの燃料**と**酸素 O_2** を供給し，導線で結んだものを燃料電池というんだ。

電解質には，いろいろあるの？

そうなんだ。電解質水溶液としてリン酸 H_3PO_4 水溶液を用いた**リン酸形燃料電池**，水酸化カリウム KOH 水溶液を用いた**アルカリ形燃料電池**を知っておいてね。

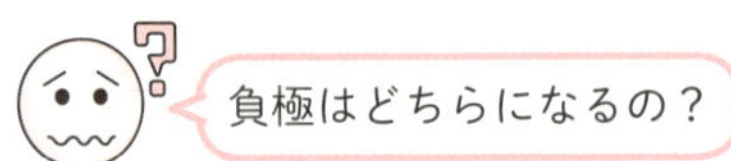

還元剤である水素 H_2 が負極に，**酸化剤である酸素 O_2 が正極**になるんだ。

❶ リン酸形燃料電池

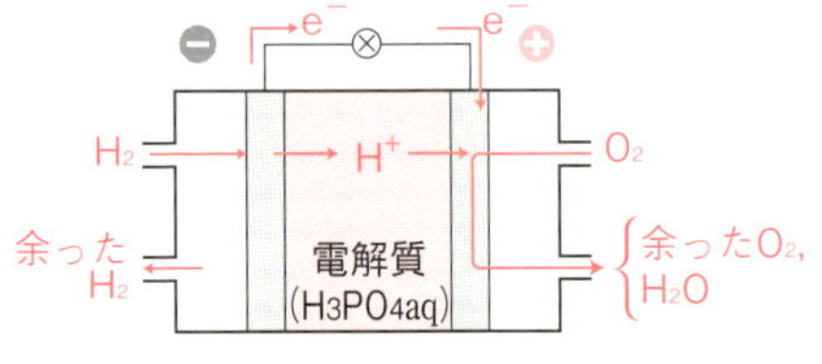

負極では還元剤である H_2 が H^+ になるとともに，負極から正極に向かって電子 e^- が流れるんだ。この流れてくる電子 e^- を正極では酸化剤である O_2 が受けとって O^{2-} が生成する。ただし，**生成した O^{2-} はすぐに電解質の H^+ と反応して H_2O に変化してしまう**ので，注意してね。

$$
\begin{array}{lllll}
\ominus\ H_2 & \longrightarrow & 2H^+ & + & 2e^- \quad \cdots\cdots① \\
\oplus\ O_2 & + & 4e^- & \longrightarrow & 2O^{2-} \\
+)\ (O^{2-} & + & 2H^+ & \longrightarrow & H_2O)\times 2 \\
\hline
O_2 + 4H^+ + 4e^- & & & \longrightarrow & 2H_2O \quad \cdots\cdots②
\end{array}
$$

⬅ O^{2-} を消去するために2倍して加える

電池全体の反応は，①式を2倍して②式を加えればつくれるね。

そうだね。①×2＋②から，電池全体の反応は，

$$2H_2 + O_2 \xrightarrow{e^-\ 4\ \mathrm{mol}} 2H_2O$$

⬅ 全体の反応式は完全燃焼の反応式になる

となるんだ。

水素を空気中で完全燃焼させたときの反応式と同じだね。

そうなんだ。燃料電池は，**燃焼のときに放出されるエネルギーを電気エネルギーとして効率よくとり出す装置**なんだよ。あと，水素 H_2 を燃料にしたときは，地球温暖化の原因といわれている CO_2（温室効果ガス）が出ていない点にも注目しておいてね。

❷ アルカリ形燃料電池

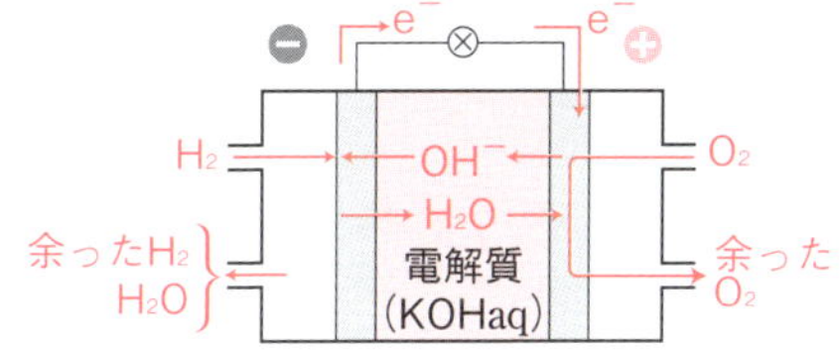

リン酸形と同じように，負極では H_2 が H^+ になるんだけど，H^+ は電解質の OH^- とすぐに反応して H_2O に変化する。このとき，負極から正極に向かって電子 e^- が流れ，この電子 e^- を正極で O_2 が受けとって O^{2-} が生成する。ただし，生成した O^{2-} はすぐに電解質中の H_2O と反応して OH^- に変化してしまうんだ。

⊖ $H_2 \longrightarrow 2H^+ + 2e^-$

+) $(H^+ + OH^- \longrightarrow H_2O) \times 2$ ⇐ H^+ を消去するために2倍して加える

$H_2 + 2OH^- \longrightarrow 2H_2O + 2e^-$ ……①

⊕ $O_2 + 4e^- \longrightarrow 2O^{2-}$

+) $(O^{2-} + H_2O \longrightarrow 2OH^-) \times 2$ ⇐ O^{2-} を消去するために2倍して加える

$O_2 + 2H_2O + 4e^- \longrightarrow 4OH^-$ ……②

全体の反応は，①× 2 +②より，

$2H_2 + O_2 \xrightarrow{e^- 4\,\text{mol}} 2H_2O$ ⇐ 全体の反応式は完全燃焼の反応式になる

全体の反応式は，リン酸形と同じになるんだね。

ポイント 燃料電池について

- $(-)H_2 \mid H_3PO_4\,aq \mid O_2\,(+)$ ……リン酸形燃料電池

  ⊖ $H_2 \longrightarrow 2H^+ + 2e^-$ ⊕ $O_2 + 4H^+ + 4e^- \longrightarrow 2H_2O$

- $(-)H_2 \mid KOH\,aq \mid O_2\,(+)$ ……アルカリ形燃料電池

  ⊖ $H_2 + 2OH^- \longrightarrow 2H_2O + 2e^-$ ⊕ $O_2 + 2H_2O + 4e^- \longrightarrow 4OH^-$

思考力のトレーニング 2

標準 2分

図はメタノールを用いた燃料電池の模式図である。この燃料電池の両極で起こる化学反応は次の式で示される。

負　極：$CH_3OH + H_2O \longrightarrow CO_2 + 6H^+ + 6e^-$

正　極：$O_2 + 4H^+ + 4e^- \longrightarrow 2H_2O$

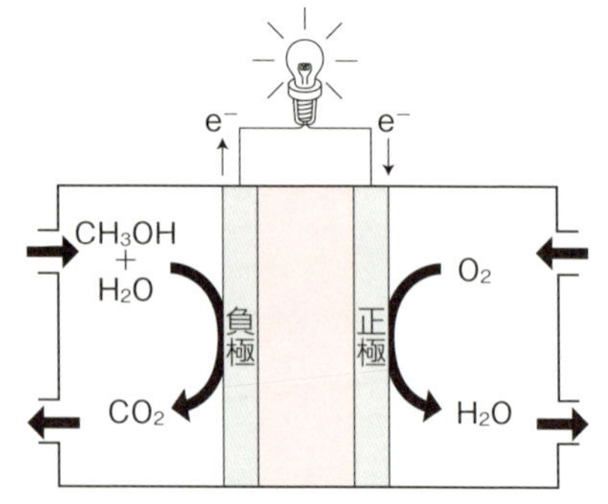

この燃料電池を作動させたところ，0.30A の電流が19300秒間流れた。このとき燃料として消費されたメタノールの物質量は何 mol になるか。物質量の値を有効数字 2 桁で次の形式で表すとき，[1]～[3]にあてはまる数字を答えよ。ただし，メタノールが電解質を透過することはなく，消費されたメタノールはすべて二酸化炭素に酸化されたものとする。また，ファラデー定数は9.65×10^4 C/mol とする。

[1].[2] $\times 10^{-[3]}$ mol

解答・解説

[1] 1　[2] 0　[3] 2

燃料電池では，水素 H_2 以外にも本問のようなメタノール CH_3OH などさまざまな燃料が使われる。作ったことがない反応式を見かけてもあわてることなく，問題文中のヒントを使って解こう！

負極の反応：$1CH_3OH + H_2O \longrightarrow CO_2 + 6H^+ + 6e^-$

より，e^- が 6 mol 流れると，メタノール CH_3OH 1 mol が消費されることがわかる。

よって，19300秒＝19300s，0.30A ＝0.30C/s，9.65×10^4 C/mol

（→秒の単位は s）

より，消費された CH_3OH は，

$$\frac{0.30\,\text{C}}{1\,\text{s}} \times 19300\,\text{s} \times \frac{1\,\text{mol}}{9.65\times10^4\,\text{C}} \times \frac{1\,\text{mol}}{6\,\text{mol}} = 0.010\,[\text{mol}] = 1.0\times10^{-2}\,[\text{mol}]$$

（e^-〔mol〕，CH_3OH〔mol〕，CH_3OH 1 mol 消費，e^- 6 mol で）

第3章　化学反応とエネルギー

電気分解

1 電気分解のようすについて

電気分解は，外部電源(電池)の電気エネルギーを使い，酸化還元反応を**無理やり**起こしているんだ。

無理やりなの？

そうなんだ。ふだん見かけない反応を無理やり起こすことが多いので，**覚えることが他の分野より多くなる**んだ。がんばってね。

電気分解では，

外部電源の負極(⊖極)につないだ電極を**陰極**(⊖極)
外部電源の正極(⊕極)につないだ電極を**陽極**(⊕極)

というんだ。

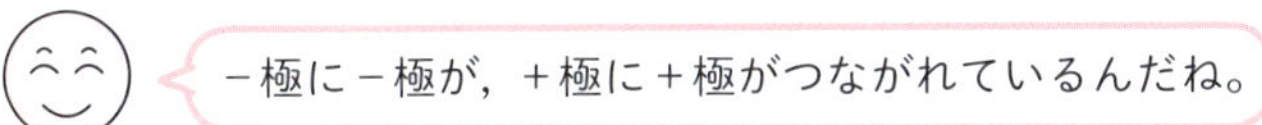

－極に－極が，＋極に＋極がつながれているんだね。

そうだね。たとえば，外部電源(電池)，電極として炭素棒Cを使って，電解質である塩化銅(Ⅱ) $CuCl_2$ の水溶液を電気分解してみるね。

塩化銅(Ⅱ) $CuCl_2$ は電解質なので，水溶液中でそのほとんどが Cu^{2+} と Cl^- に，水 H_2O はごくわずかに H^+ と OH^- に電離している。

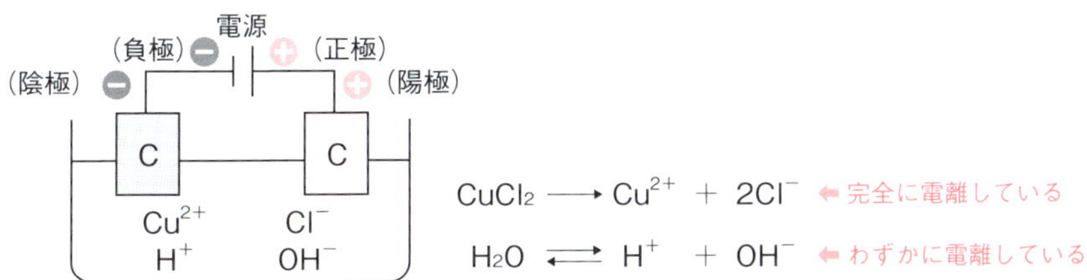

$$CuCl_2 \longrightarrow Cu^{2+} + 2Cl^-$$

$$H_2O \rightleftarrows H^+ + OH^-$$

電気分解を開始すると，外部電源(電池)の負極から e^- が流れてきて，陰極が負に帯電するので，陰極(－に帯電)に陽イオンの Cu^{2+} と H^+(＋に帯電)が引きよせられ集まってくる。また，外部電源(電池)の正極には e^- が吸いとられ，陽極が正に帯電するので，陽極(＋に帯電)に陰イオンの Cl^- と OH^-(－に帯電)が引きよせられ集まってくる。

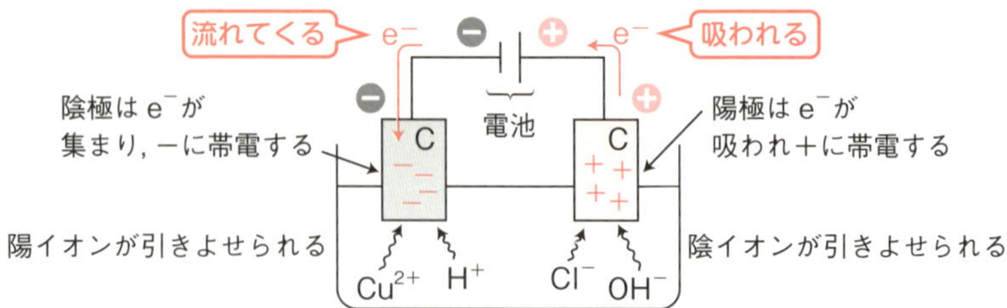

そして，陰極では Cu^{2+} が e^- を受けとって銅 Cu が析出し，陽極では Cl^- が e^- を放出して塩素 Cl_2 が発生する。

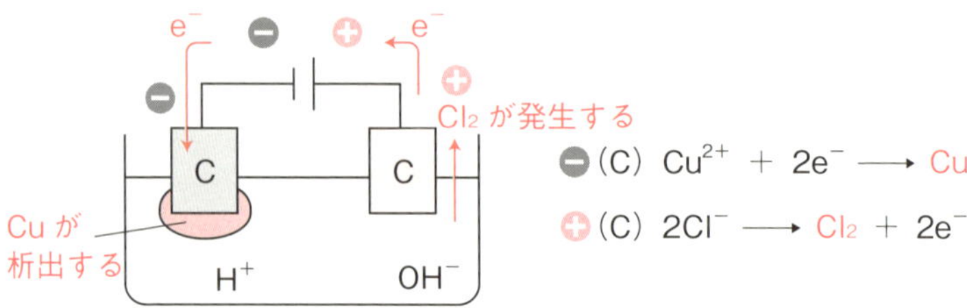

$\ominus$ (C)　$Cu^{2+} + 2e^- \longrightarrow Cu$

$\oplus$ (C)　$2Cl^- \longrightarrow Cl_2 + 2e^-$

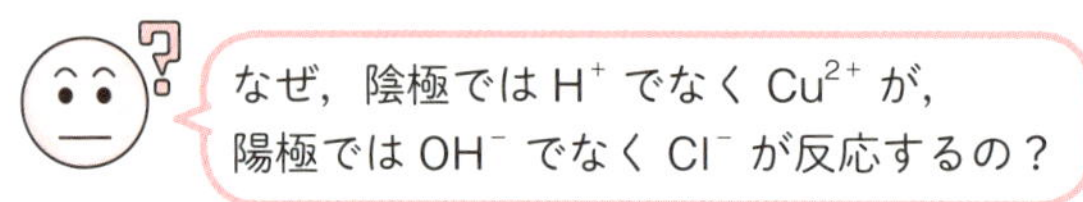

なぜ，陰極では H⁺ でなく Cu²⁺ が，
陽極では OH⁻ でなく Cl⁻ が反応するの？

Cu^{2+} が H^+ より，Cl^- が OH^- より反応しやすいからなんだけど，ここまでの説明

→ここが覚えるポイントになる！

ではまだ反応式は書けないよね。そこで，陰極と陽極に分けて，水溶液の電気分解のようすを紹介していくね。

2 水溶液中の陰極における反応について

陰極では，水溶液中の陽イオンが e^- を受けとるんだよね。このとき，**イオン化傾向の小さな陽イオンが e^- を受けとる**んだ。

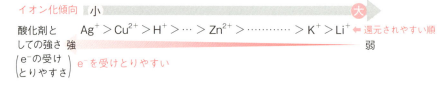

イオン化傾向　小 ━━━━━━━━━━━━━━━━━▶ 大

酸化剤としての強さ（e^-の受けとりやすさ）　$Ag^+ > Cu^{2+} > H^+ > \cdots > Zn^{2+} > \cdots\cdots\cdots\cdots > K^+ > Li^+$ ⇐ 還元されやすい順

強 ◀━━━━━━━━━━━━━━━━━ 弱

e^- を受けとりやすい

水溶液の濃度や電圧などの条件によってはイオン化傾向が小さくない陽イオンが反応することもまれにあるんだ。ただ，出題されることは少ないし，出題されても問題文から気づけるようになっているので安心してね。

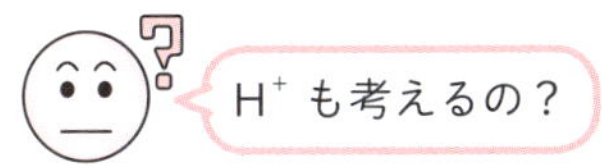

そうなんだ。水溶液が酸性だったら酸の H^+ を，酸性以外の条件のときは水のわずかな電離で生じている H^+ を考えるんだ。

水溶液が酸性で H^+ が反応するときは，

$2H^+ + 2e^- \longrightarrow H_2$ （酸性の水溶液のとき）

が起こる。

水 H_2O からわずかに電離して生じている H^+ が反応しているときは，つまり**酸性以外の条件（中性や塩基性）のとき**は，下のやり方で H^+ を H_2O に書きかえる。

まとめる

$2H^+ + 2e^- \longrightarrow H_2$

+) $2OH^-$ 　　　$2OH^-$ ⬅ H^+ を H_2O に直すために OH^- を加える

$2H_2O + 2e^- \longrightarrow H_2 + 2OH^-$ （酸性以外（中性や塩基性）の水溶液のとき）

ポイント　水溶液中の陰極の反応について

- イオン化傾向の小さな陽イオンが e^- を受けとる

3 水溶液中の陽極における反応について

陽極の反応は，複雑なので【手順①】，【手順②】の順に考えてね。

【手順①】：陽極が炭素 C，白金 Pt，金 Au 以外の場合，陽極板自身が溶けるんだ。

例　$Cu \longrightarrow Cu^{2+} + 2e^-$

【手順②】：陽極が炭素 C，白金 Pt，金 Au のいずれかの場合，

(1) Cl^- や I^- を見つけたら，
$2Cl^- \longrightarrow Cl_2 + 2e^-$ や $2I^- \longrightarrow I_2 + 2e^-$ と書く。

(2) Cl^- や I^- が見つからないときは，
$4OH^- \longrightarrow O_2 + 2H_2O + 4e^-$ と書く（塩基性水溶液のとき）。

陰極での反応と同じように，水 H_2O からわずかに電離して生じている OH^- が反応するとき，つまり**塩基性以外の条件**（酸性や中性）のときには次のように OH^- を H_2O に書きかえる。

[$4OH^- \longrightarrow O_2 + 2H_2O + 4e^-$（塩基性水溶液のとき）の，塩基性以外（酸性や中性）の水溶液のときの H_2O の式への直し方]

$4OH^- \longrightarrow O_2 + 2H_2O + 4e^-$

+) $4H^+$ 　　　$4H^+$ ⬅ OH^- を H_2O に直すために H^+ を加える

$4H_2O \longrightarrow O_2 + 2H_2O + 4H^+ + 4e^-$ から，

$2H_2O \longrightarrow O_2 + 4H^+ + 4e^-$ になる。

（H_2O を整理する）

ポイント 水溶液中の陽極の反応について

- 陽極板が C，Pt，Au 以外のときには，極板が溶ける。
- 陽極板が C，Pt，Au のとき，反応のしやすさは，Cl^-，I^- > OH^- になる。

チェック問題 1

標準 

電気分解の記述として下線の部分に誤りを含むものを，次の①～④のうちから1つ選べ。

① 2本の白金電極を用いて，希硫酸を電気分解すると，陽極に酸素が発生する。

② 2本の白金電極を用いて，塩化カリウム水溶液を電気分解すると，陽極に塩素が発生する。

③ 陽極に炭素，陰極に白金を用いて，塩化ナトリウム水溶液を電気分解すると，陰極に水素が発生する。

④ 2本の銅電極を用いて，硫酸銅(Ⅱ)の希硫酸溶液を電気分解すると，陽極に酸素が発生する。

解答・解説

④

各極の反応は次の通り。陽極の種類のチェック(下の〜〜〜部分)を忘れない！塩の水溶液が何性を示すかは，P.249の塩の加水分解を確認しておこう！

① H^+ HSO_4^- (H^+ OH^-) 強酸性
- ⊖(Pt) $2H^+ + 2e^- \longrightarrow H_2$ ⇐ H^+だけが存在し，酸性なので
- ⊕(Pt) $2H_2O \longrightarrow O_2 + 4H^+ + 4e^-$ ⇐ Cl^-やI^-は存在せず，酸性なのでH_2Oにする

② K^+ Cl^- (H^+ OH^-) 中性
- ⊖(Pt) $2H_2O + 2e^- \longrightarrow H_2 + 2OH^-$ ⇐ H^+ > K^+で，中性なのでH_2Oに
- ⊕(Pt) $2Cl^- \longrightarrow Cl_2 + 2e^-$ ⇐ Cl^-が存在しているので

③ Na^+ Cl^- (H^+ OH^-) 中性
- ⊖(Pt) $2H_2O + 2e^- \longrightarrow H_2 + 2OH^-$ ⇐ H^+ > Na^+で，中性なのでH_2Oに
- ⊕(C) $2Cl^- \longrightarrow Cl_2 + 2e^-$ ⇐ Cl^-が存在しているので

④ Cu^{2+} SO_4^{2-} (H^+ OH^-) 弱酸性
- ⊖(Cu) $Cu^{2+} + 2e^- \longrightarrow Cu$ ⇐ Cu^{2+} > H^+なので
- ⊕(Cu) $Cu \longrightarrow Cu^{2+} + 2e^-$ ⇐ 陽極はC，Pt，Au以外なので溶解する

よって，陽極に酸素は発生せず，陽極の銅電極が溶けるので，④が誤りとなる。

チェック問題 2

標準 

図のように，銅板とステンレス鋼板を硫酸銅(II)水溶液に浸して銅めっきを行った。直流電源をつないで0.320 Aの電流をある時間通じたところ，ステンレス鋼板の質量が0.128 g増加していた。電流を通じた時間は何分間か。最も適当な数値を，下の①～⑥のうちから1つ選べ。ただし，ファラデー定数は9.65×10^4 C/mol，Cu＝64とする。

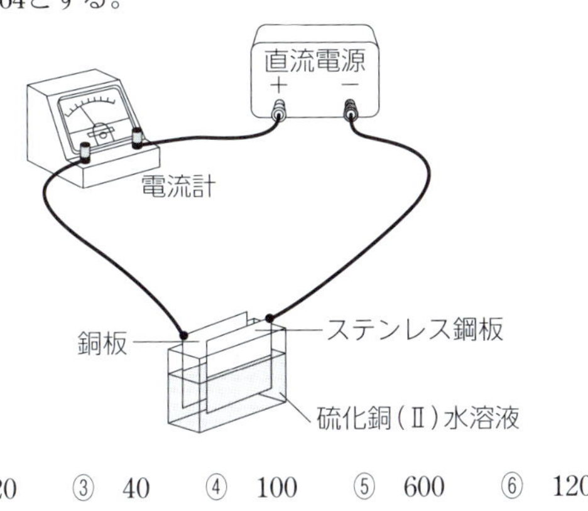

① 10　② 20　③ 40　④ 100　⑤ 600　⑥ 1200

解答・解説

②

図の電気分解では，次の反応が起こる。

電源の－とつながっているのでステンレス鋼板が陰極になる

Cu^{2+} SO_4^{2-} (H^+ OH^-)

⊖(ステンレス) $Cu^{2+} + 2e^- \longrightarrow Cu$　⇐ $Cu^{2+} > H^+$なので銅めっきされる

⊕(Cu)　$Cu \longrightarrow Cu^{2+} + 2e^-$　⇐ 陽極はC，Pt，Au以外なので溶解する

電源の＋とつながっているので銅板が陽極になる

0.320 A＝0.320 C/sでt分間電気分解したとする。

ステンレス鋼板で起こる反応$Cu^{2+} + 2e^- \longrightarrow 1Cu$から析出するCuが1 molのときは，$e^-$ 2 molが流れたことがわかる。

9.65×10^4 C/mol，Cu＝64つまり，モル質量64 g/molから次の式が成り立つ。

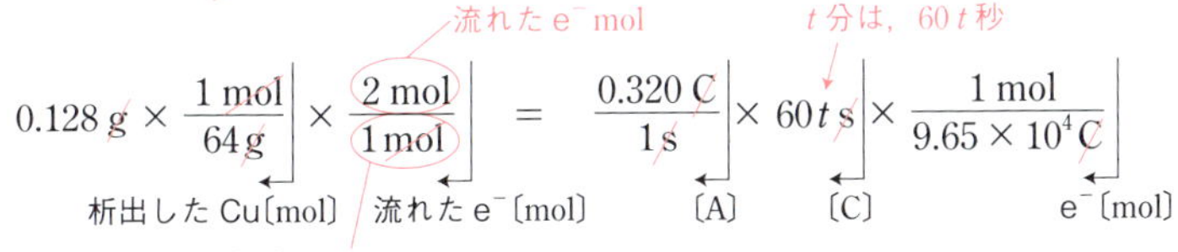

$$0.128\ \text{g} \times \frac{1\ \text{mol}}{64\ \text{g}} \times \frac{2\ \text{mol}}{1\ \text{mol}} = \frac{0.320\ \text{C}}{1\ \text{s}} \times 60t\ \text{s} \times \frac{1\ \text{mol}}{9.65 \times 10^4\ \text{C}}$$

より，$t \fallingdotseq 20$〔分〕

思考力のトレーニング 1　やや難　3分

図に示すように，硫酸銅(II)$CuSO_4$水溶液の入った電解槽に浸した2枚の白金電極に鉛蓄電池を接続して電気分解を行った。このとき，電極Bと白金電極Cの質量が増加した。電極Bの質量増加量〔g〕と白金電極Cの質量増加量〔g〕の関係を示す直線として最も適当なものを，下の①～⑤のうちから1つ選べ。ただし，電極の質量には表面に付着している固体の質量を含め，O = 16，S = 32，Cu = 64とする。

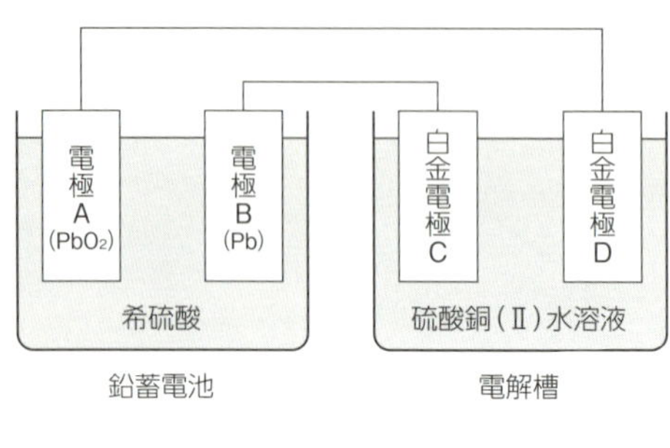

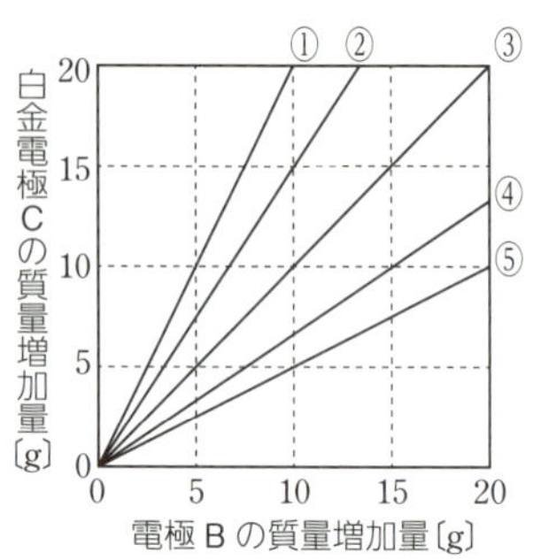

解答・解説

④

鉛蓄電池を使い，電気分解を行う問題である。鉛蓄電池の

電極Bが⊖極(負極)なので**白金電極Cが⊖陰(陰極)**，
└→ Pbは負極活物質　　└→ ⊖極につないだ電極は⊖極

電極Aが⊕極(正極)なので**白金電極Dが⊕極(陽極)**
└→ PbO_2は正極活物質　　└→ ⊕極につないだ電極は⊕極

である。各極の反応は，次のようになる。

鉛蓄電池
B ⊖ $Pb + SO_4^{2-} \longrightarrow PbSO_4 + 2e^-$ ……①
e^- 2mol あたり SO_4(96g)分の質量が増加する

(➡ P.190) A ⊕ $PbO_2 + 4H^+ + SO_4^{2-} + 2e^- \longrightarrow PbSO_4 + 2H_2O$

電気分解
Cu^{2+} SO_4^{2-}
(H^+ OH^-)
弱酸性

C ⊖ (Pt) $Cu^{2+} + 2e^- \longrightarrow 1Cu$ …… ②　⬅ $Cu^{2+} > H^+$なので
e^- 2mol あたり Cu1mol = 64g 析出する

D ⊕ (Pt) $2H_2O \longrightarrow O_2 + 4H^+ + 4e^-$　⬅ Cl^-やI^-は存在せず，酸性なのでOH^-の反応はH_2Oに直す！
└ 極板は溶けない

以上より，e^- 2 mol あたり電極Bでは①式より SO_4(96 g)の質量が増加し，白金電極Cでは②式より Cu 1 mol＝64 g の質量が増加することがわかる。その質量増加の比は，96（電極B）：64（電極C）＝3：2となる。たとえば電極Bが15 g 増加すれば，白金電極Cは10 g 増加する。よって，直線④が答になる。

4 物質量(モル)計算のコツ

物質量(モル)を求めることや反応式の係数を使って物質量(モル)計算をすることに慣れてきたかな？　今までは確実に解くことを最優先にした計算方法を紹介してきたので，ここからは確実に解くという原則を守りながらもスピードを意識した解き方を紹介していくことにするね。

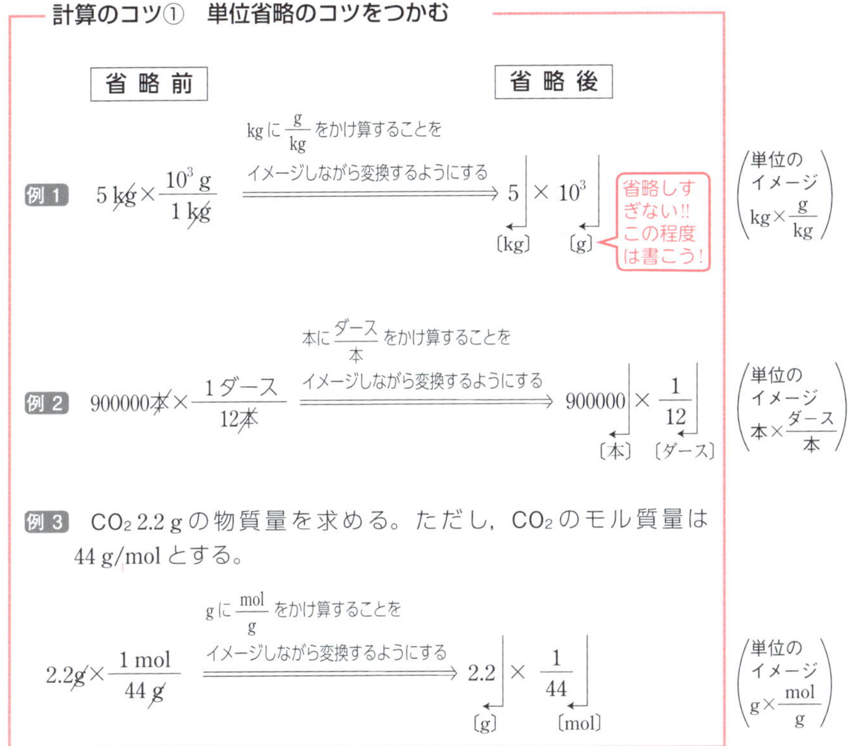

計算のコツ①　単位省略のコツをつかむ
省略前
省略後
例1
$5\ \text{kg} \times \frac{10^3\ \text{g}}{1\ \text{kg}}$
kgに $\frac{\text{g}}{\text{kg}}$ をかけ算することをイメージしながら変換するようにする
5×10^3
〔kg〕 〔g〕
省略しすぎない!!この程度は書こう!
単位のイメージ $\text{kg} \times \frac{\text{g}}{\text{kg}}$
例2
900000本×$\frac{1\text{ダース}}{12\text{本}}$
本に$\frac{\text{ダース}}{\text{本}}$をかけ算することをイメージしながら変換するようにする
$900000 \times \frac{1}{12}$
〔本〕〔ダース〕
単位のイメージ 本×$\frac{\text{ダース}}{\text{本}}$
例3　CO_2 2.2 g の物質量を求める。ただし，CO_2 のモル質量は44 g/mol とする。
$2.2\ \text{g} \times \frac{1\ \text{mol}}{44\ \text{g}}$
gに $\frac{\text{mol}}{\text{g}}$ をかけ算することをイメージしながら変換するようにする
$2.2 \times \frac{1}{44}$
〔g〕 〔mol〕
単位のイメージ $\text{g} \times \frac{\text{mol}}{\text{g}}$

反応式の係数関係も瞬時に読みとれるようにしたいんだ。

第3章 化学反応とエネルギー

計算のコツ②　反応式の係数の読みとり方

計算になれてきたら，次のように考えられるようにしよう。

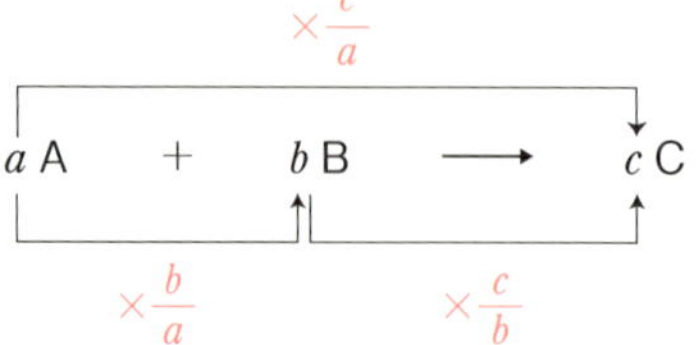

この反応式からわかることは，

(1)　C は，A の $\times \dfrac{c}{a}$ 倍 (mol) 生成する。

(2)　B は，A の $\times \dfrac{b}{a}$ 倍 (mol) 反応する。

(3)　C は，B の $\times \dfrac{c}{b}$ 倍 (mol) 生成する。

思考力のトレーニング 2

図 1 に示す電気分解の装置に一定の電流を通じて，電極 A ～ D で生成する物質の体積あるいは質量を測定した。次の図 2 と図 3 は，その結果をグラフにかいたものである。この結果に関する問い (a・b) に答えよ。ただし，原子量は，Cu ＝64，Ag ＝108 とする。

図 1

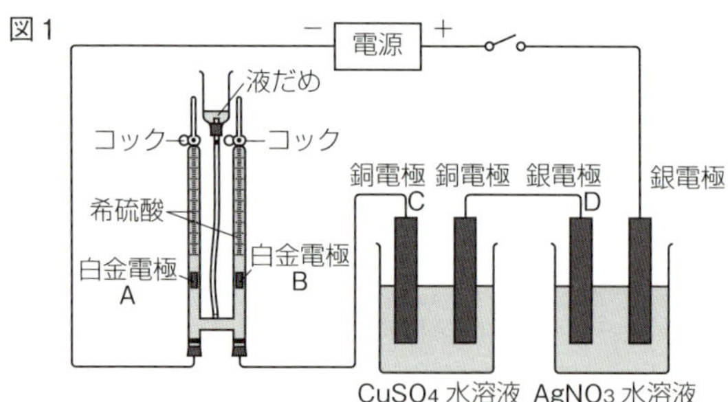

a　電極 A，B で発生した気体の体積について実験結果を最も適切に示している直線を図２の①～⑤のうちから１つ選べ。

b　電極 C，D の質量の増加量について実験結果を最も適切に示している直線を図３の①～⑤のうちから１つ選べ。

図２

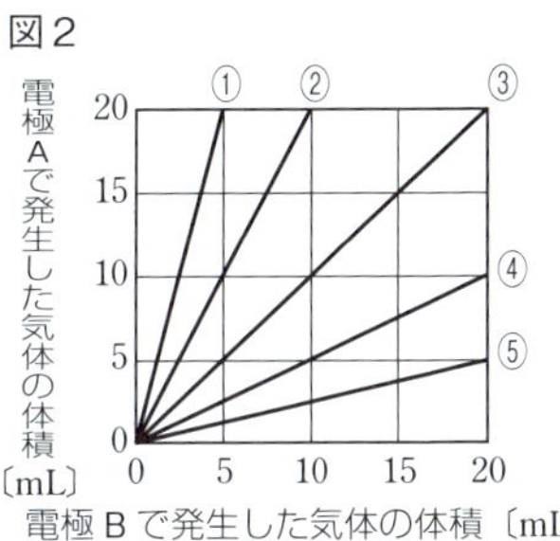

図３

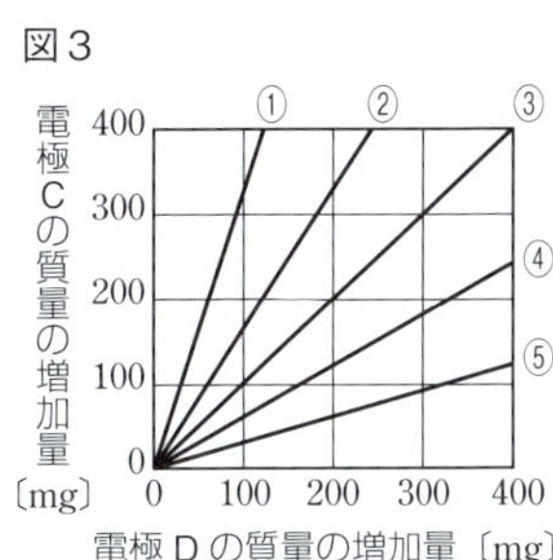

解答・解説

a　②　　b　⑤

電子 e^- が x〔mol〕流れたとすると……，

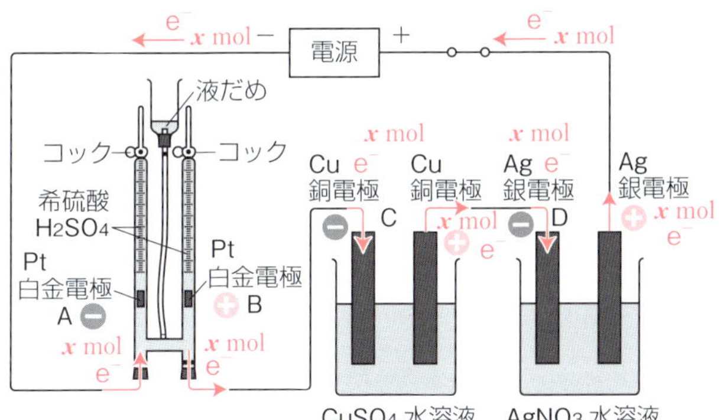

各極の反応は次のようになる。

酸性なので OH^- を H_2O にするために H^+ を加える

$$H_2SO_4 \ (H^+OH^-) \begin{cases} A \ominus (Pt) \ 2H^+ + 2e^- \longrightarrow H_2 \quad \leftarrow H^+ \text{だけ存在し，酸性なので} \\ B \oplus (Pt) \ 2H_2O \longrightarrow O_2 + 4H^+ + 4e^- \end{cases}$$

$$CuSO_4 \ (H^+OH^-) \begin{cases} C \ominus (Cu) \ Cu^{2+} + 2e^- \longrightarrow Cu \quad \leftarrow Cu^{2+} > H^+ \text{なので} \\ \oplus (Cu) \ Cu \longrightarrow Cu^{2+} + 2e^- \quad \leftarrow \text{陽極が溶解する} \end{cases}$$

$$AgNO_3 \ (H^+OH^-) \begin{cases} D \ominus (Ag) \ Ag^+ + e^- \longrightarrow Ag \quad \leftarrow Ag^+ > H^+ \text{なので} \\ \oplus (Ag) \ Ag \longrightarrow Ag^+ + e^- \quad \leftarrow \text{陽極が溶解する} \end{cases}$$

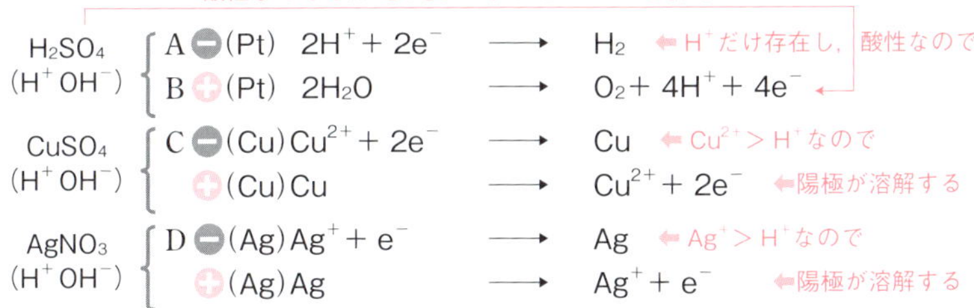

第３章　化学反応とエネルギー

a　電極 A では ⊖ $2H^+ + 2e^- \longrightarrow 1H_2$　より　H_2 が $x \times \frac{1}{2}$ 発生し，

（流れた e^- を x mol とおいている）

流れた e^-〔mol〕　発生した H_2〔mol〕

電極 B では ⊕ $2H_2O \longrightarrow 1O_2 + 4H^+ + 4e^-$　より，

O_2 が $x \times \frac{1}{4}$ 発生する。

流れた e^-〔mol〕　発生した O_2〔mol〕

同じ温度，同じ圧力の下では，
mol 比 ＝ 体積比なので，

$$H_2 : O_2 = \frac{1}{2}x : \frac{1}{4}x = 2 : 1$$

（H_2：A，O_2：B）　モル比 ⇒ 体積比も同じ

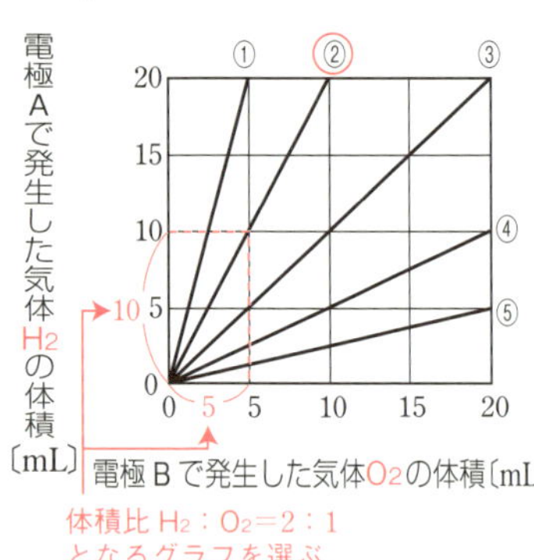

b　電極 C では ⊖ $Cu^{2+} + 2e^- \longrightarrow 1Cu$　と Cu のモル質量 64 g/mol

より，析出した Cu の質量は　$x \times \frac{1}{2} \times 64 \times 10^3$

流れた e^-〔mol〕　析出した Cu〔mol〕　Cu〔g〕　Cu〔mg〕

となる。また，電極 D では ⊖ $Ag^+ + 1e^- \longrightarrow 1Ag$　と Ag のモル質量

108 g/mol より，析出した Ag の質量は　$x \times 1 \times 108 \times 10^3$

流れた e^-〔mol〕　析出した Ag〔mol〕　Ag〔g〕　Ag〔mg〕

となる。よって，その質量比は，

$$x \times \frac{1}{2} \times 64 \times 10^3 : x \times 1 \times 108 \times 10^3 = 8 : 27$$

（Cu〔mg〕：Ag〔mg〕＝ Cu：Ag）

となり，たとえば Cu が 80 mg 析出すれば，
Ag は 270 mg 析出する。

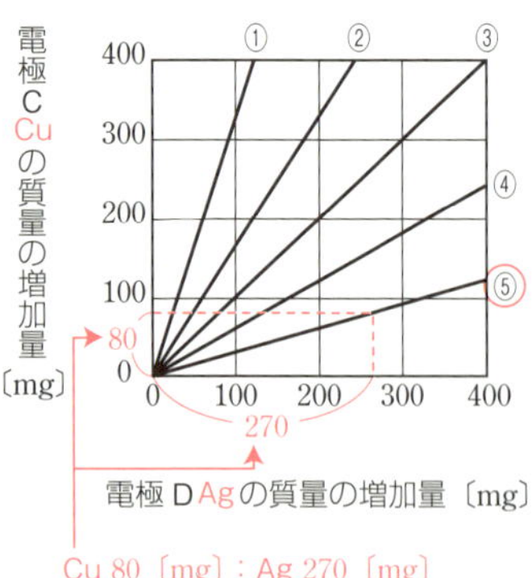

第４章　化学反応の速さと平衡

反応の速さ

1 反応速度を決める要素について

❶ 濃度と反応速度

空気中でスチールウールを熱しても表面が酸化されるだけだけど，純粋な酸素 O_2 中に熱したスチールウールを入れると火花を散らして激しく燃焼する。**これは，酸素の濃度が，純粋な酸素中では空気中の約５倍も大きくなっているから**なんだ。

このように，「**反応物の濃度が大きいほど反応速度は大きく**」なるんだ。これは，反応物の濃度が大きいほど反応することができる粒子どうしの衝突する回数が増えるからなんだ。

反応物が気体どうしのときは，気体の濃度と気体の分圧は比例するので，**反応する気体の分圧が大きいほど**衝突する回数が増加し**反応速度は大きく**なるんだ。

気体の状態方程式を変形すると　$\underset{(圧力)}{P} = \underset{(モル濃度)}{\dfrac{n}{V}} RT$

となるから，圧力と濃度が比例することからわかるね。

反応物に固体を使うときは，**固体を粉末状にすると**固体の表面積が大きくなるので，衝突する回数が増加して**反応速度は大きく**なるんだ。

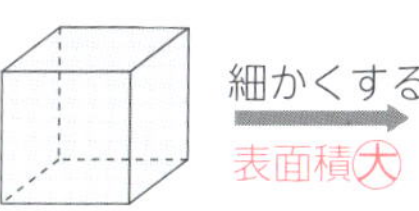

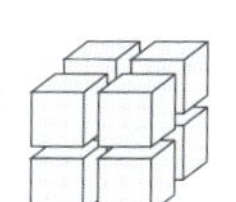

❷ 温度と反応速度

「**温度が高くなるほど反応速度は大きく**」なる。これは，温度が高くなると反応物の熱運動が激しくなり，**反応が起こるために必要な最小のエネルギー**（**活性化エネルギー**，記号 E_a）以上の高い運動エネルギーをもつ分子の数が増加するためなんだ。

温度が高くなると元気な分子が増えるからだね。

そうなんだ。反応温度が10K 上がるごとに，反応速度は２～３倍になる化学反応が多い。次の分子の分布のようすもチェックしておいてね。

第４章　化学反応の速さと平衡

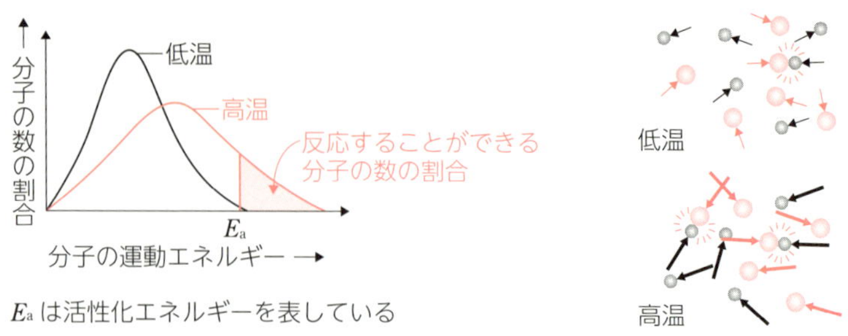

E_a は活性化エネルギーを表している

❸ 触媒と反応速度

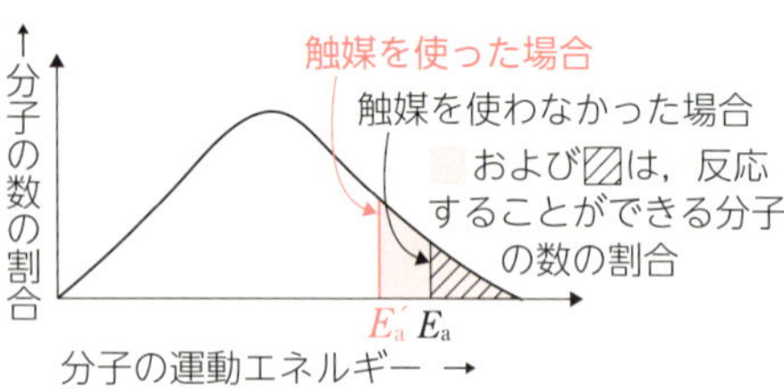

反応の前後で自身は変化せず，反応速度を大きくする物質を**触媒**という。**触媒を使うと，活性化エネルギーが小さくなる**ので，**反応速度は大きくなる**んだ。

触媒を使うと，反応を起こすために必要な活性化エネルギーが小さくてすむんだね。

そうなんだ。あと，触媒には，反応物と均一に混じり合う**均一触媒**と反応物と均一に混じり合わない**不均一触媒**がある。たとえば，オキシドール（過酸化水素 H_2O_2 水）に加える Fe^{3+} は均一触媒（オキシドールと混じり合う），オキシドールに加える MnO_2 は不均一触媒（オキシドールと混じり合わない）になるんだ。

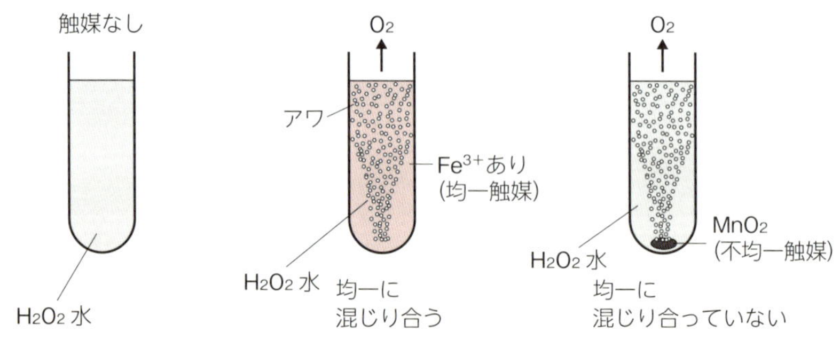

ポイント　反応速度を大きくするおもな条件

① **反応物の濃度を大きくする**　② **温度を高くする**　③ **触媒を加える**

水素 H_2 の爆発や塩酸 HCl と水酸化ナトリウム NaOH 水溶液の中和などは，反応させた瞬間に反応がほとんど終わってしまう。これに対し，鉄くぎを空気中に放置しておくと，鉄くぎが空気中の酸素 O_2 や水 H_2O と長い時間をかけて徐々に反応してさびていく。このように，化学反応にはその種類によって，瞬間的に終わる**速い反応**から長い時間をかけて進む**遅い反応**までいろいろあるんだ。

速い・遅いのちがいはどうして出てくるの？

化学反応が起こるためには，「一定以上のエネルギーをもつ粒子どうし」が「反応するのに都合のよい方向から衝突する」必要があるからなんだ。そして，衝突した**粒子が反応するためには，エネルギーの高い状態**（**活性化状態**または，**遷移状態**）**を経由していく必要がある**んだ。

なかなか難しいね。

そうだね。反応物を活性化状態にするのに必要な最小のエネルギーが**活性化エネルギー**で，衝突する**粒子が活性化エネルギーをこえるだけのエネルギーをもっていないと反応は起こらない**んだ。

あと，反応速度を大きくするための次の❶，❷の条件を確認してね。

❶ **温度を高く**すると，反応物の**熱運動が激しくなり**，**活性化エネルギー以上の運動エネルギーをもつ分子の数が増加する**。その結果，**反応速度が大きく**なる。

❷ **触媒を使う**と，**活性化エネルギーが小さくなり**，**反応速度が大きく**なる。ただし，触媒を使っても反応熱の値は変化せず，一定のまま。

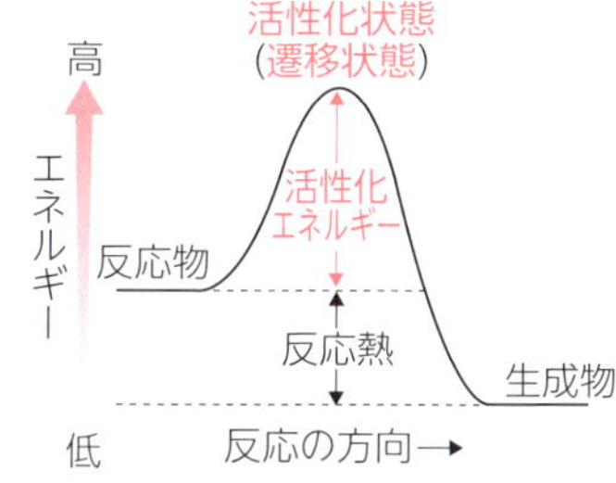

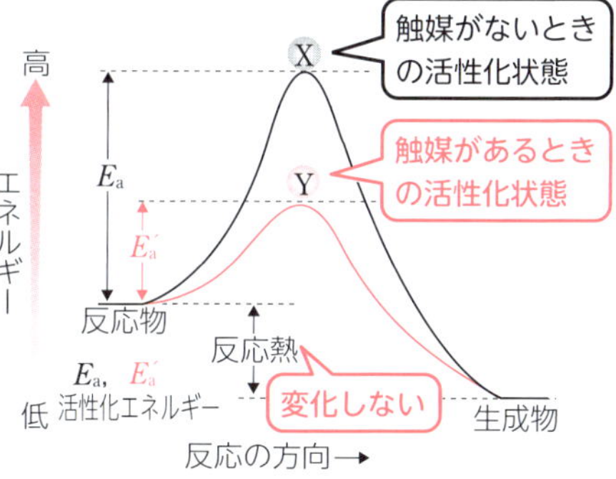

第4章 化学反応の速さと平衡

チェック問題 1

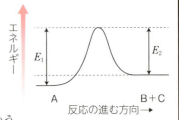

標準 2分

化学反応 A ⟶ B ＋ C について，反応の進む方向とエネルギーの関係を図に示す。この反応に関する記述として誤りを含むものを，下の①～⑤のうちから１つ選べ。

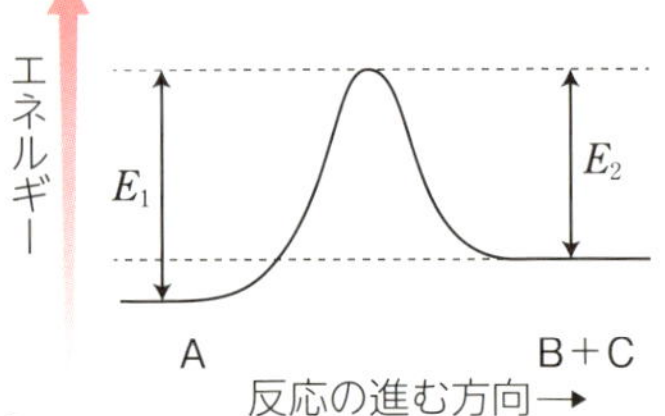

① この反応は吸熱反応である。
② この反応が進むときに経るエネルギーの高い状態を，活性化状態(遷移状態)という。
③ この反応の活性化エネルギーは E_2 である。
④ 触媒を用いると，反応経路が変わり，活性化エネルギーを小さくできる。
⑤ 触媒を用いても反応熱は変わらない。

解答・解説

③

① 〈正しい〉 反応熱は $E_2 - E_1(<0)$ の吸熱反応となり，この反応を熱化学方程式で表すと次のようになる。

$$A = B + C + (E_2 - E_1)\text{kJ} \quad (E_2 - E_1 < 0)$$

② 〈正しい〉 活性化状態は遷移状態ともいい，エネルギーの高い不安定な状態のことである。

③ 〈誤り〉 活性化エネルギーはこえなければいけない最小のエネルギーなので，この反応(反応の進む方向 ⟶)では E_1 になる。

④，⑤ ともに〈正しい〉 触媒を用いると活性化エネルギーを小さくできるが，反応熱は変わらない。

2 反応の速さの表し方について

化学反応の速さは，ふつう**単位時間に減少する反応物または増加する生成物のモル濃度の変化量で表し，これを平均の反応速度または反応速度という**んだ。平均の反応速度を $\bar{v}$ とすると，$\bar{v}$ は次のように表すことができる。

$$\bar{v} = \frac{\text{反応物のモル濃度の減少量}}{\text{反応時間}} \quad \text{または} \quad \bar{v} = \frac{\text{生成物のモル濃度の増加量}}{\text{反応時間}}$$

平均を表している

たとえば，反応物(過酸化水素 H_2O_2)が 25 ℃で，

$$2H_2O_2 \longrightarrow 2H_2O + O_2$$

のように分解する反応について，２分間で H_2O_2 が 0.060 mol/L 減少したとき，H_2O_2 の平均の分解速度 $\bar{v}$ は，

$$\bar{v} = \frac{0.060\ \text{mol/L 減少}}{2\ \text{分間}} = \frac{0.060\ \text{mol/L}}{2\ \text{min}} = 0.030\ \text{〔mol/(L·min)〕}$$

「分」の記号は「min」

と求められるんだ。

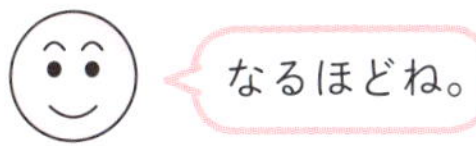

なるほどね。

反応物 A が生成物 B になる反応

$$A \longrightarrow B$$

について考えてみるね。

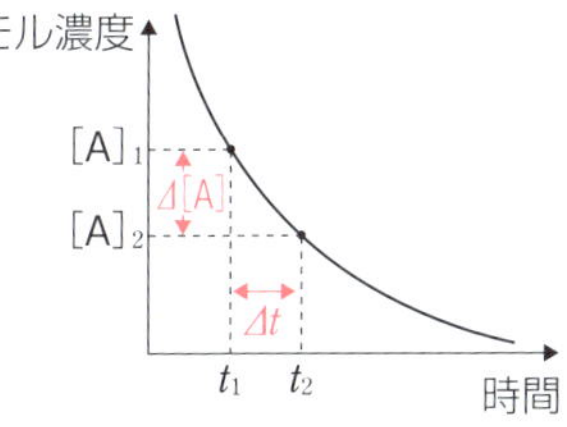

反応物 A の時刻 t_1 におけるモル濃度を［A］$_1$ として，時刻 t_2 ではモル濃度が［A］$_2$ まで減少したとすると，平均の反応速度 $\bar{v}$ は，次のように表すんだ。

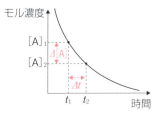

変化量を表す記号（デルタ）

$$\bar{v} = -\frac{[A]_2 - [A]_1}{t_2 - t_1} = -\frac{\Delta[A]}{\Delta t}$$

v の値は正とするために－（マイナス）の符号をつける

（ Δ は変化量を表す記号なので，$\Delta[A] = [A]_2 - [A]_1$，$\Delta t = t_2 - t_1$ になる。反応物は時間とともに減少し $\Delta[A]$ は負となるので，$\bar{v}$ の値を正とするために右辺に－（マイナス）の符号をつける。）

チェック問題 2

過酸化水素は，次の反応式のように分解する。

$$2H_2O_2 \longrightarrow 2H_2O + O_2$$

0.95 mol/L の過酸化水素水 10.0 mL を，触媒として酸化マンガン(Ⅳ)を用いて20 ℃に保って分解させ，60 秒ごとに過酸化水素の濃度を測定したところ，表のような結果を得た。

時間〔s〕	濃度〔mol/L〕
0	0.95
60	0.75
120	0.59
…	…

0 ～ 60 秒における平均の分解速度〔mol/(L・s)〕として最も適当な数値を，次の①～⑥のうちから 1 つ選べ。

① 2.2×10^{-3}　② 2.6×10^{-3}　③ 3.0×10^{-3}
④ 3.3×10^{-3}　⑤ 3.6×10^{-3}　⑥ 4.2×10^{-3}

解答・解説

④

0 ～ 60秒における平均分解速度 $\bar{v}$ は次のように求められる。

$$\bar{v} = -\frac{\Delta[H_2O_2]}{\Delta t} = -\frac{0.75-0.95\,\text{〔mol/L〕}}{60-0\ \text{〔s〕}}$$

⬅「秒」の記号は「s」

$$\fallingdotseq 3.3\times10^{-3}\ \text{〔mol/(L·s)〕}$$

思考力のトレーニング 1

やや難 4分

ある濃度の過酸化水素水 100 mL に，触媒としてある濃度の塩化鉄(III) 水溶液を加え200 mL とした。発生した酸素の物質量を，時間を追って測定したところ，反応初期と反応全体では，それぞれ，図１と図２のようになり，過酸化水素は完全に分解した。この結果に関する次の問い(a・b)に答えよ。ただし，混合水溶液の温度と体積は一定に保たれており，発生した酸素は水に溶けないものとする。

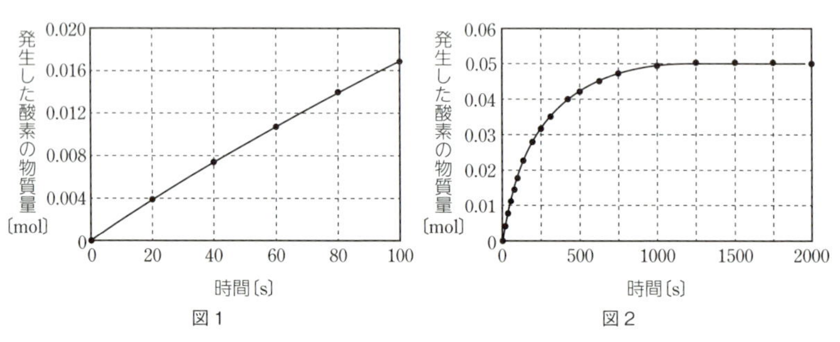

図１　図２

a　混合する前の過酸化水素水の濃度は何 mol/L か。最も適当な数値を，次の①～⑥のうちから１つ選べ。

① 0.050　② 0.10　③ 0.20

④ 0.50　⑤ 1.0　⑥ 2.0

b　最初の20秒間において，混合水溶液中の過酸化水素の平均の分解速度は何 mol/(L・s)か。最も適当な数値を，次の①～⑥のうちから１つ選べ。

① 4.0×10^{-4}　② 1.0×10^{-3}　③ 2.0×10^{-3}

④ 4.0×10^{-3}　⑤ 1.0×10^{-2}　⑥ 2.0×10^{-2}

解答・解説

a ⑤　b ③

図２の反応初期(時間 0 ～100〔s〕のところ)を拡大したものが図１であること

に注意する。つまり，0 ～100〔s〕で発生した O_2 の物質量〔mol〕を正確に知るには，図１を読みとる必要がある。

a　混合する前の H_2O_2 水を x mol/L とする。

図２より H_2O_2 がすべて分解すると，O_2 0.050 mol が発生したことがわかる。

ここで，触媒として塩化鉄(Ⅲ)$FeCl_3$(Fe^{3+})を加えると，H_2O_2 は次の反応を起こして分解する。

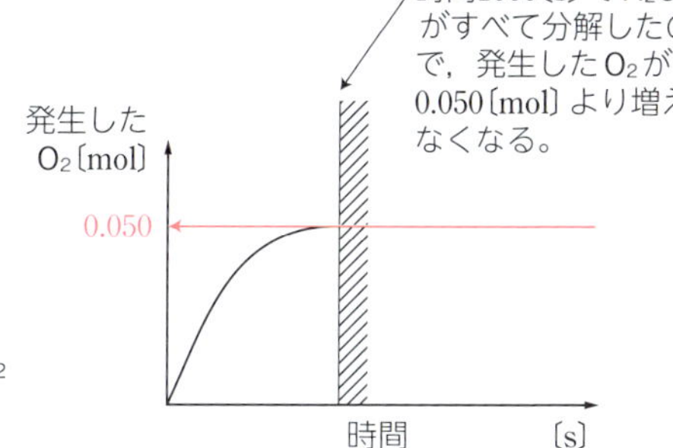

$$2H_2O_2 \longrightarrow 2H_2O + 1O_2$$

（×$\frac{1}{2}$）

よって，次の式が成り立つ。

$$x \times \frac{100}{1000} \times \frac{1}{2} = 0.050$$

より，$x = 1.0$〔mol/L〕

混合する前の H_2O_2 水は 100 mL なので

x：混合する前の H_2O_2 水〔mol/L〕
$x \times \frac{100}{1000}$：$H_2O_2$〔mol〕
$\times \frac{1}{2}$：発生した O_2〔mol〕
0.050：発生した O_2〔mol〕

b　最初の20秒間において O_2 0.0040 mol が発生したことを図１から読みとることができる。また，H_2O_2 の分解反応

$$2H_2O_2 \longrightarrow 2H_2O + 1O_2$$

（×2）

発生した O_2 の mol の２倍が反応する

から，最初の20秒間で H_2O_2 は物質量で 0.0040 × 2 mol 減少したことがわかる。

これは，モル濃度に直すと $\dfrac{0.0040 \times 2 \text{ mol}}{\frac{200}{1000} \text{ L}} = 0.040$ mol/L 減少したことになる。

混合水溶液は 200 mL
（ミスしやすいので注意しよう！）

よって，混合水溶液(200 mL)の中の H_2O_2 の平均の分解速度 $\bar{v}$ は，

減少したので－になる

$$\bar{v} = -\frac{\Delta[H_2O_2]}{\Delta t} = -\frac{-0.040 \text{ mol/L}}{20 \text{ s}} = 2.0 \times 10^{-3} \text{〔mol/(L・s)〕}$$

正とするために－をつける

3 反応速度式について

反応物の濃度と反応速度の関係を表す式を**反応速度式**または**速度式**というんだ。

反応物 A と B から生成物 C ができる反応

$$A + B \longrightarrow C$$

の反応速度式は，

$$v = k\,[A]^x[B]^y$$

となり，k は**反応速度定数**または**速度定数**とよばれ，温度などの条件が一定であれば一定の値になる。**反応速度式は実験の結果から求めるものなので，化学反応式の係数から単純に決めることはできない**んだ。

チェック問題 3

一定温度で分子 X と分子 Y から分子 Z が生成する反応 X + Y ⟶ Z の反応速度(v)は，一般に $v = k[X]^x[Y]^y$ で表される。[X]，[Y] は X，Y のモル濃度である。指数の x，y は整数，分数，負の数，0 などいろいろな場合があり，これらの値は，化学反応式から単純に決めることはできず，実験的に決定される。

いま，一定温度で，AB(気体)と C_2(気体)から ABC(気体)を生成し，やがて平衡に達する反応　$2AB + C_2 \rightleftarrows 2ABC + Q$　について AB や C_2 の濃度をいろいろ変えて実験を行い，右表のような結果を得た。

実験	初濃度〔mol/L〕		ABC の生成初速度〔mol/(L･s)〕
	AB	C_2	
1	0.10	0.10	6
2	0.10	0.20	12
3	0.10	0.30	18
4	0.20	0.10	24
5	0.30	0.10	54

(1) この反応の反応速度(v)を $v = k[AB]^x[C_2]^y$ と表すとき，x と y の値はいくつになるか。x と y の組み合わせとして正しいものを下の①～④のうちから 1 つ選べ。

① $x=1$，$y=1$　② $x=2$，$y=1$　③ $x=1$，$y=2$　④ $x=2$，$y=2$

(2) (1)で求めた x と y の値と実験データから，(1)の式の反応速度定数 k〔$L^2/(mol^2･s)$〕はいくつになるか。正しいものを次の①～⑤のうちから 1 つ選べ。

① 6×10^2　② 6×10^3　③ 6×10^4　④ 6×10^5　⑤ 6×10^6

解答・解説

(1) ②　(2) ②

(1)　[AB]＝0.10 mol/L で一定のもと

実験 1 と 2 より，［C_2］が $\dfrac{0.20}{0.10}$ = 2 倍になると v も $\dfrac{12}{6}$= 2 倍

実験 1 と 3 より，［C_2］が $\dfrac{0.30}{0.10}$ = 3 倍になると v も $\dfrac{18}{6}$= 3 倍

➡ v は［C_2］に比例するので，y =1 とわかる。

［C_2］＝0.10 mol/L で一定のもと

実験 1 と 4 より，［AB］が $\dfrac{0.20}{0.10}$ = 2 倍になると v は $\dfrac{24}{6}$= 4 倍

実験 1 と 5 より，［AB］が $\dfrac{0.30}{0.10}$ = 3 倍になると v は $\dfrac{54}{6}$= 9 倍

➡ v は［AB］^{2} に比例するので x =2 とわかる。

よって，反応速度式は $v = k[AB]^2[C_2]$ になり，x =2，y =1とわかる。

(2)　実験 1 ～ 5 のどの値を代入して求めても k は同じ値になる。たとえば，

$v = k[AB]^2[C_2]$　に，実験 1 のデータを代入してみる。

$6 = k \times (0.10)^2 \times 0.10$　　　$k = 6000 = 6 \times 10^3$

k の単位は，$\dfrac{\text{mol}}{\text{L}\cdot\text{s}} = k \times \left(\dfrac{\text{mol}}{\text{L}}\right)^2 \times \left(\dfrac{\text{mol}}{\text{L}}\right)$　より　$k = \text{L}^2/(\text{mol}^2\cdot\text{s})$

4 同体積ずつ混合について

共通テストでは，2 種類の水溶液(どちらも密度がほぼ 1.0 g/cm^3，水とほぼ同じ密度)を同体積ずつ混合した後のモル濃度を求めることがある。たとえば，x mol/L のグルコース水溶液 100 mL と y mol/L のスクロース水溶液 100 mL とを混合したとき，混合後のグルコースやスクロースはそれぞれ何 mol/L になるか考えてみよう。

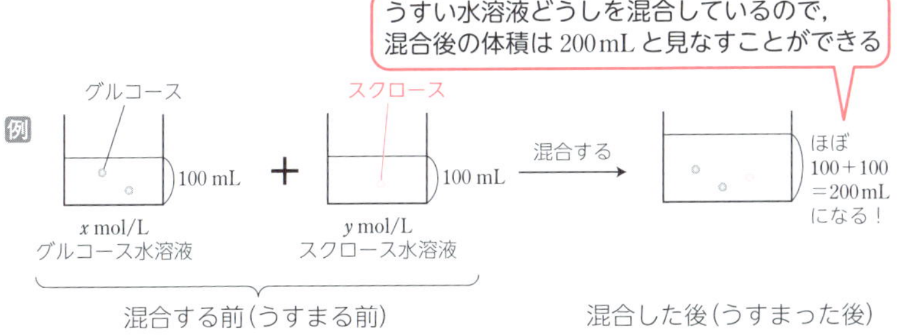

溶質(グルコースやスクロース)の物質量〔mol〕を混合後の水溶液の体積〔L〕で割れば，混合後のモル濃度〔mol/L〕が求められるね。

そうだね。ただ，次のような直感的な解き方を知っていると，楽に解くことができるんだ。

第4章 化学反応の速さと平衡

２種類の水溶液を同体積ずつ混合した後のモル濃度の求め方

「同体積ずつ混合したら体積が２倍になるので濃度は $\frac{1}{2}$ 倍になる！」

つまり，混合した後のモル濃度は，グルコースが $x \times \frac{1}{2}$ mol/L,
mol/L は半分になる！

スクロースが $y \times \frac{1}{2}$ mol/L になるんだ。
mol/L は半分になる！

チェック問題 4

物質ＡとＢは次式のように反応して物質Ｃを生成する。

$$\text{A} + \text{B} \longrightarrow \text{C}$$

この反応の反応速度 v は，反応速度定数を k，ＡとＢのモル濃度をそれぞれ［A］，［B］とすると，$v = k[\text{A}][\text{B}]$ で表される。

Ｃの濃度〔mol/L〕
0.04
0.03
0.02
0.01
0
0 100 200 300 400 500 600
時間〔分〕

濃度がともに 0.040 mol/L のＡとＢの水溶液を同体積ずつ混合して，温度一定のもとで反応時間とＣの濃度の関係を調べたところ図のようになり，最終的にＣの濃度は 0.020 mol/L になった。

同様の実験をＡの水溶液の濃度のみを２倍に変えて行ったとき，反応開始直後の反応速度と最終的なＣの濃度の組み合わせとして最も適当なものを，①～⑥のうちから１つ選べ。

	反応開始直後の反応速度	最終的なＣの濃度〔mol/L〕
①	増加した	0.040
②	変化しなかった	0.040
③	増加した	0.020
④	変化しなかった	0.020
⑤	増加した	0.010
⑥	変化しなかった	0.010

解答・解説

0.040 mol/L の A と B の水溶液を同体積ずつ混合したので，混合直後の A と B の水溶液の濃度はそれぞれ $0.040 \times \frac{1}{2}$ mol/L ＝ 0.020 mol/L になる。

同体積ずつ混合したら，濃度は半分！

図より 0.020 mol/L の A と 0.020 mol/L の B がすべて反応し，最終的に C が 0.020 mol/L 生じたことがわかる。

→与えられた反応式の係数を読みとると A と B は1：1で反応することがわかる

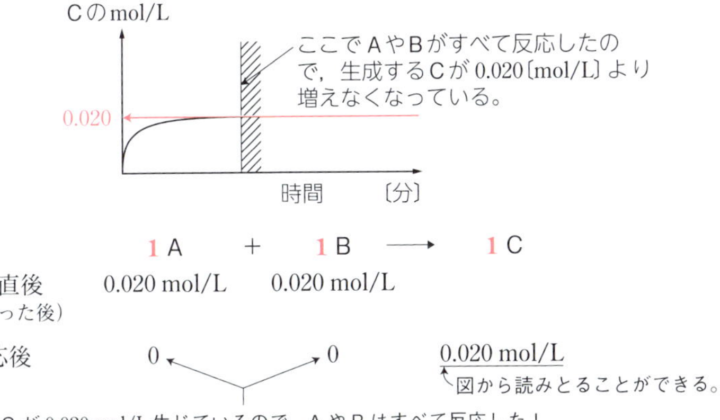

	1 A	+	1 B	⟶	1 C
混合直後（うすまった後）	0.020 mol/L		0.020 mol/L		
反応後	0		0		0.020 mol/L

0.020 mol/L：図から読みとることができる。

C が 0.020 mol/L 生じているので，A や B はすべて反応した！

次に，A の水溶液の濃度のみを 2 倍の 0.080 mol/L に変えて実験を行う。反応物である A の濃度が大きくなれば，反応開始直後の反応速度は増加した。

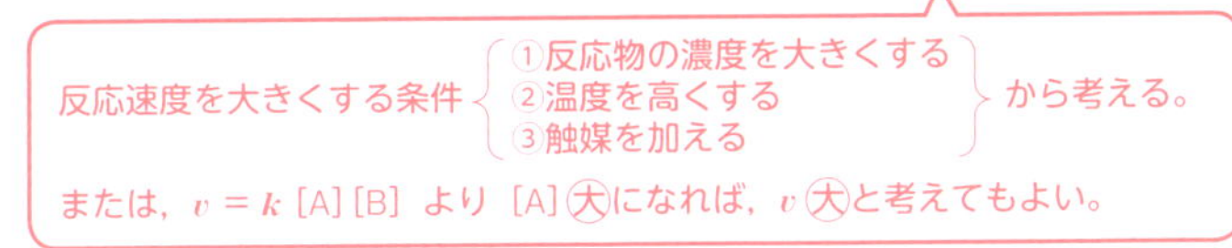

反応速度を大きくする条件
①反応物の濃度を大きくする
②温度を高くする
③触媒を加える
から考える。
または，$v = k$ [A] [B] より [A] 大になれば，v 大と考えてもよい。

実験を行うと，混合直後の A の水溶液は $0.080 \times \frac{1}{2}$ ＝ 0.040 mol/L，B の水溶液は $0.040 \times \frac{1}{2}$ ＝ 0.020 mol/L となり，次のように反応する。

←同体積ずつ混合したので，濃度は半分

	1 A	+	1 B	⟶	1 C
混合直後	0.040 mol/L		0.020 mol/L		
反応後	0.020 mol/L		0		0.020 mol/L

よって，最終的な C の濃度は 0.020 mol/L になる。

次の 思 考力のトレーニング 2 を利用して，問題文中に与えられている表（[　] 以外の数値が与えられている部分も含めて）を完成させ，速度式を求められるようにしよう。

第4章 化学反応の速さと平衡

思 考力のトレーニング 2

難　5分

分子Aが分子Bに変化する反応があり，その化学反応式は A ⟶ B で表される。1.00 mol/L の A の溶液に触媒を加えて，この反応を開始させ，1分ごとの A の濃度を測定したところ，表に示す結果が得られた。ただし，測定中は温度が一定で，B 以外の生成物はなかったものとする。

表　A の濃度と反応速度の時間変化

<table>
<tr><td>時間〔min〕</td><td colspan="2">0</td><td colspan="2">1</td><td colspan="2">2</td><td colspan="2">3</td><td colspan="2">4</td></tr>
<tr><td>A の濃度〔mol/L〕</td><td colspan="2">1.00</td><td colspan="2">0.60</td><td colspan="2">0.36</td><td colspan="2">0.22</td><td colspan="2">0.14</td></tr>
<tr><td>A の平均濃度
$\bar{c}$〔mol/L〕</td><td rowspan="2"></td><td colspan="2">0.80</td><td colspan="2">[　　]</td><td colspan="2">[　　]</td><td colspan="2">[　　]</td><td rowspan="2"></td></tr>
<tr><td>平均の反応速度
$\bar{v}$〔mol/(L･min)〕</td><td colspan="2">[　　]</td><td colspan="2">[　　]</td><td colspan="2">0.14</td><td colspan="2">[　　]</td></tr>
</table>

問1　B の濃度は時間の経過とともにどのように変わるか。B の濃度変化のグラフとして最も適当なものを，次の①～⑥のうちから1つ選べ。

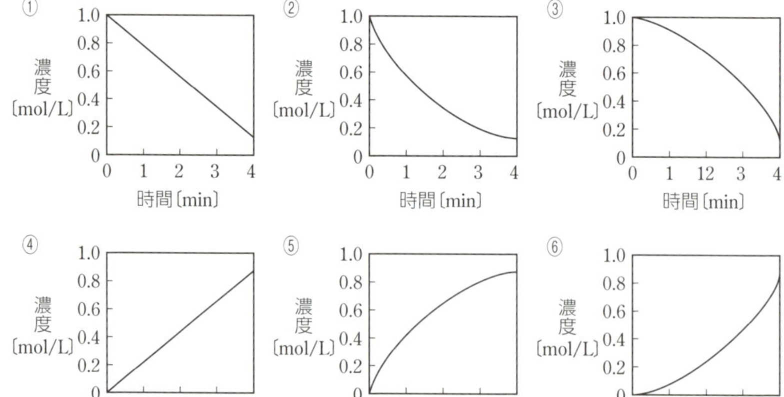

問2　表の空欄［　　］を補うと，平均濃度 $\bar{c}$ と平均の反応速度 $\bar{v}$ の間には，$\bar{v} = k\bar{c}$ で表される関係があることがわかった。ここで，k は反応速度定数である。この温度での k の値〔1/min〕として最も適当なものを，次の①～⑥のうちから1つ選べ。

①　0.008　　②　0.03　　③　0.08　　④　0.3　　⑤　0.5　　⑥　2

解答・解説

問1　⑤　　問2　⑤

問1　0 ～ 1〔min(分)〕で，A は 1.00 − 0.60 = 0.40 mol/L 減少している。よって，**1** A ⟶ **1** B（×1）より，反応開始から 1 min 後に B は 0.40×1 mol/L になる。

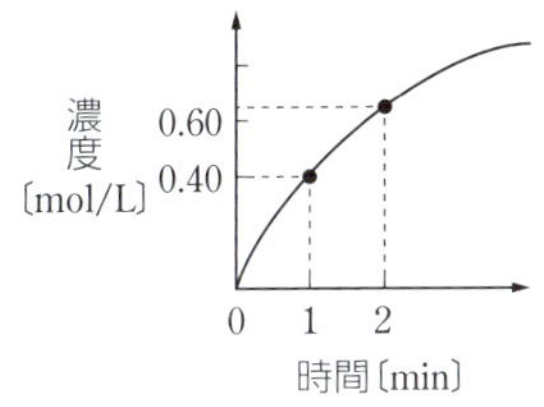

0 ～ 2〔min〕で A は 1.00 − 0.36 = 0.64 mol/L 減少している。よって，**1** A ⟶ **1** B（×1）より，反応開始から 2 min 後に B は 0.64×1 mol/L になる。

以上より，B の mol/L 変化のグラフは⑤とわかる。

問2　反応速度式の求め方の 手順 を知っておこう。

手順1　反応物の平均濃度 $\bar{c}$ と平均の反応速度 $\bar{v}$ を求める。

手順2　$\bar{v}$ と $\bar{c}$ の関係式である反応速度式を求める。

手順1　まず，A の平均濃度 $\bar{c}$〔mol/L〕を求める。

時間〔min〕	0	1	2	3	4	…
A の濃度〔mol/L〕	1.00	0.60	0.36	0.22	0.14	…

平均濃度は，「2 点の mol/L をたして 2 で割る」➡

$\frac{1.00+0.60}{2}$ ➡ 0.80〔mol/L〕（0 ～ 1 分の平均濃度）

$\frac{0.60+0.36}{2}$ ➡ 0.48〔mol/L〕（1 ～ 2 分の平均濃度）

$\frac{0.36+0.22}{2}$ ➡ 0.29〔mol/L〕（2 ～ 3 分の平均濃度）

$\frac{0.22+0.14}{2}$ ➡ 0.18〔mol/L〕（3 ～ 4 分の平均濃度）

次に，平均の反応速度 $\bar{v}$〔mol/(L·min)〕を求める。

時間〔min〕	0	1	2	3	4	…
A の濃度〔mol/L〕	1.00	0.60	0.36	0.22	0.14	…

$$0\sim1\text{分では，}\ \bar{v}=-\frac{0.60-1.00\ [\text{mol/L}]}{1-0\ [\text{min}]}=0.40\ [\text{mol/(L·min)}]$$

$$1\sim2\text{分では，}\ \bar{v}=-\frac{0.36-0.60\ [\text{mol/L}]}{2-1\ [\text{min}]}=0.24\ [\text{mol/(L·min)}]$$

$$2\sim3\text{分では，}\ \bar{v}=-\frac{0.22-0.36\ [\text{mol/L}]}{3-2\ [\text{min}]}=0.14\ [\text{mol/(L·min)}]$$

$$3\sim4\text{分では，}\ \bar{v}=-\frac{0.14-0.22\ [\text{mol/L}]}{4-3\ [\text{min}]}=0.08\ [\text{mol/(L·min)}]$$

手順2 まず，**手順1** で求めた $\bar{c}$ や $\bar{v}$ の値から問題文の表を完成させる。

表　Aの濃度と反応速度の時間変化

時間〔min〕	0		1		2		3		4
Aの濃度〔mol/L〕	1.00		0.60		0.36		0.22		0.14
Aの平均濃度 $\bar{c}$〔mol/L〕		0.80		[0.48]		[0.29]		[0.18]	
平均の反応速度 $\bar{v}$〔mol/(L·min)〕		[0.40]		[0.24]		0.14		[0.08]	

次に，$\bar{v}$ と $\bar{c}$ の関係をグラフにし，関係式を求める。

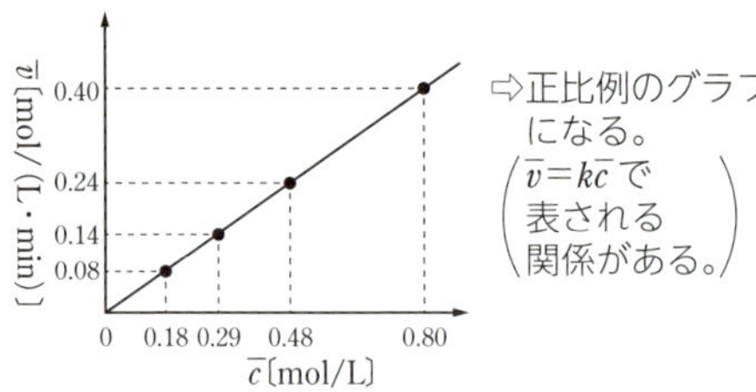

このグラフの傾き（反応速度定数 k）の値は，

$$k=\frac{\bar{v}}{\bar{c}}=\frac{0.40}{0.80}=0.5$$

（傾き）　たて／よこ

⬅ $\frac{0.08}{0.18}$，$\frac{0.14}{0.29}$，$\frac{0.24}{0.48}$ から求めることもできる。

となる。よって，⑤が答えになり，この反応の反応速度式は $\bar{v}=0.5\,\bar{c}$ とわかる。

$$\left(k\text{ の単位は }\frac{\frac{\text{mol}}{\text{L·min}}}{\frac{\text{mol}}{\text{L}}}=\frac{1}{\text{min}}=1/\text{min となる}\right)$$

14時間目 化学平衡

1 可逆反応と化学平衡について

水素 H_2 とヨウ素 I_2 の混合気体を密閉容器に入れて加熱し，一定温度に保つと，ヨウ化水素 HI が生成する。その後，ある程度の時間がたつと，生成した HI の一部が分解して，H_2，I_2 が生成する逆向きの反応も起こるんだ。

$$H_2 + I_2 \rightleftarrows 2HI$$

⟶ が正反応，⟵ が逆反応だったね。

そうだね。**左から右への反応を正反応，右から左への反応を逆反応**という。**正反応と逆反応の両方が起こるとき，このような反応を可逆反応という**んだ。

可逆反応において，正反応の反応速度を v_1，逆反応の反応速度を v_2 とすると，反応が進んである程度の時間がたつと $v_1 = v_2$ になり，**見かけ上は反応が止まったような状態になる**。**このような状態を化学平衡の状態または，単に平衡状態という**。平衡状態は，**正反応や逆反応が止まったのではなく，H_2，I_2，および HI の各物質が一定の割合で混合した状態になっている**んだ。

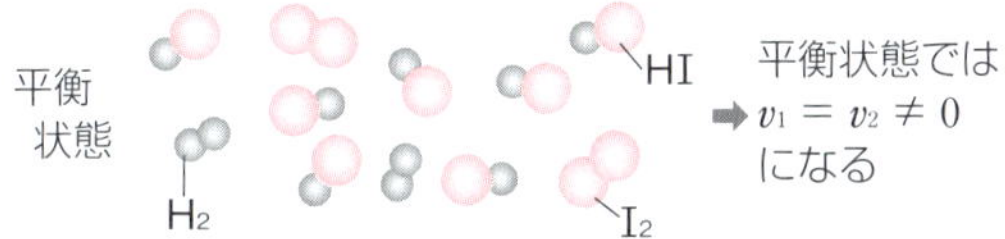

反応はじめの段階では，H_2 と I_2 のモル濃度〔mol/L〕（$[H_2]$，$[I_2]$）が大きいので正反応の反応速度 v_1 は大きいけど，反応が進むと $[H_2]$，$[I_2]$ が減少し，v_1 は小さくなる。それに対して，反応が進むと HI のモル濃度〔mol/L〕は大きくなり，逆反応の反応速度 v_2 は大きくなる。左から右への反応（右向きの反応）の見かけの反応速度は $v_1 - v_2$ で，ある時間が経過すると，v_1 と v_2 の関係は $v_1 = v_2$ つまり $v_1 - v_2 = 0$ となり，見かけ上反応は停止した状態（＝**平衡状態**）になるんだ。

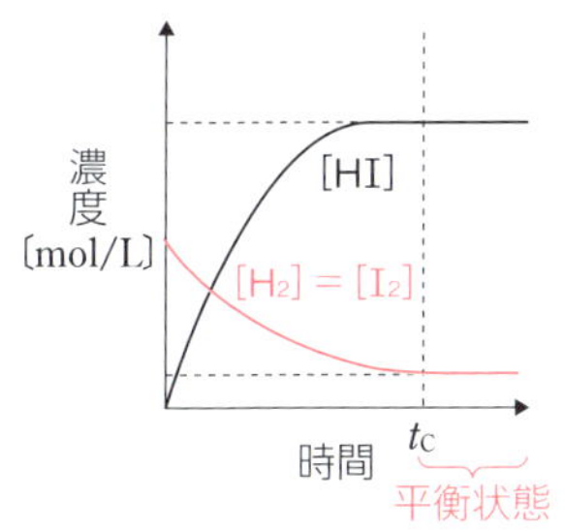

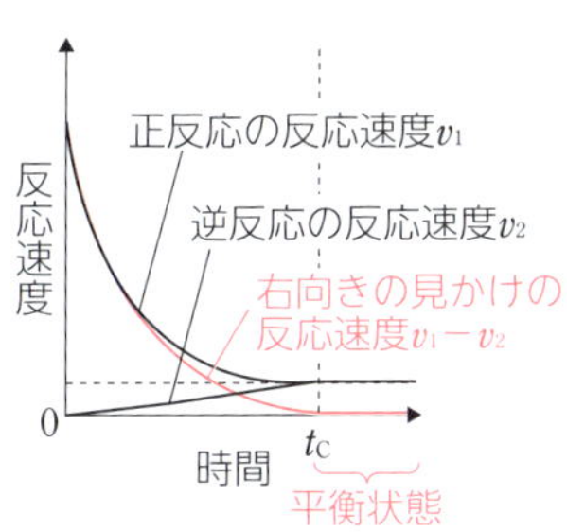

チェック問題 1

標準 2分

二酸化窒素を一定容積の容器に入れて密閉し，一定の温度に保っておいたところ，四酸化二窒素を生じ，次の平衡状態に達した。

$$2NO_2 \rightleftarrows N_2O_4$$

この「平衡状態に達した」ということの意味を，最も適切に表現しているものを，次の①～④のうちから1つ選べ。

① NO_2 と N_2O_4 の濃度が，等しくなった。
② NO_2 と N_2O_4 の圧力(分圧)が，等しくなった。
③ NO_2 分子から N_2O_4 分子が生ずる反応も，N_2O_4 分子から NO_2 分子が生ずる反応も，どちらもまったく起こらなくなった。
④ 単位時間内に N_2O_4 分子に変化する NO_2 分子の数と，N_2O_4 分子から生ずる NO_2 分子の数が，ちょうど等しくなった。

解答・解説

④

①，② 濃度や分圧がいつも等しくなるとは限らない。どちらも，〈誤り〉

例 $2NO_2 \rightleftarrows 1N_2O_4$ 一定容積の容器中
(平衡時) x mol y mol

$x \neq y$ ならば，濃度や分圧は異なる。
$x = y$ ならば，濃度や分圧は等しい。ただし，常に $x = y$ になるわけではない。

③ $2NO_2 \underset{v_2}{\overset{v_1}{\rightleftarrows}} N_2O_4$

平衡状態では，$v_1 = v_2 \neq 0$ である。$v_1 = v_2 = 0$ ではない。〈誤り〉

④ 平衡状態では，見かけ上反応が停止している。〈正しい〉

2 平衡定数と化学平衡の法則について

物質Aと物質Bが反応して，物質Cと物質Dが生成する可逆反応は，次のように表すことができた。

$$aA + bB \rightleftarrows cC + dD \quad (a,\ b,\ c,\ d \text{は係数})$$

この可逆反応が，ある温度で平衡状態にあるとき，各物質A，B，C，Dのモル濃度をそれぞれ［A］，［B］，［C］，［D］とすると，次の関係式が成り立つ。

$$K = \frac{[C]^c[D]^d}{[A]^a[B]^b}$$

この K を(**濃度**)**平衡定数**といい，**この式で表される関係を化学平衡の法則または質量作用の法則**という。(濃度)平衡定数は，**温度が一定であれば**，反応物や生成物のモル濃度がさまざまな値をとっても，それらの濃度の間に一定の関係が成立することで**平衡定数 K の値は一定**に保たれるんだ。

また，**溶媒として多量に存在する水や固体物質の濃度は事実上一定(一定とみなせる)なので，平衡定数 K には含めない**んだ。

例　$N_2 + 3H_2 \rightleftarrows 2NH_3$　　$K = \dfrac{[NH_3]^2}{[N_2][H_2]^3}$

例　C(固) + CO_2(気) $\rightleftarrows$ 2CO(気)　　$K = \dfrac{[CO]^2}{[CO_2]}$　⇐ C(固)は含めない

たとえば，窒素 N_2 と水素 H_2 からアンモニア NH_3 が生成する可逆反応

$$N_2 + 3H_2 \rightleftarrows 2NH_3$$

が平衡状態のとき，それぞれの気体のモル濃度を $[N_2]$，$[H_2]$，$[NH_3]$ とすると，この反応の(濃度)平衡定数 K はどう表せたか覚えてる？

$K = \dfrac{[NH_3]^2}{[N_2][H_2]^3}$ だよね。

そうだね。混合気体のモル濃度の代わりに，**分圧で表した平衡定数である圧平衡定数 K_P を用いる**こともあるんだ。気体の反応が平衡状態の場合，濃度よりも圧力のほうが調べやすいから，圧平衡定数 K_P を使うことが多くなる。

$$N_2 + 3H_2 \rightleftarrows 2NH_3$$

の可逆反応では，それぞれの気体の分圧を P_{N_2}，P_{H_2}，P_{NH_3} とすると，

$$K_P = \frac{{P_{NH_3}}^2}{P_{N_2} \cdot {P_{H_2}}^3}$$

となり，**圧平衡定数も温度が一定であれば，一定の値をとる。**

ここで，N_2，H_2，NH_3 それぞれについて $PV = nRT$ が成り立つから，それぞれの分圧 P_{N_2}，P_{H_2}，P_{NH_3} を表してみよう。$PV = nRT$ は $P = \dfrac{n}{V}RT$ と変形できて，$\dfrac{n\,[\mathrm{mol}]}{V\,[\mathrm{L}]}$ は気体のモル濃度を表しているんだ。

じゃあ，N_2，H_2，NH_3 のモル濃度は $[N_2]$，$[H_2]$，$[NH_3]$ だから

$P_{N_2} = [N_2]RT$，$P_{H_2} = [H_2]RT$，$P_{NH_3} = [NH_3]RT$

になるね。

そうだね。だから，K_P は，

$$K_P = \frac{{P_{NH_3}}^2}{P_{N_2} \cdot {P_{H_2}}^3} = \frac{([NH_3]RT)^2}{([N_2]RT)([H_2]RT)^3} = \frac{[NH_3]^2}{[N_2][H_2]^3} \times \frac{1}{(RT)^2}$$

となり，

$$K_P = K \times \frac{1}{(RT)^2}$$

と表すことができる。

第4章　化学反応の速さと平衡

ポイント K と K_P について

$$N_2 + 3H_2 \rightleftarrows 2NH_3$$

の可逆反応が平衡状態のとき，反応物と生成物の間には次の関係が成立する

$$K = \frac{[NH_3]^2}{[N_2][H_2]^3} \qquad K_P = \frac{P_{NH_3}{}^2}{P_{N_2} \cdot P_{H_2}{}^3}$$

温度が一定であれば K，K_P は一定の値をとる

チェック問題 2

酢酸とエタノールから酢酸エチルを生成する平衡反応は，次の通りである。

$$CH_3COOH + C_2H_5OH \rightleftarrows CH_3COOC_2H_5 + H_2O$$

1 mol の酢酸と 1 mol のエタノールを混合し，触媒として濃硫酸を少量加えた。平衡に達した後，残存する酢酸の量は 0.3 mol であった。この反応に関して，次の問い(1)，(2)に答えよ。

(1) 酢酸エチル生成の平衡定数はいくつになるか。最も適当な数値を，次の①～⑤のうちから１つ選べ。

① 2.3　② 4.9　③ 5.4　④ 7.8　⑤ 16.3

(2) 温度一定でこの平衡にさらに酢酸を 0.5 mol 加えると酢酸エチル生成の平衡定数の値は(1)に比べてどうなるか。最も適当なものを，次の①～③のうちから１つ選べ。

① 小さくなる　② 変化しない　③ 大きくなる

解答・解説

(1) ③　(2) ②

(1) 溶液全体の体積を V〔L〕とする。平衡状態で酢酸 CH_3COOH が 0.3 mol 残存しているので，反応した CH_3COOH は 1−0.3＝0.7 mol となり，その量関係は次のようになる。

	$1CH_3COOH$	$+1C_2H_5OH$	$\rightleftarrows$ $1CH_3COOC_2H_5$	$+1H_2O$
(反応前)	1 mol	1 mol		
(変化量)	−0.7 mol	−0.7 mol	+0.7 mol	+0.7 mol
(平衡状態)	0.3 mol	0.3 mol	0.7 mol	0.7 mol

よって，平衡定数 K は，

$$K=\frac{[CH_3COOC_2H_5][H_2O]}{[CH_3COOH][C_2H_5OH]}=\frac{\left(\frac{0.7\ \mathrm{mol}}{V\ \mathrm{L}}\right)\left(\frac{0.7\ \mathrm{mol}}{V\ \mathrm{L}}\right)}{\left(\frac{0.3\ \mathrm{mol}}{V\ \mathrm{L}}\right)\left(\frac{0.3\ \mathrm{mol}}{V\ \mathrm{L}}\right)}\fallingdotseq 5.4$$

(2) 平衡状態においては，温度が一定であれば，反応物や生成物のモル濃度がどのような値をとっても K の値は一定に保たれる。つまり，変化しない。

チェック問題 3

標準 2分

1.0 mol の気体 A のみが入った密閉容器に1.0 mol の気体 B を加えたところ，気体 C および D が生成して，次式の平衡が成立した。

$$\mathrm{A + B \rightleftarrows C + D}$$

このときの C の物質量として最も適当な数値を，次の①～⑤のうちから 1 つ選べ。ただし，容器内の温度と体積は一定とし，この温度における反応の平衡定数は 0.25 とする。

① 0.25　② 0.33　③ 0.50　④ 0.67　⑤ 0.75

解答・解説

②

この温度における反応の平衡定数 K は，$K=\frac{[C][D]}{[A][B]}=0.25=\frac{1}{4}$

である。ここで，A と B がそれぞれ x mol ずつ反応したとすると，平衡状態における各物質の物質量は次のようになる。

	1 A	+	1 B	⇄	1 C	+	1 D
(反応前)	1.0 mol		1.0 mol				
(変化量)	$-x$ mol		$-x$ mol		$+x$ mol		$+x$ mol
(平衡状態)	$1.0-x$ mol		$1.0-x$ mol		x mol		x mol

密閉容器の体積を V〔L〕とし，K に代入する。

$$K=\frac{[C][D]}{[A][B]}=\frac{\left(\frac{x\ \mathrm{mol}}{V\ \mathrm{L}}\right)\left(\frac{x\ \mathrm{mol}}{V\ \mathrm{L}}\right)}{\left(\frac{1.0-x\ \mathrm{mol}}{V\ \mathrm{L}}\right)\left(\frac{1.0-x\ \mathrm{mol}}{V\ \mathrm{L}}\right)}=\frac{1}{4}$$

⇐ 分母・分子にある V は約分によりすべて消えますね

$\frac{x^2}{(1.0-x)^2}=\frac{1}{4}$ となり，$\frac{x}{1-x}=\frac{1}{2}(>0)$ より，$x=\frac{1}{3}$ とわかる。

よって，C の物質量は $x=\frac{1}{3}\fallingdotseq 0.33$〔mol〕となる。

第4章 化学反応の速さと平衡

チェック問題 4

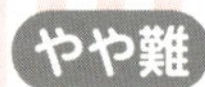

四酸化二窒素 N_2O_4(無色の気体)が分解して二酸化窒素 NO_2(赤褐色の気体)を生じる反応は，次のような可逆反応である。

$$N_2O_4 \rightleftarrows 2NO_2$$

(1) N_2O_4 の分圧が 5.0×10^3 Pa，NO_2 の分圧が 4.0×10^4 Pa のとき，圧平衡定数 $K_P = \dfrac{P_{NO_2}{}^2}{P_{N_2O_4}}$ の値に最も近い値を，次の①～⑤のうちから1つ選べ。

① 8　② 3.2×10^4　③ 3.2×10^5　④ 3.1×10^{-6}　⑤ 3.1×10^{-8}

(2) 圧平衡定数 $K_P = \dfrac{P_{NO_2}{}^2}{P_{N_2O_4}}$ と平衡定数 $K = \dfrac{[NO_2]^2}{[N_2O_4]}$ の関係式を次の①～④のうちから1つ選べ。

① $K_P = KRT$　② $K_P = K(RT)^2$　③ $K_P = \dfrac{K}{RT}$　④ $K_P = \dfrac{K}{(RT)^2}$

解答・解説

(1) ③　(2) ①

(1) $P_{N_2O_4} = 5.0\times10^3$ Pa，$P_{NO_2} = 4.0\times10^4$ Pa より，

$$K_P = \frac{P_{NO_2}{}^2}{P_{N_2O_4}} = \frac{(4.0\times10^4\ \text{Pa})^2}{(5.0\times10^3\ \text{Pa})} = 3.2\times10^5\ \text{〔Pa〕}$$

(2) $PV = nRT$ より，$P = \dfrac{n}{V}RT$

$$K_P = \frac{P_{NO_2}{}^2}{P_{N_2O_4}} = \frac{([NO_2]RT)^2}{[N_2O_4]RT} = \underbrace{\frac{[NO_2]^2}{[N_2O_4]}}_{K} \times RT$$ より，$K_P = KRT$

平衡定数と反応速度定数

$H_2 + I_2 \underset{v_2}{\overset{v_1}{\rightleftarrows}} 2HI$　の可逆反応では，正反応の反応速度を v_1，逆反応の反応速度を v_2 とすると，それぞれの反応速度式は，

$v_1 = k_1[H_2][I_2]$ (k_1 は，正反応の反応速度定数)

$v_2 = k_2[HI]^2$ (k_2 は，逆反応の反応速度定数)

となるんだ。

どちらの反応速度式も反応式の係数と一致しているね。

そうだね。本来，**反応速度式は実験によって求めるもので，反応式の係数からは単純に決まるものではない**んだ。たまたま今回は，反応式の係数と一致したと考えてね。

平衡状態では $v_1 = v_2$ となり，$K = \dfrac{[HI]^2}{[H_2][I_2]}$ が成り立ったよね。

つまり，$v_1 = v_2$ より $\underbrace{k_1[H_2][I_2]}_{v_1} = \underbrace{k_2[HI]^2}_{v_2}$

となり，$K = \dfrac{[HI]^2}{[H_2][I_2]} = \dfrac{k_1}{k_2}$ となる。←反応速度定数の比

つまり，$H_2 + I_2 \rightleftarrows 2HI$ の平衡では，K の値は反応速度定数の比になるんだ。

温度一定で反応速度定数は一定になるから，その比も一定になるね。

そうなんだ。$H_2 + I_2 \rightleftarrows 2HI$ の平衡では，温度が一定であれば K の値は反応速度定数の比になるので，温度一定であれば K の値は一定になるといえるね。

思考力のトレーニング 1

水溶液中で化合物 A が化合物 B に変化する反応は可逆反応 $A \rightleftarrows B$ であり，十分な時間が経過すると平衡状態になる。この反応では，正反応 $A \longrightarrow B$ の反応速度 v_1 は，反応速度定数(速度定数)を k_1，A のモル濃度を [A] とすると，

$$v_1 = k_1[A]$$

と表される。また，逆反応 $B \longrightarrow A$ の反応速度 v_2 は，反応速度定数を k_2，B のモル濃度を [B] とすると，

$$v_2 = k_2[B]$$

と表される。

ある温度において 1.2 mol の A を水に溶かして 1.0 L の溶液とし，$A \rightleftarrows B$ の可逆反応が平衡状態になったとき，A のモル濃度は何 mol/L になるか。最も適当な数値を，次の①～⑤のうちから 1 つ選べ。ただし，この反応では，水溶液の体積と温度は変化しないものとし，$k_1 = 5.0/s$，$k_2 = 1.0/s$ とする。

① 0.20　② 0.40　③ 0.60　④ 0.80　⑤ 1.0

解答・解説

①

$A \underset{v_2}{\overset{v_1}{\rightleftarrows}} B$ の可逆反応では，$v_1 = k_1[A]$，$v_2 = k_2[B]$ と表されるので，

平衡状態($v_1 = v_2$)では，$\underbrace{k_1[A]}_{v_1} = \underbrace{k_2[B]}_{v_2}$ となり，$K = \dfrac{[B]}{[A]} = \dfrac{k_1}{k_2} = \dfrac{5.0}{1.0} = 5$

となる。

ここで，A が x mol 反応したとすると，平衡状態における各物質の物質量〔mol〕は次のようになる。

	A	⇄	B
（反応前）	1.2 mol		
（変化量）	$-x$ mol		$+x$ mol
（平衡状態）	$1.2-x$ mol		x mol

水溶液の体積は 1.0 L で $K=5$　より，

$$K=\frac{[\mathrm{B}]}{[\mathrm{A}]}=\frac{\left(\dfrac{x\ \mathrm{mol}}{1.0\,\mathrm{L}}\right)}{\left(\dfrac{1.2-x\ \mathrm{mol}}{1.0\,\mathrm{L}}\right)}=5$$

となり，$x=5(1.2-x)$　から　$x=1.0$ になる。

よって，平衡状態の A のモル濃度は，$[\mathrm{A}]=\dfrac{1.2-x\ \mathrm{mol}}{1.0\,\mathrm{L}}=\dfrac{1.2-1.0\ \mathrm{mol}}{1.0\,\mathrm{L}}=0.20$〔mol/L〕になる。

3 ルシャトリエの原理について

可逆反応が平衡状態にあるときに，温度・圧力・濃度などの条件を変化させると，平衡状態が一時的にくずれるけれど，すぐにその**変化を緩和する方向へと正反応または逆反応が進んで**（**平衡の移動**），新しい平衡状態になるんだ。

バランスがくずれてもバランスのとれた新しい状態になるんだね。

そうなんだ。1884 年にルシャトリエは，条件変化と平衡移動の方向について，次のような原理を発表したんだ。

可逆反応が平衡状態にあるとき，外部条件（温度・圧力・濃度など）を変化させると，その影響を緩和する方向に平衡が移動し，新しい平衡状態になる。

これを**ルシャトリエの原理**または**平衡移動の原理**というんだ。

うまく使えるか，ちょっと不安だよ。

たしかにね。たとえば，次の(＊)の反応が平衡状態になっているとする。

N_2(気) ＋ $3H_2$(気) ＝ $2NH_3$(気) ＋ 92 kJ　……(＊)

ここで，(1)〜(4)のように条件を変えると平衡がどの方向に移動するかルシャトリエの原理で考えてみるね。

(1) 「窒素 N_2 を加えてその濃度を上げる」と「窒素 N_2 の濃度が減少する方向」つまり「(＊)の平衡は**右に**移動」するんだ。

濃度変化と平衡移動

ある物質 A の濃度を上げる
　➡ 物質 A の濃度が**減少する**方向に平衡が移動する
ある物質 A の濃度を下げる
　➡ 物質 A の濃度が**増加する**方向に平衡が移動する

(2) 「混合気体の圧力を上げる」と「気体粒子数が減少する方向((＊)の反応式の係数を読みとって，(1 ＋ 3 ⟶ 2)(左辺 1 ＋ 3，右辺 2；N_2 1 mol，H_2 3 mol，NH_3 2 mol)」，つまり「(＊)の平衡は**右**(1 ＋ 3 から 2 の方向)**に**移動」するんだ。ここで注意してほしいことがあるんだ。C(固) ＋ CO_2 ⇄ 2CO のように固体を含む平衡で，圧力変化による平衡移動を考える場合には固体を除いて考える必要があるんだ。知っておいてね。

圧力変化と平衡移動

圧力を上げる➡ 気体の粒子数が**減少する**方向に平衡が移動する
圧力を下げる➡ 気体の粒子数が**増加する**方向に平衡が移動する
●固体を含む場合は，固体を除いて考える

(3) 「温度を上げる」と「吸熱方向((＊)の反応式を変形した N_2(気) ＋ $3H_2$(気) −92 kJ(吸熱) ＝ $2NH_3$(気)で考える)」，つまり「(＊)の平衡は**左に**移動」するんだ。

温度変化と平衡移動

温度を上げる➡ **吸熱**反応の方向に平衡が移動する
温度を下げる➡ **発熱**反応の方向に平衡が移動する

(4) 「触媒を加える」と活性化エネルギーが小さくなり，「正反応と逆反応の反応速度はどちらも大きくなるけれど，平衡はどちらにも**移動しない**」んだ。

触媒と平衡移動

触媒を加える➡ 反応速度は大きくなるが，平衡は**移動しない**

第4章 化学反応の速さと平衡

チェック問題 5

標準 3分

次のア～ウで示される化学反応が，ある温度，圧力のもとで平衡状態にある。

ア　CO(気)＋$2H_2$(気)＝CH_3OH(気)＋88 kJ
イ　CO_2(気)＋H_2(気)＝CO(気)＋H_2O(気)－40 kJ
ウ　$2HI$(気)＝H_2(気)＋I_2(気)－9 kJ

それぞれの平衡に次のa～cの操作を行った。すべての平衡が右に移動した操作の組み合わせを右の①～⑥のうちから1つ選べ。

a　全圧を高くする。
b　水素ガスを加える。
c　温度を上げる。

	ア	イ	ウ
①	**a**	**b**	**c**
②	**a**	**c**	**b**
③	**b**	**c**	**a**
④	**b**	**a**	**c**
⑤	**c**	**a**	**b**
⑥	**c**	**b**	**a**

解答・解説

①

はじめに，ア～ウの平衡に固体が含まれていないことを確認しよう！

a「全圧を高くする」と「気体の粒子数が減少する方向」に平衡が移動する。
ア～ウの反応式の係数を読みとると，

ア　1＋2（左辺）⟶ 1（右辺）　**右に移動する**
イ　1＋1（左辺）　1＋1（右辺）　**移動しない**
ウ　2（左辺）　1＋1（右辺）　**移動しない**

b「H_2を加える」と「H_2が減少する方向」に平衡が移動する。よって，
ア　**右に移動する**　　イ　**右に移動する**　　ウ　**左に移動する**

c「温度を上げる」と「吸熱方向」に平衡が移動する。よって，
ア　**左に移動する**　　イ　**右に移動する**　　ウ　**右に移動する**

この結果，平衡が右に移動した操作は，
アはa，b　　イはb，c　　ウはc　　となり，①が正しい。

チェック問題 6

標準 

触媒を入れた密閉容器内で $N_2 + 3H_2 \rightleftarrows 2NH_3$ の平衡が成立している。

この状態から，温度一定のまま他の条件を変化させたときの平衡の移動に関する記述として誤りを含むものを，次の①～④のうちから1つ選べ。ただし，触媒の体積は無視できるものとする。

① 体積を小さくして容器内の圧力を高くすると，平衡は NH_3 が減少する方向へ移動する。
② 体積一定で，H_2 を加えると，平衡は NH_3 が増加する方向へ移動する。
③ 体積一定で，NH_3 のみを除去すると，平衡は N_2 が減少する方向へ移動する。
④ 体積一定で触媒をさらに加えても，平衡は移動しない。

解答・解説

①

① 「圧力を高くする」と，「気体の粒子数が減少する方向」つまり，
「1＋3 ⟶ 2」の「右方向」に平衡が移動する。
（1＋3：左辺，2：右辺）
右方向は NH_3 が**増加**する方向であり，減少する方向ではない。〈誤り〉
② 「H_2 を加える」と「H_2 が減少する右方向」に平衡が移動する。H_2 が減少する方向は，NH_3 が増加する方向でもある。〈正しい〉
③ 「NH_3 のみを除去する」と「NH_3 が増加する右方向」に平衡が移動する。NH_3 が増加する方向は，N_2 が減少する方向でもある。〈正しい〉
④ 「触媒を加え」ても，平衡は移動しない。〈正しい〉

チェック問題 7

無色の気体である四酸化二窒素 N_2O_4 は常温・常圧で熱を吸収し，一部が解離して，赤褐色の二酸化窒素 NO_2 を生じる。この N_2O_4 と NO_2 の混合気体が，先を閉じた注射器の中で平衡状態になっている。この混合気体の温度を変えたり，注射器のピストンを動かして圧力を変えたりして，気体の色の変化を観察した。次の記述①～⑤のうちから，正しいものを１つ選べ。

① 体積一定のもとで温度を高くすると，赤褐色がうすくなる。
② 体積一定のもとでは，温度を変えても色の変化はない。
③ 常温で圧力を急に減らすと，はじめ赤褐色がうすくなるが，やがて赤褐色が濃くなる。
④ 常温で圧力を急に加えると，はじめ赤褐色が濃くなり，やがて赤褐色がさらに濃くなる。
⑤ 常温で圧力を変えても，色の変化はない。

解答・解説

③

N_2O_4(無色)＋ Q kJ ＝$2NO_2$(赤褐色)から，N_2O_4(無色)＝$2NO_2$(赤褐色)－ Q kJ ……(＊)

（＋ Q kJ：熱を吸収する）

① 「温度を高くする」と，「吸熱方向」つまり「(＊)の平衡は右」に移動する。よって，赤褐色は濃くなる。〈誤り〉

② たとえば，「温度を高くする」と，①で考えたように赤褐色は濃くなる。〈誤り〉

③ 「圧力を急に減らした」，つまり「体積を急に大きくした」瞬間は NO_2 の濃度が小さくなるので，赤褐色がうすくなる。その後，「圧力を減らす」と「気体粒子数が増加する方向(1(左辺) ⟶ 2(右辺))」，つまり「(＊)の平衡は右(赤褐色の NO_2 が生成する方向)に移動」し，赤褐色が濃くなる。〈正しい〉

④ ③と同じ要領で考える。

圧力を急に加える(体積を急に小さくする)と，はじめ赤褐色が濃くなり，次に(＊)の平衡が左に移動し赤褐色の NO_2 が減少するため，赤褐色がうすくなる。〈誤り〉

⑤ 圧力を変えると平衡が移動し，色が変化する。〈誤り〉

反応に無関係な気体を加えたときの平衡移動

ルシャトリエの問題には，**平衡の移動が判断しにくい有名問題が 2 つある**んだ。

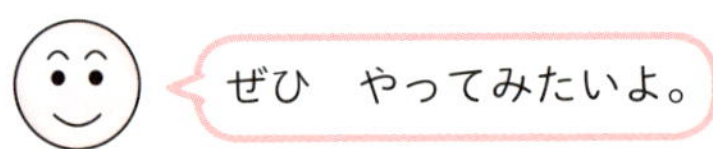

たとえば，C_2H_4(気)＋ H_2(気) ⇄ C_2H_6(気)……(＊)の反応が平衡状態になっているとするね。ここで，

❶ 温度と全圧を一定に保ち，窒素 N_2 を加える

❷ 温度と容器の体積を一定に保ち，窒素 N_2 を加える

という 2 つの条件のとき平衡がどのように変化するかを判断する問題なんだ。

❶ 温度と全圧を一定にして(＊)の平衡に無関係な窒素 N_2 を加えると，「全圧が一定に保たれているので，エチレン C_2H_4，水素 H_2，エタン C_2H_6 の分圧の和(平衡混合気体の分圧の和)が減少」する。そのため，「気体の分子数が増加する方向((＊)の反応式の係数を読みとって，1 ＋ 1(左辺：C_2H_4 1 mol，H_2 1 mol) ⟵ 1(右辺：C_2H_6 1 mol))」，つまり「(＊)の平衡は**左に移動**」するんだ。

❶の条件でのようすを図で示すと次のようになる。

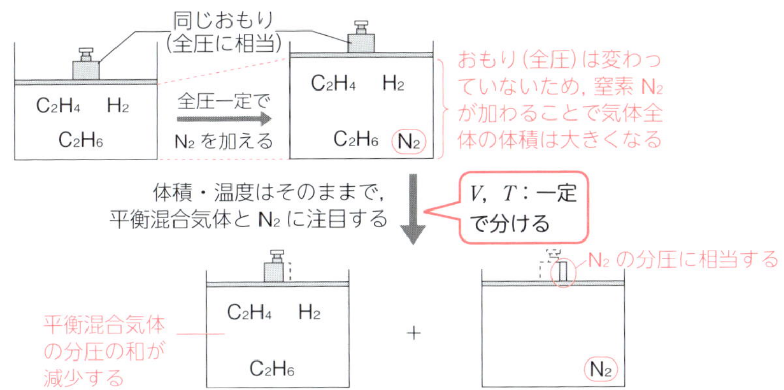

❷ 温度と体積一定で(*)の平衡に無関係な窒素 N_2 を加えても，「エチレン C_2H_4，水素 H_2，エタン C_2H_6 の物質量〔mol〕や体積に変化がないので，それぞれの濃度に変化がない。それぞれの濃度に変化がなければ，「(*)の平衡も**移動しない**」んだ。

❷の条件のようすを図で示すと次のようになる。

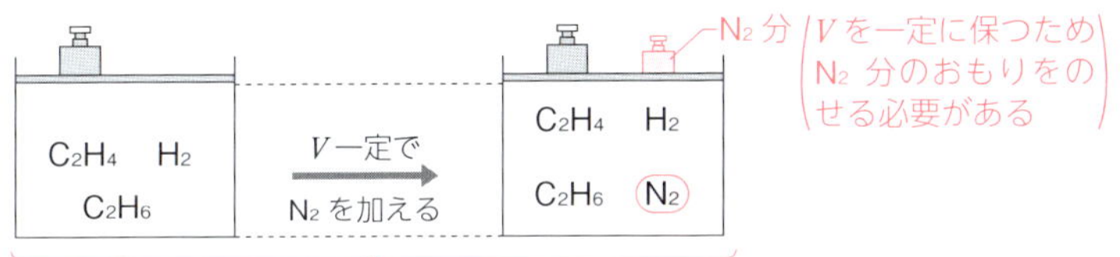

C_2H_4，H_2，C_2H_6 の濃度は変化がない

❶「左に移動」　❷「移動しない」

チェック問題 8

次の熱化学方程式で表される気体反応が，図のピストンつきの容器の中で平衡状態にある。

$$N_2O_4 = 2NO_2 - 57.2\,\mathrm{kJ} \quad \cdots\cdots (*)$$

化学平衡の移動に関する記述として，正しいものを次の①～⑤のうちから１つ選べ。

① 温度一定で，ピストンを押して体積を小さくすると，N_2O_4 の物質量は減少する。
② 全圧一定で，温度を上げると，N_2O_4 の物質量は増加する。
③ 温度一定，全圧一定で，NO_2 を加えても，N_2O_4 の物質量は変化しない。
④ 温度一定，体積一定で，アルゴンを加えると，N_2O_4 の物質量は減少する。
⑤ 温度一定，全圧一定で，アルゴンを加えると，N_2O_4 の物質量は減少する。

解答・解説

⑤

① 「体積を小さくする」を，「圧力を上げる」におきかえて考えるとよい。「圧力を上げる」と「気体の粒子数が減少する方向（1 ⟵ 2）」つまり「(*)の平衡は左（N_2O_4 の物質量が**増加する**方向）に移動」する。〈誤り〉
（1＝左辺，2＝右辺）

② 「温度を上げる」と「吸熱方向」つまり「(*)の平衡は右（NO_2 の物質量が増加する方向）に移動」する。〈誤り〉

③ 「NO_2 を加える」と「NO_2 が減少する方向」つまり「(*)の平衡は左（**N_2O_4 の物質量が増加する**方向）に移動」する。〈誤り〉

④ 体積一定で(*)の平衡に無関係な Ar を加えても，「N_2O_4，NO_2 の濃度に変化がない」ので，「(*)の平衡は移動しない」。つまり，**N_2O_4 や NO_2 の物質量〔mol〕は変化しない**。〈誤り〉

⑤ 全圧を一定にして(*)の平衡に無関係な Ar を加えると，「全圧が一定に保たれているので，N_2O_4，NO_2 の分圧の和（平衡混合気体の分圧の和）が減少」する。そのため，「気体の分子数が増加する方向（1 ⟶ 2）」つまり，「(*)の平衡は右（N_2O_4 の物質量が減少する方向）に移動」する。〈正しい〉
（1＝左辺，2＝右辺）

思考力のトレーニング 2

気体 X，Y，Z の平衡反応は次の熱化学方程式で表される。 aX = bY + bZ + Q〔kJ〕

密封容器に X のみを 1.0 mol 入れて温度を一定に保ったときの物質量の変化を調べた。気体の温度を T_1 と T_2 に保った場合の X と Y（または Z）の物質量の変化を，図の結果Ⅰと結果Ⅱにそれぞれ示す。ここで $T_1 < T_2$ である。熱化学方程式中の係数 a と b の比（a：b）および Q の正負の組み合わせとして最も適当なものを，右の①～⑧のうちから1つ選べ。

	a：b	Q の正負
①	1：1	正
②	1：1	負
③	2：1	正
④	2：1	負
⑤	1：2	正
⑥	1：2	負
⑦	3：1	正
⑧	3：1	負

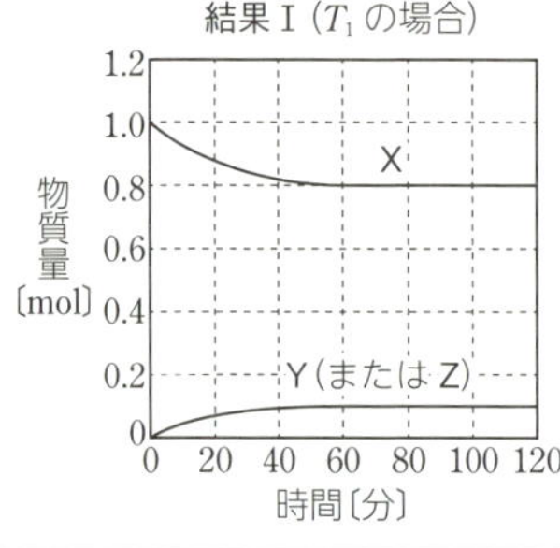

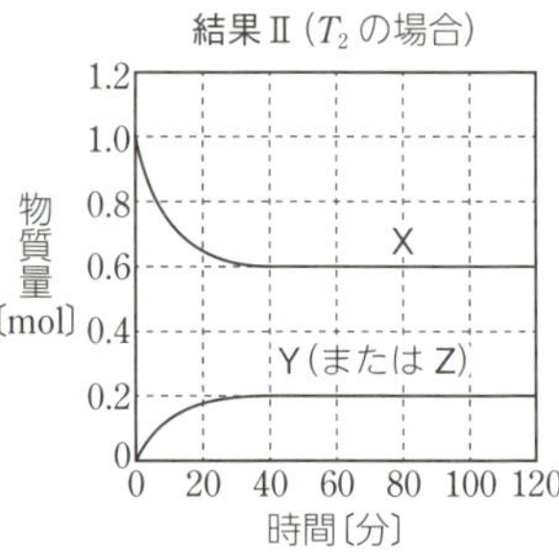

解答・解説

④

図の結果Ⅰより，温度 T_1 では**平衡状態になるまで**に，X は $1.0-0.80=0.20$ mol

↳グラフが水平になるまで

減少し，Y や Z がそれぞれ 0.10 mol 生成していることがわかる。Y や Z は X の $\frac{1}{2}$ 倍生成しているので，$a=2$，$b=1$とわかり，$a:b=2:1$になる。

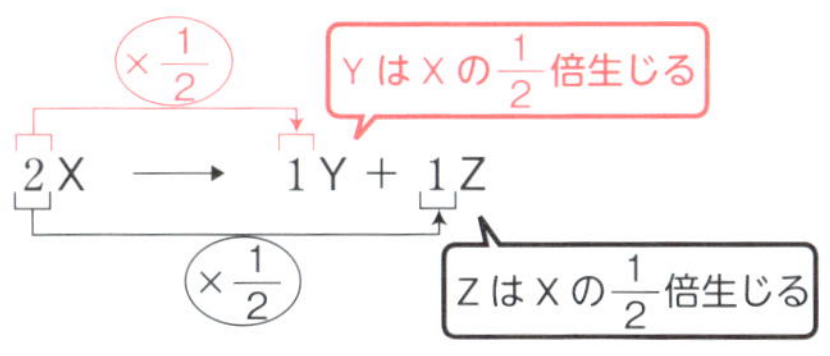

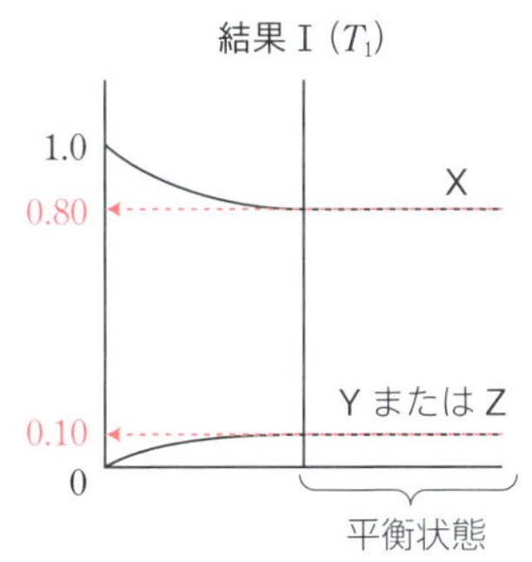

図の結果Ⅰ(T_1の場合)に比べると，結果Ⅱ(T_2の場合)のほうが生じる Y が増えていることがわかる。つまり，$T_1 < T_2$とあるので，温度を上げると，Y が増えたつまり平衡が右に移動したとわかる。また，温度を上げると吸熱方向に平衡が移動するので，吸熱方向が右方向になる。

Y が増えるときは，平衡が右に移動している

よって，X = Y + Z − x kJ となり，Q は負になる。

右方向が吸熱なら，温度を上げると平衡は右に移動する

ここが $+Q$ kJ の部分

思考力のトレーニング 3

難 4分

430 ℃付近のある温度で，ヨウ素と水素の混合気体が反応してヨウ化水素が生成する反応は，下記のような発熱反応である。

H_2(気体) $+I_2$(気体) $=$ 2HI(気体) $+12$ kJ

この温度で，同じ物質量のヨウ素および水素を，容積一定の密閉した容器に入れて，平衡状態に達するまで放置した。

図に示す曲線(a)は，最初に述べた条件におけるヨウ化水素の生成量と反応時間の関係を表している。(1)，(2)のように条件を変えると，ヨウ化水素の生成量と反応時間の関係を表す曲線は図中の①～⑥のいずれに変化するか，それぞれ答えよ。

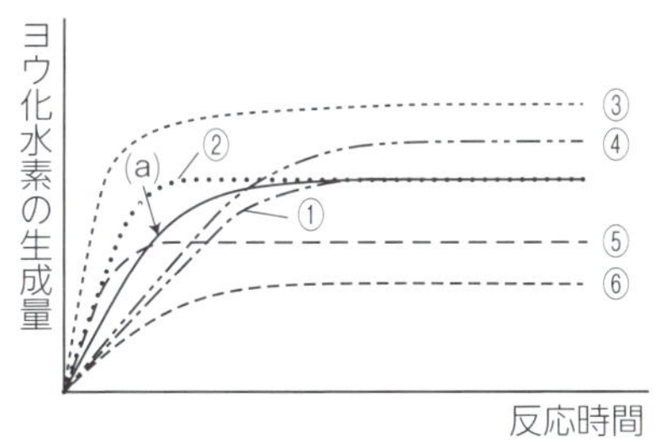

(1) 反応温度を少し上げる。
(2) 触媒として白金を共存させる。

解答・解説

(1) ⑤　(2) ②

反応速度と平衡移動は，分けて考えると解きやすい。
反応速度が大きくなる条件は，① 反応物の濃度を大きくする ② 温度を高くする ③ 触媒を加える だった。

(1) 反応温度を上げると，反応速度が大きくなるので**平衡状態になるまで**の時間が短くなる。
→HIのグラフが水平になるまで

反応温度を上げると，吸熱方向に平衡が移動する。つまり，平衡は左に移動し，最終的なHIの生成量が減少する。

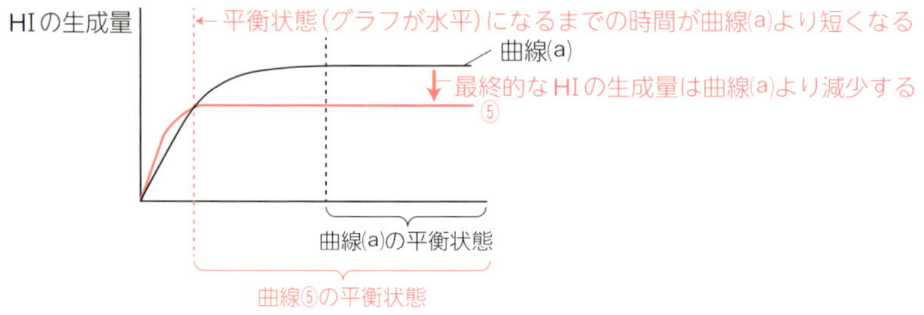

よって，この条件に合う曲線は⑤になる。

(2) 触媒を加えると，活性化エネルギーが小さくなり反応速度が大きくなるので，**平衡状態になるまで**の時間が短くなる。
→HIのグラフが水平になるまで

触媒を加えても平衡は移動しないので，最終的なHIの生成量は変化しない。

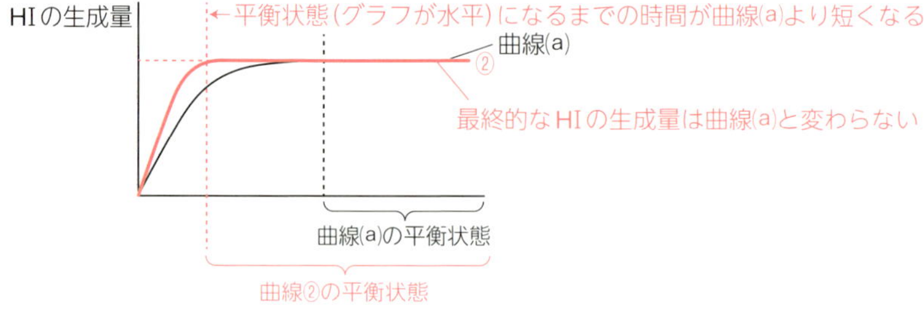

よって，この条件に合う曲線は②になる。

第４章　化学反応の速さと平衡

水溶液中の化学平衡

1 水のイオン積とpHについて

純粋な水（純水）H_2O はごくわずかに電離し，H^+ と OH^- を生じ，電離による平衡状態（➡ **電離平衡**）になっている。

$$H_2O \rightleftarrows H^+ + OH^-$$

このとき，それぞれのイオンのモル濃度〔mol/L〕を $[H^+]$，$[OH^-]$ と書くと，**温度が一定のとき，これらイオンのモル濃度の積は一定の値になることが知られている**んだ。この値を**水のイオン積**といい，K_w という記号で表す（w は，水 water を表す）。

$$K_w = [H^+] \times [OH^-] = 一定値$$

となり，**25℃で K_w の値は 1.0×10^{-14}〔mol^2/L^2〕**になるんだ。純粋な水は，$[H^+]$ と $[OH^-]$ が等しく，K_w の値から25℃で　$[H^+] = [OH^-] = 10^{-7}$〔mol/L〕になる。

水のイオン積 K_w は純粋な水でしか成り立たないの？

そうではないんだ。**純粋な水だけでなく，酸の水溶液や塩基の水溶液でも水のイオン積 K_w は成り立つ**んだ。これで，「水溶液の状態を表せる道具（➡水のイオン積 K_w）」を手に入れることができたんだ。

つまり，水溶液中では，$[H^+] \times [OH^-]$ が常に一定の値になるのだから，$[H^+]$ と $[OH^-]$ の関係は，❶　$[H^+] > [OH^-]$　❷　$[H^+] = [OH^-]$　❸　$[H^+] < [OH^-]$ のいずれかになる。

❶～❸のそれぞれを，❶酸性，❷中性，❸塩基性とよび，**25℃のときは，K_w は 1.0×10^{-14}〔mol^2/L^2〕**だから，❶～❸の関係を数値で示すと，

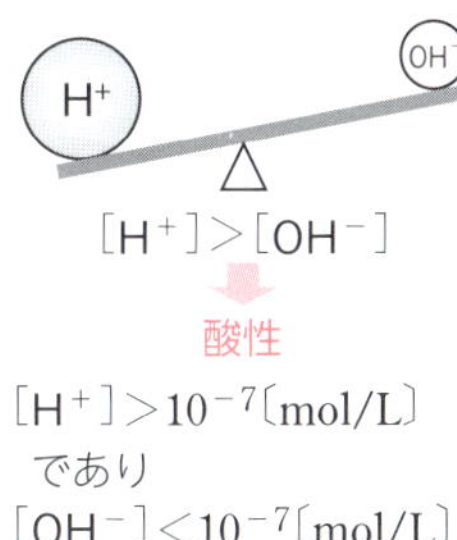

$[H^+] > 10^{-7}$〔mol/L〕であり $[OH^-] < 10^{-7}$〔mol/L〕

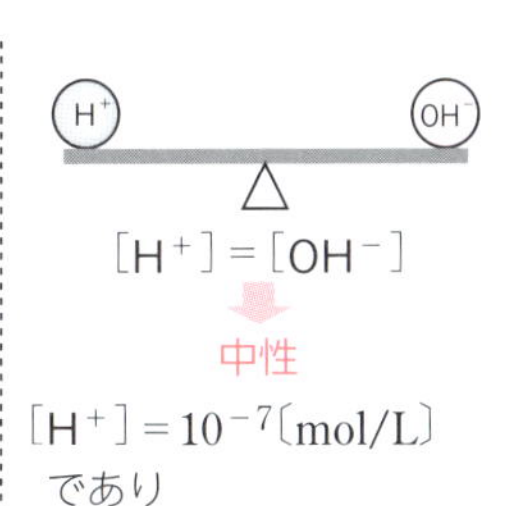

$[H^+] = 10^{-7}$〔mol/L〕であり $[OH^-] = 10^{-7}$〔mol/L〕

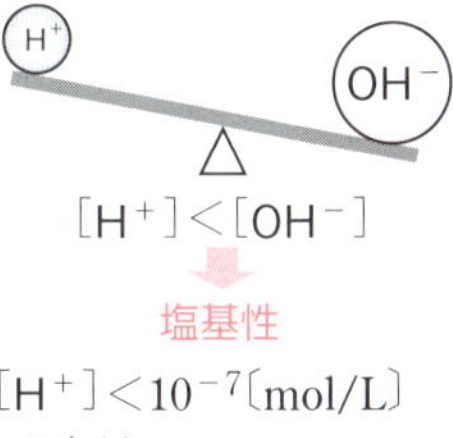

$[H^+] < 10^{-7}$〔mol/L〕であり $[OH^-] > 10^{-7}$〔mol/L〕

になるんだ。

第４章　化学反応の速さと平衡

数値が小さすぎてわかりにくいね。

そうなんだ。水溶液の状態を，水素イオンのモル濃度 $[H^+]$ や水酸化物イオンのモル濃度 $[OH^-]$ の値で表しても，非常に小さくそのままではわかりにくい。そこで，$[H^+]=10^{-n}$ の指数の部分 n を使って，水溶液の状態を表すことにしたんだ。**この n を水素イオン指数といって，記号 pH と書く。**

$$\mathrm{pH} = -\log_{10}[H^+]$$

つまり，$[H^+]=10^{-n}$〔mol/L〕のとき，$\mathrm{pH}=n$ となるんだ。

25 ℃のときには，**中性だったら $[H^+]=10^{-7}$〔mol/L〕なので $\mathrm{pH}=-\log_{10}10^{-7}=7$，酸性だったら $[H^+]>10^{-7}$〔mol/L〕なので $\mathrm{pH}<7$，塩基性なら $[H^+]<10^{-7}$〔mol/L〕なので $\mathrm{pH}>7$ になる**ね。

あと，pH の計算でよく出てくる「$[H^+]=a\times10^{-n}$ mol/L のときは，$\mathrm{pH}=-\log_{10}(a\times10^{-n})=n-\log_{10}a$ になる」ことは知っておいてね。

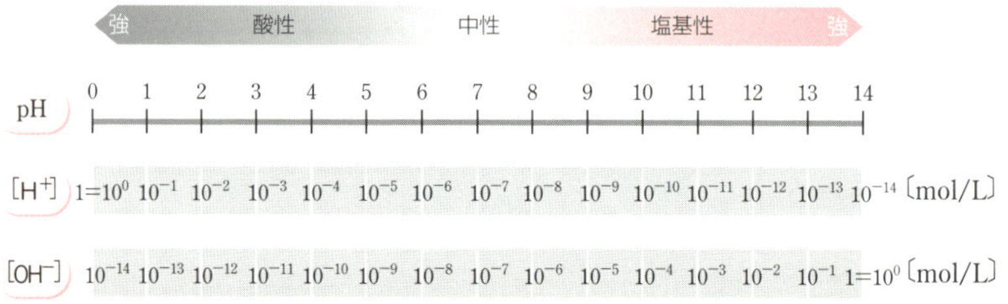

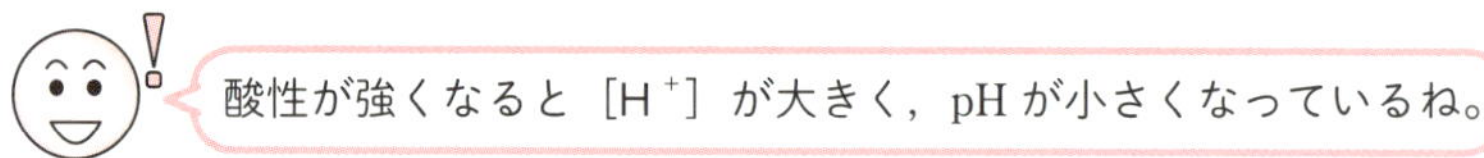

酸性が強くなると $[H^+]$ が大きく，pH が小さくなっているね。

そうなんだ。**$[H^+]$ が大きくなるほど，pH が小さくなるほど，酸性が強くなるね。**

ポイント　水溶液について

- 純粋な水，酸や塩基の水溶液中 ➡ 水のイオン積 K_w が成立
- 25 ℃の水溶液 ➡ K_w の値：1.0×10^{-14}〔mol^2/L^2〕
- $\mathrm{pH}=-\log_{10}[H^+]$ で
  酸性：$\mathrm{pH}<7$　　中性：$\mathrm{pH}=7$　　塩基性：$\mathrm{pH}>7$

2 強酸・強塩基の pH について

強酸や**強塩基**の pH を求めてみよう。まず，**1 価の強酸である C mol/L の塩酸の pH を求めてみる**ね。

強酸は，ふつう水溶液中で完全に電離しているので，電離度 $\alpha \fallingdotseq 1$ の酸ということができる。電離度 (α) は「溶けている酸に対する電離した酸の割合」のことなので，**電離度 (α) が 1 ということは，パーセントでいうと 100% 電離しているともいえる**んだ。じゃあ，C mol/L の塩酸，つまり 1 L の水溶液（塩酸）中の塩化水素 HCl C mol は，どれくらい電離しているかな？

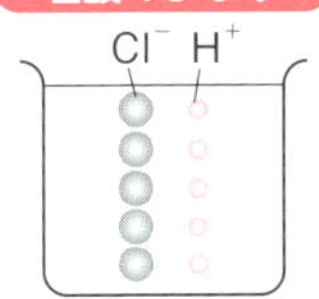

100%電離している

100% 電離しているから，1 L の水溶液中で C mol の HCl すべてが電離しているね。

そうだね。1 L の水溶液中では，C mol の HCl が 100% 電離しているので，H^+ と Cl^- が C mol ずつ存在しているんだ。

	HCl	⟶	H^+	+	Cl^-
（電離前）	C〔mol/L〕		0〔mol/L〕		0〔mol/L〕
（電離後）	0〔mol/L〕		C〔mol/L〕		C〔mol/L〕

よって，$[H^+] = C$〔mol/L〕であり，$pH = -\log_{10}[H^+] = -\log_{10} C$ になる。ただ，ここで気をつけてほしいことがあるんだ。

どんなこと？

酸の水溶液をうすめていったときの pH についてなんだ。同じように計算すると，10^{-6} mol/L の HCl の pH は 6（酸性），10^{-7} mol/L の HCl の pH は 7（中性），10^{-8} mol/L なら pH は 8（塩基性），……となり，酸をうすめていくと液性が酸性から塩基性に変化していくことになるよね。

でも，実際は**酸の水溶液を水でうすめていっても中性や塩基性になることはなく，中性に近づいてはいくけれど酸の水溶液であるかぎり酸性に変わりはない**んだ。たとえば，10^{-8} mol/L HCl の pH を厳密に求めると pH = 6.98（ほんのわずかな酸性）になる。

強酸のときと同じように，1 価の強塩基である C mol/L の水酸化ナトリウム NaOH 水溶液の pH を求めてみるね。

	NaOH	⟶	Na^+	+	OH^-
（電離前）	C〔mol/L〕		0〔mol/L〕		0〔mol/L〕
（電離後）	0〔mol/L〕		C〔mol/L〕		C〔mol/L〕

$[OH^-] = C$〔mol/L〕であり，水のイオン積 $K_w = [H^+][OH^-]$ に代入し，

$[H^+] = \dfrac{K_w}{[OH^-]} = \dfrac{K_w}{C}$〔mol/L〕になる。よって，$pH = -\log_{10}[H^+] = -\log_{10}\dfrac{K_w}{C}$ と

第4章 化学反応の速さと平衡

求められる。

また，水でうすめるときは，酸をうすめるときと同じように考えればいいんだ。

ポイント　酸・塩基をうすめたときの pH について

- C mol/L，HCl の ［H^+］＝ C〔mol/L〕
  - 酸の水溶液を水でうすめていっても，中性には近づくけれど酸性であることに注意する
- C mol/L，NaOH の ［OH^-］＝ C〔mol/L〕
  - 塩基の水溶液を水でうすめていっても，中性には近づくけれど塩基性であることに注意する

チェック問題 1

濃度不明の塩酸1.0 L を0.030 mol/L の水酸化ナトリウム水溶液1.0 L と混合したところ，0.56 kJ の発熱があった。この混合溶液の pH として最も適当な数値を，次の①～⑧のうちから１つ選べ。ただし，中和熱は56 kJ/mol で水のイオン積は $K_w = 1.0 \times 10^{-14}$〔$mol^2/L^2$〕とし，中和反応以外による発熱または吸熱は無視できるものとする。

①　1	②　2	③　3	④　5
⑤　9	⑥　11	⑦　12	⑧　13

解答・解説

⑦

HCl＋1 NaOH ⟶ NaCl＋1 H_2O より，もし，NaOH 0.030（mol/L）×1.0（L）＝0.030 mol がすべて反応したと仮定すると，H_2O は 0.030 mol 生じるので，

（H_2O の mol を代入）

このとき　56（中和熱 kJ/mol）×0.030（mol）＝1.68 kJ の発熱になると予想できる。ところが，

実際は 0.56 kJ の発熱なので，仮定は誤りで，**NaOH はすべて反応せず，HCl のすべてが反応し，NaOH が余ったとわかる**。

（NaOH がすべて反応していないということは，NaOH は余るしかない！）

塩酸の濃度を x mol/L とおくと，その量関係は次のようになる。

$$\begin{array}{lcccc} & HCl & + \ NaOH & \longrightarrow \ NaCl & + \ H_2O \\ （反応前） & x \times 1.0\ \mathrm{mol} & 0.030 \times 1.0\ \mathrm{mol} & & \\ （反応後） & 0 & (0.030 - x)\ \mathrm{mol} & x\ \mathrm{mol} & x\ \mathrm{mol} \end{array}$$

（HCl：$\frac{\mathrm{mol}}{\cancel{L}} \times \cancel{L}$、NaOH：$\frac{\mathrm{mol}}{\cancel{L}} \times \cancel{L}$）

(0.030 − x) mol：発生した熱が1.68 kJ ではないため余ったことがわかる

x mol：H₂O の mol を代入

発生した熱量が0.56 kJ なので，$56 \times x = 0.56$ kJ となり $x = 0.010$ mol/L になる。
（56：中和熱 kJ/mol，0.56：kJ）

反応後に余っている NaOH は $0.030 - x = 0.030 - 0.010 = 0.020$ mol となり，混合水溶液は $\underset{\text{HClaq〔L〕}}{1.0} + \underset{\text{NaOHaq〔L〕}}{1.0} = 2.0$ L になる。

この NaOH 水溶液のモル濃度は，$[\mathrm{NaOH}] = \frac{0.020\ \mathrm{mol}}{2.0\ \mathrm{L}} = 0.010$ mol/L となり，

$[\mathrm{OH^-}] = 0.010 = 10^{-2}$〔mol/L〕なので，$[\mathrm{H^+}] = \frac{K_w}{[\mathrm{OH^-}]} = \frac{10^{-14}}{10^{-2}} = 10^{-12}$〔mol/L〕,

$\mathrm{pH} = -\log_{10}[\mathrm{H^+}] = -\log_{10}10^{-12} = 12$ になる。

3 弱酸・弱塩基の pH について

❶ 弱酸の pH

C〔mol/L〕の酢酸 CH_3COOH 水溶液（電離度 α）の pH を求めてみよう。

C〔mol/L〕の CH_3COOH 水溶液は，どれくらい電離しているかな？

電離した CH_3COOH は，電離度が α だから $C\alpha$〔mol/L〕だね。

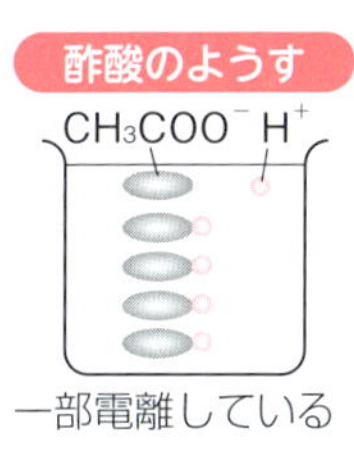

そうだね。そして，電離せずに残っている酢酸は，電離した酢酸を引くことで $C - C\alpha$〔mol/L〕になるんだ。反応式の係数から，CH_3COOH 1 mol が電離すると，CH_3COO^- と H^+ が 1 mol ずつ生成するので，その量関係は次のようになる。

$$\begin{array}{lccc} & CH_3COOH & \rightleftarrows \ CH_3COO^- & + \ H^+ \\ （電離前） & C\,\text{〔mol/L〕} & 0\,\text{〔mol/L〕} & 0\,\text{〔mol/L〕} \\ （電離平衡時） & C - C\alpha\,\text{〔mol/L〕} & C\alpha\,\text{〔mol/L〕} & C\alpha\,\text{〔mol/L〕} \end{array}$$

（$C - C\alpha$：電離した $C\alpha$〔mol/L〕を引く）
（$C\alpha$：$C\alpha$〔mol/L〕の CH_3COOH が電離したので $C\alpha$〔mol/L〕ずつ生成する）

よって，$[\mathrm{H^+}] = C\alpha$〔mol/L〕となり，pH を求めることができる。

ここで，電離度 α が与えられず，電離定数 K_a が与えられているときは，次のように pH を求めることができる。

電離定数 K_a って？

電離平衡における平衡定数を電離定数というんだ。

酢酸水溶液では，次の電離平衡が成立していたよね。

$$CH_3COOH \rightleftarrows CH_3COO^- + H^+$$

これに，化学平衡の法則（質量作用の法則）を適用した平衡定数 K_a を電離定数とよび，次の式で表される。

$$K_a = \frac{[CH_3COO^-][H^+]}{[CH_3COOH]}$$

acid：酸を表す

ここで，C mol/L の CH_3COOH（電離度 α）の［H^+］を求めてみるね。

各成分の濃度は次のようになる。

	CH_3COOH	$\rightleftarrows$	CH_3COO^-	＋	H^+
（電離前）	C〔mol/L〕				
（電離平衡時）	$C - C\alpha$〔mol/L〕		$C\alpha$〔mol/L〕		$C\alpha$〔mol/L〕

ここで，各成分のモル濃度

$[CH_3COOH] = C - C\alpha = C(1-\alpha)$〔mol/L〕

$[CH_3COO^-] = C\alpha$〔mol/L〕，$[H^+] = C\alpha$〔mol/L〕を K_a に代入するんでしょ？

さすがだね。**電離定数 K_a は，温度一定で一定の値になった**よね。この K_a に各成分のモル濃度を代入すると，

$$K_a = \frac{[CH_3COO^-][H^+]}{[CH_3COOH]} = \frac{C\alpha \cdot C\alpha}{C(1-\alpha)} = \frac{C^2\alpha^2}{C(1-\alpha)} = \frac{C\alpha^2}{1-\alpha}$$

となる。ここで，CH_3COOH は弱酸であり，電離度 α の値が 1 よりも非常に小さいときは，$1-\alpha \fallingdotseq 1$ とみなすことができる。よって，

$$K_a = \frac{C\alpha^2}{1-\alpha} \fallingdotseq \frac{C\alpha^2}{1} = C\alpha^2 \quad \text{と近似でき，}$$

α は 1 よりも非常に小さいとき，$1-\alpha \fallingdotseq 1$ とできる

$$\alpha^2 = \frac{K_a}{C} \quad \text{となり，} \alpha > 0 \text{ から，} \alpha = \sqrt{\frac{K_a}{C}} \quad \cdots\cdots ①$$

①式を $[H^+] = C\alpha$ に代入すると，

$$[H^+] = C\alpha = C\sqrt{\frac{K_a}{C}} = \sqrt{C^2 \cdot \frac{K_a}{C}} = \sqrt{CK_a} \text{〔mol/L〕}$$

←「かけ算した値のルートになる」と覚えよう！

となり，pH を求めることができるんだ。

チェック問題 2

酢酸の25 ℃での電離定数は 2.7×10^{-5} mol/L である。25 ℃における酢酸水溶液の濃度と電離度の関係を表すグラフを，次の①～⑥のうちから1つ選べ。

①

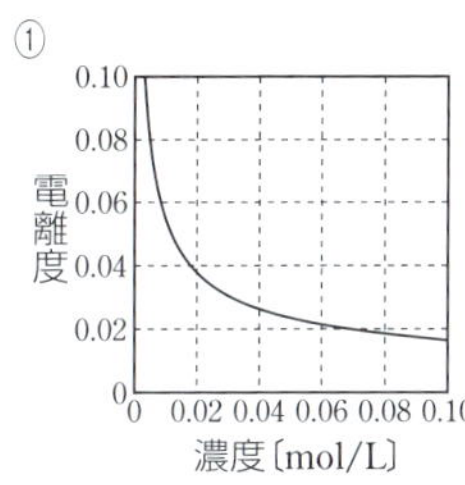

②

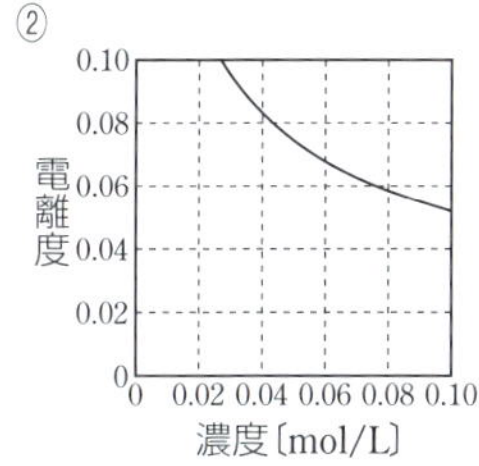

③

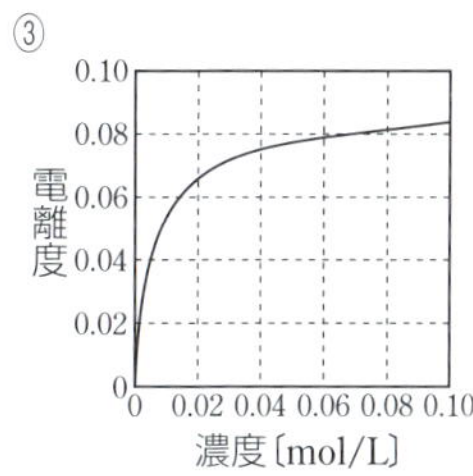

④

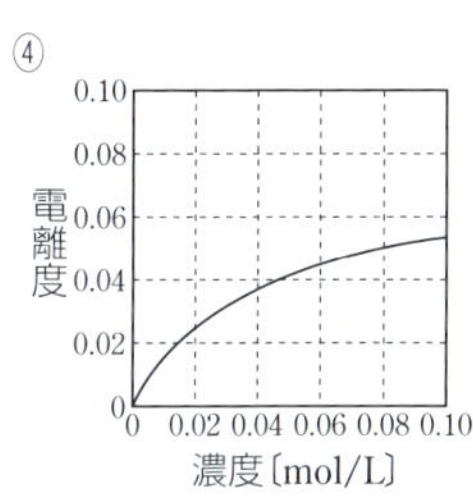

⑤

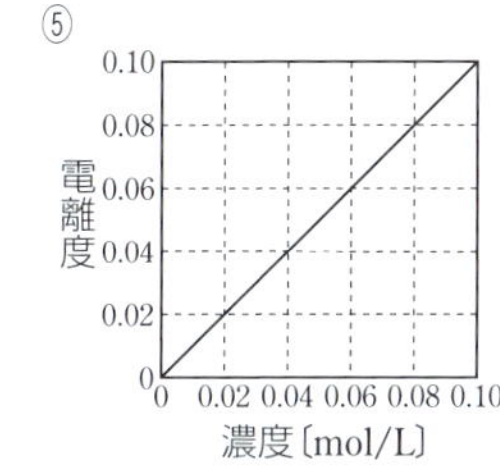

⑥

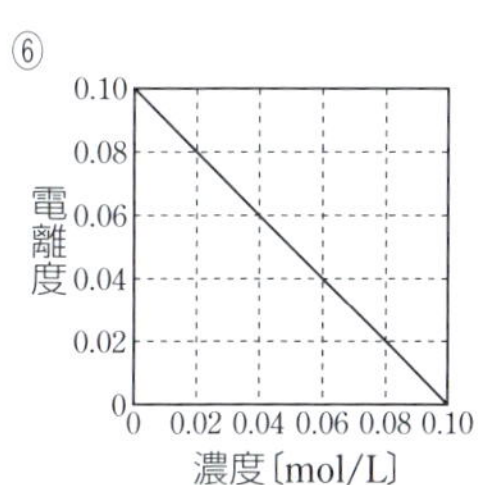

解答・解説

①

$\alpha = \sqrt{\dfrac{K_a}{C}}$ より，K_a は一定（温度が25 ℃で一定だから）なので，

濃度 C が大きくなるほど α は小さくなり，逆に C が小さくなるほど α は大きくなる。

（$\alpha = \sqrt{\dfrac{K_a}{C}}$：$K_a$ → 一定，C → 大になると…，α → 小となる）

る。これで，グラフは C㊅で α㊉，C㊉で α㊅になっている①，②，⑥の3つにしぼることができる。また，電離定数は $K_a = 2.7 \times 10^{-5}$ より，

$C = 3.0 \times 10^{-2} = 0.030$ mol/L のときの α は，

（3.0×10^{-2} → 計算が楽になりそうな数値で考える。）

$$\alpha = \sqrt{\frac{K_a}{C}} = \sqrt{\frac{2.7\times10^{-5}}{3.0\times10^{-2}}} = \sqrt{\frac{27\times10^{-6}}{3\times10^{-2}}} = 3 \times 10^{-2} = 0.030$$

になる。よって，①，②，⑥のグラフのうち，$C = 0.030$ mol/L で $\alpha = 0.030$ を通るのは①のグラフのみ。

第4章 化学反応の速さと平衡

（参考　$\alpha = \sqrt{\dfrac{K_a}{C}}$ の式は，C がきわめて小さいと成り立たなくなるが，グラフのおおまかな傾向を知るのには使える。）

これを機に，酢酸の濃度と電離度の関係を表すグラフの形を知っておこう。

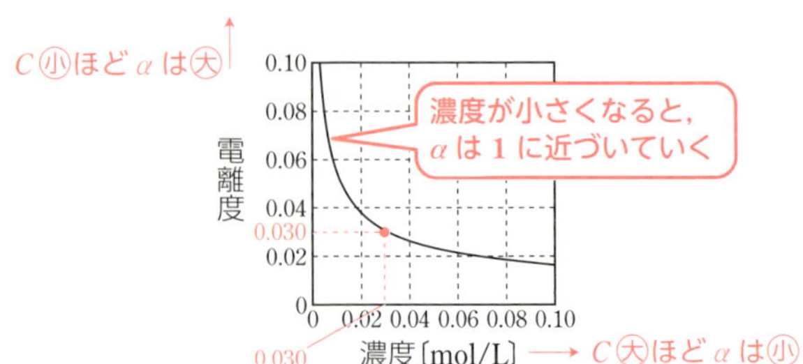

チェック問題 3

標準 

電離平衡に関する問 [1] ～ [8] に答えよ。必要があれば $\log_{10}2 = 0.30$，$\log_{10}3 = 0.48$ を用いて計算せよ。

酢酸は，水溶液中で次のような電離平衡にある。

$$CH_3COOH \rightleftarrows CH_3COO^- + H^+$$

平衡時における各成分のモル濃度を［CH_3COOH］，［CH_3COO^-］，［H^+］とすると電離定数は K_a = [1] となる。0.02 mol/L の酢酸水溶液で，電離度を α とすると電離定数は K_a = [2] mol/L と表せる。酢酸は弱酸であり，電離度が1よりいちじるしく小さいので，K_a = [3] mol/L と近似できる。したがって，$K_a = 1.8 \times 10^{-5}$ mol/L とすると，α = [4] となる。また，この溶液の水素イオン濃度は［H^+］= [5] mol/L となり，pH = [6] となる。

この酢酸水溶液を水でうすめると α は [7] 。また，K_a は [8] 。

[1] にあてはまる式は次のうちどれか。

① $\dfrac{[CH_3COOH]}{[CH_3COO^-][H^+]}$　② $\dfrac{[CH_3COO^-]}{[CH_3COOH][H^+]}$　③ $\dfrac{[CH_3COOH][H^+]}{[CH_3COO^-]}$

④ $\dfrac{[CH_3COO^-][H^+]}{[CH_3COOH]}$　⑤ $\dfrac{[CH_3COO^-]}{[CH_3COOH]}$　⑥ $\dfrac{[H^+]}{[CH_3COO^-]}$

[2] にあてはまる式は次のうちどれか。

① $\dfrac{0.02\alpha^2}{1-\alpha}$　② $\dfrac{1-\alpha}{(0.02)^2\alpha^2}$　③ $\dfrac{(0.02)^2\alpha^2}{1-\alpha}$

④ $\dfrac{0.02\alpha^2}{1+\alpha}$　⑤ $\dfrac{1-\alpha}{0.02\alpha^2}$　⑥ $\dfrac{\alpha^2}{1-\alpha}$

3 にあてはまる式は次のうちどれか。

① $\dfrac{1}{0.02\alpha^2}$　② $0.02\alpha^2$　③ 0.02α　④ $\dfrac{1}{(0.02)^2\alpha^2}$　⑤ $\dfrac{1}{0.02\alpha}$　⑥ α^2

4 に最も適した値は次のうちどれか。

① 3.0×10^{-2}　② 4.2×10^{-3}　③ 5.2×10^{-3}
④ 1.3×10^{-4}　⑤ 9.0×10^{-4}　⑥ 1.8×10^{-5}

5 に最も適した値は次のうちどれか。

① 2.0×10^{-2}　② 3.0×10^{-4}　③ 6.0×10^{-4}
④ 1.8×10^{-5}　⑤ 8.6×10^{-5}　⑥ 2.6×10^{-6}

6 に最も適した値は次のうちどれか。

① 2.5　② 3.2　③ 3.5　④ 3.7　⑤ 4.2　⑥ 4.7

7 , 8 に適当な語句を次から選べ。

① 変わらない　② 大きくなる　③ 小さくなる

第4章 化学反応の速さと平衡

解答・解説

1 ④　2 ①　3 ②　4 ①
5 ③　6 ②　7 ②　8 ①

1 $K_a = \dfrac{[CH_3COO^-][H^+]}{[CH_3COOH]}$

2 $K_a = \dfrac{C\alpha^2}{1-\alpha} = \dfrac{0.02\alpha^2}{1-\alpha}$
$C=0.02$ mol/L を代入する

3 $K_a \fallingdotseq C\alpha^2 = 0.02\alpha^2$ 〔mol/L〕
$C=0.02$ mol/L を代入する

4 $\alpha = \sqrt{\dfrac{K_a}{C}} = \sqrt{\dfrac{1.8\times10^{-5}}{0.02}} = \sqrt{9\times10^{-4}} = 3.0\times10^{-2}$
$C=0.02$ mol/L，$K_a=1.8\times10^{-5}$ mol/L を代入する

5 $[H^+] = C\alpha = 0.02\times3.0\times10^{-2} = 6.0\times10^{-4}$ 〔mol/L〕
$C=0.02$ mol/L，$\alpha=3.0\times10^{-2}$ を代入する

6 $\mathrm{pH} = -\log_{10}[H^+] = -\log_{10}(6.0\times10^{-4}) = 4-\log_{10}6$
$= 4-\log_{10}(2\times3) = 4-\log_{10}2-\log_{10}3 = 4-0.30-0.48 \fallingdotseq 3.2$

7 $\alpha = \sqrt{\dfrac{K_a}{C}}$ ⟶ α は大きくなる。
水でうすめると，C の値は小さくなるが K_a の値は変化しないので，$\sqrt{\dfrac{K_a}{C}}$ は大きくなる

8 K_a は温度が変わらなければ一定の値をとる。

❷ 弱塩基の pH

C〔mol/L〕のアンモニア NH_3 水溶液(電離度 α)の pH は，

	NH_3	+ H_2O ⇄	NH_4^+	+ OH^-
(電離前)	C〔mol/L〕		0〔mol/L〕	0〔mol/L〕
(電離平衡時)	$C-C\alpha$〔mol/L〕		$C\alpha$〔mol/L〕	$C\alpha$〔mol/L〕

$[OH^-]=C\alpha$〔mol/L〕となり，$[H^+]$ は K_w を使って求めることができるんだ。

$[H^+]=\dfrac{K_w}{[OH^-]}=\dfrac{K_w}{C\alpha}$ となるね。

そうだね。また，水溶液のほとんどは H_2O なので**水のモル濃度〔H_2O〕は一定とみなしていい**。だから，アンモニア水溶液の電離平衡

	NH_3	+	H_2O ⇄	NH_4^+	+	OH^-
(電離平衡時)	$C-C\alpha$〔mol/L〕		一定	$C\alpha$〔mol/L〕		$C\alpha$〔mol/L〕

の場合，その平衡定数 K は

$$K=\frac{[NH_4^+][OH^-]}{[NH_3][H_2O]}$$ となり，$K[H_2O]=K_b$ と表すことができ，

一定　一定　一定部分をまとめる　一定　一定　一定

base 塩基を表す

$$K_b=K[H_2O]=\frac{[NH_4^+][OH^-]}{[NH_3]}$$

となる。K_b も K_a と同じように**電離定数**とよぶんだ。

ここで，各成分のモル濃度を代入するんだね。

そうなんだ。$K_b=\dfrac{[NH_4^+][OH^-]}{[NH_3]}=\dfrac{C\alpha\cdot C\alpha}{C-C\alpha}=\dfrac{C^2\alpha^2}{C(1-\alpha)}=\dfrac{C\alpha^2}{1-\alpha}$

電離度 α の値が 1 よりも非常に小さいときは，$1-\alpha\fallingdotseq 1$ とみなすことができる。

よって，$K_b=\dfrac{C\alpha^2}{1-\alpha}\fallingdotseq\dfrac{C\alpha^2}{1}=C\alpha^2$　←$1-\alpha\fallingdotseq 1$とできる

と近似でき，$\alpha^2=\dfrac{K_b}{C}$　　$\alpha>0$ より，$\alpha=\sqrt{\dfrac{K_b}{C}}$　……①

になるね。ここで，①式を $[OH^-]=C\alpha$ に代入して，

$$[OH^-]=C\alpha=C\sqrt{\frac{K_b}{C}}=\sqrt{C^2\cdot\frac{K_b}{C}}=\sqrt{CK_b}\text{〔mol/L〕}$$ ←「かけ算した値のルートになる」と覚えよう！

となり，水のイオン積 $K_w=[H^+][OH^-]$ に代入すると，

$$[H^+]=\frac{K_w}{[OH^-]}=\frac{K_w}{\sqrt{CK_b}}$$ になる。

じゃあ，pH は，$pH = -\log_{10}[H^+] = -\log_{10}\dfrac{K_w}{\sqrt{CK_b}}$ だね。

チェック問題 4

0.1 mol/L のアンモニア水溶液の電離度を0.01とすると，この水溶液の pH は [1] となり，電離定数は [2] mol/L となる。それぞれにあてはまる数値を，次の①～⑤から 1 つ選べ。ただし，水のイオン積 $K_w = 10^{-14}$〔mol^2/L^2〕とする。

[1]：① 1　② 3　③ 9　④ 11　⑤ 13
[2]：① 1×10^{-1}　② 1×10^{-2}　③ 1×10^{-3}　④ 1×10^{-4}　⑤ 1×10^{-5}

解答・解説

[1] ④　[2] ⑤

[1] $C = 0.1$ mol/L の NH_3（$\alpha = 0.01$）なので，
$[OH^-] = C\alpha = 0.1\times0.01 = 10^{-3}$〔mol/L〕となる。

よって，$[H^+] = \dfrac{K_w}{[OH^-]} = \dfrac{10^{-14}}{10^{-3}} = 10^{-11}$〔mol/L〕から，

$pH = -\log_{10}[H^+] = -\log_{10}10^{-11} = 11$ となる。

[2] 電離定数：$K_b \fallingdotseq C\alpha^2 = 0.1\times(0.01)^2 = 1\times10^{-5}$

［このとき，
K_b の単位は $K_b = \dfrac{[NH_4^+][OH^-]}{[NH_3]}$ より，$\dfrac{〔mol/L〕〔mol/L〕}{〔mol/L〕}$ = 〔mol/L〕となる。］

思 考力のトレーニング 1

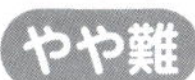

0.016 mol/L の酢酸水溶液50 mL と0.020 mol/L の塩酸50mL を混合した溶液中の，酢酸イオンのモル濃度は何 mol/L か。最も適当な数値を，次の①～⑥のうちから 1 つ選べ。ただし，酢酸の電離度は 1 より十分小さく，電離定数は2.5×10^{-5} mol/L とする。

① 1.0×10^{-5}　② 2.0×10^{-5}　③ 5.0×10^{-5}
④ 1.0×10^{-4}　⑤ 2.0×10^{-4}　⑥ 5.0×10^{-4}

解答・解説

②

水のイオン積 $K_w = [H^+][OH^-]$ や酢酸の電離定数 $K_a = \frac{[CH_3COO^-][H^+]}{[CH_3COOH]}$ などの［　］は，水溶液中にあるそれぞれのイオンや分子の合計の mol/L を表している。つまり，同じ水溶液中について考えているのであれば，K_w の $[H^+]$ と K_a の $[H^+]$ は同じ mol/L になる。

（［　］に合計(total)の t をつけて，$[\ \ ]_t$ と表すこともある）

2 種類の水溶液を同体積ずつ(50mL)混合している(P.216)ので，混合後の濃度は $\frac{1}{2}$ 倍になる。よって，この混合水溶液中の CH_3COOH 水溶液は $0.016 \times \frac{1}{2} =$ 0.0080 mol/L，HCl 水溶液は $0.020 \times \frac{1}{2} = 0.010$ mol/L になる。

mol/L は半分になる！

mol/L は半分になる！

ここで，$1\,HCl \longrightarrow 1\,H^+ + Cl^-$ より，0.010 mol/L の塩酸から電離して生じる H^+ は，$[H^+] = 0.010$ mol/L になる。また，水溶液中に CH_3COOH と CH_3COO^- が少しでも存在すれば，酢酸の電離定数 K_a が成り立つ。

$$K_a = \frac{[CH_3COO^-]_t[H^+]_t}{[CH_3COOH]_t}$$ t…total を表す

ここには HCl から生じる H^+ と CH_3COOH から生じる H^+ の合計を代入する

この混合水溶液中では，次のように HCl の H^+ と CH_3OOH の H^+ が存在する。

$$HCl \longrightarrow H^+ + Cl^- \qquad CH_3COOH \rightleftarrows CH_3COO^- + H^+$$

HCl の H^+ が大きいときには CH_3COOH の電離平衡が左に移動するので，HCl の H^+ に比べて CH_3COOH の H^+ は無視できる。

$$[H^+]_t = [H^+]_{HCl} + [H^+]_{CH_3COOH} \fallingdotseq [H^+]_{HCl} = 0.010 \text{ mol/L}$$

HCl から生じる H^+ だけに近似できる

また，CH_3COOH の電離平衡は左に移動しているので，CH_3COOH のモル濃度は $[CH_3COOH]_t \fallingdotseq 0.0080$ mol/L に近似できる。

CH_3COOH の電離は HCl により抑制されている

これらを，$K_a = 2.5 \times 10^{-5}$ に代入する。

$$K_a = \frac{[CH_3COO^-]_t[H^+]_t}{[CH_3COOH]_t} \text{ は，} 2.5 \times 10^{-5} = \frac{[CH_3COO^-]_t \times 0.010}{0.0080}$$

となり，$[CH_3COO^-]_t = 2.0 \times 10^{-5}$ mol/L になる。

4 塩の加水分解における pH について

❶ 塩の分類

酸と塩基を混合したら？

中和反応が起こって，塩と水が生成するよね。

そうだったね。このときに生成した**塩は，その形から次の3種類に分類することができる。**

酸 性 塩 ➡	酸のHが残っている塩	例 $NaHSO_4$，$NaHCO_3$
塩基性塩 ➡	塩基のOHが残っている塩	例 $MgCl(OH)$
正 塩 ➡	酸のH，塩基のOHが残っていない塩	例 $NaCl$，NH_4Cl

ここで気をつけなくてはいけないのが，酸性塩だからといってその塩の水溶液がいつも酸性を示すというわけではなく，あくまで**その形から，つまり見た目だけで分類する**んだ。

❷ 塩の水溶液の性質（塩の加水分解）

塩を水に溶かすと，その水溶液は塩により酸性，中性，塩基性のいずれかを示す。

どう考えたらいいの？

ここはかなり複雑なところなので，準備が必要なんだ。まず，「酸」側から考えると，塩酸 HCl，硫酸 H_2SO_4，硝酸 HNO_3 は**強酸**とよばれ，ほぼ完全に電離しそのほとんどは，H^+ と Cl^-，SO_4^{2-}，NO_3^- になっていたね。ここで，電離し生成した「**イオン**」側から考えると，**強酸から電離し生成した Cl^-，SO_4^{2-}，NO_3^- は H^+ と結びつきにくい**ということができる。

同じように，強塩基である水酸化ナトリウム NaOH，水酸化カリウム KOH，水酸化カルシウム $Ca(OH)_2$，水酸化バリウム $Ba(OH)_2$ からほぼ完全に電離し**生成した Na^+，K^+，Ca^{2+}，Ba^{2+} は OH^- と結びつきにくい**ということができる。

$$HCl \longrightarrow H^+ + Cl^-$$

この反応は一方通行（不可逆）なので，Cl^- は H^+ と結びつきにくい！

$$NaOH \longrightarrow Na^+ + OH^-$$

同様に考えると，Na^+ は OH^- と結びつきにくい！

ポイント 強酸・強塩基のイオンについて

- **強酸**から電離し生成した**陰イオン**は，H^+ と結びつきにくい
- **強塩基**から電離し生成した**陽イオン**は，OH^- と結びつきにくい

次に，弱酸である酢酸 CH_3COOH や炭酸 H_2CO_3 は，一部だけ電離し H^+ と CH_3COO^-，HCO_3^-，CO_3^{2-} になっていたので，**CH_3COO^-，HCO_3^-，CO_3^{2-} は H^+ と結びつきやすい**と考えることができる。同じように，弱塩基であるアンモニア NH_3 が一部電離し生成した NH_4^+ は，OH^- と結びつきやすいと考えることができる。

第4章 化学反応の速さと平衡

$$CH_3COOH \rightleftarrows CH_3COO^- + H^+$$

反応が行ったりきたり（可逆）なので，CH_3COO^- は H^+ と結びつきやすい！

$$NH_3 + H_2O \rightleftarrows NH_4^+ + OH^-$$

同様に考えると，NH_4^+ は OH^- と結びつきやすい！

ポイント 弱酸・弱塩基のイオンについて

- **弱酸**から電離し生成した**陰イオン**は，H^+ と結びつきやすい
- **弱塩基**から電離し生成した**陽イオン**は，OH^- と結びつきやすい

……これで，考える準備ができたんだ。
塩をつくるには，どうやってつくればいいかな？

酸と塩基の中和反応でつくることができるね。

そうだね。このとき，(1)強酸と強塩基から，(2)弱酸と強塩基から，(3)強酸と弱塩基から，(4)弱酸と弱塩基から，の 4 つが考えられる。
このうちの(1)〜(3)が出題されるんだ。

(1) 強酸と強塩基を中和することによってできると考えられる塩

例 NaCl，KCl，$NaNO_3$，KNO_3 など

たとえば，塩化ナトリウム NaCl は，水溶液中で完全に電離しナトリウムイオン Na^+ と塩化物イオン Cl^- になる。

$$NaCl \longrightarrow Na^+ + Cl^-$$

このとき，前ページの ポイント でやったように Na^+ や Cl^- は水 H_2O がわずかに電離し生じている H^+ や OH^- と結びつきにくいので，NaCl の水溶液は加水分解せず**中性のままなんだ**。

(2) 弱酸と強塩基を中和することによってできると考えられる塩

例 CH_3COONa，$NaHCO_3$，Na_2CO_3 など

たとえば，酢酸ナトリウム CH_3COONa は，水溶液中で完全に電離し酢酸イオン CH_3COO^- とナトリウムイオン Na^+ になる。

$$CH_3COONa \longrightarrow CH_3COO^- + Na^+$$

このとき，**CH_3COO^- は水 H_2O がわずかに電離して生じている H^+ と結びつき OH^- を生じるため，弱塩基性を示す**んだ。

まとめる

$$H_2O \rightleftarrows H^+ + OH^-$$ ⇐ H_2O のわずかな電離

$$+)\ CH_3COO^- + H^+ \longrightarrow CH_3COOH$$ ⇐ CH_3COO^- が H^+ と結びつく

$$CH_3COO^- + H_2O \rightleftarrows CH_3COOH + OH^-$$

OH^-：弱塩基性を示す

(3) 強酸と弱塩基を中和することによってできると考えられる塩

例 NH_4Cl, $(NH_4)_2SO_4$, $CuSO_4$, $ZnSO_4$, $AlCl_3$, $FeCl_3$ など

たとえば，塩化アンモニウム NH_4Cl は，水溶液中で完全に電離しアンモニウムイオン NH_4^+ と塩化物イオン Cl^- になる。

$$NH_4Cl \longrightarrow NH_4^+ + Cl^-$$

このとき，**NH_4^+ は水 H_2O がわずかに電離し生じている OH^- と結びつき H_3O^+ を生じるため，弱酸性を示す**んだ。

まとめる

$$H_2O \rightleftarrows H^+ + OH^- \quad \Leftarrow H_2O のわずかな電離$$
$$+) \; NH_4^+ + OH^- \longrightarrow NH_3 + H_2O \quad \Leftarrow NH_4^+ が OH^- と結びつく$$
$$NH_4^+ + H_2O \rightleftarrows NH_3 + H_3O^+$$

弱酸性を示す

(2)や(3)のように，**「弱酸＋強塩基の塩」や「強酸＋弱塩基の塩」は，塩から生じた弱酸の陰イオンや弱塩基の陽イオンが水と反応(＝加水分解)し，弱塩基性や弱酸性を示す**んだ。

ただし，HSO_4^- は例外的に，次のように電離し**酸性**を示すから注意してね。

$$HSO_4^- + H_2O \rightleftarrows SO_4^{2-} + H_3O^+$$

酸性を示す

ポイント 塩の水溶液の性質(塩の加水分解)について

- (**強酸**＋**強塩基**)からなる塩 ➡ 加水分解せず，その水溶液は**中性**のまま
- (**弱酸**＋**強塩基**)からなる塩 ➡加水分解により，その水溶液は**弱塩基性**を示す
- (**強酸**＋**弱塩基**)からなる塩 ➡加水分解により，その水溶液は**弱酸性**を示す
  - $NaHSO_4$，$KHSO_4$ などは，HSO_4^- が電離して**酸性**を示す

チェック問題 5

酸性塩で，水溶液が塩基性を示すものを，次の①～⑤のうちから1つ選べ。

① CH_3COONa　② $NaHSO_4$　③ KNO_3　④ $NaHCO_3$　⑤ Na_2CO_3

解答・解説

④

どちらの条件も満たす

酸性塩 ➡ ② $NaHSO_4$，④ $NaHCO_3$

水溶液が塩基性を示すもの ➡ ① CH_3COONa，④ $NaHCO_3$，⑤ Na_2CO_3 の3つ。

第4章 化学反応の速さと平衡

チェック問題 6

標準 2分

次の塩 **a** ～ **e** を，その水溶液が酸性，塩基性，中性を示すものに分類した。その分類として正しいものを，右の①～⑥のうちから1つ選べ。

a $CuSO_4$　　**b** $(NH_4)_2SO_4$
c NaCl　　**d** CH_3COOK
e KNO_3

	酸性	塩基性	中性
①	a	b・d	c・e
②	b	a・d	c・e
③	a・c	d	b・e
④	b・c	e	a・d
⑤	a・b	d	c・e
⑥	a・b	e	c・d

解答・解説

⑤

a $CuSO_4$：(強酸＋弱塩基)からなる塩 ➡ 加水分解により弱酸性を示す
　（強酸：H_2SO_4　弱塩基：$Cu(OH)_2$）

b $(NH_4)_2SO_4$：(強酸＋弱塩基)からなる塩 ➡ 加水分解により弱酸性を示す
　（強酸：H_2SO_4　弱塩基：NH_3）

c NaCl：(強酸＋強塩基)からなる塩 ➡ 加水分解せず中性のまま
　（強酸：HCl　強塩基：NaOH）

d CH_3COOK：(弱酸＋強塩基)からなる塩 ➡ 加水分解により弱塩基性を示す
　（弱酸：CH_3COOH　強塩基：KOH）

e KNO_3：(強酸＋強塩基)からなる塩 ➡ 加水分解せず中性のまま
　（強酸：HNO_3　強塩基：KOH）

チェック問題 7

酸，塩基，および中和反応に関する次の記述 **a** ～ **d** のうち正しいものの組み合わせを，次の①～⑥のうちから1つ選べ。

a 酸と塩基の中和点における pH は，酸や塩基の種類によらず，温度 25 ℃において，7.0 になる。

b 濃度 0.010 mol/L の水酸化ナトリウム水溶液 100 L に含まれる水素イオンの数は，濃度 1.0 mol/L の水酸化ナトリウム水溶液 1.0 L に含まれる水素イオンの数よりも少ない。

c 濃度 0.010 mol/L の酢酸水溶液 100 L に含まれる水素イオンの数は，濃度 1.0 mol/L の酢酸水溶液 1.0 L に含まれる水素イオンの数よりも多い。

d 希薄な水溶液中の $[H^+]$ と $[OH^-]$ の積は，溶液の pH にかかわらず，温度 25 ℃において，1.0×10^{-14} [mol^2/L^2] である。

① a・b　② a・c　③ a・d　④ b・c　⑤ b・d　⑥ c・d

解答・解説

⑥

a 〈誤り〉たとえば，CH_3COOH を NaOH で滴定するとき，中和点では CH_3COONa が生じており，加水分解により弱塩基性(pH ＞7.0)を示す。よって，中和点における pH はいつも7.0になるわけではない。

$$CH_3COOH + NaOH \longrightarrow CH_3COONa + H_2O$$

中和点では，加水分解により弱塩基性を示す

b 〈誤り〉$0.010=10^{-2}$〔mol/L〕NaOH 水溶液中の $[OH^-]$ は，

$$[OH^-]=10^{-2}\text{〔mol/L〕},\ [H^+]=\frac{K_w}{[OH^-]}=\frac{10^{-14}}{10^{-2}}=10^{-12}\text{〔mol/L〕}$$

この水溶液100 L に含まれる H^+ の物質量〔mol〕は，10^{-12}〔mol/L〕$\times 100$〔L〕$=10^{-10}$〔mol〕 ……①

1.0〔mol/L〕NaOH 水溶液中の $[OH^-]$ は $[OH^-]=1.0$〔mol/L〕，

$$[H^+]=\frac{K_w}{[OH^-]}=\frac{10^{-14}}{1.0}=10^{-14}\text{〔mol/L〕}$$

この水溶液1.0 L に含まれる H^+ の物質量〔mol〕は，10^{-14}〔mol/L〕$\times 1.0$〔L〕$=10^{-14}$〔mol〕 ……②

よって，① ＞ ②となり〈誤り〉。

c 〈正しい〉$C_1=0.010$ mol/L の CH_3COOH 水溶液(電離度 α_1 とする)100 L に含まれる H^+ は，

$C_1\alpha_1$〔H^+ mol/L〕$\times 100$〔H^+ mol〕$=0.010\,\alpha_1\times 100=\alpha_1$〔mol〕 ……①

$C_2=1.0$ mol/L の CH_3COOH 水溶液(電離度 α_2 とする)1.0 L に含まれる H^+ は，

$C_2\alpha_2$〔H^+ mol/L〕$\times 1.0$〔H^+ mol〕$=1.0\,\alpha_2\times 1.0=\alpha_2$〔mol〕 ……②

ここで，電離度 α は濃度が小さいほど大きくなるので，$\alpha_1 > \alpha_2$ となり，① ＞ ②とわかる。

（α_1：0.010〔mol/L〕の CH_3COOH　濃度小，α_2：1.0〔mol/L〕の CH_3COOH　濃度大）

d 〈正しい〉温度が25℃で一定であれば，溶液の pH にかかわらず，

$$K_w=[H^+][OH^-]=1.0\times 10^{-14}\text{〔mol}^2/\text{L}^2\text{〕}$$ で一定となる。

❸ 塩の加水分解の pH

ここで，酢酸ナトリウム CH_3COONa の水溶液についてもう少し考えてみるね。CH_3COONa が完全に電離し生じた CH_3COO^- は H^+ と結びつきやすく，水がわずかに電離し生じた H^+ と結びつき，弱塩基性を示したね。

$$CH_3COO^- + H_2O \rightleftarrows CH_3COOH + OH^-$$

（H_2O の H^+ が CH_3COO^- へ移る）　OH^-：弱塩基性を示す

第4章 化学反応の速さと平衡

塩の加水分解だったね。

そうだね。この CH_3COONa（➡ C mol/L とする）の $[H^+]$ は次のように求めることができるんだ。

$$CH_3COONa \longrightarrow CH_3COO^- + Na^+$$ ⬅ 完全に電離する

（電離前）　C mol/L

（電離後）　0　　C mol/L　　C mol/L

CH_3COO^- が加水分解する割合を加水分解度 h と表すと，電離平衡になったときの各成分の濃度は次のようになるんだ。

$$CH_3COO^- + H_2O \rightleftarrows CH_3COOH + OH^-$$

（加水分解前）　C mol/L　　一定

（加水分解後）　$C(1-h)$ mol/L　　一定　　Ch mol/L　　Ch mol/L

この電離平衡に**化学平衡の法則（質量作用の法則）**を用いると，

$$K = \frac{[CH_3COOH][OH^-]}{[CH_3COO^-][H_2O]}$$

となり，**水 H_2O の濃度はほぼ一定**とみなすことができ，整理すると次式が得られる。

$$K_h = K[H_2O] = \frac{[CH_3COOH][OH^-]}{[CH_3COO^-]} \quad \cdots\cdots①$$

このときの平衡定数 K_h を**加水分解定数**といい，温度一定で一定の値をとる。

ここで，K_h と酢酸の電離定数 $K_a = \dfrac{[CH_3COOH^-][H^+]}{[CH_3COOH]}$ の積は，

$$K_h \times K_a = \frac{[CH_3COOH][OH^-]}{[CH_3COO^-]} \times \frac{[CH_3COO^-][H^+]}{[CH_3COOH]} = [OH^-][H^+] = K_w$$

（K_w：水のイオン積）

となるので，K_h は，

$$K_h = \frac{K_w}{K_a}$$ ……②と表すこともできる。

ここで，①式に各成分の濃度を代入すると，

$$K_h = \frac{[CH_3COOH][OH^-]}{[CH_3COO^-]} = \frac{Ch \times Ch}{C(1-h)} = \frac{Ch^2}{1-h}$$

h の値は 1 に比べて非常に小さく，**$1-h \fallingdotseq 1$ とみなせるので**，

$$K_h = \frac{Ch^2}{1-h} \fallingdotseq Ch^2 \quad h^2 = \frac{K_h}{C} \quad h > 0 \text{ より，} h = \sqrt{\frac{K_h}{C}} \quad \cdots\cdots③$$

また，$[OH^-] = Ch$ に③式を代入すると，

$$[OH^-] = Ch = C\sqrt{\frac{K_h}{C}} = \sqrt{CK_h} \text{ [mol/L]}$$ ⬅「かけ算した値のルート」になる

となり，水のイオン積 $K_w = [H^+][OH^-]$ と②式から $[H^+]$ は次のように表すことができるんだ。

$$[H^+]=\frac{K_w}{[OH^-]}=\frac{K_w}{\sqrt{CK_h}}=\frac{K_w}{\sqrt{C\cdot\frac{K_w}{K_a}}}=\sqrt{\frac{K_aK_w}{C}}\ \text{〔mol/L〕}$$

チェック問題 8

0.1 mol/L の酢酸ナトリウム水溶液の pH を次の①～⑤から 1 つ選べ。ただし，$K_a=2\times10^{-5}$〔mol/L〕，$K_w=1\times10^{-14}$〔mol^2/L^2〕，$\log_{10}2=0.3$ を用いよ。

① 7.9　② 8.9　③ 9.9　④ 10.1　⑤ 11.1

解答・解説

②

$C=0.1$ mol/L　CH_3COONa の $[H^+]$ は，

$$[H^+]=\sqrt{\frac{K_aK_w}{C}}=\sqrt{\frac{2\times10^{-5}\times10^{-14}}{0.1}}$$

$$=\sqrt{2\times10^{-18}}=2^{\frac{1}{2}}\times10^{-9}\ \text{〔mol/L〕}$$ ⬅ $\sqrt{a}=a^{\frac{1}{2}}$ より

よって，

$$pH=-\log_{10}[H^+]=-\log_{10}(2^{\frac{1}{2}}\times10^{-9})$$

$$=-\frac{1}{2}\log_{10}2+9=-\frac{1}{2}\times0.3+9\fallingdotseq8.9$$

思 考力のトレーニング 2

水溶液中では，アンモニア NH_3 は塩基としてはたらき，その一部が式(1)のように電離して平衡状態になる。一方，アンモニウムイオン NH_4^+ は酸としてはたらき，式(2)のように反応してオキソニウムイオン H_3O^+ を生じる。

$$NH_3 + H_2O \rightleftarrows NH_4^+ + OH^- \quad (1)$$

$$NH_4^+ + H_2O \rightleftarrows H_3O^+ + NH_3 \quad (2)$$

式(2)の平衡定数 K は

$$K=\frac{[H_3O^+][NH_3]}{[NH_4^+][H_2O]}$$

で表され，$K[H_2O]$ を K_a〔mol/L〕とし，H_3O^+ を H^+ と略記すると，

$$K_a=\frac{[H^+][NH_3]}{[NH_4^+]}$$

第4章 化学反応の速さと平衡

となる。NH_3 の電離定数 K_b〔mol/L〕を求める式として正しいものを，次の①～⑥のうちから１つ選べ。ただし，水のイオン積を K_w〔$(mol/L)^2$〕とする。

① $\sqrt{K_aK_w}$　② $\sqrt{\dfrac{K_w}{K_a}}$　③ $\sqrt{\dfrac{K_a}{K_w}}$　④ K_aK_w　⑤ $\dfrac{K_w}{K_a}$　⑥ $\dfrac{K_a}{K_w}$

解答・解説

⑤

P.254の導き方を練習することがひらめきを与えてくれる。

NH_3 の電離定数 K_b は，$[H_2O]$ を一定とみなして，

$K_b = \dfrac{[NH_4^+][OH^-]}{[NH_3]}$　となる。K_a と K_b の積は，

$$K_a \times K_b = \frac{[H^+][NH_3]}{[NH_4^+]} \times \frac{[NH_4^+][OH^-]}{[NH_3]} = [H^+][OH^-] = K_w$$

となり，$K_b = \dfrac{K_w}{K_a}$ になる。

5 緩衝液の pH について

❶ 緩 衝 液

たとえば，pH ＝7.0 の水 1.0 L に 10 mol/L の HCl を 2.0 mL 加えると

$$[H^+] \fallingdotseq \frac{10 \times \frac{2.0}{1000}}{1.0\ L} = 2.0 \times 10^{-2}\ mol/L$$ となり

（$\frac{2.0}{1000}$ ← 1HCl ⟶ 1H$^+$ ＋ Cl$^-$より HCl と同じ物質量〔mol〕の H$^+$が生じる）
（1.0 L ← 水溶液の体積は，ほぼ1.0 L）

pH ＝ 2 － $\log_{10} 2 \fallingdotseq 1.7$ になるんだ。⇐ $\log_{10}2 = 0.3$ を利用する

pH が，7.0－1.7＝5.3 減少したね。

そうだね。それに対して，1.0 L 中に0.10 mol の CH_3COOH と 0.080 mol の CH_3COONa を含む水溶液（pH ＝4.6）に，10 mol/L の HCl を 2.0 mL 加えると pH ＝4.4 になるんだ。

こんどは，pH が4.6－4.4＝0.2 減少したね。

そうなんだ。同じ10 mol/L の HCl を 2.0 mL 加えたのに，pH 変化のしかたに大きなちがいがあるね。

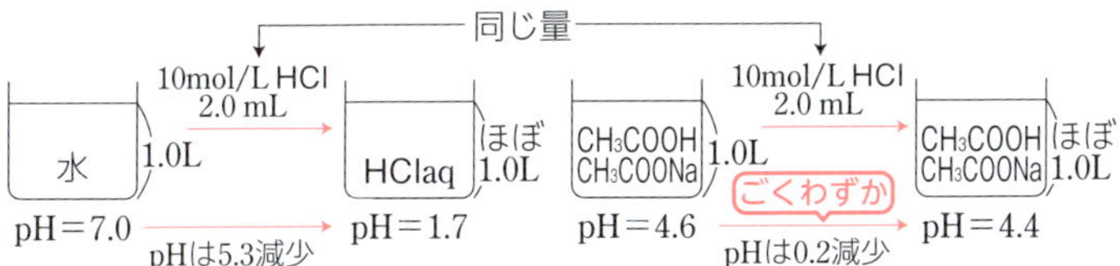

この CH_3COOH と CH_3COONa の混合水溶液のように，強酸が少量混入しても pH の値がほとんど変化しない溶液を**緩衝液**というんだ。

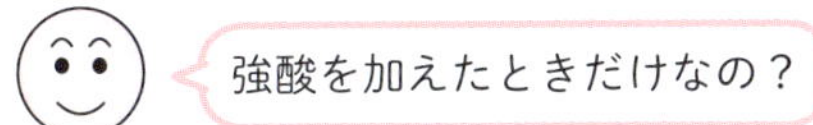

少量の強塩基を加えても緩衝液の pH の値はほとんど変化しないよ。

❷ 緩衝作用

緩衝作用とは，

強酸や強塩基が少量加えられても **pH** の値をほぼ一定に保つはたらきのことで，緩衝作用のある水溶液を緩衝液というんだ。

緩衝液の例としては，

❶弱酸とその弱酸の塩（例 CH_3COOH と CH_3COONa）の混合水溶液や

❷弱塩基とその弱塩基の塩（例 NH_3 と NH_4Cl）の混合水溶液

がある。これらの緩衝液に少量の強酸や強塩基を加えると，

加えた強酸の H^+ や加えた強塩基の OH^- は次のように反応するんだ。

❶の緩衝液の場合

$$CH_3COO^- + H^+ \longrightarrow CH_3COOH$$ ⇐加えた H^+ がなくなる！

$$CH_3COOH + OH^- \longrightarrow CH_3COO^- + H_2O$$ ⇐加えた OH^- がなくなる！

❷の緩衝液の場合

$$NH_3 + H^+ \longrightarrow NH_4^+$$ ⇐加えた H^+ がなくなる！

$$NH_4^+ + OH^- \longrightarrow NH_3 + H_2O$$ ⇐加えた OH^- がなくなる！

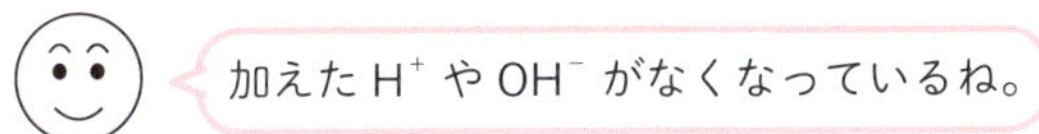

そうなんだ。つまり，❶や❷の緩衝液に少量の強酸や強塩基を加えても，$[H^+]$ や $[OH^-]$ はほとんど変化しないので，pH の値もほとんど変化しないんだ。

❸ 緩衝液の $[H^+]$

ここで，**緩衝液（CH_3COOH が A mol/L，CH_3COONa が B mol/L）**の pH について考えてみるね。

この混合水溶液中では，CH_3COONa は完全に CH_3COO^- と Na^+ に電離している。CH_3COOH は弱酸でもともと電離度が小さいうえ，CH_3COONa から CH_3COO^- が多量に生じているので，そのほとんどが電離できずに（電離を抑制されて）CH_3COOH

として残っているんだ。

$$CH_3COONa \longrightarrow CH_3COO^- + Na^+$$ ⬅完全に電離している

（電離前）　B mol/L

（電離後）　0　　B mol/L　　B mol/L

$$CH_3COOH \rightleftarrows CH_3COO^- + H^+$$ ⬅電離が抑制される

（電離前）　A mol/L

（電離平衡時）　$A(1-\alpha)$ mol/L　　$A\alpha$ mol/L　　$A\alpha$ mol/L

よって，この混合水溶液中の CH_3COOH と CH_3COO^- のモル濃度は，次のように近似できる。

$$[CH_3COOH] = A(1-\alpha) \fallingdotseq A \text{ mol/L}$$
$$[CH_3COO^-] = B + A\alpha \fallingdotseq B \text{ mol/L}$$

⬅α は電離が抑制されているためにきわめて小さな値となり，$1-\alpha \fallingdotseq 1$ や $B + A\alpha \fallingdotseq B$ と近似できる。

水溶液中に，酢酸と酢酸イオンが少しでも存在すれば酢酸の電離定数 K_a が成り立つので，**K_a は緩衝液中でも成立する。**

$$K_a = \frac{[CH_3COO^-][H^+]}{[CH_3COOH]} \xrightarrow{\text{変形すると}} [H^+] = \frac{[CH_3COOH]}{[CH_3COO^-]} \times K_a$$

ここで，$[CH_3COOH] \fallingdotseq A$ mol/L，$[CH_3COO^-] \fallingdotseq B$ mol/L

を代入すると，

→mol/L の比になっている

$$[H^+] = \frac{A}{B} \times K_a \quad \cdots\cdots ①$$

となる。また，混合水溶液の体積を V〔L〕とすると，

→mol の比になっている

$$[H^+] = \frac{A}{B} \times K_a = \frac{A \times V}{B \times V} \times K_a \quad \cdots\cdots ①'$$

と表すこともできる。

緩衝液の［H^+］を求めるには，CH_3COOH と CH_3COONa の mol/L 比や mol 比を K_a の式に代入するだけでいいんだね。

ポイント　緩衝液の［H^+］について

- 緩衝液（CH_3COOH が A mol/L，CH_3COONa が B mol/L）の［H^+］は，

$$K_a = \frac{[CH_3COO^-][H^+]}{[CH_3COOH]} = \frac{B[H^+]}{A} \quad \text{つまり，} [H^+] = \frac{A}{B} \times K_a$$

チェック問題 9

0.1 mol/L 酢酸水溶液 10 mL と 0.1 mol/L 酢酸ナトリウム水溶液 10 mL の混合水溶液の 25 ℃における pH は [　　] となる。ただし，25 ℃における酢酸の電離定数 K_a は $K_a = 2 \times 10^{-5}$ mol/L，$\log_{10}2 = 0.3$ とする。
[　　] にあてはまる数値を下の①～⑤のうちから 1 つ選べ。

① 2.3　② 3.3　③ 3.7　④ 4.3　⑤ 4.7

解答・解説

⑤

CH_3COOH と CH_3COO^- の物質量〔mol〕比は，

$$CH_3COOH : CH_3COO^- = 0.1 \times \frac{10}{1000}\,\text{mol} : 0.1 \times \frac{10}{1000}\,\text{mol} = 1 : 1$$

その水素イオン濃度は，

$$K_a = \frac{[CH_3COO^-][H^+]}{[CH_3COOH]}$$ より，$[H^+] = K_a = 2 \times 10^{-5}$〔mol/L〕

mol 比が 1：1 なので約分できる！(前ページの①′式を参照)

よって，

$$pH = -\log_{10}[H^+] = -\log_{10}(2 \times 10^{-5})$$
$$= 5 - \log_{10}2 = 5 - 0.3 = 4.7$$

6 溶解度積について

❶ 溶解平衡

塩化銀 AgCl は水に溶けにくい塩(＝**沈殿**)だけど，ごくわずかには水に溶けて次のような**溶解平衡**が成り立つ。

$$AgCl(固) \rightleftarrows Ag^+ + Cl^-$$

この溶解平衡に**化学平衡の法則**(質量作用の法則)を適用すると，平衡定数 K はどうなると思う？

$K = \dfrac{[Ag^+][Cl^-]}{[AgCl(固)]}$ になるよ。

Ag^+ や Cl^- は水に限界まで溶けている。つまり，上ずみ液は $AgCl$ の飽和水溶液といえる

Cl⁻
Ag⁺
溶解
沈殿
ここを表す

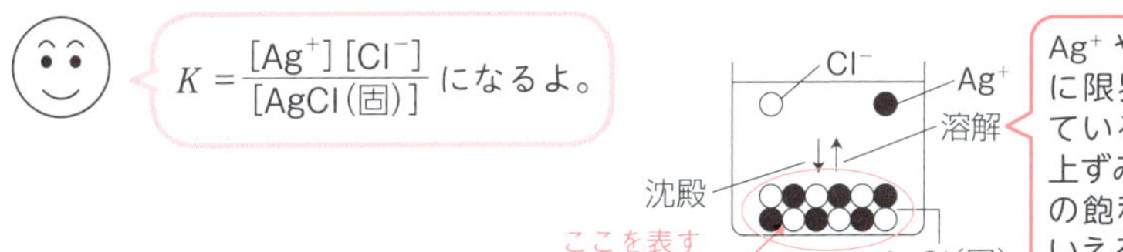

そうだね。ここで，[AgCl(固)] は AgCl(固) つまり，固体の濃度を表していて，固体の濃度(決まった体積あたりの物質量〔mol〕)は一定と見なしていいんだ。

つまり，

$$K = \frac{[Ag^+][Cl^-]}{[AgCl(固)]} \quad は \quad K[AgCl(固)] = [Ag^+][Cl^-] = K_{sp}$$

温度一定でKは一定　一定と見なせる　一定　一定　新たな定数としておき直す

と変形できるんだ。

$$K_{sp} = [Ag^+][Cl^-]$$

の K_{sp} を**溶解度積**(solubility product)といい，**K_{sp} は温度が一定のときは常に一定になる**んだ。

ポイント 溶解度積 K_{sp} について

AgCl や Ag_2CrO_4 のような沈殿がそれぞれ次のような溶解平衡

$$AgCl \rightleftarrows Ag^+ + Cl^-$$

$$Ag_2CrO_4 \rightleftarrows 2Ag^+ + CrO_4^{2-}$$

にあるとき，溶解度積 K_{sp} はそれぞれ，

$$K_{sp} = [Ag^+][Cl^-]$$

$$K_{sp} = [Ag^+]^2[CrO_4^{2-}]$$

反応式の係数乗となるので注意しよう！

と表すことができる。温度が一定で K_{sp} の値は一定となる。

溶解度積 K_{sp} でどんなことがわかるの？

溶解度積 K_{sp} を利用すると，

❶ **沈殿が生じる・生じていないの判定**

❷ **沈殿が生じているときの溶液中の各イオンのモル濃度〔mol/L〕**

などを知ることができる。

利用するときは，すべてイオンとして存在している(沈殿を生じていない)と仮定し，モル濃度の積を計算して溶解度積と比べ，沈殿が生じている・生じていないを判定するんだ。

溶解度積 K_{sp} の使い方	❶(**計算値**) $> K_{sp}$ のとき， **沈殿が生じており，水溶液中では溶解平衡が成立している。** ❷(**計算値**) $\leqq K_{sp}$ のとき， **沈殿が生じていない。**

チェック問題 10

マグネシウムイオン Mg^{2+} のモル濃度が 1.0×10^{-3} mol/L の水溶液では，水酸化物イオン OH^- のモル濃度が x〔mol/L〕より高くなると，水酸化マグネシウム $Mg(OH)_2$ の沈殿が生成しはじめる。x として最も適当な数値を，次の①～⑤のうちから1つ選べ。ただし，$Mg(OH)_2$ の溶解度積は $1.0 \times 10^{-11} (mol/L)^3$ とする。

① 1.0×10^{-14}　② 1.0×10^{-11}　③ 1.0×10^{-8}
④ 1.0×10^{-4}　⑤ 1.0×10^{-3}

解答・解説

④

$Mg(OH)_2 \rightleftarrows Mg^{2+} + 2OH^-$ より，$K_{sp} = [Mg^{2+}][OH^-]^2$ と表せる。（反応式の係数乗になる）
$[Mg^{2+}] = 10^{-3}$ mol/L，$[OH^-] = x$ mol/L より，$Mg(OH)_2$ の沈殿が生成しはじめるのは，

$[Mg^{2+}][OH^-]^2 = (10^{-3}) \times x^2 > K_{sp} = 10^{-11}$ となったときで，
（計算値）$> K_{sp}$ のとき

$x^2 > \dfrac{10^{-11}}{10^{-3}} = 1.0 \times 10^{-8}$ より，$[OH^-] = x > 1.0 \times 10^{-4}$〔mol/L〕となればよい。

よって，$[OH^-]$ が 1.0×10^{-4}〔mol/L〕より高くなると，$Mg(OH)_2$ の沈殿が生成しはじめる。

チェック問題 11

塩化銀の溶解度積は，約 8.0×10^{-11}〔mol^2/L^2〕である。したがって，塩化銀の飽和水溶液 1.0 L に溶けている塩化銀の量は，約 [1] mol である。また，濃度 1.0×10^{-3} mol/L の硝酸銀水溶液 1.0 L に塩化ナトリウムを徐々に加えたとき，加えた量が約 [2] mol をこえたところで，塩化銀の沈殿が生成しはじめた。それぞれにあてはまる数値を1つ選べ。ただし，$\sqrt{80} = 8.9$ とせよ。

[1]：① 8.0×10^{-11}　② 4.0×10^{-11}　③ 4.0×10^{-6}　④ 8.9×10^{-6}
[2]：① 8.0×10^{-11}　② 8.0×10^{-9}　③ 1.0×10^{-8}　④ 8.0×10^{-8}

第4章 化学反応の速さと平衡

解答・解説

1 ④　2 ④

1　AgCl が水に溶解すると Ag^+ と Cl^- に電離する。

$$AgCl \rightleftarrows Ag^+ + Cl^-$$

AgCl の溶解度を x〔mol/L〕とすると，飽和溶液中の Ag^+ や Cl^- の濃度はそれぞれ $[Ag^+] = x$〔mol/L〕，$[Cl^-] = x$〔mol/L〕になる。

$[Ag^+][Cl^-] = K_{sp,\,AgCl} = 8.0 \times 10^{-11}$〔$mol^2/L^2$〕 より，

$x \times x = 8.0 \times 10^{-11} = 80 \times 10^{-12}$

$x > 0$ と $\sqrt{80} = 8.9$ より，$x = \sqrt{80 \times 10^{-12}} \fallingdotseq 8.9 \times 10^{-6}$〔mol/L〕

よって，飽和水溶液 1.0 L に溶けている AgCl は，

$$\frac{8.9 \times 10^{-6}\,\mathrm{mol}}{1\,\mathrm{L}} \times 1.0\,\mathrm{L} = 8.9 \times 10^{-6}\ \text{〔mol〕}$$

2　1.0×10^{-3} mol/L の $AgNO_3$ は次のように電離する。

$$AgNO_3 \longrightarrow Ag^+ + NO_3^-$$

⇐ 硝酸イオン NO_3^- の塩は完全に電離する

つまり，$[Ag^+] = 1.0 \times 10^{-3}$〔mol/L〕の水溶液 1.0 L に NaCl を徐々に加えていくと考えればよい。ここで，AgCl の沈殿は，

（計算値）$> K_{sp}$ のとき

$$[Ag^+][Cl^-] = (1.0 \times 10^{-3}) \times [Cl^-] > K_{sp,\,AgCl} = 8.0 \times 10^{-11}\ \text{〔}mol^2/L^2\text{〕}$$

になると生成する。よって，$[Cl^-] \fallingdotseq 8.0 \times 10^{-8}$〔mol/L〕で沈殿が生成しはじめる。このとき，加えた NaCl は，

$$\frac{8.0 \times 10^{-8}\,\mathrm{mol}}{1\,\mathrm{L}} \times 1.0\,\mathrm{L} = 8.0 \times 10^{-8}\,\mathrm{mol}$$

Cl^-〔mol〕= NaCl〔mol〕

となる。

思考力のトレーニング 3

難

水溶液中での塩化銀の溶解度積(25 ℃)を K_{sp} とするとき，$[Ag^+]$ と $\frac{K_{sp}}{[Ag^+]}$ との関係は図の曲線で表される。硝酸銀水溶液と塩化ナトリウム水溶液を，表に示すア～オのモル濃度の組み合わせで同体積ずつ混合した。25 ℃で十分な時間をおいたとき，塩化銀の沈殿が生成するのはどれか。すべてを正しく選択しているものを，①～⑤のうちから1つ選べ。

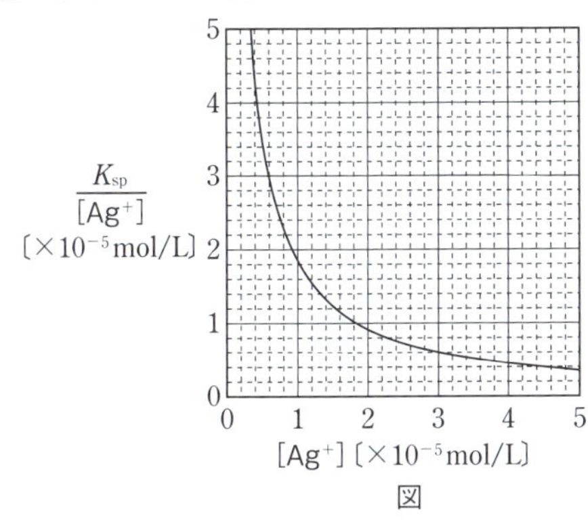

図

表

	硝酸銀水溶液のモル濃度〔×10^{-5} mol/L〕	塩化ナトリウム水溶液のモル濃度〔×10^{-5} mol/L〕
ア	1.0	1.0
イ	2.0	2.0
ウ	3.0	3.0
エ	4.0	2.0
オ	5.0	1.0

① ア　② ウ，エ　③ ア，イ，オ　④ イ，ウ，エ，オ　⑤ ア，イ，ウ，エ，オ

解答・解説

図から沈殿が生成する領域をつかめるかが最初のハードルになる！

$[Ag^+]=x$ mol/L，$[Cl^-]=y$ mol/L とおくと，$\underbrace{K_{sp}}_{一定値}=[Ag^+][Cl^-]=x\times y$ より，

K_{sp} のグラフは反比例のグラフになる。また，AgCl の沈殿が生じる条件は，$x\times y>K_{sp}$ なので，その領域を斜線で表すと，次のようになる。

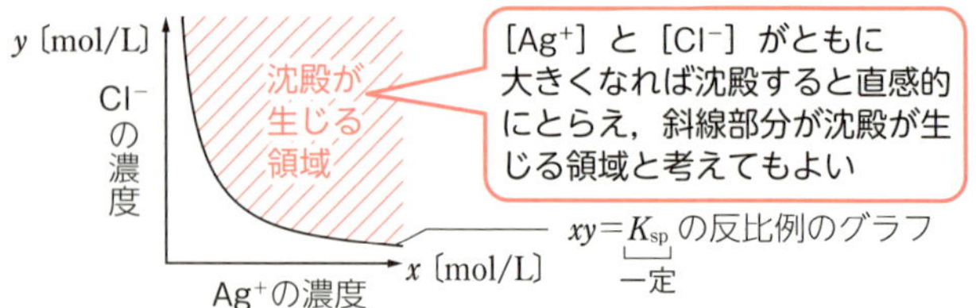

硝酸銀 $AgNO_3$(Ag^+)水溶液と塩化ナトリウム NaCl(Cl^-)水溶液を同体積ずつ混合しているので，P.216より混合後の濃度は **1/2倍**になる。混合後の濃度は次の表のようになる。

	混合後の [Ag^+]〔$\times 10^{-5}$ mol/L〕	混合後の [Cl^-]〔$\times 10^{-5}$ mol/L〕
ア	$1.0 \times \frac{1}{2} = 0.50$	$1.0 \times \frac{1}{2} = 0.50$
イ	$2.0 \times \frac{1}{2} = 1.0$	$2.0 \times \frac{1}{2} = 1.0$
ウ	$3.0 \times \frac{1}{2} = 1.5$	$3.0 \times \frac{1}{2} = 1.5$
エ	$4.0 \times \frac{1}{2} = 2.0$	$2.0 \times \frac{1}{2} = 1.0$
オ	$5.0 \times \frac{1}{2} = 2.5$	$1.0 \times \frac{1}{2} = 0.50$

➡ 点ア～オを図に書き入れる。

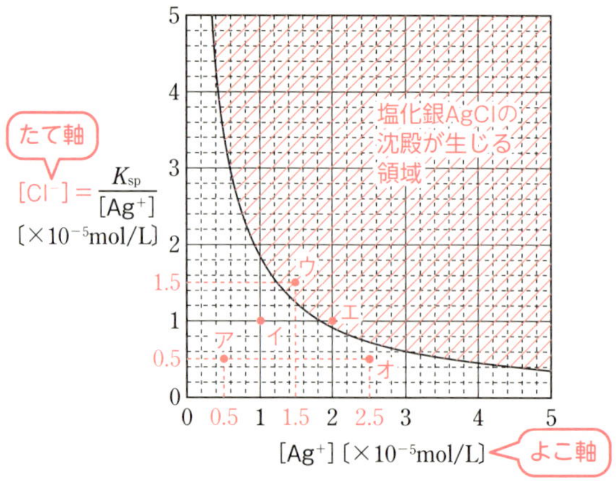

よって，AgCl の沈殿が生成するのは，ウとエになる。

❷ 共通イオン効果

AgCl を水に入れると，ごくわずかが水に溶けて次の溶解平衡が成り立つ。

$AgCl(固) \rightleftarrows Ag^{+} + Cl^{-}$ ……①

この AgCl の沈殿を含む飽和水溶液に NaCl を加えるとどうなると思う？

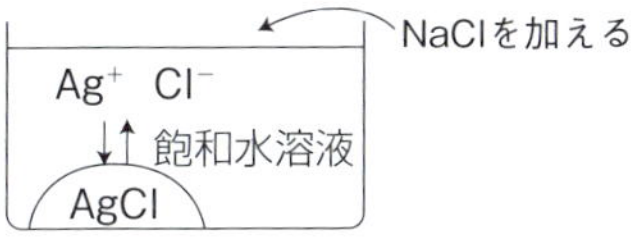

もしかして，ルシャトリエの原理で考えるの？

するどいね。NaCl **を加えると飽和水溶液中の** [Cl^{-}] **が大きくなる**んだ。**[Cl^{-}] が大きくなると，ルシャトリエの原理から [Cl^{-}] の減少方向つまり，①式の平衡は左に移動して AgCl(固) の量が増加する**んだ。

AgCl(固)の溶けている量が減少するんだね。

そうなんだ。このように，**平衡に関係するイオンを含んだ電解質を加えたとき**，共通イオンが減少する方向に**平衡の移動が起こって電離度や溶解度が小さくなる現象を共通イオン効果という**んだ。

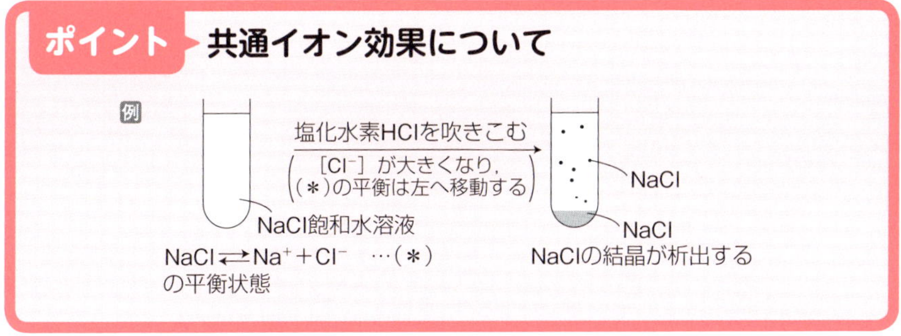

ポイント 共通イオン効果について
例
塩化水素HClを吹きこむ
([Cl⁻] が大きくなり，(＊)の平衡は左へ移動する)
NaCl飽和水溶液
NaCl ⇄ Na⁺＋Cl⁻ …(＊)
の平衡状態
NaCl
NaCl
NaClの結晶が析出する

第4章 化学反応の速さと平衡

チェック問題 12

水に塩化銀を加え十分長い時間放置したところ，次式の溶解平衡が成立し，塩化銀の飽和水溶液ができた。

$$\mathrm{AgCl(固体)} \rightleftarrows \mathrm{Ag^{+}(aq)} + \mathrm{Cl^{-}(aq)}$$

この飽和水溶液に，塩化カリウムを少量加えたときの現象の記述として最も適当なものを，次の①～④のうちから1つ選べ。

① 平衡は右にずれて塩化銀の溶解度は増加する。
② 平衡は左にずれて塩化銀の沈殿は増加する。
③ Ag^{+}(aq)の濃度が増加する。
④ 塩化カリウムは水に溶けにくいので何の変化も起こらない。

解答・解説

②

$$\mathrm{AgCl(固体)} \rightleftarrows \mathrm{Ag^{+}} + \mathrm{Cl^{-}}$$

KCl を加えると，$[Cl^{-}]$ が大きくなり，平衡が左にずれ AgCl の沈殿が増加する。

第5章　無機物質

金属イオンの反応

1 沈殿について

水溶液に試薬を加えると，水に溶けにくい物質ができて水溶液がにごることがある。このにごりは，やがて容器の底に沈むので**沈殿**というんだ。

例　食塩 NaCl 水に硝酸銀 $AgNO_3$ 水溶液を加える。

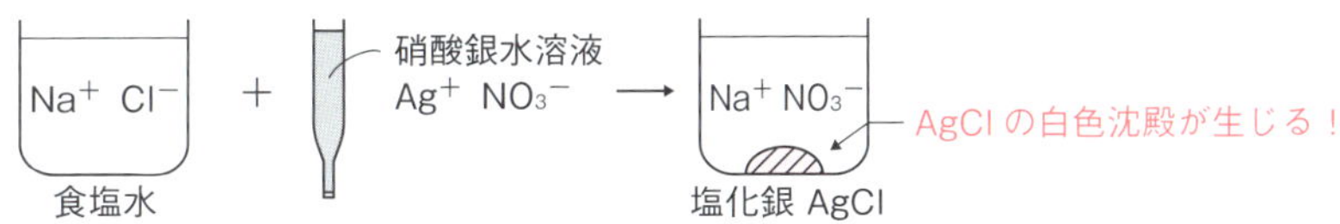

水溶液と試薬はどの組み合わせでも沈殿するの？

水溶液どうしを混ぜ合わせたときに出会った陽イオンと陰イオンの組み合わせが，水に溶けにくい物質になると沈殿する。沈殿には，さまざまな色があり，沈殿になる陽イオンと陰イオンの組み合わせも複雑なんだ。ただ，そのおかげで水溶液に含まれていた金属イオンが何か，知ることができるんだ。

ということは……，沈殿の色や沈殿になる陽イオンと陰イオンの組み合わせは，覚える必要があるの？

そうなんだ。これぱかりは絶対に覚えなければいけないんだ。まず，**陰イオンから陽イオンをみて，沈殿するもの・しないもの**を覚えていこう。

2 沈殿（陰イオンからのアプローチ）

① 硝酸イオン NO_3^-

NO_3^- は，どの金属イオンとも沈殿をつくらないんだ。

② 塩化物イオン Cl^-

Ag^+，Pb^{2+} は Cl^- と沈殿をつくる。このとき生成する **AgCl は，光があたると分解しやすい性質（＝感光性）があり，$PbCl_2$ は熱水に溶ける**んだ。

$Ag^+ + Cl^- \longrightarrow AgCl\downarrow$（白）　　$2AgCl \xrightarrow{光} 2Ag + Cl_2$ ⇐ 光で分解し黒くなる

$Pb^{2+} + 2Cl^- \longrightarrow PbCl_2\downarrow$（白）　　$PbCl_2 \xrightarrow{加熱} Pb^{2+} + 2Cl^-$ ⇐ 熱水に溶ける

現（Ag^+）ナマ（Pb^{2+}）で苦労（Cl^-）する　⇐ ゴロ合わせで沈殿を覚えよう！

③ 硫酸イオン SO_4^{2-} と炭酸イオン CO_3^{2-}

Ba^{2+}，Ca^{2+}，Pb^{2+} は SO_4^{2-} と沈殿をつくり，Ba^{2+}，Ca^{2+} は CO_3^{2-} と沈殿をつくる。

第5章 無機物質

$$\begin{cases} Ba^{2+} + SO_4^{2-} \longrightarrow BaSO_4\downarrow\text{(白)} \\ Ca^{2+} + SO_4^{2-} \longrightarrow CaSO_4\downarrow\text{(白)} \\ Pb^{2+} + SO_4^{2-} \longrightarrow PbSO_4\downarrow\text{(白)} \end{cases}$$

$$\begin{cases} Ba^{2+} + CO_3^{2-} \longrightarrow BaCO_3\downarrow\text{(白)} \\ Ca^{2+} + CO_3^{2-} \longrightarrow CaCO_3\downarrow\text{(白)} \end{cases}$$

バ(Ba^{2+})カ(Ca^{2+})炭酸(CO_3^{2-})

バ(Ba^{2+})カ(Ca^{2+})な(Pb^{2+})硫酸(SO_4^{2-}) ⇐ゴロ合わせで沈殿を覚えよう！

また，**SO_4^{2-} との沈殿**（$BaSO_4$，$CaSO_4$，$PbSO_4$）**は強酸に溶けないが，CO_3^{2-} との沈殿**（$BaCO_3$，$CaCO_3$）**は CO_2 を発生して強酸に溶ける**。

たとえば，$CaCO_3$ の白色沈殿に塩酸 HCl を加えると，次の反応が起こって沈殿が溶ける。（$CaCO_3$ に希硫酸 H_2SO_4 を加えた場合は，P.284 参照）

$$CaCO_3 + 2HCl \longrightarrow CaCl_2 + H_2O + CO_2$$

❹ クロム酸イオン CrO_4^{2-}

Ba^{2+}，Pb^{2+}，Ag^+ は CrO_4^{2-} と沈殿をつくる。

$$\begin{cases} Ba^{2+} + CrO_4^{2-} \longrightarrow BaCrO_4\downarrow\text{(黄)} \\ Pb^{2+} + CrO_4^{2-} \longrightarrow PbCrO_4\downarrow\text{(黄)} \\ 2Ag^{+} + CrO_4^{2-} \longrightarrow Ag_2CrO_4\downarrow\text{(赤褐)} \end{cases}$$

ゴロ合わせで沈殿を覚えよう！

バ(Ba^{2+})ナナ(Pb^{2+})を銀貨(Ag^+)で買ったら，苦労(CrO_4^{2-})した

❺ 水酸化物イオン OH^-

水酸化ナトリウム NaOH 水溶液やアンモニア NH_3 水は，ともに塩基性を示した。

$$NaOH \longrightarrow Na^+ + OH^-$$
$$NH_3 + H_2O \rightleftarrows NH_4^+ + OH^-$$

← NaOH や NH_3 は電離し水酸化物イオン OH^- を生じる

これらの水溶液を「少量」加えて塩基性にすると沈殿する金属イオンがある。この沈殿は，**金属のイオン化傾向**に対応させて覚えるといいよ。

	リ カ バ カ ナ Li^+ K^+ Ba^{2+} Ca^{2+} Na^+	マ ア ア テ ニ ス ナ ド Mg^{2+} Al^{3+} Zn^{2+} Fe^{3+} Fe^{2+} Ni^{2+} Sn^{2+} Pb^{2+} Cu^{2+}	ス ギる Hg^{2+} Ag^+
OH^-	沈殿しない	水酸化物（OH^-がくっついた形）が沈殿	酸化物（O^{2-}がくっついた形）が沈殿

アルカリ金属のイオン（Li^+, Na^+, K^+, …）とアルカリ土類金属のイオン（Ca^{2+}, Ba^{2+}, …）は沈殿しない 注

$Mg(OH)_2$(白)，$Al(OH)_3$(白)，$Zn(OH)_2$(白)，
$Fe(OH)_3$(赤褐)，$Fe(OH)_2$(緑白)，$Ni(OH)_2$(緑)，
$Sn(OH)_2$(白)，$Pb(OH)_2$(白)，$Cu(OH)_2$(青白)，
HgO(黄)，Ag_2O(褐) ← 酸化物になるので注意！

注 OH^-の濃度が大きいと Ca^{2+}は $Ca(OH)_2$(白)が沈殿する

ただし，NaOH 水溶液や NH_3 水を「少量」ではなく，「過剰」に加えると，一度できた沈殿が溶けるものがある。

❶ NaOH 水溶液を「過剰」に加えたとき，一度できた沈殿が溶解するもの

$$Al^{3+} \xrightarrow{NaOH} Al(OH)_3\downarrow\text{(白)} \xrightarrow{NaOH} [Al(OH)_4]^-\text{(無色透明)}$$
$$Zn^{2+} \xrightarrow{NaOH} Zn(OH)_2\downarrow\text{(白)} \xrightarrow{NaOH} [Zn(OH)_4]^{2-}\text{(無色透明)}$$
$$Sn^{2+} \xrightarrow{NaOH} Sn(OH)_2\downarrow\text{(白)} \xrightarrow{NaOH} [Sn(OH)_4]^{2-}\text{(無色透明)}$$
$$Pb^{2+} \xrightarrow{NaOH} Pb(OH)_2\downarrow\text{(白)} \xrightarrow{NaOH} [Pb(OH)_4]^{2-}\text{(無色透明)}$$

あ(Al^{3+})あ(Zn^{2+})すん(Sn^{2+})なり(Pb^{2+})と溶ける ⇐ゴロ合わせで 覚えよう！

❷ NH_3水を「過剰」に加えたとき，一度できた沈殿が溶解するもの

Cu^{2+}(青) $\xrightarrow{NH_3}$ $Cu(OH)_2$↓(青白) $\xrightarrow{NH_3}$ $[Cu(NH_3)_4]^{2+}$ (深青)

Zn^{2+} $\xrightarrow{NH_3}$ $Zn(OH)_2$↓(白) $\xrightarrow{NH_3}$ $[Zn(NH_3)_4]^{2+}$ (無色透明)

Ni^{2+} (緑) $\xrightarrow{NH_3}$ $Ni(OH)_2$↓(緑) $\xrightarrow{NH_3}$ $[Ni(NH_3)_6]^{2+}$ (青紫)

Ag^+ $\xrightarrow{NH_3}$ Ag_2O↓(褐) $\xrightarrow{NH_3}$ $[Ag(NH_3)_2]^+$ (無色透明)

安(NH_3)藤(Cu^{2+})さんのあ(Zn^{2+})に(Ni^{2+})は銀(Ag^+)行員 ⇦ ゴロ合わせで覚えよう！

❻ 硫化物イオン S^{2-}

硫化水素 H_2S を金属イオンの水溶液に通じるとき，水溶液の「**液性(酸性・中性・塩基性)**」によって，沈殿する金属イオンが異なる。これも，**金属のイオン化傾向**に対応させて覚えよう。

	リ カ バ カ ナ マ ア Li^+ K^+ Ba^{2+} Ca^{2+} Na^+ Mg^{2+} Al^{3+}	ア テ ニ Zn^{2+} Fe^{3+} Fe^{2+} Ni^{2+}	ス ナ ド ス ギる Sn^{2+} Pb^{2+} Cu^{2+} Hg^{2+} Ag^+
S^{2-}	硫化物は沈殿しない	酸性では沈殿しない (中性・塩基性のみ硫化物が沈殿)	液性に関係なく 硫化物が沈殿

ZnS(白)，*FeS(黒)，NiS(黒)，SnS(褐)，PbS(黒)，CuS(黒)，HgS(黒)，Ag_2S(黒)

＊ Fe^{3+}，Fe^{2+}ともに FeS(黒)が沈殿する(Fe^{3+} は S^{2-} によって，Fe^{2+} に変化するため)

あと，**Mn^{2+} が中性・塩基性でのみ MnS(淡赤)，Cd^{2+} が液性に関係なく CdS(黄)の沈殿を生じる**ことも知っておくといいよ。

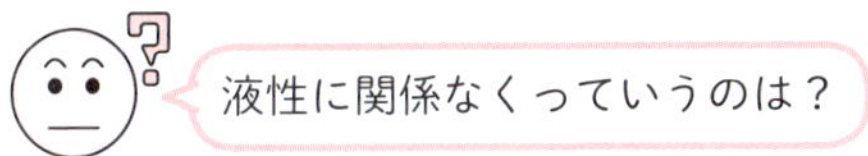

pH に関係なく，中性や塩基性はもちろん，**酸性でも**沈殿するということなんだ。ここで沈殿の色の 覚え方のコツ を紹介していくね。

【コツ①】 Cl^-，SO_4^{2-}，CO_3^{2-} との沈殿はすべて白色

【コツ②】 CrO_4^{2-} との沈殿は，ゴロの「バ (Ba^{2+}) ナナ (Pb^{2+})」と「黄色」，「買っ」と「赤褐色」をくっつけて覚えるとよい

【コツ③】 OH^- との沈殿は，白以外を覚えるとよい

【コツ④】 S^{2-} との沈殿は，黒以外を覚えるとよい

第5章 無機物質

ポイント イオンや酸化物の沈殿，色について

水溶液中のイオン ➡ 右以外のイオンはほとんどが無色	Fe^{2+}：淡緑　Fe^{3+}：黄褐　Cu^{2+}：青　Ni^{2+}：緑 CrO_4^{2-}：黄　$Cr_2O_7^{2-}$：赤橙　MnO_4^-：赤紫 $[Cu(NH_3)_4]^{2+}$：深青　$[Ni(NH_3)_6]^{2+}$：青紫
塩化物（Cl^-との沈殿）	$AgCl$：白　$PbCl_2$：白
硫酸塩（SO_4^{2-}との沈殿）	$BaSO_4$：白　$CaSO_4$：白　$PbSO_4$：白
炭酸塩（CO_3^{2-}との沈殿）	$BaCO_3$：白　$CaCO_3$：白
クロム酸塩（CrO_4^{2-}との沈殿）	$BaCrO_4$：黄　$PbCrO_4$：黄　Ag_2CrO_4：赤褐
水酸化物（OH^-との沈殿）	一般に典型元素の水酸化物は白 $Fe(OH)_2$：緑白　$Fe(OH)_3$：赤褐　$Cu(OH)_2$：青白 $Ni(OH)_2$：緑
酸化物 ➡ 遷移元素の酸化物は有色のものが多い	CuO：黒　Cu_2O：赤　Ag_2O：褐　MnO_2：黒 Fe_3O_4：黒　Fe_2O_3：赤褐　ZnO：白　HgO：黄
硫化物（S^{2-}との沈殿）	一般に黒 ZnS：白　SnS：褐　MnS：淡赤　CdS：黄

チェック問題 1　標準 

水溶液中でイオンAとイオンB，およびイオンAとイオンCをそれぞれ反応させる。いずれか一方のみに沈殿が生じるA～Cの組み合わせを，右の①～⑤のうちから1つ選べ。

	A	B	C
①	Ca^{2+}	Cl^-	CO_3^{2-}
②	Fe^{3+}	NO_3^-	SO_4^{2-}
③	Zn^{2+}	Cl^-	SO_4^{2-}
④	Ag^+	OH^-	CrO_4^{2-}
⑤	Mg^{2+}	Cl^-	SO_4^{2-}

解答・解説

①

① Cl^- は Ca^{2+} と沈殿しない。CO_3^{2-} は Ca^{2+} と $CaCO_3$↓（白）を生じる。
② NO_3^- や SO_4^{2-} は，Fe^{3+} と沈殿しない。
③ Cl^- や SO_4^{2-} は，Zn^{2+} と沈殿しない。
④ OH^- は Ag^+ と Ag_2O↓（褐），CrO_4^{2-} は Ag^+ と Ag_2CrO_4↓（赤褐）を生じる。
⑤ Cl^- や SO_4^{2-} は，Mg^{2+} と沈殿しない。

チェック問題 2

標準 

金属イオンAを含む水溶液に，水溶液Bを少量加えると沈殿が生じた。これにさらにBを過剰に加えても沈殿は溶けなかった。AとBの組み合わせとして最も適当なものを，右の①～⑤のうちから1つ選べ。

	A	B
①	Zn^{2+}	水酸化ナトリウム水溶液
②	Pb^{2+}	水酸化ナトリウム水溶液
③	Al^{3+}	アンモニア水
④	Cu^{2+}	アンモニア水
⑤	Ag^{+}	アンモニア水

解答・解説

③

「ああすんなりと溶ける」➡①と②，「安藤さんのあには銀行員」➡④と⑤

① $Zn^{2+} \xrightarrow{NaOH} Zn(OH)_2\downarrow \xrightarrow{NaOH} [Zn(OH)_4]^{2-}$ （沈殿が溶ける）

② $Pb^{2+} \xrightarrow{NaOH} Pb(OH)_2\downarrow \xrightarrow{NaOH} [Pb(OH)_4]^{2-}$ （沈殿が溶ける）

③ $Al^{3+} \xrightarrow{NH_3} Al(OH)_3\downarrow \xrightarrow{NH_3} Al(OH)_3\downarrow$ （沈殿のまま）

Al^{3+} に，NH_3 水を過剰に加えても沈殿は溶けない。

④ $Cu^{2+} \xrightarrow{NH_3} Cu(OH)_2\downarrow \xrightarrow{NH_3} [Cu(NH_3)_4]^{2+}$ （沈殿が溶ける）

⑤ $Ag^{+} \xrightarrow{NH_3} Ag_2O\downarrow \xrightarrow{NH_3} [Ag(NH_3)_2]^{+}$ （沈殿が溶ける）

思考力のトレーニング 1

不純物を含む鉄ミョウバン（$FeK(SO_4)_2\cdot12H_2O$）の固体5.40gをすべて水に溶かし，水溶液を調製した。その水溶液に十分な量の塩化バリウム水溶液を加えて，完全に反応させると，硫酸バリウムの白色沈殿が4.66g生成した。鉄ミョウバンの純度（質量パーセント）として最も適当な数値を，次の①～⑤のうちから1つ選べ。ただし，不純物は沈殿を生成しないものとし，すべての硫酸イオンは硫酸バリウムとして沈殿したものとする。また，$FeK(SO_4)_2$ の式量は287，H_2O の分子量は18，$BaSO_4$ の式量は233とする。

① 47　② 53　③ 73　④ 86　⑤ 93

⑤

$FeK(SO_4)_2\cdot12H_2O$ 1個のもつ SO_4^{2-} は2個であり，これに十分な量の塩化バリウム $BaCl_2$ 水溶液（Ba^{2+}）を加えると，$BaSO_4$ の白色沈殿は2個が生じることに気

づくとよい。また，「個数関係 ＝ mol 関係」なので，

$$\mathrm{FeK(SO_4)_2\cdot 12H_2O} \xrightarrow{\text{十分な量の }Ba^{2+}} \mathrm{BaSO_4}$$

1 個 mol ──×2──→ 2 個 mol

となり，$FeK(SO_4)_2\cdot12H_2O$ のモル質量は 287＋12×18＝503〔g/mol〕で $BaSO_4$ のモル質量は 233〔g/mol〕。よって，固体 5.40 g 中の鉄ミョウバン($FeK(SO_4)_2\cdot12H_2O$)を x g とおくと次の式が成り立つ。

$$\frac{x}{503} \times 2 = \frac{4.66}{233}$$

$\frac{x}{503}$：$FeK(SO_4)_2\cdot12H_2O$〔mol〕　×2：生じる $BaSO_4$〔mol〕　$\frac{4.66}{233}$：生成した $BaSO_4$〔mol〕

より，x ＝ 5.03 g

鉄ミョウバンの純度は質量パーセントで $\frac{5.03}{5.40}\times 100 \fallingdotseq 93$〔%〕

3 錯イオンについて

ヘキサシアニド鉄(Ⅲ)酸イオン $[Fe(CN)_6]^{3-}$ やテトラアンミン銅(Ⅱ)イオン $[Cu(NH_3)_4]^{2+}$ のようなイオンを**錯イオン**という。

錯イオンは，[　　] を使って表されていることを確認しておいてね。錯イオンは，Fe^{3+}，Ag^{+}，Zn^{2+}，Cu^{2+} などの金属イオンに CN^{-} のような陰イオンや NH_3 のような分子が**配位結合**してできているんだ。

どんな陰イオンや分子でもいいの？

そうではないんだ。配位結合をつくるには非共有電子対が必要だったよね。だから，**錯イオンをつくっている陰イオンや分子にも非共有電子対が必要**なんだ。シアン化物イオン $[:C::N:]^{-}$ やアンモニア $H:\underset{\cdot\cdot}{\overset{H}{N}}:H$ には非共有電子対があり，これらの陰イオンや分子を**配位子**という。錯イオンのもつ**配位子の数**(＝**配位数**)や錯イオンの形は金属イオンによって変わる。共通テストで出題される錯イオンの名前や形は限られているので，これから紹介する錯イオンをおさえていってね。

（図中ラベル：非共有電子対）

1 錯イオンの名前について

❶ 配位数(＝錯イオンのもつ配位子の数)

配位数を表すのにギリシャ語の数詞でよぶ。

1→モノ　2→ジ　3→トリ　4→テトラ　5→ペンタ　6→ヘキサ

❷ 配位子名

配位子名(＝配位子の名前)は，次の 4 つを覚えておいてね。

H_2O **→アクア**　NH_3**→アンミン**　CN^{-}**→シアニド**　OH^{-}**→ヒドロキシド**

錯イオンの名前は,

「**配位数→配位子名→中心金属(価数)***→**イオン**」**の順**につけていくんだ。

価数は,(　)をつけてローマ数字で表す

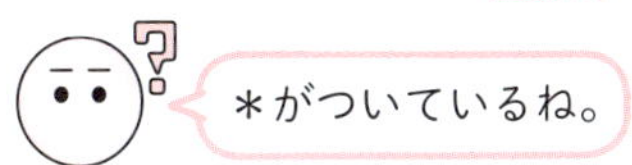

よく気づいたね。錯イオンが陰イオンのときは,＊の後に「**酸**」をつけるんだ。忘れやすいので気をつけてね。たとえば,

$[Fe(CN)_6]^{3-}$ は,ヘキサシアニド鉄(Ⅲ)酸イオンになるんだ。

陰イオンなので…　配位数6を表す　配位子名 CN^- を表す　Fe^{3+} を表す　陰イオンを表す

原子くん,$[Cu(NH_3)_4]^{2+}$ の名前を答えてみて!!

この錯イオンは陽イオンだから「**酸**」はつけないよね。えっと,配位数は4で「**テトラ**」,配位子は NH_3 で「**アンミン**」,中心金属イオンは Cu^{2+} で「**銅(Ⅱ)**」,陽イオンだから「**イオン**」……まとめると,$[Cu(NH_3)_4]^{2+}$ は,**テトラアンミン銅(Ⅱ)イオン**だね。

正解！　すごいね。じゃあ,$[Zn(OH)_4]^{2-}$ の名前は？

配位数は4で「**テトラ**」,配位子は OH^- で「**ヒドロキシド**」,中心金属イオンは Zn^{2+} で「**亜鉛(Ⅱ)**」,陰イオンだから「**酸イオン**」となって,$[Zn(OH)_4]^{2-}$ は,**テトラヒドロキシド亜鉛(Ⅱ)酸イオン**だよ。

さすがだね。あと,$[Al(OH)_4]^-$ はふつう**テトラヒドロキシドアルミン酸イオン**とよぶので知っておいてね。

❷ 錯イオンの形について

錯イオンの形は,配位数で分類して覚えると覚えやすいと思うよ。

❶ 配位数「2」のもの ➡ **直線形**

$[Ag(NH_3)_2]^+$：　$H_3N \longrightarrow Ag^+ \longleftarrow NH_3$

ジアンミン銀(Ⅰ)イオン　　直線形　　(←は配位結合を表す)

❷ 配位数「4」のもの ➡ **正四面体形**か**正方形**

$[Zn(NH_3)_4]^{2+}$
テトラアンミン亜鉛(Ⅱ)イオン

正四面体形

NH_3, Zn^{2+}, H_3N, NH_3, NH_3

$[Cu(NH_3)_4]^{2+}$
テトラアンミン銅(Ⅱ)イオン

正方形
(←は配位結合)

H_3N, NH_3, Cu^{2+}, H_3N, NH_3

配位数「4」のものは2種類あるね。

第5章 無機物質

そうなんだ。$[Zn(NH_3)_4]^{2+}$ のような Zn^{2+} **の錯イオンが正四面体形である**ことと，$[Cu(NH_3)_4]^{2+}$ のような Cu^{2+} **の錯イオンが正方形である**ことを覚えておいてね。

❸ 配位数「6」のもの ➡ **正八面体形**

$[Fe(CN)_6]^{4-}$
ヘキサシアニド鉄(Ⅱ)酸イオン

CN^-　^-NC　CN^-　Fe^{2+}　^-NC　CN^-　CN^-

正八面体形

(←は配位結合)

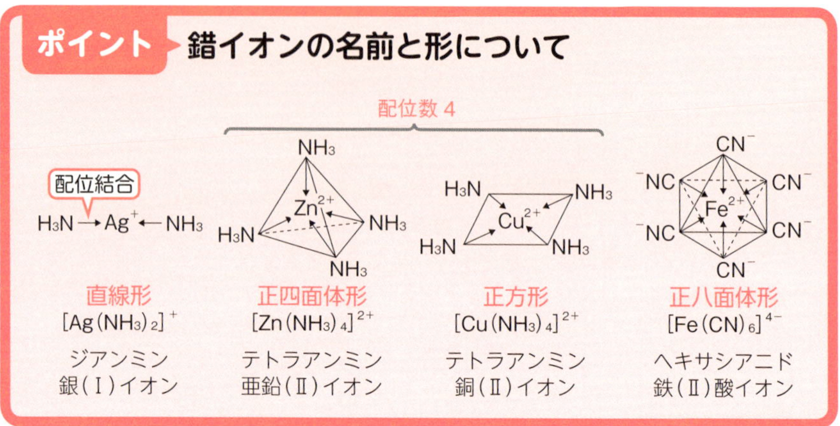

チェック問題 3

下線部に誤りを含むものを，次の①～⑤のうちから 1 つ選べ。

① 水酸化銅(Ⅱ)$Cu(OH)_2$に過剰のアンモニア水を加えると，$[Cu(NH_3)_4]^{2+}$が生成して深青色の水溶液になる。

② 酸化銀 Ag_2O に過剰のアンモニア水を加えると，$[Ag(NH_3)_2]^+$が生成して無色の水溶液になる。

③ $[Fe(CN)_6]^{3-}$ の 6 つの配位子は，正八面体形の配置をとる。

④ $[Zn(NH_3)_4]^{2+}$ の 4 つの配位子は，正方形の配置をとる。

⑤ Zn^{2+} を含む水溶液に水酸化ナトリウム水溶液を加えると白色沈殿 $Zn(OH)_2$が生じた。さらに，濃い水酸化ナトリウム水溶液を加えると沈殿は溶解した。これは，$Zn(OH)_2$が $[Zn(OH)_4]^{2-}$ に変化したためである。

解答・解説

④

① 〈正しい〉 $[Cu(NH_3)_4]^{2+}$ は深青色で正方形
② 〈正しい〉 $[Ag(NH_3)_2]^+$ は無色で直線形
}「安藤さんのあにに銀行員」を思い出そう！
③ 〈正しい〉 $[Fe(CN)_6]^{3-}$ はもちろん $[Fe(CN)_6]^{4-}$ も正八面体形になる。
④ 〈誤り〉 正方形でなく正四面体形が正しい。
⑤ 〈正しい〉「ああすんなりと溶ける」を思い出そう！

4 沈殿（陽イオンからのアプローチ）

最後に，陽イオンから陰イオンをみて沈殿するもの・しないものを紹介することにするね。

❶ 鉄（Ⅱ）イオン Fe^{2+}，鉄（Ⅲ）イオン Fe^{3+}

Fe^{2+} を含む水溶液はヘキサシアニド鉄（Ⅲ）酸カリウム $K_3[Fe(CN)_6]$ と濃青色沈殿をつくり，**Fe^{3+} を含む水溶液はヘキサシアニド鉄（Ⅱ）酸カリウム $K_4[Fe(CN)_6]$ と濃青色沈殿**をつくるんだ。

$$Fe^{2+} \xrightarrow{K_3[Fe(CN)_6]} \text{濃青色沈殿} \qquad Fe^{3+} \xrightarrow{K_4[Fe(CN)_6]} \text{濃青色沈殿}$$

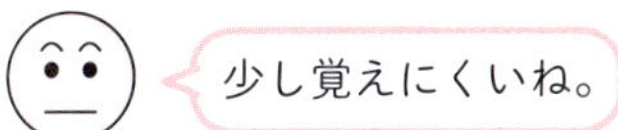

そうだね。それぞれのカリウム塩に含まれている **Fe のイオンの価数**を調べてみると覚えやすくなるよ。

$K_3[Fe(CN)_6] \longrightarrow 3K^+ + [Fe(CN)_6]^{3-}$ とバラバラにして，Fe のイオンの価数を x として求めてみる。CN^- は −1 なので，

$$[Fe(CN)_6]^{3-}:\ \underbrace{x}_{Fe} + \underbrace{(-1)}_{CN^-} \times 6 = -3 \qquad x = +3$$

⬅ Fe^{3+} を含んでいる

同じように，$K_4[Fe(CN)_6] \longrightarrow 4K^+ + [Fe(CN)_6]^{4-}$ とバラバラにしてこの Fe のイオンの価数を y とすると，

$$[Fe(CN)_6]^{4-}:\ \underbrace{y}_{Fe} + \underbrace{(-1)}_{CN^-} \times 6 = -4 \qquad y = +2$$

⬅ Fe^{2+} を含んでいる

Fe^{2+} は，Fe^{3+} を含む $K_3[Fe(CN)_6]$（ヘキサシアニド鉄（Ⅲ）酸カリウム）と濃青色沈殿
Fe^{3+} は，Fe^{2+} を含む $K_4[Fe(CN)_6]$（ヘキサシアニド鉄（Ⅱ）酸カリウム）と濃青色沈殿 をつくるんだね。

「+2は+3」と，「+3は+2」と濃青色沈殿をつくると覚えるといいね。あと，**Fe^{3+} を含む水溶液はチオシアン酸カリウム KSCN で血赤色（けっせき）溶液になる**んだ。

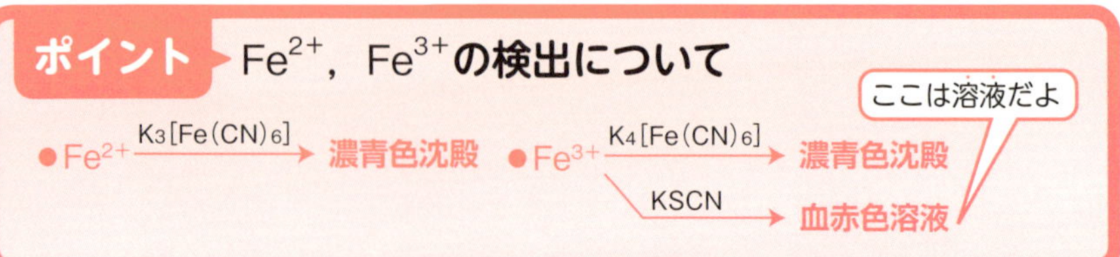

❷ 銀イオン Ag^+

Ag^+ は，ハロゲン化物イオン Cl^-，Br^-，I^- と**ハロゲン化銀の沈殿**をつくる。

また，ハロゲン化銀の中で AgCl は NH_3 水に錯イオン $[Ag(NH_3)_2]^+$（→配位数 2）をつくって溶けるが，AgBr はわずかしか溶けなくて，AgI はほとんど溶けない。

F^- $\xrightarrow{Ag^+}$ 沈殿しない（水に溶ける）
Cl^- $\xrightarrow{Ag^+}$ AgCl↓（白） $\xrightarrow{NH_3}$ 溶ける $[Ag(NH_3)_2]^+$
Br^- $\xrightarrow{Ag^+}$ AgBr↓（淡黄） $\xrightarrow{NH_3}$ 少し溶ける $[Ag(NH_3)_2]^+$
I^- $\xrightarrow{Ag^+}$ AgI↓（黄） $\xrightarrow{NH_3}$ 溶けない（沈殿のまま）

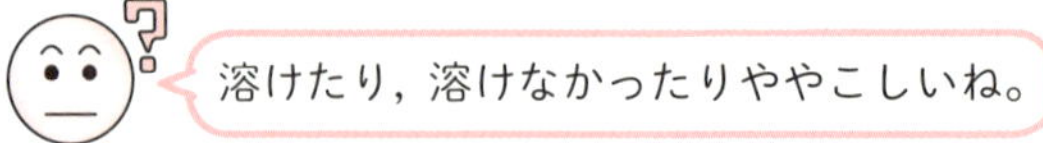

溶けたり，溶けなかったりややこしいね。

そうだね。ただ，チオ硫酸ナトリウム $Na_2S_2O_3$ 水溶液を加えると，ハロゲン化銀の沈殿（AgCl，AgBr，AgI）はすべて錯イオン $[Ag(S_2O_3)_2]^{3-}$（→配位数 2）をつくって溶ける。

また，ハロゲン化銀の沈殿は，光をあてると分解し Ag を遊離し黒くなる性質（＝**感光性**）があったね（➡ P.267）。

例　$2AgBr \xrightarrow{光} 2Ag + Br_2$

ポイント　ハロゲン化銀の沈殿について

	AgCl（白）	AgBr（淡黄）	AgI（黄）
NH_3 水	溶ける	少し溶ける	溶けない
$Na_2S_2O_3$ 水溶液	溶ける	溶ける	溶ける

チェック問題 4

次のアおよびイの 3 種類のイオンを含む各水溶液から，下線を引いたイオンのみを沈殿として分離したい。最も適当な方法を，次の①～④のうちから 1 つずつ選べ。ただし，同じものを選んでもよい。

ア　$\underline{Pb^{2+}}$, Fe^{2+}, Ca^{2+}　[1]
イ　$\underline{Cu^{2+}}$, Pb^{2+}, Al^{3+}　[2]

① 水酸化ナトリウム水溶液を過剰に加える。
② アンモニア水を過剰に加える。
③ 室温で希塩酸を加える。
④ アンモニア水を加えて塩基性にしたのち，硫化水素を通じる。

解答・解説

[1] ③　[2] ①

ア　希塩酸 HCl(Cl^-) で Pb^{2+} のみを $PbCl_2\downarrow$(白) として分離できる。
イ　Cu^{2+}, Pb^{2+}, Al^{3+} に NaOH 水溶液を過剰に加える(①)と，$Cu(OH)_2\downarrow$(青白)，
イオン化傾向 Mg 以下
$[Pb(OH)_4]^{2-}$, $[Al(OH)_4]^-$ となり，Cu^{2+} のみを沈殿として分離できる。
「あぁすんなりととける」

また，②の NH_3 水過剰では，$[Cu(NH_3)_4]^{2+}$, $Pb(OH)_2\downarrow$(白), $Al(OH)_3\downarrow$(白) となり，④の塩基性にしたのち H_2S を通じると $CuS\downarrow$(黒), $PbS\downarrow$(黒), 硫化物は沈殿しない(Al^{3+}) となり，いずれも Cu^{2+} のみを沈殿とすることはできない。

チェック問題 5

次の記述①～⑤のうちから，誤りを含むものを 1 つ選べ。

① 塩化鉄(Ⅲ)水溶液に，水酸化ナトリウム水溶液を加えると，沈殿が生じる。
② 塩化鉄(Ⅱ)水溶液に，KSCN 水溶液を加えると，血赤色の沈殿が生じる。
③ 塩化鉄(Ⅲ)水溶液に，$K_4[Fe(CN)_6]$ 水溶液を加えると，濃青色の沈殿が生じる。
④ 硫酸鉄(Ⅱ)水溶液に，$K_3[Fe(CN)_6]$ 水溶液を加えると，濃青色の沈殿が生じる。
⑤ 硫酸鉄(Ⅱ)水溶液に，アンモニア水を加えると沈殿が生じる。

解答・解説

②

① $Fe^{3+} + 3OH^- \longrightarrow Fe(OH)_3\downarrow$(赤褐色)〈正しい〉
② $\underline{Fe^{3+}}$ の水溶液に KSCN を加えると血赤色**溶液**になる。〈誤り〉
⑤ $Fe^{2+} + 2OH^- \longrightarrow Fe(OH)_2\downarrow$(緑白色)〈正しい〉

第5章 無機物質

5 炎色反応について

アルカリ金属，アルカリ土類金属や銅などのイオンの水溶液を白金線につけ，ガスバーナーの外炎に入れると，元素に特有な色が炎につく。これを**炎色反応**という。

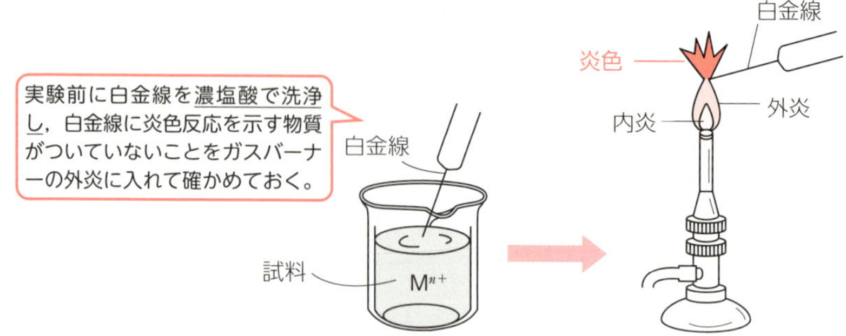

実験前に白金線を濃塩酸で洗浄し，白金線に炎色反応を示す物質がついていないことをガスバーナーの外炎に入れて確かめておく。
白金線
試料
M^{n+}
白金線
炎色
外炎
内炎

炎色反応で，沈殿をろ過後のろ液中に残った金属イオンを確認することができる。炎色反応で，**Li は赤色，Na は黄色，K は赤紫色，Cu は青緑色，Ca は橙赤色，Sr は紅色，Ba は黄緑色にそれぞれ発色する**。

炎色反応のゴロ合わせを紹介しておくね。

Li	赤	Na	黄	K	紫	Cu	緑	Ba	緑	Ca	橙	Sr	紅
リ	アカー	な	き	K	村，	動	力に	馬	力	借りる	とう	するも	くれない

チェック問題 6

標準 

2つの元素に共通する性質として誤りを含むものを，次の①～⑤のうちから1つ選べ。

	2つの元素	共通する性質
①	K，Sr	炎色反応を示す
②	Sn，Ba	+2の酸化数をとりうる
③	Fe，Ag	硫化物は黒色である
④	Na，Ca	炭酸塩は水によく溶ける
⑤	Al，Zn	酸化物の粉末は白色である

解答・解説

① 〈正しい〉 K は赤紫色，Sr は紅色の炎色反応を示す。
② 〈正しい〉 SnS(➡ P.269) や $BaSO_4$(➡ P.268) からわかる。
③ 〈正しい〉 S^{2-} との沈殿は黒色が多く，FeS や Ag_2S も黒色
④ 〈誤り〉 $CaCO_3$ は白色沈殿で水に溶けないが，Na_2CO_3 は水によく溶ける。
⑤ 〈正しい〉 典型元素の金属の酸化物は白色が多く，Al_2O_3 や ZnO も白色になる。

思 考力のトレーニング 2

4分

6 種類の金属イオン Ag^+，Al^{3+}，Cu^{2+}，Fe^{3+}，K^+，Zn^{2+} のうち，いずれか 4 種類の金属イオンを含む水溶液アがある。どの金属イオンが含まれているか調べるため，下の実験を行った。その結果，4 種類の金属イオンを 1 種類ずつ，沈殿 A，沈殿 B，沈殿 C，沈殿 D，およびろ液 E として分離できた。問い(a・b)に答えよ。

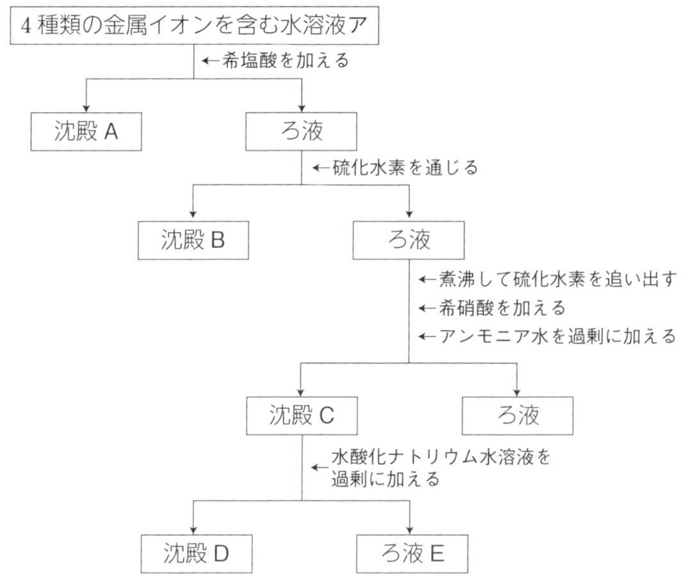

a 6 種類の金属イオンのうち，水溶液アに含まれていない金属イオンを，次の①～⑥のうちから 2 つ選べ。

① Ag^+ ② Al^{3+} ③ Cu^{2+} ④ Fe^{3+} ⑤ K^+ ⑥ Zn^{2+}

b 沈殿 D に含まれている金属イオンを，次の①～⑥のうちから 1 つ選べ。

① Ag^+ ② Al^{3+} ③ Cu^{2+} ④ Fe^{3+} ⑤ K^+ ⑥ Zn^{2+}

解答・解説

a ⑤，⑥　b ④

仮に6種類の金属イオンすべてが水溶液アに含まれていたとすると，図の操作を行うことで次のように分離できる。

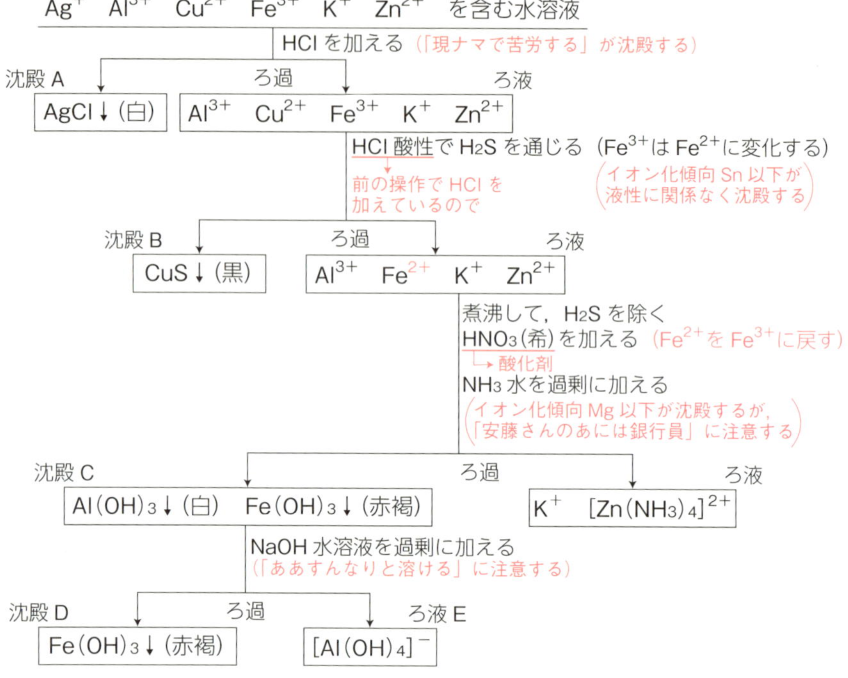

a　本問では，沈殿A（$AgCl\downarrow$），沈殿B（$CuS\downarrow$），沈殿D（$Fe(OH)_3\downarrow$），ろ液E（$[Al(OH)_4]^-$）として分離できている。よって，6種の金属イオンのうち水溶液アにはAg^+，Cu^{2+}，Fe^{3+}，Al^{3+}（4種類）が含まれており，K^+とZn^{2+}が含まれていない。

b　沈殿Dは$Fe(OH)_3\downarrow$なので，Fe^{3+}が含まれている。

思考力のトレーニング 3

クロム酸カリウムと硝酸銀との沈殿反応を調べるため，11本の試験管を使い，0.10 mol/Lのクロム酸カリウム水溶液と0.10 mol/Lの硝酸銀水溶液を，それぞれ表に示した体積で混ぜ合わせた。各試験管内に生じた沈殿の質量〔g〕を表すグラフとして最も適当なものを，次の①～⑥のうちから1つ選べ。ただし H =

1.0，O = 16，Cr = 52，Ag = 108とし，沈殿した物質の溶解度は十分小さいものとする。

試験管番号	クロム酸カリウム水溶液の体積〔mL〕	硝酸銀水溶液の体積〔mL〕
1	1.0	11.0
2	2.0	10.0
3	3.0	9.0
4	4.0	8.0
5	5.0	7.0
6	6.0	6.0
7	7.0	5.0
8	8.0	4.0
9	9.0	3.0
10	10.0	2.0
11	11.0	1.0

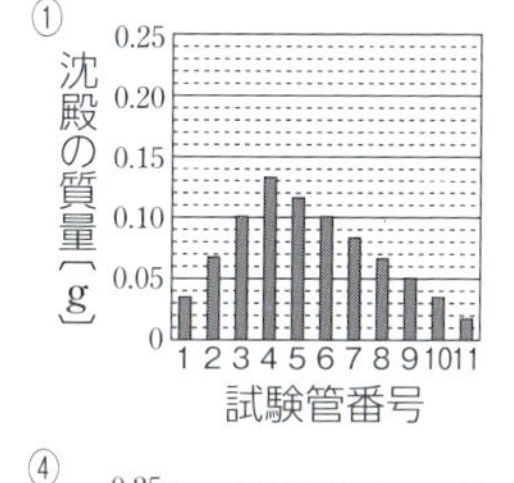

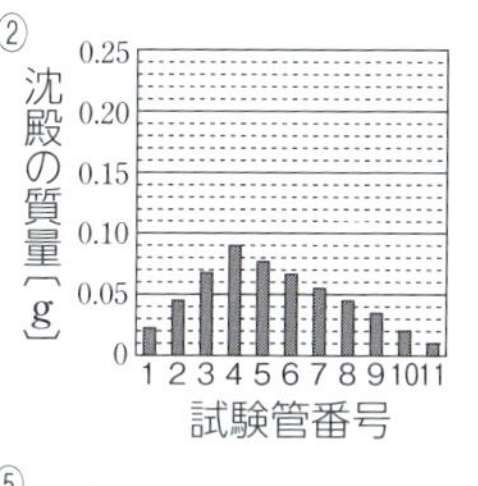

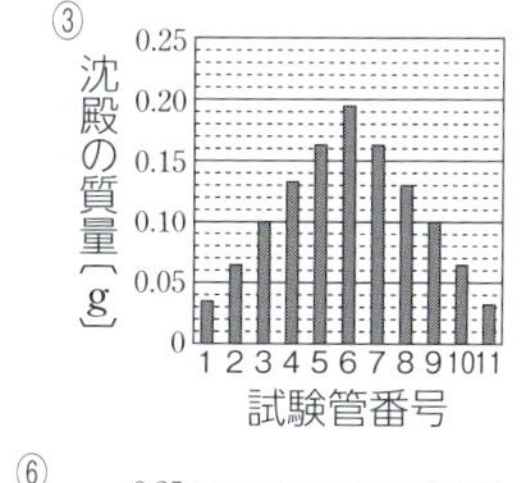

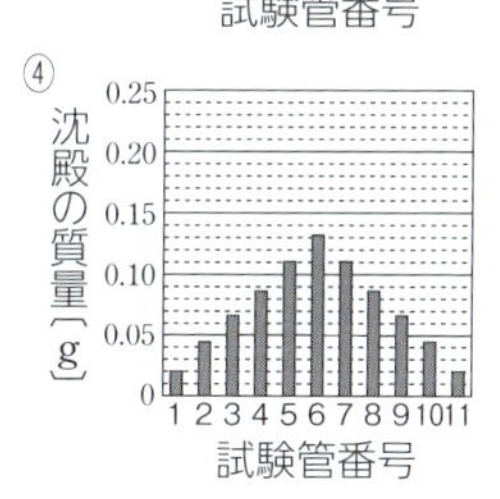

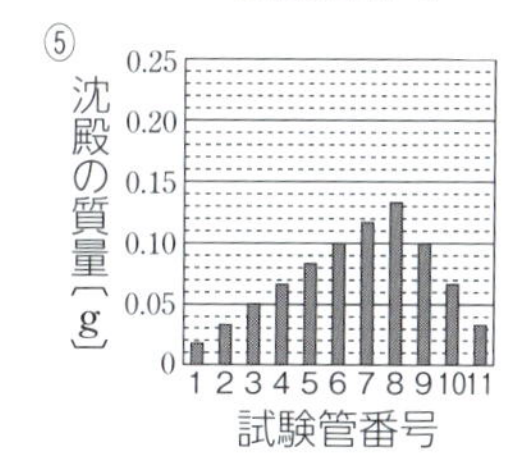

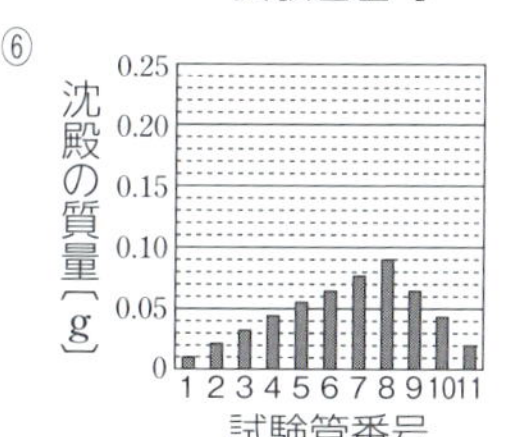

解答・解説

①

クロム酸カリウム K_2CrO_4 水溶液と硝酸銀 $AgNO_3$ 水溶液を混ぜ合わせると次の反応が起こり，Ag_2CrO_4 の赤褐色沈殿を生じる。

$$1\,CrO_4^{2-} + 2\,Ag^+ \longrightarrow Ag_2CrO_4\downarrow$$

（1 → ×2 → 2）　⬅バナナを銀貨で買ったら苦労した

ここで，使用する0.10 mol/Lの K_2CrO_4 水溶液を V_1 mL，0.10 mol/Lの $AgNO_3$ 水溶液を V_2 mLとおくと，これらの水溶液が過不足なく反応する条件は，

$$0.10 \times \frac{V_1}{1000} \times 2 = 0.10 \times \frac{V_2}{1000}$$

より，$2V_1 = V_2$ となる。

（$0.10 \times \frac{V_1}{1000}$：$K_2CrO_4$〔mol〕，$\times 2$ した値：Ag_2CrO_4〔mol〕，$0.10 \times \frac{V_2}{1000}$：$Ag_2CrO_4$〔mol〕）

×2：反応式の係数から読みとる

この条件を満たす試験管番号は $V_1 = 4.0$ mL，$V_2 = 8.0$ mL の「４」とわかる。

また，$V_1 = 4.0$ mL，$V_2 = 8.0$ mL のとき生じる沈殿 Ag_2CrO_4(式量332)の質量は，

	$1\ CrO_4^{2-}$	$+\ 2Ag^+$	$\longrightarrow\ 1\ Ag_2CrO_4$
反応前	$0.10\times\frac{4.0}{1000}$ mol	$0.10\times\frac{8.0}{1000}$ mol	
反応後	0	0	$0.10\times\frac{4.0}{1000}$ mol

から，$0.10 \times \frac{4.0}{1000}$（生じる Ag_2CrO_4〔mol〕）$\times 332$（Ag_2CrO_4〔g〕）$\fallingdotseq$ 0.133〔g〕（試験管番号４の沈殿の質量〔g〕）になる

とわかる。$V_1 < 4.0$ mL，$V_2 > 8.0$ mL の試験管番号１～３では K_2CrO_4 がなくなり $AgNO_3$ が余る。よって，生じる Ag_2CrO_4 の質量は，

	$1\ CrO_4^{2-}$	$+\ 2Ag^+$	$\longrightarrow\ 1\ Ag_2CrO_4$
反応前	$0.10\times\frac{V_1}{1000}$ mol	$0.10\times\frac{V_2}{1000}$ mol	
反応後	0	余る	$0.10\times\frac{V_1}{1000}$ mol

から，$0.10 \times \frac{V_1}{1000}$（$Ag_2CrO_4$〔mol〕）$\times 332$（$Ag_2CrO_4$〔g〕）となり，$V_1$ が増加するほど(試験管番号１→３に向かって)生じる Ag_2CrO_4 の質量〔g〕も**増加**する。

$V_1 > 4.0$ mL，$V_2 < 8.0$ mL の試験管番号５～11では K_2CrO_4 が余り $AgNO_3$ がなくなる。よって，生じる Ag_2CrO_4 の質量は，

	$1\ CrO_4^{2-}$	$+\ 2Ag^+$	$\longrightarrow\ 1\ Ag_2CrO_4$
反応前	$0.10\times\frac{V_1}{1000}$ mol	$0.10\times\frac{V_2}{1000}$ mol	
反応後	余る	0	$0.10\times\frac{V_2}{1000}\times\frac{1}{2}$ mol

から，$0.10 \times \frac{V_2}{1000} \times \frac{1}{2}$（$Ag_2CrO_4$〔mol〕）$\times 332$（$Ag_2CrO_4$〔g〕）なので V_2 が減少するほど(試験管番号５→11に向かって)生じる Ag_2CrO_4 の質量が**減少**する。

よって，沈殿の質量［g］を表すグラフは①とわかる。

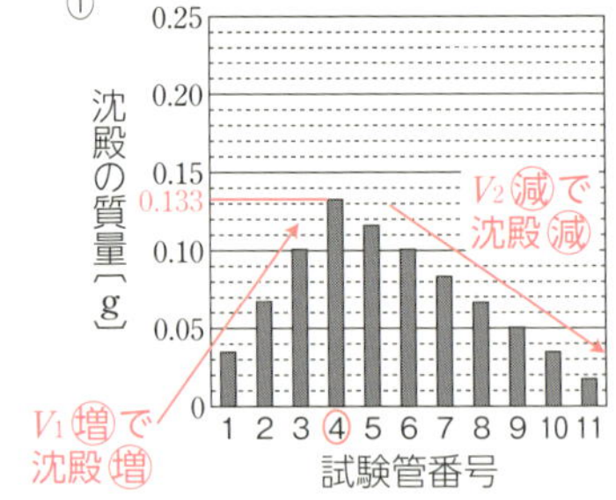

第５章　無機物質

気体の製法

1 酸・塩基反応の利用について

「塩の加水分解」で弱酸の陰イオン・弱塩基の陽イオンについて勉強したね。

「弱酸の陰イオンは H^+ と結びつきやすい」「弱塩基の陽イオンは OH^- と結びつきやすい」（➡ P.250）って勉強したよ。

そうだね。だから，「**弱酸の陰イオン**」に「**強酸**」を加えると，**「弱酸の陰イオン」は H^+ と結びつきやすく「強酸」のもつ H^+ と結びついて弱酸になる**んだ。

❶ 硫化水素 H_2S の製法

弱酸である H_2S の陰イオン S^{2-} に，強酸の希塩酸 HCl を加えると，S^{2-} と HCl の H^+ が結びついて H_2S になるので，$S^{2-} + 2H^+ \longrightarrow H_2S$

つまり，$S^{2-} + 2HCl \longrightarrow H_2S + 2Cl^-$（弱酸の遊離）が起こる。

S^{2-} の塩である硫化鉄(Ⅱ)FeS を使うときには，両辺に Fe^{2+} を加えると化学反応式が完成するんだ。

$$
\begin{array}{rlllll}
 & S^{2-} & + \ 2HCl & \longrightarrow & H_2S & + \ 2Cl^- \\
+) & Fe^{2+} & & & & \ Fe^{2+} \\
\hline
 & FeS & + \ 2HCl & \longrightarrow & H_2S & + \ FeCl_2
\end{array}
$$

⇐ 両辺に Fe^{2+} を加える

これが，**H_2S の実験室でのつくり方**になるんだ。強酸として希硫酸 H_2SO_4 を使うときには同じように化学反応式をつくることができる。

$$
\begin{array}{rlllll}
 & S^{2-} & + \ H_2SO_4 & \longrightarrow & H_2S & + \ SO_4{}^{2-} \\
+) & Fe^{2+} & & & & \ Fe^{2+} \\
\hline
 & FeS & + \ H_2SO_4 & \longrightarrow & H_2S & + \ FeSO_4
\end{array}
$$

⇐ 両辺に Fe^{2+} を加える

キップの装置

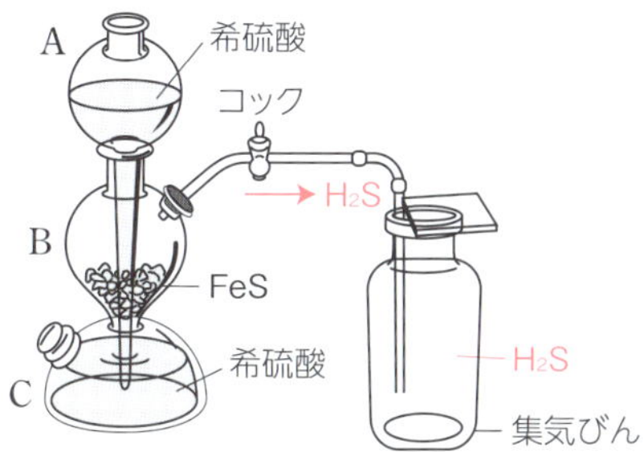

① コックを開くと A の希硫酸が流れ落ち，C からあふれ B まで達する。
② B で希硫酸と FeS が反応して H_2S が発生する。
③ コックを閉じると H_2S の圧力が B 中の希硫酸を押し下げるので反応が停止する。

❷ 二酸化炭素 CO_2（炭酸 H_2CO_3）の製法

次に，**炭酸 H_2CO_3 の製法**を勉強しよう。H_2CO_3 は H_2O と CO_2 に分解するから，**炭酸の製法は CO_2 の製法**でもあるんだ。

弱酸である H_2CO_3 の陰イオン CO_3^{2-} に強酸の希塩酸 HCl を加えると，次の反応が起こる。

$$CO_3^{2-} + 2HCl \longrightarrow H_2CO_3 + 2Cl^- \quad (\text{弱酸の遊離})$$

H_2CO_3 は H_2O と CO_2 に分解するので，

$$CO_3^{2-} + 2HCl \longrightarrow H_2O + CO_2 + 2Cl^- \quad (\text{弱酸の遊離})$$

と書きかえることができる。

ここで，CO_3^{2-} の塩である炭酸カルシウム $CaCO_3$ を使うときには，両辺に Ca^{2+} を加えると化学反応式が完成する。

$$CaCO_3 + 2HCl \longrightarrow H_2O + CO_2 + CaCl_2$$

炭酸カルシウムは大理石や石灰石と問題文中に書かれることがあるから注意してね。

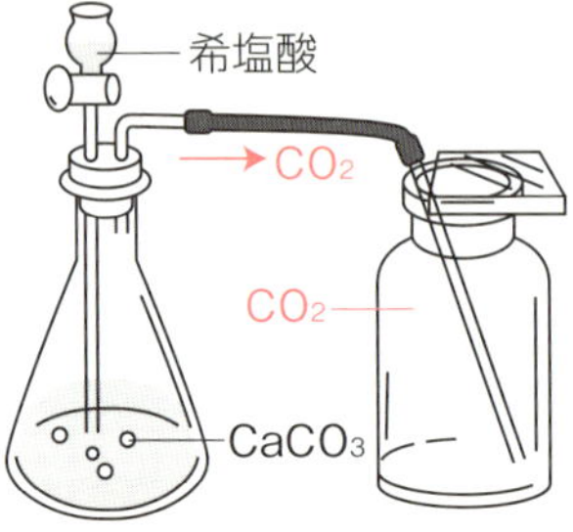

じゃあ，強酸として希硫酸 H_2SO_4 を利用したときには

$$CaCO_3 + H_2SO_4 \longrightarrow H_2O + CO_2 + CaSO_4$$

の反応が起こるの？

おしいね。$CaCO_3$ の表面が，反応で生じる水に不溶な（沈殿）$CaSO_4$ におおわれ，反応がほとんど起こらない。そのため**希硫酸は使えない**んだ。

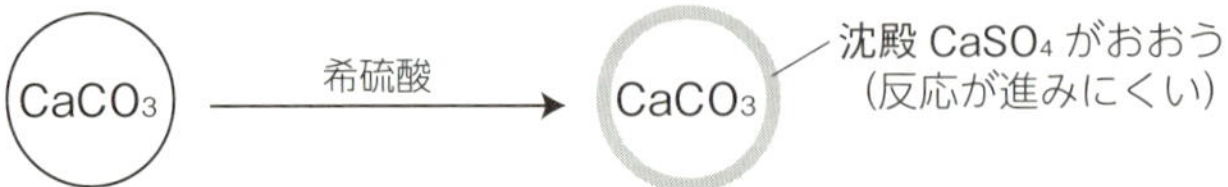

❸ 二酸化硫黄 SO_2（亜硫酸 H_2SO_3）の製法

亜硫酸 H_2SO_3 の製法は SO_2 の製法でもあるんだ。

弱酸である H_2SO_3 の陰イオン SO_3^{2-} に強酸の希硫酸 H_2SO_4 を加えると，

$$SO_3^{2-} + H_2SO_4 \longrightarrow H_2O + SO_2 + SO_4^{2-}$$ （弱酸の遊離）が起こる。

ここで，SO_3^{2-} の塩として亜硫酸ナトリウム Na_2SO_3 を使うときには，両辺に $2Na^+$ を加えると化学反応式が完成する。

$$Na_2SO_3 + H_2SO_4 \longrightarrow H_2O + SO_2 + Na_2SO_4$$

HSO_3^- の塩である亜硫酸水素ナトリウム $NaHSO_3$ に希硫酸 H_2SO_4 を加えても

SO_2 を発生させることができる。

$$HSO_3^- + H^+ \longrightarrow H_2O + SO_2$$ （弱酸の遊離）

この両辺を2倍した $2HSO_3^- + 2H^+ \longrightarrow 2H_2O + 2SO_2$

に，$2Na^+$ と SO_4^{2-} を加えると化学反応式が完成する。

$$2NaHSO_3 + H_2SO_4 \longrightarrow 2H_2O + 2SO_2 + Na_2SO_4$$

ポイント **弱酸の遊離について**

- 弱酸の陰イオンを含む塩 ＋ 強酸 ⟶ 弱酸 ＋ 強酸の塩

チェック問題 1

標準 2分

図の装置を用いて，硫化鉄(Ⅱ)に希硫酸を加えて気体を発生させた。正しい記述を，次の①～⑤のうちから1つ選べ。

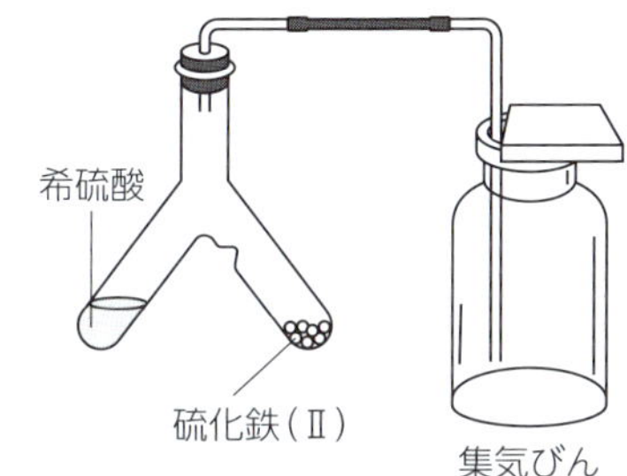

① 黄色の気体が発生する。

② 希硫酸のかわりに希塩酸を用いると，同じ気体は発生しない。

③ 希硫酸のかわりに水酸化ナトリウム水溶液を用いても，同じ気体が発生する。

④ 集気びんに水を入れておくと，発生した気体が溶解して，その水溶液は塩基性を示す。

⑤ 集気びんに硫酸銅(Ⅱ)水溶液を入れておくと，発生した気体と反応して沈殿を生じる。

解答・解説

⑤

この実験では，次の反応が起こり，硫化水素 H_2S が発生する。

$$FeS + H_2SO_4 \longrightarrow H_2S + FeSO_4$$ （弱酸の遊離）

① H_2S は**無色**の気体。〈誤り〉

② 希硫酸 H_2SO_4 のかわりに希塩酸 HCl を用いても，同じ気体である硫化水素 H_2S が発生する。〈誤り〉 $FeS + 2HCl \longrightarrow H_2S + FeCl_2$ （弱酸の遊離）

③ 弱酸の陰イオンの塩 FeS に，強塩基である NaOH 水溶液を加えても**気体は発生しない**。〈誤り〉

④ 発生した H_2S は水に溶けて，**弱酸性を示す**。〈誤り〉

⑤　発生した H_2S を硫酸銅(Ⅱ)$CuSO_4$ の水溶液に通じると，Cu^{2+} と反応して CuS (黒)の沈殿を生じる。〈正しい〉

「**弱塩基の陽イオン**」に「**強塩基**」を加えると，「**弱塩基の陽イオン」は OH^- と結びつきやすく「強塩基」の OH^- と結びついて弱塩基になる**。この方法で弱塩基性を示す気体がつくれる。

❹ アンモニア NH_3 の製法

弱塩基性を示す気体は，NH_3 だけが出題される。

弱塩基である NH_3 の陽イオン NH_4^+ に強塩基の NaOH を混ぜて加熱すると，NH_4^+ と NaOH の OH^- が結びついて NH_3 になる。

$$NH_4^+ + OH^- \longrightarrow NH_3 + H_2O \quad \cdots\cdots (*)$$

つまり，

$$NH_4^+ + NaOH \longrightarrow NH_3 + H_2O + Na^+ \quad \text{(弱塩基の遊離)}$$

の反応が起こる。

ここで，塩化アンモニウム NH_4Cl を使うときは，両辺に Cl^- を加えると化学反応式が完成する。

$$\begin{array}{lllllll} & NH_4^+ & + & NaOH & \longrightarrow & NH_3 + H_2O + & Na^+ \\ +) & Cl^- & & & & & Cl^- \\ \hline & NH_4Cl & + & NaOH & \longrightarrow & NH_3 + H_2O + & NaCl \end{array}$$

⇐ 両辺に Cl^- 加える

また，強塩基として水酸化カルシウム $Ca(OH)_2$ を使うときは，$Ca(OH)_2$ は 2 価の強塩基なので(*)のイオン反応式全体を 2 倍して，

$$2NH_4^+ + 2OH^- \longrightarrow 2NH_3 + 2H_2O$$

このイオン反応式の両辺に $2Cl^-$ と Ca^{2+} を加えると化学反応式が完成する。

$$2NH_4Cl + Ca(OH)_2 \longrightarrow 2NH_3 + 2H_2O + CaCl_2$$

ポイント　弱塩基の遊離について

● 弱塩基の陽イオンを含む塩 ＋ 強塩基 ⟶ 弱塩基 ＋ 強塩基の塩

チェック問題 2

塩化アンモニウムと水酸化カルシウムの粉末を混合して加熱して，発生した気体を，亜鉛イオンを含む水溶液に通じた。このときの観察結果として正しいものを，次の①～④のうちから 1 つ選べ。

① 透明な水溶液のままである。
② 白色の沈殿がいったん生じるが，気体を十分に通じると沈殿は溶ける。
③ 褐色の沈殿がいったん生じるが，気体を十分に通じると沈殿は溶ける。
④ 青色の沈殿が生じる。

解答・解説

②

次の反応が起こり，NH_3 が発生する。

$$2NH_4Cl + Ca(OH)_2 \longrightarrow 2NH_3 + 2H_2O + CaCl_2$$ （弱塩基の遊離）

発生した NH_3 を Zn^{2+} を含む水溶液に通じると，$Zn(OH)_2$(白)が沈殿する。NH_3 を十分に通じると，$[Zn(NH_3)_4]^{2+}$ をつくって一度できた沈殿が溶解する。

↑「安藤さんのあには銀行員！」

2 酸化還元反応の利用について

金属のイオン化傾向について勉強したね。

金属と酸との反応性

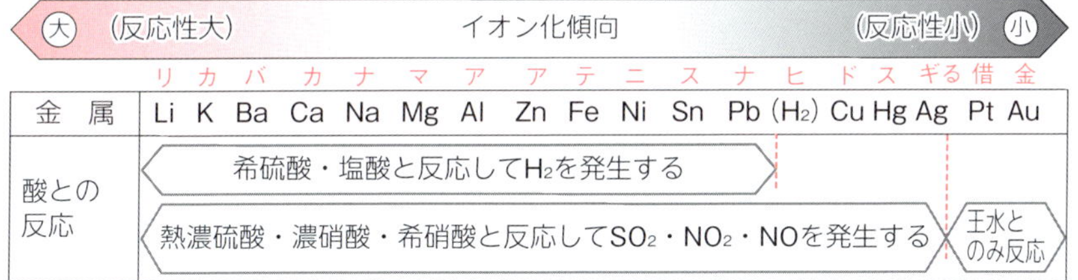

大（反応性大）　イオン化傾向　（反応性小）小

	リ	カ	バ	カ	ナ	マ	ア	ア	テ	ニ	ス	ナ	ヒ	ド	ス	ギる	借	金
金　属	Li	K	Ba	Ca	Na	Mg	Al	Zn	Fe	Ni	Sn	Pb	(H_2)	Cu	Hg	Ag	Pt	Au
酸との反応	希硫酸・塩酸と反応してH_2を発生する																	
	熱濃硫酸・濃硝酸・希硝酸と反応してSO_2・NO_2・NOを発生する																王水とのみ反応	

濃硝酸と濃塩酸を体積比 1：3 で混合したものをいうんだ。➡ 硝(しょう)酸が少(しょう)(少ない)と覚えよう！

水素よりもイオン化傾向の大きな金属は，塩酸 HCl や希硫酸 H_2SO_4 と反応するんだね。

そうなんだ。**水素よりもイオン化傾向の大きな金属は，塩酸 HCl や希硫酸 H_2SO_4 から電離し生じた H^+ と反応し H_2 を発生しながら溶けていく**んだ。

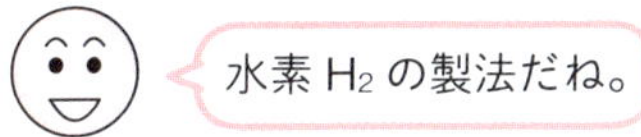

❶ 水素 H_2 の製法

Zn に希塩酸 HCl を加えると，Zn は H_2 よりも陽イオンになりやすい，つまり，水素よりもイオン化傾向が大きいので，Zn が Zn^{2+} になって溶けていく。

$$Zn \longrightarrow Zn^{2+} + 2e^- \quad \cdots\cdots ①$$

このとき，H^+ は酸化剤として Zn の放出した e^- を受けとるんだ。

$$2H^+ + 2e^- \longrightarrow H_2 \quad \cdots\cdots ②$$

よって，①+②より，

$$Zn + 2H^+ \longrightarrow Zn^{2+} + H_2 \text{（酸化還元）}$$

の反応が起こり，H_2 が発生する。

希塩酸 HCl を使うときは，両辺に $2Cl^-$ を加えると化学反応式が完成する。

$$Zn + 2HCl \longrightarrow ZnCl_2 + H_2$$

また，希硫酸 H_2SO_4 を使うときは，両辺に SO_4^{2-} を加えて，

$$Zn + H_2SO_4 \longrightarrow ZnSO_4 + H_2$$

とすればいいんだ。

水素の製法

H2
H2
希硫酸
亜鉛

あと，次の ❶ ～ ❸ に注意してほしいんだ。

❶ Fe を塩酸 HCl や希硫酸 H_2SO_4 と反応させるときには，Fe は Fe^{2+} に変化する。**Fe^{3+} には変化しない**ので気をつけてね。

$$Fe \longrightarrow Fe^{2+} + 2e^- \quad \cdots\cdots ①$$

$$2H^+ + 2e^- \longrightarrow H_2 \quad \cdots\cdots ②$$

①+②より，$Fe + 2H^+ \longrightarrow Fe^{2+} + H_2$（酸化還元）

$$Fe + 2HCl \longrightarrow FeCl_2 + H_2 \quad \Leftarrow \text{両辺に } 2Cl^- \text{ を加えた}$$

$$Fe + H_2SO_4 \longrightarrow FeSO_4 + H_2 \quad \Leftarrow \text{両辺に } SO_4^{2-} \text{ を加えた}$$

❷ **Pb は水素よりもイオン化傾向の大きな金属だけど，塩酸 HCl や希硫酸 H_2SO_4 とはほとんど反応しない**。それは，水に不溶な $PbCl_2$ や $PbSO_4$ が Pb の表面をおおってしまうために，反応がほとんど進まないからなんだ。

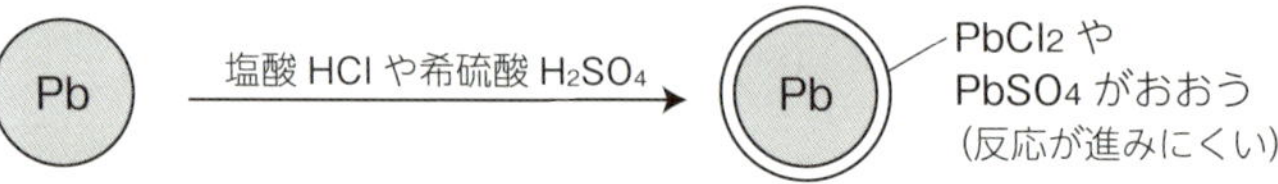

❸ 水素よりもイオン化傾向の小さな金属である Cu，Hg，Ag，Pt，Au は塩酸や希硫酸には溶けない。

ポイント 酸化還元反応の利用について①

- 水素よりもイオン化傾向の大きな金属＋塩酸 ➡ H_2 発生
- 水素よりもイオン化傾向の大きな金属＋希硫酸 ➡ H_2 発生

チェック問題 3

図は固体と液体の反応を利用して気体を発生する装置である。Bに亜鉛粒を入れ，Aに希硫酸を入れる。コック(活栓)Dを開くと水素が発生する。コックDを閉じると，希硫酸が移動して亜鉛との接触が断たれ，水素の発生が止まる。次のア・イについて最も適当なものを，それぞれの①～⑤のうちから1つずつ選べ。

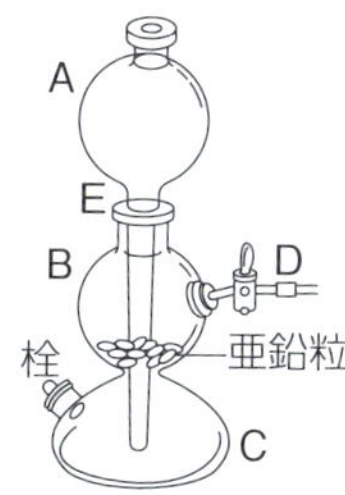

ア　亜鉛のかわりに用いることができる物質

① CaC_2　② Fe　③ Pb
④ Cu　⑤ SiO_2

イ　水素発生中に，コックDを閉じるとき，希硫酸の移動する方向

① A→C　② C→B　③ B→D
④ B→C→A　⑤ A→C→B

解答・解説

ア ②　イ ④

ア　水素よりイオン化傾向の大きなFeを使えばよい。
（注　Pbは$PbSO_4$がその表面をおおってしまうために用いることができない。）

イ　コックDを閉じると希硫酸H_2SO_4がB→C→Aと移動し，反応が停止する。
（キップの装置の使い方 P.283を参照。）

P.287の「金属と酸との反応性」の図を見ると，水素よりもイオン化傾向の小さな金属であるCu，Hg，Agは，濃硝酸HNO_3や希硝酸HNO_3，熱濃硫酸H_2SO_4(加熱した濃硫酸)には溶けるんだね。

そうなんだ。Cu，Hg，Agは酸化力のある酸(濃硝酸HNO_3，希硝酸HNO_3，熱濃硫酸H_2SO_4)に気体を発生しながら溶ける。酸化還元の反応式を書くときには，酸化剤・還元剤が何に変化するかを覚えたね。

「濃硝酸HNO_3は**二酸化窒素** NO_2に」,「希硝酸HNO_3は**一酸化窒素** NOに」,「熱濃硫酸H_2SO_4は**二酸化硫黄** SO_2に」って暗記したよ。

そうだね。**「濃からは2，希からは1」**(濃硝酸→NO_2，希硝酸→NO_1，濃硫酸→SO_2)と覚えるといいね。この酸化力のある酸を利用すれば，NO_2，NO，SO_2を発生させることができるんだ。

第5章 無機物質

❷ 二酸化窒素 NO_2 の製法

Cu に濃硝酸 HNO_3 を加えると，Cu が Cu^{2+} となって溶けていく。

$$Cu \longrightarrow Cu^{2+} + 2e^- \quad \cdots\cdots①$$

このとき，HNO_3 は酸化剤として Cu の放出した e^- を受けとり NO_2 を発生する。

$$HNO_3 + H^+ + e^- \longrightarrow NO_2 + H_2O \quad \cdots\cdots②$$

よって，①+②× 2　より，

$$Cu + 2HNO_3 + 2H^+ \longrightarrow Cu^{2+} + 2NO_2 + 2H_2O$$ （酸化還元）

となる。あとは，Cu と濃硝酸 HNO_3 を反応させているので，両辺に $2NO_3^-$ を加え左辺の H^+ を HNO_3 に直す。

$$Cu + 2HNO_3 + 2H^+ \longrightarrow Cu^{2+} + 2NO_2 + 2H_2O$$

$$+)\quad 2NO_3^- \qquad 2NO_3^-$$ ⬅両辺に $2NO_3^-$ を加える！

$$Cu + 4HNO_3 \longrightarrow Cu(NO_3)_2 + 2NO_2 + 2H_2O$$

❸ 一酸化窒素 NO の製法

Cu に希硝酸 HNO_3 を加えると，NO が発生することに注意し化学反応式をつくる。

$$Cu \longrightarrow Cu^{2+} + 2e^- \quad \cdots\cdots①$$

$$HNO_3 + 3H^+ + 3e^- \longrightarrow NO + 2H_2O \quad \cdots\cdots②$$

よって，① × 3 + ② × 2　を行い，両辺に $6NO_3^-$ を加えると，

$$3Cu + 8HNO_3 \longrightarrow 3Cu(NO_3)_2 + 2NO + 4H_2O$$

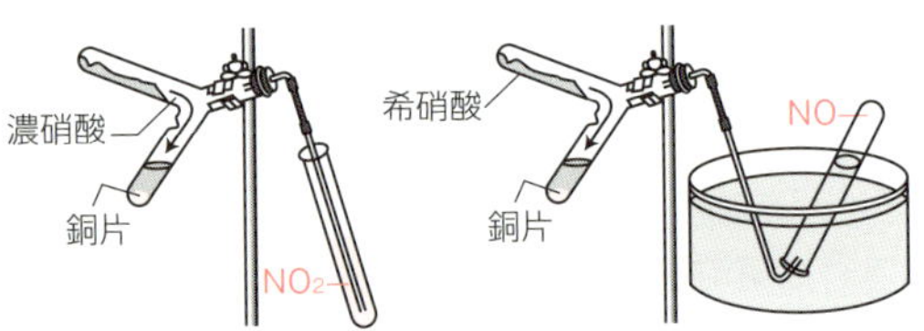

❹ 二酸化硫黄 SO_2 の製法

銅 Cu に濃硫酸 H_2SO_4 を加えて加熱すると，SO_2 が発生する。

$$Cu \longrightarrow Cu^{2+} + 2e^- \quad \cdots\cdots①$$

$$H_2SO_4 + 2H^+ + 2e^- \longrightarrow SO_2 + 2H_2O \quad \cdots\cdots②$$

よって，①+②，両辺に SO_4^{2-} を加えて，

$$Cu + 2H_2SO_4 \longrightarrow CuSO_4 + SO_2 + 2H_2O$$

ここで，注意してほしいことがあるんだ。Fe，Ni，Al などの金属（Fe（手）Ni（に）Al（ある）と覚えよう！）は，濃硝酸 HNO_3 にはその表面にち密な酸化物の被膜ができて（この状態を**不動態**という）溶けない。

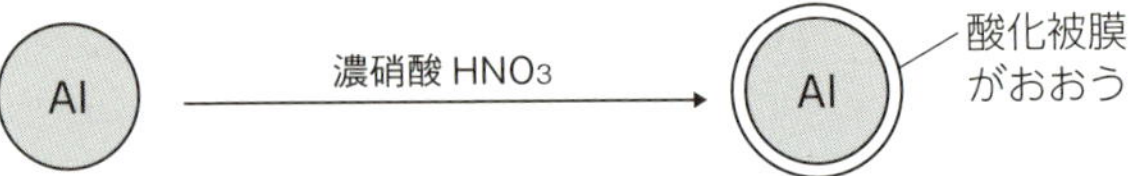

ポイント 酸化還元反応の利用について②

- Cu，Hg，Ag は，酸化力のある酸と反応して気体を発生
- 濃硝酸 HNO_3 ➡ NO_2　● 希硝酸 HNO_3 ➡ NO　● 熱濃硫酸 H_2SO_4 ➡ SO_2

＊Fe（手）Ni（に）Al（ある）➡ 濃 HNO_3 には不動態となって溶けない

チェック問題 4

標準　2分

次の表の A 欄には 2 種類の金属が，B 欄にはそれらに共通する化学的性質が示されている。B 欄の記述に誤りを含むものを，表中の①～④のうちから 1 つ選べ。

	A	B
①	Cu，Ag	希硫酸には溶けないが，熱濃硫酸に溶ける。
②	Al，Fe	希硝酸に溶けるが，濃硝酸には溶けない。
③	Zn，Pb	希硫酸にも希塩酸にも溶ける。
④	Pt，Au	濃塩酸にも濃硝酸にも溶けないが，王水に溶ける。

解答・解説

③

① 水素よりもイオン化傾向の小さな金属である Cu，Ag は希硫酸には溶けないが，熱濃硫酸に溶ける。〈正しい〉

② Al，Fe は希硝酸に溶けるが，濃硝酸には不動態となり溶けない。〈正しい〉

③ 水に不溶な $PbSO_4$ や $PbCl_2$ が Pb の表面をおおうので，Pb は希硫酸や希塩酸にはほとんど溶けない。〈誤り〉ただし，Zn は溶ける。

④ Pt，Au は濃塩酸にも濃硝酸にも溶けないが，王水には溶ける。〈正しい〉

❺ 酸素 O_2 の製法

酸素 O_2 は，「過酸化水素 H_2O_2 の水溶液（オキシドール）に酸化マンガン（Ⅳ）MnO_2（触媒）を加える」と発生させることができる。

触媒は，反応の前後で自らは変化しないけれど，反応の速さを大きくするものだったね。**触媒はふつう反応式に書き入れない。**

過酸化水素 H_2O_2 は酸化剤にも還元剤にもなれたね。それぞれ e^- を含んだイオン反応式を書いてみると，

$H_2O_2 \longrightarrow O_2 + 2H^+ + 2e^-$　……①　⬅ H_2O_2 は O_2 に変化

第5章 無機物質

$$H_2O_2 + 2H^+ + 2e^- \longrightarrow 2H_2O \quad \cdots\cdots②$$ ⇐ H_2O_2 は H_2O に変化

となる。①と②を加えると，O_2 を発生する化学反応式をつくることができる。①＋②より，

$$2H_2O_2 \longrightarrow O_2 + 2H_2O$$ （酸化還元）

H_2O_2 の半分が還元剤・もう半分が酸化剤になると考えてね。

❻ 塩素 Cl_2 の製法

塩素 Cl_2 は，$2Cl^- \longrightarrow Cl_2 + 2e^-$ の反応を使って発生させるんだ。

Cl^- は e^- を放出しているから還元剤だね。

そうだね。「Cl^- を含む濃塩酸 HCl を酸化剤である酸化マンガン（Ⅳ）MnO_2 に加えて加熱する」と塩素 Cl_2 を発生させることができる。

酸化マンガン（Ⅳ）MnO_2 は酸性条件の下で，酸化剤になれる。MnO_2 の e^- を含んだイオン反応式を書いてみると，

$$MnO_2 + 4H^+ + 2e^- \longrightarrow Mn^{2+} + 2H_2O \quad \cdots\cdots①$$ ⇐ MnO_2 は Mn^{2+} に変化

となり，濃塩酸 HCl 中の Cl^- の e^- を含んだイオン反応式は

$$2Cl^- \longrightarrow Cl_2 + 2e^- \quad \cdots\cdots②$$

となる。①と②を加えると，イオン反応式を書くことができ，最後に，MnO_2 と HCl を反応させたのだから，両辺に $2Cl^-$ を加え，左辺の H^+ を HCl に直すんだ。

①＋② $MnO_2 + 4H^+ + 2Cl^- \longrightarrow Mn^{2+} + Cl_2 + 2H_2O$ （酸化還元）

＋) 　　　　$2Cl^-$ 　　　　$2Cl^-$ 　⇐ 両辺に $2Cl^-$ を加える

$$MnO_2 + 4HCl \longrightarrow MnCl_2 + Cl_2 + 2H_2O$$

ポイント　酸化還元反応の利用について③

- H_2O_2 に MnO_2（触媒）➡ O_2 発生
- 濃塩酸 HCl に MnO_2（酸化剤）➡ Cl_2 発生

3 熱分解反応の利用について

加熱したらバラバラになる反応を**熱分解反応**という。**熱分解反応は暗記が必要**なんだ。

❶ 酸素 O_2 の製法

「塩素酸カリウム $KClO_3$ に酸化マンガン（Ⅳ）MnO_2（触媒）を加えて加熱する」と，

$$KCl \mid O_3 \Longrightarrow KCl + O_2$$ ⇐ ¦ で切れると覚える！

のように熱分解反応が起こり酸素 O_2 が発生する。MnO_2 は触媒なので反応式中に書

き入れないんだ。

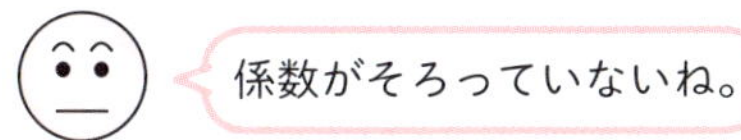
係数がそろっていないね。

そうだね。この反応式は係数がつけにくいから，$KClO_3$ の係数を1にして他の係数をそろえるといいよ。

$$1KClO_3 \longrightarrow 1KCl + \frac{3}{2}O_2$$ ⬅ 左辺と右辺のOを3個ずつにする！

最後に，全体を2倍すればいいんだ。

$$2KClO_3 \longrightarrow 2KCl + 3O_2$$

❷ 窒素 N_2 の製法

亜硝酸アンモニウム NH_4NO_2 水溶液を加熱すると

$$NH_4NO_2 \longrightarrow N_2 + 2H_2O$$ ⬅ 下線部に注目し，反応式を覚えよう！ NH_4NO_2 1個から N_2 1個が抜ける！

の熱分解反応が起こり N_2 が発生する。

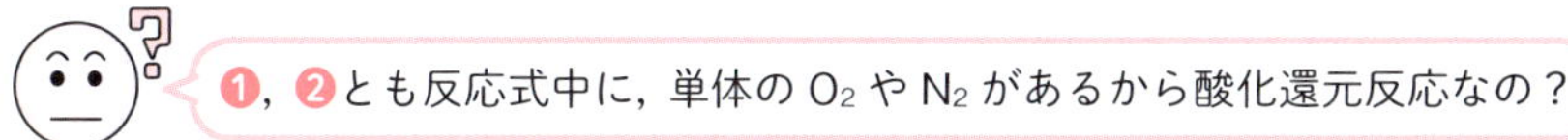
❶，❷とも反応式中に，単体の O_2 や N_2 があるから酸化還元反応なの？

そうなんだ。この2つの反応は同じ物質（$KClO_3$ や NH_4NO_2）どうしの間で電子のやりとりが行われている自己酸化還元反応といわれる酸化還元反応でもあるんだ。

4 濃硫酸の利用について

濃硫酸特有の性質を利用し，気体を発生させることができるんだ。

❶ 塩化水素 HCl の製法

濃硫酸は沸点が高い不揮発性の酸であることを利用する。NaCl を濃硫酸 H_2SO_4 に加えると，NaCl は Na^+ と Cl^- に，濃硫酸中の H_2SO_4 もわずかに H^+ と HSO_4^- に電離する。

NaCl
濃硫酸
電離
Na+ Cl−
H+ HSO4−

この溶液を加熱すると，濃硫酸（沸点約300℃）よりもはるかに沸点の低い HCl（沸点約 −80℃）が追い出され，HCl が発生するんだ。

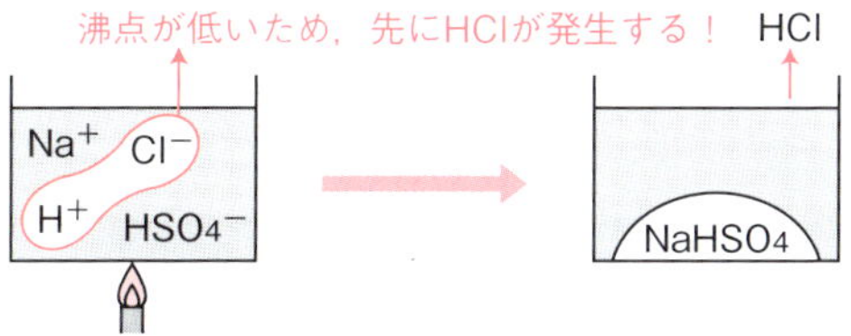
沸点が低いため，先にHClが発生する！
HCl
Na+ Cl−
H+ HSO4−
NaHSO4

図のようすを化学反応式で表すと，

$NaCl + H_2SO_4 \longrightarrow HCl + NaHSO_4$

HCl に加え，濃硫酸よりもはるかに沸点の低い酸（＝**揮発性の酸**）として**フッ化水素** HF も覚えておいてね。

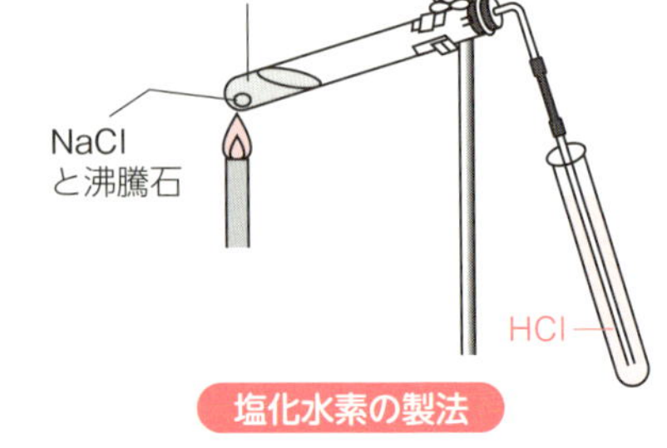

塩化水素の製法

❷ フッ化水素 HF の製法

ホタル石（主成分はフッ化カルシウム CaF_2）の粉末に濃硫酸を加えて加熱すると，濃硫酸よりもはるかに沸点の低い HF が発生する。

$CaF_2 + H_2SO_4 \longrightarrow 2HF + CaSO_4$

このとき，CaF_2 1 mol から **HF が 2 mol 発生する**ことに注意してね。

ポイント　濃硫酸の利用について①

- 揮発性の酸の塩＋不揮発性の酸（濃硫酸）
  ⟶ 揮発性の酸＋不揮発性の酸の塩
- 揮発性の酸：HCl，HF など

❸ 一酸化炭素 CO の製法

濃硫酸には，反応させる物質から H と OH を H_2O としてうばいとるはたらき（＝**脱水作用**）があるので，これを利用して気体を発生させることができる。

「ギ酸 HCOOH に濃硫酸を加えて加熱する」と，CO が発生するんだ。

$HCOOH \longrightarrow CO + H_2O$

この反応は，視覚的に覚えると覚えやすいんだ。

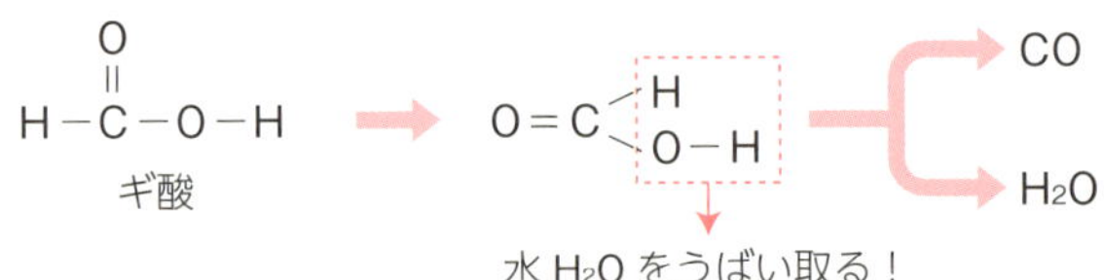

ポイント　濃硫酸の利用について②

- 濃硫酸の**脱水作用**

  $HCOOH \longrightarrow CO + H_2O$

チェック問題 5

次の①~⑤に示した気体の発生反応のうちから，最も分子量の大きい気体が得られるものを1つ選べ。ただし，H＝1，N＝14，S＝32，Cl＝35.5とする。

① 塩化アンモニウムと水酸化カルシウムの混合物を加熱する。
② 硫化鉄(Ⅱ)に希硫酸を加える。
③ 亜鉛に希硫酸を加える。
④ 酸化マンガン(Ⅳ)に濃塩酸を加えて加熱する。
⑤ 塩化ナトリウムに濃硫酸を加えて加熱する。

解答・解説

④

それぞれの気体発生の化学反応式は，次のようになる。

① $2NH_4Cl + Ca(OH)_2 \longrightarrow 2NH_3 + 2H_2O + CaCl_2$（弱塩基の遊離）
② $FeS + H_2SO_4 \longrightarrow H_2S + FeSO_4$（弱酸の遊離）
③ $Zn + H_2SO_4 \longrightarrow ZnSO_4 + H_2$（酸化還元）
④ $MnO_2 + 4HCl \longrightarrow MnCl_2 + Cl_2 + 2H_2O$（酸化還元）
⑤ $NaCl + H_2SO_4 \longrightarrow NaHSO_4 + HCl$（不揮発性）

それぞれの気体の分子量は NH_3＝17，H_2S＝34，H_2＝2，Cl_2＝71，HCl＝36.5になる。この中で最も分子量の大きな気体は④の Cl_2 である。

チェック問題 6

酸化マンガン(Ⅳ)1.74 gがすべて濃塩酸と反応したときに生じる無極性分子の気体の体積は，0℃，1.013×10^5 Paで何Lか。最も適当な数値を，次の①~⑧のうちから1つ選べ。ただし，O＝16，Mn＝55とする。

① 0.22　② 0.45　③ 0.67　④ 0.90
⑤ 1.1　⑥ 1.3　⑦ 2.2　⑧ 4.5

解答・解説

$1\,MnO_2 + 4HCl \longrightarrow MnCl_2 + 1\,Cl_2 + 2H_2O$（酸化還元）

無極性分子の気体とは Cl_2 であり，0℃，1.013×10^5 Pa(標準状態)でそのモル体積は22.4L/molなので，MnO_2＝87より，

$$\frac{1.74}{87} \times 1 \times 22.4 \fallingdotseq 0.45 \text{〔L〕}$$

$\frac{1.74}{87}$：MnO_2〔mol〕　× 1：発生する Cl_2〔mol〕　× 22.4：Cl_2〔L〕

反応式の係数をみると，MnO_2 1 mol から Cl_2 1 mol が発生することがわかる

5 加熱を必要とする反応について

実験装置を**加熱する・しない**が問われることがあるんだ。加熱が必要な反応は，次の 4 つを覚えてね。

❶ アンモニア NH_3 を発生させる反応
❷ 濃塩酸 HCl を酸化マンガン(Ⅳ) MnO_2 と反応させ，Cl_2 を発生させる反応
❸ **熱分解反応**
❹ **濃硫酸**を使う反応

❸の熱分解反応を加熱するのはわかるけど，他はなぜ加熱するの？

【❶の反応について】NH_3 を発生させるには，反応物質はふつう固体どうしを反応させるんだ。**固体どうしの反応の場合，加熱すると反応物どうしがはげしく衝突するので反応が起こりやすくなる**からなんだ。

【❷の反応について】発生させる Cl_2 は，反応させる MnO_2 より強い酸化剤なので，この反応のしくみは次のようになる。

$$MnO_2 + 4HCl \longrightarrow MnCl_2 + Cl_2 + 2H_2O$$

（MnO_2：弱い酸化剤　Cl_2：強い酸化剤）

弱い酸化剤を使い，強い酸化剤は追い出しにくい。そこで，**加熱し Cl_2 を強引に追い出し**，反応を起こしている。

【❹について】加熱した濃硫酸つまり熱濃硫酸は，強い酸化力を示す。また，加熱することで濃硫酸より沸点の低い気体が発生し，濃硫酸に脱水作用が強く現れるからなんだ。

ポイント　加熱の必要な反応について

❶ **NH_3 の発生**　❷ **濃塩酸** HCl + MnO_2　❸ **熱分解反応**　❹ **濃硫酸**を使う反応

チェック問題 7

濃硫酸と銅から二酸化硫黄を発生させて，試験管に捕集したい。最も適当な方法を，次の①～⑥のうちから１つ選べ。

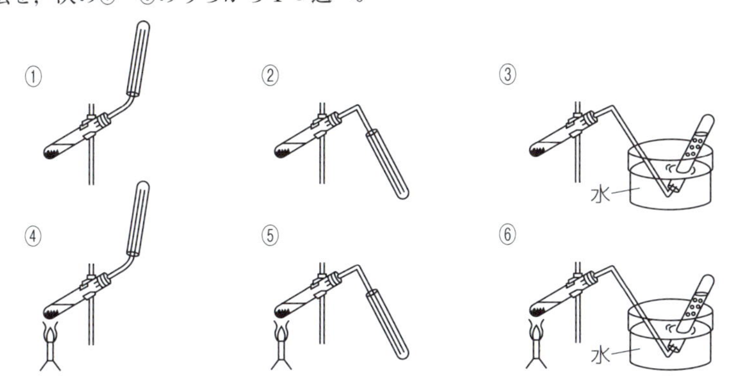

⑤

この実験では，次の反応が起こり，二酸化硫黄 SO_2 が発生する。

$$Cu + 2H_2SO_4 \longrightarrow CuSO_4 + SO_2 + 2H_2O$$ （酸化還元）

この反応は，濃硫酸を使う反応なので加熱が必要になる。よって，加熱している④～⑥の方法のいずれかとわかる。発生する SO_2 は水に溶け，空気よりも重い気体なので，下方置換(➡ P.300)で集める。

最後に，今まで勉強してきた気体の製法を一覧表にしておくね。

第5章 無機物質

気　体	製　法	反　応
硫化水素　H_2S	硫化鉄(Ⅱ)に希塩酸または希硫酸を加える	$FeS + 2HCl \longrightarrow FeCl_2 + H_2S\uparrow$ $FeS + H_2SO_4 \longrightarrow FeSO_4 + H_2S\uparrow$
二酸化炭素　CO_2	石灰石や大理石($CaCO_3$)に塩酸を加える	$CaCO_3 + 2HCl$ $\longrightarrow CaCl_2 + H_2O + CO_2\uparrow$
二酸化硫黄　SO_2	①銅に濃硫酸を加えて加熱する	$Cu + 2H_2SO_4$ $\longrightarrow CuSO_4 + 2H_2O + SO_2\uparrow$
	②亜硫酸ナトリウムや亜硫酸水素ナトリウムに希硫酸を加える	$Na_2SO_3 + H_2SO_4$ $\longrightarrow Na_2SO_4 + H_2O + SO_2\uparrow$ $2NaHSO_3 + H_2SO_4$ $\longrightarrow Na_2SO_4 + 2H_2O + 2SO_2\uparrow$
アンモニア　NH_3	塩化アンモニウムに水酸化ナトリウム，または水酸化カルシウムを加えて加熱する	$NH_4Cl + NaOH$ $\longrightarrow NaCl + H_2O + NH_3\uparrow$ $2NH_4Cl + Ca(OH)_2$ $\longrightarrow CaCl_2 + 2H_2O + 2NH_3\uparrow$
水素　H_2	亜鉛に希硫酸または希塩酸を加える	$Zn + H_2SO_4 \longrightarrow ZnSO_4 + H_2\uparrow$ $Zn + 2HCl \longrightarrow ZnCl_2 + H_2\uparrow$
二酸化窒素　NO_2	銅に濃硝酸を加える	$Cu + 4HNO_3$ $\longrightarrow Cu(NO_3)_2 + 2H_2O + 2NO_2\uparrow$
一酸化窒素　NO	銅に希硝酸を加える	$3Cu + 8HNO_3$ $\longrightarrow 3Cu(NO_3)_2 + 4H_2O + 2NO\uparrow$
酸素　O_2	酸化マンガン(Ⅳ)に過酸化水素水を加える　触媒	$2H_2O_2 \longrightarrow 2H_2O + O_2\uparrow$
	塩素酸カリウムに酸化マンガン(Ⅳ)を加えて加熱する	$2KClO_3 \longrightarrow 2KCl + 3O_2\uparrow$ －熱分解反応－
塩素　Cl_2	さらし粉($CaCl(ClO)\cdot H_2O$)や高度さらし粉($Ca(ClO)_2\cdot 2H_2O$)に塩酸を加える(➡P.380)	$CaCl(ClO)\cdot H_2O + 2HCl$ $\longrightarrow CaCl_2 + 2H_2O + Cl_2\uparrow$ $Ca(ClO)_2\cdot 2H_2O + 4HCl$ $\longrightarrow CaCl_2 + 4H_2O + 2Cl_2\uparrow$
	酸化マンガン(Ⅳ)に濃塩酸を加えて加熱する　酸化剤	$MnO_2 + 4HCl$ $\longrightarrow MnCl_2 + 2H_2O + Cl_2\uparrow$
窒素　N_2	亜硝酸アンモニウム水溶液を加熱する	$NH_4NO_2 \longrightarrow 2H_2O + N_2\uparrow$ －熱分解反応－
塩化水素　HCl	食塩(NaCl)に濃硫酸を加えて加熱する	$NaCl + H_2SO_4$ $\longrightarrow NaHSO_4 + HCl\uparrow$
フッ化水素　HF	ホタル石(CaF_2)に濃硫酸を加えて加熱する	$CaF_2 + H_2SO_4$ $\longrightarrow CaSO_4 + 2HF\uparrow$
一酸化炭素　CO	ギ酸に濃硫酸を加えて加熱する(濃硫酸により脱水)	$HCOOH \longrightarrow H_2O + CO\uparrow$

第５章　無機物質

気体の性質

1 気体の性質について

ほとんどの気体は無色だけど，有色のものもわずかにあるんだ。有色の気体は，次の４つを覚える必要がある。

- 有色の気体（この４つ以外は無色の気体）
  ➡ O_3（**淡青色**），F_2（**淡黄色**），Cl_2（**黄緑色**），NO_2（**赤褐色**）

においがある気体は，次のものを覚えてね。

- においのある気体
  ➡ Cl_2，NH_3，HF，HCl，NO_2，SO_2（**刺激臭**），H_2S（**腐卵臭**），O_3（**特異臭**）

また，気体が水に溶けやすいか，溶けたときには何性を示すかも覚えてね。

- 水に溶けにくい気体
  ➡ NO，CO，H_2，O_2，N_2，CH_4（メタン），C_2H_4（エチレン），C_2H_2（アセチレン）
- 水に溶け，塩基性を示す気体
  ➡ NH_3
- 水に溶け，酸性を示す気体
  ➡ Cl_2，HF，HCl，H_2S，CO_2，NO_2，SO_2

水に溶けにくい気体は，**農** NO，**工** CO，**水** H_2，**産** O_2，**地** N_2，**油**（CH_4，C_2H_4，C_2H_2）と覚えるといいよ。**油**，つまり**石油**は，有機化合物を表している。これらの気体は水に溶けにくいので，水に溶けて酸性を示すことも，塩基性を示すこともない。だから，**これらの気体は中性の気体**になる。

よって，"**農工水産地油**" 以外の気体は水に溶ける気体になり，このうち**塩基性を示す気体は** NH_3 **だけ**なんだ。

じゃあ，"**農工水産地油**" と NH_3 **以外の気体は酸性を示す気体**になるね。

そうだね。あと，においのある気体には，酸性・塩基性の気体や還元剤・酸化剤の気体のほとんどが含まれていることに注目しておこう。

ポイント　気体の性質について

- 有色の気体・においのある気体を覚えよう
  （においのある気体 → 酸性・塩基性・還元剤・酸化剤の気体に多い）
- 水溶液の液性については，
  - **農** NO，**工** CO，**水** H_2，**産** O_2，**地** N_2，**油**（CH_4，C_2H_4，C_2H_2）➡中性
  - NH_3 ➡塩基性
  - 残りの気体 ➡酸性

第5章 無機物質

チェック問題 1

気体に関する記述として下線部に誤りを含むものを，次の①～⑤のうちから1つ選べ。

① 塩素を水に溶かした溶液は，中性を示す。
② 硫化水素は，有毒な無色・腐卵臭の気体である。
③ 一酸化炭素は，有毒な無色・無臭の気体である。
④ 二酸化炭素を水に溶かした溶液は，弱酸性を示す。
⑤ メタンは，空気より軽い無色・無臭の気体である。

解答・解説

①

① 〈誤り〉「農工水産地油と NH_3 以外」の Cl_2 は酸性の気体なので，酸性を示す。
②～⑤ 〈正しい〉
H_2S ➡ 有毒・無色・腐卵臭，CO ➡ 有毒（CO 中毒）・無色・無臭
CO_2 ➡ 無色・酸性，CH_4 ➡ 無色・無臭

有毒の気体

H_2S，SO_2，NH_3，NO_2，NO，Cl_2，HCl，HF，CO 猛毒
CO は O_2 よりも血液中のヘモグロビンと結合しやすく，CO はヘモグロビンによる体内への O_2 の運搬を阻害する。

2 気体の捕集法について

発生させた気体を集める方法には，どんなものがあったかな？

水上置換，上方置換，下方置換を習ったよ。

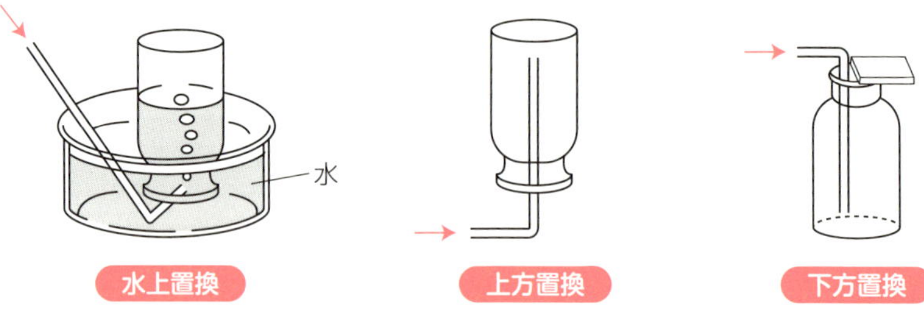

そうだね。できれば，水蒸気以外の気体が混ざりにくいので，すべての気体を水上

置換で集めたい。ただ，気体には水に溶けやすい気体もあるので，すべて水上置換でというわけにもいかないんだ。

まず，**水に溶けにくい気体は，水上置換で集める**。次に，水に溶けやすい気体で，**空気の平均分子量（見かけの分子量）29**（➡「**空気フ（2）ク（9）**」と覚えよう！（➡ P.82参照））**より分子量が小さい気体は，空気よりも密度が小さく空気より軽いので上方置換で集める**。そして，水に溶けやすく**分子量が29より大きい気体は，下方置換で集める**んだ。

水に溶けにくい気体は，"**農工水産地油**"だったよね。
残りの気体について，いちいち分子量を求めるのはめんどうだね。

そうだね。ただ，**上方置換で集める気体は** NH_3 **しかない**。だから，次の ポイント のように 1 で勉強した「**水への溶解性とその液性」の結果とまとめて覚える**といいよ。

ポイント　気体の捕集法について

- 水上置換 ➡ NO（農），CO（工），H_2（水），O_2（産），N_2（地），CH_4，C_2H_4，C_2H_2（油）（中性の気体）
- 上方置換 ➡ NH_3（塩基性の気体）
- 下方置換 ➡残りの気体（酸性の気体）

チェック問題 2

標準　

表に示す2種類の薬品の反応によって発生する気体ア～オのうち，水上置換で捕集できないものの組み合わせを，下の①～⑤のうちから1つ選べ。

2種類の薬品	発生する気体
Cu，希硝酸	ア
CaF_2，濃硫酸	イ
FeS，希硫酸	ウ
$KClO_3$，MnO_2	エ
Zn，希塩酸	オ

①　アとイ　②　イとウ　③　ウとエ　④　エとオ　⑤　アとオ

解答・解説

②

第5章 無機物質

表で起こる反応の化学反応式は次の通り。

$3Cu + 8HNO_3$(希) $\longrightarrow$ $3Cu(NO_3)_2 + 4H_2O + 2NO\uparrow$ （酸化還元） → 気体ア

$CaF_2 + H_2SO_4$(濃) $\longrightarrow$ $CaSO_4 + 2HF\uparrow$ （不揮発性） → 気体イ

$FeS + H_2SO_4$(希) $\longrightarrow$ $FeSO_4 + H_2S\uparrow$ （弱酸の遊離） → 気体ウ

$2KClO_3$ $\longrightarrow$ $2KCl + 3O_2\uparrow$ （熱分解・酸化還元，MnO_2 は触媒） → 気体エ

$Zn + 2HCl$(希) $\longrightarrow$ $ZnCl_2 + H_2\uparrow$ （酸化還元） → 気体オ

水上置換で捕集する気体は，ア（NO 農），エ（O_2 産），オ（H_2 水）。イの HF とウの H_2S は，いずれも下方置換で捕集する。

3 気体の乾燥法について

発生させた気体が水蒸気を含んでいるときに，水蒸気をとり除くために乾燥剤を使う。**酸性の乾燥剤**として濃硫酸 H_2SO_4 や十酸化四リン P_4O_{10}，**中性の乾燥剤**として塩化カルシウム $CaCl_2$，**塩基性の乾燥剤**として生石灰 CaO やソーダ石灰（CaO + NaOH）などを使うんだ。

このとき，**乾燥させる気体と乾燥剤が反応しないように乾燥剤を選ぶ必要がある。**

酸性の気体を乾燥させるときには塩基性の乾燥剤が，塩基性の気体を乾燥させるときには酸性の乾燥剤が使えないということなの？

そうなんだ。酸性の気体は，“**農** NO，**工** CO，**水** H_2，**産** O_2，**地** N_2，**油**（CH_4，C_2H_4，C_2H_2）”と NH_3 以外だったよね。これら**酸性の気体を乾燥させるときには，塩基性の乾燥剤である生石灰 CaO やソーダ石灰**（CaO + NaOH）**を使うことができない。**

また，塩基性の気体は NH_3 だけだったよね。だから，NH_3 **を乾燥させるときには，酸性の乾燥剤である濃硫酸** H_2SO_4 **や十酸化四リン** P_4O_{10} **を使うことができない**んだ。

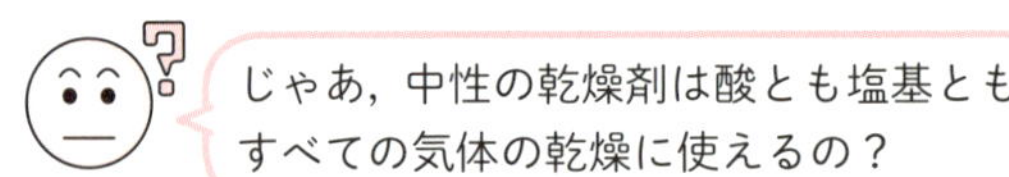

じゃあ，中性の乾燥剤は酸とも塩基とも反応しないから，
すべての気体の乾燥に使えるの？

おしいね。たしかに，中性の乾燥剤である $CaCl_2$ はほとんどの気体を乾燥することができるけど，NH_3 とは $CaCl_2{\cdot}8NH_3$ という化合物をつくるので NH_3 **の乾燥には適さない**んだ。

あと，酸性の乾燥剤の濃硫酸 H_2SO_4 は，H_2S の乾燥には適さないんだ。

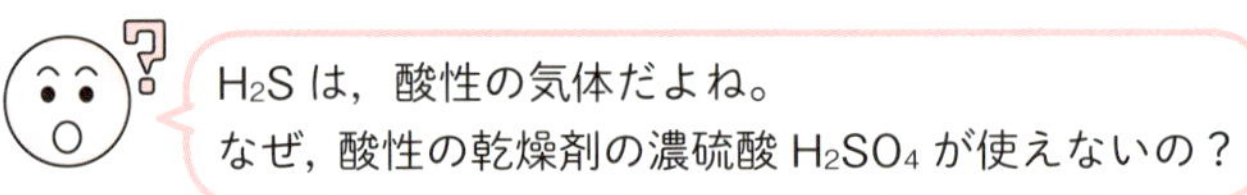

H_2S は，酸性の気体だよね。
なぜ，酸性の乾燥剤の濃硫酸 H_2SO_4 が使えないの？

H_2S **は酸性の気体であると同時に，強い還元剤でもある**。また，**濃硫酸** H_2SO_4 **は酸性の乾燥剤であると同時に，酸化剤でもある**。だから，水蒸気を含んでいる H_2S

を濃硫酸 H_2SO_4 に通すと**酸化還元反応が起こり**，H_2S が濃硫酸に吸収されてしまうから使えないんだ。

ポイント 気体の乾燥について

	乾燥剤	乾燥可能な気体	乾燥に不適当な気体
酸性	十酸化四リン P_4O_{10}	中性または酸性の気体	NH_3
	濃硫酸 H_2SO_4		NH_3およびH_2S
中性	塩化カルシウム $CaCl_2$	ほとんどの気体	NH_3は不可（$CaCl_2\cdot8NH_3$となるため）
塩基性	酸化カルシウム CaO ソーダ石灰 $CaO+NaOH$	中性または塩基性の気体	酸性の気体

4 気体の検出法について

❶ 硫化水素 H_2S や二酸化硫黄 SO_2 の検出

H_2S の水溶液に SO_2 を通じると次の反応が起こり，硫黄 S が析出して溶液が白濁する。

$$H_2S \longrightarrow S + 2H^+ + 2e^- \quad \cdots\cdots①$$

$$SO_2 + 4H^+ + 4e^- \longrightarrow S + 2H_2O \quad \cdots\cdots②$$

①× 2 +②より，$2H_2S + SO_2 \longrightarrow \underset{\text{白濁}}{3S\downarrow} + 2H_2O$

また，H_2S を酢酸鉛（Ⅱ）$(CH_3COO)_2Pb$ をしみこませたろ紙に吹きつけると，PbS の黒色沈殿が生じて黒色に変色する。

$$H_2S + Pb^{2+} \longrightarrow PbS\downarrow(\text{黒}) + 2H^+$$

❷ 二酸化炭素 CO_2 の検出

水酸化カルシウム $Ca(OH)_2$ のことを消石灰ともいい，その水溶液を石灰水という。
この石灰水に CO_2 を通じると，まず CO_2 が水に溶け炭酸 H_2CO_3が生成する。

$$CO_2 + H_2O \longrightarrow H_2CO_3 \quad \cdots\cdots①$$

次に，H_2CO_3 が $Ca(OH)_2$ と中和反応を起こし $CaCO_3$ の白色沈殿を生成する。

$$H_2CO_3 + Ca(OH)_2 \longrightarrow CaCO_3 + 2H_2O \quad \cdots\cdots②$$

①+②で，化学反応式が完成する。

$$CO_2 + \underset{\text{石灰水}}{Ca(OH)_2} \longrightarrow \underset{\text{白濁}}{CaCO_3\downarrow} + H_2O$$

石灰水に二酸化炭素を通じると白くにごるんだね。

そうなんだ。白くにごった水溶液に，CO_2 を通じ続けると炭酸水素カルシウム

$Ca(HCO_3)_2$ が生成する。炭酸水素カルシウム $Ca(HCO_3)_2$ は水によく溶けるので，この反応で $CaCO_3$ の白色沈殿が消えるんだ。

$$CaCO_3 + H_2O + CO_2 \rightleftarrows Ca(HCO_3)_2$$

水溶液中では Ca^{2+} と $2HCO_3^-$ に電離して溶ける

この反応は覚えにくいから，次のように視覚的に覚えるといいんだ。

H^+ を与える

$$CO_3^{2-} + H_2CO_3 \;(H_2O+CO_2) \longrightarrow HCO_3^- + HCO_3^-$$

$$+)\ Ca^{2+} \qquad\qquad Ca^{2+}$$

← 両辺に Ca^{2+} を加えまとめる

$$CaCO_3 + H_2O + CO_2 \rightleftarrows Ca(HCO_3)_2$$

また，炭酸水素カルシウムの水溶液を加熱すると，CO_2 が追い出され再び $CaCO_3$ の白色沈殿が生成する。上で考えた反応の逆反応が起こるんだ。

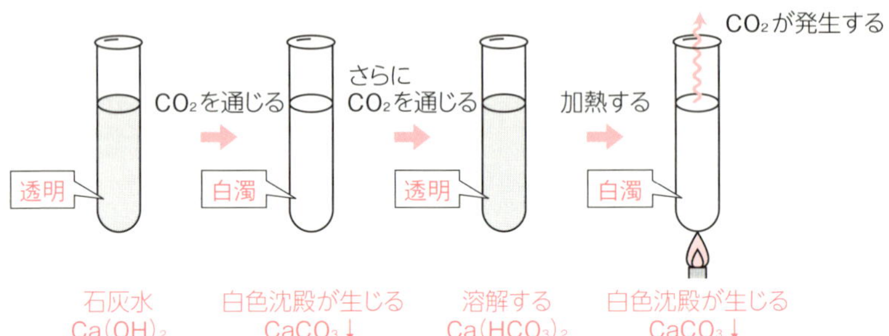

❸ アンモニア NH_3 と塩化水素 HCl の検出

NH_3 と HCl を接触させると，**塩化アンモニウム** NH_4Cl の**白煙**を生じる。

$$NH_3 + HCl \longrightarrow NH_4Cl$$

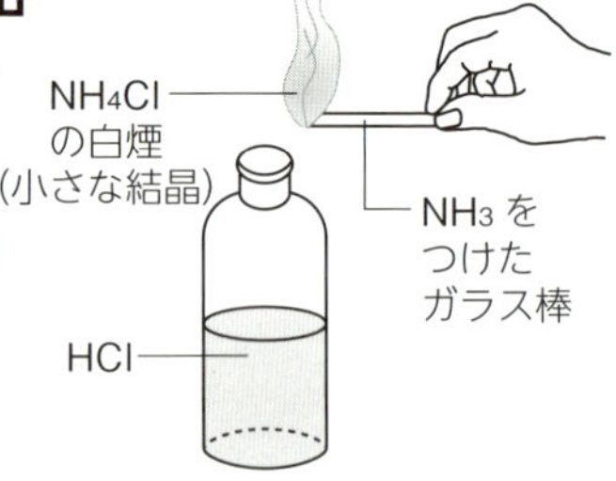

また，NH_3 は水で湿らせた**赤色リトマス紙**を**青色**に変色する。塩基性を示す気体は NH_3 だけなので，このリトマス紙の変色は問題を解くときにとても有効な情報になるんだ。

❹ 一酸化窒素 NO の検出

無色の NO は，**空気**中の O_2 に触れるとすぐに**赤褐色**の NO_2 になるんだ。

$$\underset{\text{無色}}{2NO} + O_2 \longrightarrow \underset{\text{赤褐色}}{2NO_2}$$

❺ 塩素 Cl_2 やオゾン O_3 の検出

ヨウ化カリウム KI デンプン紙に Cl_2 を吹きつけると，

$$Cl_2 + 2e^- \longrightarrow 2Cl^- \quad \cdots\cdots①$$

$$2I^- \longrightarrow I_2 + 2e^- \quad \cdots\cdots②$$

①＋②，両辺に $2K^+$ を加えると，

$$Cl_2 + 2KI \longrightarrow 2KCl + I_2$$

同様に，ヨウ化カリウム KI デンプン紙に O_3 を吹きつけると，

$$O_3 + H_2O + 2e^- \longrightarrow O_2 + 2OH^- \quad \cdots\cdots③$$

$$2I^- \longrightarrow I_2 + 2e^- \quad \cdots\cdots④$$

> ③式は，
> $O_3 + 2H^+ + 2e^- \longrightarrow O_2 + H_2O$
> の両辺に $2OH^-$ を加えてつくってもよい。

③＋④，両辺に $2K^+$ を加えると，

$$2KI + O_3 + H_2O \longrightarrow I_2 + O_2 + 2KOH$$

の反応がそれぞれ起こるんだ。

このとき生じる I_2 とデンプンの**ヨウ素デンプン反応**で，ヨウ化カリウム KI デンプン紙が**青色**に変色する。

湿った
ヨウ化カリウム
デンプン紙

Cl_2 ／ O_3

青色へ

❻ 塩素 Cl_2，オゾン O_3，二酸化硫黄 SO_2 の検出

Cl_2，O_3，SO_2 は漂白作用があるので，最後には**リトマス紙**を**脱色**するんだ。

ポイント　気体の検出について

- H_2S ➡ SO_2 で白濁。$(CH_3COO)_2Pb$ で黒変
- CO_2 ➡ **石灰水**で白濁
- NH_3 ➡ HCl で白煙，**赤色リトマス紙**を青変
- NO ➡ **空気**に触れると赤褐色の NO_2 に
- Cl_2，O_3 ➡ **KI デンプン紙**を青変
- Cl_2，O_3，SO_2 ➡ **リトマス紙**を脱色

思考力のトレーニング

やや難　2分

気体Aに，わずかな量の気体Bが不純物として含まれている。液体Cにこの混合気体を通じて気体Bをとり除き，気体Aを得たい。気体A，Bおよび液体Cの組み合わせとして適当でないものを，次の①～⑤のうちから1つ選べ。

	気体A	気体B	液体C
①	一酸化炭素	塩化水素	水
②	酸　素	二酸化炭素	石灰水
③	窒　素	二酸化硫黄	水酸化ナトリウム水溶液
④	塩　素	水蒸気	濃硫酸
⑤	二酸化窒素	一酸化窒素	水

解答・解説

⑤

① 工 CO は水に不溶だが，HCl は水に溶ける。よって，水で HCl をとり除き，CO を得ることができる。〈正しい〉

② CO_2 は石灰水で白い沈殿 $CaCO_3$ を生じる。よって，石灰水で CO_2 をとり除き，O_2 を得ることができる。〈正しい〉
└→「産」なので石灰水に溶けない。

③ N_2 は中性，SO_2 は酸性。よって，塩基性の NaOH 水溶液で SO_2 をとり除き，N_2 を得ることができる。〈正しい〉

④ Cl_2 は酸性，濃硫酸は酸性の乾燥剤。よって，濃硫酸で水蒸気をとり除き(乾燥する)，Cl_2 を得ることができる。〈正しい〉

⑤ NO_2 は水に溶け，農 NO は水に不溶。よって，水では NO をとり除くことはできない。〈誤り〉

19 時間目

第5章　無機物質

工業的製法(アンモニアソーダ法・金属の製錬)

1 アンモニアソーダ法(ソルベー法)について

炭酸ナトリウム Na_2CO_3 は**ソーダ灰**とも呼ばれ，**ガラス**，**セッケン**などの原料に用いられる。**炭酸ナトリウム Na_2CO_3 は工業的には アンモニアソーダ法(ソルベー法) でつくられる**んだ。

どうやって，Na_2CO_3 を工業的につくるの？

NaCl の飽和水溶液に，NH_3を十分に溶かし，これに CO_2 を通じるんだ(アンモニアソーダ法❶)。すると，CO_2 が水に溶けてできた炭酸 H_2CO_3 が NH_3 と中和反応を起こし，NH_4^+ と HCO_3^-が生成する。

H_2CO_3 が NH_3 に H^+を与える

$$NH_3 + \underbrace{CO_2 + H_2O}_{(H_2CO_3)} \longrightarrow NH_4^+ + HCO_3^-$$

このとき，塩化ナトリウム NaCl は水溶液中ですでに電離している。

$$NaCl \longrightarrow Na^+ + Cl^-$$

その結果，HCO_3^- と Na^+ が結びつき比較的水に溶けにくい $NaHCO_3$ が沈殿する。

結びついて沈殿する

$$NH_3 + CO_2 + H_2O \longrightarrow HCO_3^- + NH_4^+$$
$$+)\quad NaCl \longrightarrow Na^+ + Cl^-$$

$$NH_3 + CO_2 + H_2O + NaCl \longrightarrow NaHCO_3\downarrow + NH_4Cl \quad \cdots\cdots ①$$

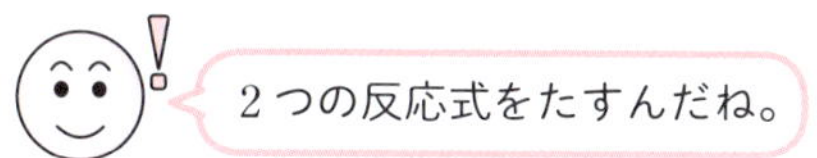

2つの反応式をたすんだね。

そうなんだ。この化学反応式が，アンモニアソーダ法の中で**一番難しい化学反応式**になるから，しっかり確認しておいてね。

次に，沈殿した $NaHCO_3$ をろ過によって分け，これを焼くと熱分解反応が起こり Na_2CO_3 をつくることができる(アンモニアソーダ法❷)。

$$2NaHCO_3 \longrightarrow Na_2CO_3 + CO_2 + H_2O \quad \cdots\cdots ②$$

②の反応で生成した CO_2 は①の反応を起こすのに再利用され，それだけではたりない CO_2 をおぎなうため，石灰石 $CaCO_3$ を焼いて熱分解反応を起こす(アンモニアソーダ法❸)。

$$CaCO_3 \longrightarrow CaO + CO_2 \quad \cdots\cdots ③$$

反応式②と③は熱分解反応だから暗記するの？

そうなんだけど，次のようにとらえると覚えやすいよ。

【反応式②のとらえ方】

H^+を与える

$$HCO_3^- + HCO_3^- \longrightarrow H_2CO_3 + CO_3^{2-}$$

H_2CO_3は，H_2O と CO_2 に分かれる

$$\begin{array}{llll} & 2HCO_3^- & \longrightarrow & H_2O + CO_2 + CO_3^{2-} \\ +) & 2Na^+ & & 2Na^+ \\ \hline & 2NaHCO_3 & \longrightarrow & H_2O + CO_2 + Na_2CO_3 \end{array}$$

⬅上の式をまとめる

⬅両辺に$2Na^+$を加える！

【反応式③のとらえ方】

$CaCO_3$の構造式

$$O=C\begin{cases} O^- \quad Ca^{2+} \longrightarrow O^{2-} \quad Ca^{2+} \longrightarrow CaO \\ O^- \longrightarrow O=C=O \longrightarrow CO_2 \end{cases}$$

Ca^{2+}がO^{2-}を引き抜く！

反応式③で生成した酸化カルシウム CaO を水に溶かすと，水酸化カルシウム $Ca(OH)_2$ が生成する（アンモニアソーダ法❹）。

$$CaO + H_2O \longrightarrow Ca(OH)_2 \quad \cdots\cdots④$$

この反応も次のようにとらえておこう。

H_2O が O^{2-} に H^+ を与える

$$\begin{array}{llll} & O^{2-} + H\text{–}O\text{–}H & \longrightarrow & OH^- + OH^- \\ +) & Ca^{2+} & & Ca^{2+} \\ \hline & CaO + H_2O & \longrightarrow & Ca(OH)_2 \end{array}$$

⬅両辺に Ca^{2+} 加える！

反応式①で生成した NH_4Cl と反応式④で生成した $Ca(OH)_2$ を反応させて NH_3 を回収する（アンモニアソーダ法❺）。

$$2NH_4Cl + Ca(OH)_2 \longrightarrow 2NH_3 + 2H_2O + CaCl_2 \quad \cdots\cdots⑤$$

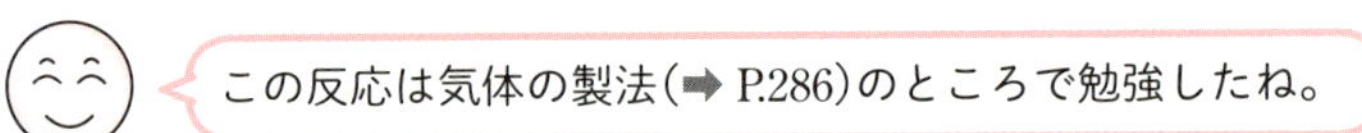

この反応は気体の製法(➡ P.286)のところで勉強したね。

そうだね。強塩基である $Ca(OH)_2$ を使って，弱塩基の NH_3 を追い出す反応だね。

最後に，①× 2 +②+③+④+⑤でアンモニアソーダ法全体の反応式が完成する。

$$2NaCl + CaCO_3 \longrightarrow Na_2CO_3 + CaCl_2$$

全体の反応式は，**原料が NaCl と $CaCO_3$，生成物が Na_2CO_3 と $CaCl_2$ と覚えて係数をつける方がはやく書ける**んじゃない？

そうだね。試験時間は限られているから，工夫して覚えることも大切だね。

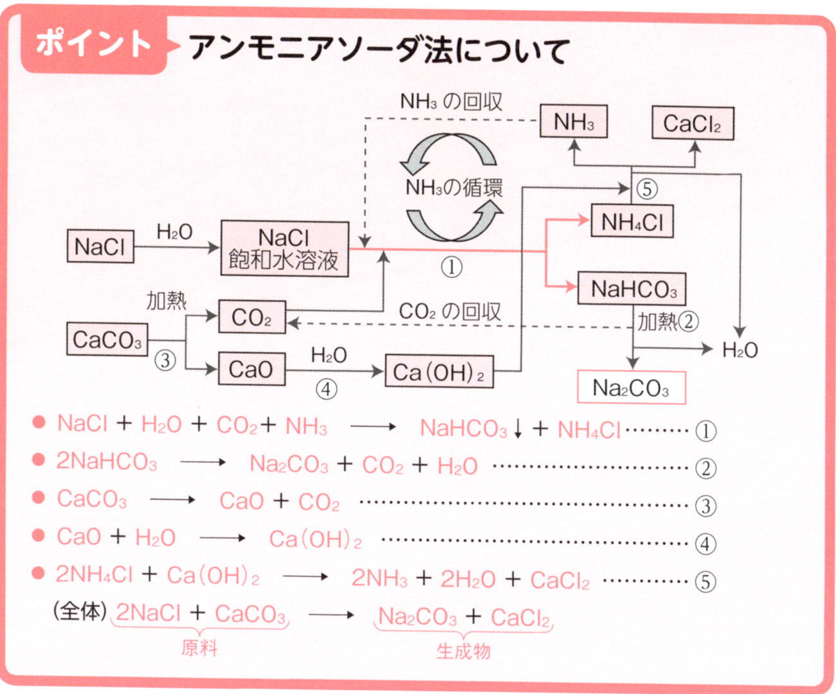

ポイント アンモニアソーダ法について
NH3 の回収
NH3
CaCl2
NH3の循環
⑤
NH4Cl
NaCl
H2O
NaCl
飽和水溶液
①
NaHCO3
加熱
CO2
CO2 の回収
加熱②
CaCO3
③
CaO
H2O
Ca(OH)2
④
H2O
Na2CO3
● NaCl ＋ H2O ＋ CO2 ＋ NH3 ⟶ NaHCO3↓ ＋ NH4Cl ……… ①
● 2NaHCO3 ⟶ Na2CO3 ＋ CO2 ＋ H2O ……… ②
● CaCO3 ⟶ CaO ＋ CO2 ……… ③
● CaO ＋ H2O ⟶ Ca(OH)2 ……… ④
● 2NH4Cl ＋ Ca(OH)2 ⟶ 2NH3 ＋ 2H2O ＋ CaCl2 ……… ⑤
(全体) 2NaCl ＋ CaCO3 ⟶ Na2CO3 ＋ CaCl2
原料
生成物

チェック問題 1

アンモニアソーダ法に関する記述として誤りを含むものを，次の①～⑤のうちから１つ選べ。

① 塩化ナトリウム飽和水溶液に二酸化炭素とアンモニアを吹きこんで，塩化アンモニウムを沈殿させる。

② 炭酸カルシウムを加熱すると，酸性酸化物(気体)と塩基性酸化物(固体)が生成する。

③ 塩化アンモニウムと水酸化カルシウムを反応させると，アンモニア，塩化カルシウムおよび水が生成する。

④ アンモニアは回収してアンモニアソーダ法の中で再利用する。

⑤ 発生する二酸化炭素をすべて利用すると，炭酸ナトリウムの製造に必要な炭酸カルシウムの物質量は，塩化ナトリウムの $\frac{1}{2}$ である。

解答・解説

①

① 塩化アンモニウムではなく，炭酸水素ナトリウムを沈殿させる。〈誤り〉

② 酸性酸化物は CO_2，塩基性酸化物は CaO。〈正しい〉

③ $2NH_4Cl + Ca(OH)_2 \longrightarrow 2NH_3 + 2H_2O + CaCl_2$（弱塩基の遊離）が起こる。〈正しい〉

④ 発生する NH_3 は回収して再利用する。〈正しい〉

⑤ アンモニアソーダ法全体の反応式

$$2NaCl + 1CaCO_3 \longrightarrow Na_2CO_3 + CaCl_2$$

の係数関係から，炭酸ナトリウムの製造に必要な炭酸カルシウム $CaCO_3$ の物質量(モル)は塩化ナトリウム NaCl の半分になることがわかる。〈正しい〉

2 イオン交換膜法について

NaOH は工業的に，陽イオン交換膜を使った NaCl 水溶液の電気分解によりつくられる。このような NaOH の工業的製法を**イオン交換膜法**というんだ。

陽イオン交換膜は，陽イオンだけを通す膜のことで，イオン交換膜法では Na^+ だけが陽イオン交換膜を通過できるんだ。

イオン交換膜法

陽極室と陰極室を陽イオン交換膜でしきり，NaCl 水溶液を電気分解する。

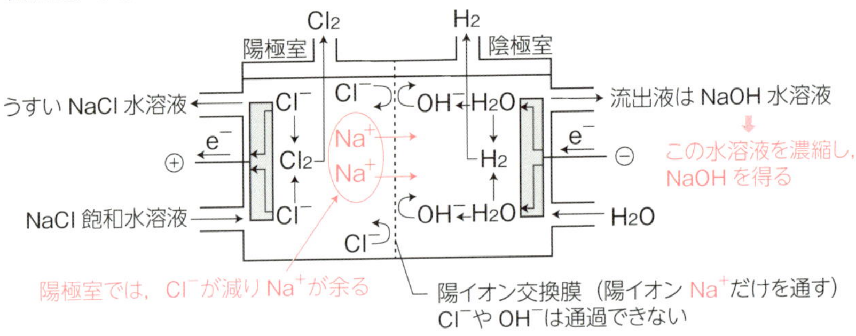

陰極室では，Na^+ よりイオン化傾向の小さな陽イオンである H_2O の H^+が反応する。

陰極：$2H_2O + 2e^- \longrightarrow H_2 + 2OH^-$ （$2H^+ + 2e^- \longrightarrow H_2$の両辺に $2OH^-$を加えてつくることができる）

陽極室では，Cl^-が反応する。

陽極：$2Cl^- \longrightarrow Cl_2 + 2e^-$

陽イオン交換膜でしきっているので，陰極で生じる H_2 や OH^- は陽極で生じる Cl_2 と混ざることがないんだ。また，Na^+だけが陽イオン交換膜を通り抜けるので，陰極室では Na^+ や OH^- の濃度つまり NaOH 水溶液の濃度が高くなる。この NaOH 水溶液を濃縮し，純度の高い NaOH を得ることができるんだ。

3 鉄 Fe, 銅 Cu, アルミニウム Al の工業的製法について

❶ 鉄 Fe の製錬について

金属は，硫化物や酸化物などとして鉱石に含まれている。そこで，金属の単体を得るには，鉱石から硫黄や酸素などをとり除く，つまり**製錬**する必要がある。

イオン化傾向の大きな金属は，単体になりにくいので，単体を得るためには複雑な操作や多くのエネルギーが必要になるんだ。

	Li	K	Ba	Ca	Na	Mg	Al	Zn	Fe	Ni	Sn	Pb	(H_2)	Cu	Hg	Ag	Pt	Au
天然の状態	酸化物，塩化物，炭酸塩などとして存在する						酸化物，硫化物などとして存在する										単体として存在する	
単体の製法	酸化物，塩化物を電気分解する							酸化物，硫化物を炭素で還元する								加熱のみで還元する		

Fe の単体は，工業的には溶鉱炉（高炉）の中にコークス C，石灰石 $CaCO_3$ を入れ，その酸化物（Fe_2O_3 や Fe_3O_4 など）を還元してつくる。

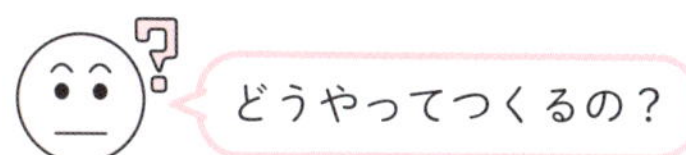

溶鉱炉の上から鉄鉱石（**赤鉄鉱** Fe_2O_3 など），**コークス** C，**石灰石** $CaCO_3$ を入れ，下から高温の空気を送りこむと，コークス C から生じた CO（還元剤）が鉄鉱石を次の反応式のように還元して Fe が得られるんだ。

$$Fe_2O_3 + 3CO \longrightarrow 2Fe + 3CO_2$$ ⇐ CO が O をうばう

このとき**溶鉱炉で得られる鉄は銑鉄（せんてつ）といい，炭素の含有量が多く，硬くてもろい**。銑鉄は**鋳物（いもの）などとしてマンホールのふた**などに使われる。

この銑鉄を転炉に移して，酸素 O_2 を吹きこみ**炭素の含有量を減らした鋼（こう）**を得る。鋼は硬く弾力に富み丈夫なので，おもに**建築や機械の材料**として利用される。

また，鉄はいろいろな金属と合金をつくる。たとえば，**鉄 Fe にクロム Cr やニッケル Ni を混ぜてつくられる合金はステンレス鋼といい，さびにくい特徴をもつ合金**なんだ。

ポイント 鉄 Fe の製錬について

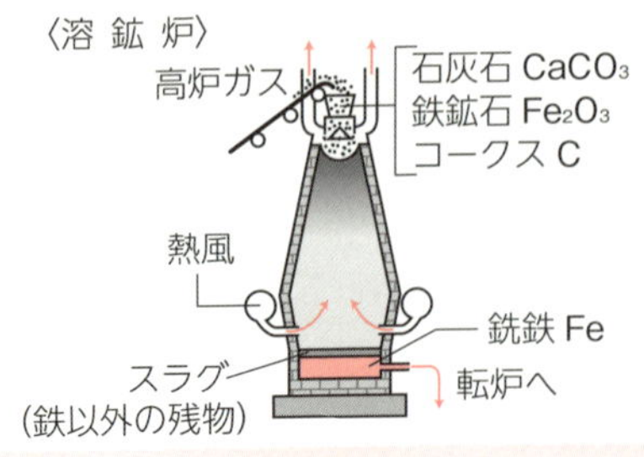

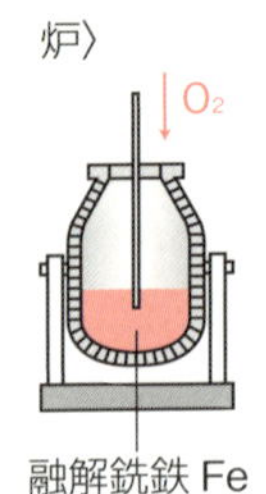

スラグとは，石灰石 $CaCO_3$ の熱分解により生じる CaO と鉄鉱石に含まれる SiO_2 が反応して生じる $CaSiO_3$ などをいい，**セメントの原料に使う**。

- $Fe_2O_3 + 3CO \longrightarrow 2Fe + 3CO_2$
- **銑鉄**(C が多い) ➡ 鋳物　　● **鋼**(C が少ない) ➡ 建築や機械の材料
- Fe − Cr − Ni ⟶ **ステンレス鋼**

チェック問題 2

鉄に関する記述として誤りを含むものを，次の①～④のうちから１つ選べ。

① イオン化傾向が中程度の鉄は，赤鉄鉱などを一酸化炭素で還元することによって銑鉄を得る。
② 鉄にクロムとニッケルを混ぜてつくられるステンレス鋼は，さびにくい性質をもつ合金である。
③ 鉄を濃硝酸に浸すと，激しく反応して溶解する。
④ 鉄は，イオン化傾向が銅より大きい。
⑤ 銑鉄は，鋳物に使われ，鋼に比べて含まれる炭素の割合が高い。

解答・解説

③

③〈誤り〉 Fe(テ)，Ni(ニ)，Al(アル) は，濃硝酸にほとんど溶解しない(不動態)。

❷ 銅 Cu の電解精錬について

参考

粗銅を得るまでの工程 ：Cu と S を成分として含む黄銅鉱 $CuFeS_2$ を，ケイ砂 SiO_2 とともに溶鉱炉で加熱した後，得られた硫化銅（Ⅰ）Cu_2S を転炉に移して高温で空気を吹きこむと，粗銅が得られる。

〈溶鉱炉での反応〉

$$\underset{\text{黄銅鉱}}{2CuFeS_2} + 4O_2 + \underset{\text{ケイ砂}}{2SiO_2} \longrightarrow Cu_2S + 2FeSiO_3 + 3SO_2$$

〈転炉での反応〉

$$2Cu_2S + 3O_2 \longrightarrow 2Cu_2O + 2SO_2$$

$$Cu_2S + 2Cu_2O \longrightarrow \underset{\text{粗銅}}{6Cu} + SO_2$$

粗銅は，Cu の純度が99％程度で，不純物として Zn，Fe，Ni，Au，Ag などを含んでいる。

工業的には銅の鉱石（黄銅鉱 $CuFeS_2$）を還元して得られる粗銅（Cu が約99％）を電気分解することで，純銅 Cu（Cu が約99.99％以上）に精錬する。この電気分解のことを**電解精錬**というんだ。

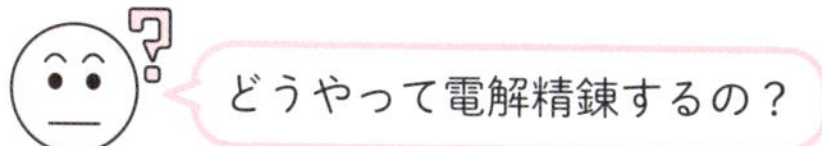

硫酸で酸性にした硫酸銅（Ⅱ）$CuSO_4$ 水溶液中で，陽極に粗銅，陰極に純銅を使って電気分解するんだ。そうすると，陽極では銅 Cu が Cu^{2+} となって溶け出し，陰極上には純銅 Cu が析出する。そして，**粗銅の中に含まれる Ag や Au などの Cu よりもイオン化傾向の小さい金属（Cu よりも陽イオンになりにくい金属）は，陽イオンにならずに単体のまま陽極の下に陽極泥として沈殿する**。Zn，Fe，Ni などの Cu よりもイオン化傾向の大きい金属（Cu よりも陽イオンになりやすい金属）は，陽イオンになって水溶液中に溶け出し残る。

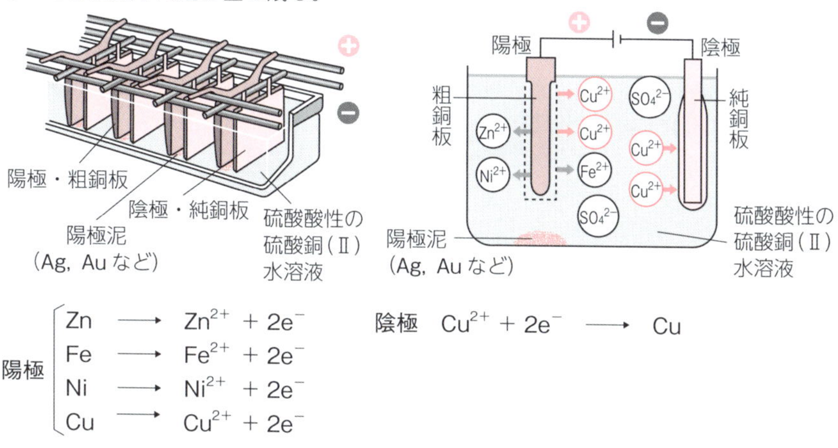

陽極

$$Zn \longrightarrow Zn^{2+} + 2e^-$$
$$Fe \longrightarrow Fe^{2+} + 2e^-$$
$$Ni \longrightarrow Ni^{2+} + 2e^-$$
$$Cu \longrightarrow Cu^{2+} + 2e^-$$

陰極 $Cu^{2+} + 2e^- \longrightarrow Cu$

第5章 無機物質

このようにして，陰極に純粋な Cu を得ることができて，陽極泥の中から Ag，Au などの貴金属を回収するんだ。

ポイント 銅 Cu の電解精錬について

- 陽極：**粗銅**，陰極：**純銅**，電解質溶液：硫酸銅(Ⅱ) $CuSO_4$ 水溶液

大 ← イオン化傾向 → 小

粗銅板：Zn，Fe，Ni ＞ Cu ＞ Ag，Au

Zn，Fe，Ni → 陽イオンとなって溶液中に溶出する

Ag，Au → **陽極泥**として沈殿する

思考力のトレーニング

難 

銅の電解精錬の過程を実験室で再現するために，希硫酸に硫酸銅(Ⅱ)を溶かした溶液 1000mL を電解槽に入れ，不純物を含んだ銅(粗銅)を陽極に，純粋な銅(純銅)を陰極にして電気分解を行った。このことに関して，次の問いに答えよ。

(1) 粗銅の電極には，不純物として，おもに亜鉛，金，銀，鉄，ニッケルが含まれている。この不純物の金属には，電気分解後，陽極泥に含まれるものと，水溶液中にイオンとして存在するものとがある。陽極泥に含まれる金属はどれか。最も適当なものを，次の①～⑦のうちから１つ選べ。

① 亜鉛，鉄　② 亜鉛，鉄，ニッケル　③ 銀，ニッケル
④ 金，ニッケル　⑤ 金，鉄　⑥ 金，銀　⑦ 金，銀，鉄

(2) 直流電流を通じて電気分解したところ，粗銅は 67.14 g 減少し，一方，純銅は 66.50 g 増加した。また，陽極泥の質量は 0.34 g で，溶液中の銅(Ⅱ)イオンの濃度は 0.0400 mol/L だけ減少した。この電気分解で水溶液中に溶け出した不純物の金属の質量は何 g か。最も適当な数値を，次の①～⑨のうちから１つ選べ。ただし，この電気分解により溶液の体積は変化しないものとし，また，不純物としては金属(亜鉛，金，銀，鉄，ニッケル)だけが含まれているものとする。Cu ＝63.5

① 0.30　② 0.34　③ 0.65　④ 1.27　⑤ 2.20
⑥ 2.54　⑦ 2.84　⑧ 3.18　⑨ 3.52

解答・解説

(1) ⑥　(2) ⑦

(1) 不純物として粗銅の中に含まれている，Cu よりもイオン化傾向の大きな Zn，Fe，Ni は水溶液中に溶け出しイオンとなって存在するが，Cu よりもイオン化傾向の小さな Ag，Au はイオンにならず単体のまま陽極泥に含まれる。

(2)

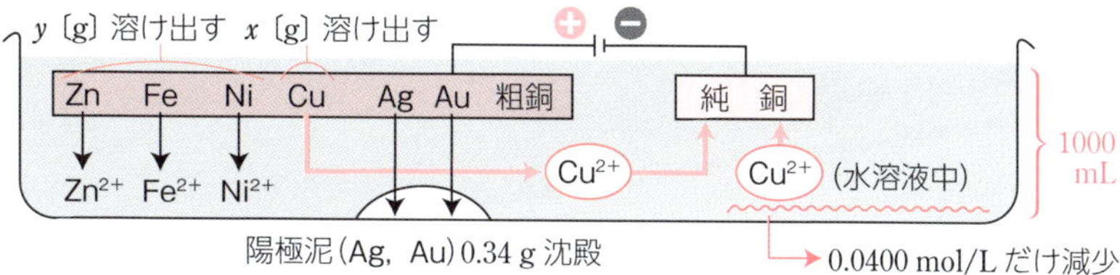

粗銅の減少量 67.14g の内訳は，イオンとなって溶け出した Cu，Zn，Fe，Ni と陽極泥に含まれる Ag，Au になる。

ここで，溶け出した Cu を x〔g〕，Cu 以外の溶け出した Zn，Fe，Ni の合計を y〔g〕とすると，陽極泥の Ag，Au が 0.34g なので，次の関係式が成立する。

$$67.14\text{〔g〕} = \underbrace{x\text{〔g〕}}_{\text{Cu}} + \underbrace{y\text{〔g〕}}_{\text{Zn, Fe, Ni}} + \underbrace{0.34\text{〔g〕}}_{\text{Ag, Au}} \quad \cdots\cdots①$$

次に，純銅の増加量66.50〔g〕の内訳について考える。ここで，**水溶液中の銅(Ⅱ)イオン Cu^{2+} の濃度が減少していることに注意**しよう。つまり，粗銅から溶けて出てきた Cu に相当する x〔g〕だけが析出するのではなく，水溶液中に最初から存在していた Cu^{2+} も電気分解によって陰極に析出したので，その濃度が減少している。

ここで，個数に注目して考えると，水溶液中に最初から存在していた Cu^{2+} 1 個が電気分解されて析出する Cu は 1 個になる。個数の関係は物質量〔mol〕の関係を表していることから，水溶液中に最初から存在していた Cu^{2+} 1 mol が電気分解されて析出する Cu は 1 mol になるといいかえることができる。

水溶液中の Cu^{2+} 1 個(mol) から 陰極に Cu 1 個(mol) が析出する

水溶液中で減少した Cu^{2+} に相当する物質量〔mol〕は，

$$\frac{0.0400\ \text{mol}}{1\ \text{L}} \times \frac{1000}{1000}\ \text{L} = 0.0400\text{〔mol〕}$$

となり，水溶液中で減少した Cu^{2+} と同じ物質量〔mol〕に相当する Cu が析出している。その質量は，$0.0400\ \text{mol} \times \frac{63.5\text{g}}{1\ \text{mol}} = 2.54$〔g〕

この2.54〔g〕と粗銅から溶け出した Cu に相当する x〔g〕が陰極に析出するので，次の関係式が成立する。

$$\underbrace{66.50\text{〔g〕}}_{\text{析出した純銅}} = 2.54\text{〔g〕} + x\text{〔g〕} \quad \cdots\cdots②$$

②より，$x = 63.96$〔g〕になり，①に代入すると，$y = 2.84$〔g〕になる。

よって，溶け出した不純物 Zn，Fe，Ni の合計質量は，$y = 2.84$〔g〕

第5章 無機物質

❸ アルミニウム Al の溶融塩電解（融解塩電解）について

Al の単体は，原料のボーキサイト（主成分 $Al_2O_3 \cdot nH_2O$）を濃い NaOH 水溶液で処理して得られる純粋な酸化アルミニウム Al_2O_3 を**溶融塩電解**（**融解塩電解**）して工業的に製造される。

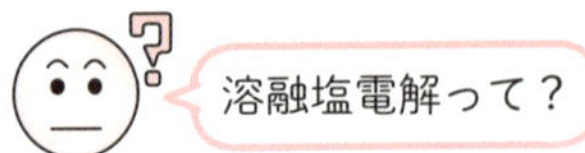

金属の塩を加熱して融解させ，その溶液の中で電気分解することをいうんだ。

水溶液ではなくて，融解させた溶液を電気分解するんだね。

Al^{3+} の水溶液を電気分解しても，Al は水素よりイオン化傾向が大きいので，陰極では $H_2O(H^+)$ が反応し H_2 が発生するだけで Al を得ることはできないんだ。

純粋な酸化アルミニウム Al_2O_3 は**アルミナ**ともいい，約2000 ℃の高い融点をもつ。融解した氷晶石 Na_3AlF_6 にアルミナを少しずつ加えると，混合物の融点は約1000 ℃に下がってアルミナが融解するんだ。

$$Al_2O_3 \longrightarrow 2Al^{3+} + 3O^{2-}$$ （融解し，電離する）

融解する温度が約1000 ℃も下がったね。

そうだね。**氷晶石 Na_3AlF_6 を使うことで，アルミナだけを融解するよりは消費するエネルギーが少なくてすむ**んだ。この融解液を陽極，陰極のどちらにも炭素 C を使って電気分解するとアルミナが電気分解される。すると，陰極では，融解液中の Al^{3+} が還元されて Al となって電解槽の底に沈むんだ。

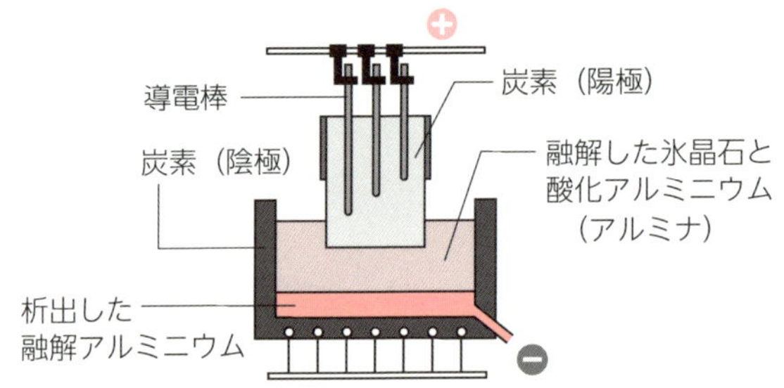

Al の製錬には，大量の電力が使われる。ところが，リサイクルすると製錬するときの約 3 %のエネルギーでリサイクルできる

【陰極での反応】

$$Al^{3+} + 3e^- \longrightarrow Al$$

陽極では，融解液中の O^{2-} が反応して $2O^{2-} \longrightarrow O_2 + 4e^-$ の反応が起こりそうだね。ただ，非常に高い温度で溶融塩電解しているので，発生した O_2 が陽極の炭素 C とただちに反応して，**CO や CO_2 になる**んだ。

【陽極での反応】

- 融解液中の O^{2-} が反応して，O_2 が発生する

$$2O^{2-} \longrightarrow O_2 + 4e^- \quad \cdots\cdots①$$

- 発生した O_2 が C と反応して，ただちに CO が生成する

$$2C + O_2 \longrightarrow 2CO \quad \cdots\cdots②$$

- 発生した O_2 が C と反応して，ただちに CO_2 も生成する

$$C + O_2 \longrightarrow CO_2 \quad \cdots\cdots③$$

(①＋②)を 2 でわると，

$$C + O^{2-} \longrightarrow CO + 2e^-$$

①＋③より，

$$C + 2O^{2-} \longrightarrow CO_2 + 4e^-$$

陽極の C は O_2 と反応して消費されるので，陽極の C は**補給する必要がある**んだ。

ポイント　アルミニウム Al の溶融塩電解について

- アルミナ Al_2O_3 を融解した氷晶石に加えて溶融塩電解する

〈－極〉：$Al^{3+} + 3e^- \longrightarrow Al$

〈＋極〉：$C + O^{2-} \longrightarrow CO + 2e^-$

$C + 2O^{2-} \longrightarrow CO_2 + 4e^-$

チェック問題 3

標準 

アルミニウムと酸化アルミニウムの性質に関する次の記述 a ～ d について，その正誤の組み合わせとして正しいものを，右の①～⑤のうちから 1 つ選べ。

	a	b	c	d
①	正	誤	誤	正
②	正	正	誤	誤
③	正	誤	正	正
④	誤	正	誤	正
⑤	誤	正	正	誤

a　融点は，酸化アルミニウムのほうがアルミニウムより高い。

b　結晶はいずれもよく電気を導く。

c　アルミニウムは，アルミニウムイオンを含む水溶液から電気分解で得られる。

d　空気中ではアルミニウムの表面に，酸化アルミニウムの被膜ができる。

解答・解説

①

a　Al_2O_3 の融点は，約2000℃と非常に高い。ちなみに，Al の融点は約700℃である（数値を覚える必要はない）。〈正しい〉

b　金属結晶である Al は，自由電子が電気を導く。Al^{3+}，O^{2-} のイオンからなる Al_2O_3 は，結晶のときには電気を導かない。加熱により融解しイオンが動けるようになると，電気を導く。〈誤り〉

c　Al^{3+} を含む水溶液を電気分解しても，Al はイオン化傾向が大きいので，陰極では H^+ が反応して H_2 が発生するだけで Al は得られない。〈誤り〉

d　Al を空気中に放置すると，表面が酸化されてち密な酸化物の膜 Al_2O_3 を生じる（不動態になる）。この酸化物の膜は，内部の Al がさびの原因となる物質と接触するのを防ぐはたらきをする。〈正しい〉

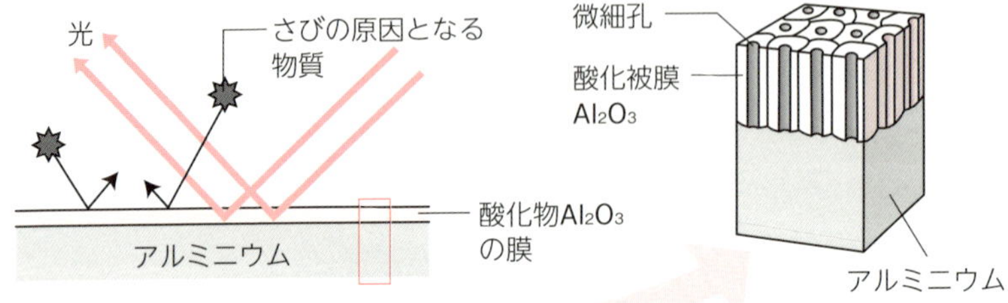

第５章　無機物質

1族（アルカリ金属元素）

1 アルカリ金属の単体について

アルカリ金属の単体の性質や炎色反応について下の表に示すね。

元素名と原子		電子殻 K	L	M	N	O	P	融点〔℃〕	密度〔g/cm³〕	炎色反応
リチウム	$_3$Li	2	1					高 181	0.53 水に浮く	赤
ナトリウム	$_{11}$Na	2	8	1				98	0.97 水に浮く	黄
カリウム	$_{19}$K	2	8	8	1			64	0.86 水に浮く	赤紫
ルビジウム	$_{37}$Rb	2	8	18	8	1		40	1.53	赤
セシウム	$_{55}$Cs	2	8	18	18	8	1	低 28	1.87	淡青

＊赤字は価電子の数

スマートフォンの電池って，リチウムイオン電池だよね。

そうだね。**リチウムが電池の材料に**，**ナトリウムが道路照明用のナトリウムランプに使われている**ことや，**カリウムが植物の成長に欠かせない**ことを知っておいてね。

ルビジウム Rb やセシウム Cs も炎色反応を示すんだね。

そうなんだ。ただし，炎色反応については，P.278 で勉強した **Li が赤色**，**Na が黄色**，**K が赤紫色**を覚えておけばいいんだ。あと，アルカリ金属は，

❶ 価電子が 1 個で，**1 価の陽イオンになりやすい**
❷ 空気中で酸化され，水とも激しく反応するので，**石油（灯油）中に保存**するんだ。

ポイント　アルカリ金属について

- 単体の融点 ➡ 原子番号が小さいほど高い：Li ＞ Na ＞ K ＞ Rb ＞ Cs
- 炎色反応を示す ➡ Li は**赤色**，Na は**黄色**，K は**赤紫色**
- **石油**（**灯油**）中に保存する

2 ナトリウム Na について

石油中に保存していた Na を空気中にとり出すと，**すみやかに酸化されて金属光沢を失う**。

$4Na + O_2 \longrightarrow 2Na_2O$

また，。**アルカリ金属は，どれも常温の水と激しく反応して H_2 を発生した**んだ（➡ P.178）。とくに Na や K の水との反応は，その反応式も書けるようにしておこうね。

反応式中に**単体**（➡ Na，K，……）があると，その反応は酸化還元反応になるんだよね。

そうだね。だから，Na や K が，Na^+ や K^+ となって H_2O と酸化還元反応する。

$$Na \longrightarrow Na^+ + e^- \quad \cdots\cdots①$$

$$2H_2O + 2e^- \longrightarrow H_2 + 2OH^- \quad \cdots\cdots②$$

⬆ ②式は（➡ P.199）でつくったことがあるね
（$2H^+ + 2e^- \longrightarrow H_2$ の両辺に $2OH^-$ を加えてつくることができる）

①× 2 +②より，$2Na + 2H_2O \longrightarrow 2NaOH + H_2$

K のときも Na と同じようにつくる。

$2K + 2H_2O \longrightarrow 2KOH + H_2$

強塩基である NaOH や KOH ができるので，**反応後の水溶液は強い塩基性を示す**。

また，Na は，Al と同じように**溶融塩電解**（**融解塩電解**）によって得られる。

融解させた溶液を電気分解するんだよね。

そうなんだ。**Na^+ を含んだ水溶液を電気分解しても，Na は水素よりイオン化傾向が大きいので，陰極では $H_2O(H^+)$ が反応して H_2 が発生するだけで Na を得ることはできない**。だから，Na は，塩化ナトリウム NaCl の溶融塩電解，つまり融解した NaCl を電気分解して得るんだ。

NaCl の溶融塩電解

陰極（C） $Na^+ + e^- \longrightarrow Na$ ⬅ Na^+Cl^- の Na^+ が反応する

陽極（C） $2Cl^- \longrightarrow Cl_2 + 2e^-$ ⬅ Na^+Cl^- の Cl^- が反応する

チェック問題 1 標準

ナトリウムに関する記述として下線部に誤りを含むものを，次の①～⑤のうちから１つ選べ。

① ナトリウムは，融解した塩化ナトリウムを電気分解すると得られる。
② ナトリウムは，常温で水と激しく反応して，酸素を発生する。

③ ナトリウムは，空気中では表面がすみやかに酸化され，金属光沢を失う。
④ ナトリウムは，水と反応しやすいため，石油(灯油)中で保存する。
⑤ ナトリウムは，炎色反応で黄色を呈する元素であるので，その化合物は花火に利用されている。

解答・解説

②

① 塩化ナトリウムの溶融塩電解により得られる。〈正しい〉
② 酸素でなく水素を発生する。$2Na + 2H_2O \longrightarrow 2NaOH + H_2$〈誤り〉
③ ナトリウムは還元性が強く酸化を受けやすい。〈正しい〉
⑤ Na の炎色反応は黄色。〈正しい〉

3 ナトリウムの化合物について

アルカリ金属の酸化物である Na_2O **は塩基性酸化物**で，水と反応し NaOH になる。

$$Na_2O + H_2O \longrightarrow 2NaOH$$

この反応は，反応のようすから覚えていくと簡単だね！

まとめる

H^+を与える

$$O^{2-} + H{-}O{-}H \longrightarrow OH^- + OH^-$$
$$+)\ 2Na^+ \qquad\qquad 2Na^+$$ ⬅両辺に$2Na^+$を加える！
$$Na_2O + H_2O \longrightarrow 2NaOH$$

また，塩酸 HCl などの酸と反応して塩をつくる。

まとめる

$$O^{2-} + 2H^+ \longrightarrow H_2O$$ ⬅Na_2O 中の O^{2-} が塩酸から$2H^+$を受けとる！
$$+)\ 2Na^+ \quad 2Cl^- \qquad 2Na^+ \quad 2Cl^-$$ ⬅両辺に$2Na^+$と$2Cl^-$を加える！
$$Na_2O + 2HCl \longrightarrow 2NaCl + H_2O$$

NaOH や KOH の固体は，空気中の水分を吸収して，この水に溶けこむ(➡ この現象を潮解という)。

また，Na_2CO_3 は，**ガラスやセッケンなどの原料**に用いられた。

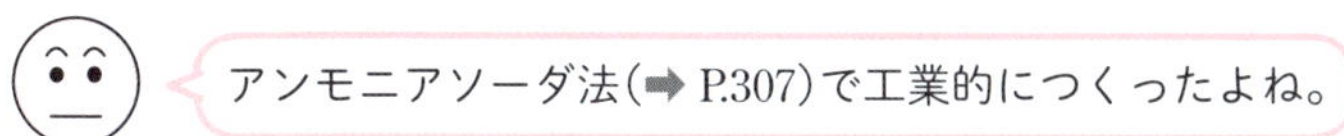

アンモニアソーダ法(➡ P.307)で工業的につくったよね。

そうだね。炭酸ナトリウムの濃い水溶液を濃縮すると，無色の**炭酸ナトリウム十水和物** $Na_2CO_3 \cdot 10H_2O$ の結晶が析出する。この結晶を**空気中に放置すると水和水の一部を失って白色の一水和物** $Na_2CO_3 \cdot H_2O$ **になる(➡ この現象を風解という)**んだ。

以前，Na_2CO_3 や $NaHCO_3$ は，塩の加水分解で勉強したね。

そうだね。「弱酸と強塩基を中和することによってできると考えられる塩」だから，**加水分解して弱塩基性を示し**たね。

また，$NaHCO_3$ は，加熱すると分解して CO_2 を発生した(➡ P.307)。

$$2NaHCO_3 \longrightarrow Na_2CO_3 + CO_2 + H_2O$$

あと，$NaHCO_3$ は**重曹**ともいい，**ベーキングパウダー**や**胃腸薬**などに用いられるんだ。

チェック問題 2

炭酸ナトリウム Na_2CO_3 と炭酸水素ナトリウム $NaHCO_3$ に関する記述として誤っているものを，次の①～⑤のうちから１つ選べ。

① $NaHCO_3$ は，NaCl 飽和水溶液に NH_3 を十分に溶かし，さらに CO_2 を通じると得られる。

② $NaHCO_3$ を加熱すると，Na_2CO_3 が得られる。

③ Na_2CO_3 水溶液に $CaCl_2$ 水溶液を加えると，白色沈殿が生じる。

④ Na_2CO_3 水溶液はアルカリ性を示すが，$NaHCO_3$ 水溶液は弱酸性を示す。

⑤ いずれも塩酸と反応して気体を発生する。

解答・解説

④

① 〈正しい〉アンモニアソーダ法(➡ P.307)での反応。

$$NaCl + NH_3 + H_2O + CO_2 \longrightarrow NaHCO_3 + NH_4Cl$$

② 〈正しい〉$2NaHCO_3 \longrightarrow Na_2CO_3 + CO_2 + H_2O$（熱分解反応）

③ 〈正しい〉$CO_3{}^{2-}$ は Ba^{2+}，Ca^{2+} と白色沈殿を生じる。

④ 〈誤り〉Na_2CO_3 や $NaHCO_3$ の水溶液はともにアルカリ性を示す。（加水分解）

⑤ 〈正しい〉いずれも弱酸遊離反応を起こして CO_2 を発生する。

$$Na_2CO_3 + 2HCl \longrightarrow H_2O + CO_2 + 2NaCl$$

$$NaHCO_3 + HCl \longrightarrow H_2O + CO_2 + NaCl$$

思 考力のトレーニング

やや難 3分

図に示す NaCl から Na_2CO_3 を合成する方法について，下の問い(a・b)に答えよ。

a 図の [1]・[2] にあてはまる操作として最も適当なものを，次の①～⑤のうちから1つずつ選べ。ただし，同じものを選んでもよい。

① 水溶液にして電気分解する。
② 高温で融解して電気分解する。
③ 加熱する。
④ 水を加える。
⑤ 二酸化炭素を通じる。

NaCl —(H_2O, NH_3, CO_2)→ 化合物A

NaCl —[1]→ Na

化合物A —[2]→ Na_2CO_3

Na —(H_2O)→ NaOH —(CO_2)→ Na_2CO_3

b 10 kg の化合物 A から最大何 kg の Na_2CO_3 が得られるか。最も適当な数値を，次の①～⑤のうちから1つ選べ。ただし，H = 1.0，C = 12，O = 16，Na = 23とする。

① 3.2　② 6.3　③ 9.1　④ 13　⑤ 25

解答・解説

a [1] ②　[2] ③　b ②

a [1] NaCl を**高温で融解して電気分解(溶融塩電解)する**と Na が得られる。

(−)(C)　$Na^+ + e^- \longrightarrow Na$

Na は H_2O と，$2Na + 2H_2O \longrightarrow 2NaOH + H_2$ の反応を起こす。

また，NaOH は CO_2 と次のように反応する。

$CO_2 + H_2O \longrightarrow H_2CO_3$ ……① ⇐ 炭酸 H_2CO_3が生じると考える

$H_2CO_3 + 2NaOH \longrightarrow Na_2CO_3 + 2H_2O$……② ⇐ H_2CO_3と NaOH の中和反応

①＋②から，$CO_2 + 2NaOH \longrightarrow Na_2CO_3 + H_2O$

化合物 A は $NaHCO_3$ になる。アンモニアソーダ法を思い出そう。

$NaCl + H_2O + NH_3 + CO_2 \longrightarrow NaHCO_3\downarrow + NH_4Cl$

[2] 化合物 A($NaHCO_3$)を**加熱する**と Na_2CO_3が生じる。

$2NaHCO_3 \longrightarrow Na_2CO_3 + CO_2 + H_2O$（熱分解反応）

第5章 無機物質

b　$NaHCO_3 = 84$，$Na_2CO_3 = 106$ であり，10 kg の $NaHCO_3$(化合物 A)からは，

$$② NaHCO_3 \longrightarrow ① Na_2CO_3 + CO_2 + H_2O \quad より，最大$$

$$\left. \begin{array}{c} 10 \\ NaHCO_3(kg) \end{array} \right| \times 10^3 \left| \begin{array}{c} \\ NaHCO_3(g) \end{array} \right. \times \frac{1}{84} \left| \begin{array}{c} \\ NaHCO_3(mol) \end{array} \right. \times \frac{1}{2} \left| \begin{array}{c} \\ Na_2CO_3(mol) \end{array} \right. \times 106 \left| \begin{array}{c} \\ Na_2CO_3(g) \end{array} \right. \times \frac{1}{10^3} \left| \begin{array}{c} \\ Na_2CO_3(kg) \end{array} \right.$$

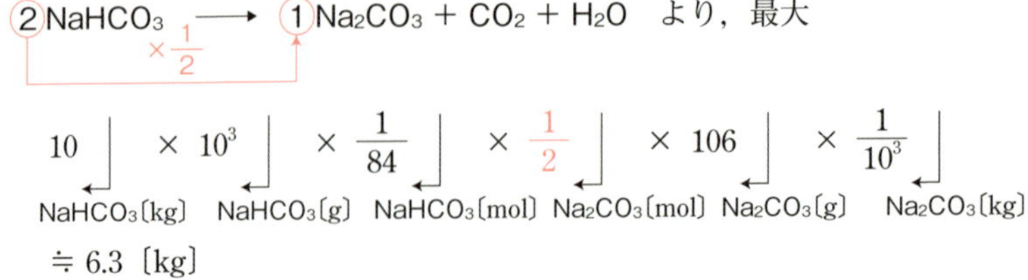

$\fallingdotseq 6.3$〔kg〕

の Na_2CO_3 が得られる。

第５章　無機物質

2族(マグネシウムとアルカリ土類金属元素)

1　2族元素について

2族元素の単体は，いずれも価電子を2個もち2価の陽イオンになりやすく，その単体は，Al や Na のように溶融塩電解(融解塩電解)によって得られる。

元素名と原子		電子殻 K L M N O P	融点〔℃〕	炎色反応	水との反応
ベリリウム	$_{4}Be$	2 2	1282	—	反応しない
マグネシウム	$_{12}Mg$	2 8 2	649	—	熱水と反応
カルシウム	$_{20}Ca$	2 8 8 2	839	橙赤	冷水と反応
ストロンチウム	$_{38}Sr$	2 8 18 8 2	769	紅	冷水と反応
バリウム	$_{56}Ba$	2 8 18 18 8 2	729	黄緑	冷水と反応

＊赤字は価電子の数

ベリリウム Be やマグネシウム Mg は，炎色反応を示さないし，冷水とも反応しないんだね。

そうだね。Be や Mg を除いた，Ca，Sr，Ba などは，とくに性質が似ているのでアルカリ土類金属元素(注 2族元素すべてを指すこともある)とよばれるんだ。

2　マグネシウム Mg について

Mg は，空気中で強熱すると白煙と明るい光を出して燃える。

$2Mg + O_2 \longrightarrow 2MgO$　(明るい光を放つ)

また，マグネシウム Mg は，熱水と反応し H_2 を発生した。

$Mg \longrightarrow Mg^{2+} + 2e^-$　……①

$2H_2O + 2e^- \longrightarrow H_2 + 2OH^-$　……②　⬅ ②式は(➡ P.199 や P.320)でつくったことがあるね

①+②より，$Mg + 2H_2O \longrightarrow Mg(OH)_2 + H_2$

共通テストは，「反応式を書け」という出題にはならないけれど，反応式がつくれることが前提の問題は出題されるから，反応式はつくれるようにしておこう。

3　カルシウム Ca やバリウム Ba について

❶ 単体と酸化物について

Ca は，アルカリ金属と同じように常温で水と反応し H_2 を発生した。

$Ca \longrightarrow Ca^{2+} + 2e^-$　……①

$2H_2O + 2e^- \longrightarrow H_2 + 2OH^-$　……②　⬅ ②式は(➡ P.199 や P.320)でもつくったことがあるよ

第5章 無機物質

①＋②より，$Ca + 2H_2O \longrightarrow Ca(OH)_2 + H_2$

酸化カルシウム CaO は，Na_2O などの多くの金属の酸化物と同じように塩基性酸化物で，水と反応し水酸化物である $Ca(OH)_2$ になるんだ。

$CaO + H_2O \longrightarrow Ca(OH)_2$　（激しく発熱する）

この反応式は，「アンモニアソーダ法」（➡ P.307）で勉強したね。

CaO は**生石灰**ともいい，生石灰 CaO に水をかけると，発熱しながら**消石灰** $Ca(OH)_2$ になる。**CaO に濃い水酸化ナトリウム水溶液をしみこませて焼いたものはソーダ石灰といい，塩基性の乾燥剤として気体の乾燥に利用した**（➡ P.303）ね。

また，CaO は塩基性酸化物なので，塩酸 HCl などの酸と反応して塩をつくる。

まとめる

$$O^{2-} + 2H^+ \longrightarrow H_2O \quad \text{⬅CaO 中の } O^{2-} \text{ が塩酸から } 2H^+ \text{ を受けとる！}$$

$$+)\ Ca^{2+} \quad 2Cl^- \qquad Ca^{2+} \quad 2Cl^- \quad \text{⬅両辺に } Ca^{2+} \text{ と } 2Cl^- \text{ を加える！}$$

$$CaO + 2HCl \longrightarrow CaCl_2 + H_2O$$

CaO は，石灰石 $CaCO_3$ を熱分解してつくった（➡ P.307）ね。

$CaCO_3 \longrightarrow CaO + CO_2$　（熱分解反応）

❷ 水酸化カルシウム $Ca(OH)_2$ について

水酸化カルシウム $Ca(OH)_2$ は消石灰ともいい，この水溶液は石灰水だったね。

CO_2 の検出に利用した（➡ P.303）よね。

そうだね。石灰水に CO_2 を通じると，水に不溶な $CaCO_3$ が生成し白くにごった。

$Ca(OH)_2 + CO_2 \longrightarrow CaCO_3\downarrow(白) + H_2O$

この白くにごった水溶液にさらに CO_2 を通じ続けると…

水に可溶な $Ca(HCO_3)_2$ が生成して白濁が消えたよね。

さすがだね。白濁が消えた水溶液を加熱すると CO_2 が追い出され，再び $CaCO_3$ の白色沈殿が生成した。

$$CaCO_3\downarrow(白) + CO_2 + H_2O \underset{加熱}{\rightleftarrows} Ca(HCO_3)_2$$

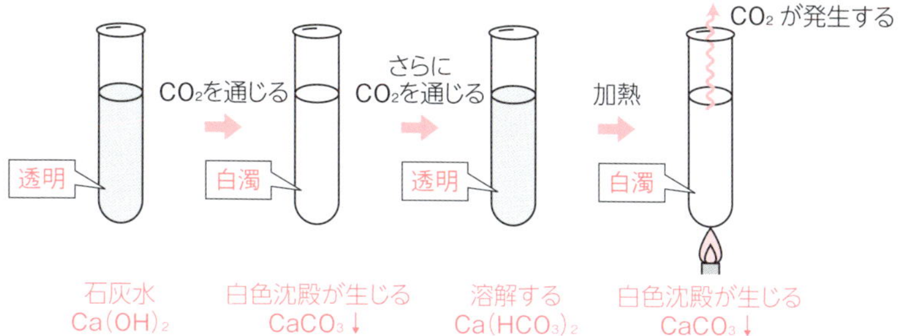

❸ 炭酸カルシウム $CaCO_3$ について

炭酸カルシウム $CaCO_3$ は，石灰石や大理石などとして天然に存在している。 石灰石を多く含む土地では，CO_2 を含んだ地下水により $CaCO_3$ が溶けて地下に**鍾乳洞**ができることがある。

長い時間をかけて $CaCO_3 + CO_2 + H_2O \rightleftarrows Ca(HCO_3)_2$ の正反応と逆反応がくり返され，鍾乳洞ができるんだ。

❹ カルシウムやバリウムの硫酸塩について

硫酸カルシウム $CaSO_4$ は，天然に $CaSO_4 \cdot 2H_2O$（セッコウ）として産出する。セッコウ $CaSO_4 \cdot 2H_2O$ を焼くと**焼きセッコウ** $CaSO_4 \cdot \frac{1}{2}H_2O$ になり，焼きセッコウを水で練って放置すると，ふたたびセッコウになって固まる。

$$CaSO_4 \cdot 2H_2O \underset{}{\overset{加熱}{\rightleftarrows}} CaSO_4 \cdot \frac{1}{2}H_2O + \frac{3}{2}H_2O$$

あと，**硫酸バリウム $BaSO_4$ は，水に溶けにくく（白色沈殿），胃や腸の X 線撮影の造影剤として利用されている**んだ。

思 考力のトレーニング

銅と鉄と硫黄のみからなる鉱石6.72 kg に高温で空気を吹きこむと，反応が完全に進行し，銅，二酸化硫黄および酸化鉄のみが生成した。このとき，銅は1.28 kg 得られ，二酸化硫黄はセッコウ（$CaSO_4 \cdot 2H_2O$，式量172）17.2 kg としてすべて回収された。鉱石中の銅と鉄の原子数の比（銅：鉄）として最も適当なものを，次の①～⑥のうちから1つ選べ。ただし，S ＝ 32，Cu ＝ 64，Fe ＝ 56 とする。

① 1：1　② 1：2　③ 1：3　④ 2：1　⑤ 2：3　⑥ 3：1

解答・解説

鉱石(Cu, Fe, S のみからなる) 6.72 kg から Cu が 1.28 kg 得られたので，この鉱石には 1.28 kg の Cu が含まれていることがわかる。また，鉱石中の Fe と S を合わせた質量は 6.72 − 1.28 = 5.44 kg となる。(Fe と S → Cu 以外)

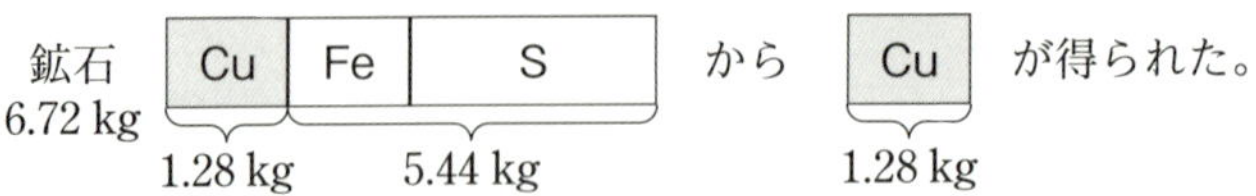

次に，この鉱石中の S 原子に注目する。

鉱石中の S (1個 mol) から SO_2 (1個 mol) が生成し，すべてセッコウ $CaSO_4 \cdot 2H_2O$ (1個 mol) として回収される。

つまり，$CaSO_4 \cdot 2H_2O$(式量172)と同じ物質量〔mol〕の S がこの鉱石中に含まれており，その質量〔kg〕は S = 32より，

$$17.2 \times 10^3 \times \frac{1}{172} \times 1 \times 32 \times \frac{1}{10^3} = 3.2\ \text{kg}$$

(17.2：セッコウ〔kg〕 $CaSO_4 \cdot 2H_2O$ → セッコウ〔g〕 $CaSO_4 \cdot 2H_2O$ → セッコウ〔mol〕 $CaSO_4 \cdot 2H_2O$ → S〔mol〕 → S〔g〕 → S〔kg〕)

になる。よって，この鉱石中に含まれている Fe は，5.44 (鉱石中の Fe と S) − 3.2 (鉱石中の S) = 2.24〔kg〕になり，

鉱石中の Cu と Fe の原子数の比は，Cu = 64，Fe = 56，原子数の比 = mol の比より，

$$\underbrace{1.28\ \text{kg} \times \frac{10^3\text{g}}{1\text{kg}} \times \frac{1\text{mol}}{64\text{g}}}_{\text{Cu〔mol〕}} : \underbrace{2.24\ \text{kg} \times \frac{10^3\text{g}}{1\text{kg}} \times \frac{1\text{mol}}{56\text{g}}}_{\text{Fe〔mol〕}} = 20\ \text{mol} : 40\ \text{mol} = 1 : 2$$

(1 : 2 → mol の比と原子数の比は同じ)

第５章　無機物質

１族・２族以外の典型金属元素（Al, Zn, Sn, Pb, ……）

1 両性金属について

１族・２族以外の**典型金属元素**（Al，Zn，Sn，Pb，……）を勉強していくね。次の周期表を見て元素の位置関係をおさえよう。

	1	2	3	4	5	6	7	8	9	10	11	12	13	14	15	16	17	18
1																		
2																		
3													Al					
4												Zn						
5														Sn				
6												Hg		Pb				
7													Nh					

参考　Nh はニホニウム（原子番号113番）で，日本で発見された元素

水銀 Hg は，亜鉛 Zn と同じ12族だったんだね。

そうなんだ。**Sn と Pb が同じ14族元素**であることもチェックしておいてね。**Al，Zn，Sn，Pb は，単体が酸の水溶液とも強塩基の水溶液とも反応する両性金属**（両性金属は，「Al，Zn，Sn，Pb」と覚えよう！）なんだ。また，**Al，Zn，Sn，Pb の酸化物や水酸化物は，酸の水溶液とも強塩基の水溶液とも反応する両性酸化物，両性水酸化物**になる。**酸素との化合物を酸化物，水酸化物イオン OH^- との化合物を水酸化物というん**だ。両性酸化物は Al_2O_3 と ZnO，両性水酸化物は $Al(OH)_3$ と $Zn(OH)_2$ を覚えてね。また，Pb は放射線の遮へい材として利用されている。

2 アルミニウム Al について

❶ 単体について

単体の Al は，**ボーキサイト**（主成分 $Al_2O_3 \cdot nH_2O$）を処理して得た酸化アルミニウム Al_2O_3 を溶融塩電解して製造した（➡ P.316）よね。ここでは，Al の単体と化合物の性質について勉強していくね。

❶ Al は，銀白色の展性・延性に富む**軽金属**で電気伝導性が大きい

❷ Al と Cu や Mg などとの合金を**ジュラルミン**という

❸ Al を酸素中で熱すると白い光を放ちながら激しく燃える

$$4Al + 3O_2 \longrightarrow 2Al_2O_3$$（熱と光を放つ）

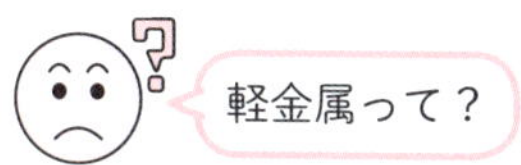

密度が 4.0 g/cm³ 以下の金属をいう。Al は密度が 2.7 g/cm³ しかないんだ。

ジュラルミンって，航空機の機体に使われているよね。

そうだね。ジュラルミンは，軽くて強いからね。

アルミニウムって両性金属だったよね。

そうなんだ。水素よりイオン化傾向の大きな Al は，塩酸 HCl や希硫酸 H_2SO_4 の H^+ と反応(➡ P.287)して H_2 を発生したよね。

$$Al \longrightarrow Al^{3+} + 3e^- \quad \cdots\cdots ①$$
$$2H^+ + 2e^- \longrightarrow H_2 \quad \cdots\cdots ②$$

①× 2 +②× 3　より，

$$2Al + 6H^+ \longrightarrow 2Al^{3+} + 3H_2 \ (酸化還元)$$

塩酸 HCl を使うときには，両辺に $6Cl^-$ を加えて，

$$2Al + 6HCl \longrightarrow 2AlCl_3 + 3H_2$$

希硫酸 H_2SO_4 を使うときには，両辺に $3SO_4{}^{2-}$ を加えて，

$$2Al + 3H_2SO_4 \longrightarrow Al_2(SO_4)_3 + 3H_2$$

となる。ただし，Al は，濃硝酸 HNO_3 には**不動態**になり溶けなかった(➡ P.290)ことを忘れないでね。

不動態は，Fe(手)Ni(に)Al(ある)だったね。また，**アルミニウム製品の表面に Al_2O_3 のじょうぶな被膜を人工的につくったものをアルマイトという**。アルマイトは，表面を不動態になるように加工しているんだ。

アルミニウムは，両性金属だから酸だけでなく強塩基とも反応するんでしょ。

そうなんだ。塩酸 HCl や希硫酸 H_2SO_4 などの酸だけでなく，強塩基である NaOH の水溶液とも反応して H_2 を発生する。**化学反応式は，Al と H_2O が酸化還元反応したあと，生成した $Al(OH)_3$ が NaOH と反応すると考えるとつくりやすい**よ。

$$Al \longrightarrow Al^{3+} + 3e^- \quad \cdots\cdots ①$$
$$2H_2O + 2e^- \longrightarrow H_2 + 2OH^- \quad \cdots\cdots ②$$

⬅②式は P.199 や P.320 でもつくったよね

①× 2 +②× 3　より，③式になる。次に，③式で生じた $Al(OH)_3$ が NaOH と反応(④式)する。

$$2Al + 6H_2O \longrightarrow 2Al(OH)_3 + 3H_2 \quad \cdots\cdots ③$$
$$Al(OH)_3 + NaOH \longrightarrow Na[Al(OH)_4] \quad \cdots\cdots ④$$

⬅④式は P.268 で勉強した

③+④× 2　より，

$$2Al + 2NaOH + 6H_2O \longrightarrow 2Na[Al(OH)_4] + 3H_2$$

うーん。難しいよ……

そうだね。Al が NaOH **水溶液と反応して** H_2 **を発生する**ことはおさえてね。

酸化鉄(Ⅲ) Fe_2O_3 **粉末と Al の粉末の混合物は** **テルミット**とよばれ，このテルミットに点火すると多量の熱を発しながら激しく反応し，溶けた Fe の単体を得ることができる(**テルミット反応**)。

$$Fe_2O_3 + 2Al \longrightarrow 2Fe + Al_2O_3$$ ⬅ Al が O をうばう！

❷ 化合物について

アルミニウムの酸化物である**酸化アルミニウム** Al_2O_3 **はアルミナともよばれる両性酸化物で，宝石のルビーやサファイアの主成分**なんだ。

両性だから，酸とも強塩基とも反応するんだよね。

そうなんだ。Al_2O_3 は酸の水溶液にも強塩基の水溶液にも溶けるんだよ。

反応式は，次のようにつくることができるけれど，とりあえずは**酸や強塩基の水溶液に溶ける**ことは覚えておいてね。

$$O^{2-} + 2H^+ \longrightarrow H_2O \quad \cdots\cdots①$$

①× 3　の両辺に $2Al^{3+}$ と $6Cl^-$ を加えると，

$$Al_2O_3 + 6HCl \longrightarrow 2AlCl_3 + 3H_2O$$

①× 3　の両辺に $2Al^{3+}$ と $3SO_4{}^{2-}$ を加えると，

$$Al_2O_3 + 3H_2SO_4 \longrightarrow Al_2(SO_4)_3 + 3H_2O$$

H^+ を与える

$$O^{2-} + H\text{-}O\text{-}H \longrightarrow OH^- + OH^- \quad \cdots\cdots②$$

②× 3　の両辺に $2Al^{3+}$ を加えると③式になり，③式で生じた $Al(OH)_3$ が NaOH と反応(④式)する。

$$Al_2O_3 + 3H_2O \longrightarrow 2Al(OH)_3 \quad \cdots\cdots③$$

$$Al(OH)_3 + NaOH \longrightarrow Na[Al(OH)_4] \quad \cdots\cdots④$$

③+④× 2　より，

$$Al_2O_3 + 3H_2O + 2NaOH \longrightarrow 2Na[Al(OH)_4]$$

同じように，アルミニウムの水酸化物である $Al(OH)_3$ は両性水酸化物なので，酸や強塩基の水溶液に溶ける。

$$Al(OH)_3 + 3HCl \longrightarrow AlCl_3 + 3H_2O$$ ⬅「中和」の考え方を利用するといいね

$$Al(OH)_3 + NaOH \longrightarrow Na[Al(OH)_4]$$ ⬅上の④式と同じ

硫酸アルミニウム $Al_2(SO_4)_3$ と硫酸カリウム K_2SO_4 の混合水溶液を冷却すると，**ミョウバン** $AlK(SO_4)_2 \cdot 12H_2O$ **という無色透明の正八面体結晶**を得ることができるんだ。

組成式がややこしいね……

第5章 無機物質

そうだね。ミョウバン $AlK(SO_4)_2 \cdot 12H_2O$ のように**2種類以上の塩（$Al_2(SO_4)_3$ と K_2SO_4）が一定の割合で結合したような塩を複塩**といい，水に溶かすと各成分イオンに電離するんだ。

$$AlK(SO_4)_2 \cdot 12H_2O \longrightarrow Al^{3+} + K^+ + 2SO_4^{2-} + 12H_2O$$

ミョウバンの水溶液は何性を示すかわかるかな？

K_2SO_4 は，「強酸と強塩基を中和することによってできると考えられる塩」だから加水分解せず中性だったし，$Al_2(SO_4)_3$ は「強酸と弱塩基を中和することによってできると考えられる塩」だから加水分解して弱酸性を示したよね。だったら，その複塩の水溶液は弱酸性になるのかな？

なかなかするどいね。**弱塩基である $Al(OH)_3$ の陽イオンである Al^{3+} が加水分解して弱酸性を示すので，ミョウバンの水溶液は弱酸性を示す**んだ。

ポイント アルミニウム Al について

- Al ➡ 酸とも強塩基とも反応し H_2 を発生（**両性金属**）
- **アルマイト** ➡ 表面が Al_2O_3 のアルミニウム製品
- **テルミット** ➡ Fe_2O_3 と Al 粉末の混合物
- Al_2O_3，$Al(OH)_3$ ➡ 酸とも強塩基とも反応（**両性酸化物**，**両性水酸化物**）
- $AlK(SO_4)_2 \cdot 12H_2O$ ➡ **ミョウバン**。**正八面体結晶**。水溶液が**弱酸性**。

チェック問題 1

アルミニウムに関する記述として誤りを含むものを，次の①～⑧のうちから2つ選べ。

① アルミニウムは，濃硝酸に浸すと，激しく反応して溶解する。
② アルミニウムの密度は，鉄の密度より大きい。
③ アルミニウムは，塩酸に溶けて，3価の陽イオンになる。
④ アルミニウムの粉末と酸化鉄(Ⅲ)の粉末を混合して点火すると，激しく反応して多量の熱を発生し，鉄の単体が得られる。
⑤ 酸化アルミニウムなどの高純度の原料を，精密に制御した条件で焼き固めたものは，ニューセラミックス(ファインセラミックス)とよばれる。
⑥ ミョウバンは，硫酸アルミニウムと硫酸カリウムから得られる複塩である。
⑦ 酸化アルミニウムは，ルビーやサファイアの主成分である。

⑧ 航空機の機体に利用されている軽くて強度が大きいジュラルミンは，アルミニウムを含む合金である。

解答・解説

①，②

① Al は，濃硝酸 HNO_3 には不動態になり，溶けない。〈誤り〉

② アルミニウムは，鉄よりも密度が小さい。〈誤り〉

Al 2.7 g/cm^3(軽金属) < Fe 7.9 g/cm^3

③ $2Al + 6HCl \longrightarrow 2AlCl_3 + 3H_2$ 〈正しい〉

└→Al^{3+} と Cl^- からなる

④ $Fe_2O_3 + 2Al \longrightarrow 2Fe + Al_2O_3$ (テルミット反応)

多量の熱を放って激しく反応する。〈正しい〉

⑤ ニューセラミックスは高い性質や精度をもち，先端産業などで使われる。Al_2O_3，SiC，Si_3N_4など。〈正しい〉

⑥，⑦，⑧ 全て〈正しい〉覚えておこう。

3 亜鉛 Zn について

まず，❶ 典型金属元素で，2価の陽イオン Zn^{2+} になりやすい

❷ Fe の表面に Zn をめっきしたものが**トタン**

(Fe の表面に Sn をめっきしたものは**ブリキ**)

❸ Cu と Zn の合金が**黄銅**(真ちゅう)

ということを覚えてね。あと，Zn は両性金属なので，Al と同じように強酸である塩酸 HCl や希硫酸 H_2SO_4 と反応し H_2 を発生し(➡ P.288)，強塩基である NaOH の水溶液とも反応して H_2 を発生するんだ。

$$Zn + 2HCl \longrightarrow ZnCl_2 + H_2$$
$$Zn + H_2SO_4 \longrightarrow ZnSO_4 + H_2$$
$$Zn + 2NaOH + 2H_2O \longrightarrow Na_2[Zn(OH)_4] + H_2$$

また，亜鉛の酸化物である酸化亜鉛 ZnO や水酸化物である水酸化亜鉛 $Zn(OH)_2$ も両性なので，強酸の塩酸 HCl や希硫酸 H_2SO_4，強塩基の NaOH 水溶液と次のように反応する。これら Zn，ZnO，$Zn(OH)_2$ の反応式は**確認する程度で大丈夫**なので安心してね。

$$ZnO + 2HCl \longrightarrow ZnCl_2 + H_2O$$
$$ZnO + 2NaOH + H_2O \longrightarrow Na_2[Zn(OH)_4]$$
$$Zn(OH)_2 + 2HCl \longrightarrow ZnCl_2 + 2H_2O$$
$$Zn(OH)_2 + 2NaOH \longrightarrow Na_2[Zn(OH)_4]$$

あと，$Zn(OH)_2$ は，過剰の NH_3 水に溶け，無色の溶液になった。(➡ P.269)

$$Zn(OH)_2 + 4NH_3 \longrightarrow [Zn(NH_3)_4]^{2+} + 2OH^-$$

ZnO は白色粉末で亜鉛華とよばれ，医薬品や白色の絵の具に使われるんだ。

チェック問題 2

やや難 4分

図は，亜鉛粉末を用いた実験ア（操作１と３）と実験イ（操作２と４）を示す。

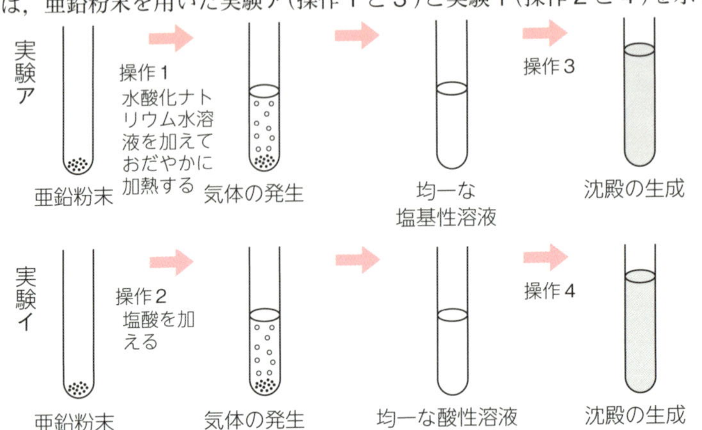

実験イ
操作２
塩酸を加える
操作４
亜鉛粉末
気体の発生
均一な酸性溶液
沈殿の生成

a　操作１と２で，発生した気体の正しい組み合わせを，次の①～⑥のうちから１つ選べ。

	操作１	操作２
①	酸　素	水　素
②	水　素	水　素
③	酸　素	酸　素
④	水　素	酸　素
⑤	酸　素	塩　素
⑥	水　素	塩　素

b　操作３と４で，ある水溶液を少しずつ加えたところ，いずれも沈殿が生じた。それぞれ加えた水溶液の組み合わせを，次の①～⑤のうちから１つ選べ。

	操作３	操作４
①	塩　酸	塩　酸
②	水酸化ナトリウム水溶液	水酸化ナトリウム水溶液
③	塩　酸	硫化水素水
④	塩　酸	水酸化ナトリウム水溶液
⑤	水酸化ナトリウム水溶液	硫化水素水

解答・解説

a ② b ④

a Zn は両性金属なので，NaOH や HCl と反応して H_2 を発生する。

b 実験ア：Zn $\xrightarrow[\text{操作1}]{\text{NaOH}}$ $[Zn(OH)_4]^{2-}$ ＋ H_2↑
$\longrightarrow$ $[Zn(OH)_4]^{2-}$（均一な塩基性溶液） $\xrightarrow[\text{操作3}]{\text{HCl}}$ $Zn(OH)_2$↓（白）（沈殿の生成）

操作３では $[Zn(OH)_4]^{2-}$ を HCl で中和して，$Zn(OH)_2$ の沈殿を生成している。

$$[Zn(OH)_4]^{2-} + 2HCl \longrightarrow Zn(OH)_2 + 2H_2O + 2Cl^-$$

実験イ：Zn $\xrightarrow[\text{操作2}]{\text{HCl}}$ Zn^{2+} ＋ H_2↑ $\longrightarrow$ Zn^{2+}（均一な酸性溶液） $\xrightarrow[\text{操作4}]{\text{NaOH}}$ $Zn(OH)_2$↓（白）（沈殿の生成）

操作４では Zn^{2+} を NaOH で塩基性にし，$Zn(OH)_2$ の沈殿を生成している。

23 時間目

第５章　無機物質

遷移元素（Fe，Cu，Cr）

1 遷移元素について

周期表「３～11族」の元素を**遷移元素**っていったよね。

そうだね。遷移元素については，

❶ **すべて金属元素**である
❷ **最外殻電子の数が２個または１個**
❸ 周期表で左右にとなり合う元素どうしの化学的性質も似ていることが多い
❹ 単体の密度が大きく，**融点が高い**
❺ **価数の異なるイオンや酸化数の異なる化合物になることが多い**
❻ イオンや化合物は，**有色**のものが多い

などの特徴をおさえておいてね。❻は，**Fe^{2+}の水溶液が淡緑色**，**Fe^{3+}の水溶液が黄褐色**，**Cu^{2+}の水溶液が青色になる**ことを覚えておいてね。

チェック問題 1

標準　2分

第４周期の遷移元素に関する記述として誤りを含むものを，次の①～⑥のうちから１つ選べ。

① ほかのイオンや分子と結合した錯イオンを形成するものが多い。
② イオンや化合物は，有色のものが多い。
③ 原子の最外殻電子の数は，族の番号に一致する。
④ 融点が高く，密度が大きい単体が多い。
⑤ 酸化数＋６以上の原子を含む化合物が存在する。
⑥ 単体はいずれも金属である。

解答・解説

③

① 〈正しい〉 $[Cu(NH_3)_4]^{2+}$，$[Fe(CN)_6]^{3-}$ などがある。
② 〈正しい〉 Fe^{2+}aq（淡緑色），Fe^{3+}aq（黄褐色），Fe_2O_3（赤褐色），CuO（黒）など。
③ 〈誤り〉 遷移元素（３～11族）の最外殻電子の数は２個または１個なので，族の番号３～11とは一致しない。
④ 〈正しい〉 単体の密度は大きく，融点は高い。
⑤ 〈正しい〉 $K_2\underset{+6}{Cr_2}O_7$，$K\underset{+7}{Mn}O_4$などがある。

2 鉄 Fe について

❶ 単体について

鉄 Fe は，工業的には溶鉱炉で鉄鉱石を還元することでつくった(➡ 鉄の製錬 P.311) よね。イオン化傾向が水素よりも大きい Fe は，塩酸 HCl や希硫酸 H_2SO_4 から電離して出てきた H^+ と反応して H_2 を発生した。

$$Fe \longrightarrow Fe^{2+} + 2e^- \quad \cdots\cdots①$$

$$2H^+ + 2e^- \longrightarrow H_2 \quad \cdots\cdots②$$

よって，①＋②より，

$$Fe + 2H^+ \longrightarrow Fe^{2+} + H_2 \quad (\text{酸化還元})$$

塩酸 HCl を使うときには，両辺に $2Cl^-$ を加えて，

$$Fe + 2HCl \longrightarrow FeCl_2 + H_2$$

希硫酸 H_2SO_4 を使うときは，両辺に SO_4^{2-} を加えて，

$$Fe + H_2SO_4 \longrightarrow FeSO_4 + H_2$$

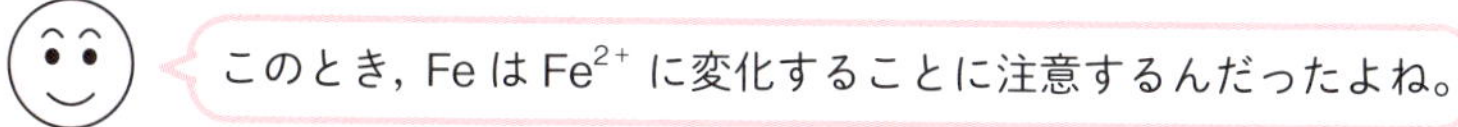

このとき，Fe は Fe^{2+} に変化することに注意するんだったよね。

そうだったね。Fe を希硫酸 H_2SO_4 と反応させた後の水溶液を濃縮すると，**青緑色の $FeSO_4 \cdot 7H_2O$** の結晶を得ることができる。また，鉄 Fe は，濃硝酸 HNO_3 には**不動態**となり，溶けなかったね。

❷ 化合物やイオンの検出について

まず，鉄の化合物については，次の 2 つの酸化物を覚えてね。

- Fe_2O_3：**赤鉄鉱**の主成分。鉄の**赤さび**でもある。
- Fe_3O_4：**磁鉄鉱**の主成分。鉄の**黒さび**でもある。

Fe^{2+} と Fe^{3+} についての共通テストでよく問われる内容はすでに「沈殿」で勉強したんだ。

Fe^{2+} (淡緑色) —塩基性 / NaOHまたはNH_3→ $Fe(OH)_2$↓ (緑白色)

Fe^{2+} ※酸化↓ ↑還元 Fe^{3+}　　$Fe(OH)_2$ ※酸化↓ $Fe(OH)_3$

Fe^{3+} (黄褐色) —塩基性 / NaOHまたはNH_3→ $Fe(OH)_3$↓ (赤褐色)

※ Fe^{2+} や Fe^{2+} を含む $Fe(OH)_2$ は酸化されやすい。空気中の O_2 に徐々に酸化される。

ポイント 鉄 Fe について

- Fe_2O_3 ➡ **赤鉄鉱**・**赤さび**
- Fe_3O_4 ➡ **磁鉄鉱**・**黒さび**

思考力のトレーニング

やや難 

濃度不明の硫酸鉄(Ⅲ)$Fe_2(SO_4)_3$水溶液の濃度を求めるために，次の実験Ⅰおよび実験Ⅱを行った。ただし，この溶液には硫酸鉄(Ⅲ)のみが溶質として含まれているとし，O = 16，Fe = 56とする。

実験Ⅰ　この溶液20 mLをビーカーに採取し，濃アンモニア水を徐々に加えると沈殿が生成した。さらに濃アンモニア水を加え，新たに沈殿が生じないことを確認した。

実験Ⅱ　実験Ⅰで生成した沈殿をすべて回収し，十分洗浄した後，耐熱性の容器に入れて空気中で600 ℃までゆっくり加熱した。最終的に160 mgの純粋な酸化鉄(Ⅲ)が得られた。

もとの溶液中の硫酸鉄(Ⅲ)の濃度は何mol/Lか。最も適当な数値を，次の①～⑥のうちから1つ選べ。

① 0.0050　② 0.010　③ 0.020
④ 0.050　⑤ 0.10　⑥ 0.20

解答・解説

④

硫酸鉄(Ⅲ)$Fe_2(SO_4)_3$の濃度をx mol/Lとおき，実験Ⅰ・Ⅱの操作を図に示すと次のようになる。

（Fe^{3+}が含まれている）$Fe_2(SO_4)_3$　x mol/L　20 mL　—実験Ⅰ 濃NH_3水→　（すべてのFe^{3+}が沈殿となる）$Fe(OH)_3$↓(赤褐)　—実験Ⅱ 600 ℃まで加熱する→　（Fe_2O_3=56×2+16×3=160）Fe_2O_3：酸化鉄(Ⅲ)　160 mg

ここで鉄原子Feに注目し，個数の関係を調べてみよう。

$Fe_2(SO_4)_3$ 1個に含まれているFe^{3+} 2個は，濃NH_3水を加えることで2個の$Fe(OH)_3$として沈殿する。この$Fe(OH)_3$を600 ℃に加熱するとFe_2O_3が得られる。このとき，$Fe(OH)_3$ 2個からはFe_2O_3が1個得られる(Fe_2O_3 1個に含まれているFe^{3+}は2個である)。

$Fe_2(SO_4)_3$ 1個(mol) ⟶ $Fe(OH)_3$↓ 2個(mol) ⟶ Fe_2O_3 1個(mol)

個数の関係はmolの関係であり，Fe_2O_3 = 160より，次の式が成り立つ。

$$\frac{x\,\text{mol}}{1\,\text{L}} \times \frac{20}{1000}\,\text{L} = 160\,\text{mg} \times \frac{1\,\text{g}}{10^3\,\text{mg}} \times \frac{1\text{mol}}{160\text{g}}$$

より，x = 0.050〔mol/L〕

（左辺：$Fe_2(SO_4)_3$〔mol〕，右辺：Fe_2O_3〔mol〕）

個数の関係から，$Fe_2(SO_4)_3$〔mol〕＝Fe_2O_3〔mol〕となる。

3 銅 Cu について

❶ 単体について

黄銅鉱(主成分 $CuFeS_2$)を還元して得た粗銅を電気分解する(➡「銅の電解精錬」P.313)ことで，単体の銅 Cu をつくった。

単体の銅 Cu については，

❶ 単体の色が**赤色**

❷ **電気伝導性・熱伝導性が銀** Ag についで大きい

➡ 電気伝導性の順：Ag ＞ Cu ＞ Au ＞ Al ＞……

注 Ag は電気伝導性と熱伝導性がすべての金属の中で最大。

❸ **黄銅**(真ちゅう(しん))(Cu − Zn)，**青銅**(ブロンズ)(Cu − Sn)，**白銅**(Cu − Ni)などの合金の材料になる

❹ 湿った空気中で**緑色のさび**(**緑青**)を生じることがある

Cu はイオン化傾向が水素よりも小さいから，
塩酸 HCl や希硫酸 H_2SO_4 に溶けなかったよね。

そうだったね。ただ，濃硝酸 HNO_3 や希硝酸 HNO_3，熱濃硫酸 H_2SO_4 とは次のように反応し気体を発生して溶けた(➡ P.290)。

$$Cu + 4HNO_3 \longrightarrow Cu(NO_3)_2 + 2NO_2 + 2H_2O$$
$$3Cu + 8HNO_3 \longrightarrow 3Cu(NO_3)_2 + 2NO + 4H_2O$$
$$Cu + 2H_2SO_4 \longrightarrow CuSO_4 + SO_2 + 2H_2O$$

❷ 化合物について

銅の化合物の色について，次の❶〜❹を覚えてね。

❶ 酸化銅(Ⅱ)CuO ➡ **黒色**

❷ 酸化銅(Ⅰ)Cu_2O ➡ **赤色**(Cu を1000℃以上の温度に加熱し得られる)

❸ 硫酸銅(Ⅱ)五水和物 $CuSO_4 \cdot 5H_2O$ ➡ **青色**

❹ 硫酸銅(Ⅱ)無水物 $CuSO_4$ ➡ **白色**

また，$CuSO_4 \cdot 5H_2O$ の青色結晶を加熱すると，白色粉末状の $CuSO_4$ になる。

$$CuSO_4 \cdot 5H_2O \longrightarrow CuSO_4 + 5H_2O$$

この $CuSO_4$ の白色粉末は，**水分を吸収すると青色の $CuSO_4 \cdot 5H_2O$ になるので，水分の検出に利用される**んだよ。

あと，「沈殿」のところで Cu^{2+} について勉強したので，次の図を確認してね。

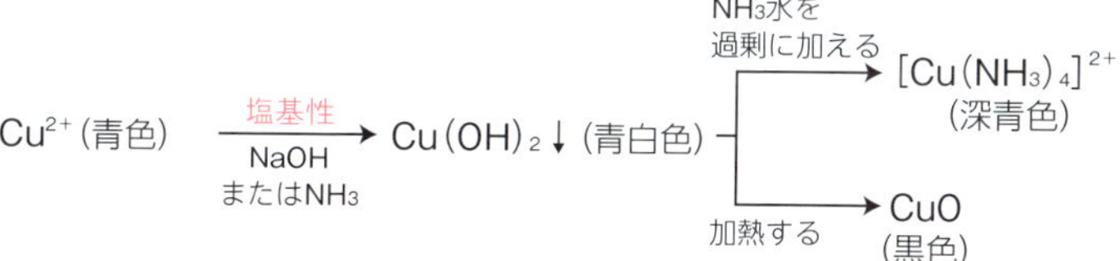

第5章 無機物質

水酸化銅(Ⅱ) $Cu(OH)_2$ を加熱すると黒色の CuO になるんだね。

そうなんだ。この反応は，次のように考えると理解しやすいと思うよ。

OH^- が OH^- に H^+ を与える

$$
\begin{array}{rlcl}
 & OH^- + OH^- & \longrightarrow & O^{2-} + H_2O \\
+) & Cu^{2+} & & Cu^{2+} \quad \Leftarrow \text{両辺に } Cu^{2+} \text{ を加える！} \\
\hline
 & Cu(OH)_2 & \longrightarrow & CuO + H_2O
\end{array}
$$

ポイント 銅 Cu について

- Cu ➡ 赤色，電気伝導性・熱伝導性の順：Ag ＞ Cu ＞ Au ＞ Al ＞……
  緑青(銅のさび)を生じることがある
- **黄銅**(真ちゅう) ➡ Cu − Zn，**青銅**(ブロンズ) ➡ Cu − Sn，**白銅** ➡ Cu − Ni
- CuO ➡ **黒色**，Cu_2O ➡ **赤色**
- $CuSO_4 \cdot 5H_2O$ ➡ **青色**，$CuSO_4$ ➡ **白色**で水を検出

チェック問題 2

銅に関する記述として下線部に誤りを含むものを，①～⑥のうちから1つ選べ。

① 銅は，<u>熱濃硫酸と反応して溶ける</u>。
② 銅は，湿った空気中では<u>緑色のさびを生じる</u>。
③ 青銅は，<u>銅と銀の合金であり</u>，美術工芸品などに用いられる。
④ 黄銅は，<u>銅と亜鉛の合金であり</u>，5円硬貨などに用いられる。
⑤ 水酸化銅(Ⅱ)を加熱すると，<u>酸化銅(Ⅱ)に変化する</u>。
⑥ 青色の硫酸銅(Ⅱ)五水和物は，<u>加熱により水和水を失い，白色の硫酸銅(Ⅱ)無水物(無水塩)になる</u>。

解答・解説

③

① 〈正しい〉 SO_2 を発生して溶ける。
② 〈正しい〉 緑青のこと。
③ 〈誤り〉 青銅は，銅 Cu と<u>スズ Sn</u> の合金
⑤ 〈正しい〉 $Cu(OH)_2 \xrightarrow{\text{加熱}} CuO + H_2O$
⑥ 〈正しい〉 $\underset{\text{青色}}{CuSO_4 \cdot 5H_2O} \xrightarrow{\text{加熱}} \underset{\text{白色}}{CuSO_4} + 5H_2O$

4 クロム Cr について

❶　二クロム酸カリウム $K_2Cr_2O_7$ は**赤橙色の結晶**であり，**水溶液も赤橙色**になる
❷　クロム酸カリウム K_2CrO_4 は**黄色の結晶**であり，その**水溶液も黄色**になる
ことを覚えよう。また，**二クロム酸イオン $Cr_2O_7^{2-}$ を含む赤橙色の水溶液を塩基性にするとクロム酸イオン CrO_4^{2-} になるため黄色の水溶液になり，これを酸性にすると再び $Cr_2O_7^{2-}$ になることで赤橙色の水溶液に戻る**。

$Cr_2O_7^{2-}$（赤橙色）　$\underset{酸性}{\overset{塩基性}{\rightleftarrows}}$　CrO_4^{2-}（黄色）⇐水溶性の pH で色が変わる

チェック問題 3　標準 

クロムに関する次の記述として誤りを含むものを，①～④のうちから１つ選べ。

① クロム酸イオン の水溶液に鉛(Ⅱ)イオンを加えると，沈殿を生成する。
② クロム酸イオン の水溶液中でのクロム原子の酸化数は，＋７である。
③ クロム酸イオン の水溶液を酸性にすると，二クロム酸イオンを生じる。
④ 二クロム酸カリウムは酸化剤であるため，酸化されやすい物質との接触を避けて保存する。

解答・解説

②

① $Pb^{2+} + CrO_4^{2-} \longrightarrow PbCrO_4\downarrow$（黄）〈正しい〉
② Cr の酸化数を x とすると，$\underline{Cr}O_4^{2-}$：$x+(-2)\times4=-2$ より，$x=+6$〈誤り〉
③ CrO_4^{2-} の水溶液を酸性にすると $Cr_2O_7^{2-}$ を生じる。〈正しい〉

$$\underset{黄色}{2CrO_4^{2-}} + 2H^+ \rightleftarrows \underset{赤橙色}{Cr_2O_7^{2-}} + H_2O$$

より，酸性にすると平衡が［H^+］減少の右方向に移動し，$Cr_2O_7^{2-}$ を生じる。
④ $K_2Cr_2O_7$ や $KMnO_4$ などは有機化合物などの酸化されやすい物質との接触をさける。〈正しい〉

5 合金について

今までにいろいろな合金が出てきたね。

そうだね。Fe の合金には，Fe に Cr や Ni を混ぜてつくられるさびにくい鉄合金の**ステンレス鋼**がある。**ステンレス鋼は，表面にクロムの酸化物が形成されて不動態となる**ので，合金の内部にまで化学反応が進みにくいんだ。

Cu の合金は，**黄銅**(Cu－Zn)，**青銅**(Cu－Sn)，**白銅**(Cu－Ni)を覚えてね。

● 黄銅(真ちゅう)Cu－Zn

トランペットなどの楽器や 5 円硬貨などに用いられる。

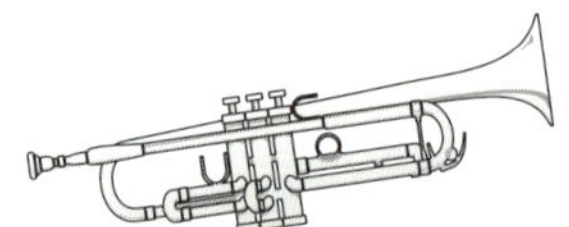

Cu：60～70%
Zn：40～30%

● 青銅(ブロンズ)Cu－Sn

ブロンズ像などの銅像などに使用される。

Cu：80～90%
Sn：20～10%

● 白銅 Cu－Ni

50円硬貨や100円硬貨などに用いられる。

Cu：75%
Ni：25%

Cu：75%
Ni：25%

1 円硬貨には，アルミニウム Al が使われていたね。
10円硬貨や500円硬貨には何が使われているの？

10円硬貨は Cu－Zn－Sn（95%，4～3%，1～2%），500円硬貨は Cu－Zn－Ni（72%，20%，8%）なんだ。

1 円以外は，銅 Cu が使われているんだね。

そうだね。あと，Al の合金には，**Al に Cu や Mg などを加えた軽合金のジュラルミンがある**。ジュラルミンは，軽くて強度の大きな合金で，**航空機の機体など**に用いられる。

チェック問題 4

合金に関する記述として誤りを含むものを，次の①～⑥のうちから2つ選べ。

① 青銅は，銅と亜鉛の合金であり，さびにくく，美術品などに用いられる。
② ニクロムは，ニッケルとクロムの合金であり，電気抵抗が小さく，電線の材料に用いられる。
③ ステンレス鋼は，クロムやニッケルなどを鉄に加えた合金で，さびにくい。
④ チタンとニッケルからなる形状記憶合金は，変形したあとでも温度を変えると，元の形に戻すことができる。
⑤ 真ちゅう(黄銅)は，銅に亜鉛を加えて得られる黄色の光沢をもつ合金で，楽器などに用いられる。
⑥ ジュラルミンは，アルミニウムを主成分とする合金で，軽くて丈夫なので飛行機の構造材として使われている。

解答・解説

①，②

① 青銅(ブロンズ)は銅 Cu とスズ Sn の合金であり，銅 Cu と亜鉛 Zn の合金は黄銅(真ちゅう)である。〈誤り〉
② ニクロムは，ニッケル Ni とクロム Cr の合金であり，電気抵抗が大きく，電熱線の材料に用いられる。〈誤り〉
④ 形状記憶合金は，チタン Ti とニッケル Ni が1：1の質量比からなるものが有名であり，眼鏡のフレームや温度センサーなどに用いられている。〈正しい〉

ポイント 合金について

合　金	成　分	特徴・用途など
ステンレス鋼	Fe－Cr－Ni	さびにくい。刃物など
黄銅(真ちゅう)	Cu－Zn	加工しやすい。楽器，5円硬貨など
青銅(ブロンズ)	Cu－Sn	さびにくく加工しやすい。銅像，鐘など
白銅	Cu－Ni	加工しやすい。50円硬貨，100円硬貨など
ジュラルミン	Al－Cu－Mg－Mn	軽く丈夫。航空機など
ニクロム	Ni－Cr	電気抵抗が大きい。電熱線など
形状記憶合金	Ti－Ni	加熱や冷却により元の形に戻る。眼鏡のフレームや温度センサーなど

金属がさびることを**腐食**といい，単体の金属が電子を失い陽イオンになることで腐食が進んでいく。腐食を防ぐためには，金属と O_2 や H_2O を遮断することが大切なんだ。

どう，遮断するの？

たとえば，さびやすい金属の表面に他の金属をうすい膜としてくっつけるんだよ。この操作を**めっき**といい，**トタン**と**ブリキ**が有名なんだ。**トタンは Fe に亜鉛 Zn を，ブリキは鉄 Fe にスズ Sn をめっきしてつくる**んだ。トタンとブリキの違いは次の ポイント をおさえておいてね。

ポイント トタンとブリキについて

- トタン ➡ Fe の表面を Zn でめっきしたもの
- ブリキ ➡ Fe の表面を Sn でめっきしたもの

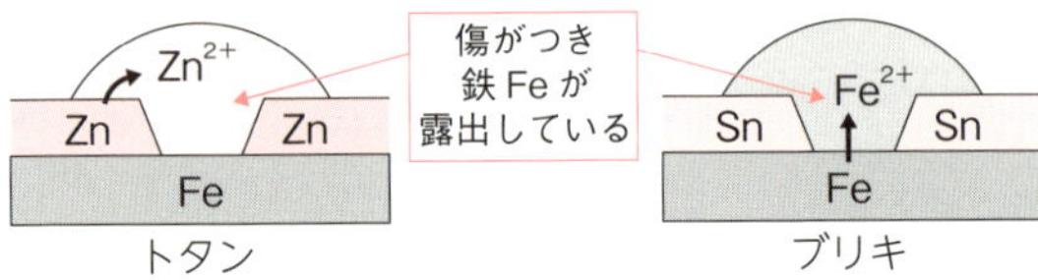

表面に傷がつき Fe が露出しても，トタンは，イオン化傾向が Zn > Fe なので Zn が Zn^{2+} となり，Fe の腐食を防止することができる（傷がついていないときは，Zn の表面に生じている ZnO が腐食を防止している）。

ところが，ブリキは，イオン化傾向が Fe > Sn なので Fe が Fe^{2+} となり，Fe の腐食が促進される（傷がついていないときは，Fe より酸化されにくい Sn が腐食を防止している）。

チェック問題 5

金属の性質に関する次の文章中の空欄 ア ～ ウ にあてはまる語の組み合わせとして最も適当なものを，次の①～⑧のうちから1つ選べ。

鉄よりイオン化傾向が大きい ア を鉄の表面にめっきすると，酸素や水は ア と優先的に化学反応を起こすため，鉄とは化学反応を起こしにくい。また，クロム，ニッケルなどを含む鉄の合金である イ では，表面に ウ が形成されて不動態となるので，合金の内部にまで化学反応が進みにくい。

	ア	イ	ウ
①	スズ	アルマイト	酸化物
②	スズ	アルマイト	硫化物
③	スズ	ステンレス鋼	酸化物
④	スズ	ステンレス鋼	硫化物
⑤	亜鉛	アルマイト	酸化物
⑥	亜鉛	アルマイト	硫化物
⑦	亜鉛	ステンレス鋼	酸化物
⑧	亜鉛	ステンレス鋼	硫化物

解答・解説

トタンは鉄 Fe よりイオン化傾向が大きな[ア]**亜鉛** Zn を鉄 Fe の表面にめっきしたもので，酸素 O_2 や水 H_2O は[ア]**亜鉛** と優先的に化学反応を起こす。また，生じた ZnO は O_2 や H_2O との接触を防ぐ。

また，クロム Cr，ニッケル Ni などを含む鉄の合金である[イ]**ステンレス鋼** では，表面に Cr の[ウ]**酸化物** が形成されて不動態となるので，さびにくい。

最後に，身のまわりにある金属や金属の化合物について知っておいてほしいことを次の**チェック問題**にまとめたので，解きながら覚えてみてね。

チェック問題 6

金属および金属の化合物に関する記述として誤りを含むものを，次の①～⑧のうちから２つ選べ。

① 金は，濃塩酸や濃硝酸には溶けないが，これらを混合した王水には溶ける。
② 白金は，さまざまな化学反応で触媒作用を示すため，自動車の排ガスの浄化などに利用される。
③ スズは，鉄よりも酸化されやすいため，鋼板にめっきしてブリキとして利用される。
④ チタンは，軽くて耐食性に優れているため，メガネのフレームなどに利用される。
⑤ タングステンは，極めて融点が高いため，白熱電球のフィラメントなどに利用される。
⑥ 酸化チタン(Ⅳ)は，光触媒としての性質をもつため，有機物の汚れなど

第５章 無機物質

を分解するために利用される。

⑦　水素吸蔵合金は安全に水素を貯蔵できるので，ニッケル - 水素電池に用いられる。

⑧　宝石のルビーやサファイアは，微量の不純物を含んだ酸化マグネシウムの結晶である。

解答・解説

③，⑧

① 〈正しい〉王水は濃塩酸と濃硝酸の体積比が３：１の混合物で酸化力が極めて強く，イオン化傾向の小さな Pt や Au を溶かす。

③ 〈誤り〉イオン化傾向は Fe ＞ Sn なので，スズは鉄よりも酸化されにくい。

⑥ 〈正しい〉酸化チタン(Ⅳ)TiO_2 は，建物の外壁や窓ガラスの表面に塗布されていると，光触媒としてはたらき，有機物の汚れが分解される。

⑦ 〈正しい〉水素吸蔵合金は，低温で水素を吸収し，温度が上がると水素を放出する。

⑧ 〈誤り〉酸化マグネシウム MgO ではなく，酸化アルミニウム Al_2O_3の結晶。

14族（炭素とケイ素）

1 炭素Cの単体・化合物について

炭素の同素体の構造や性質などは，次の表のようになる。

同素体	ダイヤモンド	黒鉛（グラファイト）	フラーレン（C_{60},C_{70}など）	カーボンナノチューブ
硬さ	最も硬い	軟らかく，はがれやすい	−	−
電気伝導性	なし	あり	なし	あり
結晶構造	正四面体	1層だけのものはグラフェン		

ダイヤモンドは，**無色透明で電気を通さないが熱はよく通し**，天然の物質の中で**最も硬く**，**宝石や工具の刃**などに使われている。黒鉛は**黒色不透明で電気や熱をよく通し**，**やわらかく**，**電極**や**鉛筆のしん**などに使われている。フラーレンやカーボンナノチューブについては，現在その性質の研究が進められているんだ。

❶ 二酸化炭素 CO_2

CO_2 は，無色・無臭の気体で，水に少し溶けて弱酸性を示す（炭酸水）。

$$CO_2 + H_2O \rightleftarrows H^+ + HCO_3^-$$

実験室で CO_2 は，炭酸カルシウム $CaCO_3$ に希塩酸 HCl を加えて発生させた（➡P.284）。

$$CaCO_3 + 2HCl \longrightarrow H_2O + CO_2 + CaCl_2 \quad \text{（弱酸の遊離）}$$

石油・石炭に代表される化石燃料の消費などによって CO_2 生成量が増えており，メタン CH_4 などとともに温室効果ガスとよばれ，**地球温暖化の一因**と考えられている。ドライアイス**は，常温・常圧では昇華しやすい性質をもつ固体で，昇華するときにまわりから熱をうばうので**冷却剤**に使われる。**

水酸化カルシウムの水溶液である石灰水に CO_2 を通じると，CO_2 が水に溶けて炭酸 H_2CO_3 が生成する。

$$CO_2 + H_2O \longrightarrow H_2CO_3 \quad \cdots\cdots①$$

生成した H_2CO_3 が $Ca(OH)_2$ と中和反応を起こし，炭酸カルシウム $CaCO_3$ の白色沈殿を生じ，白くにごったよね。

$$H_2CO_3 + Ca(OH)_2 \longrightarrow CaCO_3 + 2H_2O \quad \cdots\cdots②$$

①＋②より，

$CO_2 + Ca(OH)_2 \longrightarrow \underset{白濁}{CaCO_3}\downarrow + H_2O$

「気体の検出」（➡ P.303）で勉強したよ。

そうだね。この白くにごった水溶液に，さらに CO_2 を通じるとどうなったかな？

水に溶けやすい $Ca(HCO_3)_2$ を生じて，$CaCO_3$ の白色沈殿が消えたよ。

そうだね。次の反応が起こって白濁が消えたよね。

$CaCO_3 + H_2O + CO_2 \longrightarrow Ca(HCO_3)_2$

この白濁の消えた水溶液を加熱すると二酸化炭素 CO_2 が追い出されて，また $CaCO_3$ の白色沈殿が生成したね。

$Ca(HCO_3)_2 \xrightarrow{加熱} \underset{白濁}{CaCO_3}\downarrow + H_2O + CO_2\uparrow$

❷ 一酸化炭素 CO

CO **は，無色・無臭のとても有毒な気体**で水に**溶けにくい。**

また，**血液中のヘモグロビンと結びつきやすく，体の各組織への酸素 O_2 の供給をじゃまするので非常に有毒な気体**だったね（➡ P.300）。

工業的には，赤熱したコークス C に水蒸気 H_2O を送ると，CO が H_2 とともに発生する。また，**生成する CO と H_2 の混合ガスのことを水性ガスまたは合成ガス**という。

$C + H_2O \longrightarrow \underbrace{CO + H_2}_{水性ガス（または合成ガス）}$ ⬅ C が H_2O から O をうばう！

実験室では，ギ酸 HCOOH に濃硫酸を加えて加熱すると，次の反応が起こり CO が発生したね（➡ P.294）。

$HCOOH \longrightarrow CO + H_2O$

濃硫酸の脱水作用だったね。

あと，CO は空気中で燃焼させると，**青白い炎**をあげて燃えて CO_2 になるんだ。

$2CO + O_2 \longrightarrow 2CO_2$

チェック問題 1

次の記述①～⑥のうちから，誤りを含むものを２つ選べ。

① ダイヤモンドと黒鉛はともに炭素の同素体である。
② ガラスを切るときに使われるダイヤモンドは，共有結合の結晶である。
③ 黒鉛は電気をよく導くので，電極に用いられる。
④ 黒鉛では，炭素原子がまわりの４個の炭素原子と共有結合している。
⑤ 黒鉛の密度は，ダイヤモンドの密度より小さい。
⑥ 黒鉛の結晶では，ファンデルワールス力による結合は存在しない。

解答・解説

④，⑥

① 炭素の同素体にはダイヤモンド・黒鉛・フラーレンなどがある。〈正しい〉

③ アルミニウムを溶融塩電解でつくるときに陽極・陰極ともに黒鉛を使用する。〈正しい〉

④ 黒鉛では，炭素原子（右図のアに注目）がまわりの３個の炭素原子（イ，ウ，エ）と共有結合している。〈誤り〉

⑥ 平面と平面の間はファンデルワールス力で結びついている。〈誤り〉

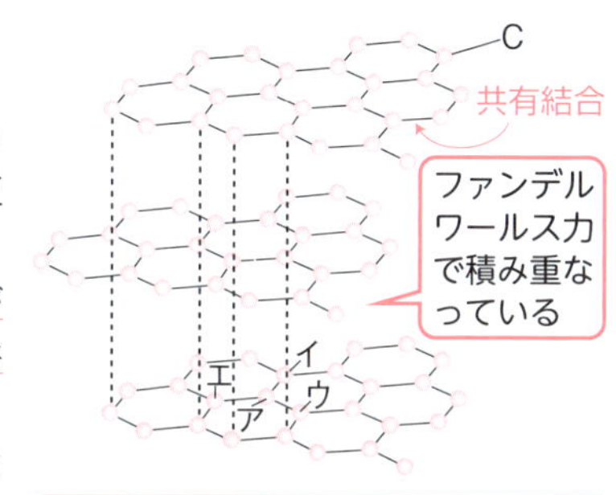

黒　鉛

2 ケイ素 Si の単体・化合物について

Si の単体は，ダイヤモンドと同じ構造をもつ灰色の金属に似た光沢をもつ共有結合の結晶で，硬くて融点が高い。また，金属と非金属の中間の**電気伝導性をもつ半導体で，純度の高い Si の単体は太陽電池や集積回路（IC）などの材料に使われる**。

Si の単体は，**自然界には存在しない**ので，二酸化ケイ素 SiO_2 をコークス C で還元して得る。

$$SiO_2 + 2C \longrightarrow Si + 2CO$$

⬅ C が SiO_2 から O をうばう！

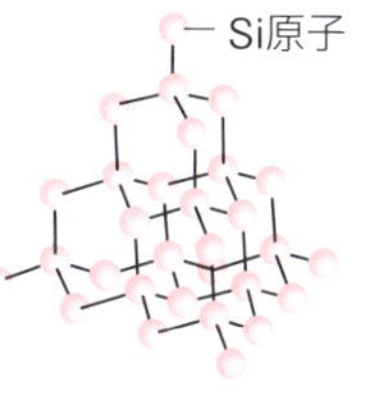

ケイ素 Si の単体

❶ 二酸化ケイ素 SiO_2

SiO_2 は，**石英**（岩石中に存在）や**ケイ砂**（しゃ）（石英が砂状になったもの），**水晶**（石英の大きな結晶）などとして天然に存在している。**SiO_2 の結晶は，立体的な網目構造をもつ共有結合の結晶で，硬くて融点が高い**。

SiO_2 を，NaOH や Na_2CO_3 などの塩基とともに加熱すると，ケイ酸ナトリウム Na_2SiO_3 が得られる。

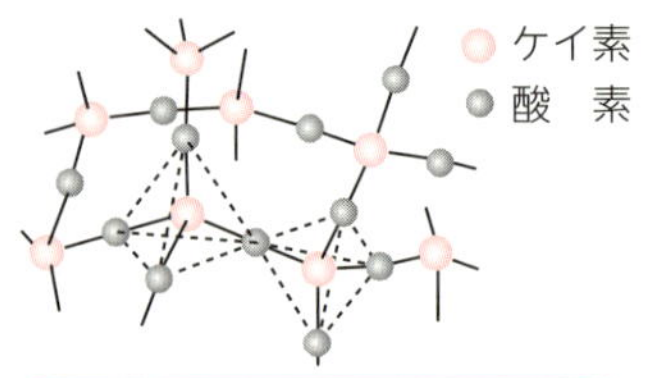

SiO_2 の構造の例

まとめる

$$
\begin{array}{lllll}
 & SiO_2 + H_2O & \longrightarrow & H_2SiO_3 & \\
+) & H_2SiO_3 + 2NaOH & \longrightarrow & Na_2SiO_3 + 2H_2O & \\
\hline
 & SiO_2 + 2NaOH & \xrightarrow{\text{加熱}} & Na_2SiO_3 + H_2O &
\end{array}
$$

⇐P.347の①式のCをSiに置きかえる
⇐中和反応が起こると考える

まとめる

$$
\begin{array}{llll}
 & SiO_2 + H_2O & \longrightarrow & H_2SiO_3 \\
+) & H_2SiO_3 + Na_2CO_3 & \longrightarrow & H_2O + CO_2 + Na_2SiO_3 \\
\hline
 & SiO_2 + Na_2CO_3 & \xrightarrow{\text{加熱}} & Na_2SiO_3 + CO_2
\end{array}
$$

⇐P.347の①式のCをSiに置きかえる
⇐弱酸の遊離にあてはめる

Na_2SiO_3 に水を加え長時間加熱すると，**粘性の大きな水あめ状の液体である水ガラス**が得られる。この水ガラスの水溶液に塩酸 HCl を加えるとケイ酸 H_2SiO_3 が生じる。

$$
\begin{array}{llll}
 & SiO_3^{2-} + 2HCl & \longrightarrow & H_2SiO_3 + 2Cl^- \\
+) & 2Na^+ & & 2Na^+ \\
\hline
 & Na_2SiO_3 + 2HCl & \longrightarrow & H_2SiO_3 + 2NaCl
\end{array}
$$

⇐ Na_2SiO_3 中の SiO_3^{2-} が塩酸から $2H^+$ をもらう
⇐両辺に $2Na^+$ を加える
（弱酸の遊離）

ケイ酸 H_2SiO_3 を加熱し脱水したものをシリカゲルといい，小さな空間がたくさんあり（➡**多孔質**）表面積が大きく，水蒸気や他の気体を吸着しやすい。そのため，シリカゲルは**乾燥剤や吸着剤に使われる**んだ。

ポイント　二酸化ケイ素 SiO_2 について

- **石英**，**ケイ砂**，**水晶**として天然に存在し，硬く，**融点**が高い
- SiO_2 を NaOH または Na_2CO_3 とともに加熱すると Na_2SiO_3 が生成する
- Na_2SiO_3（ケイ酸ナトリウム） $\xrightarrow[\text{加熱}]{\text{水}}$ **水ガラス** $\xrightarrow{HCl}$ H_2SiO_3（ケイ酸）（$SiO_2 \cdot nH_2O$ でもよい） $\xrightarrow{\text{加熱・乾燥}}$ **シリカゲル**（乾燥剤・吸着剤）

チェック問題 2

ケイ素に関する記述として誤りを含むものを次の①～⑥のうちから１つ選べ。

① ケイ素は酸素と結合して，天然には二酸化ケイ素の形で石英，水晶，ケイ砂として産出する。
② ケイ素の結晶中では，１個のケイ素原子を中心に４個のケイ素原子が正四面体を形づくっている。
③ ケイ素の単体は酸化物を炭素で還元することにより得られる。
④ ケイ酸ナトリウムに水を加え加熱し溶かしたものをソーダガラスという。
⑤ ケイ素の結晶はダイヤモンドと同じ構造で，高純度のものは半導体の材料である。
⑥ シリカゲルは，水と親和性のある微細な孔(あな)をたくさんもつので，乾燥剤に用いられる。

解答・解説

④

③ $SiO_2 + 2C \longrightarrow Si + 2CO$〈正しい〉
④ ソーダガラスではなく水ガラスという。〈誤り〉

3 セラミックスについて

粘土，ケイ砂などの天然の鉱物を原料として，ガラス，陶磁器，セメントなどのセラミックス（窯業製品）をつくる工業をケイ酸塩工業とか窯業(ようぎょう)というんだ。

粘土は，水を含むとねばり気をもつ土のことで，粘土に含まれている成分元素は Si や Al なんだ。また，ケイ砂は石英 SiO_2 を成分とする砂のことだった。

窯業って，難しい言い方だね。

そうだね。セラミックスをつくるときに**窯**（＝かまどのこと）を使ったからこうよぶんだ。セラミックスは天然の鉱物（無機物）を高温処理することで得られ，硬く，耐熱性，耐食性にすぐれている。

チェック問題 3

標準 

ガラス・陶磁器・セメントなどのセラミックスに関する記述として誤りを含むものを，次の①～⑥のうちから１つ選べ。

① セラミックスの材料には，豊富で安価なものが多い。
② セラミックスには，熱に強く，腐食しないものが多い。
③ セラミックスの欠点は，衝撃に弱いことや展性・延性に欠けていることである。
④ セラミックスには，熱や電気を伝えにくいものが多い。
⑤ セラミックスはすべて，非金属元素だけで構成されている。
⑥ 粘土は，陶磁器やセメントの原料の１つとして利用されている。

解答・解説

⑤

① セラミックスは，天然の鉱物(＝無機物)を原料とする。〈正しい〉
②，③ セラミックスは，熱に強く(＝耐熱性)，腐食しない(＝耐食性)ものが多いが，衝撃に弱く，展性・延性に欠けている。②，③ともに〈正しい〉。
⑤ 代表的なセラミックスであるガラスには，**ソーダガラス**があり，窓ガラスなどに使われている，金属元素である Na や Ca が含まれている。〈誤り〉
⑥ セラミックス(陶磁器やセメント)は，粘土やケイ砂などを高温で焼き固めてつくる。〈正しい〉

❶ ガラス

非晶質(アモルファス) (➡ P.38) であるガラスは透明で薬品に強く，電気を通さず，割れやすい。金属酸化物を加えて着色したり，原料を使い分けることでさまざまな特徴をもったガラスをつくることができる。

❶ ソーダガラス(ソーダ石灰ガラス)

ふつうのガラスである**ソーダガラス**は，ケイ砂 SiO_2，炭酸ナトリウム Na_2CO_3，石灰石 $CaCO_3$ を高温で融解させた後，冷やしてつくられる。ソーダガラスは，**窓ガラス**や**ガラスびん**などに使われる。

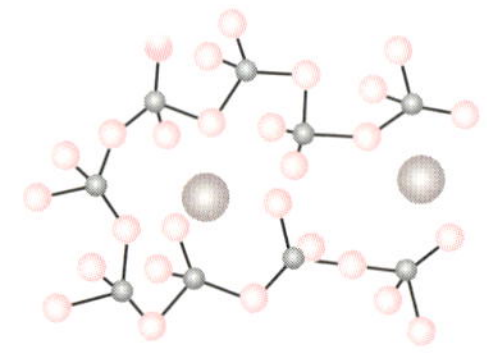

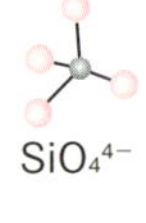

ソーダガラスの構造

❷ 石英ガラス

石英ガラスは，SiO_2 を高温で融解させた後，急激に冷やしてつくられる。石英ガラスは耐熱ガラスとして**実験器具**に使い，繊維状にしたものは**光ファイバー**(胃カメラなどに用いられるプラスチックの光ファイバーもある)であり，光通信に使う。

❸ ホウケイ酸ガラス

ホウケイ酸ガラスは，ケイ砂 SiO_2 とホウ砂 $Na_2B_4O_7$ からつくられ，薬品に侵されにくいので実験器具に使われているんだ。

チェック問題 4

標準 

ソーダガラス（ソーダ石灰ガラス）とホウケイ酸ガラスに関する記述として誤りを含むものを，次の①～⑤のうちから１つ選べ。

① ソーダガラスは，原子の配列に規則性がないアモルファスであり，窓ガラスなどに利用されている。

② ソーダガラスのおもな原料は，ケイ砂，炭酸ナトリウム，石灰石である。

③ ホウケイ酸ガラスを構成するおもな元素は，ホウ素，酸素，ケイ素などである。

④ ソーダガラスは，ホウケイ酸ガラスよりも薬品に侵されにくい。

⑤ ホウケイ酸ガラスの軟化温度は，ソーダガラスの軟化温度より高い。

解答・解説

④

①，②，⑤ 知っておこう。ケイ砂は SiO_2，炭酸ナトリウムは Na_2CO_3，石灰石は $CaCO_3$ である。ホウケイ酸ガラスは急激な温度変化にも強く，軟化温度はソーダガラスより高い。①，②，⑤はすべて正しい。

③ ホウケイ酸ガラスは，ケイ砂 SiO_2 とホウ砂 $Na_2B_4O_7 \cdot 10H_2O$ からつくられるため，構成するおもな元素は，ホウ素 B，酸素 O，ケイ素 Si などである。〈正しい〉

④ ホウケイ酸ガラスは，ソーダガラスよりも薬品に侵されにくい。〈誤り〉

4 ニューセラミックス（ファインセラミックス）について

ガラス・陶磁器・セメントだよね。

セラミックス（ガラス・陶磁器・セメントなど）より高い性能や機能をもった新しいセラミックスを**ニューセラミックス**（**ファインセラミックス**）という。

ニューセラミックスには，ケイ酸塩を原料としていないものもあり，金属の酸化物や窒化物などが使われていたりもする。

金属の酸化物である酸化アルミニウム Al_2O_3（アルミナ）は人工骨や人工関節，包丁，集積回路（IC）の基盤などに，窒化ケイ素 Si_3N_4 などの窒化物は発電用のタービン，自動車のエンジンなどに使われている。

第5章 無機物質

チェック問題 5

標準 

現代社会を支える先端科学技術に関する記述として最も適当なものを，次の①～④のうちから１つ選べ。

① 結晶性シリコンは，燃料電池に利用されている。
② 形状記憶合金は，太陽電池に利用されている。
③ 炭素繊維は，電気絶縁被覆材として利用されている。
④ ファインセラミックスは，人工骨や刃物などに利用されている。

解答・解説

④

① 結晶性シリコンやアモルファスシリコンは，太陽電池に利用されている。燃料電池ではない。〈誤り〉

② ニッケル Ni とチタン Ti からなる形状記憶合金は，変形しても温度を変えるともとの形に戻る合金であり，眼鏡のフレームや温度センサーに利用されている。太陽電池ではない。〈誤り〉

③ 炭素繊維(カーボンファイバー)は，引っ張る力に強く，軽量なので，航空機の構造材料やスポーツ用具に利用されている。〈誤り〉

④ ファインセラミックス(ニューセラミックス)は，人工骨や刃物である包丁やはさみなどに利用されている。〈正しい〉

炭素繊維(カーボンファイバー)は，**ポリアクリロニトリル** $\left[CH_2 - \underset{\displaystyle CN}{\underset{|}{CH}} \right]_n$ **を繊維にしたものを熱分解してつくったり，石油からガソリンなどをつくった後の残油(ピッチ)などからつくったりもする**。軽く強度があるので，ゴルフのクラブなどのスポーツ用具，航空機の翼の材料などに使われている。

チェック問題 6

新素材とその用途に関する次の記述a～cについて，正誤の組み合わせとして最も適当なものを，下の①～⑧のうちから1つ選べ。

a 高純度ケイ素は，光エネルギーを電気エネルギーに変換するための太陽電池に使用されている。

b 炭素繊維は，軽量で引っ張り強さにすぐれているので，航空機の部品として使用されている。

c 窒化ケイ素は，透明性が高く，耐熱性にすぐれているので，光ファイバーに使用されている。

	a	b	c
①	正	正	正
②	正	正	誤
③	正	誤	正
④	正	誤	誤
⑤	誤	正	正
⑥	誤	正	誤
⑦	誤	誤	正
⑧	誤	誤	誤

解答・解説

a 高純度ケイ素 Si やゲルマニウム Ge は，導体と絶縁体の中間的な性質をもち半導体という。半導体は，太陽電池や集積回路(IC)などに使用されている。〈正しい〉

b 炭素繊維の性質や用途をおさえておこう。〈正しい〉

c 二酸化ケイ素 SiO_2 からつくる石英ガラスは，光ファイバーとして通信に使用されている。窒化ケイ素 Si_3N_4 ではない。〈誤り〉

チェック問題 7

新素材・新技術に関する記述として誤りを含むものを，①～⑥のうち2つ選べ。

① 水晶を高温・高圧で処理するとダイヤモンドになる。
② 水素と酸素を用いる燃料電池が実用化されている。
③ 光ファイバーには，非常に高い光透過性が要求される。
④ 炭素繊維は天然の黒鉛(グラファイト)からつくられる。
⑤ 超伝導体を用いて強力な磁石がつくられる。
⑥ ニューセラミックスには，人工関節として用いられるものがある。

解答・解説

①，④

① 黒鉛 C を高温・高圧で処理するとダイヤモンド C になる。水晶 SiO_2 ではない。〈誤り〉

② p.194 で学んだ燃料電池を復習しておこう。〈正しい〉

③ 光ファイバーは，高い光透過性をもち通信などに使用されている。〈正しい〉

④ 黒鉛(グラファイト)ではなく，ポリアクリロニトリルや石油の残油(ピッチ)などからつくられる。〈誤り〉

⑤ 金属には極低温で電気抵抗が 0 になる(＝**超伝導**という)ものがあり，この超伝導体を用いて，強力な電磁石をつくることができ，リニアモーターカーなどに応用されている。〈正しい〉

⑥ 人工関節として用いられるものには，Al_2O_3 がある。〈正しい〉

15族（窒素とリン）

1 窒素Nの単体について

N_2は，空気中に体積で約80%含まれている**無色**・**無臭**の**気体で，他の物質とは反応しにくい（安定）**。工業的には，液体空気の分留によりN_2をつくる。実験室では，亜硝酸アンモニウムNH_4NO_2水溶液を加熱し，熱分解反応である

$$NH_4NO_2 \longrightarrow N_2 + 2H_2O$$ ⬅ NH_4NO_2 1個からN_2 1個が抜ける！

を起こしてN_2を発生させたよね（➡ P.293）。

N_2は水に溶けにくい気体なので，水上置換で集めた（➡ P.301）よね。また，**液体窒素は冷却剤**として使うんだ。

N_2(液体)＋熱＝N_2(気体)より，N_2(液体)＝N_2(気体)－熱

となり，N_2(液体)はN_2(気体)になるときに，熱を吸収する。

2 窒素の化合物について

❶ アンモニア NH_3

NH_3は，**無色**・**刺激臭**の気体で，水によく溶けて**弱塩基性**を示す。

$$NH_3 + H_2O \rightleftarrows NH_4^+ + OH^-$$

実験室では，NH_4Clと$NaOH$や$Ca(OH)_2$を**加熱**しNH_3を発生させることができた（➡ P.286）。

$$NH_4Cl + NaOH \longrightarrow NH_3 + H_2O + NaCl$$ （弱塩基の遊離）

$$2NH_4Cl + Ca(OH)_2 \longrightarrow 2NH_3 + 2H_2O + CaCl_2$$ （弱塩基の遊離）

上方置換で集めたよ。

❷ 一酸化窒素 NO

NOは，**無色**・水に**溶けにくい**気体で，火花放電などで空気を高温にすると発生する。

$$N_2 + O_2 \longrightarrow 2NO$$ （空気中のN_2とO_2が直接反応する）

実験室では，Cuを希硝酸HNO_3の中に入れると，発生させることができた。

$$Cu \longrightarrow Cu^{2+} + 2e^- \quad \cdots\cdots ①$$

$$HNO_3 + 3H^+ + 3e^- \longrightarrow NO + 2H_2O \quad \cdots\cdots ②$$

①×3＋②×2，両辺に$6NO_3^-$を加えると，

$$3Cu + 8HNO_3 \longrightarrow 3Cu(NO_3)_2 + 2NO + 4H_2O$$ ⬅ P.290参照

また，NOは空気中のO_2とすみやかに反応し，赤褐色のNO_2になった（➡ P.304）。

$$2NO + O_2 \longrightarrow 2NO_2$$

（NO：無色，NO_2：赤褐色）

❸ 二酸化窒素 NO_2

NO_2 は，**赤褐色**・**刺激臭**・**有毒**で，水に**溶けやすい**気体なんだ。実験室では，銅 Cu を濃硝酸 HNO_3 の中に入れると，発生させることができた（➡ P.290）。

$$Cu \longrightarrow Cu^{2+} + 2e^- \quad \cdots\cdots ①$$
$$HNO_3 + H^+ + e^- \longrightarrow NO_2 + H_2O \quad \cdots\cdots ②$$

① ＋ ②× 2，両辺に $2NO_3^-$ を加えると，

$$Cu + 4HNO_3 \longrightarrow Cu(NO_3)_2 + 2NO_2 + 2H_2O$$

常温で NO_2 の一部は，無色の四酸化二窒素 N_2O_4 に変化する。

$$\underset{赤褐色}{2NO_2} \rightleftarrows \underset{無色}{N_2O_4} \quad (平衡状態)$$

❹ 硝酸 HNO_3

濃硝酸，希硝酸ともに，次のように電離して強酸性を示す。

$$HNO_3 \longrightarrow H^+ + NO_3^-$$

濃硝酸，希硝酸ともに，**強い酸化剤**なので，水素よりもイオン化傾向の小さな Cu や Ag などと反応してそれぞれ NO_2，NO を発生した。

$$Cu + 4HNO_3 \longrightarrow Cu(NO_3)_2 + 2NO_2 + 2H_2O$$
$$3Cu + 8HNO_3 \longrightarrow 3Cu(NO_3)_2 + 2NO + 4H_2O$$

濃硝酸は，Fe（テ），Ni（ニ），Al（アル）などと，不動態になったよ。（➡ P.290）

そうだね。また，**硝酸は光や熱による分解が起こりやすく，褐色ビンに入れ冷暗所に保存する**んだ。

3 ハーバー・ボッシュ法，オストワルト法について

❶ ハーバー・ボッシュ法（アンモニアの工業的製法）

窒素 N は植物の生育に大きな影響がある元素で，根・茎・葉などをつくるのに必要な元素なんだ。ほとんどの植物は安定な N_2 をそのままで利用することができないので，窒素が不足しそうな植物には，窒素肥料を使う。窒素肥料として利用できる NH_3 を初めて工業的に製造したのが，ドイツのハーバーとボッシュなんだ。このアンモニアの工業的製法を**ハーバー・ボッシュ法**（または**ハーバー法**）といい，**Fe_3O_4 を主成分とした触媒を使い，N_2 と H_2 から直接 NH_3 をつくる**。

$$N_2 + 3H_2 \rightleftarrows 2NH_3$$

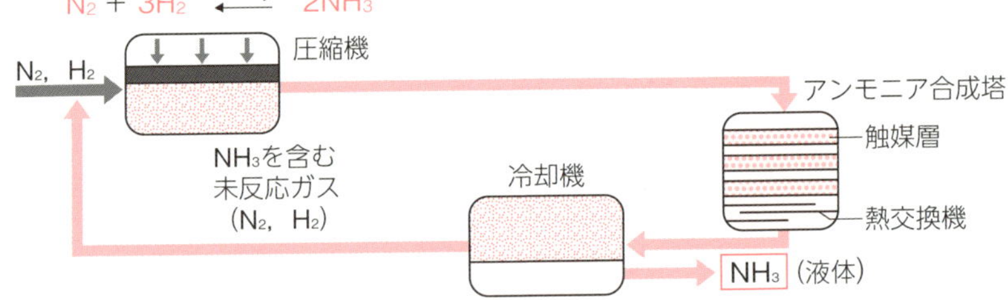

❷ オストワルト法(硝酸の工業的製法)

次に，火薬の製造や医薬品の合成などに使われる硝酸 HNO_3 の工業的製法(＝**オストワルト法**)を勉強しよう。

まず，NH_3 を，白金 Pt を触媒として約800 ℃で空気中の O_2 と反応させて NO と H_2O をつくる。

$NH_3 + O_2 \longrightarrow NO + H_2O$ ⇐生成物は NO と H_2O なので

$1NH_3 + O_2 \longrightarrow NO + H_2O$ ⇐NH_3 の係数を1とする

$1NH_3 + O_2 \longrightarrow 1NO + \frac{3}{2}H_2O$ ⇐N と H の数に注目

$1NH_3 + \frac{5}{4}O_2 \longrightarrow 1NO + \frac{3}{2}H_2O$ ⇐O の数に注目

$4NH_3 + 5O_2 \longrightarrow 4NO + 6H_2O$ ……① ⇐全体を4倍し，完成！

次に，NO を空気中の O_2 とさらに反応させ NO_2 とする。

$NO + O_2 \longrightarrow NO_2$ ⇐生成物は NO_2 なので

$1NO + O_2 \longrightarrow NO_2$ ⇐NO の係数を1とする

$1NO + O_2 \longrightarrow 1NO_2$ ⇐N の数に注目

$1NO + \frac{1}{2}O_2 \longrightarrow 1NO_2$ ⇐O の数に注目

$2NO + O_2 \longrightarrow 2NO_2$ ……② ⇐全体を２倍し，完成！

最後に，NO_2 を温水に吸収させ HNO_3 と NO を得る。係数をつけにくい化学反応式なので，気をつけて書く必要があるんだ。

作業(1)：HNO_3と NO が生成するので，

$NO_2 + H_2O \longrightarrow HNO_3 + NO$ ⇐HNO_3 と NO が生成

作業(2)：H の数に注目して係数をそろえると，

$NO_2 + 1H_2O \longrightarrow 2HNO_3 + NO$ ⇐H の数を調整

作業(3)：N の数をそろえるために NO_2の係数を３とすると，

$3NO_2 + 1H_2O \longrightarrow 2HNO_3 + NO$ ⇐N の数を調整

O の数も同時にそろうことになる。

$3NO_2 + H_2O \longrightarrow 2HNO_3 + NO$ ……③ ⇐完成！

③の反応で，HNO_3 とともに生成した NO は②の反応を起こすのに再利用される。

①～③の反応式は，②式を３倍，③式を２倍して加えるとまとめることができる。

$4NH_3 + 5O_2 \longrightarrow \cancel{4NO} + \cancel{6H_2O}$ (→ $4H_2O$) ⇐①式より

$\cancel{6NO} + 3O_2 \longrightarrow \cancel{6NO_2}$ ⇐②式を３倍

$+)\ \cancel{6NO_2} + \cancel{2H_2O} \longrightarrow 4HNO_3 + \cancel{2NO}$ ⇐③式を２倍

$4NH_3 + 8O_2 \longrightarrow 4HNO_3 + 4H_2O$

「まん中を３倍，下を２倍してまとめる」と覚えよう！

最後に全体を４でわるんだ。

$NH_3 + 2O_2 \longrightarrow HNO_3 + H_2O$

第5章 無機物質

ポイント オストワルト法について

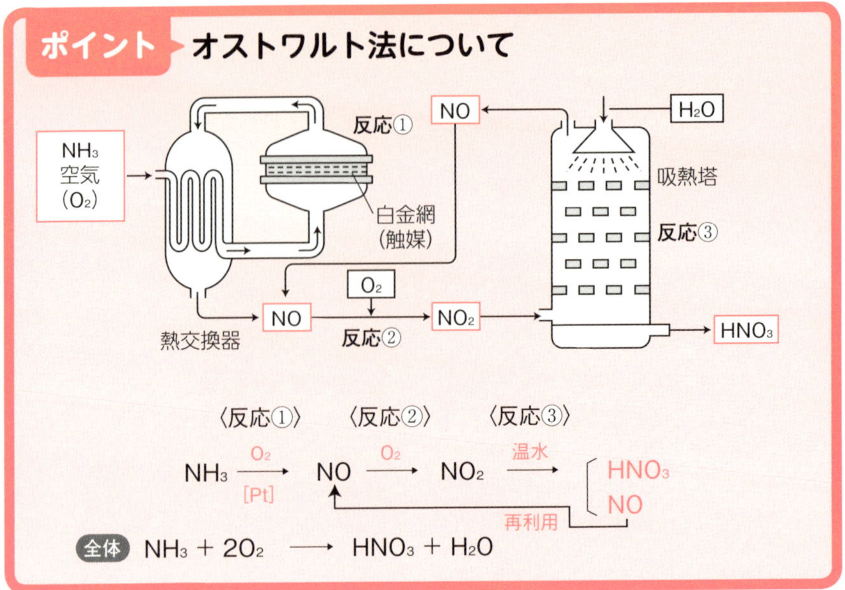

チェック問題 1

アンモニアと硝酸に関する記述として誤りを含むものを，次の①～④のうちから１つ選べ。

① アンモニアの水溶液は弱塩基性で，赤リトマス紙を青変させる。

② アンモニアは刺激性のにおいのある気体で，濃塩酸をつけたガラス棒を近づけると，塩化アンモニウムの白煙を生じる。

③ 一酸化窒素は水に容易に溶けて，硝酸をつくる。

④ 濃硝酸は，強い酸化作用をもつ。

解答・解説

① アンモニアは水に溶けやすく，水溶液は弱い塩基性を示す。〈正しい〉

② アンモニアは，無色で刺激臭をもつ気体。また，NH_3 と HCl を接触させると，塩化アンモニウム NH_4Cl の白煙を生じる。〈正しい〉 $NH_3 + HCl \longrightarrow NH_4Cl$

③ 一酸化窒素は水に溶けにくい気体で，水と反応することもない。〈誤り〉

④ 硝酸は，強い酸性を示すとともに，強い酸化作用をもつ。〈正しい〉

思 考力のチェック

図に示すアンモニアから硝酸を製造する方法(オストワルト法)について，下の問い(a・b)に答えよ。

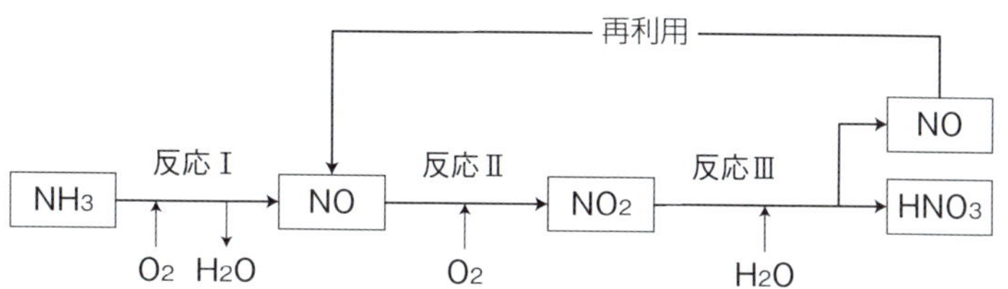

a　図の反応に関する記述として正しいものを，①～⑤のうちから１つ選べ。

① 反応Ⅰ～Ⅲの中で触媒を利用するのは，反応Ⅱのみである。
② 反応Ⅲでは，二酸化窒素の酸化と還元が起こる。
③ 一酸化窒素は，水に溶けやすい気体である。
④ 二酸化窒素は，無色の気体である。
⑤ 硝酸は，光や熱による分解が起こりにくい。

b　オストワルト法の全反応と一酸化窒素の再利用が完全に進み，それ以外の反応が起こらないとすると，6 mol のアンモニアから生成する硝酸の物質量は何 mol か。最も適当な数値を，次の①～⑤のうちから１つ選べ。

① 2　② 3　③ 4　④ 6　⑤ 12

第5章 無機物質

解答・解説

a ②　b ④

a ① 触媒を利用するのは，反応Ⅰのみ。白金 Pt を利用する。〈誤り〉

② 反応Ⅲで起こる化学反応式は，$3\underset{+4}{\underline{N}}O_2 + H_2O \longrightarrow 2H\underset{+5}{\underline{N}}O_3 + \underset{+2}{\underline{N}}O$（酸化数）

なので，NO_2 の酸化と還元が起こる。〈正しい〉

③ NO は，水に溶けにくい気体である。〈誤り〉

④ NO_2 は，赤褐色の気体である。〈誤り〉

⑤ HNO_3 は，光や熱による分解が起こりやすいので，褐色ビンに入れて冷暗所に保存する。〈誤り〉

b　アンモニア NH_3 中の N 原子は，直接硝酸 HNO_3 に変化するものと再利用されてから硝酸 HNO_3 に変化するものがある。そのため，オストワルト法により NH_3

から生成する HNO_3 の物質量を求めるときはオストワルト法全体の反応式から求めるとよい。

└→全体の反応式は，反応Ⅰ～Ⅲが完全に進み，NOの再利用も完全に進んだ結果の反応式なので

オストワルト法全体の反応は，

$$1\ NH_3 + 2O_2 \longrightarrow 1\ HNO_3 + H_2O \quad (\times 1)$$

となり，6 mol の NH_3 から生成する HNO_3 は $\underset{NH_3[mol]}{6} \times 1 = \underset{HNO_3[mol]}{6\ mol}$ になる。

4 化学肥料について

毎年，同じ場所で農作物を育てていると，農作物の成長に必要な元素である窒素N，リンP，カリウムKが不足しがちになる。不足しがちな元素を補給する物質を肥料といい，これら3つの元素を**肥料の三要素**というんだ。化学的につくられた肥料（＝**化学肥料**）には，**窒素肥料**・**リン酸肥料**・**カリ肥料**などがあるよ。

- 窒素肥料：硫酸アンモニウム（**硫安**）$(NH_4)_2SO_4$，硝酸アンモニウム（**硝安**）NH_4NO_3，塩化アンモニウム（**塩安**）NH_4Cl，尿素 $(NH_2)_2CO$

注　尿素 $(NH_2)_2CO$ は，NH_3 と CO_2 からつくられる。

$$2NH_3 + CO_2 \longrightarrow (NH_2)_2CO + H_2O$$

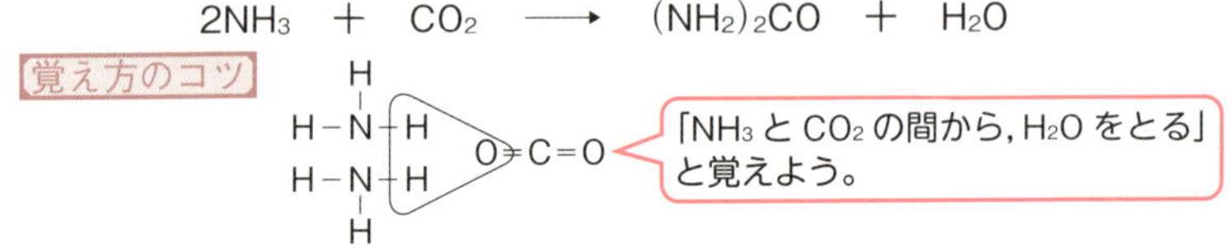

- リン酸肥料：リン酸二水素カルシウム $Ca(H_2PO_4)_2$ と硫酸カルシウム $CaSO_4$ の混合物（**過リン酸石灰**）
- カリ肥料：塩化カリウム KCl，硫酸カリウム K_2SO_4

チェック問題 2

標準 

肥料として，多くの化学物質が利用されている。化学肥料に用いる物質として適当でないものを，次の①～⑦のうちから，2つ選べ。

① 硫酸アンモニウム　② 尿素　③ 炭酸カルシウム
④ 塩化アンモニウム　⑤ 過リン酸石灰　⑥ 塩化ナトリウム
⑦ 硫酸カリウム

解答・解説

③，⑥

窒素肥料……①$(NH_4)_2SO_4$(硫安)　②$(NH_2)_2CO$　④NH_4Cl ➡ N を含む
リン酸肥料…⑤$Ca(H_2PO_4)_2$＋ $CaSO_4$ ➡ P を含む
カリ肥料……⑦K_2SO_4 ➡ K を含む
③ 炭酸カルシウム $CaCO_3$，⑥ 塩化ナトリウム NaCl は，化学肥料としては利用されない。

チェック問題 3

肥料に関する記述として下線部に誤りを含むものを，次の①～⑥のうちから1つ選べ。ただし，H＝1.0，N＝14，S＝32とする。

① 化学的に合成された肥料は，土壌中から失われやすい窒素，リン，カリウムを含む化合物であり，水に溶けて水とともに植物の根から吸収される。
② リン酸肥料(リン肥料)は，リン鉱石(リン灰石)を硫酸で処理して得られる。
③ 塩安(塩化アンモニウム)は，アンモニアソーダ法の工程で生成する。
④ 硫安(硫酸アンモニウム)と硝安(硝酸アンモニウム)を比較すると，硫安のほうが単位質量あたりの窒素の含有量が大きい。
⑤ カリウムを含むおもな化学肥料には塩化カリウムと硫酸カリウムがあり，どちらの水溶液も中性である。
⑥ 窒素肥料の1つである尿素は，無機物から初めて人工的に合成された有機物である。

第5章 無機物質

解答・解説

④

② 〈正しい〉 リン鉱石(主成分 $Ca_3(PO_4)_2$)を硫酸 H_2SO_4 で処理すると，リン酸肥料である過リン酸石灰が得られる。

$$Ca_3(PO_4)_2 + 2H_2SO_4 \longrightarrow \underline{Ca(H_2PO_4)_2 + 2CaSO_4}$$

└→過リン酸石灰(リン酸肥料)

③ 〈正しい〉 NH_4Cl は，アンモニアソーダ法の工程で生成する(P.307)。
④ 〈誤り〉 硫酸アンモニウム $(NH_4)_2SO_4$ 中の窒素 N の質量パーセント〔%〕は，

$$\frac{2\,N}{(NH_4)_2SO_4} \times 100 = \frac{28}{132} \times 100 \fallingdotseq 21\ 〔\%〕$$

硝酸アンモニウム NH_4NO_3 中の窒素 N の質量パーセント〔%〕は，

$$\frac{2\,N}{NH_4NO_3} \times 100 = \frac{28}{80} \times 100 = 35\ 〔\%〕$$

となる。ここで単位質量(決まった質量)あたりとあるので，たとえば 100 g あたりで考えると，

21 g	35 g
硫酸アンモニウム(硫安)	硝酸アンモニウム(硝安)

になり，硫安より硝安のほうが単位質量あたりの窒素の含有量が大きい。

⑤ 〈正しい〉KCl や K_2SO_4 は「強酸と強塩基を中和することによってできると考えられる塩」であり，どちらの水溶液も中性になる(P.250)。

⑥ 〈正しい〉ドイツのウェーラーが無機物から初めて有機物である尿素 $(NH_2)_2CO$ を合成した。

5 リン P の単体・化合物について

リンの**同素体**の化学式や色などは，下の表のようになる。

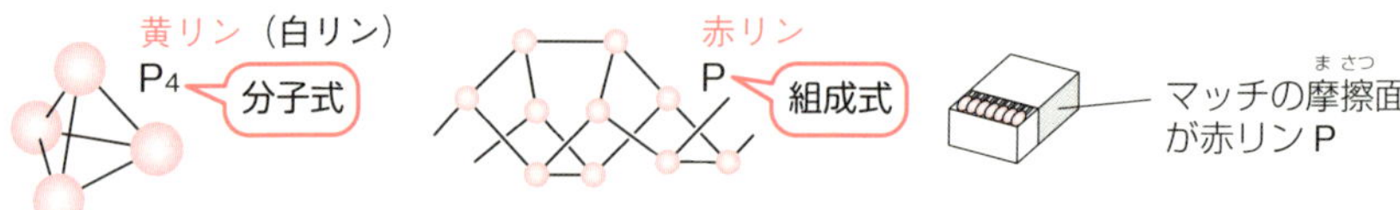

同素体	黄リン(白リン)P_4	赤リン P
外　観	**淡黄色**，ろう状固体	**赤褐色**，粉末
融点〔℃〕	44	−
発火点〔℃〕	30	260
CS_2 への溶解	溶ける	溶けない

黄リン P_4 は淡黄色・有毒な固体で，空気中で自然発火するので水中に保存する。

赤リン P は赤褐色・毒性の少ない粉末で，マッチ箱の発火剤などに使われる。

空気を遮断して黄リン P_4 を長時間加熱すると赤リン P になり，黄リンや赤リンを空気中で燃焼させると**十酸化四リン** P_4O_{10} になる。

$$4P + 5O_2 \longrightarrow P_4O_{10}$$

十酸化四リン P_4O_{10} は吸湿性の強い白色の結晶で，強力な乾燥剤として使われるんだ。

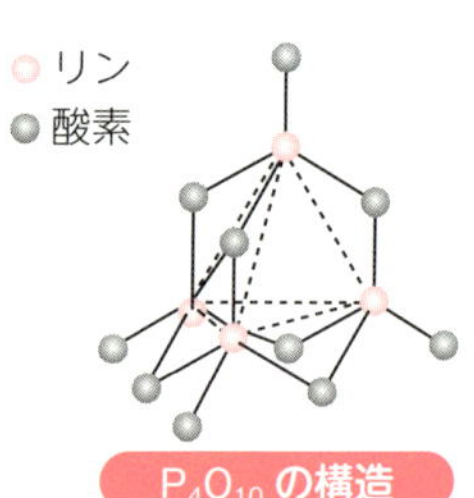

P_4O_{10} の構造

たしか，酸性の乾燥剤だったよ。(➡ P.302)

そうだね。この十酸化四リン P_4O_{10} に水を加えて加熱するとリン酸 H_3PO_4 が生成する。

$$P_4O_{10} + 6H_2O \longrightarrow 4H_3PO_4$$

あと，リン酸肥料(化学肥料)をおさえてね。

植物は，水に溶けた $H_2PO_4^-$ や PO_4^{3-} の形でリンを根から吸収するんだけど，**リン酸カルシウム $Ca_3(PO_4)_2$ は水に溶けにくいので，水に溶けやすい $Ca(H_2PO_4)_2$ にす**

ることが必要になる。そこで，$Ca_3(PO_4)_2$ を硫酸 H_2SO_4 で処理して $Ca(H_2PO_4)_2$ にするんだ。このときの反応式は，PO_4^{3-} 1 個が H_2SO_4 から H^+ 2 個を受けとって $H_2PO_4^-$ になったイオン反応式，

$$PO_4^{3-} + H_2SO_4 \longrightarrow H_2PO_4^- + SO_4^{2-}$$

を 2 倍し，両辺に $3Ca^{2+}$ を加えてつくるといいよ。

$$Ca_3(PO_4)_2 + 2H_2SO_4 \longrightarrow Ca(H_2PO_4)_2 + 2CaSO_4$$

→過リン酸石灰とよばれる混合物になる

$CaSO_4$ は水に溶けないので無駄になる

ポイント　リンの単体・化合物について

- **黄リン(白リン)P_4** ➡ **淡黄色**・**有毒**の固体
  空気中で自然発火するので**水中**に保存
- **赤リン P** ➡ **赤褐色**・**毒性**の少ない粉末
- **十酸化四リン P_4O_{10}** ➡ 吸湿性が強いので，**乾燥剤**として使用
- **過リン酸石灰 $Ca(H_2PO_4)_2 + 2CaSO_4$** ➡ リン酸肥料の原料として利用

チェック問題 4

リンに関する記述として誤りを含むものを，次の①～⑧のうちから 2 つ選べ。

① 黄リンも赤リンも，空気中で燃やすと同じ化合物になる。
② 黄リンと赤リンとは同素体であって，化学的性質がかなり違う。
③ 黄リンは発火しやすいので，水中に保存する。
④ リンを乾燥空気中で燃やすと，十酸化四リンが生じる。
⑤ 十酸化四リンを密栓した容器に保存するのは，十酸化四リンが空気中の水分と反応するのを防ぐためである。
⑥ 十酸化四リンを水に溶かすと，弱い塩基性を示す。
⑦ 十酸化四リンは，強い吸湿性をもつので中性および塩基性の気体の乾燥に用いられる。
⑧ リン酸は 3 価の酸である。

⑥，⑦

① 同じ化合物 P_4O_{10} になる。〈正しい〉
② 同素体は，S，C，O，P など。〈正しい〉
③ 黄リンは，空気中で自然発火することがあるので水中に保存する。〈正しい〉
④ $4P + 5O_2 \longrightarrow P_4O_{10}$〈正しい〉
⑤ 十酸化四リンは酸性の乾燥剤。〈正しい〉
⑥ 十酸化四リンを水に溶かすと，弱い酸性を示す。
$P_4O_{10} + 6H_2O \longrightarrow 4H_3PO_4$〈誤り〉
⑦ P_4O_{10} は酸性の乾燥剤なので，塩基性気体の乾燥に用いることができない。
〈誤り〉
⑧ H_3PO_4〈正しい〉

16族（酸素と硫黄）

1 酸素 O の単体について

酸素 O は，地殻（地球表面の岩石の層）中に一番多く存在する元素なんだ。この地殻中に多く含まれる元素の順序は，

❶ O　❷ Si　❸ Al　❹ Fe　← O>Si>Al>Fe>…と覚えよう

の順になる。

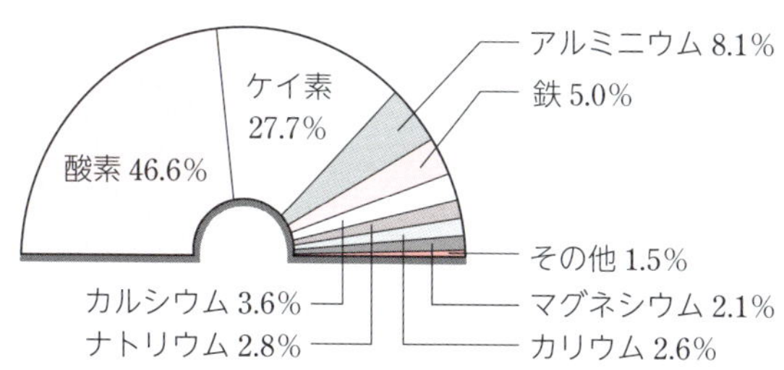

地殻中に存在する元素の割合（質量%）

ここでは，酸素の同素体を見ていくことにしよう。

❶ 酸　素 O_2

O_2 は，空気中に体積で約 **20%含まれている**気体で，工業的には液体にした空気を沸点の違いによって分ける（**液体空気の分留**）ことによりつくる。また，無色・無臭の気体で，**高温にするといろいろな元素と反応して酸化物をつくる**。

また，過酸化水素 H_2O_2 の水溶液に酸化マンガン（Ⅳ）MnO_2 を触媒として加えると，酸化還元反応が起こり，O_2 が発生した（➡ P.293）。

$$H_2O_2 \longrightarrow O_2 + 2H^+ + 2e^- \quad \cdots\cdots①$$
$$H_2O_2 + 2H^+ + 2e^- \longrightarrow 2H_2O \quad \cdots\cdots②$$

① + ②より，化学反応式をつくることができたね。

$$2H_2O_2 \longrightarrow O_2 + 2H_2O$$

塩素酸カリウム $KClO_3$ に酸化マンガン（Ⅳ）MnO_2 を触媒として加えて加熱しても，O_2 が発生した（➡ P.293）。

$$2KClO_3 \longrightarrow 2KCl + 3O_2$$

❷ オゾン O_3

O_3 は，酸素中で**無声放電**（音を出さない放電）をするか，酸素に**強い紫外線**を当てるとつくることができる。

$$3O_2 \longrightarrow 2O_3$$

オゾンは，**淡青色・特異臭・有毒の気体**で，強い酸化力をもち，水で湿らせたヨウ化カリウムデンプン紙にふきつけると次の反応が起こった(➡ P.305)。

$$O_3 + H_2O + 2e^- \longrightarrow O_2 + 2OH^- \quad \cdots\cdots ①$$

$$2I^- \longrightarrow I_2 + 2e^- \quad \cdots\cdots ②$$

① + ②，両辺に $2K^+$ を加えると，

$$2KI + O_3 + H_2O \longrightarrow I_2 + O_2 + 2KOH$$

このとき生成する I_2 とデンプンのヨウ素デンプン反応により，**ヨウ化カリウムデンプン紙が青色に変色する**。

地上 20km ぐらいのところでは，太陽からの強い紫外線によりオゾンがつくられている。このオゾン濃度の高い部分を**オゾン層**といい，**オゾン層は太陽からの有害な紫外線を吸収し，地上の生物を保護している**んだ。

同素体	酸素 O_2	オゾン O_3
分子の構造	○—○	折れ線
色	無色	淡青色
におい	無臭	特異臭

チェック問題 1　標準　2分

オゾン O_3 に関する記述について誤りを含むものを，次の①～⑥のうちから 1 つ選べ。

① 酸素の同素体である。
② 湿ったヨウ化カリウムデンプン紙を青変させる。
③ 無色・無臭の有毒な気体である。
④ 酸素に紫外線を照射すると生成する。
⑤ 酸素の中で放電すると生成する。
⑥ 酸化作用を示し，飲料水などの殺菌に利用される。

解答・解説

③

① 酸素 O_2 とオゾン O_3 は同素体である。〈正しい〉
② オゾン O_3 は，湿ったヨウ化カリウムデンプン紙を青変させる。〈正しい〉
③ オゾン O_3 は，淡青色・特異臭の有毒な気体。〈誤り〉
④ オゾン O_3 は，酸素 O_2 に紫外線を照射すると生成する。〈正しい〉
⑤ オゾン O_3 は，酸素 O_2 中で放電すると生成する。〈正しい〉
⑥ オゾン O_3 は，強い酸化力をもつ。〈正しい〉

2 硫黄 S の単体について

硫黄の同素体の化学式や分子の形は，次の表のようになるんだ。

同素体	斜方硫黄（常温で最も安定）	単斜硫黄	ゴム状硫黄
外観	黄色，塊状結晶	黄色，針状結晶	褐色～黄色，ゴム状固体
分子の構成	環状分子 S_8	環状分子 S_8	鎖状分子 S_x

形が大切！

硫黄 S を空気中で燃やすと，**青い炎**をあげて燃え，SO_2 を発生する。

$$S + O_2 \longrightarrow SO_2$$

3 硫黄の化合物について

❶ 硫化水素 H_2S

H_2S は，**無色**・**腐卵臭**・**有毒**の気体で，水に溶け**弱酸性**を示す。

$$H_2S \rightleftarrows H^+ + HS^-$$
$$HS^- \rightleftarrows H^+ + S^{2-}$$

実験室では，硫化鉄(Ⅱ)FeS に希塩酸 HCl または希硫酸 H_2SO_4 を加え H_2S を発生させた(➡ P.283)。

$$FeS + 2HCl \longrightarrow H_2S + FeCl_2$$ (弱酸の遊離)

$$FeS + H_2SO_4 \longrightarrow H_2S + FeSO_4$$ (弱酸の遊離)

弱酸遊離反応だね。

また，H_2S は強い**還元剤**で，I_2 と次のように反応する。

$$H_2S \longrightarrow S + 2H^+ + 2e^- \quad \cdots\cdots ①$$
$$I_2 + 2e^- \longrightarrow 2I^- \quad \cdots\cdots ②$$

① + ②より，$H_2S + I_2 \longrightarrow S + 2HI$

チェック問題 2

標準 

硫化水素に関する記述として誤りを含むものを，①～⑤のうちから1つ選べ。

① 火山ガスや火山地帯の温泉水に含まれている。
② 硫化鉄(Ⅱ)に希硫酸を加えると発生する。
③ 水に少し溶け，その水溶液は中性である。
④ 無色の有毒な気体で，悪臭をもつ。
⑤ 湿った空気中では，銀と反応して銀の表面を黒くする。

解答・解説

③

① 硫化水素は火山ガスや温泉水に含まれている。〈正しい〉
② 硫化鉄(Ⅱ)に希硫酸を加えると，硫化水素が発生する。〈正しい〉

$$FeS + H_2SO_4 \longrightarrow H_2S + FeSO_4$$ （弱酸の遊離）

③ 水に溶け，その水溶液は**弱酸性**である。〈誤り〉
④ 硫化水素は，無色・腐卵臭(悪臭)・有毒の気体。〈正しい〉
⑤ 湿った空気中では，硫化水素は銀と反応して銀の表面を硫化銀 Ag_2S でおおって黒くする。〈正しい〉

❷ 二酸化硫黄 SO_2

SO_2 は，**無色**・**刺激臭**・**有毒**の気体で，水に溶け**弱酸性**を示す。

$$SO_2 + H_2O \rightleftarrows HSO_3^- + H^+$$

$$HSO_3^- \rightleftarrows SO_3^{2-} + H^+$$

実験室では，亜硫酸ナトリウム Na_2SO_3 や亜硫酸水素ナトリウム $NaHSO_3$ に希硫酸 H_2SO_4 を加えて発生させたね(➡ P.284)。

$$Na_2SO_3 + H_2SO_4 \longrightarrow H_2O + SO_2 + Na_2SO_4$$ （弱酸の遊離）

$$2NaHSO_3 + H_2SO_4 \longrightarrow 2H_2O + 2SO_2 + Na_2SO_4$$ （弱酸の遊離）

酸化還元反応を利用してもよかったね。Cu を熱濃硫酸 H_2SO_4 の中に入れることでも発生したね(➡ P.290)。

$$Cu \longrightarrow Cu^{2+} + 2e^- \quad \cdots\cdots①$$

$$H_2SO_4 + 2H^+ + 2e^- \longrightarrow SO_2 + 2H_2O \quad \cdots\cdots②$$

①＋②，両辺に SO_4^{2-} 加えて，

$$Cu + 2H_2SO_4 \longrightarrow CuSO_4 + SO_2 + 2H_2O$$

SO_2 は，ふつう**還元剤**としてはたらき，繊維などの漂白に利用される。

$$SO_2 + 2H_2O \longrightarrow SO_4^{2-} + 4H^+ + 2e^-$$ ➡ 花の色素なども還元漂白する

ただし，H_2S のような強い還元剤には，**酸化剤**として次のように反応する。

$H_2S \longrightarrow S + 2H^+ + 2e^-$ ……①

$SO_2 + 4H^+ + 4e^- \longrightarrow S + 2H_2O$ ……②

①× 2 ＋②より，$2H_2S + SO_2 \longrightarrow 3S + 2H_2O$

チェック問題 3

　二酸化硫黄と硫化水素の性質として正しいものを，次の①～⑤のうちから 1 つ選べ。ただし，H ＝1.0，S ＝32 とする。

① 二酸化硫黄は硫化水素と反応して，硫黄を生じる。
② 二酸化硫黄は無色・無臭の気体である。
③ 二酸化硫黄の水溶液は，中性である。
④ 硫化水素は空気よりも軽く，無色の気体である。
⑤ 硫化水素を銅(Ⅱ)イオンを含む水溶液に通すと，青緑色の沈殿を生じる。

解答・解説

①

① $2H_2S + SO_2 \longrightarrow 3S + 2H_2O$〈正しい〉
② 二酸化硫黄は，無色・**刺激臭**・有毒の気体である。〈誤り〉
③ 二酸化硫黄の水溶液は，**弱酸性**を示す。〈誤り〉
④ 硫化水素 H_2S の分子量は34。空気の平均分子量29よりも大きいので，空気より**重く**，無色の気体である。〈誤り〉
⑤ 硫化水素を銅(Ⅱ)イオン Cu^{2+} を含む水溶液に通すと，CuS の黒色の沈殿を生じる。〈誤り〉 $Cu^{2+} + S^{2-} \longrightarrow CuS\downarrow$(黒)

❸ 硫　酸 H_2SO_4

最初に濃硫酸，次に希硫酸を見ていくことにするね。

濃硫酸は，無色で粘性をもった密度の大きな液体なんだ。**濃硫酸**には，次の❶～❹の特徴がある。

❶ 熱濃硫酸(加熱した濃硫酸)は**強い酸化剤**である。

強い酸化剤なので，イオン化傾向が水素より小さな銅 Cu や銀 Ag と反応して二酸化硫黄 SO_2 を発生する(➡ P.290)んだ。

$$Cu + 2H_2SO_4 \longrightarrow CuSO_4 + SO_2 + 2H_2O$$

❷ 濃硫酸は，沸点が高い**不揮発性の酸**である。

たとえば，揮発性の酸の塩である NaCl に不揮発性の濃硫酸 H_2SO_4 を加えて加熱すると，揮発性の HCl が発生したね(➡ P.293)。

$$NaCl + H_2SO_4 \longrightarrow NaHSO_4 + HCl$$

第5章 無機物質

そうだね。HF を発生させるときの化学反応式(➡ P.294)も確認しておいてね。

$$CaF_2 + H_2SO_4 \longrightarrow CaSO_4 + 2HF$$

❸ 濃硫酸は，反応させる物質から H と OH を H_2O としてうばいとるはたらき，つまり**脱水作用**がある。たとえば，スクロース $C_{12}H_{22}O_{11}$ は水をうばわれ炭化する。

$$\underset{\text{スクロース}}{C_{12}H_{22}O_{11}} \longrightarrow 12C + 11H_2O$$

❹ 濃硫酸は強い**吸湿性**があり，気体の乾燥などに用いられるんだ(➡ P.302)。

酸性の乾燥剤だったね。

そうだね。NH_3 や H_2S の乾燥には使えなかったね。

希硫酸をつくるときには，注意しなければならないことがあるんだ。

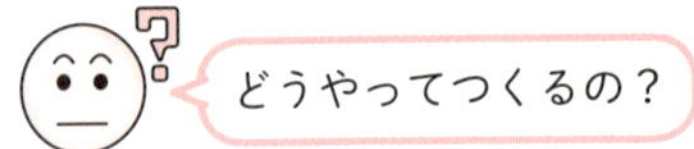

濃硫酸の水への溶解熱が大きいため，**水の中に濃硫酸を少しずつかきまぜながら加えてつくる**んだ。

濃硫酸のうすめ方

濃硫酸を水の中に少しずつ加える

希硫酸は，次のように電離して**強酸性**を示す。

$$H_2SO_4 \longrightarrow H^+ + HSO_4^-$$

$$HSO_4^- \rightleftarrows H^+ + SO_4^{2-}$$

そのため，次の❶～❷の特徴がある。

❶ イオン化傾向が水素よりも大きな Zn や Fe などの金属と反応して，水素を発生する(➡ P.288)。

$$Zn + H_2SO_4 \longrightarrow ZnSO_4 + H_2$$

$$Fe + H_2SO_4 \longrightarrow FeSO_4 + H_2$$

❷ Na_2SO_3 や $NaHSO_3$，FeS などの弱酸の塩と反応し，弱酸を遊離させる(➡ P.283～285)。

$$Na_2SO_3 + H_2SO_4 \longrightarrow H_2O + SO_2 + Na_2SO_4$$

$$2NaHSO_3 + H_2SO_4 \longrightarrow Na_2SO_4 + 2H_2O + 2SO_2$$
$$FeS + H_2SO_4 \longrightarrow H_2S + FeSO_4$$

チェック問題 4

やや難 

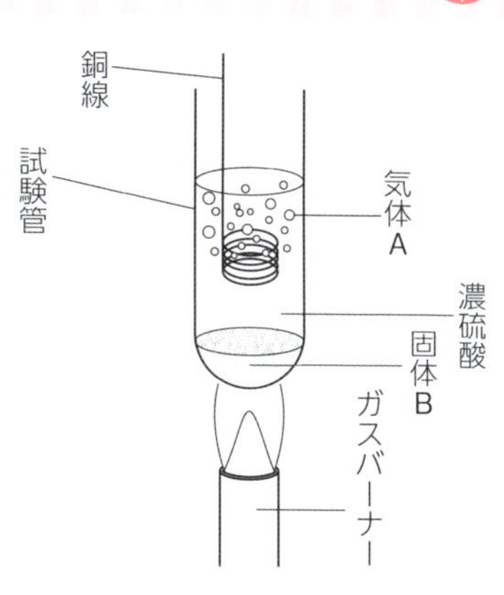

図に示すように，試験管に濃硫酸を入れて加熱しながら，そこに銅線を注意深く浸したところ，刺激臭のある気体Aが発生した。濃硫酸は徐々に着色し，しばらくすると試験管の底に白色の固体Bが沈殿した。固体Bをとり出し水に溶かすと，その溶液は青色となった。この実験で発生した気体Aと生成した固体Bに関する記述として誤りを含むものを，下の①～⑤のうちから1つ選べ。

① 気体Aは，下方置換で捕集できる。
② 硫化水素の水溶液に気体Aを通じると，硫黄が析出する。
③ ヨウ素を溶かしたヨウ化カリウム水溶液に気体Aを通じると，ヨウ素の色が消える。
④ 気体Aを水に溶かした水溶液は，中性を示す。
⑤ 固体Bは，硫酸銅(Ⅱ)の無水物(無水塩)である。

解答・解説

④

加熱した濃硫酸(熱濃硫酸)はCuと酸化還元反応を起こし，SO_2を発生する。

$$Cu + 2H_2SO_4(\text{濃}) \xrightarrow{\text{加熱}} \underset{\text{固体B}}{CuSO_4} + \underset{\text{気体A}}{SO_2} + 2H_2O \text{（酸化還元）}$$

① 〈正しい〉 SO_2(気体A)は，下方置換で捕集する。

② 〈正しい〉 $2H_2S + \underset{\text{気体A}}{SO_2} \longrightarrow \underset{\text{析出}}{3S} + 2H_2O$ （酸化還元）

③ 〈正しい〉 褐色のヨウ素ヨウ化カリウム水溶液中のヨウ素I_2と次のように酸化還元反応を起こす。

$$I_2 + 2e^- \longrightarrow 2I^- \quad \cdots\cdots①$$
$$SO_2 + 2H_2O \longrightarrow SO_4^{2-} + 4H^+ + 2e^- \quad \cdots\cdots②$$

①＋②より，$\underset{\text{気体A}}{SO_2} + I_2 + 2H_2O \longrightarrow 2HI + H_2SO_4$

この反応で生じるI^-の水溶液は無色なので褐色の水溶液は無色になる。

④　〈誤り〉SO_2(気体 A)の水溶液(亜硫酸)は，弱酸性を示す。

⑤　〈正しい〉固体 B は $CuSO_4$ である。

4 接触法について

【硫酸の工業的製法】

硫酸の工業的製法を**接触法**という。

まず，石油を精製するときに得られる S を燃焼させて SO_2 をつくる。

$$S + O_2 \longrightarrow SO_2 \quad \cdots\cdots ①$$

次に，酸化バナジウム(Ⅴ)V_2O_5 を触媒とし，SO_2 を空気中の酸素 O_2 によって酸化し，三酸化硫黄 SO_3 を得る。

$$2SO_2 + O_2 \longrightarrow 2SO_3 \quad \cdots\cdots ②$$

最後に，SO_3 を濃硫酸に吸収させ得られる**発煙硫酸**を希硫酸でうすめ**濃硫酸**にするんだ。

$$SO_3 + H_2O \longrightarrow H_2SO_4 \quad \cdots\cdots ③$$

（H_2O：濃硫酸中の水）

ポイント 接触法について

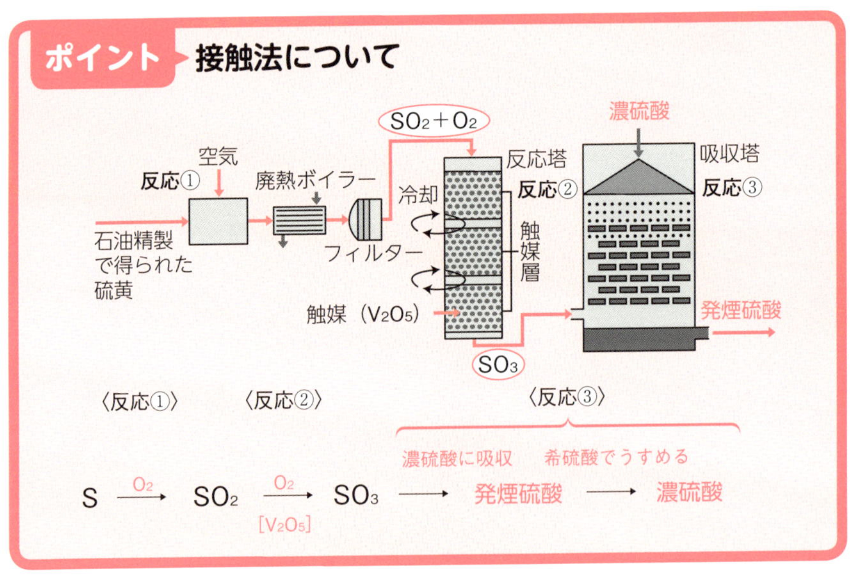

チェック問題 5

硫酸に関する記述として誤りを含むものを，次の①～⑤のうちから１つ選べ。

① 硫黄を燃焼させると有毒な気体となるが，この気体をさらに酸化して得られる物質は重要な工業原料である。
② 硫黄を空気中で燃やすと，三酸化硫黄ができる。
③ 三酸化硫黄は，触媒を用いて二酸化硫黄と酸素と反応させることにより得られる。
④ 濃硫酸に三酸化硫黄を吸収させると，発煙硫酸が得られる。
⑤ 濃硫酸に水を注ぐと，発熱して水が沸騰し，はねるので危険である。

解答・解説

① 有毒な気体は SO_2 で，この SO_2 をさらに酸化して得られる SO_3 は接触法の重要な原料。〈正しい〉
② 三酸化硫黄 SO_3 ではなく，二酸化硫黄 SO_2 ができる。〈誤り〉
③ 触媒は V_2O_5 を用いる。〈正しい〉
④ 接触法の説明。〈正しい〉
⑤ 濃硫酸の水に対する溶解熱は大きく，濃硫酸に水をそそいでしまうと，水がすぐに沸騰し，はねる可能性があるので，危険である。〈正しい〉

第5章 無機物質

27 時間目

第5章　無機物質

17族(ハロゲン)・18族(貴ガス)

1 ハロゲンの単体について

ハロゲン単体の性質を表に示すね。

	F_2	Cl_2	Br_2	I_2
状態・色	気体　淡黄色	気体　黄緑色	液体　赤褐色	固体　黒紫色
融点・沸点	低 →			高
酸化力	大			← 小
水素との反応	$H_2+F_2 \longrightarrow 2HF$ 冷暗所でも爆発的に反応	$H_2+Cl_2 \longrightarrow 2HCl$ 光により爆発的に反応	加熱と触媒により化合	
水との反応	激しく反応 $2F_2+2H_2O \longrightarrow 4HF+O_2$	一部が反応 $Cl_2+H_2O \rightleftarrows HCl+HClO$	少し溶ける	溶けにくい

常温での状態や色は覚えるの？

そうなんだ。これは，がんばって覚えてね。

状態と色を覚え，**分子量が大きくなるほど，ファンデルワールス力が強くなるので，単体の融点や沸点が高くなる**ことを確認しておいてね。

酸化力は原子番号が小さいほど大きくなっているね。

そうなんだ。**原子番号が小さくなるほど，他の物質から電子をうばう力つまり酸化力が大きくなる**んだ。

酸化力：　$F_2 \;>\; Cl_2 \;>\; Br_2 \;>\; I_2$

酸化力の違いを利用して，ハロゲンの単体をつくることができる。

たとえば，臭化カリウム KBr の水溶液に Cl_2 を反応させると，**Cl_2 のほうが Br_2 よりも酸化力が大きい，つまり陰イオンになりやすい**ので，Cl_2 は陰イオンになろうとして Br^- から e^- をうばう。

$$Cl_2 + 2e^- \longrightarrow 2Cl^- \quad \cdots\cdots①$$
$$2Br^- \longrightarrow Br_2 + 2e^- \quad \cdots\cdots②$$

① + ②，両辺に $2K^+$ を加えると，

$Cl_2 + 2KBr \longrightarrow 2KCl + Br_2$

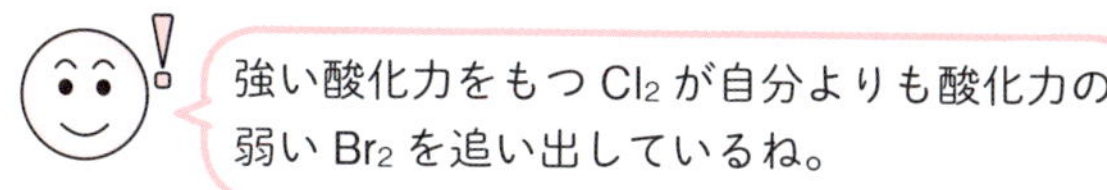

強い酸化力をもつ Cl_2 が自分よりも酸化力の弱い Br_2 を追い出しているね。

そうだね。同じように，ヨウ化カリウム KI の水溶液に Br_2 を反応させると，酸化力は $Br_2 > I_2$ なので，次の反応が起こる。

$Br_2 + 2KI \longrightarrow 2KBr + I_2$

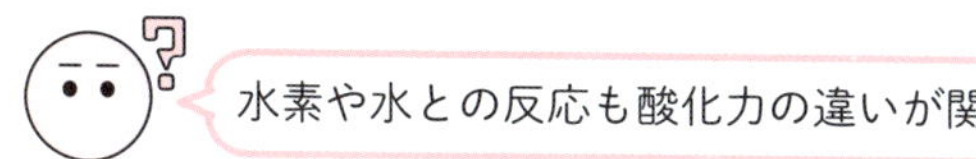

水素や水との反応も酸化力の違いが関係あるの？

そうなんだ。たとえば，H_2 と F_2 を混合すると，酸化力が強い F_2 は H_2 から e^- をうばって，**冷暗所でも爆発的に反応する**んだ。

$F_2 + 2e^- \longrightarrow 2F^-$ ……③

$H_2 \longrightarrow 2H^+ + 2e^-$ ……④

③ + ④より，$H_2 + F_2 \longrightarrow 2HF$

Cl_2 も酸化力が強く，H_2 と**光により爆発的に反応し** HCl を生成する。

$H_2 + Cl_2 \longrightarrow 2HCl$

酸化力の弱い Br_2 や I_2 になると，H_2 と混合し**加熱してもその一部が反応するだけ**なんだ。

酸化力がとても強い F_2 は，水 H_2O から e^- をうばって激しく反応する。

$F_2 + 2e^- \longrightarrow 2F^-$ ……⑤

$2H_2O \longrightarrow O_2 + 4H^+ + 4e^-$ ……⑥

⑤× 2 + ⑥より，

$2F_2 + 2H_2O \longrightarrow 4HF + O_2$

⬆ ⑥の反応式は，「電気分解」(➡ P.199)で勉強したよね

F_2 よりも酸化力の弱い Cl_2 は，水に少し溶けてその一部が反応し**塩化水素** HCl と**次亜塩素酸**（じあ） HClO を生じる。塩素の水溶液を**塩素水**という。

$Cl_2 + H_2O \rightleftarrows HCl + HClO$

生成する HClO は酸化力が強く，塩素水は漂白剤や殺菌剤として利用される。

Br_2 は水に少し溶けて臭素水になるけれど，反応はほとんど起こさない。

I_2 は，水にはほとんど溶けないし反応も起こさない。ただ，**I_2 はヨウ化カリウム KI 水溶液には I_3^- を生じて溶け，褐色の水溶液であるヨウ素ヨウ化カリウム水溶液（ヨウ素溶液）になる**んだ。

$I_2 + I^- \rightleftarrows I_3^-$

黒紫色　無色　　褐色

チェック問題 1

ハロゲンに関する記述のうち誤りを含むものを，次の①～⑨のうちから２つ選べ。

① ハロゲン原子は，７個の価電子をもつ。
② ハロゲン原子の最外殻電子は，フッ素ではＬ殻，塩素ではＭ殻，臭素ではＮ殻に存在する。
③ ハロゲンの単体は，二原子分子である。
④ ハロゲンの単体の酸化力は，フッ素＜塩素＜臭素の順に強くなる。
⑤ ハロゲンの単体の沸点は，フッ素＜塩素＜臭素の順に高くなる。
⑥ フッ素は，ハロゲンの単体の中で，水素との反応性が最も高い。
⑦ 塩素は，水と反応して，塩化水素と次亜塩素酸を生じる。
⑧ 次亜塩素酸は還元力が強いので，塩素水は殺菌剤として使われている。
⑨ ヨウ化カリウム水溶液にヨウ素を溶かすと，その溶液は褐色を呈する。

解答・解説

④，⑧

①，② 〈正しい〉 $_{9}F$ K(2)L(7)，$_{17}Cl$ K(2)L(8)M(7)
$_{35}Br$ K(2)L(8)M(18)N(7) ➡ 同じ17族で価電子はいずれも７個

③ 〈正しい〉 F_2，Cl_2，Br_2，I_2 ➡ いずれも二原子分子

④ 〈誤り〉 酸化力は，$F_2 > Cl_2 > Br_2 > I_2$ の順

⑥ 〈正しい〉 H_2との反応性は $F_2 > Cl_2 > Br_2 > I_2$ の順
$H_2 + F_2 \longrightarrow 2HF$（冷暗所でも反応）

⑦ 〈正しい〉 $Cl_2 + H_2O \rightleftarrows HCl + HClO$

⑧ 〈誤り〉 次亜塩素酸 HClO は酸化力が強い。

⑨ 〈正しい〉 I_2 が I^- と次のように反応し，溶液は褐色になる。
I_2(黒紫色) $+ I^-$(無色) $\rightleftarrows$ I_3^-(褐色)

2 塩素の製法について

Cl_2 を実験室でつくるには，次の方法があるんだ。

❶ 酸化マンガン(Ⅳ) MnO_2 に濃塩酸 HCl を加えて加熱する（➡ P.292）
❷ さらし粉 $CaCl(ClO)\cdot H_2O$ や高度さらし粉 $Ca(ClO)_2\cdot 2H_2O$ に塩酸 HCl を加える

❶の化学反応式は，次のようにつくった。

$$MnO_2 + 4H^+ + 2e^- \longrightarrow Mn^{2+} + 2H_2O \quad \cdots\cdots ①$$

$$2Cl^- \longrightarrow Cl_2 + 2e^- \quad \cdots\cdots ②$$

① + ②，両辺に $2Cl^-$ を加えて，

$$MnO_2 + 4HCl \longrightarrow MnCl_2 + Cl_2 + 2H_2O$$

この反応は，次の実験装置が問われることがあるから気をつけてね。

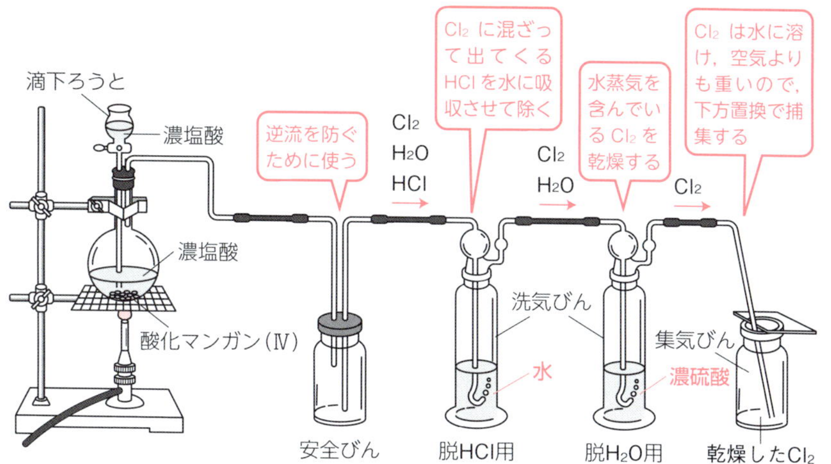

この装置では，まず Cl_2 に混ざって出てくる**揮発した HCl を水の中に吸収させて除く**。次に，水の中を通って出てきた酸性気体の Cl_2 は水蒸気を含んでいるので，**酸性の乾燥剤である濃硫酸 H_2SO_4 に吸収させて水蒸気を除き**乾燥した Cl_2 を得る。

「水 ⟶ 濃硫酸」の順にするんだね。

そうだね。この「水 ➡ 濃硫酸」の順序がよく問われるので気をつけてね。

最後に，ここで得られる乾燥した Cl_2 は，「**農** NO，**工** CO，**水** H_2，**産** O_2，…………」(➡ P.299)，NH_3 以外の気体なので，下方置換で捕集するんだ。

❶はわかったよ。じゃあ，❷の化学反応式はどうやってつくるの？

さらし粉 $CaCl(ClO)\cdot H_2O$ に塩酸 HCl を加えると，さらし粉が塩酸の中で電離する。

$$CaCl(ClO)\cdot H_2O \longrightarrow Ca^{2+} + Cl^- + ClO^- + H_2O \quad \cdots\cdots ③$$

次に，**塩素水(➡ P.377)の逆反応**，$HCl + HClO \rightleftarrows Cl_2 + H_2O$ が起こる。

実際には水の中で，HCl や HClO は電離している。

$$H^+ + Cl^- + H^+ + ClO^- \rightleftarrows Cl_2 + H_2O \quad \cdots\cdots ④$$

④の式を見るとわかるように，Cl^- や ClO^- に，H^+ を加えると Cl_2が発生する。つまり，さらし粉に塩酸を加えると，**さらし粉から電離して生じた Cl^- や ClO^- が塩酸の H^+ と結びつき Cl_2 が発生する**んだ。

③＋④より，$CaCl(ClO)\cdot H_2O + 2H^+ \longrightarrow Ca^{2+} + Cl_2 + 2H_2O$

となり，両辺に $2Cl^-$を加えると化学反応式が完成する。

$$\underset{\text{さらし粉}}{CaCl(ClO)\cdot H_2O} + 2HCl \longrightarrow CaCl_2 + Cl_2 + 2H_2O$$

高度さらし粉 $Ca(ClO)_2\cdot 2H_2O$ のときは，ClO^- が 2 個含まれているので，ClO^- を 2 個にするのに④式を 2 倍する。

$$2H^+ + 2Cl^- + 2H^+ + 2ClO^- \rightleftarrows 2Cl_2 + 2H_2O$$ ⬅ ④×2より

そして，Ca^{2+} と $2H_2O$ を両辺に加えると，

$$\begin{array}{lllll} & 2ClO^- & + 4H^+ + 2Cl^- & \rightleftarrows & 2Cl_2 + 2H_2O \\ +) & Ca^{2+} \quad 2H_2O & & & Ca^{2+} \quad 2H_2O \\ \hline & Ca(ClO)_2\cdot 2H_2O & + 4H^+ + 2Cl^- & \longrightarrow & Ca^{2+} + 2Cl_2 + 4H_2O \end{array}$$

となる。この式の両辺に $2Cl^-$ を加えると完成するよ。

$$\underset{\text{高度さらし粉}}{Ca(ClO)_2\cdot 2H_2O} + 4HCl \longrightarrow CaCl_2 + 2Cl_2 + 4H_2O$$

ポイント　塩素の製法について

- MnO_2に HCl を加えて加熱

  $MnO_2 + 4HCl \longrightarrow MnCl_2 + Cl_2 + 2H_2O$

- $CaCl(ClO)\cdot H_2O$ や $Ca(ClO)_2\cdot 2H_2O$ に HCl を加える

  $CaCl(ClO)\cdot H_2O + 2HCl \longrightarrow CaCl_2 + Cl_2 + 2H_2O$

  $Ca(ClO)_2\cdot 2H_2O + 4HCl \longrightarrow CaCl_2 + 2Cl_2 + 4H_2O$

チェック問題 2

乾燥した塩素を得るために，図に示したa(発生部)，b(精製部)，c(捕集部)の中から必要な装置を1つずつ選び，連結した。その装置の組み合わせとして正しいものを，下の①～⑧のうちから1つ選べ。

a（発生部）

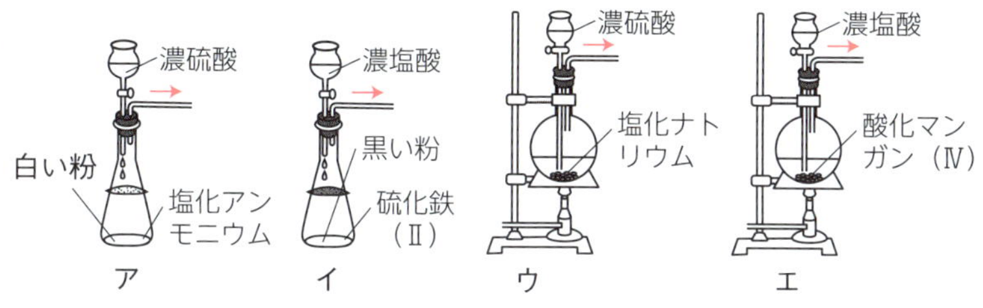

b（精製部）

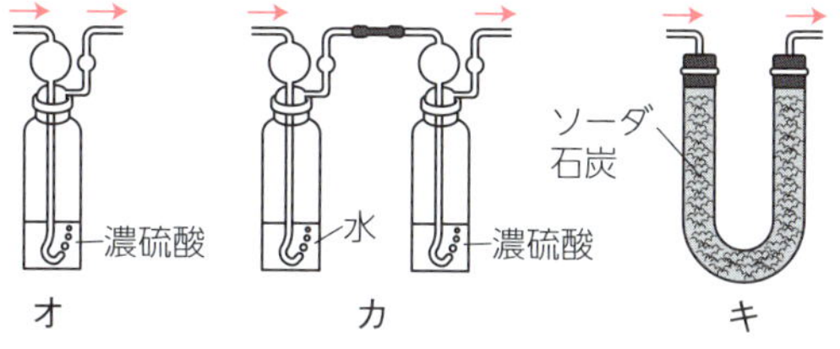

c（捕集部）

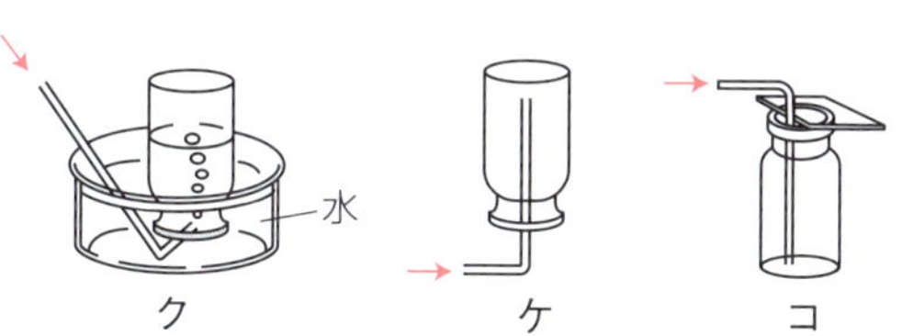

	a	b	c
①	ア	オ	ケ
②	ア	キ	コ
③	イ	オ	ク
④	イ	カ	コ
⑤	ウ	カ	ク
⑥	ウ	キ	ケ
⑦	エ	オ	ケ
⑧	エ	カ	コ

解答・解説

実験装置の図をもう一度確認しておくこと。

3 オキソ酸について

分子中に酸素原子を含む酸を**オキソ酸**といい，これらの酸は$(O)_m X(OH)_n$と表すことができる。

例　硫酸 H_2SO_4 ➡ $(O)_2S(OH)_2$

　　硝酸 HNO_3 ➡ $(O)_2N(OH)$

オキソ酸は，中心原子 X にヒドロキシ基(−OH)と酸素原子(O)が直接結合した構造をもち，水溶液中では，−OH が$-O^-$とH^+に電離して酸性を示す。

オキソ酸には次の❶と❷の特徴がある。

❶　中心原子 X の陰性が強いほど**酸性**が強くなる

陽イオンになりやすいことを陽性，陰イオンになりやすいことを陰性といい，典型元素の陽性・陰性の特徴は次のようになる。

周期＼族	1	2	12	13	14	15	16	17	18
1	1 H								2 He
2	3 Li	4 Be		5 B	6 C	7 N	8 O	9 F	10 Ne
3	11 Na	12 Mg		13 Al	14 Si	15 P	16 S	17 Cl	18 Ar
4	19 K	20 Ca	30 Zn	31	32	33	34	35 Br	36 Kr

陰性　陰性が強くなる　陽性　陽性が強くなる　貴ガス

典型元素の特徴

たとえば，陰性の大きさは S ＞ P の順になる。だから，オキソ酸の酸性の強さは，硫酸 H_2SO_4＞リン酸 H_3PO_4 になるんだ。

❷　中心原子 X が同じ場合には，X に結合している O 原子の数が多いほど**酸性**が強い。

たとえば，中心原子が Cl であるオキソ酸の酸性の強さは次のようになるんだ。

酸の強さ：	$HClO_4$	＞	$HClO_3$	＞	$HClO_2$	＞	$HClO$
酸化数 →	+7		+5		+3		+1
	過塩素酸		塩素酸		亜塩素酸		次亜塩素酸

「Cl の酸化数が大きいものほど酸性が強い」ともいえる。

チェック問題 3

硫酸 H_2SO_4 のように分子中に酸素原子を含む無機の酸をオキソ酸という。オキソ酸に関する記述として誤りを含むものを，次の①～⑤のうちから1つ選べ。

① 酸化数＋1の塩素原子1個を含むオキソ酸は，強い酸化作用を示す。
② 酸化数＋4の炭素原子1個を含むオキソ酸は，弱酸である。
③ 酸化数＋5の窒素原子1個を含むオキソ酸は，強い酸化作用を示す。

④ 酸化数＋5のリン原子1個を含むオキソ酸は，2価の酸である。
⑤ 酸化数＋6の硫黄原子1個を含むオキソ酸は，強酸である。

解答・解説

④

① HClO 次亜塩素酸は，酸化力が強く，消毒液や漂白剤に使用する。〈正しい〉（Cl：+1）

② H_2CO_3 炭酸は，弱酸。〈正しい〉（C：+4）

③ HNO_3 硝酸は，酸化剤。〈正しい〉（N：+5）

④ H_3PO_4 リン酸は，3価の酸。〈誤り〉（P：+5）

⑤ H_2SO_4 希硫酸は，強酸。〈正しい〉（S：+6）

4 ハロゲン化水素について

ハロゲン化水素は，**無色・刺激臭の気体**で，水によく溶け，水溶液は**酸性**を示す。

酸の強さは，HF ≪ HCl ＜ HBr ＜ HI

の順になり，フッ化水素 HF **の水溶液であるフッ化水素酸だけが，他のハロゲン化水素の水溶液とは異なり弱酸になる**んだ。HF は他にも変わった性質をもつ。

HF は，ハロゲン化水素の中では最も分子量が小さいけれど，分子間で水素結合をつくるために**沸点が極めて高い**んだ。

化合物名	化 学 式	沸点〔℃〕	水溶液の性質
フッ化水素	HF	20	弱酸
塩化水素	HCl	−85	強酸
臭化水素	HBr	−67	強酸
ヨウ化水素	HI	−35	強酸

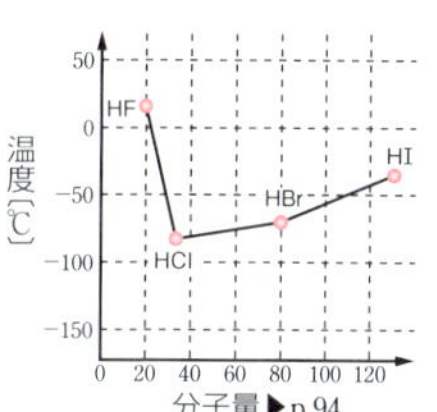

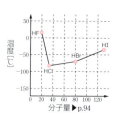

▶p.94

また，**フッ化水素酸は，ガラスや石英の主成分である SiO_2 と次のように反応し SiO_2 を溶かす**。

ぶつかる

H^+F^-

切れる

「ぶつかる」と「切れる」をくり返し，最後には SiF_6^{2-} になる。つまり，SiO_2 1個分は，F^- 6個と反応することになる。

まとめると，SiO_2 ＋ 6HF ⟶ H_2SiF_6 ＋ $2H_2O$

（6HF：フッ化水素酸，H_2SiF_6：ヘキサフルオロケイ酸）

第5章 無機物質

H_2SiF_6(ヘキサフルオロケイ酸)は，H_2SiO_3(ケイ酸)のもつすべてのOが6個(ヘキサ)のF(フルオロ)におきかわっているね。

そうだね。このように，フッ化水素酸HFはガラスの主成分であるSiO_2を溶かすので，**くもりガラスの製造**や**ガラスの目盛りつけに利用される**。また，フッ化水素酸はガラスを溶かすので，保存するときには**ポリエチレン製のびん**を使うんだ。

揮発性のHFは，ホタル石CaF_2の粉末に不揮発性の濃硫酸H_2SO_4を加え加熱してつくったよね(➡ P.294)。

$$CaF_2 + H_2SO_4 \longrightarrow 2HF + CaSO_4$$

また，揮発性のHClも，NaClに不揮発性の濃硫酸H_2SO_4を加えて加熱してつくった(➡ P.294)。

$$NaCl + H_2SO_4 \longrightarrow NaHSO_4 + HCl$$

チェック問題 4

次の記述①～④のうちから，正しいものを1つ選べ。

① ハロゲン化水素のうち沸点が最も低いものはフッ化水素である。
② 塩化水素はガラスを侵すので，その水溶液はポリエチレン製の容器に保存する。
③ 食塩に濃硫酸を加えて加熱すると，塩素が発生する。
④ 臭化水素酸(臭化水素の水溶液)は，強酸である。

解答・解説

④

① 沸点が最も高いものがフッ化水素である。〈誤り〉
② 塩化水素ではなくフッ化水素がガラスを侵す。〈誤り〉
③ 塩素ではなく，塩化水素が発生する。〈誤り〉

$$NaCl + H_2SO_4 \longrightarrow NaHSO_4 + HCl$$

④ 酸の強さ：$\underbrace{HF}_{弱酸} \ll \underbrace{HCl < HBr < HI}_{強酸}$ 〈正しい〉

5 貴ガスについて

18族元素の**貴ガス**(ヘリウム He，ネオン Ne，アルゴン Ar，……)は，無色・無臭の気体で，空気中にわずかに存在しているんだ。**貴ガスは他の原子と結合しにくく，原子の状態で存在していた**よね。

単原子分子だよね。

そうだね。**貴ガスの価電子の数は 0** だったね。貴ガスの原子量の順は，He < Ne < Ar <……の順なので，ファンデルワールス力が原子量の増加とともに強くなり，単体の融点や沸点も He < Ne < Ar <……の順に高くなるんだ。

チェック問題 5

貴ガスに関する記述として誤りを含むものを，次の①～⑤のうちから 1 つ選べ。

① 貴ガスの単体は，すべて単原子分子である。

② 大気中に最も多く存在する貴ガスは，ヘリウムである。

③ ヘリウムは，常温で水素についで密度が小さく，飛行船の浮揚ガスに用いられる。

④ ネオンのイオン化エネルギーは，アルゴンのイオン化エネルギーより大きい。

⑤ アルゴンは，反応性に乏しく，電球や放電管に封入されている。

解答・解説

② 大気中に最も多く存在する貴ガスは，アルゴン Ar である。〈誤り〉

③ ヘリウム He は大気中にわずかしかなく，そのほとんどは北アメリカで生産されている。不燃性で，水素 H_2 の次に軽いため，気球や飛行船の浮揚ガスに用いられる。〈正しい〉

④ イオン化エネルギーの大きさは，He > Ne > Ar の順になる。〈正しい〉

⑤ アルゴン Ar は貴ガスの中では大気中に最も多く含まれ，電球に封入されたり，溶接時の保護ガスなどに使われている。〈正しい〉

第6章　有機化合物

28時間目 有機化学の基礎

1 有機化合物の特徴について

かつては動植物などの生物体に関係する化合物が有機化合物，生物体に関係しない化合物が無機化合物と考えられていた。ところが，「**無機化合物であるシアン酸の塩から有機化合物の尿素 $CO(NH_2)_2$ を合成できる**」（ドイツ・ウェーラー）ことがわかり，有機化合物は生命力によってのみつくられるという考え方を変えることになったんだ。現在では，「**炭素原子Cを含む化合物」を有機化合物としている**。

有機化合物を構成する元素は，おもにCとHで，O，N，S，ハロゲン(F，Cl，Br，I)を含んでいることもある。そして，**炭素Cと水素Hが骨格をつくり，これに官能基(➡ 有機化合物の性質を決める)が結合している**構造をもつ。

[CとHの骨格]―[X] 官能基：有機化合物の性質を示す

同じ官能基をもつ有機化合物はよく似た性質を示すんだ。

官能基の種類		一般名
ヒドロキシ基	（アルコール性）－OH	アルコール
	（フェノール性）－OH	フェノール類
アルデヒド基（ホルミル基）	$-C{\overset{\displaystyle O}{\underset{\displaystyle H}{\lessgtr}}}$ （$-C(=O)H$）	アルデヒド
カルボニル基（ケトン基）	$>C=O$	ケトン
カルボキシ基	$-C(=O)-O-H$	カルボン酸
エーテル結合	$-C-O-C-$	エーテル
アミノ基	$-NH_2$	アミン
エステル結合	$-C(=O)-O-$	エステル
ニトロ基	$-NO_2$	ニトロ化合物
スルホ基	$-SO_3H$	スルホン酸

● アルデヒド基(ホルミル基)やケトン基のもつ $>C=O$ をカルボニル基ともいう。

官能基は，たくさんあるね。覚えきれるか心配だな……

今後，復習のたびに**この表を何度も確認していればそのうち覚えられるようになる**ので，心配しなくていいよ。

有機化合物の成分元素の含有量を求める操作を**元素分析**という。元素分析の手順は，次の**チェック問題**でおさえよう。

チェック問題 1

標準 

図は，炭素，水素，酸素からなる純粋な有機化合物 A を試料として元素分析を行った装置の概略図である。

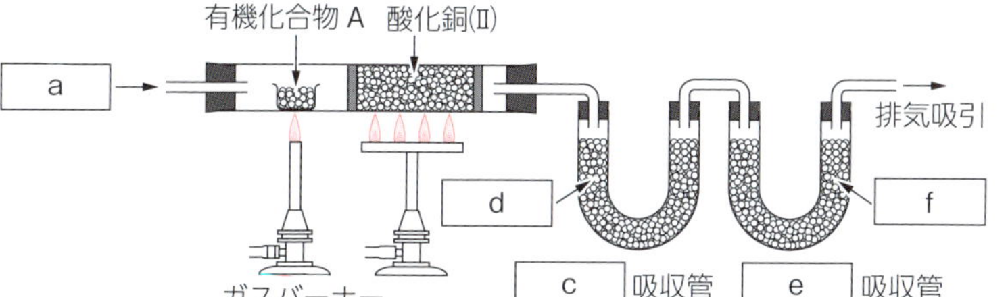

元素分析ではまず，有機化合物 A の質量を正確に測定し，乾燥した［ a ］を一定の速度で流しながら，有機化合物 A を酸化銅(Ⅱ)CuO などの［ b ］剤の存在下で完全燃焼させる。完全燃焼によって生成した［ c ］を［ d ］に，［ e ］を［ f ］に吸収させる。続いて，それぞれの吸収管の質量を測定して，それぞれの吸収管が増加した分の質量から，生成した［ c ］の質量と［ e ］の質量を求める。これをもとにすれば，各元素(C，H，O)の質量を求めることができる。

問 ［ a ］～［ f ］にあてはまる語として最も適当なものを次の①～⑨のうちから1つずつ選べ。

① 酸化　② 還元　③ 水　④ 塩化カルシウム　⑤ 酸素
⑥ ソーダ石灰　⑦ 二酸化炭素　⑧ 窒素　⑨ アルゴン

解答・解説

a ⑤　b ①　c ③　d ④　e ⑦　f ⑥

有機化合物を構成する元素の種類や割合を調べることを元素分析という。C，H，O からなる有機化合物の組成式は次のように求める。

まず，試料(有機物化合物 A)の質量を精密にはかる。次に，試料を乾燥酸素 O_2 中で完全燃焼させ，生じた H_2O を塩化カルシウム $CaCl_2$ に，CO_2 をソーダ石灰($CaO+NaOH$)に吸収させ，質量増加分から H_2O と CO_2 の質量を求める。これらの値をもとに，組成式を決定する。元素分析では，次のような装置を使う。

第6章 有機化合物

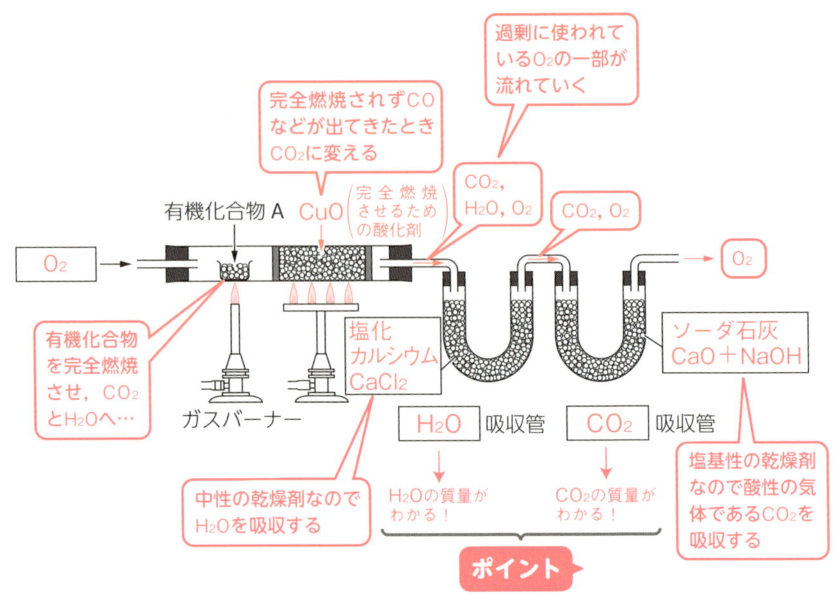
過剰に使われているO2の一部が流れていく
完全燃焼されずCOなどが出てきたときCO2に変える
CO2, H2O, O2
CO2, O2
有機化合物 A
CuO
完全燃焼させるための酸化剤
O2
O2
有機化合物を完全燃焼させ，CO2とH2Oへ…
ガスバーナー
塩化カルシウム CaCl2
ソーダ石灰 CaO＋NaOH
H2O 吸収管
CO2 吸収管
H2Oの質量がわかる！
CO2の質量がわかる！
中性の乾燥剤なのでH2Oを吸収する
塩基性の乾燥剤なので酸性の気体であるCO2を吸収する
ポイント

ポイント 元素分析の注意点

ソーダ石灰は**塩基性の乾燥剤**で，$CaCl_2$より**前につなぐ**と**酸性の気体であるCO_2と湿気つまりH_2Oのどちらも吸収してしまい**CO_2とH_2Oの質量を別々に調べることができない。そのため，「塩化カルシウム ➡ ソーダ石灰の順」にしなければならない。

チェック問題 1 のように元素分析を行った後は，組成式（実験式）を求めてみるね。

組成式？

有機化合物を構成している原子の個数を最も簡単な整数比で表したものを組成式というんだ。たとえば，酢酸 CH_3COOH の分子式は $C_2H_4O_2$，組成式は CH_2O になる。（分子式 $C_2H_4O_2$ は $(CH_2O)\times 2$ と表せるので）

メタン CH_4 のように，分子式と組成式が同じ CH_4 になる有機化合物もあるんだ。（分子式 CH_4 は $(CH_4)\times 1$ と表せるので）組成式の求め方は次の 例 を参考にしてね。

例　C，H，O からなる有機化合物15.4 mg を完全燃焼させると，CO_2 44.0 mg と H_2O 16.2 mg が得られた。H ＝1.0，C＝12.0，O＝16.0とし，この有機化合物の組成式を求めてみる。

解き方 有機化合物15.4 mg 中の C の質量は，生じた CO_2 中の C の質量と等しい。

$$\text{Cの質量} \Rightarrow \underbrace{44.0}_{CO_2\,[\mathrm{mg}]} \times \underbrace{\frac{\mathrm{C}}{\mathrm{CO_2}}}_{\mathrm{C}\,[\mathrm{mg}]} = 44.0 \times \frac{12.0}{44.0} = 12.0\,[\mathrm{mg}]$$

有機化合物15.4 mg 中の H の質量は，生じた H_2O の中の H の質量と等しい。

$$\text{Hの質量} \Rightarrow \underbrace{16.2}_{H_2O\,[\mathrm{mg}]} \times \underbrace{\frac{2\mathrm{H}}{\mathrm{H_2O}}}_{\mathrm{H}\,[\mathrm{mg}]} = 16.2 \times \frac{2.0}{18.0} = 1.8\,[\mathrm{mg}]$$

有機化合物15.4 mg 中の O の質量は，

$$\underbrace{15.4\ \mathrm{mg}}_{\text{有機化合物の質量}} - (\underbrace{12.0\ \mathrm{mg}}_{\text{Cの質量}} + \underbrace{1.8\ \mathrm{mg}}_{\text{Hの質量}}) = \underbrace{1.6\,[\mathrm{mg}]}_{\text{Oの質量}}$$ になる。

よって，それぞれを mol に変換することで，元素の個数の比がわかる。

$$\frac{12.0\times10^{-3}}{\text{Cの原子量}} : \frac{1.8\times10^{-3}}{\text{Hの原子量}} : \frac{1.6\times10^{-3}}{\text{Oの原子量}}$$

$$= \frac{12.0\times10^{-3}}{12.0} : \frac{1.8\times10^{-3}}{1.0} : \frac{1.6\times10^{-3}}{16.0}$$ ← mol の比

$$= 1 : 1.8 : 0.1$$

$$= 10 : 18 : 1$$

（10^{-3}：mg から g に変換している　$1.6\ \mathrm{mg}\times\frac{1\ \mathrm{g}}{10^3\ \mathrm{mg}} = 1.6\times10^{-3}\ \mathrm{g}$　（mol の比は変わらないので $\times10^{-3}$ はなくてもよい））

（0.1 → 1：整数になるように 10 倍する）

mol の比＝個数の比となるので，組成式は $C_{10}H_{18}O$ になる。

チェック問題 2　標準 

炭素，水素，酸素，硫黄からなる有機化合物の元素分析を行ったところ，炭素，水素，硫黄の質量パーセントが表のようになった。この有機化合物の組成式として最も適当なものを，下の①～⑥のうちから 1 つ選べ。

ただし，H＝1.0，C＝12，O＝16，S＝32とする。

表

各元素の質量パーセント		
C	H	S
39.1%	8.7%	34.8%

① CH_4OS　② C_2H_6OS　③ $C_2H_6O_2S$

④ C_3H_8OS　⑤ $C_3H_8O_2S$　⑥ $C_3H_8O_2S_2$

解答・解説

④

この有機化合物が100 g あれば，C の質量＝39.1 g，H の質量＝8.7 g，S の質量＝34.8 g，O の質量＝100（有機化合物の質量〔g〕）－（39.1（C の質量〔g〕）＋8.7（H の質量〔g〕）＋34.8（S の質量〔g〕））＝17.4 g

よって，

$$\underbrace{C:H:O:S}_{\text{物質量〔mol〕の比}} = \frac{39.1}{12} : \frac{8.7}{1.0} : \frac{17.4}{16} : \frac{34.8}{32}$$

$$\fallingdotseq 3.25 : 8.7 : 1.08 : 1.08$$

$$\fallingdotseq 3 : 8 : 1 : 1$$

最も mol の少ない O や S の mol で全体を割る

となり，組成式は C_3H_8OS になる。

組成式がわかれば，分子量から分子式を求められるね。

そうだね。もし，組成式が CH_2O で分子量が60だったら，C＝12，H＝1.0，O＝16 とすると，$CH_2O = \underset{C}{12} + \underset{H}{1.0} \times 2 + \underset{O}{16} = 30$ になるよね。分子式は $(CH_2O)_n$ と表せるので，$30n = 60$ より $n = 2$ となり，分子式は $(CH_2O)_2 = C_2H_4O_2$ と求められるんだ。

2 異性体について

なぜ有機化学では炭素 C にこだわるの？

数多くある原子の中で，炭素原子 C だけが他の炭素原子 C と安定な共有結合によりさまざまな長さ・種類の鎖や環をつくり無数の化合物をつくるからなんだ。そのため，有機化合物には**分子式が同じでも性質の異なる化合物**（＝**異性体**）が存在することがある。

異性体には，構造式が異なる**構造異性体**，原子のつながり方は同じで分子の立体構造が異なる**立体異性体**がある。また，立体異性体には，**シス-トランス異性体**（**幾何異性体**）と**鏡像異性体**（**光学異性体**）があるんだ。

ポイント 異性体について

- **異性体**
  - ① 構造異性体
  - ② 立体異性体
    - (a) **シス-トランス異性体**（**幾何異性体**）
    - (b) **鏡像異性体**（**光学異性体**）

3 構造異性体について

（たとえば，$-\overset{|}{\underset{|}{C}}-\overset{|}{\underset{|}{C}}-O-$ と $-\overset{|}{\underset{|}{C}}-O-\overset{|}{\underset{|}{C}}-$ のような関係）

構造異性体は，原子のつながり方が異なるために存在するんだ。

構造異性体については，❶「**炭素骨格の違い**」によるもの，❷「**官能基の違い**」によるもの，❸ 官能基や二重結合（C＝C）などの「**位置の違い**」によるものを考えればいいんだ。

【構造異性体の例】

❶ 分子式 C_4H_{10} の化合物には，「**炭素骨格が異なる**」構造異性体が 2 種類存在するんだ。

まっすぐ…
$CH_3-CH_2-CH_2-CH_3$

枝あり
$$\begin{array}{c}CH_3\\|\\CH_3-CH-CH_3\end{array}$$

❷ 分子式 C_3H_8O の化合物には，$-OH$：**ヒドロキシ基**や $-\overset{|}{\underset{|}{C}}-O-\overset{|}{\underset{|}{C}}-$：**エーテル結合**という「**官能基が異なる**」構造異性体が存在するんだ。

㋑ $CH_3-CH_2-CH_2\boxed{-OH}$（ヒドロキシ基）　㋺ $CH_3-CH_2\boxed{-O-}CH_3$（エーテル結合）

❸ 分子式 C_3H_8O の化合物には，$-OH$：ヒドロキシ基の「**位置が異なる**」構造異性体が存在するんだ。

㋑ $CH_3-CH_2-CH_2$（C 骨格のはじ）$-OH$　㋩ $CH_3-CH-CH_3$（C 骨格の途中）$-OH$

㋑と㋩は$-OH$の結合している位置が違う。

まとめると，C_3H_8O には**構造異性体が3種類（㋑，㋺，㋩）存在する**ね。

チェック問題 3　易

次の ＿＿ にあてはまる数を，下の①～⑥のうちから 1 つ選べ。

分子式 C_3H_8O の化合物には，＿＿ 個の構造異性体がある。

① 1　② 2　③ 3　④ 4　⑤ 5　⑥ 6

解答・解説

③

上の文章中の❷と❸を参照。

4 シス-トランス異性体（幾何異性体）について

炭素-炭素二重結合（C＝C）をもっている化合物が，二重結合を軸にして常温で自由に回転できないために生じる異性体を**シス-トランス異性体**（**幾何異性体**）というんだ。

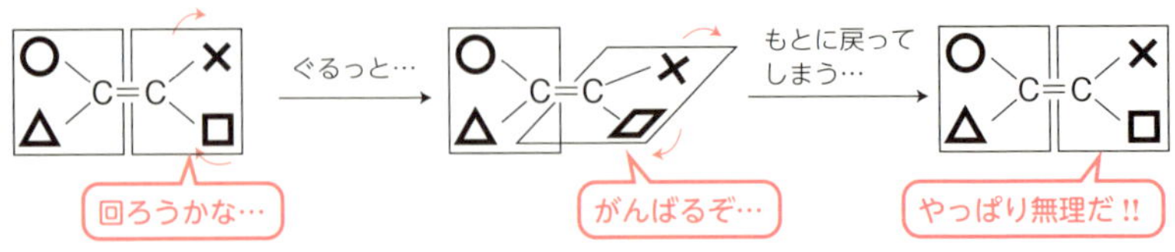

C＝Cはふつう自由に回転できない!!

シス-トランス異性体（幾何異性体）には，置換基がC＝C結合に対して**同じ側に結合しているもの**（＝**シス形**）と**反対側に結合しているもの**（＝**トランス形**）がある。

例

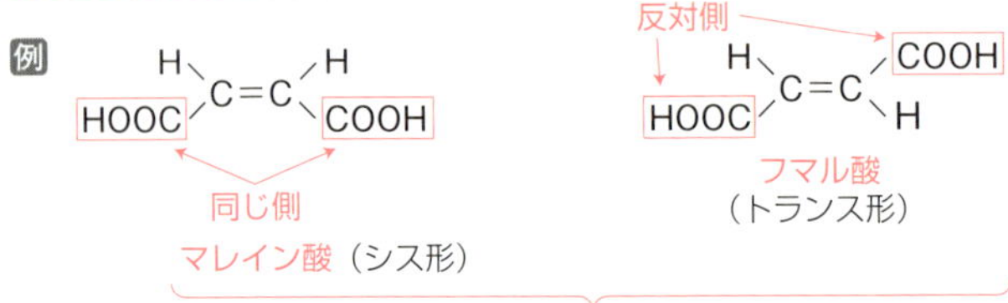

どちらも分子式は$C_4H_4O_4$

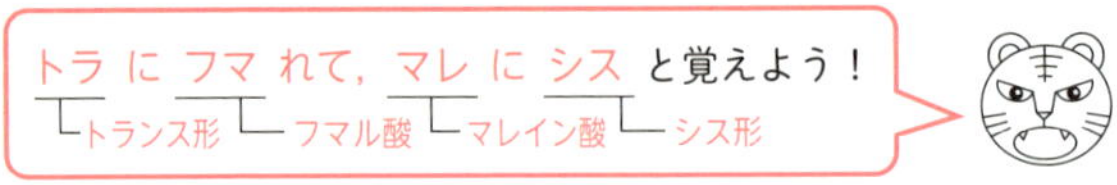

トラ に フマ れて，マレ に シス と覚えよう！
（トラ→トランス形　フマ→フマル酸　マレ→マレイン酸　シス→シス形）

チェック問題 4

次の分子①～⑤のうちから，シス-トランス異性体（幾何異性体）が存在するものを1つ選べ。

① CH_3-CH_2-COOH　② $CH_3-CH(OH)-COOH$
③ $CH_2=CH-COOH$　④ $HOOC-(CH_2)_4-COOH$
⑤ $HOOC-CH=CH-COOH$

解答・解説

①，②，④には，＞C＝C＜がないので検討しなくてよい。

③は，

$$\begin{array}{l} H \\ H \end{array} \!\!\!> C = C <\!\! \begin{array}{l} H \\ COOH \end{array}$$

→同じHが結合しているので，シス-トランス異性体（幾何異性体）は存在しない

➡ 次の ポイント 参照

⑤には，マレイン酸とフマル酸のシス-トランス異性体が考えられる。

ポイント シス-トランス異性体（幾何異性体）について

$$\begin{array}{l} \alpha \\ \alpha \end{array} \!\!\!> C = C <$$ の構造をもつ有機化合物にはシス-トランス異性体は生じない

思 考力のトレーニング 1

やや難 2分

次の化合物は植物精油の成分の１つである。この構造式で示される化合物には幾何異性体はいくつあるか。下の①～⑧のうちから１つ選べ。

$$CH_3-\overset{CH_3}{\overset{|}{C}}=CH-(CH_2)_2-\overset{CH_3}{\overset{|}{C}}=CH-(CH_2)_2-\overset{CH_3}{\overset{|}{C}}=CH-CH_2OH$$

① 幾何異性体は存在しない　② 2　③ 3
④ 4　⑤ 5　⑥ 6　⑦ 7　⑧ 8

解答・解説

④

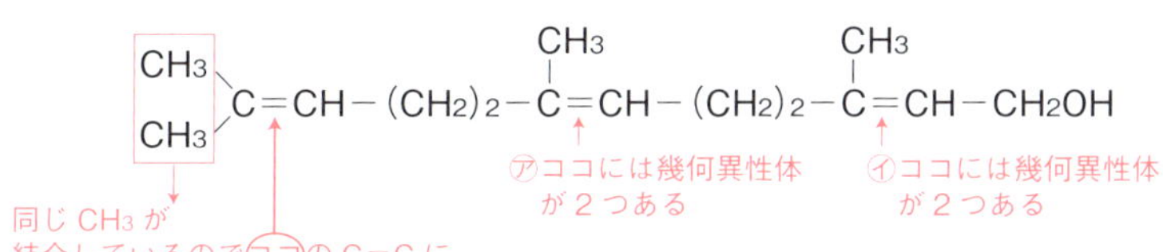

CH3
CH3
C=CH－(CH2)2－C=CH－(CH2)2－C=CH－CH2OH
CH3
CH3
㋐ココには幾何異性体が２つある
㋑ココには幾何異性体が２つある
同じ CH3 が結合しているのでココの C=C については幾何異性体は存在しない。

㋐のシス形に相当するもの ⇔ ㋑のシス形に相当するもの
㋐のトランス形に相当するもの ⇔ ㋑のトランス形に相当するもの

組み合わせは４通り

よって，$2 \times 2 = 4$ 種類

第6章 有機化合物

5 鏡像異性体（光学異性体）について

不斉炭素原子をもつ分子には，たがいに重ね合わせることのできない異性体が存在し，この1対の異性体をたがいに**鏡像異性体**（または**光学異性体**）であるというんだ。

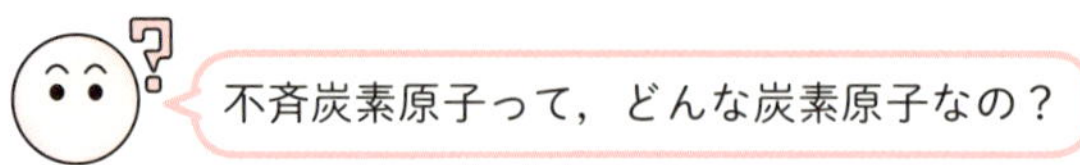

不斉炭素原子って，どんな炭素原子なの？

異なるX，Y，Z，Wが結合している炭素Cを**不斉炭素原子**（➡ ＊印をつけて他のCと区別することがある）という。

```
     Y                         OH
     |                          |
 X — C* — Z        例    H — C* — COOH
     |                          |
     W                         CH3     乳酸
```

$H-C^{*}(OH)(CH_3)-COOH$ 乳酸 ⬅乳酸の構造式は覚えよう！

不斉炭素原子をもつ分子には，下の図のような「鏡にうつすもの（実像）」と「鏡にうつったもの（鏡像）」の関係にある1対の立体異性体が存在し，これを**鏡像異性体**とよんだり，**光に対する性質が異なるので光学異性体とよんだりする**んだ。

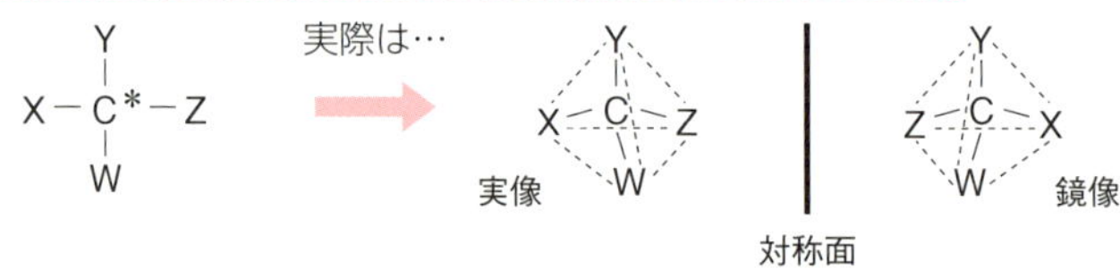

たがいに重ね合わせることは，どうしてもできないの？

「左手」と「鏡にうつった左手（➡ 右手になるよね）」は重ね合わせることはできない（同じものにならない）よね。

または，「左手用の手ぶくろを右手につけて使えない」と考えてもいいね。

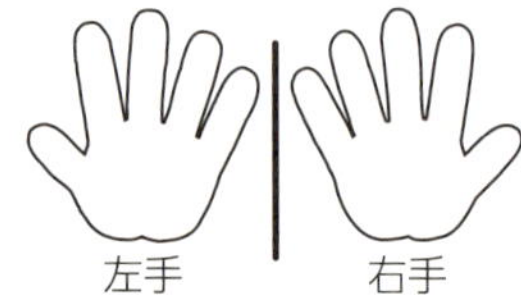

ポイント 鏡像異性体（光学異性体）について

- **不斉炭素原子**を発見！ ➡ **鏡像異性体**（**光学異性体**）が存在する
  - 鏡像異性体（光学異性体）は，①光に対する性質が異なり，
    ②におい・味などの生理作用が異なることがある

チェック問題 5

たがいに鏡像の関係にある1対の鏡像異性体(光学異性体)に関する次の記述a～dについて，正誤の組み合わせとして正しいものを，右の①～⑧のうちから1つ選べ。

a　偏光(平面偏光)に対する性質が異なる。
b　融点・沸点が異なる。
c　立体構造が異なる。
d　分子式が異なる。

	a	b	c	d
①	正	正	正	正
②	正	正	誤	正
③	正	誤	正	誤
④	正	誤	誤	誤
⑤	誤	正	正	誤
⑥	誤	正	誤	誤
⑦	誤	誤	正	正
⑧	誤	誤	誤	正

解答・解説

③

鏡像異性体どうしは，ほとんどの物理的性質(融点・沸点・密度など)や化学的性質(反応のようす)は同じである。

a　光に対する性質(旋光性)が異なる。〈正しい〉
b　物理的性質(融点や沸点など)は同じ。〈誤り〉
c　左手と右手の違いのこと。つまり，立体構造が異なる。〈正しい〉
d　分子式は同じである。〈誤り〉

チェック問題 6

次の化合物ア～カのうち，不斉炭素原子をもつ化合物が2つある。その組み合わせとして正しいものを，下の①～⑥のうちから1つ選べ。

ア　$CH_3CH_2CH_3$　　イ　$CH_3CH(OH)CH_3$
ウ　$CH_3CH(OH)CH_2COOH$　　エ　$CH_3CH{=}CHCH_3$
オ　$CH_2(OH)CH(OH)CH_2OH$　　カ　$CH_3CH(NH_2)COOH$

①　イ・エ　　②　ウ・カ　　③　エ・オ
④　ア・オ　　⑤　イ・ウ　　⑥　オ・カ

解答・解説

②

ウ　$CH_3-\overset{\displaystyle H}{\underset{\displaystyle OH}{C^*}}-CH_2-COOH$（*は不斉炭素原子）

カ　$CH_3-\overset{\displaystyle H}{\underset{\displaystyle NH_2}{C^*}}-COOH$　「アラニン」という

6 異性体のまとめ

共通テストで，頻出する異性体の分子式は限られているんだ。

じゃあ、すべてを覚えてしまえばいいね。

そうだね。ただ，ある程度は考えながら暗記した方が忘れにくいと思うよ。

❶ 炭素C骨格のパターン

まずは，炭素C骨格のパターンを覚えてね。

① **鎖状構造** の場合は，→「くさり状」のこと。枝分かれがあっても大丈夫！

C_3 ➡ C−C−C　のみの1種類（3つまっすぐ）

C_4 ➡ C−C−C−C（4つまっすぐ），C−C(−C)−C（3つまっすぐ，枝1つ）　の2種類

C_5 ➡ C−C−C−C−C（5つまっすぐ），C−C−C(−C)−C（4つまっすぐ，枝1つ），C−C(−C)(−C)−C（3つまっすぐ，枝2つ）　の3種類

② **環状構造** の場合は，→「わ」になっているもの

C_3 ➡ 三角形（C−C−Cの環）　のみの1種類　C_4 ➡ 四角形（C−C−C−Cの環）　と　三角形に枝1つ（C−C−Cの環にCが1つ）　の2種類

になる。

次に，Oのつなぎ方のパターンを覚えよう。

❷ 酸素Oのつなぎ方のパターン

酸素Oは−O−(手が2本)なので，つなぎ方には次の **パターンⅠ** と **パターンⅡ** がある。

パターンⅠ　**エーテル**をつくる。

例 …−C−C−C−　（CとCの間にOを入れる）⟶　…−C−C−O−C−　（エーテル結合）

エーテルだね。

パターンⅡ **アルコール**をつくる。

例 …－C(H)(H)－C(H)(H)－C(H)(H)－H ⟶(CとHの間にOを入れる) …－C(H)(H)－C(H)(H)－C(H)(O－H)－H ←ヒドロキシ基 アルコールだね。

ここから，頻出する分子式とその異性体を紹介していくね。

❸ C と H だけからなる場合

① C_nH_{2n+2} の型 ⟶ **すべて単結合からできている。鎖状構造のみ。**

❶ C_4H_{10} ⟶ C 骨格のパターンを 鎖状 で考える。

㋐ $CH_3-CH_2-CH_2-CH_3$

㋑ $CH_3-CH(CH_3)-CH_3$ ⇐ C_4 の 鎖状 は 2 つ

構造異性体が，㋐ と ㋑ の 2 種類存在する。

❷ C_5H_{12} ⟶ C 骨格のパターンを 鎖状 で考える。

㋐ $CH_3-CH_2-CH_2-CH_2-CH_3$

㋑ $CH_3-CH_2-CH(CH_3)-CH_3$

㋒ $CH_3-C(CH_3)_2-CH_3$ ⇐ C_5 の 鎖状 は 3 つ

構造異性体が，㋐ ～ ㋒ の 3 種類存在する。

② C_nH_{2n} の型 ⟶ **C＝C か環状構造をもつ**（n が 3 以上の場合）。

❶ C_3H_6

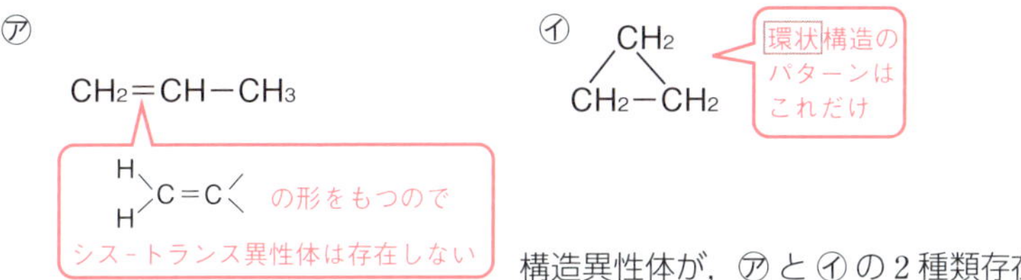

構造異性体が，㋐ と ㋑ の 2 種類存在する。

❷ C_4H_8

考え方 まず，C 骨格のパターンを 鎖状 で考え，↑の位置に C＝C を入れていく。次に，C 骨格のパターンを 環状 で考える。

C 骨格のパターン：C_4 の 鎖状 は 2 つ

C－C－C－C（↑㋐ ↑㋑）　　C－C(C)－C（↑㋒）

㋐ ～ ㋒ の位置にそれぞれ C＝C を入れると……

㋐ $CH_2=CH-CH_2-CH_3$
シス-トランス異性体は存在しない

㋑ $CH_3-CH=CH-CH_3$
シス-トランス異性体が存在する

㋒ $CH_2=C(CH_3)-CH_3$
シス-トランス異性体は存在しない

C 骨格のパターンを環状で考えると……

㋓ H_2C-CH_2 / H_2C-CH_2（四員環）

㋔ CH_2 / $CH_2-CH-CH_3$（三員環）

C 骨格のパターン：C_4 の環状は 2 つ

構造異性体が，㋐ ～ ㋔ の 5 種類存在する。

ただし，㋑には $\overset{CH_3}{\underset{H}{}}\rangle C=C \langle\overset{CH_3}{\underset{H}{}}$（シス形）と $\overset{CH_3}{\underset{H}{}}\rangle C=C \langle\overset{H}{\underset{CH_3}{}}$（トランス形）が存在する。

チェック問題 7

次の文中の空欄（ a ・ b ）にあてはまる数字を答えよ。

分子式 C_4H_8 で表される炭化水素の構造異性体には，鎖状のものが a 種類存在し，環状のものが b 種類存在する。

解答・解説

a 3　b 2

上の文章 C_4H_8 の解説から，鎖状のものが㋐～㋒の 3 種類，環状のものが㋓と㋔の 2 種類存在することがわかる。構造異性体だけを考えるので，立体異性体（シス-トランス異性体，鏡像異性体）は考えないこと。

❹ C，H，O からなる場合

① $C_nH_{2n+2}O$ の型 ⟶ すべて単結合からできている。鎖状構造のみ。

❶ C_3H_8O

考え方　C 骨格のパターンを鎖状で考えて，↑の位置に O を入れていく。

C 骨格のパターン：C_3 の鎖状は 1 つ

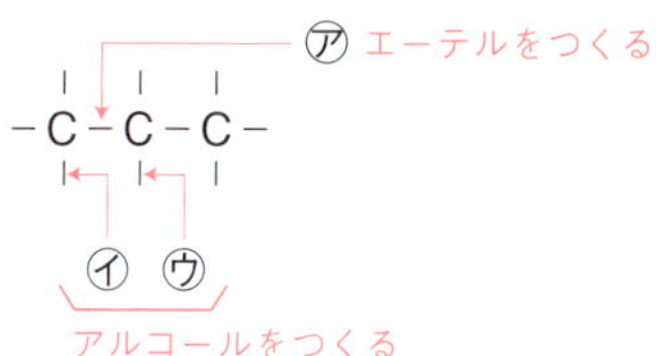

㋐～㋒の位置にそれぞれOを入れると……

㋐ $CH_3-O-CH_2-CH_3$　㋑ $CH_2-CH_2-CH_3$（CH_2にOHが結合）　㋒ $CH_3-CH-CH_3$（CHにOHが結合）

㋐～㋒の3種類の構造異性体が，存在する(p.391)。

❷ $C_4H_{10}O$

考え方　C骨格のパターンを**鎖状**で考えて，↑の位置にOを入れていく。

C骨格のパターン：C_4の鎖状は2つ

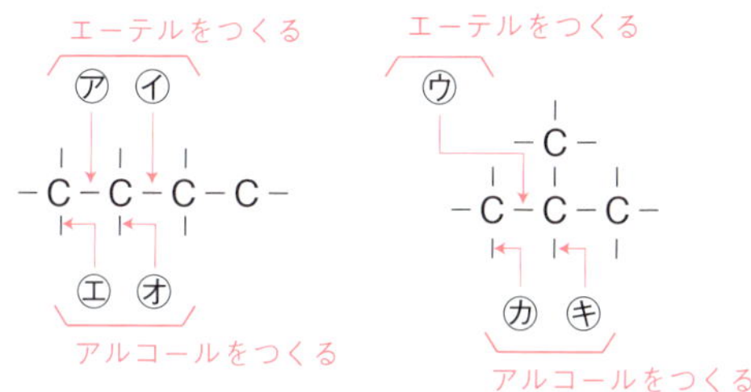

㋐～㋖の位置にそれぞれOを入れると……

㋐ $CH_3-O-CH_2-CH_2-CH_3$　㋑ $CH_3-CH_2-O-CH_2-CH_3$

㋒ $CH_3-O-CH-CH_3$（CHにCH_3が結合）

➡ ㋐～㋒はエーテル

㋓ $CH_2-CH_2-CH_2-CH_3$（左端のCH_2にOHが結合）

㋔ $CH_3-\overset{*}{C}H-CH_2-CH_3$（$\overset{*}{C}H$にOHが結合）（＊は不斉炭素原子）

㋕ $CH_2-CH-CH_3$（CH_2にOH，CHにCH_3が結合）

㋖ CH_3-C-CH_3（CにCH_3とOHが結合）

➡ ㋓～㋖はアルコール

構造異性体が，㋐～㋖の7種類存在する。ただし，㋔には不斉炭素原子があるので，鏡像異性体(光学異性体)が存在する。

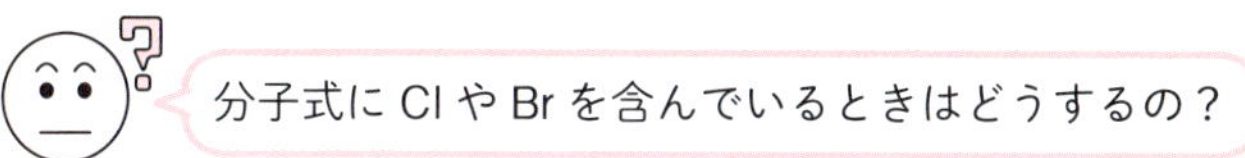

分子式にClやBrを含んでいるときはどうするの？

ClやBrなどのハロゲン原子を含む場合は，**ハロゲン原子(−Cl，−Brなど)を水素**

原子(−H)とみなして異性体を探し，その後に水素原子(−H)をハロゲン原子(−Cl, −Br など)へ戻すといいんだ。

チェック問題 8　標準 

次の記述 a ～ c 中の，[1] ～ [3] にあてはまる数を，下の①～⑥のうちから1つずつ選べ。ただし，同じ数を2回以上選んでもよい。

a　分子式 C_5H_{12} で示される化合物のすべての異性体の数は，[1] である。

b　分子式 C_3H_5Br で示され，二重結合を1つもつ化合物のすべての異性体の数は [2] である。

c　分子式 $C_4H_{10}O$ で示され，エーテル結合を1つもつ化合物のすべての異性体の数は [3] である。

①　1　　②　2　　③　3　　④　4　　⑤　5　　⑥　6

解答・解説

a　③　　b　④　　c　③

a　$CH_3-CH_2-CH_2-CH_2-CH_3$

$$CH_3-CH_2-\underset{}{\overset{\displaystyle CH_3}{\overset{|}{C}}}H-CH_3$$

$$CH_3-\overset{\displaystyle CH_3}{\overset{|}{\underset{\underset{\displaystyle CH_3}{|}}{C}}}-CH_3$$

の3つ (➡ P.397)。

b　C_3H_6 とみなして考える。分子式が C_3H_6 で，二重結合を1つもつ化合物は $CH_2=CH-CH_3$ となる。

ここで，㋐ ～ ㋒ の位置にある−H を−Br に戻すと，

```
H                 H
  \              /
   C = C  -  C — H
  /    |      \
(H)   (H)      (H)
 ↑     ↑        ↑
 ㋐    ㋑       ㋒
```

㋐には

```
H         H
  \     /
   C = C
  /     \
Br        CH3
```
シス形

と

```
H         CH3
  \     /
   C = C
  /     \
Br        H
```
トランス形

が存在し，

㋑ $CH_2=C(Br)-CH_3$　　㋒ $CH_2=CH-CH_2Br$

（㋑: $CH_2=C-CH_3$ の中央の C に Br が結合，㋒: $CH_2=CH-CH_2$ の末端の C に Br が結合）

の4つの異性体が考えられる(㋑と㋒には，シス-トランス異性体は存在しない)。

注　異性体の数を答えるので，構造異性体だけでなく立体異性体を合わせて考えること。
→シス-トランス異性体(幾何異性体)や鏡像異性体(光学異性体)

c　$-\overset{|}{\underset{|}{C}}-O-\overset{|}{\underset{|}{C}}-$ の形をもつものがエーテル結合。

399ページで探した $C_4H_{10}O$ の異性体の中でエーテル結合を1つもつものを探す。

$CH_3-CH_2-O-CH_2-CH_3$　　$CH_3-CH_2-CH_2-O-CH_3$

$CH_3-CH(CH_3)-O-CH_3$

の3つ。

思 考力のトレーニング 2

次の化合物Aの構造異性体のうち，カルボニル基をもつものは［a］種類あるか。［a］にあてはまる数字を答えよ。

（五員環：O，H_2C，CH_2，H_2C，CH_2）

化合物A

解答・解説

a　3

化合物Aの分子式は C_4H_8O なので，求める構造異性体の分子式も C_4H_8O となる。

また，C_4 の骨格パターンは，C−C−C−C と C−C(−C)−C の2種なので，この骨格にカルボニル基 >C=O をもつものは，

C−C−C−C（㋐：1番目のC，㋑：2番目のC）　　C−C(−C)−C（㋒：端のC）

↑の位置が >C=O を表している

の3種類(㋐，㋑，㋒)。よって，次の3種類がカルボニル基をもつ構造異性体。

第6章　有機化合物

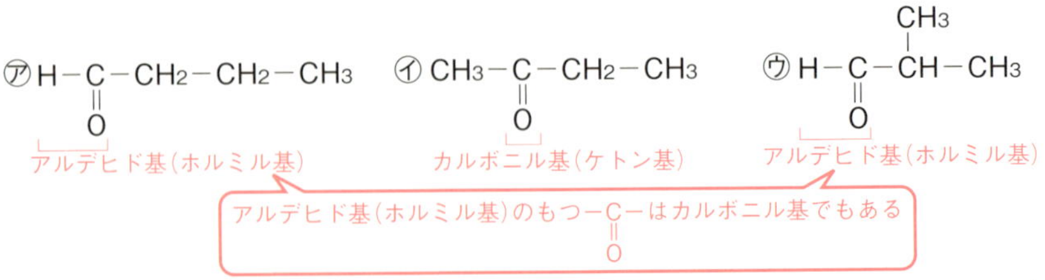

㋐ H−C−CH2−CH2−CH3 (C=O)
アルデヒド基(ホルミル基)

㋑ CH3−C−CH2−CH3 (C=O)
カルボニル基(ケトン基)

㋒ H−C−CH−CH3 (C=O, CH に CH3)
アルデヒド基(ホルミル基)

アルデヒド基(ホルミル基)のもつ−C(=O)−はカルボニル基でもある

注 C−C(−C)−C，C−C(−C)−C，C−C(−C)−C は，どれも㋒である。また，

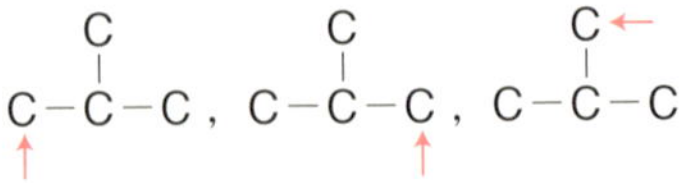

↑の位置が C=O を表している

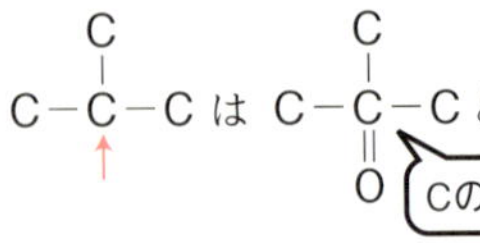

C−C(−C)−C は C−C(−C)(=O)−C となるが，この化合物は存在できない。

Cの価標は4本が限界！

思 考力のトレーニング 3

難 3分

分子式が C_6H_{10} である化合物の構造異性体のうち，環状構造を1つだけもち，その環状構造が5つの炭素原子からなるものはいくつあるか。正しい数を，次の①～⑥のうちから1つ選べ。ただし，立体異性体は考えないものとする。

① 1　② 2　③ 3　④ 4　⑤ 5　⑥ 6

解答・解説

④

五員環という

C原子5個の環状構造（五員環）を1つだけをもつので，C_6H_{10} のC骨格は，

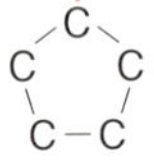

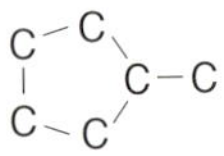

（五員環の1つのCに−Cが結合した骨格）と決まる。このC骨格のすべてにH原子が結合すると，

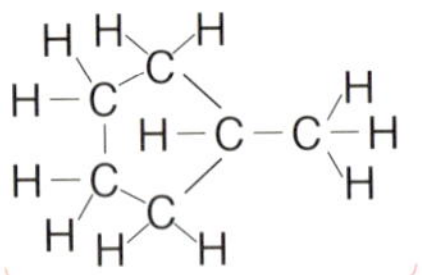

（メチルシクロペンタンの構造式）になり，その分子式は C_6H_{12} になる。

結合しているHは12個

ところが，求める構造異性体の分子式は C_6H_{10} なので H 原子が 2 個不足しており，C＝C を 1 個もつことがわかる。

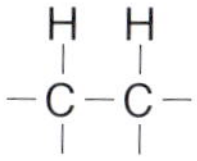

（ $-\overset{\mathrm{H}}{\underset{|}{\overset{|}{\mathrm{C}}}}-\overset{\mathrm{H}}{\underset{|}{\overset{|}{\mathrm{C}}}}-$ から H が 2 個不足すれば， $-\underset{|}{\mathrm{C}}=\underset{|}{\mathrm{C}}-$ となるため。）

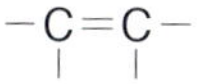

よって，求める構造異性体は，

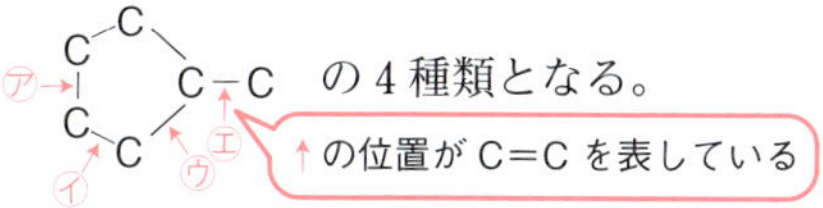

C–C–C–C–C の五員環に C が結合した骨格（㋐～㋓の位置が C＝C を表している）

の 4 種類となる。

↑の位置が C＝C を表している

㋐ 3-メチルシクロペンテン型構造（H–C＝C–H，H–C–CH₃）

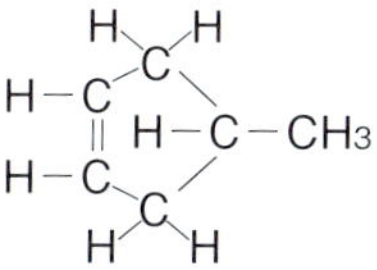

㋑

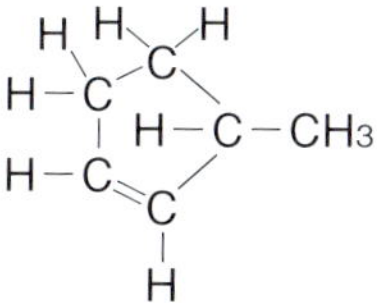

㋒

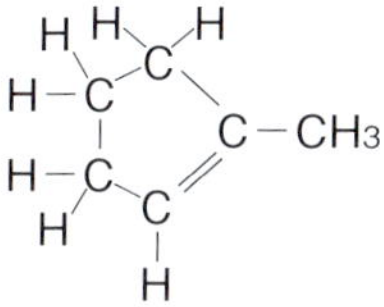

㋓ C＝CH₂

第6章 有機化合物

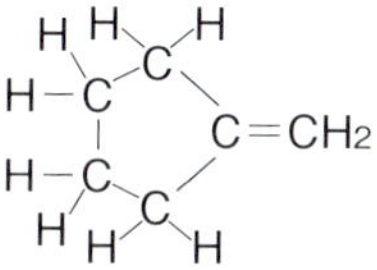

29 時間目

第6章　有機化合物

炭化水素

1 アルカン(C_nH_{2n+2})について

CとHだけからなる有機化合物を**炭化水素** C_xH_y という。すべて単結合(C－C結合とC－H結合)からできている炭化水素 C_xH_y のうち，鎖状構造のものを**アルカン**，環状構造のものを**シクロアルカン**という。
「環」を表す

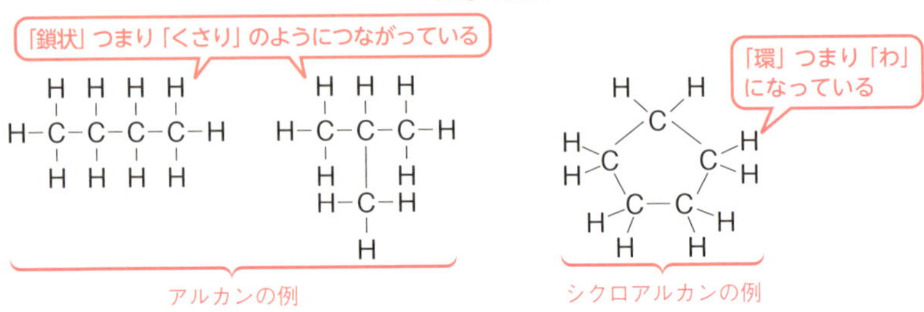

鎖状には，炭素がまっすぐにつながっているものや枝分かれでつながっているものがあるんだね。

そうなんだ。**まっすぐにつながっているものは「直鎖」ということもあるから，枝分かれの可能性も含んでいる「鎖状」とのカン違いに気をつけてね。**

アルカンの炭素の数を n とすると，

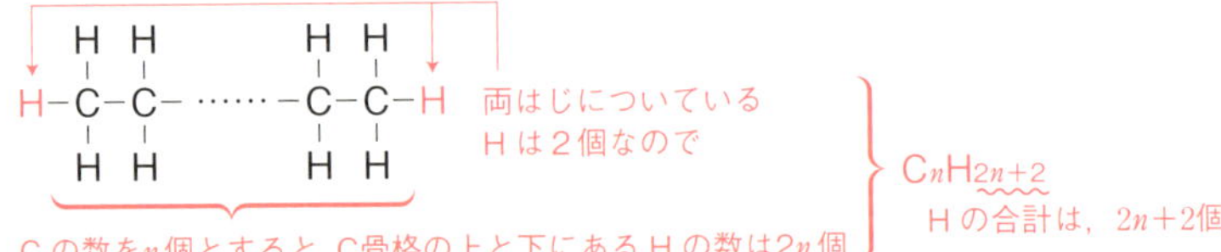

となり，アルカンの一般式は，C_nH_{2n+2} になるんだ。

名　称		分子式	構　造	沸　点
メタン	methane	CH_4 ($n=1$)	CH_4	低
エタン	ethane	C_2H_6 ($n=2$)	CH_3-CH_3	↓
プロパン	propane	C_3H_8 ($n=3$)	$CH_3-CH_2-CH_3$	↓
ブタン	butane	C_4H_{10} ($n=4$)	$CH_3-CH_2-CH_2-CH_3$	↓
ペンタン	pentane	C_5H_{12} ($n=5$)	$CH_3-CH_2-CH_2-CH_2-CH_3$	↓
ヘキサン	hexane	C_6H_{14} ($n=6$)	$CH_3-CH_2-CH_2-CH_2-CH_2-CH_3$	高

語尾が「-ane(アン)」

直鎖のアルカンは，分子量が大きくなるほどファンデルワールス力が強くなるので，沸点が高くなるよ

分子式（分子量）が同じ C_5H_{12} で表されるアルカンの場合，分子の形が**直線状になるほど**ファンデルワールス力が**強く**なり，沸点が**高く**なる。

$$\begin{array}{ccccc} \begin{array}{c} CH_3 \\ | \\ CH_3-C-CH_3 \\ | \\ CH_3 \end{array} & < & \begin{array}{c} \qquad\qquad CH_3 \\ \qquad\qquad | \\ CH_3-CH_2-CH-CH_3 \end{array} & < & CH_3-CH_2-CH_2-CH_2-CH_3 \end{array}$$

：沸点の順

球状 沸点10℃ ／ やや直線状 沸点28℃ ／ 直線状 沸点36℃

メタン CH_4 はロシアなどで地中から噴出する**天然ガスの主成分**で，天然ガス（主成分 CH_4）を低温で加圧し液化したものを **LNG**（**液化天然ガス**）という（➡ NG は，Natural Gas「天然ガス」を表す）。LNG は，都市ガスとして利用されているね。また，プロパン C_3H_8 やブタン C_4H_{10} などを常温で加圧し液化したものを **LPG**（**液化石油ガス**）というんだ。

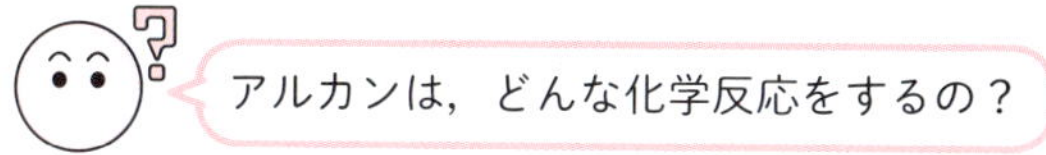

アルカンは，どんな化学反応をするの？

アルカンは，C－C や C－H が共有結合で強く結びつき，とても安定で反応しにくいんだ。

だから，❶ O_2 **と混ぜて点火する**，❷ Cl_2 **と混ぜて光をあてる**などの過激な条件でやっと反応する。

❶の条件では，完全燃焼して CO_2 と H_2O ができる。

反応式：$\underset{\text{アルカン}}{C_nH_{2n+2}} + \dfrac{3n+1}{2}O_2 \longrightarrow nCO_2 + (n+1)H_2O$

❷の条件では，H が次々に Cl と置き換わっていく（＝**置換反応**）。

$$\begin{array}{c} H \\ | \\ H-C-H \\ | \\ H \end{array} + Cl-Cl \xrightarrow{\text{光}} \begin{array}{c} H \\ | \\ H-C-Cl \\ | \\ H \end{array} + H-Cl$$

光を当てることで反応性の高い Cl が生じ，Cl が H と置き換わる!!

$$\begin{array}{c} H \\ | \\ H-C-H \\ | \\ H \end{array} \xrightarrow[\text{置換}]{Cl_2,\text{光}} \begin{array}{c} H \\ | \\ H-C-Cl \\ | \\ H \end{array} \xrightarrow[\text{置換}]{Cl_2,\text{光}} \begin{array}{c} H \\ | \\ H-C-Cl \\ | \\ Cl \end{array} \xrightarrow[\text{置換}]{Cl_2,\text{光}} \begin{array}{c} Cl \\ | \\ H-C-Cl \\ | \\ Cl \end{array} \xrightarrow[\text{置換}]{Cl_2,\text{光}} \begin{array}{c} Cl \\ | \\ Cl-C-Cl \\ | \\ Cl \end{array}$$

メタン

クロロメタン（クロロ→Cl を示している）（塩化メチル）

ジクロロメタン（ジ→2個を示している）（塩化メチレン）

トリクロロメタン（トリ→3個を示している）（クロロホルム）

テトラクロロメタン（テトラ→4個を示している）（四塩化炭素）

ジクロロメタン～テトラクロロメタン：有機化合物を溶かす溶媒として用いられる

最も簡単なアルカンである CH_4 は，実験室では酢酸ナトリウム CH_3COONa の固体と NaOH の固体を混ぜ，加熱してつくる。

中間がなくなり残る

CH_3 [COONa ＋ NaO] H ⟶ CH_4 ＋ Na_2CO_3

「中間」がとれて，Na_2CO_3 が生じる!!

この反応のように有機化学では，**視覚的に覚えやすい反応**が多いんだ。

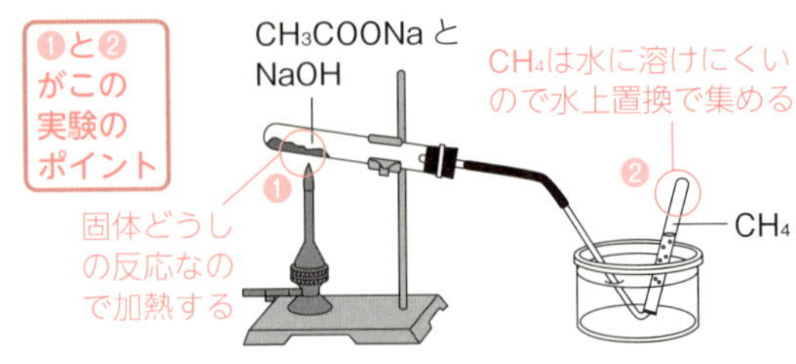
①と②がこの実験のポイント
CH3COONa と
NaOH
CH4は水に溶けにくいので水上置換で集める
①
固体どうしの反応なので加熱する
②
CH4

CH₄の製法

思考力のトレーニング 1

やや難　2分

アルカンと塩素の混合物に，光を照射すると，水素原子が塩素原子で置換される。この反応で生成するモノクロロ置換体(一塩素化物)の構造異性体の数を調べ，アルカンを互いに識別する方法がある。次の炭素数５のアルカン(ア)～(ウ)からそれぞれ何種類のモノクロロ置換体が得られるか。その組み合わせとして正しいものを，右の①～⑤のうちから１つ選べ。ただし，鏡像異性体(光学異性体)は考えないものとする。

(ア)　$CH_3CH_2CH_2CH_2CH_3$

(イ)　$CH_3CH(CH_3)CH_2CH_3$

(ウ)　$C(CH_3)_4$

	(ア)	(イ)	(ウ)
①	3	1	4
②	1	4	3
③	4	1	3
④	4	3	1
⑤	3	4	1

解答・解説

⑤

モノクロロ置換体の構造異性体の構造式を示す。

└ １個の H が Cl と置き換わったもの

(ア)　$CH_3-CH_2-CH_2-CH_2-CH_2$（末端の C に Cl）　　$CH_3-CH_2-CH_2-CH-CH_3$（CH に Cl）

$CH_3-CH_2-CH-CH_2-CH_3$（CH に Cl）

〈３種類〉

(イ)

```
      CH3
      |
CH3 - CH - CH2 - CH2
                 |
                 Cl

      CH3
      |
CH3 - CH - CH - CH3
           |
           Cl

      CH3
      |
CH3 - C - CH2 - CH3
      |
      Cl

      CH3
      |
CH2 - CH - CH2 - CH3
|
Cl
```

〈4 種類〉

(ウ)

```
      CH3
      |
CH3 - C - CH3
      |
      CH2Cl
```

〈1 種類〉

シクロアルカンは，C と H だけからできていて，C－C 結合と C－H 結合だけからなる環状のものだったよね。

そうだね。アルカン C_nH_{2n+2} から H が 2 個なくなると，環が 1 つ生じてシクロアルカンになる。

アルカンから H を 2 個とり，つなぐと…

アルカン C_nH_{2n+2} → シクロアルカン C_nH_{2n}

アルカン C_nH_{2n+2} から H が 2 個減るから，シクロアルカンの一般式は C_nH_{2n} になる。

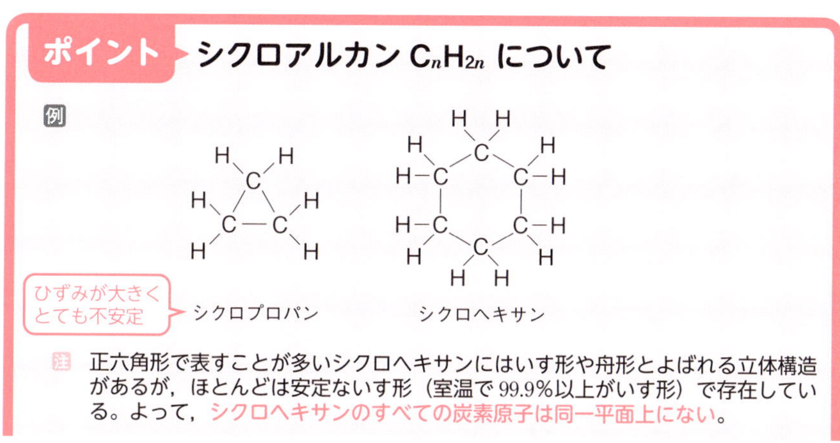

注 正六角形で表すことが多いシクロヘキサンにはいす形や舟形とよばれる立体構造があるが，ほとんどは安定ないす形（室温で 99.9%以上がいす形）で存在している。よって，シクロヘキサンのすべての炭素原子は同一平面上にない。

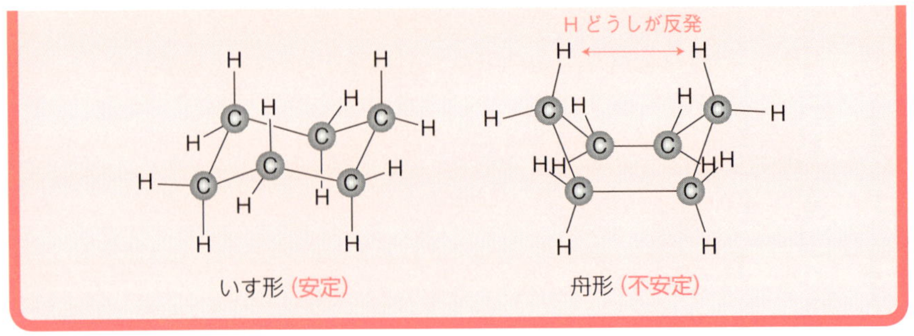

2 アルケン(C_nH_{2n})について

炭化水素のなかで，**炭素-炭素二重結合(C＝C)を1つもち鎖状のものをアルケンという**。アルケンの炭素の数を n とすると，

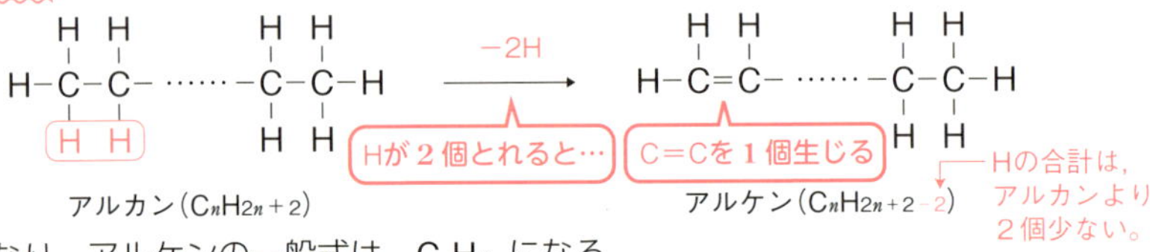

となり，アルケンの一般式は，C_nH_{2n} になる。

名称		分子式	示性式
エテン	ethene	C_2H_4	$CH_2{=}CH_2$
プロペン	propene	C_3H_6	$CH_2{=}CHCH_3$
⋮	語尾が「-ene(ェン)」	⋮	⋮

●エテンは「**エチレン**」，プロペンは「**プロピレン**」と慣用名(昔から使われている名前)でよばれることも知っておいてね。

●アルカン(alkane)をアルカン(alkane)にかえて，エタン(ethane)，プロパン(propane)と命名する。（カン→ケン，ane→ene，タン→テン，ane→ene，パン→ペン，ane→ene）

ブタン $CH_3-CH_2-CH_2-CH_3$ からH2個がとれたアルケンはどうよぶと思う？

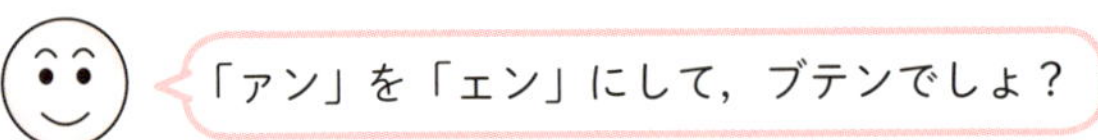

そうだね。ただ，ブテンにはC＝C結合の位置が異なる

$CH_2{=}CH-CH_2-CH_3$ と $CH_3-CH{=}CH-CH_3$

1-ブテン　　2-ブテン

があるんだ。

1- や 2- は何を表しているの？

するどいね。C＝C 結合のついている位置を区別するために，C 骨格に番号をつけてよんでいるんだ。

$\overset{1}{C}H_2=\overset{2}{C}H-\overset{3}{C}H_2-\overset{4}{C}H_3$　1-ブテン

$\overset{1}{C}H_3-\overset{2}{C}H=\overset{3}{C}H-\overset{4}{C}H_3$　2-ブテン

1-ブテンは $\overset{4}{C}H_2=\overset{3}{C}H-\overset{2}{C}H_2-\overset{1}{C}H_3$ と考えて 3-ブテンじゃダメなの？

ダメなんだ。**C＝C 結合の位置番号が小さくなるように C 骨格に番号をつける**んだよ。あと，2-ブテン $\overset{1}{C}H_3-\overset{2}{C}H=\overset{3}{C}H-\overset{4}{C}H_3$ には，

$\overset{1}{C}H_3$ と $\overset{4}{C}H_3$ が同じ側，H と H が同じ側にある $\overset{2}{C}=\overset{3}{C}$（シス-2-ブテン）　と　$\overset{1}{C}H_3$ と $\overset{4}{C}H_3$ が反対側にある $\overset{2}{C}=\overset{3}{C}$（トランス-2-ブテン）

のシス-トランス異性体（幾何異性体）が存在することにも気づくようになってね。

あと，エチレンやプロペンの立体構造をおさえてほしいんだ。C＝C と C＝C に直接結合している原子つまり ○、△ が左の C に，□、× が右の C に結合した C＝C の ○，△，□，×は同一平面上にあるのでエチレンとプロペンの立体構造は次のようになる。

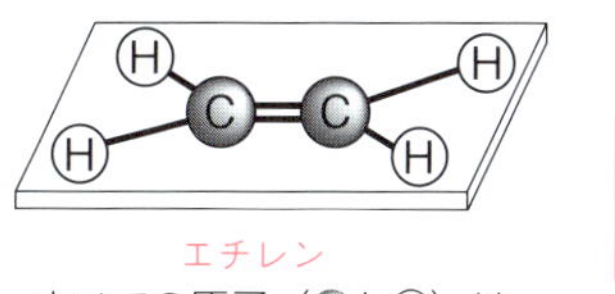

エチレン
すべての原子（©とⓗ）は常に同一平面上にある

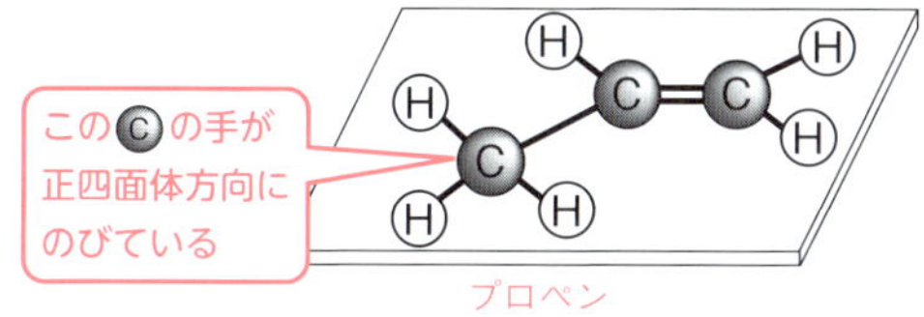

プロペン
©は常に同一平面上にある

アルケンは，どんな化学反応をするの？

アルケンは，C＝C 結合を 1 つもっていたよね。**この二重結合のうち 1 本の結合は反応しやすく**，**酸**（HCl，CH_3COOH など），**ハロゲン**（Cl_2，Br_2 など），H_2などを付加する（＝**付加反応**）んだ。

$$\rangle C = C \langle \xrightarrow{X-Y} -\overset{|}{\underset{X}{C}}-\overset{|}{\underset{Y}{C}}-$$

付加反応

1本が切れる　切れて　くっつく!

例

$$CH_2{=}CH_2 \xrightarrow[\text{付加}]{H-Cl} \underset{H}{CH_2}-\underset{Cl}{CH_2}$$ クロロエタン

$$CH_2{=}CH_2 \xrightarrow[\text{付加}]{\text{赤褐色}\ Br-Br} \underset{Br}{\overset{1}{C}H_2}-\underset{Br}{\overset{2}{C}H_2}$$ ⬅Br_2 の赤褐色が消える

1, 2-ジブロモエタン

(ジ：2個を示している，ブロモ：Brを示している，1, 2：炭素原子の位置番号を示している)

$$CH_2{=}CH_2 \xrightarrow[\text{[Pt]や[Ni]}]{H-H} \underset{H}{CH_2}-\underset{H}{CH_2}$$ ⬅Pt や Ni を触媒として利用する

エタン

Br_2 の付加は赤褐色が消えるので C＝C **結合の検出に利用できる**。

また，**アルケンの** C＝C **結合は酸化されやすい**。そのため，アルケンを硫酸で酸性にした過マンガン酸カリウム $KMnO_4$ 水溶液と反応させると，C＝C 結合が**酸化**されて MnO_4^- **の赤紫色が消える**んだ。

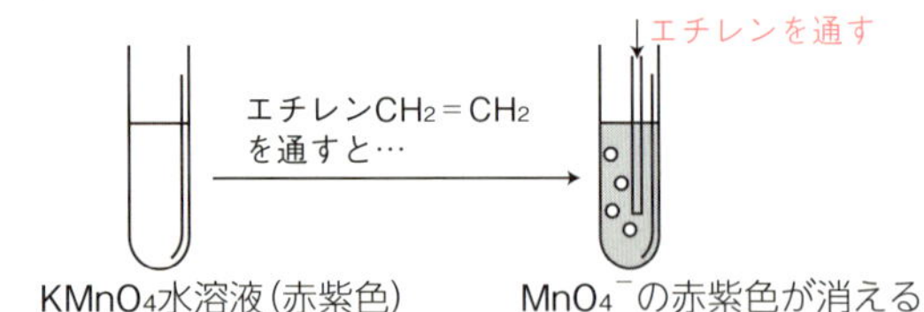

最も簡単なアルケンであるエチレン $CH_2{=}CH_2$ は，実験室ではエタノール C_2H_5OH に濃硫酸 H_2SO_4 を加えて，約160 ℃～170 ℃に加熱してつくるんだ。

$$H-\overset{H}{\underset{H}{C}}-\overset{H}{\underset{OH}{C}}-H \xrightarrow[\text{[}H_2SO_4\text{]}]{160\sim170℃} \begin{matrix}H\\H\end{matrix}\rangle C=C\langle\begin{matrix}H\\H\end{matrix} + H_2O$$

分子内で脱水する(H_2Oがとれる)　エタノール　エチレン

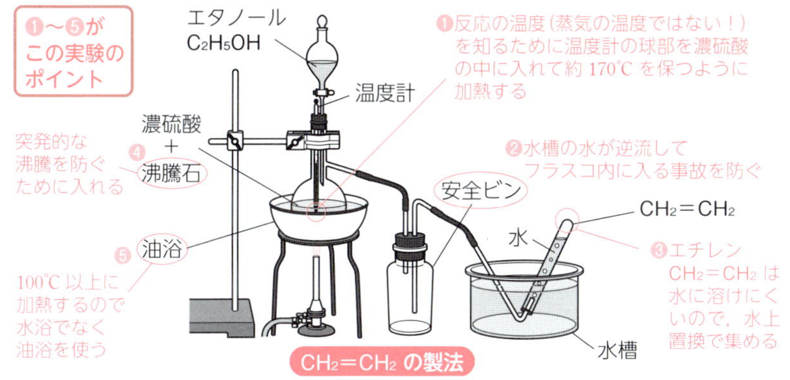

チェック問題 1

エチレンに関する記述として正しいものを，次の①～⑤のうちから 1 つ選べ。

① メタノールと濃硫酸との混合物を加熱すると生成する。
② 水に溶けやすく，引火性がない。
③ 塩素を付加させると，1,1-ジクロロエタンが生成する。
④ 水を付加させると，エチレングリコールが生成する。
⑤ 臭素水に通じると，臭素水の色が消える。

解答・解説

⑤

① メタノール〈誤り〉➡エタノールが正しい。

② 〈誤り〉水に溶けにくく，引火性が強い。➡知っておこう!!

③ 〈誤り〉$CH_2=CH_2 \xrightarrow[\text{付加}]{Cl_2} \overset{1}{C}H_2(Cl)-\overset{2}{C}H_2(Cl)$

エチレン　　1, 2-ジクロロエタン

（1, 2：炭素原子の位置番号を示している　ジ：2 個を示している　クロロ：Cl を示している）

④ 〈誤り〉$CH_2=CH_2 \xrightarrow[\text{付加}]{H_2O} CH_2(H)-CH_2(OH)$

エチレン　　エタノール

（エチレングリコールではない。）

⑤ Br_2 水との反応は，$C=C$ や $C\equiv C$ の検出反応に利用される。〈正しい〉

第6章 有機化合物

チェック問題 2　標準　3分

次の化合物a～dの炭素原子間の二重結合に臭素(Br_2)が付加したとする。このとき，反応生成物が不斉炭素原子を1個だけもつ化合物はどれか。その組み合わせとして正しいものを，下の①～⑧のうちから1つ選べ。

a
H＼　　　／Br
　　C＝C
H／　　　＼H

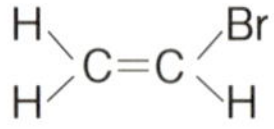

b
H＼　　　／CH_3
　　C＝C
H／　　　＼H

c
H＼　　　／CH_3
　　C＝C
Cl／　　　＼H

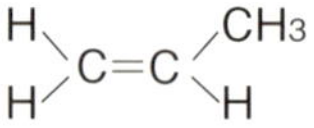

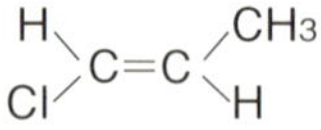

d
H＼　　　／Br
　　C＝C
Cl／　　　＼H

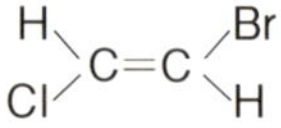

① a・b　② a・c　③ a・d　④ b・c
⑤ b・d　⑥ a・b・c　⑦ a・c・d　⑧ b・c・d

解答・解説

⑤

a～dのBr_2付加後の生成物は次のようになる。

a 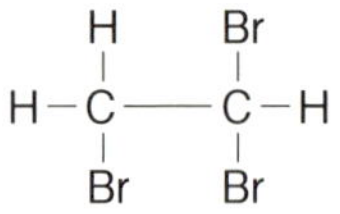
　　H　　Br
　　|　　|
H－C――C－H
　　|　　|
　　Br　Br
＊なし

b
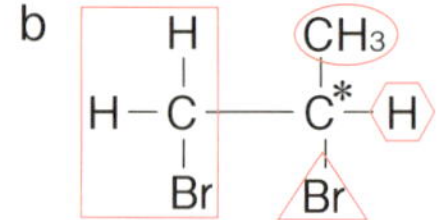

＊1個

c 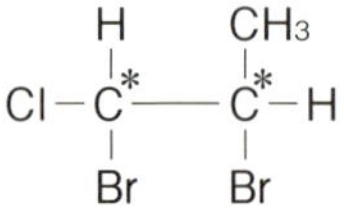
　　H　　CH_3
　　|　　|
Cl－C*――C*－H
　　|　　|
　　Br　Br
＊2個

d 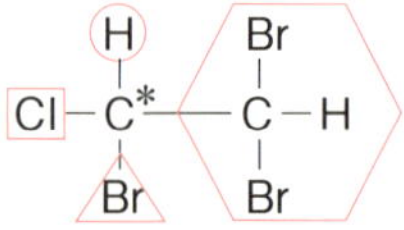
　　H　　Br
　　|　　|
Cl－C*――C－H
　　|　　|
　　Br　Br
＊1個

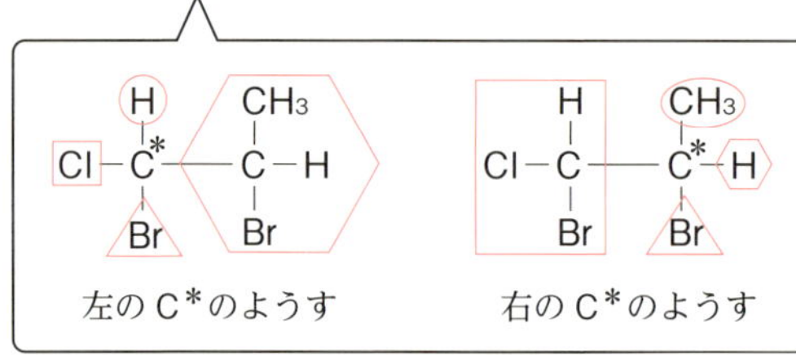

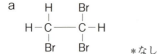

注　□，○，△，⬡のようにすべて異なる原子や原子団(原子の集団)が結合していると，不斉炭素原子C*になる。

よって，b，dが不斉炭素原子C*を1個だけもつ。

思考力のトレーニング 2

自然界の炭素には ^{12}C と ^{13}C が存在し，^{13}C が原子数の割合で1.0%含まれる。炭素原子として ^{13}C を１個だけ含むエチレン分子は，6.0×10^{23} 個のエチレンに何個含まれるか。最も適当な数値を，次の①～⑥のうちから１つ選べ。

① 3.0×10^{19}　② 6.0×10^{19}　③ 1.2×10^{20}
④ 3.0×10^{21}　⑤ 6.0×10^{21}　⑥ 1.2×10^{22}

解答・解説

^{13}C を１個だけ含むエチレンは $H_2{}^{13}C{=}{}^{12}CH_2$ のように ^{12}C も１個だけ含む。

エチレンのもつ炭素原子を $H_2\underset{a}{C}{=}\underset{b}{C}H_2$ とすると，^{13}C を１個だけ含むエチレン分子の個数は，a，b の炭素原子が「ともに ^{12}C になる場合」と「ともに ^{13}C になる場合」をエチレンの全個数である 6.0×10^{23} 個から引けばよい。

$$\underbrace{6.0\times10^{23}}_{\text{エチレンの全個数}}-\underbrace{\underset{^{12}C\text{の確率}}{\frac{100-1.0}{100}}\times\underset{^{12}C\text{の確率}}{\frac{100-1.0}{100}}\times6.0\times10^{23}}_{\text{a, bともに}^{12}C\text{のエチレン}\ H_2{}^{12}C={}^{12}CH_2\text{の個数}}-\underbrace{\underset{^{13}C\text{の確率}}{\frac{1.0}{100}}\times\underset{^{13}C\text{の確率}}{\frac{1.0}{100}}\times6.0\times10^{23}}_{\text{a, bともに}^{13}C\text{のエチレン}\ H_2{}^{13}C={}^{13}CH_2\text{の個数}}$$

$$=6.0\times10^{23}\times\left(1-\frac{99}{100}\times\frac{99}{100}-\frac{1}{100}\times\frac{1}{100}\right)\fallingdotseq1.2\times10^{22}\text{ 個}$$

注　慣れてきたら，^{13}C を１個だけ含むエチレン分子は，

$\underbrace{H_2{}^{13}C{=}{}^{12}CH_2 \quad = \quad H_2{}^{12}C{=}{}^{13}CH_2}_{\text{同じ分子（}^{13}C\text{を１個だけ含むエチレン）}}$ の②通りなので，

$$\underset{^{13}C\text{の確率}}{\frac{1.0}{100}}\times\underset{^{12}C\text{の確率}}{\frac{100-1.0}{100}}\times\underset{2\text{通り}}{2}\times\underbrace{6.0\times10^{23}}_{\text{エチレンの全個数}}\fallingdotseq1.2\times10^{22}\text{ 個含まれる}$$

と解きたい。

第6章 有機化合物

炭素-炭素二重結合(C＝C)をもつアルケンは付加反応したね。アルケンを適当な温度・圧力の下で反応させると，分子間で次々と付加反応が起こり，分子量の大きな化合物が生成する。

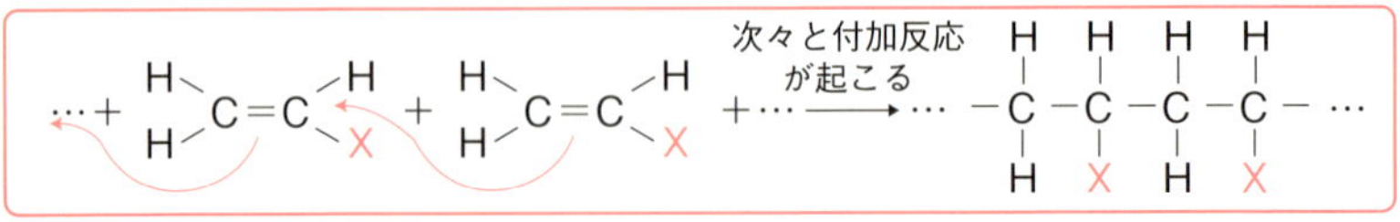

$$\cdots + \underset{H}{\overset{H}{}}\!\!>C=C<\!\!\underset{X}{\overset{H}{}} + \underset{H}{\overset{H}{}}\!\!>C=C<\!\!\underset{X}{\overset{H}{}} + \cdots \xrightarrow{\text{次々と付加反応が起こる}} \cdots -\underset{H}{\overset{H}{C}}-\underset{X}{\overset{H}{C}}-\underset{H}{\overset{H}{C}}-\underset{X}{\overset{H}{C}}- \cdots$$

このとき，反応させる分子量の小さな化合物は**単量体**(**モノマー**)，生成する分子量の大きな化合物は**重合体**(**ポリマー**)という。**モノマーがくり返し結合してポリマーが生成する反応を重合，付加反応による重合を付加重合という**んだ。

例

$$n\ CH_2=CH_2 \xrightarrow{\text{付加重合}} \left[CH_2-CH_2 \right]_n$$

エチレン　　ポリエチレン ➡ 容器やポリ袋などに利用

$$n\ CH_2=\underset{Cl}{\underset{|}{CH}} \xrightarrow{\text{付加重合}} \left[CH_2-\underset{Cl}{\underset{|}{CH}} \right]_n$$

塩化ビニル　　ポリ塩化ビニル ➡ パイプや消しゴムなどに利用

これらのポリマーは，分子量の大きな樹脂状の物質で，合成樹脂(プラスチック)とよばれる。

3 アルキン(C_nH_{2n-2})について

炭化水素のなかで，**炭素-炭素三重結合(C≡C)を 1 つもち鎖状のものをアルキンという**。

アルキンの炭素の数を n とすると，

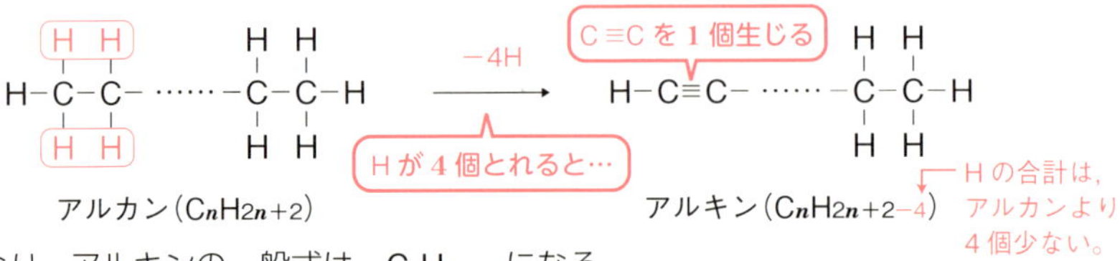

$$H-\underset{H}{\overset{H}{C}}-\underset{H}{\overset{H}{C}}-\cdots\cdots-\underset{H}{\overset{H}{C}}-\underset{H}{\overset{H}{C}}-H \xrightarrow{-4H} H-C\equiv C-\cdots\cdots-\underset{H}{\overset{H}{C}}-\underset{H}{\overset{H}{C}}-H$$

Hが 4 個とれると…　　C≡C を 1 個生じる

アルカン(C_nH_{2n+2})　　アルキン(C_nH_{2n+2-4})　　Hの合計は，アルカンより 4 個少ない。

となり，アルキンの一般式は，C_nH_{2n-2} になる。

名　称	分子式	示性式
エチン　ethyne	C_2H_2	CH≡CH

●エチンは「**アセチレン**」と慣用名でよばれることも知っておいてね。
●アルカン(alkane)をアルカン(alkane)にかえて，エタン(ethane)と命名する。
（カン→キン，ane→yne；タン→チン，ane→yne）

C≡C と C≡C に直接結合している原子つまり △−C≡C−○ の △，○ は一直線上にあるので，アセチレンは直線状の分子になる。

あと，C 原子間の距離は，結合が増えると短くなることを知っておいてね。

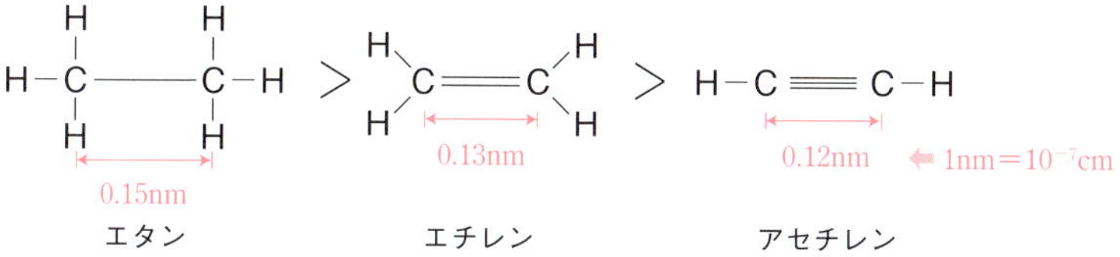

エタン（C−C 0.15nm）＞ エチレン（C=C 0.13nm）＞ アセチレン（C≡C 0.12nm）　← 1nm＝10^{-7}cm

アルキンは，どんな化学反応をするの？

アルキンの三重結合（C≡C）は，アルケンの二重結合（C=C）と同じように，いろいろな分子（酸，ハロゲン，水素など）を付加する（＝**付加反応**）んだ。

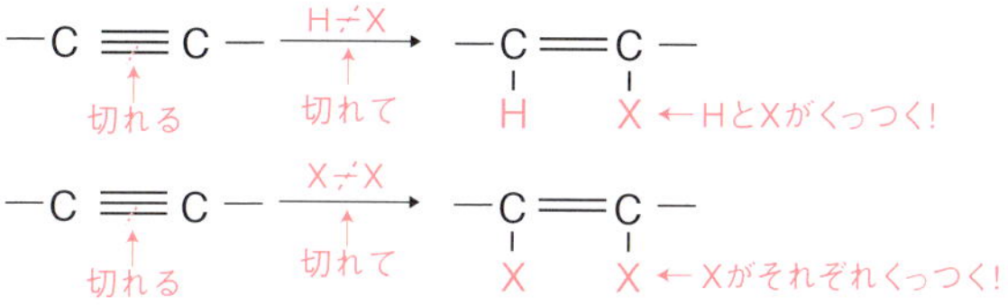

−C≡C− ＋ H−X（切れて）→ −C(H)=C(X)−（三重結合の1本が切れる）← HとXがくっつく！

−C≡C− ＋ X−X（切れて）→ −C(X)=C(X)−（三重結合の1本が切れる）← Xがそれぞれくっつく！

注　生じた −C=C− に，さらに付加させることも可能

例　H−C≡C−H（アセチレン）$\xrightarrow[\text{付加}]{\text{H−Cl}}$ $CH_2=CH-Cl$　塩化ビニル

H−C≡C−H $\xrightarrow[\text{付加}]{CH_3-CO-O-H}$ $CH_2=CH-O-CO-CH_3$　酢酸ビニル

（$CH_2=CH-$ をビニル基という）

H−C≡C−H $\xrightarrow[\text{付加}]{\text{H−CN}}$ $CH_2=CH-CN$　アクリロニトリル　← 名前に注意！！暗記しよう！

H−C≡C−H $\xrightarrow[\text{付加}]{\text{Br−Br}}$ HC(Br)=CH(Br) $\xrightarrow[\text{付加}]{\text{Br−Br}}$ $HCBr_2-CHBr_2$

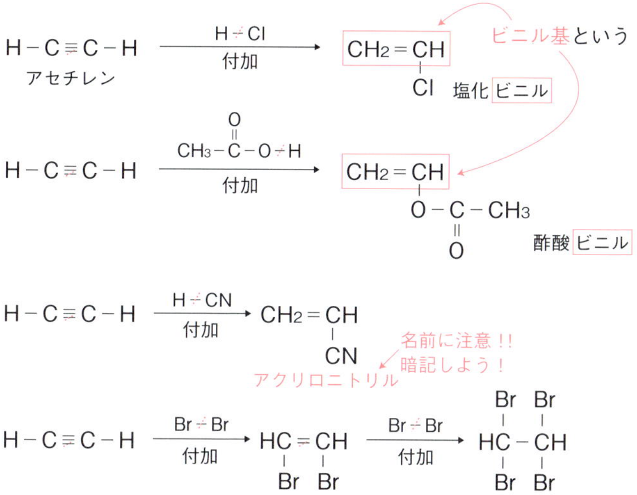

● Br_2 の赤褐色が脱色される。よって，Br_2 の付加は，C=C 結合だけでなくC≡C 結合の検出反応にも利用できる。

第6章　有機化合物

$$\mathrm{H-C\equiv C-H} \xrightarrow[\text{[Pt]や[Ni] 付加}]{\mathrm{H-H}} \mathrm{H_2C=CH_2}\ (\text{エチレン}) \xrightarrow[\text{[Pt]や[Ni] 付加}]{\mathrm{H-H}} \mathrm{H_3C-CH_3}\ (\text{エタン})$$

⬅ PtやNiが触媒として使われる。

アルキンに水 H_2O を付加させるときには注意が必要なんだ。たとえば，アセチレン $CH\equiv CH$ に，硫酸水銀（Ⅱ）$HgSO_4$（Hg^{2+} をもつ）を触媒として水 H_2O を付加させるとビニルアルコールができるけど，**ビニルアルコールは不安定なので，すぐに構造異性体のアセトアルデヒドに変化する**んだ。

$$\mathrm{H-C\equiv C-H} \xrightarrow[\text{[Hg}^{2+}\text{] 付加}]{\mathrm{H-O-H}} \mathrm{H_2C=CH-O-H} \xrightarrow{\text{分子内の転位}} \mathrm{CH_3-CHO}$$

ビニルアルコール（不安定）　くっつく　Hがとぶ　アセトアルデヒド

C=C に直接－OH がついた構造は不安定　⬅ 覚えておこう!!

また，最も簡単なアルキンであるアセチレン $CH\equiv CH$ は，実験室では炭化カルシウム（カーバイド）CaC_2に水 H_2O を加えてつくる。

$$^{-}\mathrm{C\equiv C}^{-} + 2\,\mathrm{H-O-H} \longrightarrow \mathrm{H-C\equiv C-H} + \mathrm{OH^-} + \mathrm{OH^-}$$

H^+を与える　H^+を与える

この左辺と右辺に Ca^{2+} を加えて，化学反応式が完成する！

$$\underset{\text{加える}}{\mathrm{Ca^{2+}}}\ ^{-}\mathrm{C\equiv C}^{-} + 2\mathrm{H_2O} \longrightarrow \mathrm{H-C\equiv C-H} + \underset{\text{加える}}{\mathrm{Ca^{2+}}}\ 2\mathrm{OH^-}$$

$$\mathrm{CaC_2} + 2\mathrm{H_2O} \longrightarrow \mathrm{C_2H_2} + \mathrm{Ca(OH)_2}$$

⬅ まとめると完成する

❶〜❹がこの実験のポイント
くびれのある側に傾けて水を注ぐと反応が起こる
❷
気体の発生を止めるときは水をもとに戻す
ふたまた試験管
炭化カルシウム
CaC2
くびれ
水
H2O
❶くびれのある側に固体を入れ，反対に液体を入れる。
❸この実験は加熱の必要がない
❹
CH≡CHは水に溶けにくいので，水上置換で集める
水
水槽

CH≡CH の製法

アセチレン $CH\equiv CH$ を，赤熱した Fe にふれさせると，３分子が結合して(➡ **３分子重合**)ベンゼン C_6H_6 が生じる。

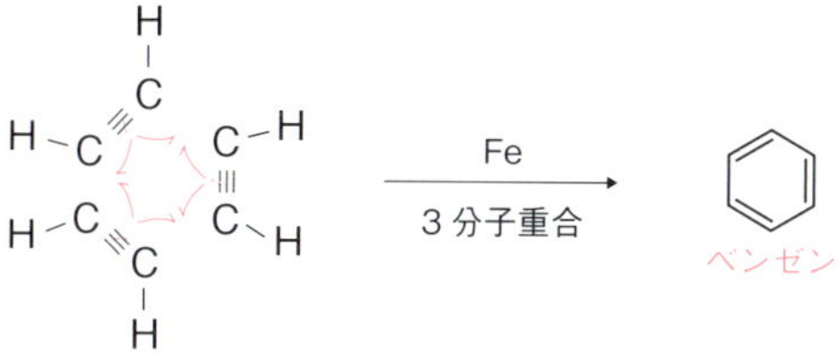

$$3\,CH\equiv CH \xrightarrow[\text{3分子重合}]{Fe} \text{ベンゼン}$$

この反応は，

それぞれのC≡Cの１か所が切れて

共有結合する！

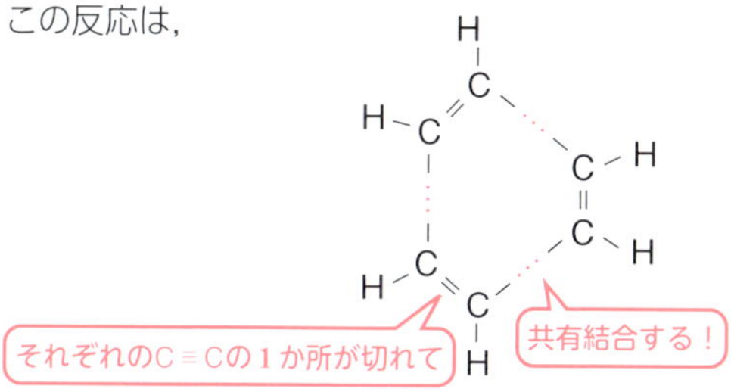

と考えるといいね。

チェック問題 3

アセチレンに関する記述として正しいものを，次の①～⑦のうちから２つ選べ。

① 分子は正四面体構造をしている。
② 常温・常圧では，褐色・刺激臭の気体である。
③ 炭酸カルシウムに水を作用させてつくられる。
④ 水を付加させると，ホルムアルデヒドが生成する。
⑤ 水素を付加させると，エタンを経てエチレンが生成する。
⑥ 酢酸を付加させると，酢酸ビニルが生成する。
⑦ 炭素原子間の距離は，エタン，エチレン(エテン)，アセチレンの順に短くなる。

解答・解説

⑥，⑦

① 正四面体構造〈誤り〉➡直線構造　$H-C\equiv C-H$ が正しい。
② 褐色・刺激臭〈誤り〉➡無色・無臭が正しい。
③ 炭酸カルシウム $CaCO_3$〈誤り〉➡炭化カルシウム CaC_2 が正しい。
④ ホルムアルデヒド〈誤り〉➡アセトアルデヒドが正しい。

$$CH \equiv CH \xrightarrow[\text{付加}]{H_2O} \left(\begin{array}{l} CH_2 = CH \\ \quad\quad\;\; | \\ \quad\quad\; OH \end{array} \right) \xrightarrow[\text{不安定なので変化}]{} CH_3 - C \begin{array}{l} {/\!\!/} O \\ \backslash H \end{array}$$ アセトアルデヒド

⑤ エタンを経てエチレン〈誤り〉➡エチレンを経てエタンが正しい。

$$\underset{\text{アセチレン}}{CH \equiv CH} \xrightarrow[\text{付加}]{H_2} \underset{\text{エチレン}}{CH_2 = CH_2} \xrightarrow[\text{付加}]{H_2} \underset{\text{エタン}}{CH_3 - CH_3}$$

⑥ 〈正しい〉 $CH \equiv CH \xrightarrow[\text{付加}]{CH_3COOH} CH_2 = CH - O - C(=O) - CH_3$ 酢酸ビニル

⑦ 〈正しい〉C原子間の距離は，結合が増えると短くなる。

アルカン・アルケン・アルキンのまとめとして確認してほしいことがあるんだ。

天然ガスは，主成分にメタン CH_4 とそのほかに低分子量のアルカンを含んでいて，この天然ガスを加圧して液体にしたものを**液化天然ガス（LNG）**といった（➡ P.405）。

エチレン $CH_2=CH_2$は，無色・特有のにおいをもつ気体で引火性がある。アセチレン $CH \equiv CH$ は，無色・無臭の気体で，燃焼熱がとても大きく**高温の炎**（＝**酸素アセチレン炎**(えん)という）ができるために**金属の溶接や切断に使われる**んだ。

4 炭化水素のまとめ

CとHだけからできている有機化合物が炭化水素だったね。

そうだね。炭化水素の中で，アルカン・アルケン・アルキンのように**炭素どうしが鎖状に結合している（環状構造をもたない）ものを鎖式炭化水素または脂肪族炭化水素**，シクロアルカンのように**炭素の環状構造を含んでいるものを環式炭化水素という**んだ。

炭化水素
- **鎖式炭化水素**または**脂肪族炭化水素** ➡ Cどうしが鎖状に結合
- **環式炭化水素** ➡ Cの環状構造を含む

環式炭化水素の中で，ベンゼン C_6H_6 のように**ベンゼン環（⌬）をもっているものを芳香族炭化水素，芳香族炭化水素以外のものを脂環式**(しかんしき)**炭化水素という**。

環式炭化水素
- **芳香族炭化水素** ➡ ベンゼン環（⌬）をもつ
- **脂環式炭化水素** ➡ 芳香族炭化水素以外

また，**炭素原子間の結合がすべて単結合のものを飽和炭化水素，二重結合（C＝C）や三重結合（C≡C）を含むものを不飽和炭化水素という**。

まとめると，次のようになるんだ。

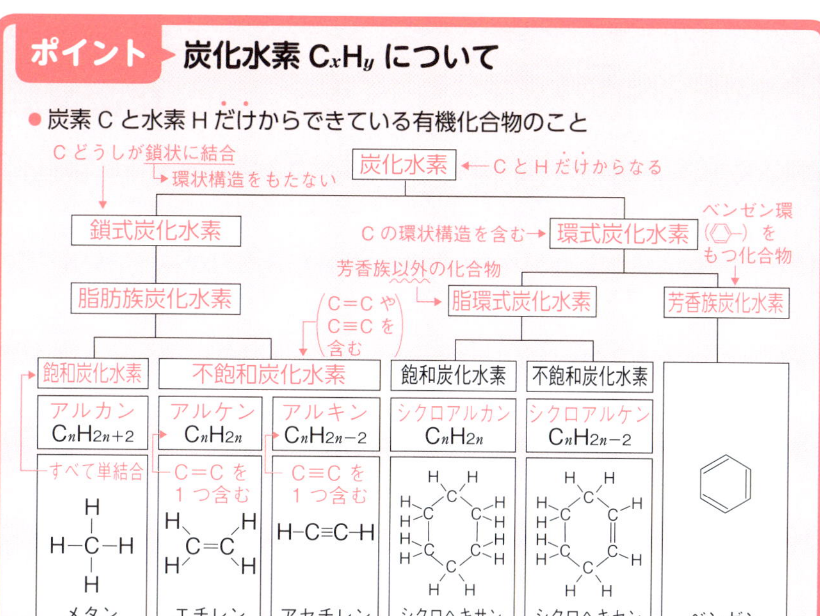

思考力のトレーニング 3

次の条件 a ~ c を満たす炭化水素がある。この炭化水素1.0mol を完全燃焼させたとき，消費される酸素は何 mol か。最も適当な数値を，①~⑥のうちから 1 つ選べ。

a　1 つの環からなる脂環式炭化水素である。
b　二重結合を 2 つもち，残りはすべて単結合である。
c　水素原子の数は炭素原子の数より 4 個多い。

① 3.0　② 5.5　③ 6.0　④ 8.5　⑤ 11　⑥ 14

解答・解説

⑤

環や二重結合をもたない炭化水素，つまり**炭素原子間がすべて単結合の飽和炭化水素(アルカン)**の分子式は，C_nH_{2n+2} となる。

第6章 有機化合物

次に，条件 a と b について考えてみよう。

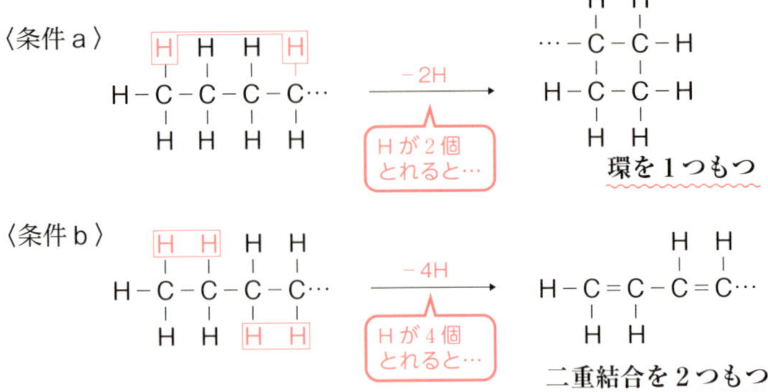

そのため，求める炭化水素の分子式は，C_nH_{2n+2} よりも〈条件 a〉から H が **2 個**少なく，〈条件 b〉からさらに H が **4 個**少なくなったものなので $C_nH_{2n+2-2-4}$ となる。（−2：〈条件 a〉，−4：〈条件 b〉）

ここで，〈条件 c〉から H の数 $2n+2-2-4$ は C の数 n より 4 個多いので，次の式が成り立つ。

$$\underbrace{2n+2-2-4}_{\text{H の数}} = \underbrace{n}_{\text{C の数}}+4$$ となり，$n=8$

よって，この炭化水素の分子式は C_8H_{12} となり，完全燃焼させたときの反応式は，

$$C_8H_{12}+11O_2 \longrightarrow 8CO_2+6H_2O$$

となる。この反応式の係数から，C_8H_{12} 1.0 mol を完全燃焼させたとき，消費される O_2 は 11 mol になる。

第6章　有機化合物

アルコールとその誘導体

1 アルコールの名前や分類について

メタン CH_4 やエタン CH_3-CH_3 の$-H$ を$-OH$(**ヒドロキシ基**)で置き換えたものをメタノール CH_3OH，エタノール C_2H_5OH という。このメタノールやエタノールのように，**$R-OH$ の構造をもつ化合物をアルコールという**。

H－C－H（メタン）⟶ H－C－OH（メタノール）　　H－C－C－H（エタン）⟶ H－C－C－OH（エタノール）

プロパン $CH_3-CH_2-CH_3$ の$-H$ を$-OH$ で置き換えたプロパノールには次の2種類がある。

$CH_2(OH)-CH_2-CH_3$（C番号：OHのついたCが1）　1-プロパノール

$CH_3-CH(OH)-CH_3$（C番号：OHのついたCが2）　2-プロパノール

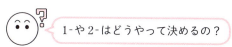

1-や2-はどうやって決めるの？

$-OH$ の位置番号が小さくなるようにC骨格に番号をつけて決めるんだ。

また，メタノール CH_3OH は，CO と H_2 の混合気体(＝**水性ガス**または**合成ガス**)から高温・高圧でつくる。

$$CO + 2H_2 \xrightarrow[\text{[CuO+ZnO+Al}_2\text{O}_3\text{]}]{\text{高温・高圧}} CH_3OH$$

有毒な液体

この反応は，頭に残りにくい反応で，かなり複雑な反応なので，

H－H，C＝O，H－H（全部切れて）⟶ H－C－O（H が C に3つ，O に1つ くっつく!!）と形式的に覚えるといいよ。

エタノール C_2H_5OH は，$CH_2=CH_2$ に水蒸気 H_2O を付加させてつくったり，

$$CH_2=CH_2 \xrightarrow[\text{付加}]{H_2O} CH_2(H)-CH_2(OH)$$

エチレン　　　　　エタノール

グルコース $C_6H_{12}O_6$ を酵母に含まれる酵素チマーゼで発酵させて(＝**アルコール発酵**)つくるんだ。

$$C_6H_{12}O_6 \xrightarrow{\text{チマーゼ}} 2C_2H_5OH + 2CO_2$$

グルコース　エタノール（お酒の成分）

⬅係数がつけにくい反応式なので注意!!

ここで，アルコールを，「**2つの分類方法**」でそれぞれのグループに分けてみるね。

「1つ目の分類方法」は，−OH **の数によって分類**する。**−OH が n 個あるアルコールを n 価アルコールという**。この分類方法は，簡単だね。

1価アルコール：CH_3-OH　メタノール（−OHが1個）

2価アルコール：$CH_2(OH)-CH_2(OH)$　エチレングリコール（1, 2-エタンジオール）（−OHが2個）

3価アルコール：$CH_2(OH)-CH(OH)-CH_2(OH)$　グリセリン（1, 2, 3-プロパントリオール）（−OHが3個）

「2つ目の分類方法」は，−OH の結合している炭素原子の状態によって分類する。**−OH の結合している C に，n 個の C が結合していると第 n 級アルコールという**。

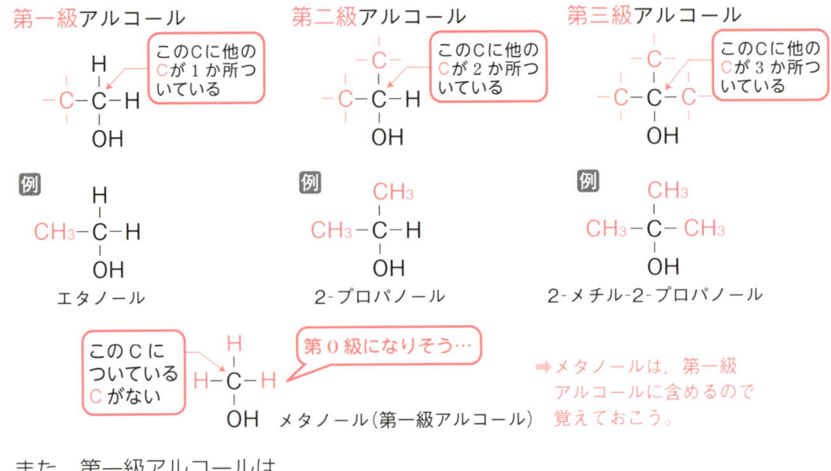

第一級アルコール
このCに他のCが1か所ついている
第二級アルコール
このCに他のCが2か所ついている
第三級アルコール
このCに他のCが3か所ついている
例
エタノール
2-プロパノール
2-メチル-2-プロパノール
このCについているCがない
第0級になりそう…
メタノール（第一級アルコール）
➡メタノールは，第一級アルコールに含めるので覚えておこう。

また，第一級アルコールは，

$CH_3-CH_2-CH_2-CH_2OH$　のように「**C 骨格のはじに−OH**」が，

第二級アルコールは，

$CH_3-CH_2-CH(OH)-CH_3$　のように「**C 骨格の途中に−OH**」が，

第三級アルコールは，

$$\begin{array}{c} CH_3 \\ | \\ CH_3-C-CH_3 \\ | \\ OH \end{array}$$ のように「**C 骨格の枝分かれ部分に$-$OH**」がついていると覚えると楽に級数を判定できるようになるよ。

じゃあ，「**第一級**」は「**はじに OH**」，「**第二級**」は「**途中に OH**」，「**第三級**」は「**枝分かれに OH**」と覚えるといいね。

2 アルコールの性質について

❶ 沸　点

官能基は有機化合物の性質を決めた。**アルコールの官能基である$-$OH は水溶液中では電離せず，アルコールの水溶液は中性**になる。また，アルコールは$-$OH 間で**水素結合**をつくるので，構造異性体のエーテルや同じくらいの分子量をもつ炭化水素に比べると，**沸点がはるかに高くなる**んだ。

$$\begin{array}{ccc} R-O & \cdots\cdots & H-O \\ | & & | \\ H & & R \end{array}$$

水素結合を形成する

❷ エーテル

O 原子に 2 個の炭化水素基が結合した R$-$O$-$R′ の構造をもつものを**エーテル**，$-\overset{|}{\underset{|}{C}}-O-\overset{|}{\underset{|}{C}}-$ を**エーテル結合**というんだ。

エーテルは 1 価のアルコールと構造異性体の関係にあり，1 価のアルコールに比べると沸点が低く水に溶けにくい。

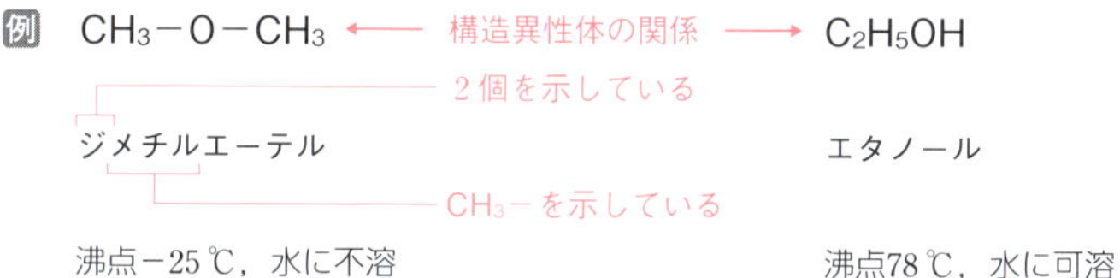

ジエチルエーテルは，麻酔性があり，揮発性の高い液体で引火しやすい。また，水よりも軽く**有機化合物を抽出するときの溶媒として使われる**ことがある。

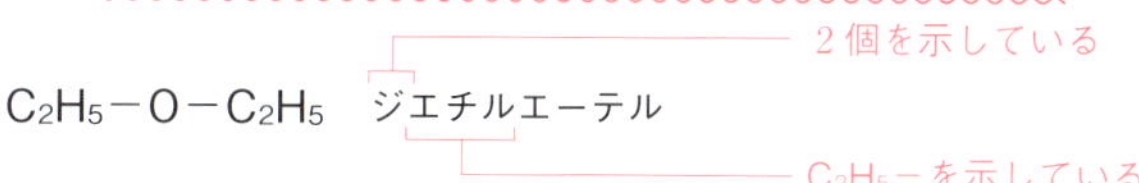

第6章 有機化合物

❸ アルコールの水溶性

炭素数の少ないアルコールは水によく溶ける。ただし，炭素数が増えてくると炭化水素に性質が似てくるので，水に溶けにくくなる。

メタノール	CH_3-OH	水に∞に溶ける
エタノール	CH_3-CH_2-OH	水に∞に溶ける
1-プロパノール	$CH_3-CH_2-CH_2-OH$	水に∞に溶ける
1-ブタノール	$CH_3-CH_2-CH_2-CH_2-OH$	水に溶けにくい
⋮	⋮	⋮

$-CH_2-$が増えていくと，疎水性(水と仲がよくない性質)が増して水に溶けにくくなる。

となり，**$-OH$ 1個あたりの炭素原子数が3個までは，水によく溶ける**んだ。

3 ナトリウム Na との反応について

アルコールに Na を加えると，H_2 を発生する。この反応は，「**R－OH の H と Na が置き換わる**」と覚えてね。

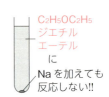

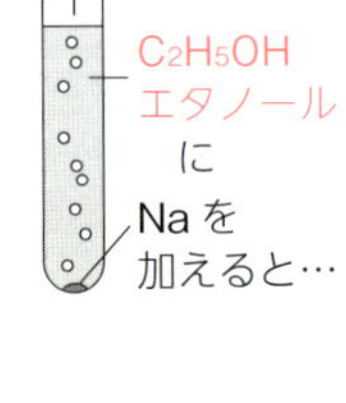

$$R-O\text{Ⓗ} + \text{Ⓝⓐ} \longrightarrow R-ONa + \frac{1}{2}H_2$$

ナトリウムアルコキシド

置き換える!!

$\frac{1}{2}$にしてHの数をそろえる

反応式の係数を整数に直すと，

$$2R-OH + 2Na \longrightarrow 2R-ONa + H_2$$

となり，アルコールとしてメタノールやエタノールを使うと，

$$2CH_3OH + 2Na \longrightarrow 2CH_3ONa + H_2$$

メタノール　　　　　　ナトリウムメトキシド

$$2C_2H_5OH + 2Na \longrightarrow 2C_2H_5ONa + H_2$$

エタノール　　　　　　ナトリウムエトキシド

となる。ところが，エーテルに Na を加えても H_2 は発生しない。

$$R-O-R' + Na \;\not\longrightarrow\; \text{反応しない}$$

エーテル

$C_2H_5OC_2H_5$ ジエチルエーテル に Naを加えても反応しない!!

アルコールは H_2を発生して，
エーテルは H_2を発生しないんだね。

そうなんだ。有機分野の問題で Na との反応が出題されたときは，ふつう**アルコールとエーテルとの区別に使われる**ことを知っておくといいよ。

チェック問題 1

アルコールに関する記述として正しいものを，次の①～⑦のうちから２つ選べ。

① メタノールは，一酸化炭素と水素からつくられる。
② エタノールは，ナトリウムと反応してエタンを発生する。
③ エチレングリコール(1, 2-エタンジオール)は，３価のアルコールである。
④ 2-プロパノールは，第三級アルコールである。
⑤ 第二級アルコールは，酸化されるとアルデヒドになる。
⑥ 直鎖の第一級アルコールの水に対する溶解度は，炭素の数が多くなると，大きくなる。
⑦ 2-ブタノールには，鏡像異性体(光学異性体)が存在する。

解答・解説

①，⑦

① メタノール CH_3OH は，工業的には一酸化炭素 CO と水素 H_2 の混合気体(＝**水性ガス**または**合成ガス**)から高温・高圧でつくる。〈正しい〉

$$CO + 2H_2 \longrightarrow CH_3OH$$

② エタノールは，ナトリウムと反応してナトリウムエトキシド C_2H_5ONa を生じ，水素 H_2 を発生する。〈誤り〉

$$2C_2H_5OH + 2Na \longrightarrow 2C_2H_5ONa + H_2$$

③ エチレングリコールは，２価のアルコール。〈誤り〉

$$\begin{matrix} CH_2 & - & CH_2 \\ | & & | \\ OH & & OH \end{matrix}$$
エチレングリコール
(1, 2-エタンジオール)

④ 2-プロパノールは，「途中に OH」なので第二級アルコール。〈誤り〉

$$\begin{matrix} {}^{1}CH_3 & - & {}^{2}CH & - & {}^{3}CH_3 \\ & & | & & \\ & & OH & & \end{matrix}$$
2-プロパノール

⑤ アルデヒドではなくケトンが正しい。(➡ P.428)〈誤り〉
⑥ 炭素の数が多くなると，水に対する溶解度は小さくなる。〈誤り〉
⑦ $$\begin{matrix} {}_{1}CH_3 & - & {}_{2}\overset{*}{C}H & - & {}_{3}CH_2 & - & {}_{4}CH_3 \\ & & | & & & & \\ & & OH & & & & \end{matrix}$$
2-ブタノール

は，不斉炭素原子をもつので，鏡像異性体が存在する。〈正しい〉

第6章 有機化合物

思考力のトレーニング  

分子式が $C_{10}H_nO$ で表される不飽和結合をもつ直鎖状のアルコール A を一定質量とり，十分な量のナトリウムと反応させたところ，0.125 mol の水素が発生した。また，同じ質量の A に，触媒を用いて水素を完全に付加させたところ，0.500 mol の水素が消費された。このとき，A の分子式中の n の値として最も適当な数値を，次の①～⑤のうちから 1 つ選べ。

① 14　② 16　③ 18　④ 20　⑤ 22

解答・解説

③

アルコール A は O を 1 個しかもたないので，1 価アルコールになる

アルコール A を R_A-OH（分子量 M_A）とし，w_A g（一定質量）使用したとする。
Na との反応式

$$2R_A-OH + 2Na \longrightarrow 2R_A-ONa + 1H_2$$

H_2〔mol〕は，R_A-OH〔mol〕の $\times \frac{1}{2}$ 倍発生する

から，次の①が成り立つ。

$$\frac{w_A}{M_A} \times \frac{1}{2} = 0.125 \quad \cdots\cdots①$$

（$\frac{w_A}{M_A}$：R_A-OH〔mol〕，$\times\frac{1}{2}$：発生した H_2〔mol〕，0.125：発生した H_2〔mol〕）

また，R_A-OH 1 mol に H_2 x mol が付加した（消費された）とすると，次の②式が成り立つ。

$$\frac{w_A}{M_A} \times x = 0.500 \quad \cdots\cdots②$$

（$\frac{w_A}{M_A}$：R_A-OH〔mol〕，x：消費された H_2〔mol〕，0.500：消費された H_2〔mol〕）

①より $\frac{w_A}{M_A}=0.25$ となり，これを②に代入し，$x=2$ となる。

ここで，完全に H_2 が付加した後の 1 価アルコールの一般式は，

$C_xH_{2x+1}OH$ つまり $C_xH_{2x+2}O$ ⇐ メタノール CH_3OH やエタノール C_2H_5OH を思い出そう！

ここは，全て単結合なので H_2 は付加できない

ここは，アルカンの一般式 C_xH_{2x+2} から $-H$ が 1 個とれた形（アルキル基という）

なので，C が10個のアルコール A に完全に H_2 が付加した後の分子式は，

$C_{10}H_{2\times10+1}OH$　つまり　$C_{10}H_{22}O$

になる。

よって，アルコール A（分子式 $C_{10}H_nO$）と H_2 の付加反応は次のように表せる。

$C_{10}H_nO + 2H_2 \longrightarrow C_{10}H_{22}O$ ⬅ アルコール A 1 mol には H_2 2 mol が付加する

反応式の両辺で H 原子の数が等しいことに注目すると，

$n + 2 \times 2 = 22$　となり，$n = 18$　とわかる。

4 脱水について

アルコール R－OH を濃硫酸 H_2SO_4 とともに加熱すると脱水（H_2O がとれる）する。この脱水反応は，**温度によって脱水する場所が異なり，比較的低い温度では分子の間から，高い温度では分子内から脱水する**んだ。

例 エタノールを濃硫酸とともに加熱する

$C_2H_5-O-H + H-O-C_2H_5 \xrightarrow[{[H_2SO_4]}]{130\sim140^\circ C} C_2H_5-O-C_2H_5 + H_2O$

エタノール（⬆ 分子間で脱水する）　（実験装置は次ページの図を参照）　ジエチルエーテル（↑ 対称のエーテル）

$CH_2(H)-CH_2(OH) \xrightarrow[{[H_2SO_4]}]{160\sim170^\circ C} CH_2=CH_2 + H_2O$

エタノール（⬅ 分子内で脱水する）　エチレン（↑ アルケン）　（実験装置は P.411 を参照）

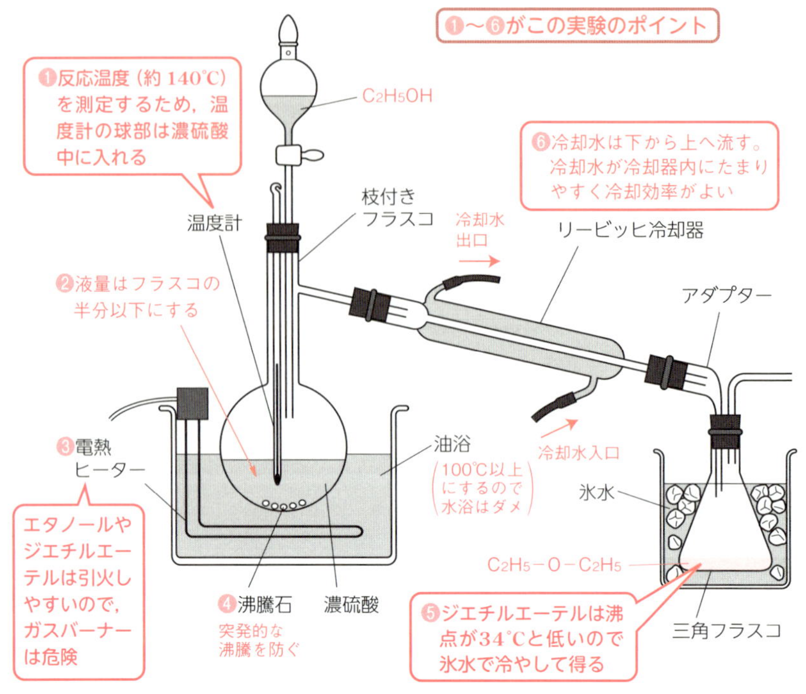
❶〜❻がこの実験のポイント
❶反応温度（約 140℃）を測定するため，温度計の球部は濃硫酸中に入れる
C2H5OH
❻冷却水は下から上へ流す。冷却水が冷却器内にたまりやすく冷却効率がよい
温度計
枝付き
フラスコ
冷却水
出口
リービッヒ冷却器
❷液量はフラスコの半分以下にする
アダプター
❸電熱
ヒーター
油浴
（100℃以上にするので水浴はダメ）
冷却水入口
氷水
エタノールやジエチルエーテルは引火しやすいので，ガスバーナーは危険
C2H5−O−C2H5
❹沸騰石
突発的な沸騰を防ぐ
濃硫酸
❺ジエチルエーテルは沸点が34℃と低いので氷水で冷やして得る
三角フラスコ

ジエチルエーテルの合成

5 酸化について

アルコールを酸化剤（二クロム酸カリウム $K_2Cr_2O_7$ など）を使い酸化すると，**アルコールの級数により反応のようすが異なる**。この酸化反応は，−OH の結合している C に注目しながら視覚的に覚えるといいんだ。

このとき，アルコールの炭素数には変化がないことに注意してね。

$$-\underset{|}{\overset{|}{\mathrm{C}}}-\underset{\mathrm{H}}{\overset{\mathrm{H}}{\mathrm{C}}}-\mathrm{O\,H}\xrightarrow[\text{(酸化)}]{-2\mathrm{H}}-\underset{|}{\overset{|}{\mathrm{C}}}-\underset{\mathrm{O}}{\overset{|}{\underset{\|}{\mathrm{C}}}}-\mathrm{H}\xrightarrow[\text{(さらに酸化)}]{\mathrm{O}}-\underset{|}{\overset{|}{\mathrm{C}}}-\underset{\mathrm{O}}{\overset{|}{\underset{\|}{\mathrm{C}}}}-\mathrm{O}-\mathrm{H}$$

間に入れる

→H を 2 個とる

第一級アルコール　　アルデヒド　　カルボン酸

$$-\underset{|}{\overset{|}{\mathrm{C}}}-\underset{\mathrm{H}}{\overset{-\mathrm{C}-}{\mathrm{C}}}-\mathrm{O\,H}\xrightarrow[\text{(酸化)}]{-2\mathrm{H}}-\underset{|}{\overset{|}{\mathrm{C}}}-\underset{\mathrm{O}}{\underset{\|}{\mathrm{C}}}-\underset{|}{\overset{|}{\mathrm{C}}}-\qquad-\underset{|}{\overset{|}{\mathrm{C}}}-\underset{-\mathrm{C}-}{\overset{-\mathrm{C}-}{\mathrm{C}}}-\mathrm{OH}\longrightarrow\text{酸化されにくい}$$

→H を 2 個とる

第二級アルコール　　ケトン　　第三級アルコール

同じCについているHとOHからHが2個とれているね。

そうだね。**分子内脱水** −C−C−（H OH）とまちがえやすいので**注意**してね。
→ 分子内脱水は，異なる炭素原子からH_2Oがとれる！

第一級アルコール の例 ➡ 第一級は，「はじにOH」

メタノール CH_3OH →（−2H，酸化）→H を2個とる→ ホルムアルデヒド $HCHO$ →（O を間に入れる，さらに酸化）→ ギ酸 $HCOOH$ →（O を間に入れる，さらに酸化）→ 炭酸H_2CO_3 →（分解）→ CO_2 ＋ H_2O

●どこまで酸化が進んだのかは，
問題文中に与えられるヒントからわかるよ。

エタノール CH_3-CH_2-OH →（−2H，酸化）→H を2個とる→ アセトアルデヒド CH_3-CHO →（O を間に入れる，さらに酸化）→ 酢酸 CH_3-COOH

第二級アルコール の例 ➡ 第二級は，「途中にOH」

2-プロパノール $CH_3-CH(OH)-CH_3$ →（−2H，酸化）→ アセトン $CH_3-CO-CH_3$

第三級アルコール の例 ➡ 第三級は，「枝分かれにOH」

2-メチル-2-プロパノール $CH_3-C(CH_3)(OH)-CH_3$ → 酸化されにくい

「酸化」と反対の意味をもつ化学用語を覚えてる？

そうだね。

第6章 有機化合物

第一級アルコール $\underset{還元}{\overset{酸化}{\rightleftarrows}}$ アルデヒド $\underset{還元}{\overset{酸化}{\rightleftarrows}}$ カルボン酸

第二級アルコール $\underset{還元}{\overset{酸化}{\rightleftarrows}}$ ケトン

のように，逆反応(**赤字部分**)が問われることもあるので注意してね。

ポイント アルコールの酸化について

- **第一級アルコール** $\underset{還元}{\overset{酸化}{\rightleftarrows}}$ **アルデヒド** $\underset{還元}{\overset{酸化}{\rightleftarrows}}$ **カルボン酸**
「はじに OH」
- **第二級アルコール** $\underset{還元}{\overset{酸化}{\rightleftarrows}}$ **ケトン**
「途中に OH」
- **第三級アルコール** ⟶ **酸化されにくい**
「枝分かれに OH」

} C の数は変わらない!!

チェック問題 2

次の記述 a ～ c にあてはまる化合物ア～ウの組み合わせとして最も適当なものを，下の表中の①～⑥のうちから 1 つ選べ。

a　ア～ウは，いずれも分子式 $C_4H_{10}O$ で表されるアルコールである。
b　二クロム酸カリウムの硫酸酸性溶液によって，アとイは酸化されるが，ウは酸化されない。
c　イには 1 対の鏡像異性体(光学異性体)がある。

	ア	イ	ウ
①	1-ブタノール	2-メチル-2-プロパノール	2-ブタノール
②	1-ブタノール	2-ブタノール	2-メチル-2-プロパノール
③	2-ブタノール	1-ブタノール	2-メチル-2-プロパノール
④	2-ブタノール	2-メチル-2-プロパノール	1-ブタノール
⑤	2-メチル-2-プロパノール	2-ブタノール	1-ブタノール
⑥	2-メチル-2-プロパノール	1-ブタノール	2-ブタノール

解答・解説

②

aより，

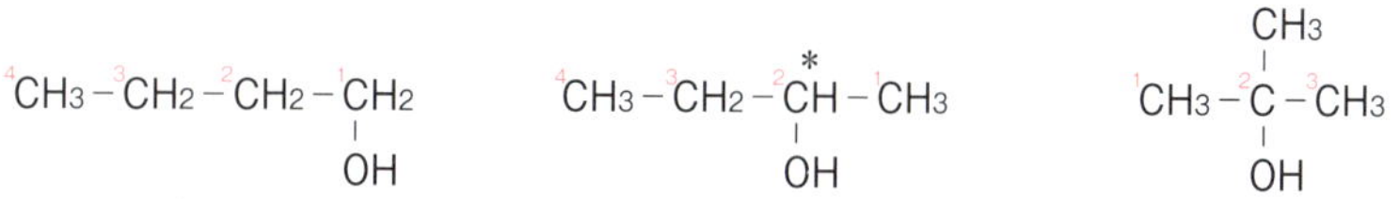

$\overset{4}{C}H_3-\overset{3}{C}H_2-\overset{2}{C}H_2-\overset{1}{C}H_2$
　　　　　　　　　　　　|
　　　　　　　　　　　OH

1-ブタノール
（第一級アルコール）
「はじにOH」

$\overset{4}{C}H_3-\overset{3}{C}H_2-\overset{2}{C}^{*}H-\overset{1}{C}H_3$
　　　　　　　　　|
　　　　　　　　OH

2-ブタノール
（第二級アルコール）
「途中にOH」

　　　　　CH_3
　　　　　|
$\overset{1}{C}H_3-\overset{2}{C}-\overset{3}{C}H_3$
　　　　　|
　　　　　OH

2-メチル-2-プロパノール
（第三級アルコール）
「枝分かれにOH」

〈＊は不斉炭素原子〉

bより，ウは二クロム酸カリウム$K_2Cr_2O_7$で酸化されないとあるので，第三級アルコールの2-メチル-2-プロパノールと決まる。

cより，不斉炭素原子をもっている2-ブタノールがイと決まる。

第6章 有機化合物

第６章　有機化合物

アルデヒドとケトン

1 アルデヒドとケトンの例について

カルボニル基 >C＝O をもつ化合物を**カルボニル化合物**という。カルボニル化合物のうち，**H が結合しているアルデヒド基（ホルミル基） H>C＝O をもつ化合物をアルデヒド，２つの炭化水素基 R－，R′－と結合した形の化合物をケトンという。**

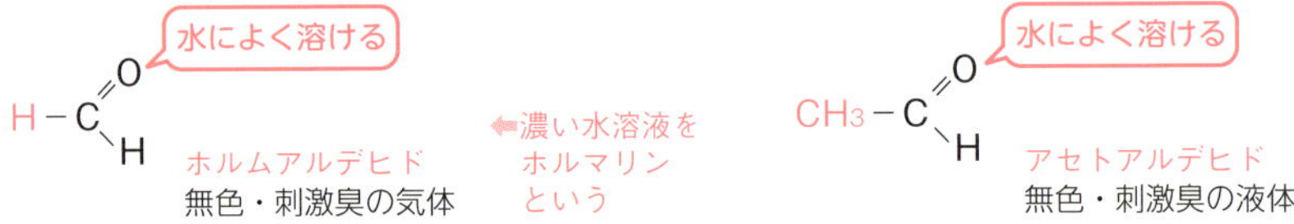

アルデヒドは，**ホルムアルデヒド**と**アセトアルデヒド**を覚えてね。

水によく溶ける
H－C(＝O)－H
ホルムアルデヒド
無色・刺激臭の気体
⬅濃い水溶液をホルマリンという
水によく溶ける
CH_3－C(＝O)－H
アセトアルデヒド
無色・刺激臭の液体

Cu を酸化して得られる CuO を熱いうちにメタノール CH_3OH の液面に近づけると，蒸気になったメタノールが CuO に酸化され，ホルムアルデヒドが得られる。

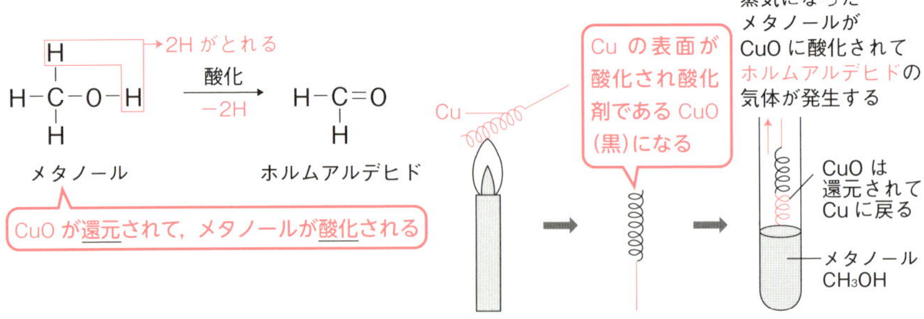

アセトアルデヒドは，実験室では二クロム酸カリウム $K_2Cr_2O_7$ の硫酸酸性水溶液でエタノール C_2H_5OH を酸化して得られる。

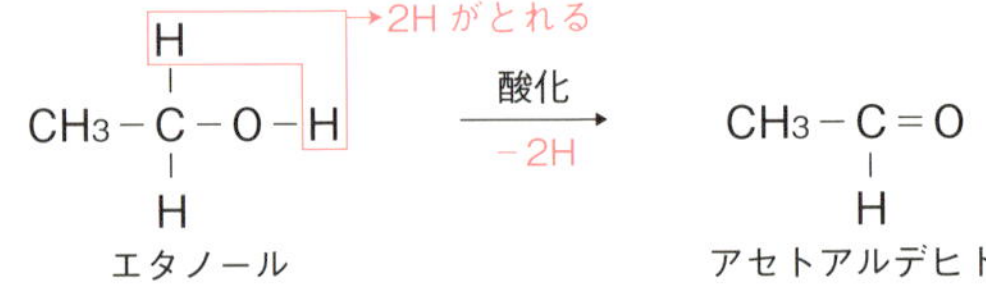

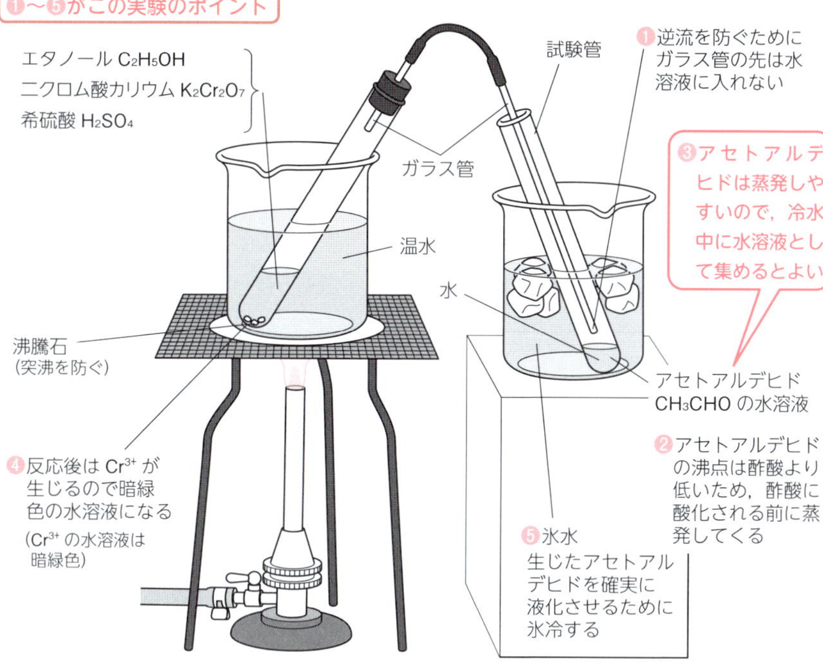
❶〜❺がこの実験のポイント
エタノール C2H5OH
二クロム酸カリウム K2Cr2O7
希硫酸 H2SO4
試験管
❶逆流を防ぐために
ガラス管の先は水
溶液に入れない
ガラス管
❸アセトアルデヒドは蒸発しやすいので，冷水中に水溶液として集めるとよい
温水
水
沸騰石
（突沸を防ぐ）
アセトアルデヒド
CH3CHO の水溶液
❷アセトアルデヒドの沸点は酢酸より低いため，酢酸に酸化される前に蒸発してくる
❹反応後は Cr3+ が生じるので暗緑色の水溶液になる
（Cr3+ の水溶液は暗緑色）
❺氷水
生じたアセトアルデヒドを確実に液化させるために氷冷する

アセトアルデヒドの合成

また，アセトアルデヒドは，工業的には塩化パラジウム(Ⅱ) $PdCl_2$ と塩化銅(Ⅱ) $CuCl_2$ を触媒とし，エチレン $CH_2=CH_2$ を酸化して得られる。

$$\underset{\text{エチレン}}{CH_2=CH_2} \xrightarrow[\text{[}PdCl_2,\ CuCl_2\text{]}]{O_2} \underset{\text{アセトアルデヒド}}{CH_3-C\begin{smallmatrix}\nearrow O \\ \searrow H\end{smallmatrix}}$$

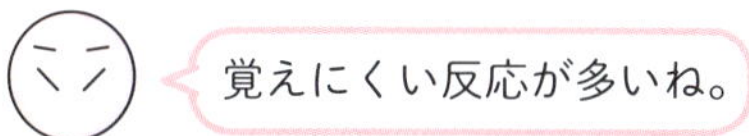
覚えにくい反応が多いね。

そうだね。メタノールやエタノールの酸化は，メタノール CH_3-OH やエタノール CH_3-CH_2-OH が「はじに OH」（第一級アルコール）なので，第一級アルコールを酸化するとアルデヒドになることから考えるといいね。

エチレンの酸化は，

$$\underset{\text{エチレン}}{(H)_2C=C(H)_2} \xrightarrow{\text{ここに O を入れて}} \underset{\text{ビニルアルコール（不安定）}}{\left[(H)_2C=C\begin{smallmatrix}H \\ O-H\end{smallmatrix}\right]} \xrightarrow[\text{（C=C に -OH がつくと不安定なので……）}]{\text{分子内転位 (P.416 参照)}} \underset{\text{アセトアルデヒド}}{CH_3-\underset{\overset{\|}{O}}{C}-H}$$

と形式的に覚えるといいよ。

ケトンは，CH_3-が２つ結合している**アセトン**を覚えてね。

$$CH_3-\underset{\underset{O}{\|}}{C}-CH_3$$

アセトン
無色・芳香の液体

アセトンは，水によく溶ける

アセトンは，実験室で酢酸カルシウム$(CH_3COO)_2Ca$を，空気を遮断して加熱分解する(＝**乾留**)ことで得られるんだ。

$$CH_3-\overset{\overset{O}{\|}}{C}-O^-\ Ca^{2+}\ {}^-O-\overset{\overset{O}{\|}}{C}-CH_3 \xrightarrow{\text{乾留}} CH_3-\underset{\underset{O}{\|}}{C}-CH_3 + CaCO_3$$

「中間」がとれる!!

$$(CH_3COO)_2Ca \xrightarrow{\text{乾留}} CH_3COCH_3 + CaCO_3$$

酢酸カルシウム　アセトン　炭酸カルシウム

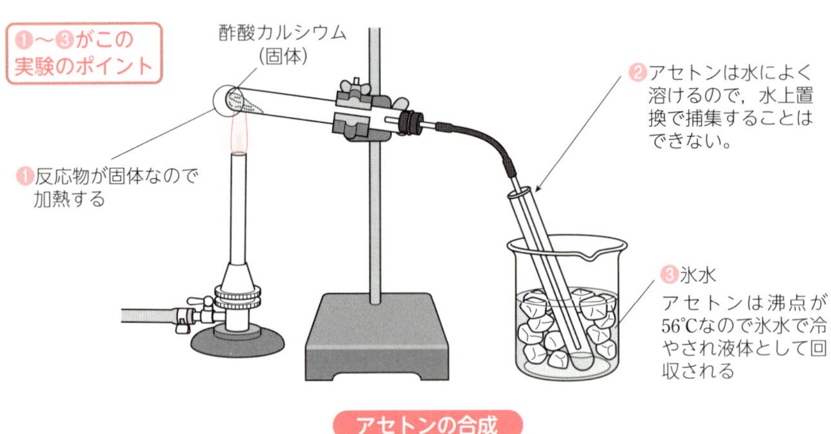

アセトンの合成

チェック問題 1　やや難　3分

次の化合物Ａ～Ｃを酸化して得られる化合物の組み合わせとして最も適当なものを，下の①～⑥のうちから１つ選べ。

$$CH_3-\overset{\overset{O}{\|}}{C}-H \qquad CH_3-\overset{\overset{OH}{|}}{CH}-CH_3 \qquad CH_2=CH_2$$

Ａ　　　　Ｂ　　　　Ｃ

	A を酸化して得られる化合物	B を酸化して得られる化合物	C を酸化して得られる化合物
①	$CH_3-C(=O)-OH$	$CH_3-CH_2-CH_3$	CH_3-CH_3
②	$CH_3-C(=O)-OH$	$CH_3-C(=O)-CH_3$	$CH_3-C(=O)-H$
③	$CH_3-C(=O)-OH$	$CH_3-C(=O)-CH_3$	CH_3-CH_3
④	CH_3-CH_2-OH	$CH_3-CH_2-CH_3$	$CH_3-C(=O)-H$
⑤	CH_3-CH_2-OH	$CH_3-CH_2-CH_3$	CH_3-CH_3
⑥	CH_3-CH_2-OH	$CH_3-C(=O)-CH_3$	$CH_3-C(=O)-H$

解答・解説

②

アルデヒドを酸化するとカルボン酸が生成する。

間に O を入れる

$$\text{A}\quad \underset{\text{アセトアルデヒド}}{CH_3-C(=O)-H} \xrightarrow[\text{(酸化)}]{+O} \underset{\text{酢酸}}{CH_3-C(=O)-O-H}$$

第二級アルコールを酸化するとケトンが生成する。

$$\text{B}\quad \underset{\text{2-プロパノール}}{{}^{1}CH_3-{}^{2}CH(OH)-{}^{3}CH_3} \xrightarrow[\text{(酸化)}]{-2H} \underset{\text{アセトン}}{CH_3-C(=O)-CH_3}$$

OH→H を 2 個とる

2-プロパノール

（「途中に OH」なので第二級）

エチレンを触媒を使って酸化するとアセトアルデヒドが生成する。

$$\text{C}\quad \underset{\text{エチレン}}{CH_2=CH_2} \xrightarrow[\text{[PdCl}_2\text{, CuCl}_2\text{]}]{O_2} \underset{\text{アセトアルデヒド}}{CH_3-C(=O)-H}$$

第6章 有機化合物

2 アルデヒドの検出反応について

アルデヒドは，アルカリ性の水溶液中で**還元剤**としてはたらくんだ。この性質を利用して，アルデヒドを検出するためにはどんな試薬を使ったらいいかな？

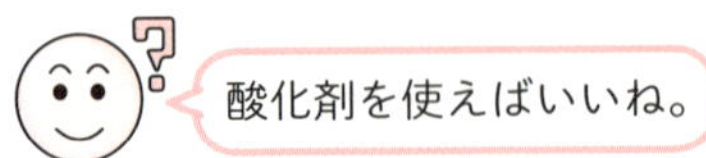

酸化剤を使えばいいね。

そうなんだ。酸化剤として銀イオン Ag^+ や銅（Ⅱ）イオン Cu^{2+} を使う。このとき，Ag^+（**正確には** $[Ag(NH_3)_2]^+$）**を含んでいる溶液をアンモニア性硝酸銀水溶液**，Cu^{2+}（**正確には** Cu^{2+} **の錯イオン**）**を含んでいる溶液をフェーリング液という**んだ。

これらの水溶液（➡ **酸化剤**）に**アルデヒド**（➡ **還元剤**）を加えて温めたり加熱したりすると，それぞれ Ag がガラス容器の内側の面に鏡のように析出したり（**銀鏡反応**），酸化銅（Ⅰ）Cu_2O の赤色沈殿を生成したり（**フェーリング液の還元反応**）する。

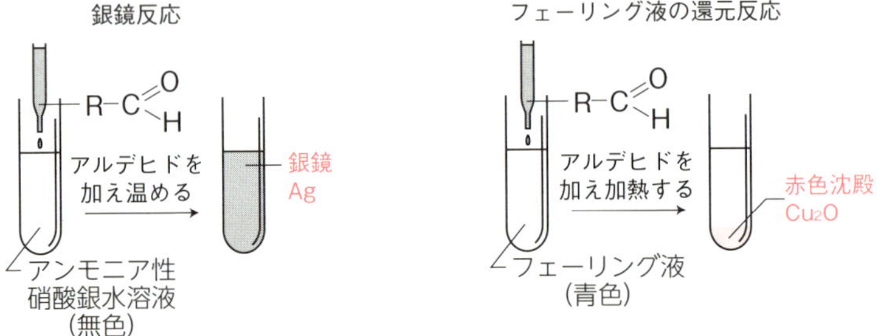

ポイント　アルデヒドの検出反応について

- **銀鏡反応**…Ag が析出
- **フェーリング液の還元反応**…Cu_2O（赤色）が沈殿

3 ヨードホルム反応について

特定の構造をもつアルコール，アルデヒドやケトンは，**I_2 と NaOH 水溶液を加えて温めると，特有のにおいをもつ黄色沈殿（＝ヨードホルム CHI_3）を生じる**。

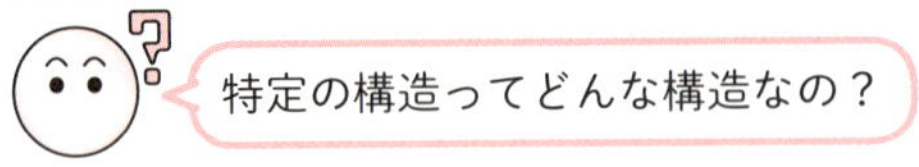

特定の構造ってどんな構造なの？

$CH_3-CH(OH)-$ か $CH_3-C(=O)-$ **のどちらかの構造**で，− の部分には，H 原子か C 原子が**直接結合**する必要があるんだ。

H原子が直接結合すると

$CH_3-\underset{\large OH}{\underset{|}{CH}}-H$（エタノール）や $CH_3-\underset{\large O}{\underset{\|}{C}}-H$（アセトアルデヒド）になるね。

そうだね。$CH_3-\underset{\large O}{\underset{\|}{C}}-OH$（酢酸）は**直接水素原子がついていない**ので，**ヨードホルム反応で検出することはできない**んだ。

ポイント　ヨードホルム反応について

$CH_3-CH(OH)-$■か，CH_3-CO-■のどちらかの構造が必要で，

ヨードホルム CHI_3（**黄色**）が沈殿する

$$\left(CH_3-\underset{\large OH}{\underset{|}{CH}}-■ \text{ または，} CH_3-\underset{\large O}{\underset{\|}{C}}-■\right)\xrightarrow[\text{加熱}]{I_2,\ NaOH} CHI_3\text{（黄色）が生じる}$$

$CH_3-\underset{\large OH}{\underset{|}{CH}}-H$（エタノール）　${}^{1}CH_3-{}^{2}\underset{\large OH}{\underset{|}{CH}}-{}^{3}CH_3$（2-プロパノール）　$CH_3-\underset{\large O}{\underset{\|}{C}}-H$（アセトアルデヒド）　$CH_3-\underset{\large O}{\underset{\|}{C}}-CH_3$（アセトン）などは，

いずれもヨードホルム反応を示す

チェック問題 2

アルデヒドやケトンに関する記述として下線部に誤りを含むものを，次の①～⑨のうちから2つ選べ。

① アルデヒドを還元すると，第一級アルコールが生じる。
② アルデヒドをアンモニア性硝酸銀水溶液と反応させると，銀が析出する。
③ アセトアルデヒドを酸化すると，酢酸が生じる。
④ メタノールを，白金や銅を触媒として酸素を反応させると，アセトアルデヒドが生じる。
⑤ エチレン（エテン）を，塩化パラジウム（Ⅱ）と塩化銅（Ⅱ）を触媒として水中で酸素と反応させると，アセトアルデヒドが生じる。
⑥ アセトンにフェーリング液を加えて加熱すると，赤色の酸化銅（Ⅰ）が析出する。
⑦ アセトンは，水と任意の割合で混じり合う。

⑧　2-プロパノールの酸化によりアセトンが得られる。

⑨　アセトンに，ヨウ素と水酸化ナトリウム水溶液を加えて加熱すると，黄色沈殿を生じる。

解答・解説

④，⑥

①　第一級アルコール $\underset{\text{還元}}{\overset{\text{酸化}}{\rightleftarrows}}$ アルデヒド〈正しい〉

②　アルデヒド R−CHO は，銀鏡反応により銀 Ag を析出させる。〈正しい〉

③　$CH_3-C(=O)-H \xrightarrow{\text{酸化}} CH_3-C(=O)-O-H$ 〈正しい〉

アセトアルデヒド　　酢酸

④　メタノール CH_3OH を白金 Pt や銅 Cu を触媒として O_2 で酸化するとホルムアルデヒド HCHO の気体が発生する。〈誤り〉

⑤　$H_2C=CH_2 \xrightarrow[\text{触媒}(PdCl_2,\ CuCl_2)]{-\text{O を入れる(酸化)}} [H_2C=CH-O-H] \xrightarrow{\text{分子内転位}} CH_3-C(=O)-H$ 〈正しい〉

エチレン(エチン)　　ビニルアルコール(不安定)　　アセトアルデヒド

⑥　CH_3COCH_3（アセトン）はアルデヒド基(ホルミル基)− CHO をもたないため，フェーリング液の還元反応は起こらない。よって，Cu_2O は析出しない。〈誤り〉

⑦　アセトンは水によく溶ける。〈正しい〉また，有機化合物もよく溶かすので，有機溶媒として用いられる。

⑧　$CH_3-CH(OH)-CH_3 \xrightarrow[-2H]{\text{酸化}} CH_3-C(=O)-CH_3$ 〈正しい〉

（2Hがとれる）

2-プロパノール　　アセトン

⑨　アセトン $CH_3-CO-CH_3$ は，CH_3CO-R の構造をもつので，ヨードホルム反応により，CHI_3 の黄色沈殿を生じる。〈正しい〉

第6章　有機化合物

カルボン酸とエステル

1 カルボン酸とその性質について

カルボキシ基−COOH をもつ化合物を**カルボン酸**という。

カルボン酸には，−COOH を1個もつ**1価カルボン酸**(モノカルボン酸)，−COOH を2個もつ**2価カルボン酸**(ジカルボン酸)などがあるんだ。

1価カルボン酸(モノカルボン酸)には，

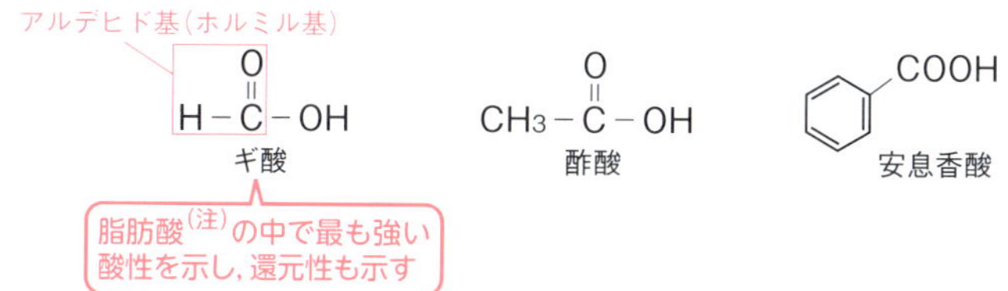

注　脂肪酸(脂肪族モノカルボン酸)とは，鎖式の1価カルボン酸のことをいう。

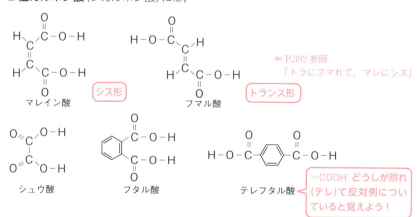

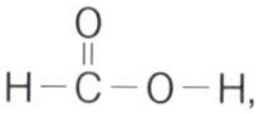

H−C(=O)−O−H，　ギ酸

CH_3−C(=O)−O−H，　酢酸

C_6H_5−C(=O)−O−H，　安息香酸（ベンゼン環がある）

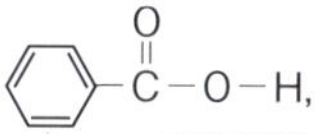

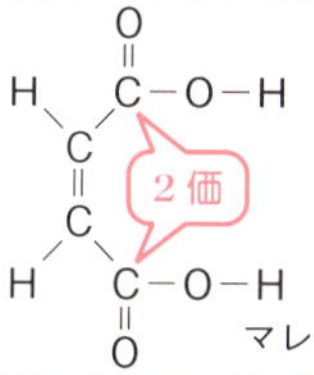

マレイン酸（2価）

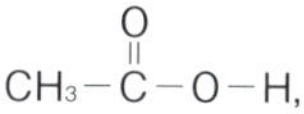

脂肪酸：ギ酸，酢酸　　脂肪酸ではない：安息香酸，マレイン酸

2価カルボン酸(ジカルボン酸)には，

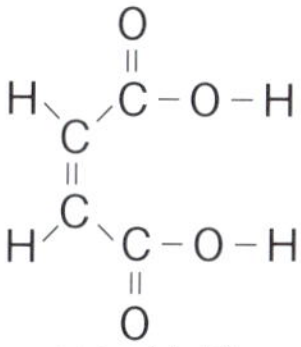

マレイン酸（シス形）

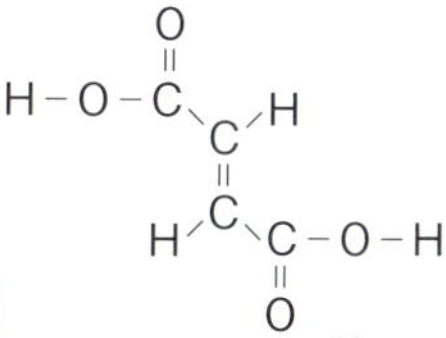

フマル酸（トランス形）

← P.392 参照
「トラにフマれて，マレにシス」

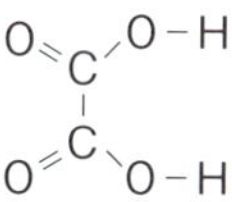

シュウ酸

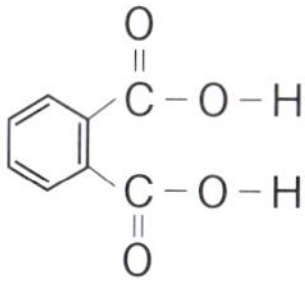

フタル酸

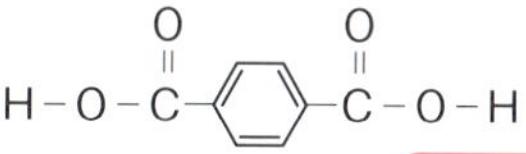

テレフタル酸　−COOH どうしが照れ(テレ)て反対側についていると覚えよう！

などがある。**ギ酸 HCOOH はきわめて酸性が強く，アルデヒド基(ホルミル基)**

$-CHO$ **をもつために還元性を示す。**

酢酸 CH_3COOH は食酢の中に含まれていて，純度の高いものは冬期に氷結（凝固）するので，「**氷酢酸**」ということもあるんだ。

また，ベンゼンなどの無極性溶媒の中で，CH_3COOH のほとんどは分子間で**水素結合**を形成し**二量体**をつくる。

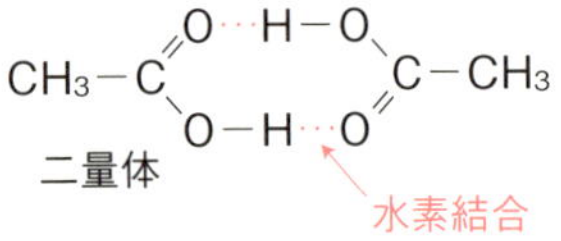

$$CH_3-C{\overset{O\cdots H-O}{\underset{O-H\cdots O}{}}}C-CH_3$$

二量体　水素結合

2分子が結びついているので二量体という。

カルボン酸は水溶液中ではわずかに電離して**弱酸性を示し**，NaOH などの塩基と中和反応して塩をつくる。

$$\underset{\text{カルボン酸}}{R-COOH} \rightleftarrows R-COO^- + H^+ \quad (\text{電離})$$

$$R-COOH + NaOH \longrightarrow R-COONa + H_2O \quad (\text{中和})$$

また，カルボン酸は炭酸 CO_2+H_2O (H_2CO_3) よりも強い酸なので，炭酸水素ナトリウム $NaHCO_3$ 水溶液と次のように反応する。

H^+ を与える

$$R-COOH + NaHCO_3 \longrightarrow R-COO^-Na^+ + H_2O + CO_2$$

（弱酸の遊離）

カルボン酸 RCOOH が自分よりも弱い酸である炭酸 CO_2+H_2O を追い出しているね。

そうなんだ。この反応は，**カルボキシ基** $-COOH$ **の検出反応として使われる**ことがあるので知っておいてね。

ここで注意してほしいことがあるんだ。カルボン酸は炭酸 CO_2+H_2O (H_2CO_3) よりも強い酸だけど，塩酸 HCl よりは弱い酸なので，

H^+ を与える

$$R-COOH + HCO_3^- \xrightarrow{\bigcirc} R-COO^- + \underset{(H_2CO_3)}{CO_2 + H_2O}$$

← 自分より弱い酸は追い出せる!!

の反応は起こるけど，

H^+ を与える

$$R-COOH + Cl^- \xrightarrow{\times} R-COO^- + HCl$$

← 自分より強い酸は追い出せない!!

の反応は起こらないんだ。

このように，有機化合物の酸の強さの順を暗記していないと，反応が起こる・起こらないの判定ができないんだ。

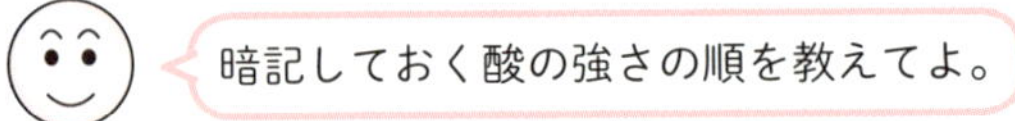

暗記しておく酸の強さの順を教えてよ。

次のポイントにある「酸の強さの順」を覚えてね。

ポイント **有機化合物の酸の強さについて**

- 弱酸の塩　＋　強酸　⟶　弱酸　＋　強酸の塩(弱酸の遊離)
- 酸の強さの順

H_2SO_4・HCl ＞ RCOOH ＞ CO_2 ＋ H_2O ＞ (ベンゼン環)−OH

希硫酸　塩酸　カルボン酸　(H_2CO_3) 炭酸　フェノール

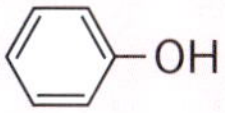

チェック問題 1

標準　2分

ギ酸に関する記述として誤りを含むものを，次の①～⑤のうちから 1 つ選べ。

① アルデヒド基(ホルミル基)とカルボキシ基をもつ。
② 分子量が最も小さいカルボン酸である。
③ アンモニア性硝酸銀水溶液に加えると，銀が析出する。
④ アセトアルデヒドの酸化により得られる。
⑤ 炭酸水素ナトリウム水溶液を加えると，二酸化炭素が発生する。

解答・解説

④

① 〈正しい〉

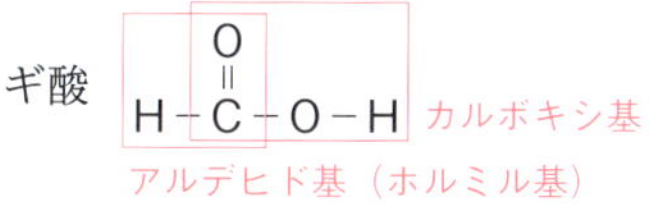

ギ酸　H−C(=O)−O−H

アルデヒド基（ホルミル基）　カルボキシ基

② 〈正しい〉原子量の最も小さな H がカルボキシ基に結合しているため。

③ アルデヒド基(ホルミル基)をもっているので，銀鏡反応を示す。〈正しい〉

④ アセトアルデヒドを酸化すると酢酸になる。〈誤り〉

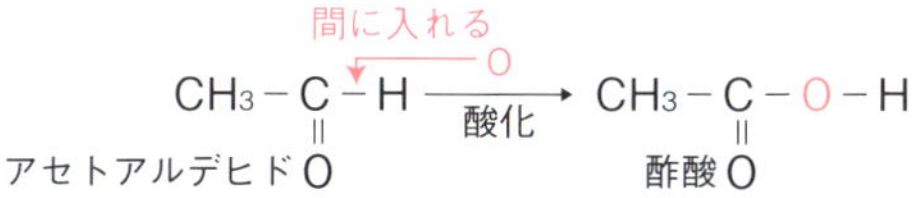

$$CH_3-C(=O)-H \xrightarrow{\text{酸化}} CH_3-C(=O)-O-H$$

アセトアルデヒド（O を間に入れる）　酢酸

⑤ 酸の強さの順は HCOOH ＞ CO_2＋$H_2O$$(H_2CO_3)$ なので，

$HCOOH$ ＋ $NaHCO_3$ ⟶ $HCOONa$ ＋ H_2O ＋ CO_2
(弱酸の遊離)

の反応が起こる。〈正しい〉

第6章 有機化合物

2 酸無水物について

2個のカルボキシ基$-COOH$から水H_2O 1分子がとれてできた化合物を酸無水物またはカルボン酸無水物という。カルボン酸無水物は，

$$-\overset{O}{\overset{\|}{C}}-O-H+H-O-\overset{O}{\overset{\|}{C}}- \longrightarrow -\overset{O}{\overset{\|}{C}}-O-\overset{O}{\overset{\|}{C}}-$$

の構造をもつ。

H_2Oを間からとる

❶ 分子間から水1分子がとれる場合

CH_3COOHに十酸化四リンP_4O_{10}などの脱水剤を加えて加熱すると，分子間で脱水され**無水酢酸**ができる。

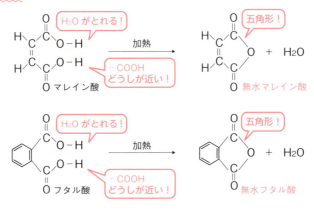

H_2Oがとれる！

$$2\,CH_3-\overset{O}{\overset{\|}{C}}-O-H \xrightarrow[\text{脱水剤・加熱}]{-H_2O} (CH_3-\overset{O}{\overset{\|}{C}})_2O + H_2O$$

酢酸　　無水酢酸

$$2CH_3COOH \xrightarrow[\text{脱水剤}]{\text{加熱}} (CH_3CO)_2O + H_2O$$

❷ 分子内から水1分子がとれる場合

マレイン酸やフタル酸などの，**2つのカルボキシ基が近くにあり，生じる酸無水物の形に構造上無理がない五角形（＝五員環という）などの場合，分子内で脱水され酸無水物ができる**。

マレイン酸 $\xrightarrow{\text{加熱}}$ 無水マレイン酸 $+ H_2O$

H_2O がとれる！　－COOH どうしが近い！　五角形！

フタル酸 $\xrightarrow{\text{加熱}}$ 無水フタル酸 $+ H_2O$

H_2O がとれる！　－COOH どうしが近い！　五角形！

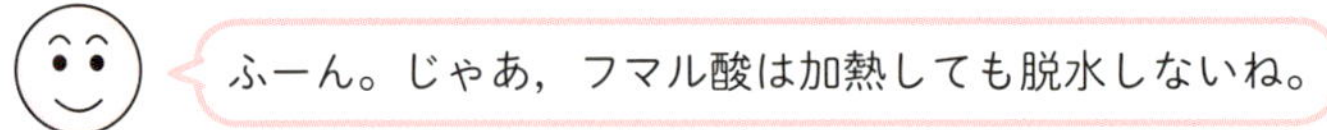

ふーん。じゃあ，フマル酸は加熱しても脱水しないね。

$$H-O-\underset{}{\overset{O}{\overset{\|}{C}}}-CH=CH-\underset{\underset{O}{\|}}{C}-O-H \xrightarrow{加熱} 変化なし$$

－COOHどうしが遠い！

フマル酸

そうなんだ。あとね，

$$\underset{マレイン酸}{C_4H_4O_4} \xrightarrow{加熱} \underset{無水マレイン酸}{C_4H_2O_3} \qquad \underset{フタル酸}{C_8H_6O_4} \longrightarrow \underset{無水フタル酸}{C_8H_4O_3}$$

のように分子式をあわせて暗記しておくと役立つよ。

3 エステル化について

カルボン酸である酢酸 CH_3COOH とアルコールであるエタノール C_2H_5OH の混合物に，少量の濃硫酸 H_2SO_4 を加えて加熱すると，一部が反応して酢酸エチル $CH_3COOC_2H_5$ というエステルと水 H_2O ができるんだ。

例

H₂Oがとれる！

$$\underset{酢酸}{CH_3-\underset{\underset{O}{\|}}{C}-O-H} + \underset{エタノール}{C_2H_5-O-H} \underset{}{\overset{エステル化\ 加熱\ [H_2SO_4]}{\rightleftarrows}} \underset{酢酸エチル}{CH_3-\underset{\underset{O}{\|}}{C}-O-C_2H_5} + H_2O$$

エステル結合 $-\overset{O}{\overset{\|}{C}}-O-$ をもっている化合物を**エステル**というんだ。エステルは**水に溶けにくく，ジエチルエーテルなどの有機溶媒に溶けやすい**。また，果実のようなにおいをもつものが多く，お菓子などの香料に用いられるものもある。

あと，エステルが生成する反応（＝**エステル化**という）には，注意するポイントが3つあるから，覚えてね。

❶ **カルボン酸から－OHが，アルコールから－Hがとれて**，エステルが生成する。

H₂Oがとれる

$$R_1-\underset{\underset{O}{\|}}{C}-O-H + R_2-O-H \overset{エステル化\ [H_2SO_4]加熱}{\rightleftarrows} \underset{エステル}{R_1-\underset{\underset{O}{\|}}{C}-O-R_2} + H_2O$$

❷ この反応は，行ったり来たりする反応（可逆反応）である。

❸ エステル $R_1-\overset{O}{\overset{\|}{C}}-O-R_2$ の名前は，まずカルボン酸 $R_1-\overset{O}{\overset{\|}{C}}-O-H$ の名前，次に R_2 の名前をつける。

第6章 有機化合物

例　$CH_3-\overset{\overset{O}{\|}}{C}-O-C_2H_5$ は，$CH_3-\overset{\overset{O}{\|}}{C}-O-H$ 酢酸と $-C_2H_5$ エチル基から，「酢酸エチル」となる。

ポイント　エステル化について

● カルボン酸から $-OH$，アルコールから $-H$ がとれる

4 エステルの合成実験について

エステル化は，実験の出題が多い。酢酸エチル $CH_3COOC_2H_5$ は，図のような実験装置で合成するんだ。まず，乾いた試験管に酢酸 CH_3COOH，エタノール C_2H_5OH，濃硫酸 H_2SO_4（触媒）を入れ，沸騰石を加える。

沸騰石は，突発的な沸騰（突沸）を防ぐために入れるんだよね。

そうだね。次に，この試験管に十分に長いガラス管をとりつけ，熱水の入ったビーカー中で数分間加熱する。

長いガラス管は，何のためにとりつけるの？

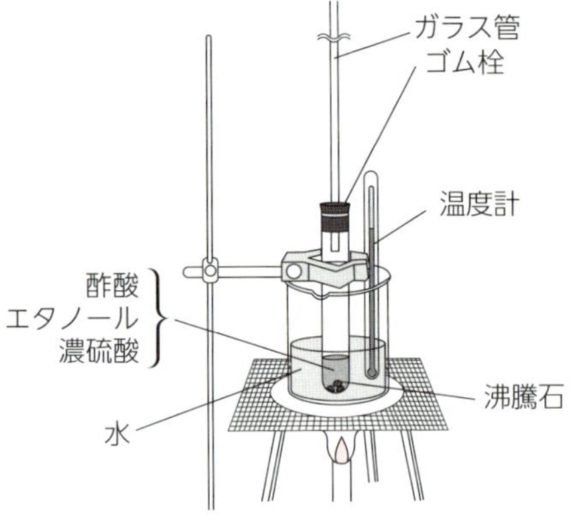

蒸発した内容物を冷却して，液体に戻すためにとりつけるんだよ。

酢酸とエタノールから酢酸エチルを合成する反応は，次のように表せたよね。

$$\underset{\text{酢酸}}{CH_3COOH} + \underset{\text{エタノール}}{C_2H_5OH} \xrightleftharpoons{\text{濃硫酸}} \underset{\text{酢酸エチル}}{CH_3COOC_2H_5} + H_2O$$

この反応は，可逆反応なので，試験管の内容物は，未反応の CH_3COOH や C_2H_5OH と生成した $CH_3COOC_2H_5$ や H_2O，触媒である濃硫酸 H_2SO_4 の混合物になっているんだ。

この試験管の内容物を冷却し，$NaHCO_3$ の飽和水溶液を少しずつ加えると，H_2SO_4（水でうすまり希硫酸となる）と CH_3COOH は $CO_2 + H_2O$（H_2CO_3）よりも強い酸なので，弱酸の遊離が起こり CO_2 が発生する。

$$CH_3COOH + NaHCO_3 \xrightarrow{} CH_3COONa + H_2O + CO_2 \quad \text{（弱酸の遊離）}$$
（H^+ が CH_3COOH から $NaHCO_3$ へ移動）

こうして，H_2SO_4 や CH_3COOH は Na_2SO_4 や $CH_3COO^-Na^+$ になり，水層に溶ける。また，$-OH$ 1個あたり C 2個の C_2H_5OH も水層に溶ける。

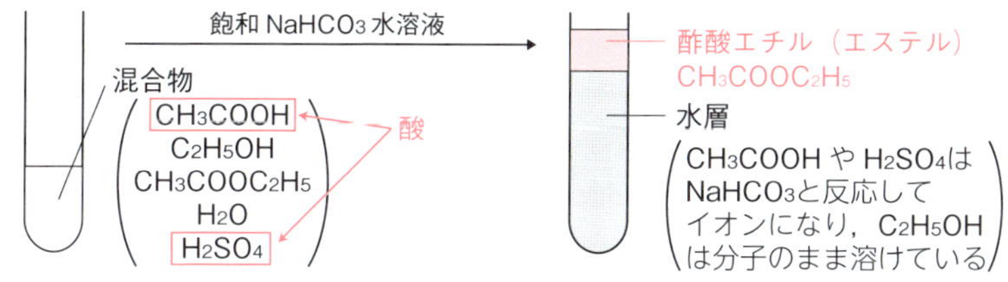

酢酸エチルは，上層になっているね。

そうだね。$CH_3COOC_2H_5$ は，**水に溶けにくく水よりも密度が小さいので**，上層になるんだ。この上層から果実のような芳香をもつ酢酸エチルを得ることができるよ。

チェック問題 2

標準　2分

次の操作1～3からなる実験について，下の問いに答えよ。

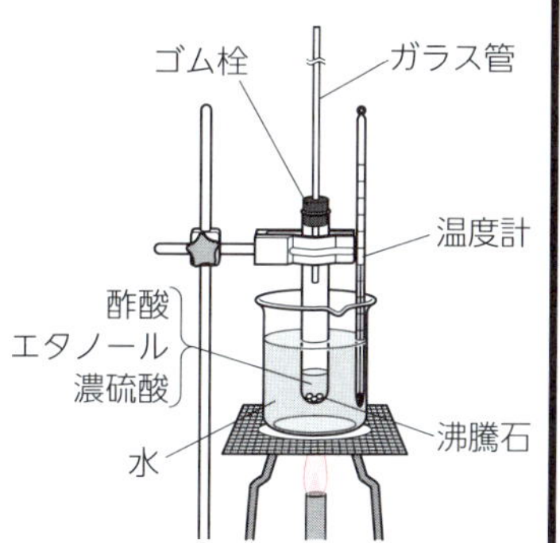

操作1　乾いた試験管Aに酢酸とエタノールを2mLずつ入れて振り混ぜ，さらに濃硫酸を0.5mL加えた。この試験管Aに沸騰石を入れて，十分に長いガラス管をとりつけ，図に示すように80℃の水の入ったビーカーの中で5分間加熱した。

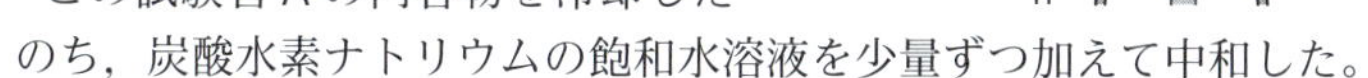
操作2　この試験管Aの内容物を冷却したのち，炭酸水素ナトリウムの飽和水溶液を少量ずつ加えて中和した。

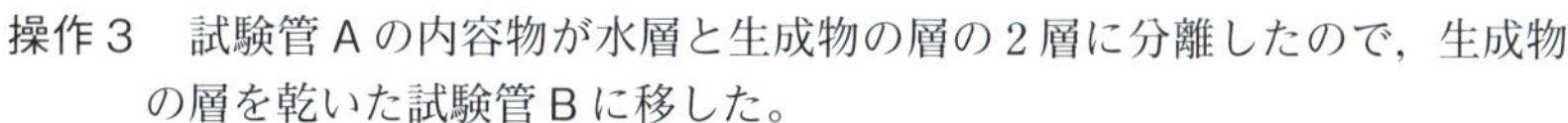
操作3　試験管Aの内容物が水層と生成物の層の2層に分離したので，生成物の層を乾いた試験管Bに移した。

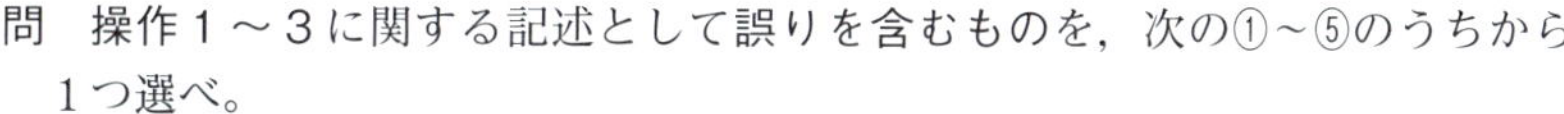
問　操作1～3に関する記述として誤りを含むものを，次の①～⑤のうちから1つ選べ。

① 操作1で試験管Aに沸騰石を入れるのは，突沸(突発的な沸騰)を防ぐためである。

② 操作1で試験管Aに長いガラス管をとりつけるのは，蒸発した内容物を冷却して，液体に戻すためである。

③ 操作2では，二酸化炭素が発生した。

④ 操作2の中和の結果，試験管Aの内容物が分離したとき，生成物の層は下層であった。

⑤　操作３で試験管Ｂに移した生成物には，果実のような芳香があった。

解答・解説

④

操作１では，エステル化により酢酸エチルが生じる。

$$\underset{\text{酢酸}}{CH_3-\overset{\overset{\displaystyle O}{\|}}{C}-O-H} + \underset{\text{エタノール}}{C_2H_5-O-H} \xrightleftharpoons{\text{エステル化}} \underset{\text{酢酸エチル}}{CH_3-\overset{\overset{\displaystyle O}{\|}}{C}-O-C_2H_5} + H_2O$$

操作２，３のようすは，P.444とP.445で紹介した実験操作を参照。

②　空気によって冷却し，蒸発した内容物を液体に戻す。〈正しい〉

③　エステル化は可逆反応なので，未反応の CH_3COOH や C_2H_5OH と生成した $CH_3COOC_2H_5$ や H_2O，触媒の H_2SO_4 が混在している。これに $NaHCO_3$ の飽和水溶液を加えると，H_2SO_4 や CH_3COOH が反応し CO_2 が発生する（弱酸の遊離）。〈正しい〉

④　生成物である酢酸エチル $CH_3COOC_2H_5$ は，水に溶けにくく水よりも密度が小さいので**上層**になる。〈誤り〉

⑤　酢酸エチルは，果実のような芳香をもつ。〈正しい〉

5 エステルの加水分解について

エステルに希塩酸や希硫酸などの強酸を加えたり，水酸化ナトリウムなどの強塩基の水溶液を加えたりして加熱すると，エステルをバラバラにすることができる。

❶　エステルである酢酸エチルに希塩酸や希硫酸を加えて加熱すると，カルボン酸である酢酸とアルコールであるエタノールになる。

$$\underset{\text{酢酸エチル}}{CH_3-\overset{\overset{\displaystyle O}{\|}}{C}-O-C_2H_5} + H_2O \xrightleftharpoons{\text{加熱}\ [H^+]} \underset{\text{酢酸}}{CH_3-\overset{\overset{\displaystyle O}{\|}}{C}-O-H} + \underset{\text{エタノール}}{C_2H_5-O-H}$$

このエステル化の逆反応を加水分解といい，希塩酸や希硫酸の H^+ が触媒としてはたらいているんだ。

❷　エステルである酢酸エチルに水酸化ナトリウム水溶液を加えて加熱すると，カルボン酸の塩である酢酸ナトリウムとアルコールであるエタノールになる。

$$\underset{\text{酢酸エチル}}{CH_3-\overset{\overset{\displaystyle O}{\|}}{C}-O-C_2H_5} + NaOH \xrightarrow{\text{加熱}} \underset{\text{酢酸ナトリウム}}{CH_3-\overset{\overset{\displaystyle O}{\|}}{C}-O^-Na^+} + \underset{\text{エタノール}}{C_2H_5-O-H}$$

強塩基のときは，一方通行で反応するんだね。

そうなんだ。**この強塩基による加水分解は，セッケンをつくるときに使われるのでけん化ともいう**んだ。

エステルを加水分解してできる生成物は，次のように覚えたらいいよ。

まず，エステル結合 $-\overset{\overset{\large O}{\|}}{C}-O-$ の下に，**強酸を使うときには H_2O，強塩基を使うときには OH^- を書く。**

〈強酸を使うとき〉

$$\begin{array}{c} \quad O \\ \quad \| \\ R_1-C-O-R_2 \\ H-O-H \end{array}$$

〈強塩基を使うとき〉

$$\begin{array}{c} \quad O \\ \quad \| \\ R_1-C-O-R_2 \\ {}^-O-H \end{array}$$

書く

次に，$-\overset{\overset{\large O}{\|}}{C}\downarrow O-$ **の矢印の部分を切断する。**

〈強酸を使うとき〉

$$\begin{array}{c} \quad O \\ \quad \| \\ R_1-C-O-R_2 \\ H-O-H \end{array}$$

切断

〈強塩基を使うとき〉

$$\begin{array}{c} \quad O \\ \quad \| \\ R_1-C-O-R_2 \\ {}^-O-H \end{array}$$

切断

最後に，切れた部分を**つなぐと生成物がわかる**んだ。

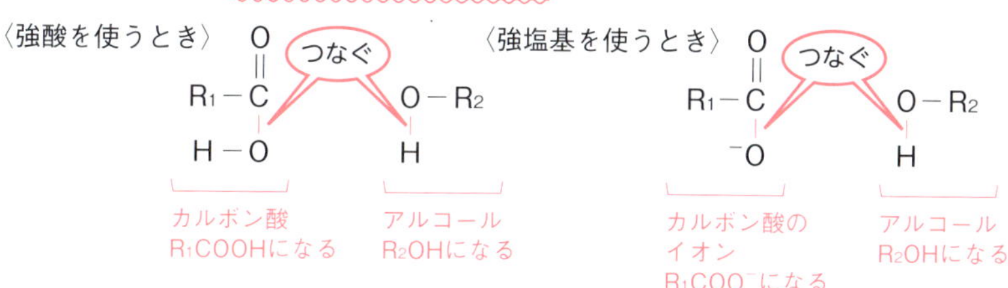

ポイント エステルの加水分解について

- **強酸**を使うとき

エステル ＋ 水 $\rightleftarrows$ カルボン酸 ＋ アルコール

- **強塩基**を使うとき

エステル ＋ 塩基 $\longrightarrow$ カルボン酸の塩 ＋ アルコール

第6章 有機化合物

チェック問題 3

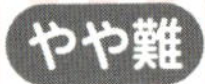

分子式 $C_4H_8O_2$ で表される化合物のうち，エステル結合をもつエステルはいくつ存在するか。正しい数を，次の①～⑥のうちから1つ選べ。

① 1　② 2　③ 3　④ 4　⑤ 5　⑥ 6

解答・解説

④

エステル結合 $-\overset{\overset{\large O}{\|}}{C}-O-$ をもつ $C_4H_8O_2$ のエステルは，次の㋐～㋓の4種類になる。

㋐ $H-\overset{\overset{O}{\|}}{C}-O-CH_2-CH_2-CH_3$

まず，ここがHの化合物から考えていく　残ったCがまっすぐ

㋑ $H-\overset{\overset{O}{\|}}{C}-O-\overset{\overset{CH_3}{|}}{C}H-CH_3$

残ったCが枝分かれ

㋒ $CH_3-\overset{\overset{O}{\|}}{C}-O-CH_2-CH_3$

Cが1個の場合

㋓ $CH_3-CH_2-\overset{\overset{O}{\|}}{C}-O-CH_3$

Cが2個の場合

チェック問題 4

分子式 $C_5H_{10}O_2$ で表されるエステルを酸で加水分解して得られた化合物について，次の実験結果(a・b)を得た。もとのエステルの構造式として最も適当なものを，下の①～⑤のうちから1つ選べ。

a　得られたアルコールは，ヨードホルム反応を示した。

b　得られたカルボン酸には還元性がある。

① $CH_3CH_2-\underset{\underset{O}{\|}}{C}-O-CH_2CH_3$

② $CH_3-\underset{\underset{O}{\|}}{C}-O-CH_2CH_2CH_3$

③ $CH_3-\underset{\underset{O}{\|}}{C}-O-\overset{\overset{CH_3}{|}}{C}HCH_3$

④ $H-\underset{\underset{O}{\|}}{C}-O-\overset{\overset{CH_3}{|}}{C}HCH_2CH_3$

⑤ $H-\underset{\underset{O}{\|}}{C}-O-CH_2\overset{\overset{CH_3}{|}}{C}HCH_3$

解答・解説

④

①～⑤のエステルを加水分解して得られるカルボン酸とアルコールは次の通り。

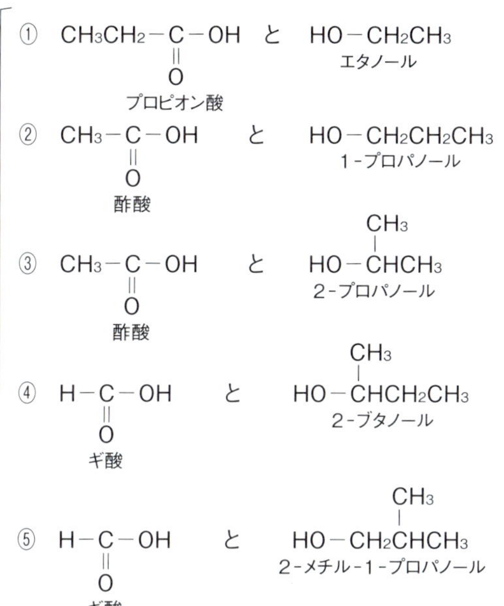

$R_1-C(=O)-O-R_2$
から
$R_1-C(=O)-O-H$
と
$H-O-R_2$
が
得られた。

得られる**カルボン酸の中で還元性を示すのは，アルデヒド基(ホルミル基)をもつギ酸のみ**(実験結果 b)。

$H-C(=O)-O-H$　ギ酸　（還元性を示す構造）

この結果，求めるエステルはギ酸のエステルである④と⑤のどちらかになる。

④と⑤のエステルから得られるアルコールの中でヨードホルム反応を示す(実験結果 a)のは，④から得られる 2-ブタノールのみ。□ は**ヨードホルム**を示す構造。

$CH_3-CH(OH)-CH_2-CH_3$　直接Cが結合している!

2-ブタノール

また，⑤から得られる 2-メチル-1-プロパノールは，ヨードホルム反応を示さない。

$CH_3-CH(CH_3)-CH(OH)-H$　⇐ $CH_3-CH(OH)-$ の構造をもたない

2-メチル-1-プロパノール

よって a，b の条件をみたすエステルは，④のエステル。

第6章 有機化合物

思 考力のトレーニング　難 

分子式 $C_4H_6O_2$ で表されるエステル A を加水分解したところ，図のように化合物 B とともに，不安定な化合物 C を経て，C の異性体である化合物 D が得られた。また，化合物 D を酸化したところ，化合物 B に変化した。下の問いに答えよ。

エステル A —加水分解→ 化合物 B ＋〔化合物 C〕
不安定
↓
化合物 D
（化合物 D —酸化→ 化合物 B）

次に示すエステル A の構造式中の [1]・[2] にあてはまるものを，下の①～⑦のうちからそれぞれ 1 つずつ選べ。

エステル A　[1] −C(=O)−O− [2]

① H−　② CH_3−　③ CH_3−CH_2−
④ CH_2＝CH−　⑤ CH_2＝C(CH_3)−　⑥ CH_3−CH＝CH−
⑦ CH_2＝CH−CH_2−

解答・解説

1 ②　2 ④

エステルを加水分解して得られるのは，ふつうカルボン酸とアルコール。ここで，「化合物 C は不安定」とあるので「化合物 C は >C＝C<OH の構造をもつアルコールでは？」と気づけるかがポイントになる。また，化合物 C がアルコールであれば，化合物 B はカルボン酸になる。化合物 B は化合物 D の酸化により得られるので，
↳エステル加水分解生成物のもう一方はカルボン酸
B と D の炭素数が同じ，化合物 D は化合物 C の異性体なので，D と C の炭素数も同じになる。以上をまとめると，

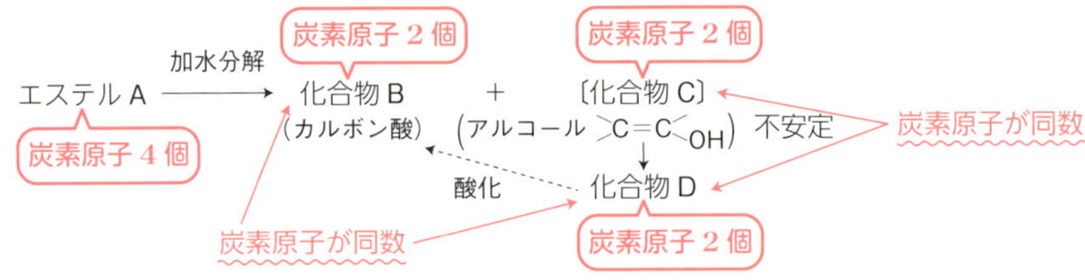

となる。炭素原子を2個もつカルボン酸Bは酢酸 $CH_3-\overset{\displaystyle O}{\overset{\|}{C}}-OH$，炭素原子を2個もつ不安定なアルコールCはビニルアルコール $\underset{H}{\overset{H}{>}}C=C\underset{OH}{\overset{H}{<}}$ であり，不安定なビニルアルコールは異性体であるアセトアルデヒド $CH_3-\underset{\displaystyle O}{\underset{\|}{C}}-H$ に変化することから化合物Dはアセトアルデヒドになる。

$$\underset{H}{\overset{H}{>}}C=C\underset{O-H}{\overset{H}{<}} \xrightarrow{\text{分子内転位}} H-\underset{H}{\overset{H}{\underset{|}{\overset{|}{C}}}}-C\underset{O}{\overset{H}{\lessgtr}}$$

また，アセトアルデヒド(化合物D)を酸化すると酢酸(化合物B)になる。

$$CH_3-\underset{\displaystyle O}{\underset{\|}{C}}-H \xrightarrow[\text{酸化}]{} CH_3-\underset{\displaystyle O}{\underset{\|}{C}}-O-H$$

よって，エステルAは酢酸(化合物B)とビニルアルコール(化合物C)からなるエステルになる。

$$CH_3-\overset{\displaystyle O}{\overset{\|}{C}}-O-H + \underset{H}{\overset{H}{>}}C=C\underset{O-H}{\overset{H}{<}} \xrightarrow{\text{エステル化}} CH_3-\overset{\displaystyle O}{\overset{\|}{C}}-O-CH=CH_2$$

第6章 有機化合物

33時間目 油脂とセッケン

1 油脂について

炭水化物(糖類)・タンパク質・脂質を**三大栄養素**という。ここでは三大栄養素の中で，脂質である**油脂**について勉強するね。

油脂には，**常温で固体の脂肪**と**常温で液体の脂肪油**がある。身のまわりでいえば，ウシやブタの脂は脂肪，大豆油やゴマ油は脂肪油になる。また，**油脂は，水に溶けにくく，水より軽く，ジエチルエーテルなどの有機溶媒によく溶ける**んだ。

油脂は，**3価のアルコールであるグリセリン $C_3H_5(OH)_3$ 1分子と1価のカルボン酸である脂肪酸 RCOOH 3分子とからできた構造をもつ**。

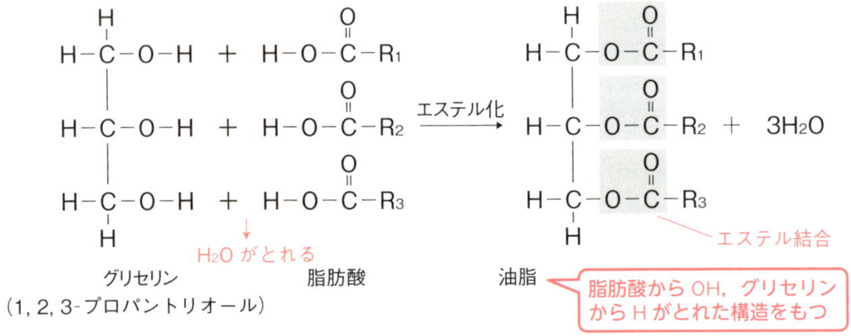

(グリセリン H−C−O−H ×3 ＋ 脂肪酸 H−O−C(=O)−R₁, R₂, R₃ → エステル化 → 油脂 H−C−O−C(=O)−R₁, R₂, R₃ ＋ $3H_2O$)

H_2O がとれる

グリセリン
(1, 2, 3-プロパントリオール)

脂肪酸

油脂

エステル結合

脂肪酸から OH，グリセリンから H がとれた構造をもつ

上の反応式は，次のように簡単に表すこともできる。

$$C_3H_5(OH)_3 + 3RCOOH \longrightarrow C_3H_5(OCOR)_3 + 3H_2O$$

$(RCOO)_3C_3H_5$ と書くこともできる

エステル結合があるから，エステルだね。

そうだね。天然の油脂は，すべて同じ脂肪酸(RCOOH)からできていることは少なく，さまざまな脂肪酸(RCOOH)からできていて，さらに混合物であることが多いんだ。つまり，**油脂はエステルの混合物になる**。

ポイント 油脂について

- 油　脂 ➡ グリセリンと脂肪酸とのエステル
- 脂　肪 ➡ 常温で固体　例 牛脂，豚脂
- 脂肪油 ➡ 常温で液体　例 大豆油，ゴマ油

油脂を構成する脂肪酸にはどんなものがあるの？

天然の**油脂**を構成する脂肪酸は，炭素原子の数が16や18の脂肪酸が多いんだ。

炭素原子を多く含んでいる脂肪酸を高級脂肪酸，高級脂肪酸で炭素間の結合がすべて単結合（C=C 結合をもたない）のものを高級飽和脂肪酸，C=C 結合をもつものを高級不飽和脂肪酸という。

炭素数	分子式	名　称	C=C の数	分子量	融点	
16	$C_{15}H_{31}COOH$	パルミチン酸	0	256	63℃	高級飽和脂肪酸（C=C なし）
18	$C_{17}H_{35}COOH$	ステアリン酸	0	284	70℃	
	$C_{17}H_{33}COOH$	オレイン酸	1	282	13℃	高級不飽和脂肪酸（C=C あり）
	$C_{17}H_{31}COOH$	リノール酸	2	280	−6℃	
	$C_{17}H_{29}COOH$	リノレン酸	3	278	−11℃	

分子内の C=C の数が増すと融点は低くなる

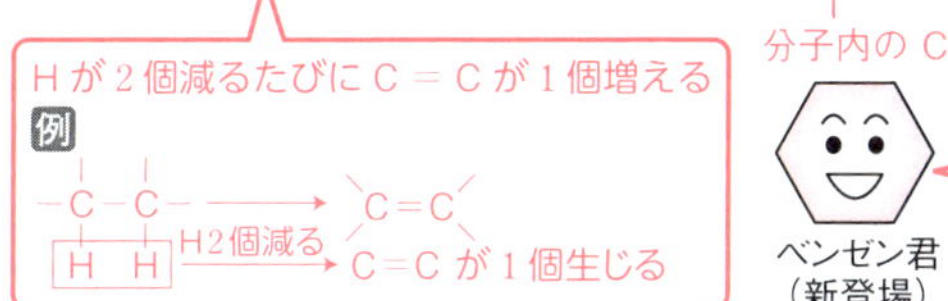

Hが2個減るたびにC=Cが1個増える
例
H2個減る
C=Cが1個生じる

「パルステオリレン」と覚えよう!!

ベンゼン君
（新登場）

注　C=C の数が多くなるほど不規則な形になり，分子が集まりにくく，融点が低くなる。

例　オレイン酸 $C_{17}H_{33}COOH$ の構造

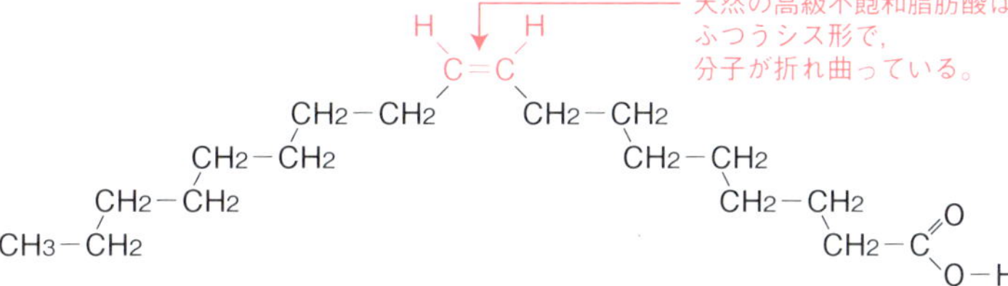

天然の高級不飽和脂肪酸は
ふつうシス形で，
分子が折れ曲っている。

油脂の性質は，高級脂肪酸の種類と関係がありそうだね。

そうなんだ。**油脂を構成する高級脂肪酸の種類は，油脂の性質と関係する**んだ。つまり，**常温で固体のパルミチン酸などを多く含んでいる油脂は常温で固体の脂肪になることが多く，常温で液体のリノール酸などを多く含んでいる油脂は常温で液体の脂肪油になることが多い。**

チェック問題 1

次の文中の空欄 ＿＿＿ に入る適当なものを，次の①～⑥のうちから1つ選べ。

グリセリンとリノール酸($C_{17}H_{31}COOH$)だけからできている油脂と，グリセリンとリノレン酸($C_{17}H_{29}COOH$)だけからできている油脂がある。それぞれの油脂 1 mol に，触媒を加えて水素と反応させ，構成脂肪酸をすべてステアリン酸にするとき，反応によって消費される水素の物質量の比は，［　　］である。

① 1：1　② 1：2　③ 1：3　④ 2：3　⑤ 3：4　⑥ 3：5

解答・解説

④

それぞれの油脂は次のようになる。

(ア) グリセリンとリノール酸だけからできている油脂

注 C_nH_{2n+1}ー(アルキル基)は C―C と C―H だけからなる。高級脂肪酸では，H が 2 個減るごとに C=C が 1 個増える。

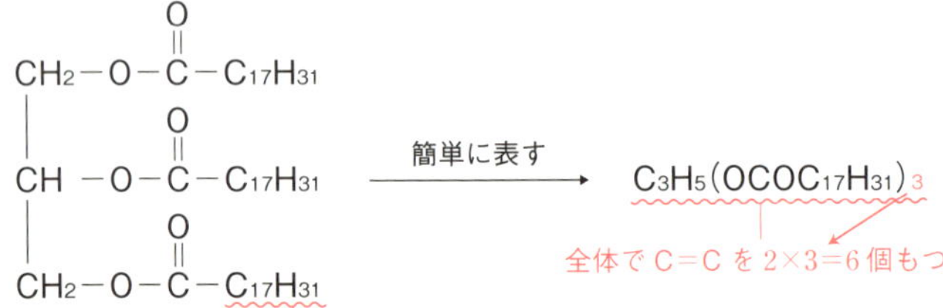

(イ) グリセリンとリノレン酸だけからできている油脂

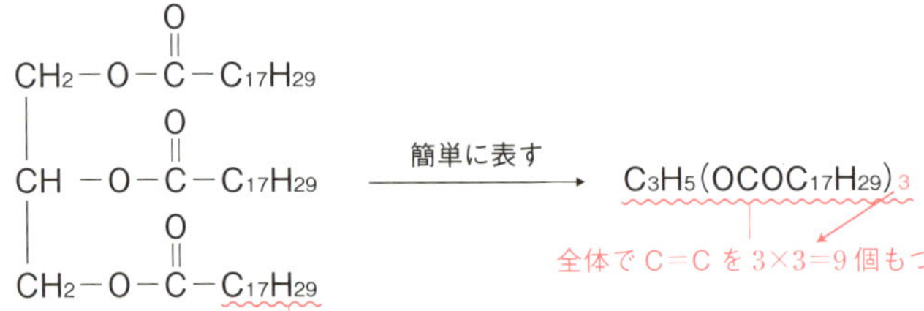

(ア)，(イ)の油脂 1 mol に，触媒を加えて H_2 と反応させ，構成脂肪酸をすべてステアリン酸 $C_{17}H_{35}COOH$ にするときの化学反応式は次の①，②式となる。

(ア)の場合，$C_3H_5(OCOC_{17}H_{31})_3 + 6H_2 \longrightarrow C_3H_5(OCOC_{17}H_{35})_3$ ……①

└ 1 分子中に C=C を 6 個もっている油脂なので……

(イ)の場合，$C_3H_5(OCOC_{17}H_{29})_3 + 9H_2 \longrightarrow C_3H_5(OCOC_{17}H_{35})_3$ ……②

└ 1 分子中に C=C を 9 個もっている油脂なので……

①，②式より，反応によって油脂 1 mol に消費される H_2 の物質量(モル)の比は，

6〔mol〕: 9〔mol〕= 2：3

になる。

思考力のトレーニング 1

難 

油脂100 g に付加するヨウ素の質量〔g〕の数値をヨウ素価という。次の油脂 a ~ c について，ヨウ素価が大きい順に並べたものはどれか。正しいものを，下の①~⑥のうちから１つ選べ。ただし，H＝1.0，C＝12，O＝16，I＝127 とする。

a ステアリン酸 $C_{17}H_{35}COOH$ だけで構成されている油脂
b オレイン酸 $C_{17}H_{33}COOH$ だけで構成されている油脂
c リノール酸 $C_{17}H_{31}COOH$ とオレイン酸との二種類(物質量比２：１)で構成されている油脂

① a ＞ b ＞ c　② a ＞ c ＞ b　③ b ＞ a ＞ c
④ b ＞ c ＞ a　⑤ c ＞ a ＞ b　⑥ c ＞ b ＞ a

解答・解説

⑥

油脂の平均分子量を M，油脂１分子に含まれる C＝C 結合の数を n 個とすると，この油脂１分子(1 mol)には I_2 n 個(n mol)が付加する。

(>C＝C< １個に I_2 １個が付加して，$-\underset{I}{\overset{|}{C}}-\underset{I}{\overset{|}{C}}-$ になると考えればよい。)

よって，ヨウ素価(油脂100 g に付加する I_2〔g〕)を求める式は，

$$\text{ヨウ素価} = \frac{100}{M} \times n \times 254$$

$\frac{100}{M}$：油脂〔mol〕　$\times n$：付加する I_2〔mol〕　$\times 254$：I_2〔g〕　⬅ I_2 の分子量は254

となり，ヨウ素価は $\frac{n}{M}$ の値に比例することがわかる。つまり，$\frac{n}{M}$ の値が大きいほどヨウ素価が大きい。

ここで，a ~ c の油脂について M と n の値を調べる。
（M：油脂の平均分子量　n：I_2の付加する個数であり，C＝C の個数でもある）

a　$C_{17}H_{35}COOH$ だけからなる油脂の示性式は $C_3H_5(OCOC_{17}H_{35})_3$，
（$C_{17}H_{35}-$(アルキル基)に C＝C は 0 個(C－H と C－C のみ)）
（油脂全体でも C＝C は 0 個なので，n=0となる。）
その分子量は M＝890。

第6章 有機化合物

b　$C_{17}H_{33}COOH$ だけからなる油脂の示性式は $C_3H_5(OCOC_{17}H_{33})_3$，

$C_{17}H_{35}-$ より H が 2 個減っているので，$C_{17}H_{33}-$ は C＝C を 1 個もつ　　油脂全体で C＝C を1 × ③ = 3 個もち，n=3となる。

その分子量は M＝884。

c　$C_{17}H_{31}COOH$ 2 個と $C_{17}H_{33}COOH$ 1 個からなる油脂の示性式は，

$C_{17}H_{35}-$ より H が 4 個減っているので，$C_{17}H_{31}-$ は C＝C を 2 個もつ　　$C_{17}H_{33}-$ は C＝C を 1 個もつ

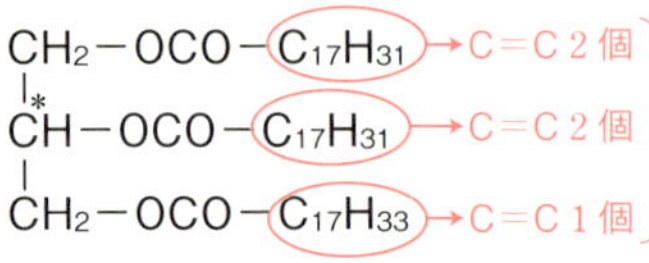

$CH_2-OCO-C_{17}H_{31}$ → C＝C 2 個
$\overset{*}{C}H-OCO-C_{17}H_{31}$ → C＝C 2 個
$CH_2-OCO-C_{17}H_{33}$ → C＝C 1 個
油脂全体で C＝C が 5 個あり，n=5 となる。

か

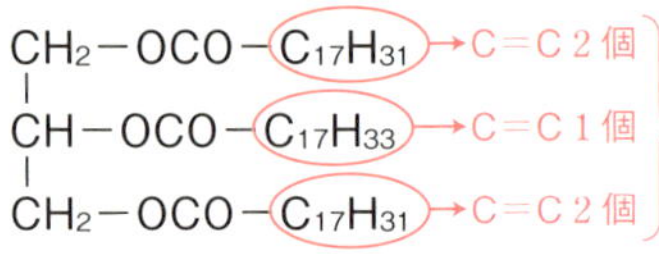

$CH_2-OCO-C_{17}H_{31}$ → C＝C 2 個
$CH-OCO-C_{17}H_{33}$ → C＝C 1 個
$CH_2-OCO-C_{17}H_{31}$ → C＝C 2 個
油脂全体で C＝C が 5 個あり，n=5 となる。

（＊は不斉炭素原子）

であり，n＝5 で，平均分子量は M＝880。

よって，ヨウ素価が大きい順に並べたものは，$\frac{n}{M}$ の値が大きい順に並べたものと同じになり，

ヨウ素価	c	＞	b	＞	a	⬅ $\frac{n}{M}$ の値とヨウ素価は比例する
$\frac{n}{M}$ の値	$\frac{5}{880}$	＞	$\frac{3}{884}$	＞	$\frac{0}{890}$	

になる（分母の数値はほぼ同じなので，分子の数値で比べると速く解ける）。

2 油脂の利用について

マーガリンの原料となる油脂は，大豆油などの C＝C 結合を多く含む脂肪油に Ni を触媒として H_2 を付加させてつくる。**H_2 を付加させて C＝C 結合を少なくすると，常温で固化する**よね。このようにしてつくった油脂を**硬化油**といい，この硬化油に発酵乳・食塩・ビタミン類などを加え，練り合わせてマーガリンをつくるんだ。

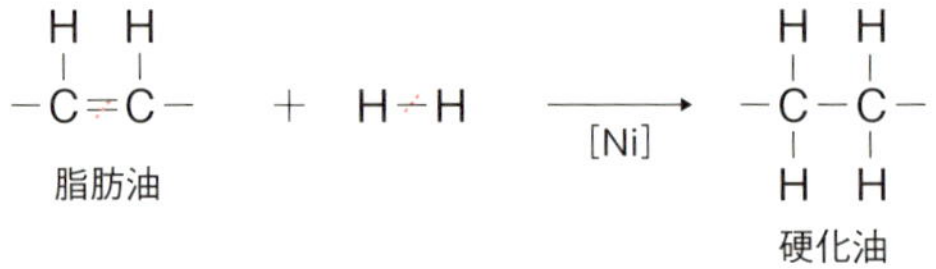

$$-\overset{H}{\underset{}{C}}=\overset{H}{C}- \;+\; H-H \xrightarrow{[Ni]} -\overset{H}{\underset{H}{C}}-\overset{H}{\underset{H}{C}}-$$

脂肪油　　　　硬化油　⬅ H_2 が付加

C＝C 結合を多く含む**アマニ油**などの脂肪油は，木材の表面にうすく塗っておくと，C＝C 結合が空気中の O_2 に酸化され固まる。このような**アマニ油などの脂肪油を乾性油といい，塗料などに使う**。

そういえば，廃油からセッケンがつくれたよね。

そうだね。廃油つまり油脂に NaOH 水溶液を加えて加熱すると，グリセリンと高級脂肪酸のナトリウム塩(**セッケン**)ができるんだ。

セッケンについては，**3** で詳しく勉強することにしようね。

ポイント 油脂の利用について

- **硬化油** ➡ 脂肪油に水素を付加させて固化させたもの　例 **マーガリン**
- **乾性油** ➡ 空気中で C=C が酸素と結合して固まる脂肪油　例 **アマニ油**

チェック問題 2

標準 

次の記述①～⑤のうちから，正しいものを 1 つ選べ。

① 脂肪油はオレイン酸やリノール酸のような高級不飽和脂肪酸のグリセリンエステルを多く含み，水素を付加させると融点が低くなる。

② 示性式 $C_{17}H_{29}COOH$ で示される鎖状の脂肪酸には，炭素原子間の二重結合が 2 つある。

③ 構成脂肪酸として，オレイン酸($C_{17}H_{33}COOH$)のみを含む油脂のほうが，リノレン酸($C_{17}H_{29}COOH$)のみを含む油脂よりも，空気中で酸化されて固まりやすい。

④ パルミチン酸，ステアリン酸は，不飽和脂肪酸である。

⑤ 大豆油を触媒の存在下で水素と反応させると，硬化油をつくることができる。

解答・解説

① 水素を付加させて C=C 結合を少なくすると，常温で固化する。つまり融点は高くなる。〈誤り〉

② $C_{17}H_{29}$−は，$C_{17}H_{35}$−(アルキル基)よりも H が 6 個減っているので C=C を 3 個もつ。つまり，リノレン酸 $C_{17}H_{29}COOH$ には，炭素原子間の二重結合が 3 つある。〈誤り〉

③ リノレン酸 $C_{17}H_{29}COOH$ は，オレイン酸 $C_{17}H_{33}COOH$ よりも C=C 結合を 2 個多くもっている(H が 4 個少ないので)。リノレン酸のみを含む油脂のほうが

第6章 有機化合物

C＝C 結合が多く，空気中で酸化されやすく固まりやすい。〈誤り〉

④ パルミチン酸，ステアリン酸は，C＝C 結合をもたない飽和脂肪酸である。〈誤り〉

⑤ 大豆油は植物性油脂であり，水素を付加させてつくった硬化油はマーガリンの原料になる。〈正しい〉

3 セッケンについて

エステルに NaOH のような強塩基を加えて加熱すると，カルボン酸の塩とアルコールになったね。

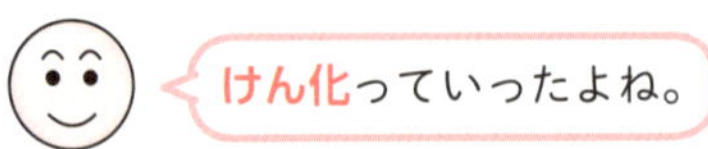

そうだね。だから，**エステルである油脂に NaOH 水溶液を加えて加熱すると，油脂がけん化されてグリセリンと高級脂肪酸のナトリウム塩（セッケン）ができる。**

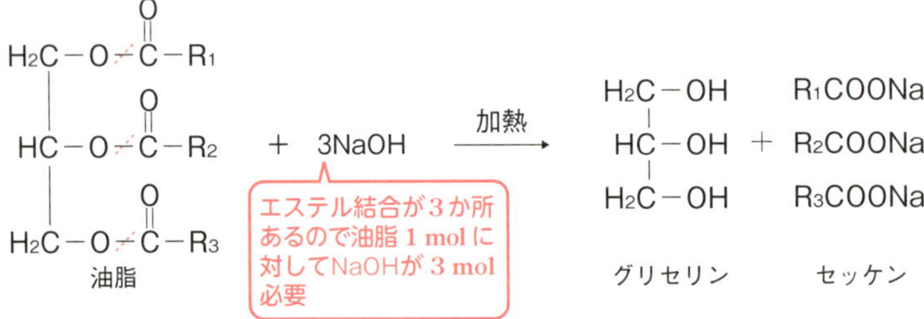

セッケンは，水になじみやすいカルボン酸イオンの部分（＝**親水基**）と水になじみにくい長い炭化水素の部分（＝**疎水基**または**親油基**）とからできた構造をもっている。

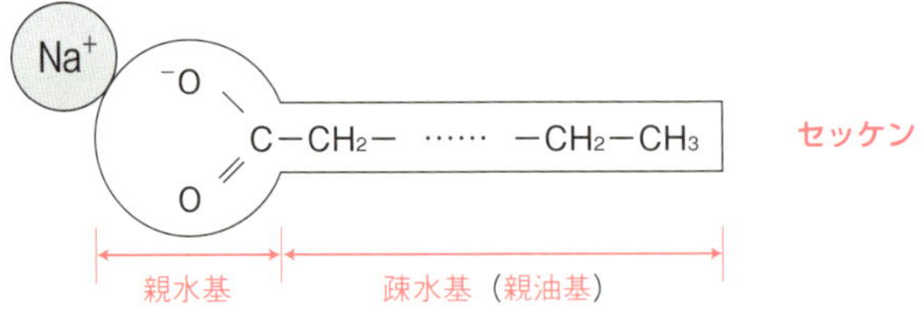

セッケンを水に溶かしてセッケン水をつくると，セッケン水の表面で，セッケンは，疎水基の部分を空気中に，親水基の部分を水中に向けて，空気と水の**界面**に並ぶ。

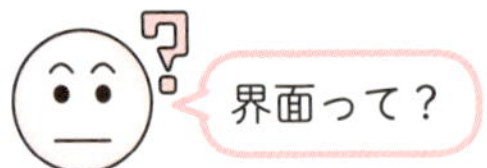

空気と水や，油と水などの混じり合わない物質の境界面のことをいうんだ。セッケンが界面に並ぶと，水の表面にはたらく丸くなろうとする力（＝**表面張力**）が減少するので，セッケン水は繊維のすき間にしみこみやすくなる。このようなはたらきをする物質を**界面活性剤**というんだ。

空気と水の
界面に並ぶ
ミセル
水中に
分散

また，セッケン水の濃度が一定以上になると，**セッケンは疎水基を内側に，親水基を外側にして球状のコロイド粒子（＝ミセル）をつくり，水中に細かく分散する**。

セッケンってどうやって油汚れを落とすの？

セッケンの洗浄のしくみは次のようになるんだ。

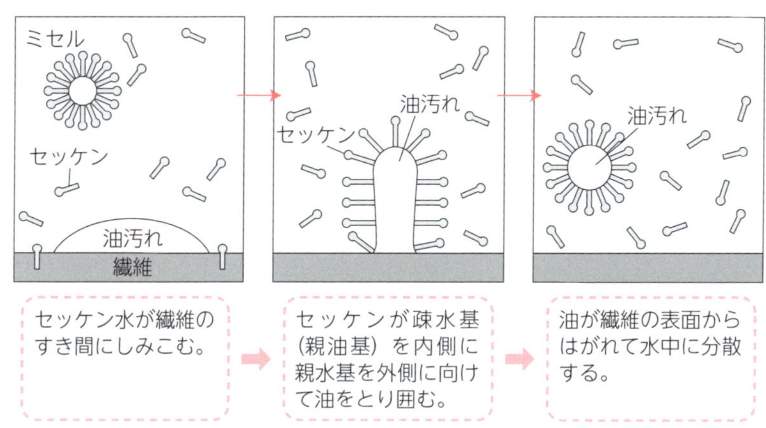
ミセル
セッケン
油汚れ
繊維
セッケン
油汚れ
油汚れ
セッケン水が繊維のすき間にしみこむ。
セッケンが疎水基（親油基）を内側に親水基を外側に向けて油をとり囲む。
油が繊維の表面からはがれて水中に分散する。

油は水と混じらないよね。でも，**油とセッケン水を混ぜると，油はセッケンの疎水性の部分にとり囲まれ，細かい粒子となって水中に分散し，にごった水溶液（＝乳濁液）になる**。

このようにセッケンが油を水中に分散させる作用を**乳化作用**というんだ。

セッケン水って何性になるかわかる？

弱酸 RCOOH と強塩基 NaOH を中和することによってできると考えられる塩だから弱塩基性になるね。

そうだね。**セッケン水は，陰イオン $RCOO^-$ が H_2O の H^+ と結びつき，弱塩基性を示す**。このため，絹や羊毛などの塩基性に弱い動物性繊維（タンパク質）の洗濯に使うことが難しいんだ。

$$H_2O \rightleftarrows H^+ + OH^- \quad \Leftarrow H_2O\text{のわずかな電離}$$

$$+)\ RCOO^- + H^+ \longrightarrow RCOOH \quad \Leftarrow H_2O\text{の}H^+\text{と結びつく}$$

$$RCOO^- + H_2O \rightleftarrows RCOOH + \underset{\text{弱塩基性}}{OH^-} \quad \Leftarrow \text{まとめると……}$$

また，Ca^{2+} や Mg^{2+} を多く含む硬水にセッケンを溶かすと，**水に溶けにくい高級脂肪酸のカルシウム塩 $(RCOO)_2Ca$ やマグネシウム塩 $(RCOO)_2Mg$ が沈殿するので，セッケンの泡立ちが悪くなる。**

$$2RCOO^- + Ca^{2+} \longrightarrow (RCOO)_2Ca \downarrow$$
$$2RCOO^- + Mg^{2+} \longrightarrow (RCOO)_2Mg \downarrow$$

ポイント　セッケンについて

- セッケンは油を塩基で分解（**けん化**）してつくる
- セッケン水は**弱塩基性**を示す
- 硬水中でセッケンは**泡立ちにくい**

チェック問題 3

標準 

一種類の飽和脂肪酸のみからなる油脂44.5 g をけん化するためには，6.00 g の水酸化ナトリウムが必要であった。この油脂の分子量として最も適当な数値を，次の①～⑥のうちから1つ選べ。

ただし，H＝1.0，O＝16，Na＝23とする。

① 284　② 297　③ 445　④ 593　⑤ 890　⑥ 1190

解答・解説

⑤

一種類の飽和脂肪酸（R_1COOH とする）のみからなる油脂は $C_3H_5(OCOR_1)_3$ と表すことができる。この油脂をけん化したときの化学反応式は，

$$C_3H_5(OCOR_1)_3 + 3NaOH \longrightarrow C_3H_5(OH)_3 + 3R_1COONa$$

（OCO：エステル結合）

油脂1分子中にエステル結合が3か所あるので，NaOHが3 mol 必要

となり，油脂（➡ 分子量を M とする）1 mol と反応する NaOH（式量40）は 3 mol になる。よって，

$$\frac{44.5}{M} \times 3 = \frac{6.00}{40}$$

より，M＝890。

（$\frac{44.5}{M}$：油脂〔mol〕，$\frac{44.5}{M} \times 3$：必要な NaOH〔mol〕，$\frac{6.00}{40}$：NaOH〔mol〕）

4 合成洗剤について

高級アルコール(C 原子の多いアルコール)に濃硫酸を作用させて得られる硫酸エステルのナトリウム塩やベンゼンからつくられるアルキルベンゼンスルホン酸ナトリウムなどを**合成洗剤**という。

$$C_{12}H_{25}-OH \xrightarrow[\text{注エステル化}]{H_2SO_4} C_{12}H_{25}-O-SO_3H \xrightarrow[\text{中和}]{NaOH} C_{12}H_{25}-O-SO_3^-Na^+$$

1-ドデカノール（高級アルコール）　硫酸水素ドデシル（硫酸エステル）　硫酸ドデシルナトリウム（硫酸エステルのナトリウム塩）

（$C_{12}H_{25}-O-$：疎水基，$SO_3^-Na^+$：親水基）

注　硫酸からOH，アルコールからHがとれた硫酸エステルが生じるので，エステル化。

$C_{12}H_{25}-O$ [H　H$-$O] SO_3H
1-ドデカノール　濃硫酸

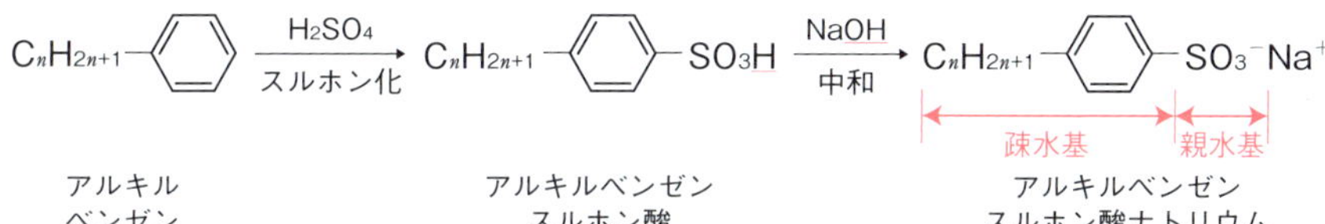

セッケンと同じように疎水基と親水基をもっているね。

そうだね。だから，セッケンと同じように洗浄作用があるんだ。

ただし，**合成洗剤は，強酸と強塩基を中和することによってできると考えられる塩なので加水分解せず，合成洗剤の水溶液は中性になる。**

ふーん。じゃあ，絹や羊毛の洗濯に使えるね。

そうだね。また，合成洗剤のカルシウム塩やマグネシウム塩は水に溶けるから，**硬水中でも泡立つ**んだ。

ポイント 合成洗剤について

- 合成洗剤の水溶液は**中性**
- 硬水中でも合成洗剤は**泡立つ**

チェック問題 4

次の記述①～⑤のうちから，誤りを含むものを１つ選べ。

① 油脂に水酸化ナトリウムを反応させると，グリセリンとセッケンが得られる。

② 硬水中でセッケンの洗浄力が低下するのは，セッケンが Ca^{2+} や Mg^{2+} と反応して水に溶けにくい塩をつくるためである。

③ セッケン分子は，疎水性の炭化水素基の部分と親水性のカルボン酸イオンの部分をもっている。

④ セッケン(脂肪酸ナトリウム)と合成洗剤(アルキルベンゼンスルホン酸ナトリウム)は，いずれもその水溶液にフェノールフタレイン溶液を加えると赤く着色した。

⑤ セッケンが羊毛に使用できないのは，セッケンが水溶液中で一部加水分解され，塩基性(アルカリ性)を示すからである。

解答・解説

④

④ 合成洗剤(アルキルベンゼンスルホン酸ナトリウム)の水溶液は中性なので，フェノールフタレイン溶液を赤く着色することはない。〈誤り〉

思 考力のトレーニング 2

界面活性剤に関する次の実験１・２について，下の問い(a・b)に答えよ。

実験１　ビーカーにヤシ油(油脂)をとり，水酸化ナトリウム水溶液とエタノールを加えた後，均一な溶液になるまで温水中で加熱した。この溶液を飽和食塩水に注ぎよく混ぜると，固体が生じた。この固体をろ過により分離し，乾燥した。

実験２　実験１で得られた固体の0.5％水溶液５mLを，試験管アに入れた。これとは別に，硫酸ドデシルナトリウム(ドデシル硫酸ナトリウム)の0.5％水溶液を５mLつくり，試験管イに入れた。試験管ア・イのそれぞれに１mol/Lの塩化カルシウム水溶液を１mLずつ加え，試験管内のようすを観察した。

a　実験１で飽和食塩水に溶液を注いだときに固体が生じたのは，どのような反応あるいは現象か。最も適当なものを，次の①～⑥のうちから１つ選べ。

① 中　和　　② 水　和　　③ けん化
④ 乳　化　　⑤ 浸　透　　⑥ 塩　析

b　実験２で観察された試験管ア・イ内のようすの組み合わせとして最も適当なものを，右の①～⑥のうちから１つ選べ。

	試験管ア内の様子	試験管イ内の様子
①	均一な溶液であった	油状物質が浮いた
②	均一な溶液であった	白濁した
③	油状物質が浮いた	均一な溶液であった
④	油状物質が浮いた	白濁した
⑤	白濁した	均一な溶液であった
⑥	白濁した	油状物質が浮いた

解答・解説

a ⑥　b ⑤

実験１　油脂$(RCOO)_3C_3H_5$を NaOH 水溶液でけん化し，セッケン RCOONa を合成する。

$$\underset{\text{油脂(ヤシ油)}}{(RCOO)_3C_3H_5} + 3NaOH \xrightarrow[\text{けん化}]{\text{加熱}} \underset{\text{グリセリン}}{C_3H_5(OH)_3} + \underset{\text{セッケン}}{3RCOONa}$$

このときの実験操作は次のようになる。

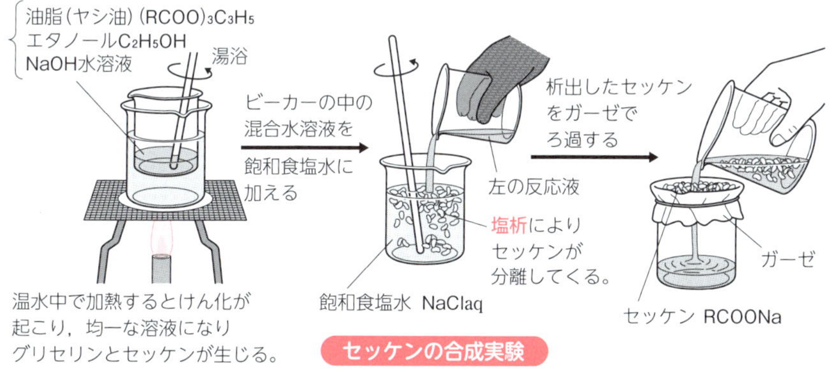
油脂(ヤシ油)$(RCOO)_3C_3H_5$
エタノールC_2H_5OH
NaOH水溶液
湯浴
ビーカーの中の混合水溶液を飽和食塩水に加える
左の反応液
塩析によりセッケンが分離してくる。
飽和食塩水 NaClaq
析出したセッケンをガーゼでろ過する
ガーゼ
セッケン RCOONa
温水中で加熱するとけん化が起こり，均一な溶液になりグリセリンとセッケンが生じる。
セッケンの合成実験

a　セッケンは親水コロイド(➡ P.143)であり，多量の電解質(飽和食塩 NaCl 水)に加えたことで「塩析」が起こる。

実験２　実験１で得られたセッケン RCOONa の水溶液(セッケン水)を試験管アに入れ，硫酸ドデシルナトリウム(合成洗剤)の水溶液を試験管イに入れる。

参考　硫酸ドデシルナトリウムの化学式は，$C_{12}H_{25}-OSO_3Na$

b　1 mol/L(濃い！)塩化カルシウム $CaCl_2$水溶液(Ca^{2+}を多く含む硬水)を加えると，試験管ア(セッケン水)は水に溶けにくい$(RCOO)_2Ca$ をつくるので，沈殿が生じて白濁し，試験管イ(合成洗剤の水溶液)は硬水を加えても使用できる(カルシウム塩は水に溶けるので沈殿が生じない！)ので均一な溶液のまま。

第6章　有機化合物

ベンゼンとその反応

1　ベンゼンについて

ベンゼン C_6H_6 は，特有のにおいをもち，水よりも軽い無色の液体で，水に溶けにくく，引火しやすい。また，**C の含有率が大きく，空気中ですすを出しながら燃える。**

以上に加えて，ベンゼン C_6H_6 には次の❶～❺の注意するポイントがあるんだ。

❶ **すべての C 原子・H 原子が同一平面上にある**

❷ **炭素原子間の結合は，単結合と二重結合の中間の状態で，その形は正六角形**

❸ **炭素－炭素間結合は同等で，その長さは「単結合より短く，二重結合より長い」**

H－C－C－H（エタン）0.15nm ＞ ベンゼン 0.14nm ＞ C＝C（エチレン(エテン)）0.13nm ＞ H－C≡C－H（アセチレン(エチン)）0.12nm　← 1nm＝10^{-7}cm

❹ **ベンゼン環は非常に安定でこわれにくい**

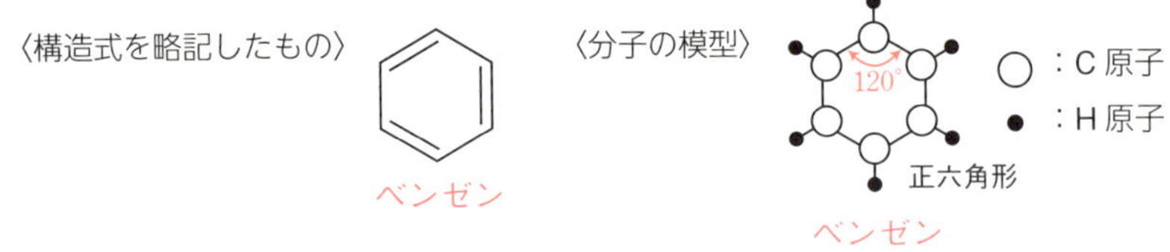

注　本当は，ベンゼン分子中の炭素-炭素二重結合は決まった炭素原子の間に固定されていないので，厳密には上の構造式は正しい構造式とはいえない。ただし，この構造式は便利なので，**実際の構造を正しく示していないことを認めたうえで，ベンゼンの構造式として用いる。**

❺ **二置換体の異性体はオルト(*o*-)・メタ(*m*-)・パラ(*p*-)の 3 種類**

ベンゼンの形は正六角形なので，H 6 個のうち 2 個を別の基で置き換えたものには，オルト(*o*-)・メタ(*m*-)・パラ(*p*-)の 3 種類の構造異性体が存在するんだ。

例

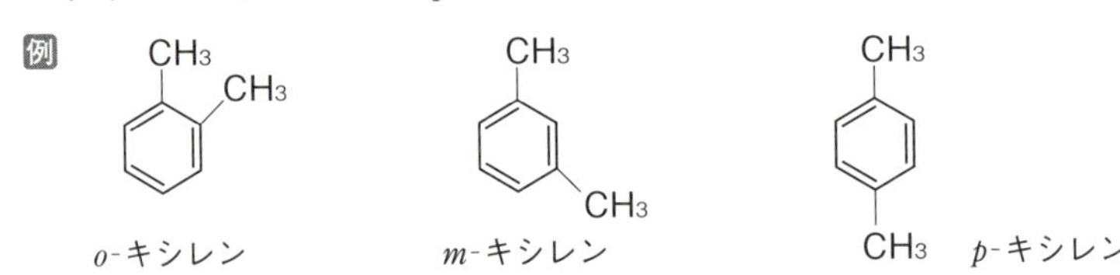

2 置換反応について

ベンゼンは，アルケンの C=C やアルキンの C≡C よりは付加反応が起こりにくく，**置換反応が起こりやすい**。

置換反応は，置き換わる反応だったよね。ベンゼンでは，何と何が置き換わるの？

ベンゼンの置換反応は，「−H」が「−X」つまり「塩素原子−Cl」，「ニトロ基−NO_2」，「スルホ基−SO_3H」などと置き換わるんだ。

$$C_6H_5\text{-}H + X\text{-}X \longrightarrow C_6H_5\text{-}X + HX$$

ベンゼン　（H と X が置き換わる）

❶ ハロゲン化 ← Cl のときは，塩素化という

ベンゼンを，Fe や $FeCl_3$ を触媒にして Cl_2 と反応させると……

$$C_6H_5\text{-}H + Cl\text{-}Cl \xrightarrow{[Fe]} C_6H_5\text{-}Cl + HCl$$

ベンゼン　塩素　クロロベンゼン

HCl がとれる！　H が Cl に置き換わる!!

❷ ニトロ化

ベンゼンを，濃硝酸 HNO_3 と濃硫酸 H_2SO_4 の混合物（=**混酸**）と**約60℃**で反応させると……

$$C_6H_5\text{-}H + H\text{-}O\text{-}NO_2 \xrightarrow{[H_2SO_4]} C_6H_5\text{-}NO_2 + H_2O$$

ベンゼン　硝酸　ニトロベンゼン（無色～淡黄色，水より重い）

H_2O がとれる！　H が NO_2 に置き換わる!!

❸ スルホン化

ベンゼンを，濃硫酸 H_2SO_4 とともに加熱して反応させると……

$$C_6H_5\text{-}H + H\text{-}O\text{-}SO_3H \xrightarrow{\text{加熱}} C_6H_5\text{-}SO_3H + H_2O$$

ベンゼン　硫酸　ベンゼンスルホン酸（強酸）

H_2O がとれる！　H が SO_3H に置き換わる!!

第6章 有機化合物

ポイント 置換反応について

- ハロゲン化(塩素化)　：$-H \longrightarrow -Cl$
- ニトロ化　：$-H \longrightarrow -NO_2$
- スルホン化　：$-H \longrightarrow -SO_3H$

チェック問題 1

やや難　2分

次の操作1・操作2からなる実験により，ベンゼンから有機化合物A(分子量123)を合成した。この実験および生成した化合物Aに関する記述として誤りを含むものを，下の①～⑤のうちから1つ選べ。H＝1.0，C＝12，N＝14，O＝16とする。

操作1　試験管に濃硫酸2mLと濃硝酸2mLをとり，これにベンゼン1mLを加えた後，試験管を振り混ぜながら60℃で十分な時間加熱した。

操作2　この試験管の内容物をすべてビーカー中の冷水50mLに注ぎ，ガラス棒でかき混ぜた後，静置した。

① 操作1でベンゼンを試験管に加えた直後，内容物は二層に分かれ，上層がベンゼンであった。
② 操作2の後，生成した化合物Aはビーカー内で上層に分離した。
③ 化合物Aは置換反応で生成した。
④ 化合物Aは特有のにおいをもつ。
⑤ 化合物Aはジエチルエーテルなどの有機溶媒によく溶ける。

解答・解説

②

ベンゼンを濃硫酸と濃硝酸の混合物(混酸)と約60℃で反応させると，ニトロ化が起こり，分子量123のニトロベンゼンが生成する。
└→化合物A

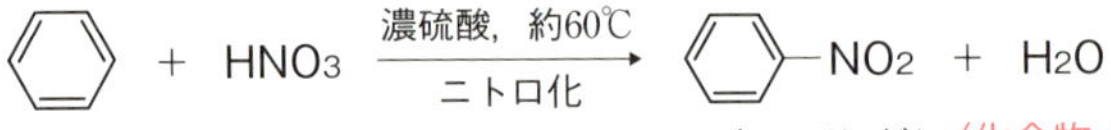

$$C_6H_6 + HNO_3 \xrightarrow[\text{ニトロ化}]{\text{濃硫酸，約60℃}} C_6H_5-NO_2 + H_2O$$

ニトロベンゼン(化合物A)

実験操作の1・2は，次のようになる。

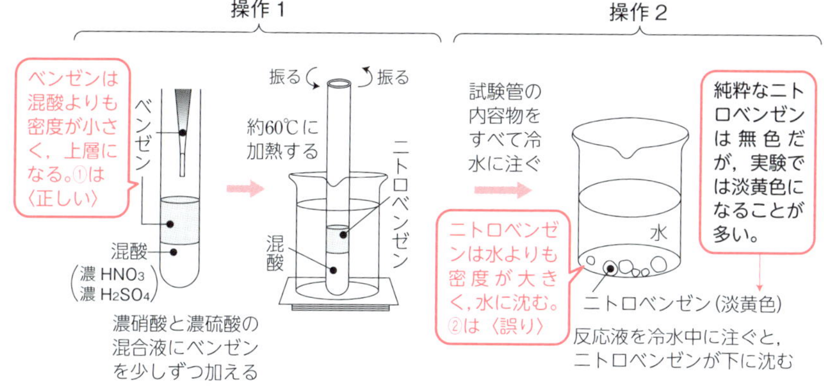

ニトロベンゼンの合成

② ニトロベンゼンは，水よりも密度が大きく下層になる。〈誤り〉
③ ニトロ化は，置換反応。〈正しい〉
④ ニトロベンゼンは，特有の甘いにおいをもつ。〈正しい〉

3 付加反応について

ベンゼンの付加反応は起こりにくいんだ。

そうなんだ。ただし，**「高温・高圧＋触媒」・「光（紫外線）」などの特別な条件**であれば，安定なベンゼン環がこわれ，付加反応が起こるよ。

形式的な考え方

---部分が切れる → くっつく

X_2 が付加する

❶ Pt や Ni を触媒にして，高温・高圧の H_2 を反応させると……

$$C_6H_6 + 3H_2 \xrightarrow[\text{[Pt] または [Ni]}]{\text{高温・高圧}} C_6H_{12}$$

H_2 が付加する

シクロヘキサンC_6H_{12}

「環」を表す

第6章 有機化合物

❷ 光(紫外線)をあてながら塩素 Cl_2 を反応させると……

$$\text{benzene} + 3Cl_2 \xrightarrow{\text{紫外線}} C_6H_6Cl_6$$

チェック問題 2

標準 

ベンゼンに関する記述として誤りを含むものを，①～⑦のうちから１つ選べ。

① 分子は平面構造をもつ。
② 常温・常圧で無色の液体であり，空気中ですすを出しながら燃える。
③ 水に溶けにくい。
④ 炭素原子間の結合距離は，すべて等しい。
⑤ ２つの水素原子をそれぞれメチル基に置き換えた化合物には，構造異性体が存在する。
⑥ 鉄粉を触媒にして塩素を反応させると，ヘキサクロロシクロヘキサン $C_6H_6Cl_6$ がおもに生成する。
⑦ 触媒を用いて水素を付加させるとシクロヘキサンが得られる。

解答・解説

⑥

ベンゼンは常温・常圧で無色の液体であり，水に溶けにくい。また，すべての C・H が同一平面上にある正六角形の平面構造で，空気中ですすを出して燃える。よって，①，②，③は〈正しい〉。

④ 正六角形なので，炭素原子間の結合距離はすべて等しい。〈正しい〉

⑤ ２つのH－をメチル基 CH_3－に置き換えた化合物には，*o*-，*m*-，*p*-の３種類の構造異性体が存在する。〈正しい〉

⑥ 鉄粉を触媒にしてベンゼンに塩素 Cl_2を反応させると，塩素化が起こりクロロベンゼンが生成する(置換反応)。

$$C_6H_6 + Cl_2 \xrightarrow{\text{触媒 (Fe)}} C_6H_5\text{-}Cl + HCl$$

クロロベンゼン

ヘキサクロロシクロヘキサン（構造式）は，紫外線をあてながら，ベンゼンに塩素を反応させると生成する(付加反応)。〈誤り〉

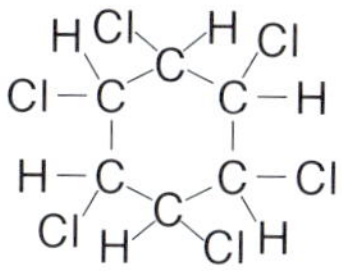

4 酸化反応について

ベンゼン環は非常に安定で，こわれにくい。だから，「**ベンゼン環に C 原子が直接ついている化合物**」を**過マンガン酸カリウム** $KMnO_4$ などの酸化剤と反応させると，**ベンゼン環はこわれず，環に直接ついている C 原子だけが酸化を受ける**んだ。

❶ ベンゼン環に直接ついている炭素原子の酸化

トルエンやエチルベンゼンを $KMnO_4$ 水溶液で酸化すると……

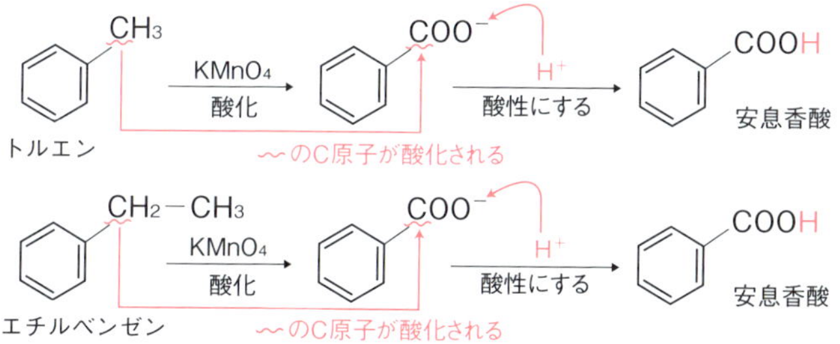

トルエン（CH_3）—$KMnO_4$ 酸化→ COO^- —H^+ 酸性にする→ COOH 安息香酸

エチルベンゼン（CH_2-CH_3）—$KMnO_4$ 酸化→ COO^- —H^+ 酸性にする→ COOH 安息香酸

〜のC原子が酸化される

スタートが違うけれど，ゴールは同じ化合物だね

ベンゼン環に直接ついている C 原子が酸化されて，最後は $-COOH$ **になる。**
じゃあ，*o*-キシレンや *p*-キシレンを同じように酸化するとどうなると思う？

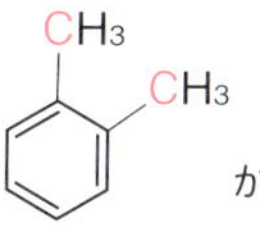

o-キシレン（CH_3, CH_3）から（COOH, COOH），*p*-キシレン（CH_3, CH_3）から（COOH, COOH），が得られるね。

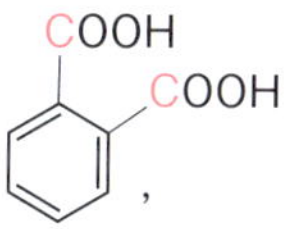

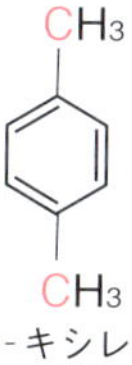

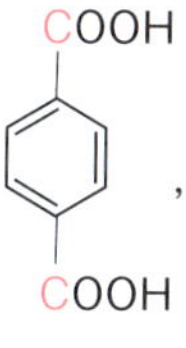

そうだね。（COOH, COOH オルト位）は**フタル酸**，（COOH, COOH パラ位）は**テレフタル酸**というんだ。

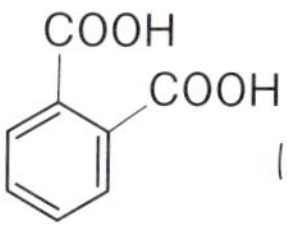

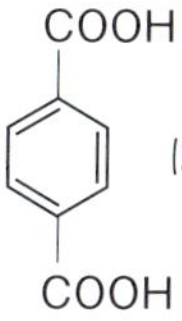

❷ ベンゼン環の酸化

ベンゼン環を，酸化剤を使って酸化することはできないの？

ううん，条件しだいでこわす(酸化する)こともできるんだ。

ベンゼンやナフタレンを，**酸化バナジウム(Ⅴ) V_2O_5 を触媒にし**高温にして空気中で酸化すると……

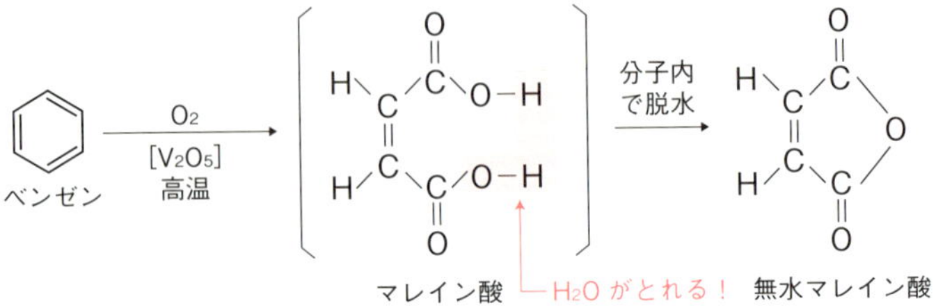

ベンゼン —(O_2 ［V_2O_5］ 高温)→ ［マレイン酸］ —(分子内で脱水)→ 無水マレイン酸

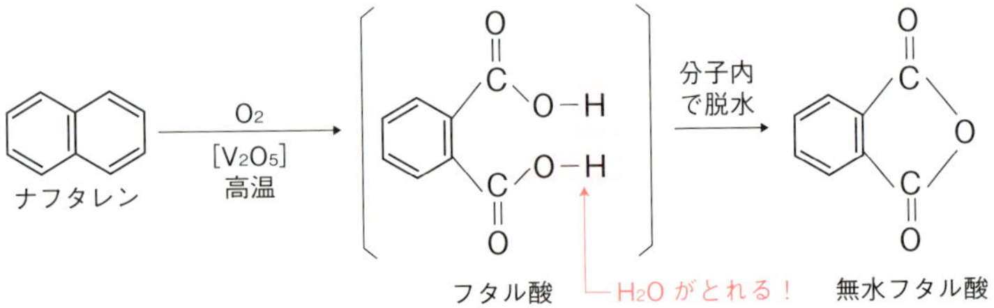

マレイン酸　H_2O がとれる！

ナフタレン —(O_2 ［V_2O_5］ 高温)→ ［フタル酸］ —(分子内で脱水)→ 無水フタル酸

フタル酸　H_2O がとれる！

覚えにくい反応だよね。

そうだね。ベンゼンの酸化は，

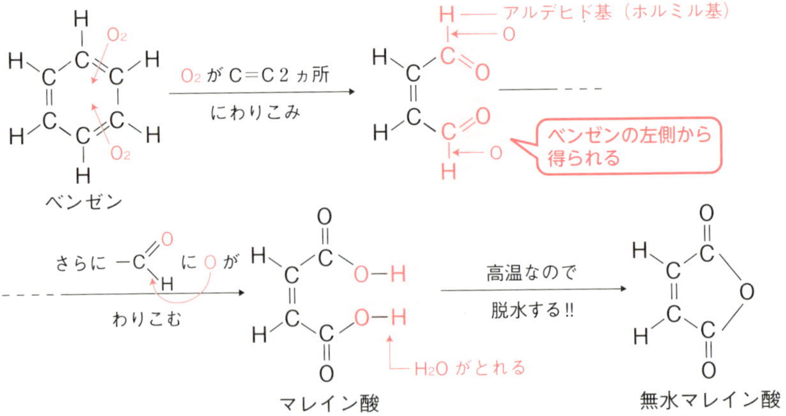

ベンゼン —(O_2 が C=C 2ヵ所にわりこみ)→ （H — アルデヒド基（ホルミル基）　← O）　ベンゼンの左側から得られる

――― さらに $-C(=O)H$ に O がわりこむ → マレイン酸　H_2O がとれる —(高温なので脱水する!!)→ 無水マレイン酸

と形式的に覚えるといいね。ナフタレンの酸化も同じように考えよう。

ポイント 酸化反応について

- ベンゼン環に直接ついているC ➡ 酸化されて$-COOH$に
- V_2O_5を触媒にして空気中で酸化 ➡ ベンゼン環がこわれる！

チェック問題 3

有機化合物の反応に関する記述のうち，付加反応であるものを，次の①～⑤のうちから１つ選べ。

① メタンと塩素の混合物に光を照射すると，テトラクロロメタン(四塩化炭素)が生成する。
② ベンゼンと塩素の混合物に光を照射すると，ヘキサクロロシクロヘキサン(ベンゼンヘキサクロリド)が生成する。
③ ベンゼンに塩素と鉄粉を作用させると，クロロベンゼンが生成する。
④ ベンゼンに濃硫酸を作用させると，ベンゼンスルホン酸が生成する。
⑤ トルエンに過マンガン酸カリウム水溶液を作用させると，安息香酸の塩が生成する。

解答・解説

②

① 置換反応　② 付加反応　③ 置換反応　④ 置換反応　⑤ 酸化反応

❶ 置換反応（➡①，③，④）

● $-\overset{|}{\underset{|}{C}}-$（H）＋ Cl－Cl $\xrightarrow[\text{置換}]{\text{光}}$ $-\overset{|}{\underset{|}{C}}-$（Cl）＋ HCl

（H と Cl：置き換わる）

例 CH_4（メタン）$\xrightarrow{Cl_2,\ 光}$ CH_3Cl（クロロメタン）$\xrightarrow{Cl_2,\ 光}$ CH_2Cl_2（ジクロロメタン）$\xrightarrow{Cl_2,\ 光}$ $CHCl_3$（トリクロロメタン）$\xrightarrow{Cl_2,\ 光}$ CCl_4（テトラクロロメタン（四塩化炭素））➡①

● ベンゼン環－H ＋ X－Y $\xrightarrow[\text{置換}]{}$ ベンゼン環－X ＋ H－Y

（H と X：置き換わる）

例 ベンゼン ＋ Cl－Cl $\xrightarrow[\text{[Fe]}]{}$ ベンゼン環－Cl ＋ HCl ➡③

第6章 有機化合物

ベンゼン + H_2SO_4 ⟶ ベンゼンスルホン酸（C_6H_5–SO_3H） + H_2O ➡④

❷ 付加反応（➡②）

$$\mathrm{>C=C<} + \mathrm{X-Y} \xrightarrow{\text{付加}} \mathrm{-\underset{X}{\underset{|}{C}}-\underset{Y}{\underset{|}{C}}-}$$ ⬅切れて，くっつく

$$\mathrm{-C\equiv C-} + \mathrm{X-Y} \xrightarrow{\text{付加}} \mathrm{-\underset{X}{\underset{|}{C}}=\underset{Y}{\underset{|}{C}}-}$$ ⬅切れて，くっつく

ベンゼン + $3Cl_2$ $\xrightarrow{\text{光}}$ ヘキサクロロシクロヘキサン（ベンゼンヘキサクロリド） ➡②

❸ 酸化反応（➡⑤）

トルエン（$C_6H_5CH_3$） $\xrightarrow[\text{酸化}]{KMnO_4}$ 安息香酸カリウム（C_6H_5COOK） ➡⑤

思考力のトレーニング

次の問いに答えよ。

問１　分子式 C_7H_7Cl で表される化合物のうち，ベンゼン環をもつものはいくつ存在するか。正しい数を，次の①～⑥のうちから１つ選べ。

①　1　　②　2　　③　3　　④　4　　⑤　5　　⑥　6

問２　クロロベンゼンの水素原子２個をメチル基２個で置き換えると，何種類の化合物ができるか。次の①～⑤のうちから１つ選べ。

①　3種類　　②　4種類　　③　5種類　　④　6種類　　⑤　7種類

解答・解説

問１　④　　問２　④

問1 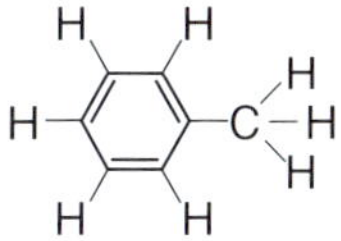　トルエンの分子式はC_7H_8なので，トルエンのもつ−H 1個を−Clに置き換えると分子式C_7H_7Clになる。よって，

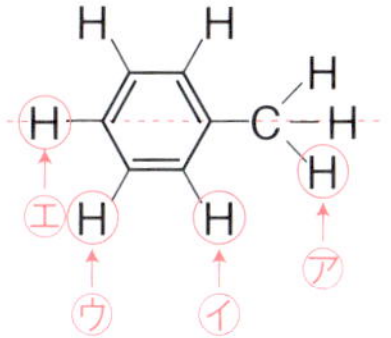

トルエンのもつ㋐〜㋓の−Hを−Clに置き換えた

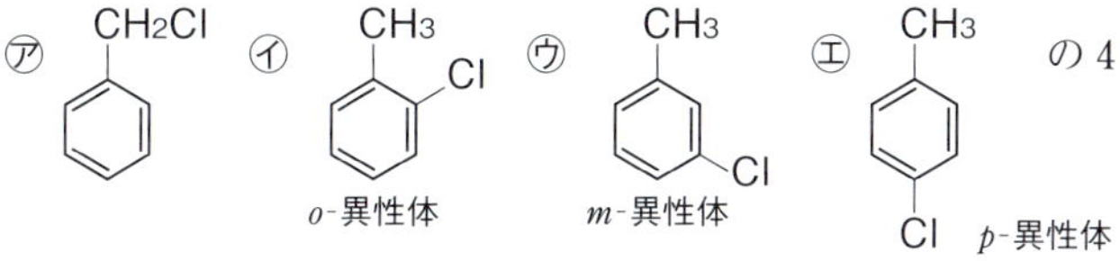

㋐ CH_2Cl　㋑ CH_3, Cl　*o*-異性体　㋒ CH_3, Cl　*m*-異性体　㋓ CH_3, Cl　*p*-異性体　の4つが存在する。

注 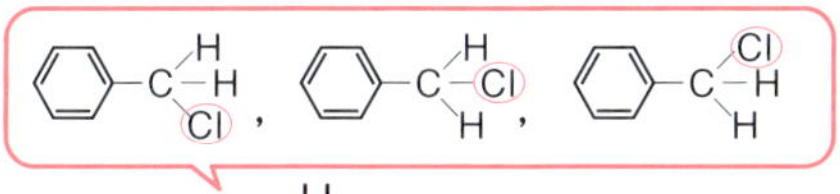　は同じ分子になる。
└どれも㋐になる。

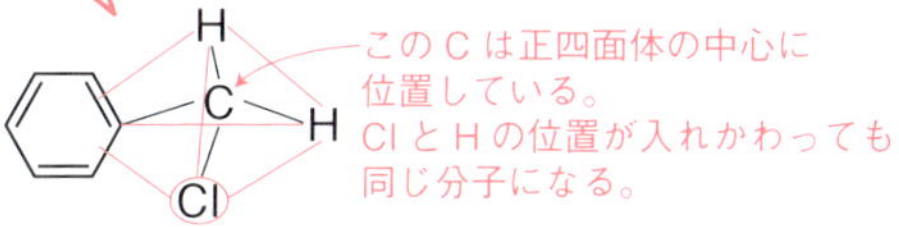

このCは正四面体の中心に位置している。
ClとHの位置が入れかわっても同じ分子になる。

問2　クロロベンゼン 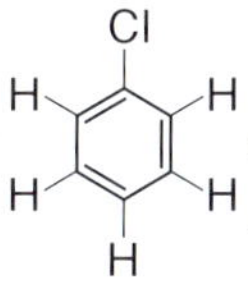　のもつ2個のHをメチル基CH_3−2個で置き換える。

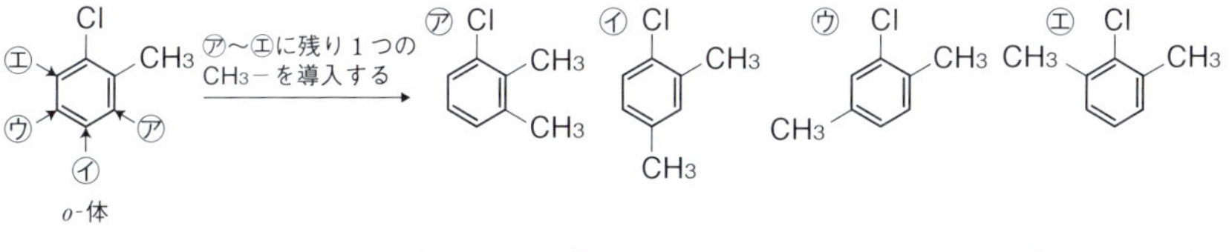

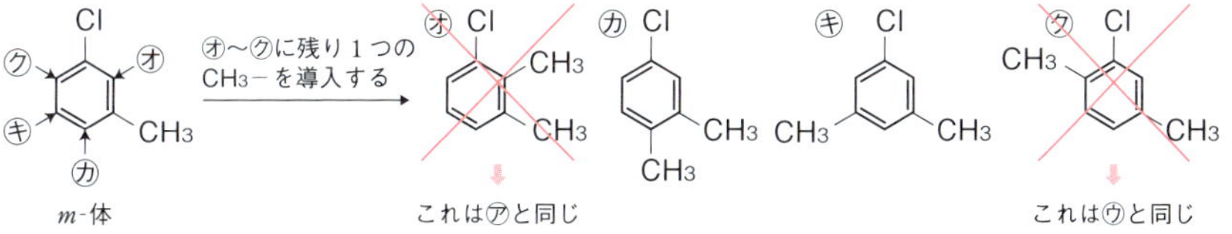

o-体　㋐〜㋓に残り1つのCH_3−を導入する

m-体　㋔〜㋗に残り1つのCH_3−を導入する

㋔ これは㋐と同じ

㋗ これは㋒と同じ

第6章　有機化合物

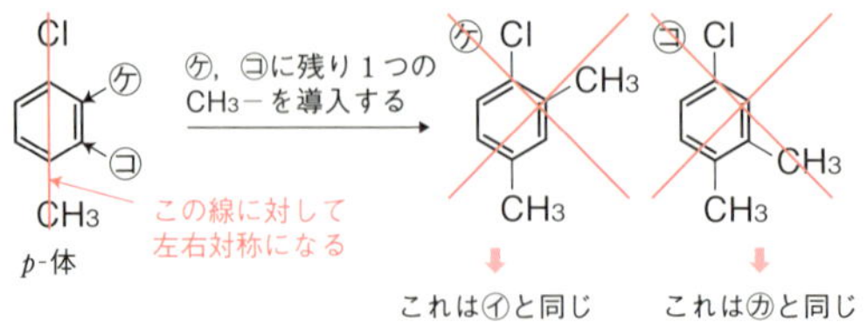

よって，ア，イ，ウ，エ，カ，キの６種類ある。

参考　キシレン(ジメチルベンゼン)の *o*-異性体，*m*-異性体，*p*-異性体のベンゼン環に－Cl を導入すると考えて解くこともできる。

第6章　有機化合物

フェノールとその反応

1 フェノールの性質について

ベンゼン環の炭素原子に－OH が**直接結合**した化合物を**フェノール類**という。

フェノール	*o*-クレゾール（消毒液）	サリチル酸	1-ナフトール	2-ナフトール
⌬－OH	CH_3, OH	COOH, OH	OH（1位）	OH（2位）

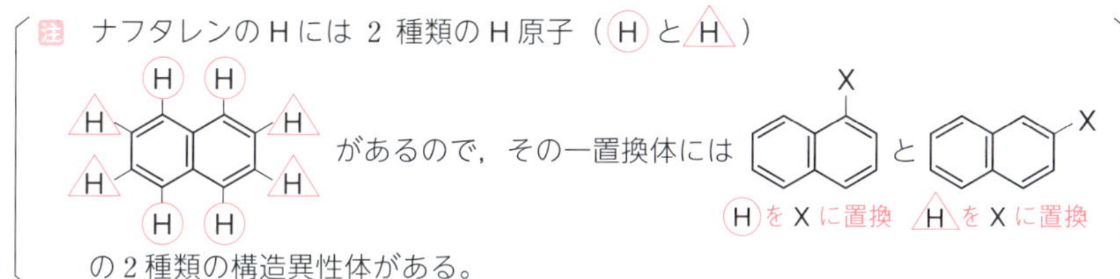

注 ナフタレンのHには 2 種類の H 原子（H と H）
H H H H H H H H
があるので，その一置換体には
X
と
X
H を X に置換
H を X に置換
の 2 種類の構造異性体がある。

フェノール類は，－OH をもっているので，アルコールと「似ている性質」を示すことが多い。ただし，「フェノール類特有の性質」も示すんだ。

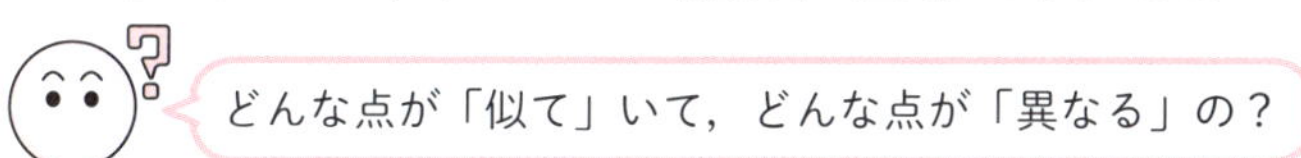

どんな点が「似て」いて，どんな点が「異なる」の？

代表的なフェノール類の「フェノール」で考えてみることにするね。

❶ アルコールに似ている性質

アルコールとフェノールは，ともに Na と反応し H_2 を発生する。

$$2R-OH + 2Na \longrightarrow 2R-ONa + H_2$$

（$2R-OH$：アルコール，$2R-ONa$：ナトリウムアルコキシド）

$$2\,C_6H_5-OH + 2Na \longrightarrow 2\,C_6H_5-ONa + H_2$$

（C_6H_5-OH：フェノール，C_6H_5-ONa：ナトリウムフェノキシド）

❷ フェノール特有の性質

❶　アルコールの水溶液は**中性**だが，フェノールの水溶液は**弱酸性を示す**。**フェノールは，NaOH などの塩基と中和し塩をつくる。**

$$C_6H_5-OH \rightleftarrows C_6H_5-O^- + H^+$$（弱酸性を示す）

$$C_6H_5-OH + NaOH \xrightarrow{中和} C_6H_5-ONa + H_2O$$

（H^+ と OH^- が反応して H_2O へ）　ナトリウムフェノキシド

❷　塩化鉄（Ⅲ）$FeCl_3$ 水溶液でフェノール C_6H_5-OH は**紫色**に呈色する。

注　フェノール類は C_6H_4—OH の形をもち，そのほとんどが $FeCl_3$ 水溶液で紫に近い色に呈色する。そのため，サリチル酸（OH，COOH；赤紫色になる）や サリチル酸メチル（OH，$COOCH_3$；赤紫色になる）なども紫に近い色に呈色する。

❸　フェノールは，ベンゼンにくらべて，ベンゼン環のオルト（*o*-）位やパラ（*p*-）位にある H 原子が置換されやすく，**Br_2 水を加えると，2,4,6-トリブロモフェノールの白色沈殿**（➡ **フェノールの検出**に使われる）ができる。

$$C_6H_5OH \xrightarrow{Br_2} C_6H_2Br_3OH \downarrow$$（白色沈殿）

2,4,6-トリブロモフェノール（白色沈殿）
（2,4,6：—Br の結合している位置を示している　トリ：3 個を示している　ブロモ：—Br を示している）

濃硝酸 HNO_3 と濃硫酸 H_2SO_4 との混酸でニトロ化していくとオルト（*o*-）位やパラ（*p*-）位でニトロ化が進み，最後にはピクリン酸（2,4,6-トリニトロフェノール）ができる。

フェノール $\xrightarrow{ニトロ化}$ *o*-ニトロフェノール と *p*-ニトロフェノール $\xrightarrow{さらにニトロ化}$ 2,4-ジニトロフェノール $\xrightarrow{さらにニトロ化}$ ピクリン酸（かつては爆薬の原料）

ピクリン酸（2,4,6-トリニトロフェノール）　黄色の結晶
（2,4,6：$-NO_2$ の結合している位置を示している　トリ：3 個を示している　ニトロ：$-NO_2$ を示している）

注　ピクリン酸は，フェノールよりはるかに酸性が強く，水溶液は**強酸**性になる。

2 フェノールの合成について

ベンゼンからフェノールを合成するのにいくつかの方法があり，そのうち 3 つの方法❶～❸をここで紹介するね。

❶ ベンゼンスルホン酸ナトリウムをアルカリ融解する方法

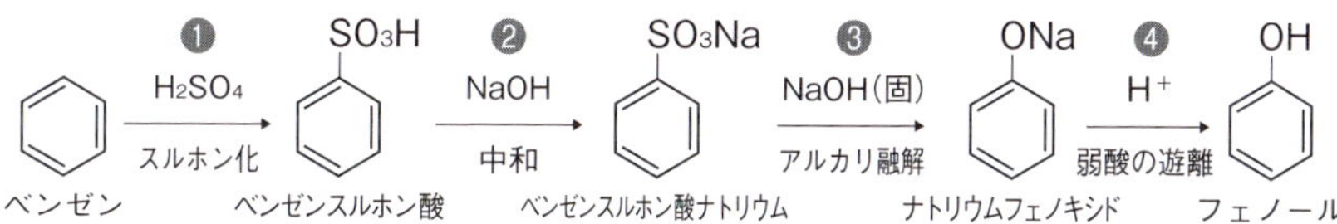

❶ まず，ベンゼンをスルホン化してベンゼンスルホン酸をつくる。

$$C_6H_5-H + H-O-SO_3H \xrightarrow{\text{スルホン化}} C_6H_5-SO_3H + H_2O$$

H_2O がとれる！

ベンゼンスルホン酸

❷ 次に，ベンゼンスルホン酸を水酸化ナトリウムで中和する。

$$C_6H_5-SO_3H + NaOH \xrightarrow{\text{中和}} C_6H_5-SO_3Na + H_2O$$

H^+ と OH^- が反応して H_2O に

ベンゼンスルホン酸ナトリウム

❸ そして，生成したベンゼンスルホン酸ナトリウムの結晶を NaOH の固体と高温(約300 ℃)で加熱し，どろどろに溶かした状態(＝**融解液**)で反応させる。この操作を**アルカリ融解**という。

この反応は，次の 2 段階に分けて考えるといいんだ。

$$C_6H_5-SO_3^-\ Na^+ \longrightarrow C_6H_5-OH$$

$Na^+\ OH^-$

OH^- がガツーンとぶつかって

一瞬フェノールに変化する

$$C_6H_5-OH + OH^- \xrightarrow{\text{中和}} C_6H_5-O^- + H_2O$$

フェノールは弱酸なので，近くに余っている OH^- と中和する

④ 最後に，フェノールのイオンであるフェノキシドイオンが，塩酸 HCl や炭酸 CO_2+H_2O などのフェノールより強い酸から H^+ を受けとり，フェノールができる。

$$C_6H_5-O^- + H^+ \xrightarrow{\text{弱酸の遊離}} C_6H_5-OH$$

フェノキシドイオン　　フェノール

第6章 有機化合物

❷ クロロベンゼンを加水分解する方法

ベンゼン —❶ Cl_2 [Fe] 塩素化→ クロロベンゼン (Cl) —❷ NaOHaq 高温・高圧→ ナトリウムフェノキシド (ONa) —❸ H^+ 弱酸の遊離→ フェノール (OH)

❶ 最初に，ベンゼンを塩素化してクロロベンゼンをつくる。

(ベンゼン環)—H + Cl—Cl —[Fe] 塩素化→ (ベンゼン環)—Cl ＋ HCl

└HCl がとれる！　　　　　クロロベンゼン

❷ 次に，生成したクロロベンゼンと水酸化ナトリウム水溶液を**高温**(約300 ℃)・**高圧**(約200気圧)の下で反応させる。

(ベンゼン環)—(Cl) ← Na^+ (OH^-)　OH^-がガツーンとぶつかり

→ (ベンゼン環)—OH　一瞬フェノールが生成する

→ (ベンゼン環)—O^- になる。　H^+がとぶ

OH^- → H_2O に　近くに余っている

❸ ❶の❹と同様に，フェノキシドイオンが，塩酸 HCl や炭酸 CO_2＋H_2O などのフェノールより強い酸から H^+ を受けとり，フェノールができるんだ。

(ベンゼン環)—O^- ＋ H^+ —弱酸の遊離→ (ベンゼン環)—OH
フェノール

❸ クメンを経由する方法(クメン法)

ベンゼン ＋ $CH_3-CH=CH_2$ (プロペン) —❶ [H^+] 付加 または イソプロピル化→ クメン (イソプロピルベンゼン) (ベンゼン環)—C(H)(CH_3)(CH_3)

—❷ O_2 酸化→ クメンヒドロペルオキシド (ベンゼン環)—C(CH_3)(CH_3)—O—O—H

—❸ 希H_2SO_4 分解→ (ベンゼン環)—OH フェノール ＋ $CH_3-C(=O)-CH_3$ アセトン

❶　まず，ベンゼンがプロペンに付加し，クメン（イソプロピルベンゼン）ができる。

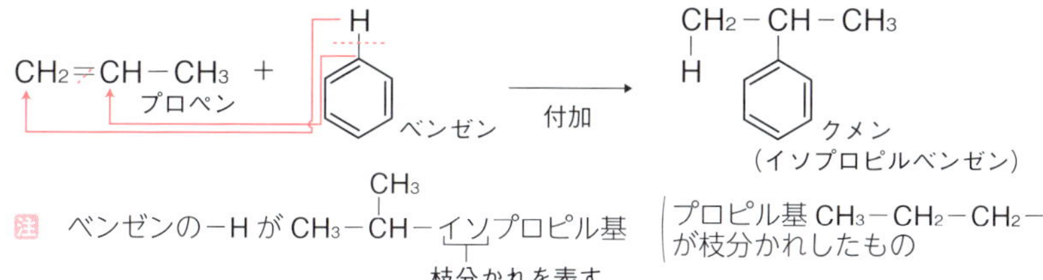

注　ベンゼンの－H が $CH_3-\underset{}{CH}(CH_3)-$ イソプロピル基（プロピル基 $CH_3-CH_2-CH_2-$ が枝分かれしたもの）
枝分かれを表す

に置き換わっているので，置換反応（➡イソプロピル化）ともいえる。

❷　次に，クメンを空気中の O_2 で酸化し，クメンヒドロペルオキシドとする。この反応を**空気酸化**というんだ。

$C_6H_5-C(CH_3)_2-H$（クメン）$\xrightarrow{O_2}$ $C_6H_5-C(CH_3)_2-O-O-H$（クメンヒドロペルオキシド）

間に入るよ！

❸　最後に，クメンヒドロペルオキシドを希硫酸で分解し，フェノールをつくる。フェノールだけでなく，アセトンが生成することにも注意してね。

$C_6H_5-C(CH_3)_2-O-O-H \xrightarrow[分解]{H^+}$ C_6H_5-OH（フェノール）＋ $CH_3-CO-CH_3$（アセトン）

アセトンが抜ける!!

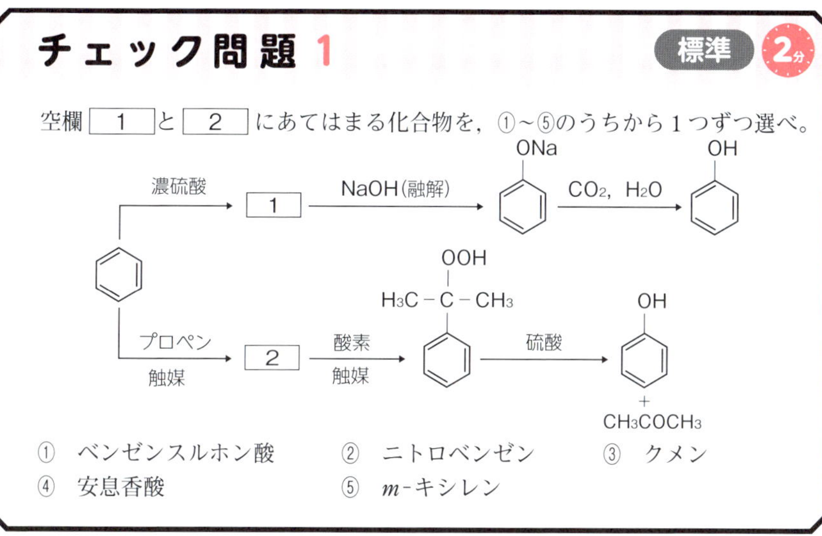

チェック問題 1

標準　2分

空欄 [1] と [2] にあてはまる化合物を，①～⑤のうちから 1 つずつ選べ。

① ベンゼンスルホン酸　② ニトロベンゼン　③ クメン
④ 安息香酸　⑤ *m*-キシレン

解答・解説

1 ①　2 ③

フェノールの3通りの製法をおさえておけばOK。

3 サリチル酸とその誘導体について

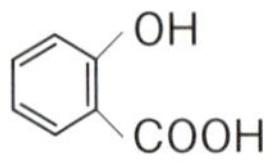

サリチル酸は，ヒドロキシ基－OHとカルボキシ基－COOHの2種類の官能基をもっている（＝**ヒドロキシ酸**）ので，**カルボン酸とフェノール類の両方の性質をもっている**んだ。

サリチル酸

サリチル酸は，フェノールからつくることができる。ナトリウムフェノキシドまでの反応はすでに勉強したので，ここではナトリウムフェノキシドからの反応を考えていくことにするね。

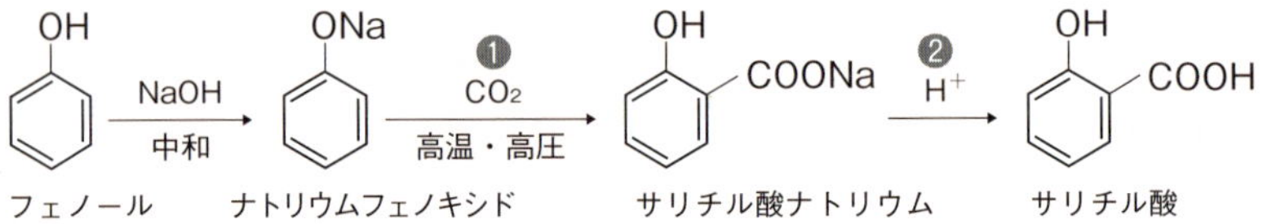

フェノール —NaOH 中和→ ナトリウムフェノキシド —❶ CO_2 高温・高圧→ サリチル酸ナトリウム —❷ H^+→ サリチル酸

❶ ナトリウムフェノキシドに**高温**・**高圧**のもと，CO_2を反応させると，サリチル酸ナトリウムができる。

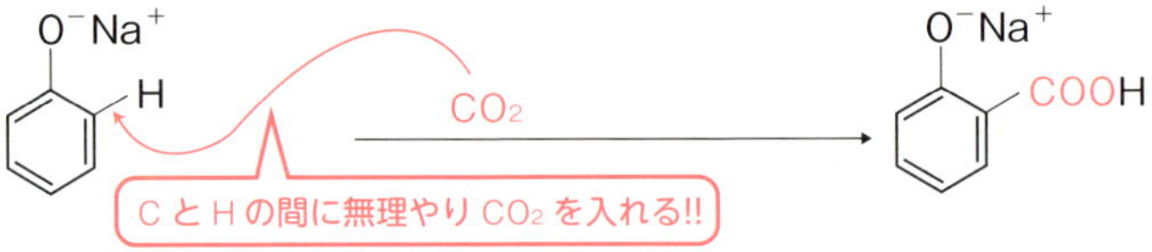

CとHの間に無理やりCO_2を入れる!!

H^+が$-O^-$へ移る!!

弱酸の遊離

サリチル酸ナトリウム

❷ 最後に希硫酸H_2SO_4などの強酸を加えると，サリチル酸ナトリウムが強酸からH^+を受けとりサリチル酸ができる。

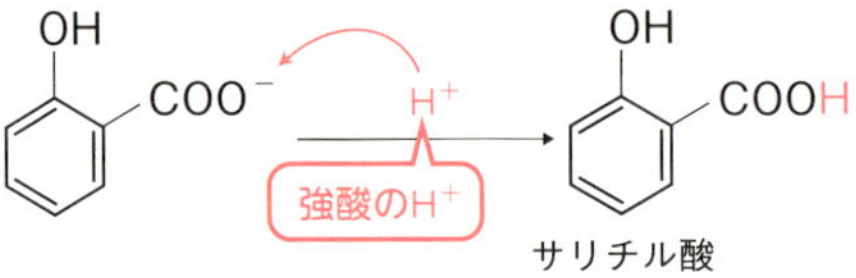

強酸のH^+

サリチル酸

サリチル酸は，「カルボン酸」と「フェノール類」のそれぞれの性質をもつ。

❶ カルボン酸としての性質

アルコールであるメタノール CH_3OH と少量の濃硫酸 H_2SO_4（触媒）を加えて加熱すると，サリチル酸メチルが生成するんだ。

エステル化［濃硫酸］
サリチル酸 + メタノール ⇄ サリチル酸メチル + H_2O
エステル結合
H_2Oをとる

カルボン酸から－OH，アルコールから－H がとれてできているからエステル化（➡ P.443）だよね？

そうだね。**サリチル酸メチルは，消炎鎮痛剤としてシップ薬に使う**んだ。

❷ フェノール類としての性質

無水酢酸 $(CH_3CO)_2O$ と反応させると，アセチルサリチル酸が生成する。**アセチルサリチル酸は，解熱鎮痛剤として使う**んだ。また，$CH_3-\overset{O}{\overset{\|}{C}}-$ をアセチル基といい，このアセチル基を結合させる反応をとくにアセチル化という。

酢酸をとる
サリチル酸 + 無水酢酸 →(アセチル化) アセチルサリチル酸 + 酢酸
エステル結合
アスピリンともいう

注　－OH や－NH_2 の H が**アセチル基** $CH_3-\overset{O}{\overset{\|}{C}}-$ で置き換わる反応を**アセチル化**という。無水酢酸は酢酸よりも反応性が大きく，アセチル化は**不可逆反応**になる。

$$-O-H + CH_3-\overset{O}{\overset{\|}{C}}-O-\overset{O}{\overset{\|}{C}}-CH_3 \longrightarrow -O-\overset{O}{\overset{\|}{C}}-CH_3 + CH_3COOH$$

無水酢酸　　エステル

酢酸がとれる!!

ポイント　サリチル酸の誘導体について

- サリチル酸＋メタノール ⟶ サリチル酸メチル（消炎鎮痛剤）
- サリチル酸＋無水酢酸 ⟶ アセチルサリチル酸（解熱鎮痛剤）

第6章 有機化合物

チェック問題 2

標準 

フェノールまたはナトリウムフェノキシドの反応に関して，実験操作と，その反応で新しくつくられる炭素との結合の組み合わせとして適当でないものを，①～④のうちから1つ選べ。

	実験操作	新しくつくられる炭素との結合
①	フェノールに臭素水を加える。	C－Br
②	フェノールに濃硝酸と濃硫酸の混合物を加えて加熱する。	C－S
③	フェノールに無水酢酸を加える。	C－O
④	ナトリウムフェノキシドと二酸化炭素を高温・高圧のもとで混合する。	C－C

解答・解説

②

①～④の実験操作で生じる化合物と新しくつくられるCとの結合（　　の部分）は次のようになる。

① フェノール $\xrightarrow[\text{臭素化}]{Br_2}$ 2,4,6-トリブロモフェノール　白色沈殿

部分は，いずれもC－Br

〈正しい〉

② フェノール $\xrightarrow[\text{ニトロ化, 加熱}]{\text{濃硝酸，濃硫酸}}$ ピクリン酸（O_2N，NO_2，NO_2）

部分は，いずれもC－N

C－Sではない。〈誤り〉

③ $C_6H_5-O-H + CH_3-CO-O-CO-CH_3$（無水酢酸） $\xrightarrow{\text{アセチル化}}$ $C_6H_5-O-CO-CH_3 + CH_3COOH$

→CH_3COOHがとれる！

部分は，C－O〈正しい〉

④ $C_6H_5ONa + CO_2 \xrightarrow{\text{高温・高圧}}$ サリチル酸ナトリウム（OH，COONa）

部分は，C－C〈正しい〉

チェック問題 3

サリチル酸からアセチルサリチル酸を合成する実験を行った。乾いた試験管にサリチル酸1.0g，化合物 A 2.0g，濃硫酸数滴を入れ，この試験管を振り混ぜながら温めた。その後，試験管の内容物を冷水に加え，沈殿をろ過し，アセチルサリチル酸の白色固体を得た。この実験に関する下の問い(a・b)に答えよ。

COOH / OH　サリチル酸　—化合物A，H_2SO_4→

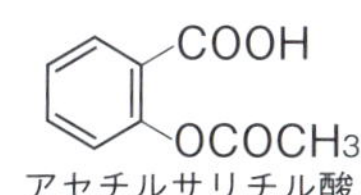

アセチルサリチル酸

a　化合物 A として最も適当なものを，次の①～⑥のうちから 1 つ選べ。

① メタノール	② エタノール	③ ホルムアルデヒド
④ アセトアルデヒド	⑤ 無水酢酸	⑥ 無水フタル酸

b　得られたアセチルサリチル酸の白色固体に未反応のサリチル酸が混ざっていないことを確認したい。未反応のサリチル酸の検出に用いる溶液として最も適当なものを，次の①～⑤のうちから 1 つ選べ。

① 塩化鉄(Ⅲ)水溶液	② フェノールフタレイン溶液
③ 炭酸水素ナトリウム溶液	④ 水酸化ナトリウム溶液
⑤ 酢酸水溶液	

解答・解説

a ⑤　　b ①

a　サリチル酸に無水酢酸(➡ 化合物 A)と濃硫酸を作用させると，－OH が反応してアセチルサリチル酸が生成する。

—OH
があり，
$FeCl_3$ 水溶液で赤紫色に呈色する

サリチル酸

＋ $(CH_3CO)_2O$
無水酢酸
化合物A

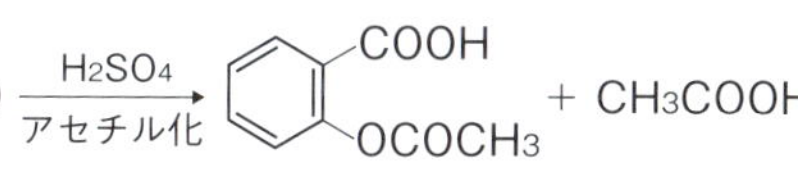

アセチルサリチル酸　　酢酸

—OH がなく，$FeCl_3$ 水溶液では呈色しない

第6章 有機化合物

実験操作は次のようになる。

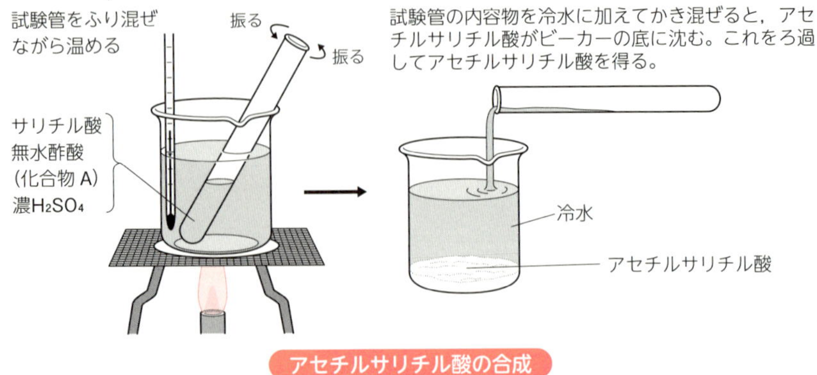
試験管をふり混ぜ
ながら温める
振る
振る
サリチル酸
無水酢酸
(化合物 A)
濃H_2SO_4
試験管の内容物を冷水に加えてかき混ぜると，アセチルサリチル酸がビーカーの底に沈む。これをろ過してアセチルサリチル酸を得る。
冷水
アセチルサリチル酸
アセチルサリチル酸の合成

b　塩化鉄(Ⅲ)$FeCl_3$ 水溶液を加えるとサリチル酸は紫に近い色(赤紫色)に呈色するが，アセチルサリチル酸は呈色しない。もし，アセチルサリチル酸にサリチル酸が混ざっていれば，塩化鉄(Ⅲ)$FeCl_3$ 水溶液を加えると赤紫色に呈色するので，サリチル酸を検出できる。

第６章　有機化合物

アニリンとその誘導体

1 アニリンの性質について

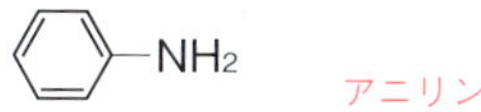

アニリン

アニリンは**無色**の液体で，酸化されやすく，**空気中に放置しておくと徐々に酸化され褐色になる**。また，水には少ししか溶けないが，有機溶媒（ジエチルエーテルなど）にはよく溶ける。そして，アニリンの水溶液は，**アンモニアより弱い塩基性を示す**。

アンモニア：$NH_3 + H_2O \rightleftarrows NH_4^+ + OH^-$（弱塩基性）

アニリン：$C_6H_5\text{-}NH_2 + H_2O \rightleftarrows C_6H_5\text{-}NH_3^+ + OH^-$（弱塩基性）

ふーん。じゃあ，アンモニアのように酸と反応するの？

そうなんだ。たとえば，アニリンに塩酸を加えると塩をつくり，水に溶ける。

アンモニア：$NH_3 + HCl \xrightarrow[\text{中和}]{} NH_4Cl$（HCl が NH_3 に H^+ を与える）

アニリン：$C_6H_5\text{-}NH_2 + HCl \xrightarrow[\text{中和}]{} C_6H_5\text{-}NH_3^+Cl^-$（HCl が NH_2 に H^+ を与える）

アニリン塩酸塩（電離し，水によく溶ける）

$[C_6H_5\text{-}NH_3]^+Cl^-$ と書いてもよい

アニリンは，酸化されやすい。そのため，酸化剤である**さらし粉や二クロム酸カリウム $K_2Cr_2O_7$ を加えると，アニリンが酸化されて，それぞれ赤紫色や黒色に変色する**（➡ **アニリンの検出反応**）んだ。

$C_6H_5\text{-}NH_2$（アニリン） —さらし粉→ 紫色

$C_6H_5\text{-}NH_2$（アニリン） —$K_2Cr_2O_7$→ 黒色（「アニリンブラック」という黒色の物質に変化する）

ポイント　アニリンの性質について

- 水に少し溶けて**弱塩基性**を示し，酸と反応して塩をつくる
- さらし粉で**赤紫色**，二クロム酸カリウムで**黒色**に変色（アニリンブラックに変化）

第6章 有機化合物

2 アミドの生成について

アニリンに氷酢酸(➡ **純粋な酢酸**)を加えて加熱すると，**アセトアニリド**が生成するんだ。

$$C_6H_5{-}NH{-}H + H{-}O{-}\underset{\|}{\overset{O}{C}}{-}CH_3 \underset{}{\overset{[H_2SO_4]}{\rightleftarrows}} C_6H_5{-}\overset{H}{N}{-}\overset{O}{\underset{}{C}}{-}CH_3 + H_2O$$

アニリン　酢酸　アセトアニリド

H_2Oがとれる！　アミド結合

－COOH から OH が，－NH_2 から H がとれているね。

そうだね。エステルができるときに似ているよね。この反応でできた$-\overset{O}{\overset{\|}{C}}-\overset{H}{\overset{|}{N}}-$を**アミド結合**といい，**アミド結合をもつ化合物をアミドという**んだ。

また，アニリンに無水酢酸を反応(➡ **アセチル化**)させてもアセトアニリドをつくることができる。

アセトアニリドは，かつては解熱剤として利用されていたけど，そのままでは毒性が強いので，今は薬の原料に使われているんだ。

$$C_6H_5{-}NH{-}H + CH_3{-}\overset{O}{\overset{\|}{C}}{-}O{-}\underset{\underset{O}{\|}}{C}{-}CH_3 \longrightarrow C_6H_5{-}\overset{H}{N}{-}\overset{O}{\overset{\|}{C}}{-}CH_3 + CH_3COOH$$

アニリン　無水酢酸　アセトアニリド

酢酸 CH_3COOH がとれる!!　アミド結合

アセチル基 $CH_3-\overset{O}{\overset{\|}{C}}-$ を結合させるので

$$C_6H_5{-}NH_2 + (CH_3CO)_2O \xrightarrow{\text{アセチル化}} C_6H_5{-}NHCOCH_3 + CH_3COOH$$

アセチル化は不可逆（一方通行）

ポイント　アミドの生成について

● **アミド**，**エステル**ともに－COOH から OH がとれる！

3 アニリンの合成について

アニリンは，フェノールと同じように，ベンゼンから1段階でつくることができない。そのため，数段階に分け，反応させてつくるんだ。

ベンゼン —❶ HNO_3 [H_2SO_4] ニトロ化→ ニトロベンゼン（NO_2） —❷ Sn＋HCl 還元→ アニリン塩酸塩（NH_3Cl） —❸ NaOH 弱塩基の遊離→ アニリン（NH_2）

❶ まず，ベンゼンをニトロ化して**ニトロベンゼン**をつくる。

$$C_6H_5\text{-}H + H\text{-}O\text{-}NO_2 \xrightarrow[\text{ニトロ化}]{[H_2SO_4]} C_6H_5\text{-}NO_2 + H_2O$$

ベンゼン　硝酸　ニトロベンゼン

H_2Oがとれる！

❷ 次に，ニトロベンゼンに濃塩酸 HCl と Sn(または Fe)を反応させると，ニトロベンゼンが還元され**アニリン塩酸塩**が生成する。

この反応では，まずニトロベンゼンが O 原子を失い，H 原子と化合(➡ **還元**の定義を思い出そう！)し，アニリンになる。

$$C_6H_5\text{-}NO_2 \xrightarrow[\text{還元}]{Sn+HCl} C_6H_5\text{-}NH_2$$

O を失い，H と化合する　アニリン

ところが，ふつう塩酸 HCl は過剰に加えられており，できたアニリンはすぐに次のように中和されてしまう。

H^+を与える

$$C_6H_5\text{-}NH_2 + HCl \xrightarrow{\text{中和}} C_6H_5\text{-}NH_3Cl$$

参考　工業的には，触媒を用いてニトロベンゼンを H_2 で還元してつくる。

$$C_6H_5\text{-}NO_2 \xrightarrow[\text{[Ni] 還元}]{H_2} C_6H_5\text{-}NH_2$$

O 原子を失い，H 原子と化合する

❸ 最後に，アニリン塩酸塩を NaOH で塩基性にして**アニリン**を得ることができる。

H^+を与える

$$C_6H_5\text{-}NH_3^+ + OH^- \longrightarrow C_6H_5\text{-}NH_2 + H_2O \quad (\text{弱塩基の遊離})$$

まとめると……

$$C_6H_5\text{-}NH_3Cl + NaOH \xrightarrow{\text{弱塩基の遊離}} C_6H_5\text{-}NH_2 + H_2O + NaCl$$

第6章 有機化合物

チェック問題 1

ニトロベンゼンを用いて，次の操作１～４を順に行った。下の問い(a・b)に答えよ。

操作１　スズ２gとニトロベンゼン0.5 mLを試験管Aにとり，濃塩酸３mLを加えた。
操作２　試験管を約60℃の温水に入れ，ときどきとり出してよく振り混ぜた。
操作３　試験管中の未反応のスズを残し，溶液を三角フラスコに移した。これをときどき振り混ぜながら，６mol/L水酸化ナトリウム水溶液を少しずつ加えたところ，白色の沈殿が生じた。水酸化ナトリウム水溶液をさらに加えると沈殿が溶けた。それと同時に，生成物が油滴として遊離した。
操作４　三角フラスコにジエチルエーテル６mLを加えてよく振り混ぜ，しばらく放置した。エーテル層を時計皿に移し，エーテルを蒸発させると油状の物質が残った。

a　この実験に関する記述として誤りを含むものを，次の①～④のうちから１つ選べ。

① 操作１でニトロベンゼンは，油滴として濃塩酸から分離していた。
② 操作２でスズは，酸化剤としてはたらいている。
③ 操作３で生じた白色の沈殿は，スズの化合物である。
④ 操作４でエーテル層は，水層の上部に分離した。

b　操作４で得た油状の物質に関する記述として誤りを含むものを，次の①～④のうちから１つ選べ。

① この物質にさらし粉の水溶液を加えると，赤紫色に呈色する。
② この物質に酢酸を加えて加熱すると，縮合反応が起こる。
③ この物質に二クロム酸カリウム水溶液と硫酸を加えて加熱すると，白色物質ができる。
④ この物質を空気中に放置しておくと，褐色に変化した。

解答・解説

a ②　　b ③

ニトロベンゼンにスズSnと濃塩酸HClを加えて還元するとアニリン塩酸塩の水溶液が生じる。この水溶液にNaOH水溶液を加えるとアニリンが生じる。

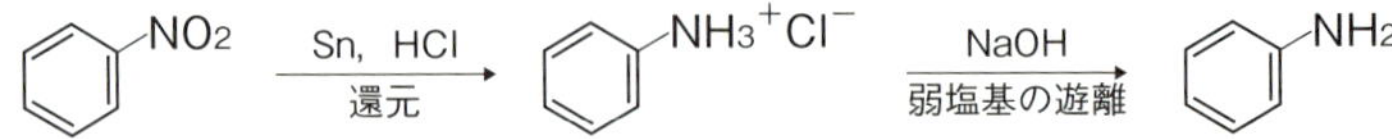

a　実験操作１～４は次のようになる。

操作１　試験管にニトロベンゼンとスズ Sn をとり，よく振り混ぜながら濃塩酸 HCl を少しずつ加える。

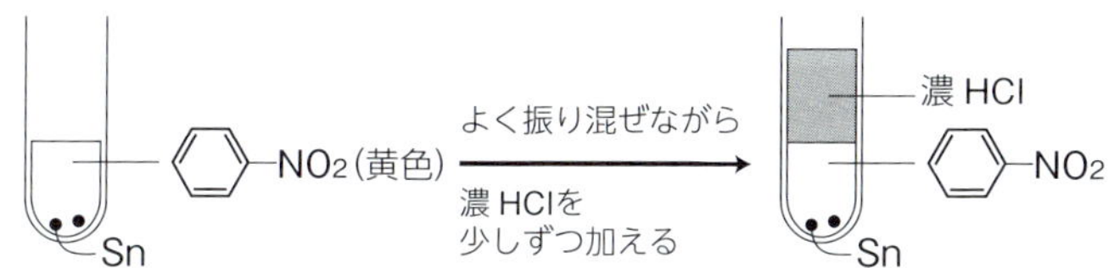

ニトロベンゼンは，油滴として濃 HCl から分離する。①は〈正しい〉。

操作２　試験管を温めながら油滴(ニトロベンゼン)がなくなるまでさらに振り混ぜる。

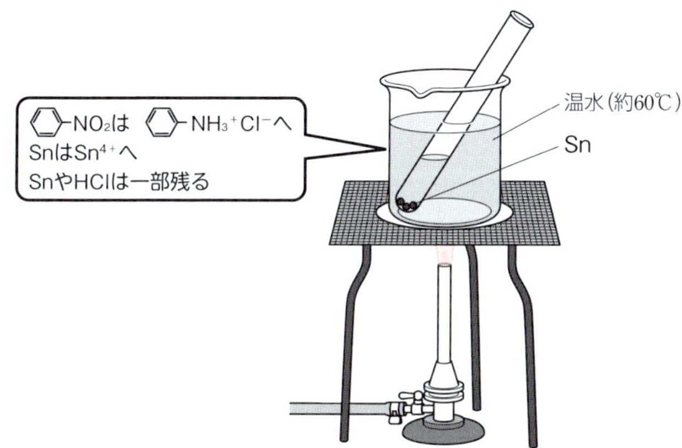

操作３　冷却した後，内容物の溶液($NH_3^+Cl^-$ を含む)のみを三角フラスコに移し，その溶液に NaOH 水溶液を少しずつ加えると $Sn(OH)_4$の白色沈殿を生じ，さらに NaOH 水溶液を加えて $Sn(OH)_4$の沈殿を溶解させる。

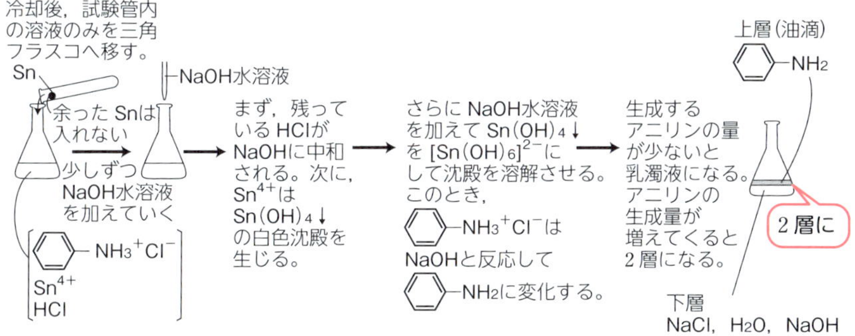

第6章 有機化合物

$C_6H_5-NH_3^+Cl^- + NaOH \longrightarrow C_6H_5-NH_2 + NaCl + H_2O$（弱塩基の遊離）

アニリン塩酸塩　　　　アニリン

操作４　三角フラスコにジエチルエーテルを加えてよく振り混ぜ，静置する。分離した２層のうち，ジエチルエーテル層（$C_6H_5-NH_2$ を含む）を時計皿に移し，ドラフト内に放置すると油状物質としてアニリンが得られる。

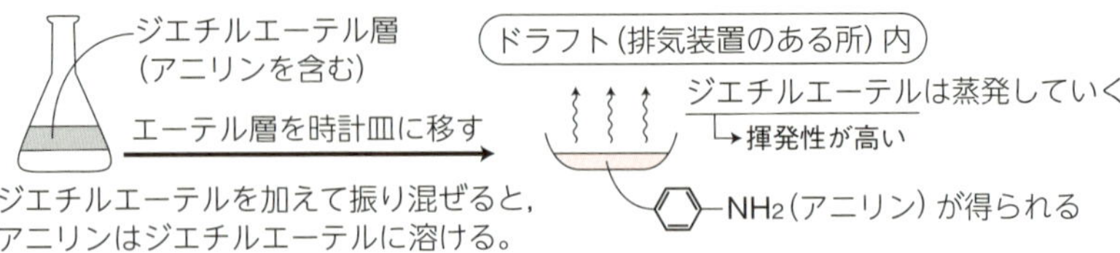

ジエチルエーテル層
（アニリンを含む）
エーテル層を時計皿に移す
ジエチルエーテルを加えて振り混ぜると，
アニリンはジエチルエーテルに溶ける。
ドラフト（排気装置のある所）内
ジエチルエーテルは蒸発していく
揮発性が高い
NH2（アニリン）が得られる

a　① 操作１の図を参照。〈正しい〉

② Snは還元剤としてはたらいている。〈誤り〉

③ $Sn(OH)_4$↓（白）のこと。〈正しい〉

④ 操作４の図を参照。〈正しい〉

b　操作４で得た油状の物質は，アニリンである。

① アニリンはさらし粉水溶液で赤紫色に呈色する。〈正しい〉

② アセトアニリドが生じる。

$$C_6H_5-N(H)-H + H-O-C(=O)-CH_3 \rightleftarrows C_6H_5-N(H)-C(=O)-CH_3 + H_2O$$

H_2Oがとれる　　　　アセトアニリド

２つの分子から H_2O などの簡単な分子がとれる反応を縮合反応という。

→ここではアニリンと酢酸

〈正しい〉

③ 白色物質でなく，黒色物質。黒色物質はアニリンブラックとよばれる。〈誤り〉

④ アニリンは無色の液体で，酸化されやすく，空気中の酸素によって徐々に酸化され褐色に変化する。〈正しい〉

4 染料の合成について

アゾ基$-N=N-$をもつ化合物をアゾ化合物といい，工業用の染料（➡アゾ染料という）として使われる。アゾ化合物は，

$C_6H_5-N=N-C_6H_4-OH$

p-ヒドロキシアゾベンゼン
（*p*-フェニルアゾフェノール）

$(H_3C)_2N-C_6H_4-N=N-C_6H_4-SO_3Na$

参考　メチルオレンジ

などが有名で，とくに，**橙赤色の染料である *p*-ヒドロキシアゾベンゼンの合成が重要**になるんだ。

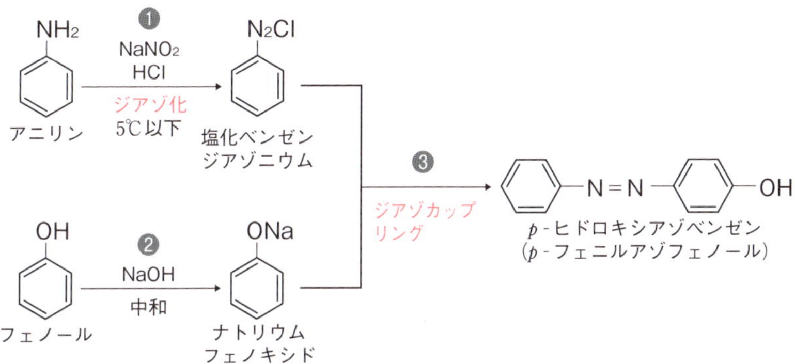

❶　まず，アニリンに「亜硝酸ナトリウム $NaNO_2$ と塩酸 HCl」を**5℃以下に冷やしながら**反応させると，塩化ベンゼンジアゾニウムが生成する（＝**ジアゾ化**）。この反応は，

(ア)　亜硝酸イオン NO_2^- が塩酸 HCl から H^+ を受けとる。

$$NO_2^- + H^+ \longrightarrow HNO_2$$　（弱酸の遊離）

亜硝酸イオン　　　亜硝酸

(イ)　亜硝酸 HNO_2，アニリン，塩酸 HCl の間で H_2O が2つとれて，

$$C_6H_5-NH_2 + O=N-O-H \xrightarrow{H^+Cl^-\ (塩酸)} \left[C_6H_5-N\equiv N\right]^+ Cl^-$$

アニリン（H_2Oがとれる！）　亜硝酸（H_2Oがとれる！）　塩化ベンゼンジアゾニウム

となり，塩化ベンゼンジアゾニウム $\left[C_6H_5-N\equiv N\right]^+ Cl^-$ （$C_6H_5-N^+\equiv NCl^-$ とも書いてもよい）が生じる。

❷ 次に，フェノールを NaOH と反応させ，ナトリウムフェノキシドが生成するんだ。

$$C_6H_5OH + NaOH \xrightarrow{\text{中和}} C_6H_5ONa + H_2O$$

フェノール　　　　ナトリウムフェノキシド

❸ 最後に，**5℃以下に冷やした**塩化ベンゼンジアゾニウムとナトリウムフェノキシドを反応させると，*p*-ヒドロキシアゾベンゼンの橙赤色沈殿が生成する。この反応を**ジアゾカップリング**(カップリング)というんだ。

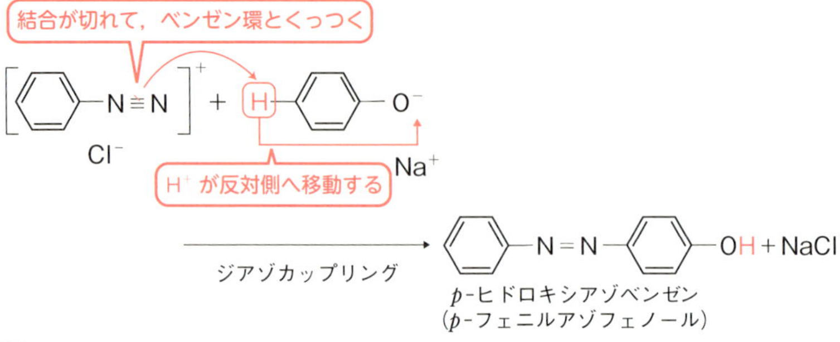

5 ℃以下に冷やさなかったら，どうなるの？

❶で生成する，❸で使用する塩化ベンゼンジアゾニウムを構成している**ベンゼンジアゾニウムイオン** $[C_6H_5-N\equiv N]^+$ **は，非常に不安定なので，水溶液の温度が 5 ℃以上になったり，加熱すると，N_2 を発生して分解し，フェノールになる**んだ。

N₂がとんでいく　OH⁻が くっつく　δ⁻　切れてH⁺がはずれる

$$[C_6H_5-N\equiv N]^+ \xrightarrow{5℃\text{以上}} C_6H_5^{\oplus} \quad \overset{\delta^-}{O}(\overset{\delta^+}{H})(\overset{\delta^+}{H}) \longrightarrow C_6H_5OH + H^+$$

まとめると……

$$C_6H_5N_2Cl + H_2O \xrightarrow{\text{加熱}(5℃\text{以上})} C_6H_5OH + N_2 + HCl$$

ふーん。結局，フェノールのつくり方には35の2 (➡ P.477〜479) と合わせて 4 通りあるんだね。

チェック問題 2

窒素原子を含む芳香族化合物に関する記述として下線部に誤りを含むものを，次の①～⑤のうちから１つ選べ。

① 5℃以下においてアニリンの希塩酸溶液に亜硝酸ナトリウム水溶液を加えると，塩化ベンゼンジアゾニウムが生成する。
② 塩化ベンゼンジアゾニウムが水と反応すると，クロロベンゼンが生成する。
③ アニリンに無水酢酸を反応させると，アミド結合をもつ化合物が生成する。
④ アニリンにさらし粉水溶液を加えると，赤紫色を呈する。
⑤ p-ヒドロキシアゾベンゼンには，窒素原子間に二重結合が存在する。

解答・解説

②

① ジアゾ化では，亜硝酸ナトリウム $NaNO_2$ 水溶液を使う。〈正しい〉

② クロロベンゼンでなく，フェノールが生成する。〈誤り〉

$$C_6H_5-N_2Cl + H_2O \xrightarrow{5℃以上} C_6H_5-OH + N_2 + HCl$$

塩化ベンゼンジアゾニウム

③

$$C_6H_5-N(H)-H + CH_3-C(=O)-O-C(=O)-CH_3$$

アニリン　　無水酢酸

$$\xrightarrow{アセチル化} C_6H_5-N(H)-C(=O)-CH_3 + CH_3COOH$$

アセトアニリド　→アミド結合

アミド結合をもつアセトアニリドが生成する。〈正しい〉

④ アニリンは酸化されやすく，さらし粉(酸化剤)を加えると酸化され赤紫色に呈色する。〈正しい〉

⑤ p-ヒドロキシアゾベンゼン $C_6H_5-N=N-C_6H_4-OH$ は，窒素・窒素二重結合をもつ。〈正しい〉

アゾ基 $-N=N-$ は窒素原子間に二重結合が存在する

第6章 有機化合物

チェック問題 3

アニリンとフェノールを用いて，次の操作１～４からなる実験を行った。下の問い(a・b)に答えよ。

操作１　アニリン１mLをビーカーに入れ，２mol/L塩酸20mLを加えてガラス棒で十分にかき混ぜ，均一な酸性溶液Aを得た。

操作２　Aの入ったビーカーを氷水に浸して十分に冷やした。ガラス棒でかき混ぜながら，Aにあらかじめ氷水で冷やしておいた10%亜硝酸ナトリウム水溶液10mLを少しずつ加え，溶液Bを得た。

操作３　フェノール１gを別のビーカーに入れ，２mol/L水酸化ナトリウム水溶液20mLを加えてガラス棒で十分にかき混ぜ，均一な塩基性溶液Cを得た。Cの入ったビーカーを氷水に浸して，５℃以下に冷やした。

操作４　白色の木綿の布をCに浸して十分に液をしみこませた。この布をとり出し，冷やしたままのBに浸したあと，水で十分に洗浄した。

a　操作１～４に関する記述として誤りを含むものを，次の①～⑤のうちから１つ選べ。

①　操作１では，アニリン塩酸塩が生じた。
②　操作２では，ジアゾニウム塩が生じた。
③　操作２により生じた有機化合物は，加熱すると酸素を発生してフェノールを生じた。
④　操作３では，ナトリウムフェノキシドが生じた。
⑤　操作４で布は橙赤色に着色した。

b　操作４で布を着色した化合物の構造式として最も適当なものを，次の①～⑥のうちから１つ選べ。

①　$C_6H_5-O-C_6H_4-NH_2$　　②　$H_2N-C_6H_4-N=N-C_6H_4-NH_2$

③　$HO-C_6H_4-N=N-C_6H_4-OH$　　④　$C_6H_5-NH-C_6H_4-OH$

⑤　$C_6H_5-N=N-O-C_6H_5$　　⑥　$C_6H_5-N=N-C_6H_4-OH$

解答・解説

a　③　　b　⑥

アニリンの塩酸溶液を氷冷しながら，$NaNO_2$ 水溶液を加えるとジアゾ化により塩化ベンゼンジアゾニウムの水溶液が生じる。

この水溶液に，ナトリウムフェノキシドの水溶液を加えると，ジアゾカップリングにより橙赤色染料の p-ヒドロキシアゾベンゼンが生じる。

$$C_6H_5\text{-}NH_2 \xrightarrow[\text{ジアゾ化 5℃以下}]{NaNO_2\ +\ HCl} [C_6H_5\text{-}N{\equiv}N]^+Cl^- \xrightarrow[\text{ジアゾカップリング 5℃以下}]{C_6H_5\text{-}OH\ +\ NaOH} C_6H_5\text{-}N{=}N\text{-}C_6H_4\text{-}OH$$

塩化ベンゼンジアゾニウム　　p-ヒドロキシアゾベンゼン（p-フェニルアゾフェノール）

操作１～４は次のようになる。

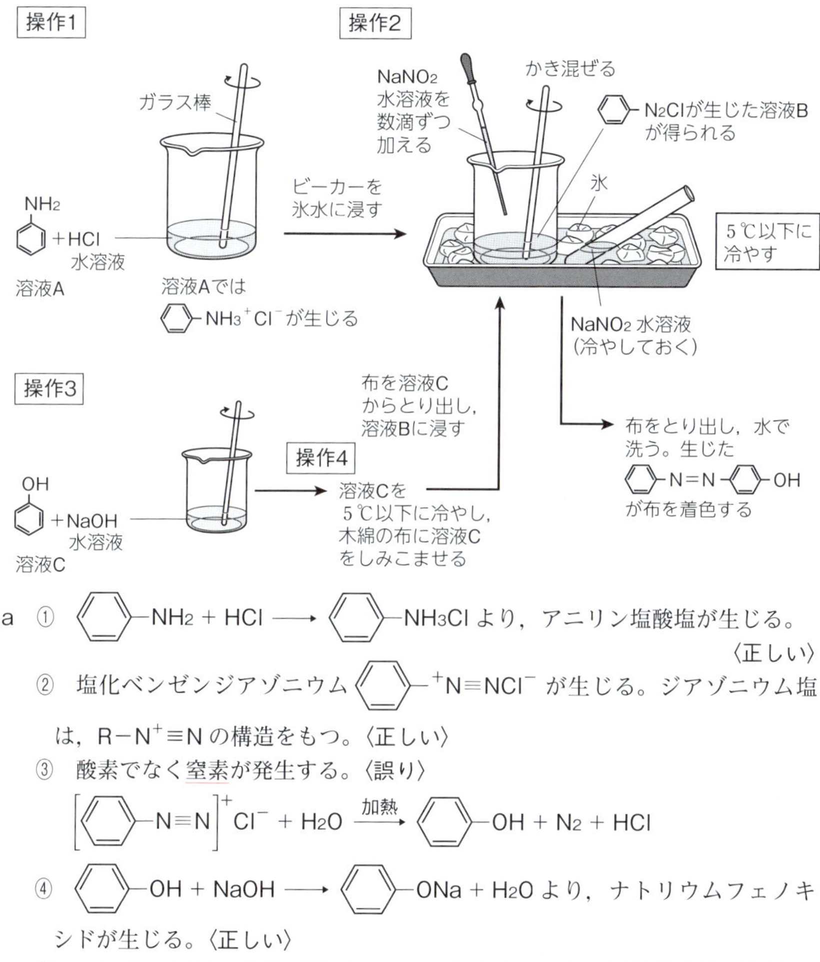

a　①　$C_6H_5\text{-}NH_2 + HCl \longrightarrow C_6H_5\text{-}NH_3Cl$ より，アニリン塩酸塩が生じる。

〈正しい〉

②　塩化ベンゼンジアゾニウム $C_6H_5\text{-}{}^+N{\equiv}NCl^-$ が生じる。ジアゾニウム塩は，$R{-}N^+{\equiv}N$ の構造をもつ。〈正しい〉

③　酸素でなく窒素が発生する。〈誤り〉

$$[C_6H_5\text{-}N{\equiv}N]^+Cl^- + H_2O \xrightarrow{\text{加熱}} C_6H_5\text{-}OH + N_2 + HCl$$

④　$C_6H_5\text{-}OH + NaOH \longrightarrow C_6H_5\text{-}ONa + H_2O$ より，ナトリウムフェノキシドが生じる。〈正しい〉

⑤　p-ヒドロキシアゾベンゼン（p-フェニルアゾフェノール）は橙赤色の染料。

〈正しい〉

b　p-ヒドロキシアゾベンゼン（p-フェニルアゾフェノール）の構造式を選ぶ。

思考力のトレーニング

難 

ベンゼン環に官能基を1つもつ物質に置換反応を行うと，オルト(*o*-)，メタ(*m*-)，パラ(*p*-)の位置で反応が起こる可能性がある。どの位置で反応が起こるかは，最初に結合している官能基の影響を強く受ける。たとえば次のように，フェノールをある反応条件でニトロ化すると，おもに*o*-ニトロフェノールと*p*-ニトロフェノールが生成し，*m*-ニトロフェノールは少ししか生成しない。したがって，ベンゼン環に結合したヒドロキシ基は*o*-や*p*-の位置で置換反応を起こしやすい官能基といえる。

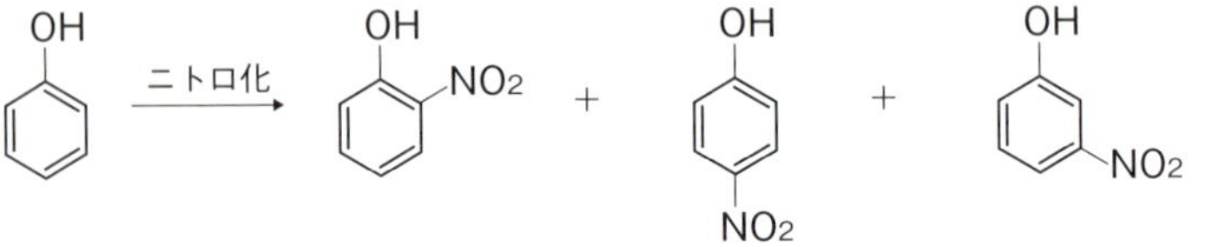

OH（フェノール） —ニトロ化→ OH, NO_2（*o*-ニトロフェノール） ＋ OH, NO_2（*p*-ニトロフェノール） ＋ OH, NO_2（*m*-ニトロフェノール（少ししか生成しない））

一般に，*o*-や*p*-の位置で置換反応を起こしやすい官能基をもつ物質には次のものがある。

OH　NH_2　Cl

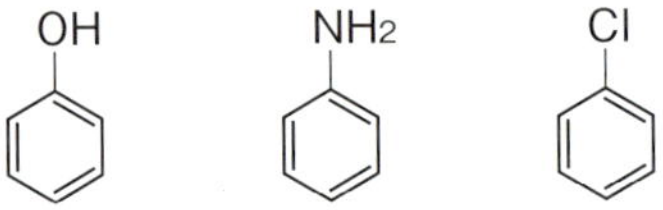

一方，*m*-の位置で置換反応を起こしやすい官能基をもつ物質には次のものがある。

NO_2　SO_3H　COOH

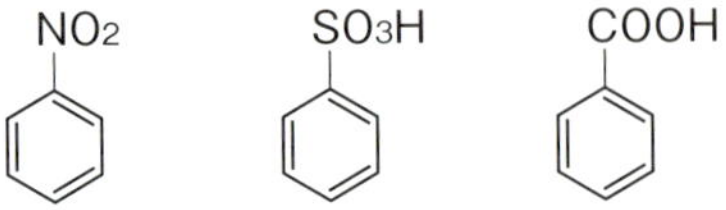

このことを利用すれば，目的の化合物を効率よくつくることができる。

この情報をもとに，除草剤の原料である*m*-クロロアニリンを，次のようにベンゼンから化合物A，Bを経て効率よく合成する実験を計画した。

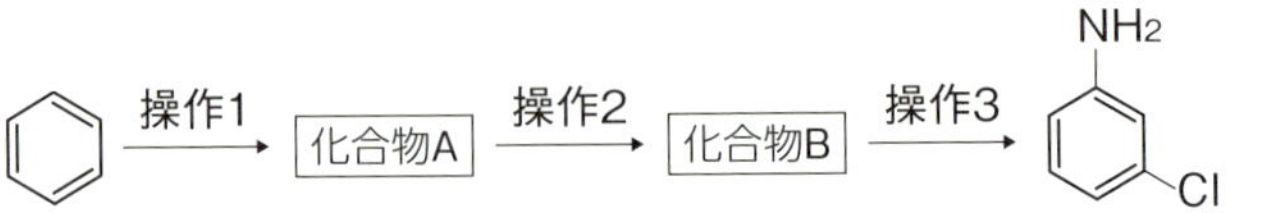

ベンゼン —操作1→ 化合物A —操作2→ 化合物B —操作3→ NH_2, Cl（*m*-クロロアニリン）

操作1～3として最も適当なものを，次の①～⑥のうちからそれぞれ1つずつ選べ。

操作1 [1]　　操作2 [2]　　操作3 [3]

① 濃硫酸を加えて加熱する。
② 固体の水酸化ナトリウムと混合して加熱融解する。
③ 鉄を触媒にして塩素を反応させる。
④ 光をあてて塩素を反応させる。
⑤ 濃硫酸と濃硝酸を加えて加熱する。
⑥ スズと塩酸を加えて反応させた後，水酸化ナトリウム水溶液を加える。

解答・解説

1 ⑤　　2 ③　　3 ⑥

アニリンは，ベンゼンから次のように合成した。

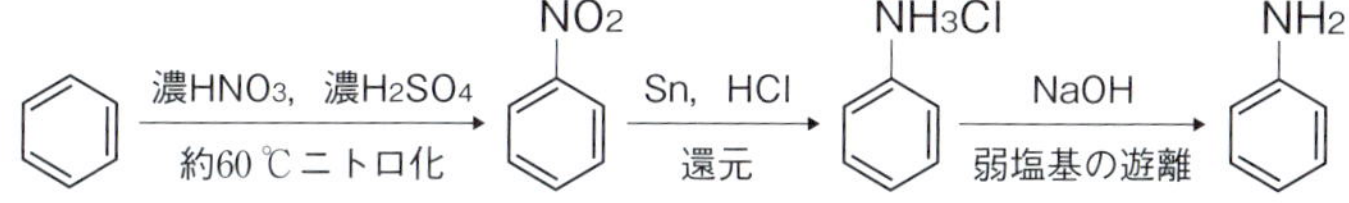

問題文の情報からベンゼン環に結合した$-NH_2$は，*o*-や*p*-の位置で置換反応を起こしやすい(➡ *o*-，*p*-配向性という)ことがわかる。つまり，アニリンを塩素化しても*m*-クロロアニリンは効率よく合成できない。

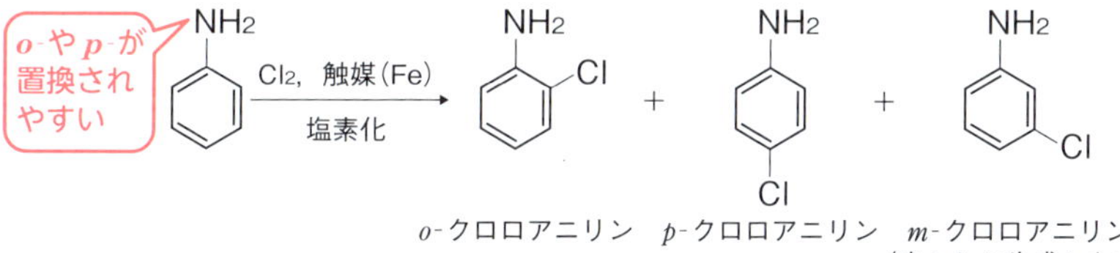

ここで，*m*-異性体を効率よく合成するには，*m*-の位置で置換反応を起こしやすい(➡ *m*-配向性という)官能基である$-NO_2$をもつニトロベンゼンを塩素化すればよいと気づく。

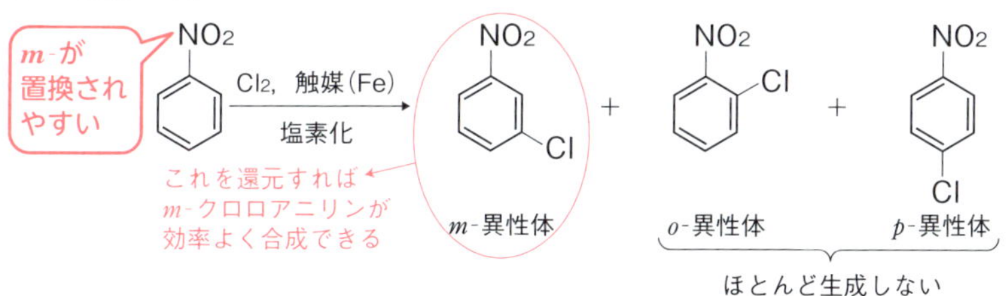

以上より，ニトロベンゼンを塩素化した後，Sn と HCl で還元すれば*m*-クロロアニリンが効率よく合成できる。

第6章 有機化合物

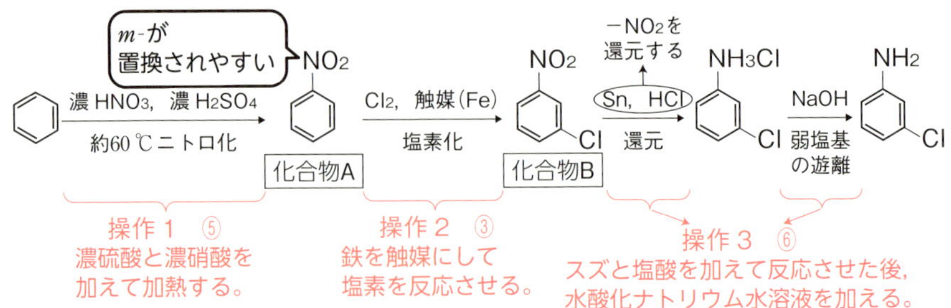

注　問題文中で説明しているのが，芳香族化合物の置換反応の起こりやすさのことで，この性質を置換基の「配向性」という。本問題では，「配向性」について詳細に説明しているので，問題文中の説明だけで正解を導くことができる。ただし，「配向性」については知っておきたい性質なので，次の内容をおさえておこう。

【芳香族化合物の置換基の配向性】

(ベンゼン環)−X に，さらに置換反応を行わせる場合，すでに結合している−X によって，2つ目の置換基の入りやすい位置が決まる。

(1)　**−X が** −$\ddot{\text{O}}$H，−$\ddot{\text{N}}$H$_2$，−$\ddot{\text{Cl}}$:，−CH_3，−C_2H_5 **などの場合**

O，N，Cl に非共有電子対がある　　アルキル基

o-体や *p*-体が多く生成する。

例　CH_3（トルエン）　ニトロ化→　CH_3, NO_2（*o*-体(58%)）　CH_3, NO_2（*m*-体(４%)）　CH_3, NO_2（*p*-体(38%)）

➡ *o*-体と*p*-体が多く生成している

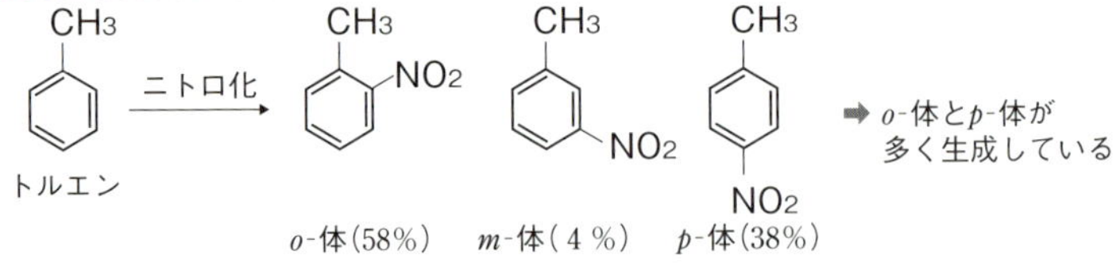

(2)　**−X が** −NO_2，−COOH，−SO_3H **などの場合**

N，C，S に非共有電子対がない

o-体や *p*-体が生成しにくくなり，結果的に *m*-体が *o*-体や *p*-体より多く生成する。

例　NO_2　ニトロ化→　NO_2, NO_2（*o*-体(７%)）　NO_2, NO_2（*m*-体(91%)）　NO_2, NO_2（*p*-体(２%)）

➡ *m*-体が多く生成している

配向性を知っていると，次の反応が覚えやすくなる。

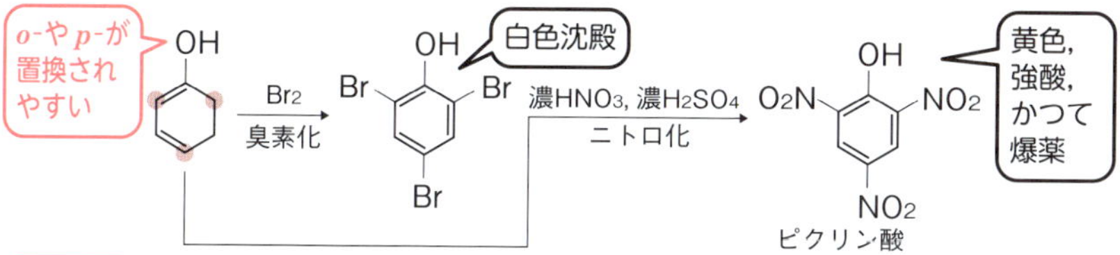

o-やp-が置換されやすい

フェノール $\xrightarrow[\text{臭素化}]{Br_2}$ 2,4,6-トリブロモフェノール（白色沈殿）

フェノール $\xrightarrow[\text{ニトロ化}]{\text{濃}HNO_3,\ \text{濃}H_2SO_4}$ ピクリン酸（2,4,6-トリニトロフェノール）（黄色，強酸，かつて爆薬）

o-やp-が置換されやすい

トルエン（CH_3）$\xrightarrow[\text{高温でニトロ化}]{\text{濃}HNO_3,\ \text{濃}H_2SO_4}$ 2,4,6-トリニトロトルエン(TNT)（爆薬に利用）

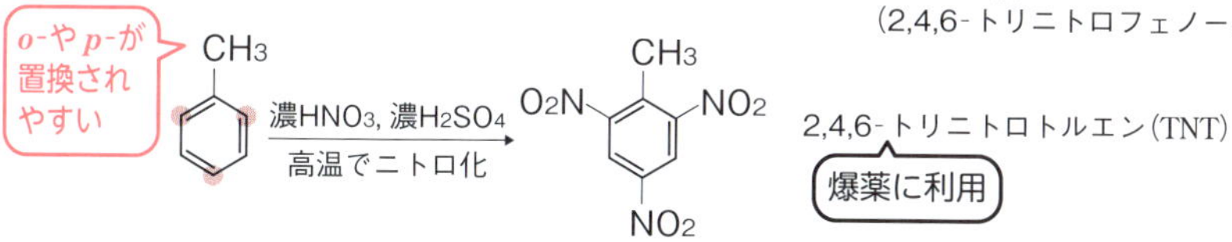

5 医薬品について

医薬品には，**対症療法薬**や**化学療法薬**がある。また，**医薬品の生物に対するはたらきを薬理作用（主作用），目的とする薬理作用の他に起こる作用を副作用という**んだ。

対症療法薬は，病気を直接治すのではなく病気によって生じる不快な症状を抑える医薬品のことなんだ。**解熱鎮痛剤として使うアセチルサリチル酸（アスピリン）や消炎鎮痛剤として使うサリチル酸メチルなど**があるよ。

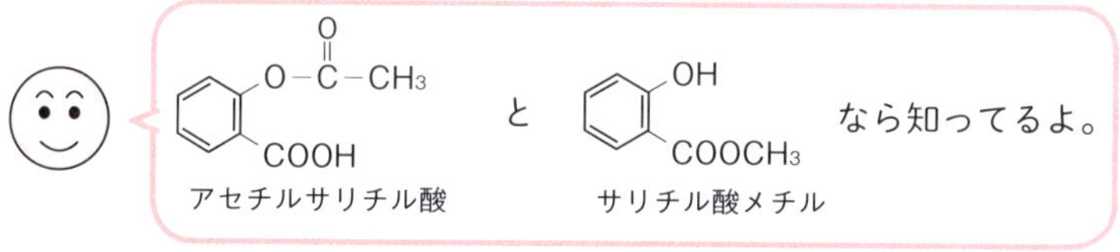

$C_6H_4(OCOCH_3)COOH$ アセチルサリチル酸 と $C_6H_4(OH)COOCH_3$ サリチル酸メチル なら知ってるよ。

化学療法薬は，病気の原因である病原菌などを直接とり除く医薬品のことで，**世界最初の抗生物質であるペニシリンやサルファ剤など**がある。

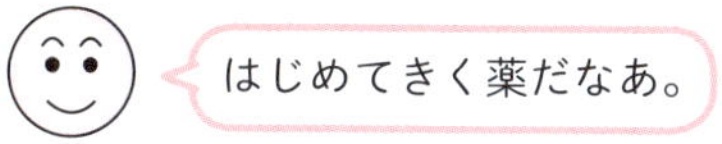

はじめてきく薬だなあ。

ペニシリンはアオカビから発見された世界で最初の抗生物質で，**サルファ剤は抗生物質と同じように抗菌作用をもつ医薬品**なんだ。

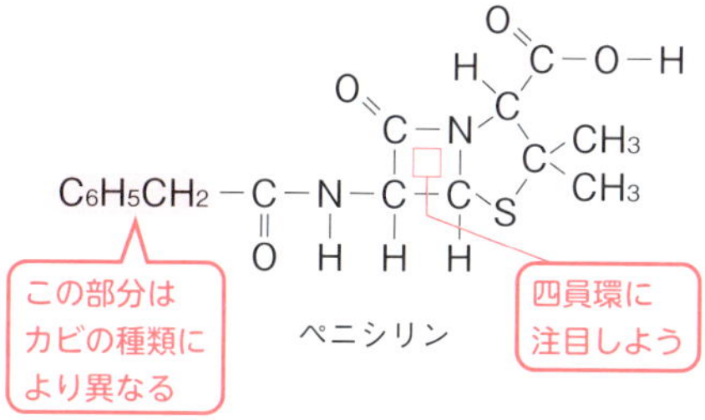

ペニシリン（$C_6H_5CH_2-CO-NH-$ …）
この部分はカビの種類により異なる
四員環に注目しよう

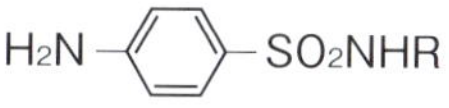

$H_2N-C_6H_4-SO_2NHR$
サルファ剤（スルファミン剤）
●Rには，種々の構造のものがある

例 $H_2N-C_6H_4-SO_2NH_2$
スルファニルアミド
（p-アミノベンゼンスルホニルアミド）

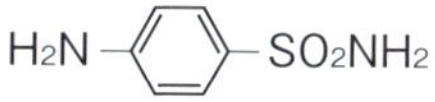

現在，抗生物質が効かない**耐性菌**が出現する社会問題が起こっているんだ。

第6章 有機化合物

ポイント 医薬品について

医薬品
- **対症療法薬**…病気の症状を緩和する
  - 例 アセチルサリチル酸(アスピリン)，サリチル酸メチル　など
- **化学療法薬**…病気の原因に直接作用する
  - 例 ペニシリン，サルファ剤　など

チェック問題 4

標準 

医薬品には，天然の植物に含まれる生薬や化学的に合成された合成医薬がある。合成医薬には，生薬から［ a ］作用を示す物質を抽出し，その分子構造を解明して化学的に合成されたものもある。たとえば，強い［ b ］作用を示すアセチルサリチル酸の合成は，その一例である。また，偶然にも［ a ］作用が見つかったものもある。たとえば，［ c ］染料として開発されたプロントジル(図1)は感染症を治癒させることがわかったが，その効果はプロントジル自身ではなく，これが［ c ］基の部分で分解して生じるアミノ酸$-NH_2$をもつp-アミノベンゼンスルホニルアミドであることがわかった。その後，同様の分子構造をもつ誘導体が次々と合成された。これらの一群の医薬品は［ d ］とよばれている。さらに，［ e ］として開発されたニトログリセリン(図2)が狭心症によく効くことがわかった。

一方，カビのような微生物によってつくり出され，ほかの微生物の発育を阻害する医薬品もあり，これは［ f ］とよばれる。たとえば，肺炎によく効くペニシリンは，その一例である。

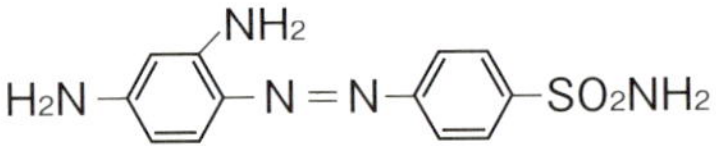

$H_2N-C_6H_3(NH_2)-N=N-C_6H_4-SO_2NH_2$

図1

$CH_2(ONO_2)-CH(ONO_2)-CH_2(ONO_2)$

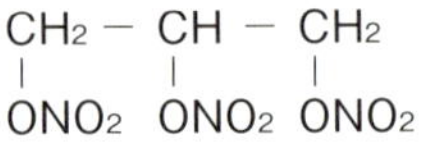

図2

空欄［ a ］～［ f ］に適切な語句を，次の①～⑧のうちから選べ。

① 染料　② 抗生物質　③ サルファ剤　④ 解熱鎮痛
⑤ 薬理　⑥ ジアゾ　⑦ アゾ　⑧ 爆薬

解答・解説

［ a ］⑤　［ b ］④　［ c ］⑦　［ d ］③　［ e ］⑧　［ f ］②

用語をあてはめながら，本文をくり返し読んでおこう。

第６章　有機化合物

芳香族化合物の分離・まとめ

1 芳香族化合物の分離について

溶媒への溶け方の違いを利用し，芳香族化合物の混合物を分離することができる。芳香族化合物は水よりもジエチルエーテルなどの有機溶媒によく溶けるが，中和反応などで塩になると電離しイオンになるので水によく溶けるようになる。

$$C_6H_5{-}OH + NaOH \longrightarrow C_6H_5{-}O^-Na^+ + H_2O$$

$C_6H_5{-}OH$（分子）↓ ジエチルエーテルによく溶ける

$C_6H_5{-}O^-Na^+$（塩）↓ 水によく溶けるようになる

このような溶媒に対する溶け方の違いを利用して，混合物から目的物質を分離する操作を抽出という。このとき，ジエチルエーテルと水のような混ざり合わない溶媒どうしを分液ろうとというガラス器具に入れて，芳香族化合物を分離するんだ。

分液ろうとの使い方は次のようになるので，よく見ておいてね。

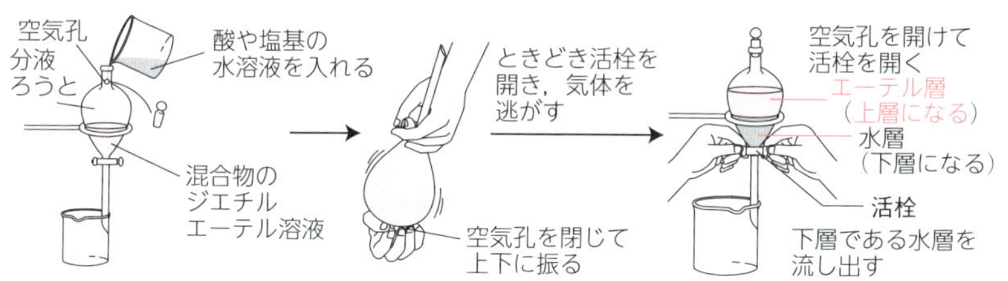

いくつもの芳香族化合物をどのように分離していくの？

酸の強さを利用し，芳香族化合物を塩にしたり，塩から分子に戻したりすることで分離していくんだ。

酸の強さの順序を覚えないと分離の問題が解けないので，その順序は早く覚えよう。

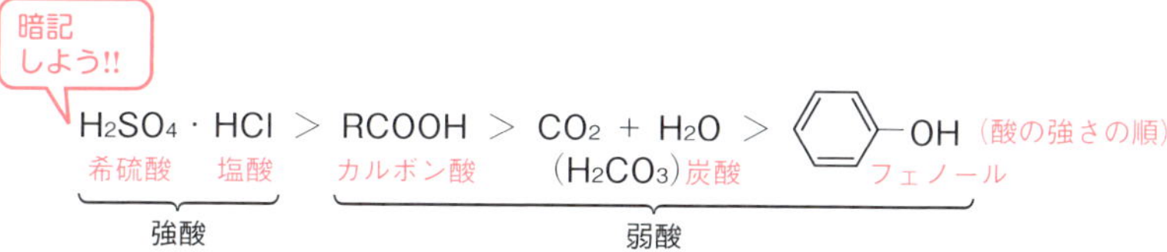

カルボン酸の R－は CH_3－などの炭化水素基や，ベンゼン環になるんだ。

R－部分が CH_3－になれば酢酸，ベンゼン環になれば安息香酸になるね。

CH_3COOH

酢酸

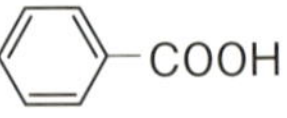

安息香酸

そうだね。また，**フェノールのところは，ベンゼン環の炭素原子に－OH が直接結合したフェノール類であればいい**よ。ただ，その水溶液が中性であるアルコールは，フェノール類ではないから気をつけてね。

じゃあ，フェノール類だから，クレゾール（➡ P.475）でもいいの？

そうだね。クレゾールでもいいんだ。
「弱酸のイオン」に「強酸」を加えると，

弱酸の塩　＋　強酸　⟶　弱酸　＋　強酸の塩　（弱酸の遊離）

となり，**強い酸が自分よりも弱い酸を追い出した**よね。たとえば，安息香酸に炭酸水素ナトリウム $NaHCO_3$ 水溶液を加えると，カルボン酸である安息香酸が，カルボン酸より弱い酸の炭酸 $CO_2 + H_2O$ を追い出すんだ。

具体的には，ジエチルエーテルに安息香酸を溶かしておき，これに $NaHCO_3$ 水溶液を加えると，安息香酸は塩である安息香酸ナトリウムになり，水層に移動する。

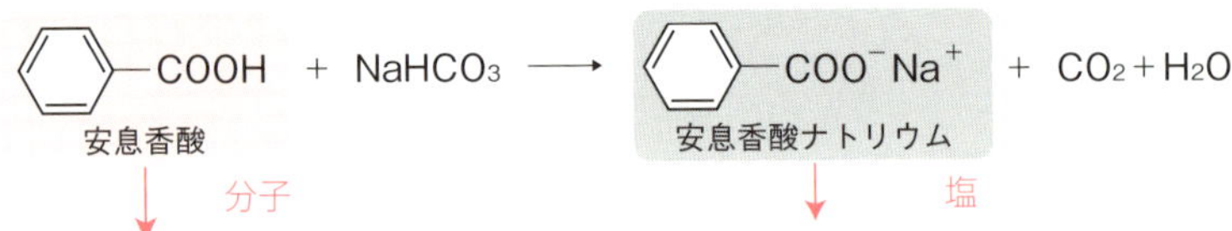

ジエチルエーテルに溶ける　　　　水によく溶けるようになる

このように，塩に変えるなどの方法を使って芳香族化合物を分離していくんだ。あと，**アニリン  $-NH_2$ が弱塩基，NaOH が強塩基である**ことも分離の問題を解くのに大切な知識なんだ。

ポイント 芳香族化合物の分離について

● **酸**の強さ

H_2SO_4・HCl ＞ RCOOH ＞ CO_2 ＋ H_2O ＞ 
希硫酸　塩酸　カルボン酸　炭酸　フェノール

● **塩基**の強さ

NaOH ＞ C_6H_5–NH_2
水酸化ナトリウム　アニリン

● **芳香族化合物**は，塩になると水に溶けるようになる

チェック問題 1

やや難 5分

アニリン，サリチル酸，フェノールの混合物のエーテル溶液がある。各成分を次の操作により分離した。a ～ c にあてはまる化合物の組み合わせとして最も適当なものを，次の①～⑥のうちから1つ選べ。

【操作1】NaOH 水溶液を加えて振り混ぜる

エーテル層　水層

【操作2】エーテルを蒸発させる → a

【操作3】塩酸で中和した後，$NaHCO_3$ 水溶液とエーテルを加えて振り混ぜる

エーテル層　水層

【操作4】エーテルを蒸発させる → b

【操作5】塩酸で酸性にした後，生じた固体を集める → c

	a	b	c
①	アニリン	サリチル酸	フェノール
②	アニリン	フェノール	サリチル酸
③	フェノール	サリチル酸	アニリン
④	フェノール	アニリン	サリチル酸
⑤	サリチル酸	フェノール	アニリン
⑥	サリチル酸	アニリン	フェノール

第6章 有機化合物

解答・解説

②

【操作１】　混合物のエーテル溶液に NaOH 水溶液を加えると，酸であるサリチル酸とフェノールは中和され塩となり水層に移る。

サリチル酸（分子）＋ 2NaOH ⟶ $C_6H_4(COO^-Na^+)(O^-Na^+)$（塩）＋ $2H_2O$（水層へ移る）

サリチル酸 → エーテルに溶ける　　塩 → 水に溶けるようになる

（注　サリチル酸は　−COOH　と　フェノール性 −OH　があるので，カルボン酸としての性質とフェノール類としての性質の両方をもつことに注意しよう！）

フェノール（分子）＋ NaOH ⟶ $C_6H_5O^-Na^+$（塩）＋ H_2O（水層へ移る）

フェノール → エーテルに溶ける　　塩 → 水に溶けるようになる

アニリンは塩基なので NaOH 水溶液とは反応せずにエーテル層に残る。

アニリン（$C_6H_5NH_2$，分子）⟶ エーテルに溶ける（エーテル層に残る）

【操作２】　アニリンのエーテル溶液からエーテルを蒸発させるとアニリン（化合物 a となる）が得られる。

【操作３】　【操作１】の水層に HCl を加えると，**酸の強さが** HCl　＞　RCOOH，HCl　＞　C_6H_5−OH　なので，次の反応が起こる。

$C_6H_4(COO^-)(O^-)$ ＋ 2HCl ⟶ $C_6H_4(COOH)(OH)$ ＋ $2Cl^-$　（弱酸の遊離）

$C_6H_5O^-$ ＋ HCl ⟶ C_6H_5OH ＋ Cl^-　（弱酸の遊離）

ここに，$NaHCO_3$ 水溶液とエーテルを加えて振り混ぜると，**酸の強さが** RCOOH ＞ CO_2 ＋ H_2O（H_2CO_3）＞ C_6H_5−OH なのでサリチル酸のカルボキシ基**だけ**が反応し，サリチル酸が塩となり水層に溶ける。

$$\text{C}_6\text{H}_4(\text{OH})\text{COOH} + \text{Na}^+\text{HCO}_3^- \longrightarrow \text{C}_6\text{H}_4(\text{OH})\text{COO}^-\text{Na}^+ + \text{CO}_2 + \text{H}_2\text{O}$$

（弱酸の遊離）

$\text{C}_6\text{H}_4(\text{OH})\text{COO}^-\text{Na}^+$：塩（水層へ移る）→ 水に溶ける

フェノールは NaHCO_3 水溶液とは反応せずエーテル層に溶ける。

$\text{C}_6\text{H}_5\text{OH}$（分子）→ エーテルに溶ける

C_6H_5-OH は $\text{CO}_2 + \text{H}_2\text{O}$ よりも弱い酸なので NaHCO_3 とは反応しない（エーテル層へ移る）

【操作 4】 フェノールのエーテル溶液からエーテルを蒸発させるとフェノール(化合物 b となる)が得られる。

【操作 5】 【操作 3】の水層に HCl を加えると，酸の強さが HCl > RCOOH なので白い固体であるサリチル酸(化合物 c となる)が生じる。

$$\text{C}_6\text{H}_4(\text{OH})\text{COO}^- + \text{HCl} \longrightarrow \text{C}_6\text{H}_4(\text{OH})\text{COOH} + \text{Cl}^-$$

（弱酸の遊離）

サリチル酸（化合物c）

【操作 1 ～ 5】をまとめると次のようになる。

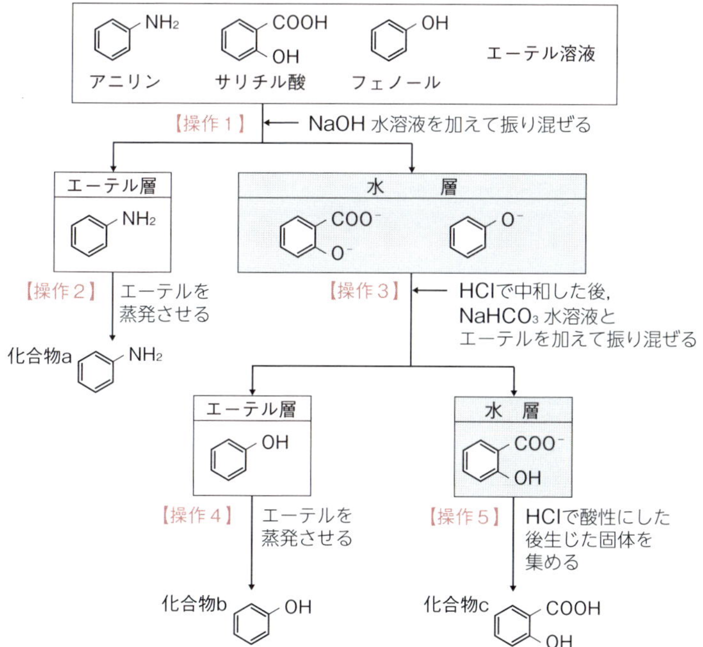

2 有機化合物の構造決定について

有機化合物の構造を決定するときに，何を手がかりに決めていけばいいかな。

官能基がわかれば，かんたんに決定できそうだね。

そうだね。構造決定の問題は，もっている官能基を決定することができると選択肢をしぼりこみやすくなるんだ。

ふつう，有機化合物のもっている官能基や有機化合物そのものを知らせる「ヒント文」が与えられるので，それを手がかりに構造を決定していってね。

ヒント 1　**Br_2 水を加えて，赤褐色が消えた ➡ C＝C や C≡C の検出**
●このヒントは，C＝C と環状構造の区別に使われることが多い

ヒント 2　**Na を加えると，水素 H_2 を発生した ➡ −OH の検出**
●このヒントは，アルコールとエーテルの区別に使われることが多い

チェック問題 2

標準  2分

次の a・b にあげた 2 つの化合物をそれぞれ区別するには，下の操作ア～ウのどれを行えばよいか。最も適当な組み合わせを，①～⑥のうちから 1 つ選べ。

a　$CH_3CH_2CH_2CH_2OH$ と $CH_3CH_2OCH_2CH_3$

b　$CH_3CH_2CH_2CH_2CH{=}CH_2$　と

```
      CH2
   CH2   CH2
   |      |
   CH2   CH2
      CH2
```

	a	b
①	ア	イ
②	ア	ウ
③	イ	ア
④	イ	ウ
⑤	ウ	ア
⑥	ウ	イ

操作
ア　アンモニア水を加えて，アンモニウム塩が生じるかどうかを調べる。
イ　臭素水を加えて振り混ぜ，赤褐色が消えるかどうかを調べる。
ウ　ナトリウムの小片を加えて，気体が発生するかどうかを調べる。

解答・解説

a　アルコールとエーテルの区別 ➡ ヒント 2 つまり操作ウを行えばよい。
b　C＝C と環状構造の区別 ➡ ヒント 1 つまり操作イを行えばよい。

ヒント3　**硫酸酸性の二クロム酸カリウム $K_2Cr_2O_7$ 水溶液で酸化する**
➡ アルデヒドが生成する場合，第一級アルコール（「はじに OH」）の検出
➡ ケトンが生成する場合は，第二級アルコール（「途中に OH」）の検出

ヒント4　**銀鏡反応を示した ➡ −CHO の検出**

ヒント5　**フェーリング液を加えて熱すると，赤色沈殿 Cu_2O が生成した（フェーリング液を還元した）➡ −CHO の検出**

チェック問題 3

標準 

次の記述ア～ウにあてはまる化合物 A と化合物 B の組み合わせとして最も適当なものを，①～⑥のうちから１つ選べ。

	A	B
①	ジエチルエーテル	1-プロパノール
②	ジエチルエーテル	2-プロパノール
③	1-プロパノール	ジエチルエーテル
④	1-プロパノール	2-プロパノール
⑤	2-プロパノール	ジエチルエーテル
⑥	2-プロパノール	1-プロパノール

ア　A と B に室温でナトリウムを作用させると，いずれも水素を発生する。
イ　A を酸化すると，銀鏡反応を示す生成物が得られる。
ウ　B を酸化しても，銀鏡反応を示す生成物は得られない。

解答・解説

④

$\overset{3}{CH_3}-\overset{2}{CH_2}-\overset{1}{CH_2}-OH$
1-プロパノール
「はじに OH」
➡ 第一級アルコール

$\overset{1}{CH_3}-\overset{2}{CH}(OH)-\overset{3}{CH_3}$
2-プロパノール
「途中に OH」
➡ 第二級アルコール

$CH_3-CH_2-O-CH_2-CH_3$
ジエチルエーテル

ア　ヒント2 から A と B はアルコールとわかる。ジエチルエーテルではない。
イ　ヒント3 と ヒント4 から，A を酸化するとアルデヒドが得られるので，A は第一級アルコールである 1-プロパノールとわかる。
ウ　ヒント3 と ヒント4 から，B を酸化してもアルデヒドは得られない，つまりケトンが得られる第二級アルコールの 2-プロパノールが B とわかる。

ヒント6　**NaOH 水溶液と I_2 を加えて温めると，黄色の沈殿 CHI_3 が生成した（ヨードホルム反応を示した）**

➡ $CH_3-\underset{\large OH}{\underset{|}{CH}}-$ または $CH_3-\underset{\large O}{\underset{\|}{C}}-$ の検出

● −には，H 原子か C 原子が直接結合している必要あり

ヒント 7 $NaHCO_3$ 水溶液に気体 CO_2 を発生しながら溶けた

➡ ふつう −COOH の検出

ヒント 8 希硫酸 H_2SO_4 または NaOH 水溶液を加えて加熱した

➡ エステル $R-\overset{\large O}{\overset{\|}{C}}-O-R'$ を加水分解している

● NaOH を使う場合，**けん化**とよばれる

ヒント 9 塩化鉄(Ⅲ) $FeCl_3$ 水溶液を加えると呈色した

➡ フェノール（C_6H_5-OH）：紫　o-クレゾール（$-OH$, $-CH_3$）：青　サリチル酸（$-OH$, $-COOH$）：赤紫

ベンゼン環 −OH の形の検出　紫に近い色に呈色する

ヒント 10 Br_2 水を加えると置換反応が起こり，白色沈殿（2,4,6-トリブロモフェノール：OH, Br, Br, Br）が生成した

➡ C_6H_5-OH の検出

チェック問題 4

標準　2分

2 種類の有機化合物とそれらを見分ける方法の組み合わせとして適当でないものを，次の①～④のうちから 1 つ選べ。

	2 種類の有機化合物	見分ける方法
①	ベンゼン　フェノール（ベンゼン環−OH）	臭素水を加えると，一方のみ白色沈殿が生じる。
②	$CH_3-\overset{O}{\overset{\|}{C}}-CH_3$　$CH_3-\overset{O}{\overset{\|}{C}}-H$	ヨウ素と水酸化ナトリウム水溶液を加え加熱すると，一方のみ黄色沈殿が生じる。
③	$CH_3-\overset{O}{\overset{\|}{C}}-H$　$CH_3-\overset{O}{\overset{\|}{C}}-OH$	フェーリング液を加え加熱すると，一方のみ赤色沈殿が生じる。
④	ベンゼン環（−OH，$-\underset{O}{\underset{\|}{C}}-OH$）　ベンゼン環（$-O-\overset{O}{\overset{\|}{C}}-CH_3$，$-\underset{O}{\underset{\|}{C}}-OH$）	塩化鉄(Ⅲ)水溶液を加えると，一方のみ赤紫色になる。

解答・解説

②

① ヒント10 より，フェノールのみ白色沈殿を生じる。〈正しい〉

② ヒント6 より，どちらもヨードホルム反応を示し黄色沈殿 CHI_3 が生じる。

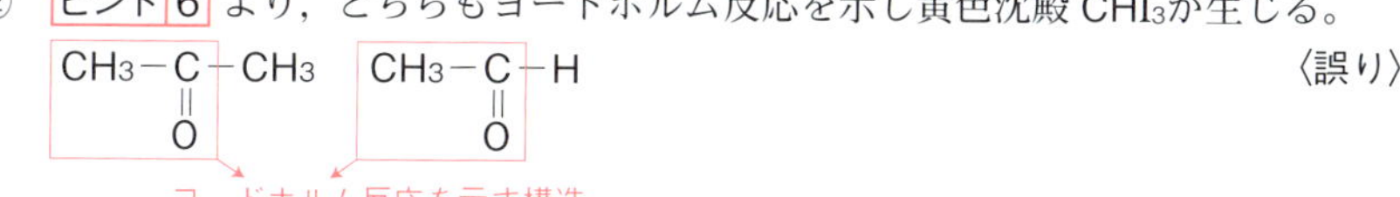

〈誤り〉

③ ヒント5 より，アセトアルデヒド $CH_3-C(=O)-H$ のみ Cu_2O の赤色沈殿が生じる。〈正しい〉

アルデヒド基（ホルミル基）は還元性を示す

④ ヒント9 より，サリチル酸（OH と C(=O)－OH をもつベンゼン環）のみ $FeCl_3$ 水溶液で赤紫色になる。〈正しい〉

$FeCl_3$ で赤紫色に呈色

ヒント11　水で湿らせた赤色のリトマス紙が青色に変色した

➡ ふつう （ベンゼン環）$-NH_2$ **の検出**

ヒント12　さらし粉水溶液を加えると赤紫色に呈色した

➡ （ベンゼン環）$-NH_2$ **の検出**

ヒント13　二クロム酸カリウム $K_2Cr_2O_7$ 水溶液を加えると黒色に呈色した

➡ （ベンゼン環）$-NH_2$ **の検出**

ヒント14　無水酢酸 $(CH_3CO)_2O$ と反応させる

➡ エステルが生成する場合は，$-OH$ の検出

➡ アミドが生成する場合は，$-NH_2$ の検出

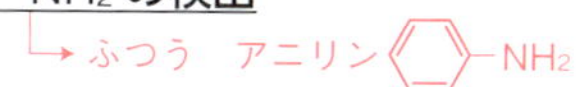

チェック問題 5

標準

フェノールとサリチル酸のどちらか一方のみにあてはまる記述を，次の①～⑤のうちから１つ選べ。

① 室温で固体である。
② 水酸化ナトリウム水溶液に溶ける。
③ 塩化鉄(Ⅲ)水溶液を加えると呈色する。
④ 炭酸水素ナトリウム溶液を加えると，気体が発生する。
⑤ 無水酢酸と反応させるとエステルが生成する。

解答・解説

④

① どちらにもあてはまる。④が答えとわかることで，どちらも固体と判断できる。

② どちらとも酸なので，NaOH と反応する。

③ ヒント 9 より，どちらとも呈色する。

④ ヒント 7 より，−COOH をもつサリチル酸のみ反応する。

⑤ ヒント 14 より，どちらとも−OH をもっているためにエステルが生成する。

思考力のトレーニング　やや難

下の 5 つの芳香族化合物の中には，次式のような還元反応の反応物と生成物の関係にあるものが二組ある。それぞれの還元反応の生成物として適当なものを，下の①～⑤のうちから 2 つ選べ。ただし，解答の順序は問わない。

$$\text{反応物} \xrightarrow{\text{還元反応}} \text{生成物}$$

① $C_6H_5-NH_2$　② C_6H_5-CHO　③ $C_6H_5-CH_2OH$

④ $C_6H_5-NO_2$　⑤ C_6H_5-OH

解答・解説

①，③

ニトロベンゼンを水素 H_2 で還元するとアニリンが生じる。

$$C_6H_5-NO_2 \xrightarrow[\text{[Ni]}]{H_2} C_6H_5-NH_2$$

④ニトロベンゼン　還元反応　①アニリン

よって，一組目は「ニトロベンゼンとアニリン」であり，この還元反応の生成物は①のアニリン。

二組目が見つけにくい。**「還元反応」の逆反応は「酸化反応」であることに気づく。**

ここで，③ $-CH_2-OH$ はベンジルアルコールといい，「はじに OH」の構造をもつので第一級アルコールである。

（$-CH_2-$ をベンジル基という）

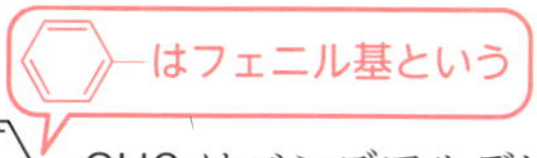

（— はフェニル基という）

また，② 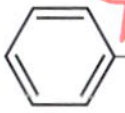 $-CHO$ はベンズアルデヒドといい，アルデヒド基(ホルミル基)$-CHO$ をもつアルデヒドになる。

第一級アルコール $\xrightarrow{\text{酸化反応}}$ アルデヒド

なので，　アルデヒド $\xrightarrow{\text{還元反応}}$ 第一級アルコール　となる。

よって，　$-CHO$ $\xrightarrow{\text{還元反応}}$ $-CH_2-OH$

②ベンズアルデヒド　　　③ベンジルアルコール

となり，二組目は「ベンズアルデヒドとベンジルアルコール」であり，この還元反応の生成物は③のベンジルアルコール。

参考　トルエンをおだやかに酸化すると，ベンズアルデヒドが生じる。
ベンズアルデヒドを酸化すると安息香酸，還元するとベンジルアルコールを生じる。

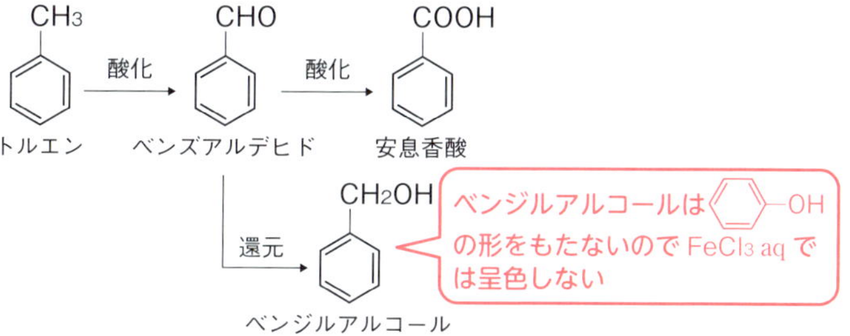

38 時間目

第7章　高分子化合物

糖　類

1 糖の分類について

糖類は，米やパンに多く含まれて，その一般式は $C_m(H_2O)_n$ と表されることが多く（C：炭素，H_2O：水）**炭水化物**とよばれる。おもな糖類として，次の❶～❸を知っておこう。

> ❶ 単糖 ⟹ 加水分解で，これ以上簡単な糖が生じない
> 　$C_6(H_2O)_6$ つまり $C_6H_{12}O_6$ ➡ **六炭糖(ヘキソース)**　　6→ヘキサ
> 　　例 グルコース(ブドウ糖)，フルクトース(果糖)，ガラクトース
> 　$C_5(H_2O)_5$ つまり $C_5H_{10}O_5$ ➡ **五炭糖(ペントース)**　　5→ペンタ
> 　　例 リボース
> ❷ 二糖 ⟹ 加水分解で，2分子の単糖が生じる。$C_{12}(H_2O)_{11}$ つまり $C_{12}H_{22}O_{11}$
> 　　例 マルトース(麦芽糖)，スクロース(ショ糖)，セロビオース，ラクトース(乳糖)
> ❸ 多糖 ⟹ 加水分解で多数の単糖が生じる。$C_{6x}(H_2O)_{5x}$ つまり $(C_6H_{10}O_5)_x$
> 　　例 デンプン，セルロース，グリコーゲン

があるんだ。

単糖 •，二糖 •—•，多糖… —•—•—•— …のイメージで覚えておくよ。

2 単糖について

加水分解によって，これ以上簡単な糖が生じない糖が**単糖**だった。単糖の中で炭素数が5個や6個のものを何といったか覚えてる？

5はペンタ，6はヘキサだから…
5個のものは**ペントース**，6個のものは**ヘキソース**だったね。

そうだね。ペントースは五炭糖，ヘキソースは六炭糖ともいうんだ。また，**アルデヒド基(ホルミル基) $-C{\overset{O}{\underset{H}{\lessgtr}}}$ をもつ単糖をアルドース，カルボニル基(ケトン基) $>C=O$ をもつ単糖をケトースともいう**。

❶ グルコース

ヘキソース(六単糖)は，分子式 $C_6H_{12}O_6$ のグルコース・フルクトース・ガラクトースが有名なんだ。共通テスト対策としては，グルコースの構造式を覚えてね。グルコースはブドウ糖ともいい，**グルコース分子(結晶)は六員環構造をもち，α-グルコースとβ-グルコースの2種類の立体異性体がある**。グルコースは，水溶液になると次のような3種類の異性体が平衡状態になって存在しているんだ。

水溶液中のグルコース

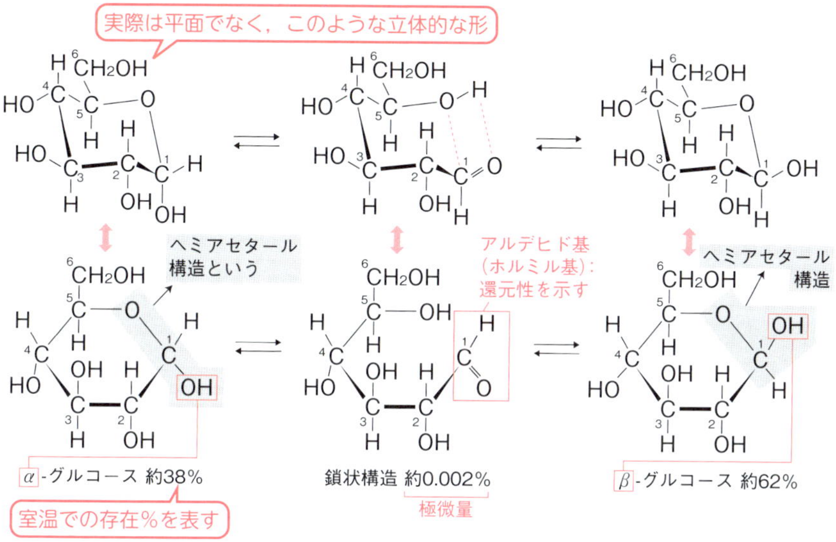

実際は平面でなく，このような立体的な形

ヘミアセタール構造という

アルデヒド基(ホルミル基)：還元性を示す

ヘミアセタール構造

α-グルコース 約38%

鎖状構造 約0.002%

極微量

β-グルコース 約62%

室温での存在%を表す

α-とβ-は1位のCについている−OHの向きが違うんだね。

そうなんだ。**−OHが下向きに書かれているものはα-，−OHが上向きに書かれているものはβ-とよぶ**。

鎖状のグルコースは−CHOをもつから，
グルコースはアルドースだね。

さすがだね。また，**グルコースの鎖状構造にはアルデヒド基(ホルミル基)** $-C\genfrac{}{}{0pt}{}{\nearrow O}{\searrow H}$ **があるから，グルコースの水溶液は還元性を示す**んだ。

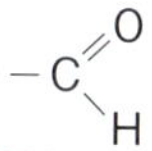

銀鏡反応を示し，フェーリング液を還元するんだね。

第7章 高分子化合物

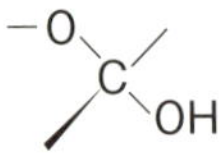

$-O-C(-OH)$ 部分の構造をヘミアセタール構造といって，この構造をもった糖の水溶液は還元性を示すんだ。**ヘミアセタール構造は，ヒドロキシ基−OH のくっついたエーテル(C−O−C)**と覚えておくといいよ。

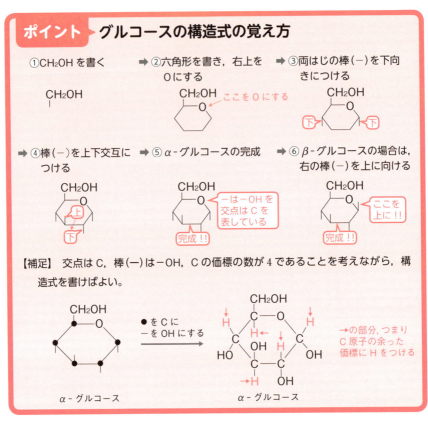

ポイント グルコースの構造式の覚え方

①CH_2OH を書く ➡ ②六角形を書き，右上をOにする 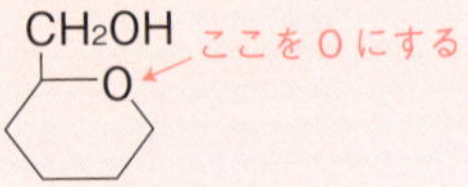 ➡ ③両はじの棒(−)を下向きにつける

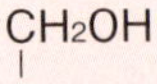

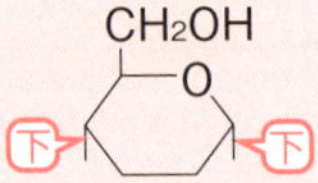

CH_2OH

ここをOにする

下　下

➡ ④棒(−)を上下交互につける 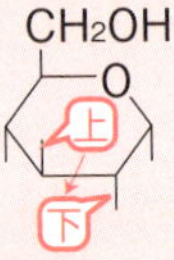 ➡ ⑤ α-グルコースの完成 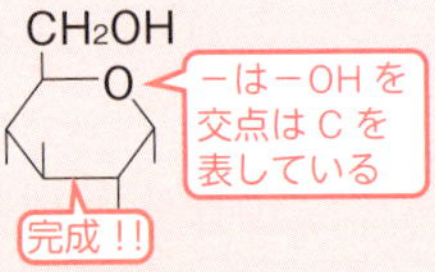 ➡ ⑥ β-グルコースの場合は，右の棒(−)を上に向ける

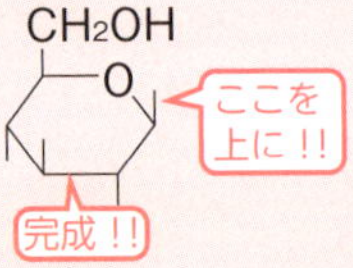

上　下

−は−OH を交点はCを表している

完成!!

ここを上に!!

完成!!

【補足】 交点はC，棒(−)は−OH，Cの価標の数が4であることを考えながら，構造式を書けばよい。

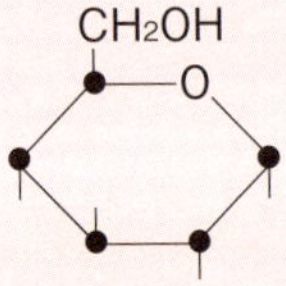

●をCに
−をOHにする

→の部分，つまりC原子の余った価標にHをつける

α-グルコース 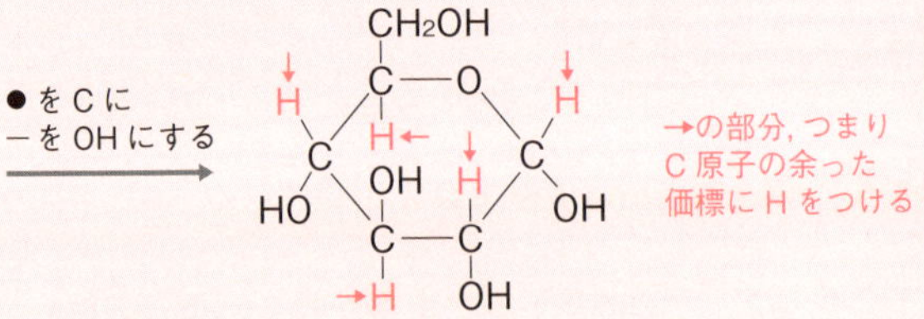　　α-グルコース

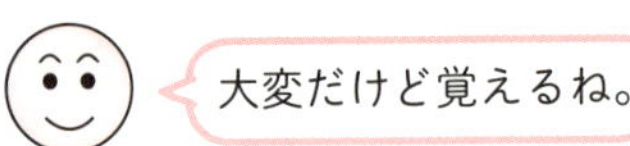

グルコースに酵母菌中に含まれる**チマーゼ**を作用させると，**エタノール**と**二酸化炭素**を生じる。この反応を**アルコール発酵**というんだ。

$$\underset{\text{グルコース}}{C_6H_{12}O_6} \xrightarrow{\text{チマーゼ}} \underset{\text{エタノール}}{2C_2H_5OH} + 2CO_2$$

グルコースだけがアルコール発酵を受けるの？

グルコース以外の単糖もアルコール発酵により，C_2H_5OH を生じる。係数がつけにくい反応式だから注意してね。この反応は，エタノールの工業的製法だったね(➡P.422)。

チェック問題 1

標準 2分

グルコースに関する記述として誤りを含むものを，①～⑤のうちから1つ選べ。

① グルコースは，5個のヒドロキシ基をもつ。
② 結晶状態のグルコースは，六員環の構造をもつ。
③ グルコースは，アルドースの一種である。
④ α-グルコースとβ-グルコースは，互いに立体異性体である。
⑤ グルコースの鎖状構造と環状構造は，同じ数の不斉炭素原子をもつ。

解答・解説

⑤

① α-グルコース，鎖状構造，β-グルコースのいずれもヒドロキシ基 −OH を5個もつ。とくに，1位や5位のC原子に注目しておこう。〈正しい〉

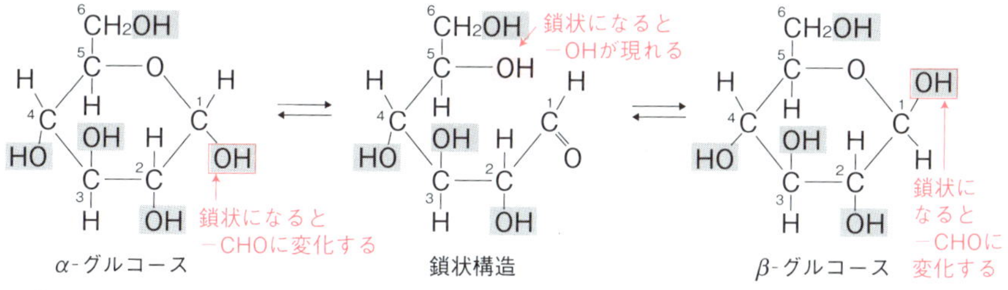

③ グルコースのようにアルデヒド基(ホルミル基)−CHO をもつ単糖はアルドースという。〈正しい〉

④ α-グルコースとβ-グルコースは1位のC原子につく−Hと−OHの立体配置が異なる立体異性体である。〈正しい〉

⑤ 鎖状構造は4個，環状構造(α-グルコース，β-グルコース)は5個の不斉炭素原子 C* をもつ。同じ数ではない。〈誤り〉

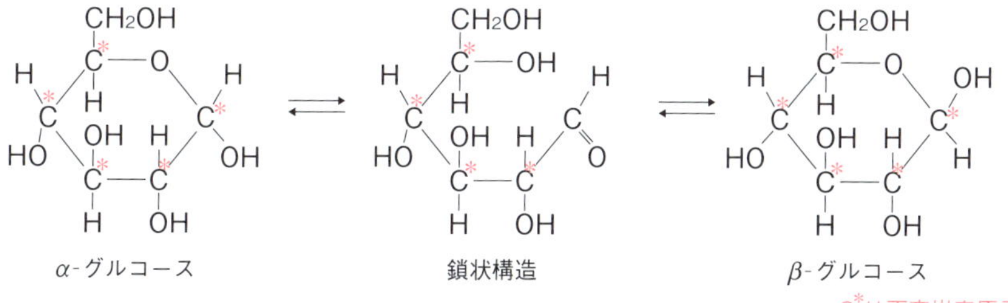

第7章 高分子化合物

チェック問題 2

次の化学反応式に示すように，グルコース(分子量180)は，アルコール発酵，燃焼のいずれによっても二酸化炭素を生じる。それぞれ x〔g〕のグルコースを用いて，アルコール発酵と燃焼を行ったとき，生じた二酸化炭素の質量の差は5.28 gであった。用いたグルコースの質量 x は何 g か。最も適当な数値を，下の①～⑥のうちから1つ選べ。

ただし，H＝1.0，C＝12，O＝16とする。

(アルコール発酵) $C_6H_{12}O_6 \longrightarrow 2C_2H_5OH + 2CO_2$

(燃焼) $C_6H_{12}O_6 + 6O_2 \longrightarrow 6CO_2 + 6H_2O$

① 3.60　② 4.32　③ 5.40　④ 7.20　⑤ 10.8　⑥ 21.6

解答・解説

③

$1C_6H_{12}O_6 \longrightarrow 2C_2H_5OH + 2CO_2$(アルコール発酵)より，

グルコース　(×2)

x〔g〕のグルコース(分子量180)から生じる CO_2(分子量44)の質量〔g〕は，

$$\frac{x}{180} \times 2 \times 44 = \frac{88}{180}x \text{〔g〕} \cdots\cdots①$$

グルコース〔mol〕　CO_2〔mol〕　CO_2〔g〕

$1C_6H_{12}O_6 + 6O_2 \longrightarrow 6CO_2 + 6H_2O$(燃焼)より，

グルコース　(×6)

x〔g〕のグルコースから生じる CO_2 の質量〔g〕は，

$$\frac{x}{180} \times 6 \times 44 = \frac{264}{180}x \text{〔g〕} \cdots\cdots②$$

グルコース〔mol〕　CO_2〔mol〕　CO_2〔g〕

となる。ここで，生じた CO_2 の質量の差が5.28 gであり，②>①であることから，②－①＝5.28 gとなる。

$$\frac{264}{180}x - \frac{88}{180}x = 5.28$$

よって，$x = 5.40$〔g〕とわかる。

思考力のトレーニング 1

難　3分

水溶液中のグルコースのような平衡状態は，グルコース以外でも見られることがわかっている。このことを参考にして，メタノール CH_3OH とアセトアルデヒド CH_3CHO の混合物中に存在すると考えられる分子を，次の①～⑤のうちから1つ選べ。

① CH_3-CH_2-OH

② $HO-CH_2-CH_2-CH_2-OH$

③ $CH_3-\underset{\displaystyle CH_3}{\underset{|}{CH}}-O-OH$

④ $CH_3-\underset{\displaystyle OH}{\underset{|}{CH}}-O-CH_3$

⑤ $CH_3-\underset{\displaystyle O}{\underset{\|}{C}}-O-CH_3$

解答・解説

④

アルデヒド基(ホルミル基)をもつアセトアルデヒドとヒドロキシ基をもつメタノールとの関係が問われているので，水溶液中でのアルデヒド基(ホルミル基)をもつグルコースの鎖状構造とグルコースの環状構造(たとえばβ-グルコース)との平衡に注目したい。とくに赤色の構造部分に注目できるかがポイントになる。

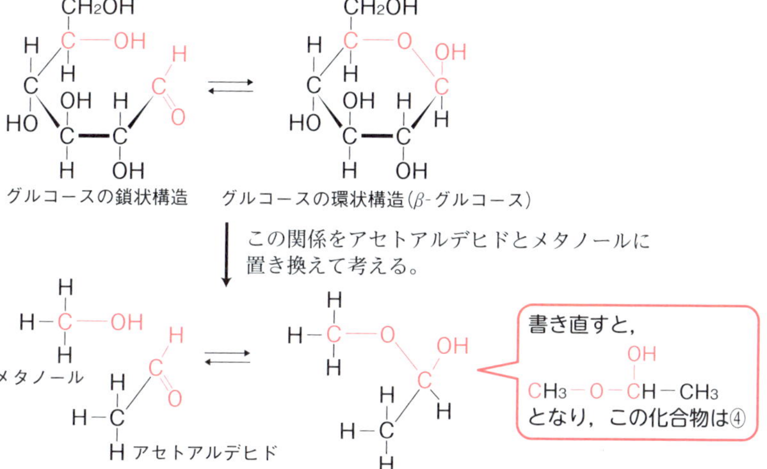

グルコースの鎖状構造
グルコースの環状構造(β-グルコース)
この関係をアセトアルデヒドとメタノールに置き換えて考える。
メタノール
アセトアルデヒド
書き直すと，
$CH_3-O-\overset{\displaystyle OH}{\overset{|}{CH}}-CH_3$
となり，この化合物は④

❷ フルクトース・ガラクトース

フルクトースは果糖ともいい，カルボニル基(ケトン基)$>C=O$ をもつケトースでもある。水溶液中では，おもに3種類の異性体が次のような平衡状態になり，存在する。

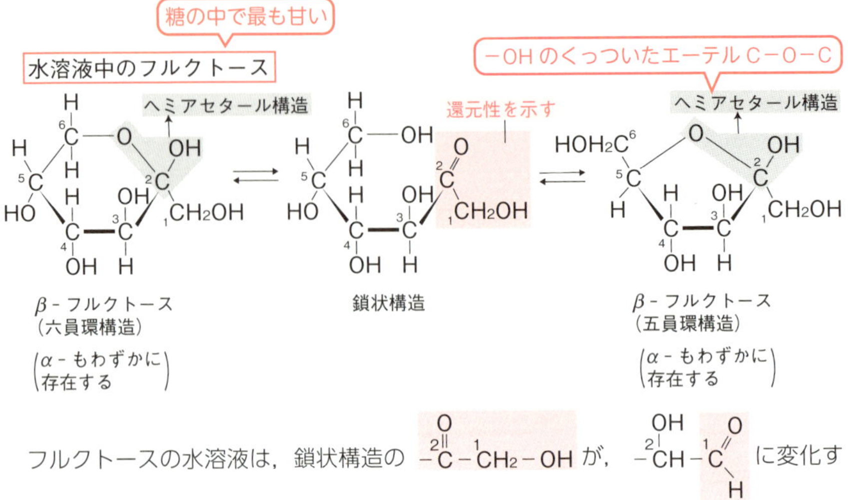

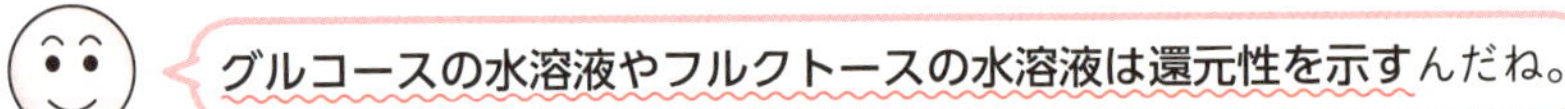

フルクトースの水溶液は，鎖状構造の $-\overset{\overset{\large O}{\|}}{C}-CH_2-OH$ が，$-\overset{\overset{\large OH}{|}}{C}H-\overset{\overset{\large O}{\|}}{C}-H$ に変化するので還元性をもち，銀鏡反応を示し，フェーリング液を還元する。

グルコースの水溶液やフルクトースの水溶液は還元性を示すんだね。

とても重要だから忘れないようにね。
ヘキソース（六単糖）で，グルコースやフルクトース以外に何か覚えてる？

ガラクトースがあったね。

そうだね。ガラクトースは構造式を覚える必要はないけど，**ガラクトースの水溶液もグルコースの水溶液やフルクトースの水溶液と同じように還元性を示す**んだ。

注　単糖（グルコース，フルクトース，ガラクトース，その他の単糖も）の水溶液は，どれも還元性を示す。

チェック問題 3

標準 

単糖類に関する記述のうち，正しいものを次の①～⑤のうちから 2 つ選べ。

① グルコースは，フルクトースの構造異性体である。
② フルクトースは，アルドースの一種である。
③ フルクトースは，還元性がない。
④ ガラクトースは，グルコースの立体異性体である。
⑤ グルコースとガラクトースは，六炭糖（ヘキソース）であるが，フルクトースは，五炭糖（ペントース）である。

解答・解説

①，④

① 〈正しい〉同じ分子式 $C_6H_{12}O_6$ をもち，構造異性体の関係にある。

② 〈誤り〉フルクトースは，**ケトース**の一種である。

③ 〈誤り〉フルクトースの水溶液は，**還元性をもつ**。

④ 〈正しい〉ガラクトースとグルコースは，4位のC原子につく−Hと−OHの立体配置が異なる立体異性体の関係にある。

ここが β-グルコースと逆になる

ヘミアセタール構造

β-ガラクトース
（α-や鎖状構造も存在する）

⑤ 〈誤り〉グルコース，ガラクトース，フルクトースは，すべて六炭糖(ヘキソース)である。

3 二糖について

加水分解で，2分子の単糖が生じる糖を二糖という。二糖の分子式は2分子の単糖 $C_6H_{12}O_6$ から1分子の H_2O がとれて縮合した

$$C_6H_{12}O_6 \quad + \quad C_6H_{12}O_6 \quad - \quad H_2O \quad = \quad C_{12}H_{22}O_{11}$$

になる。

おもな二糖には，次の4つがあるんだ。

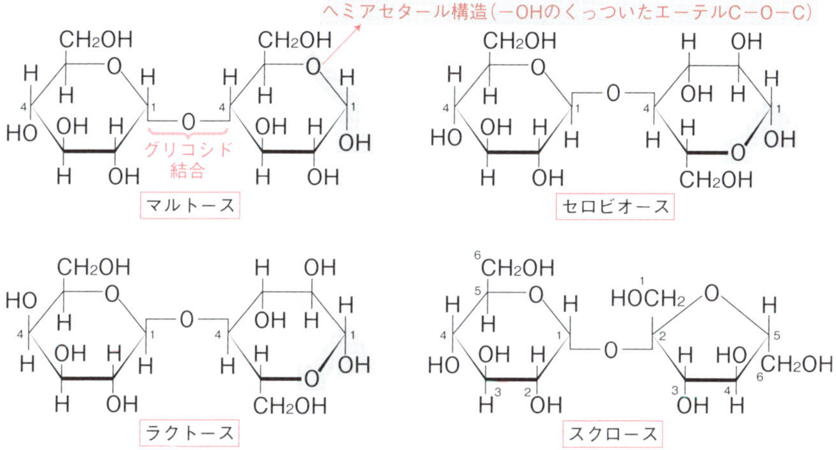

の構造が水溶液中で開環して，還元性を示す

紹介した二糖の中ではスクロースが還元性を示さないことを覚えてね。あと，これら二糖のもつ C－O－C（エーテル結合）を，とくに**グリコシド結合**というんだ。

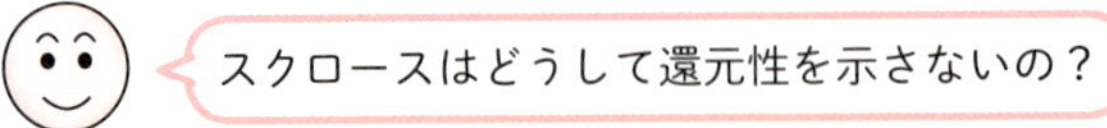

スクロースは，次でくわしく紹介するね。

❶ スクロース

砂糖の主成分である**スクロース**は，ショ糖ともいう。スクロースは，**α-グルコースの1位の－OHとβ-フルクトース（五員環構造）の2位の－OHとの間で** H_2O がとれて縮合した構造をもっているんだ。

下図にあるβ-フルクトース（五員環構造）とスクロースを構成しているβ-フルクトースとを見くらべてみよう。

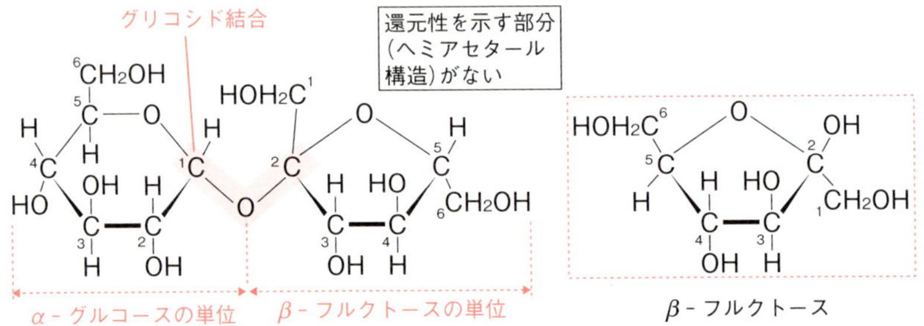

β-フルクトース単位のもつ炭素の番号の位置が左右逆になっているね。

するどいね。スクロースを書いてみるね。

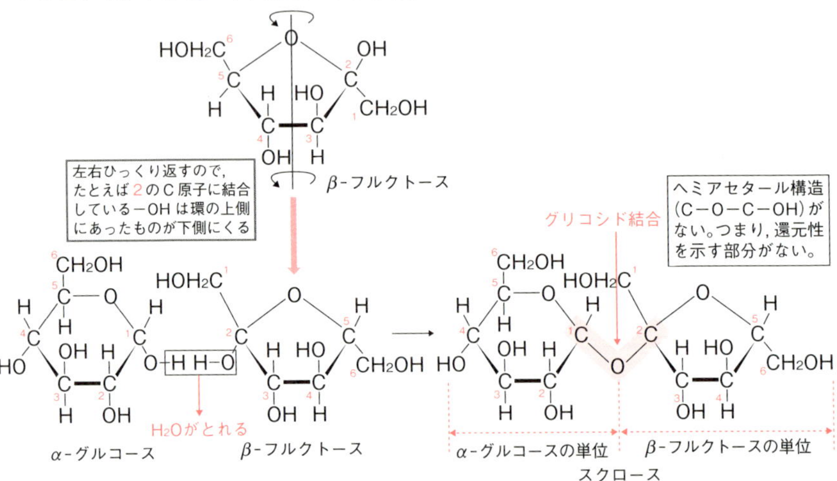

β-フルクトースが左右ひっくり返っているんだね。

そうなんだ。だから，**スクロースの水溶液は，スクロース中のグルコース単位やフルクトース単位が鎖状構造となり，－CHO や－CO－CH_2OH を生じないので，還元性を示さない**んだ。

また，スクロースは，希硫酸などの希酸や酵素**インベルターゼ**（または**スクラーゼ**）により加水分解されると，**グルコースとフルクトースの等量混合物**（**転化糖**，ハチミツ主成分）になる。

$$C_{12}H_{22}O_{11} + H_2O \xrightarrow{\text{インベルターゼ}} C_6H_{12}O_6 + C_6H_{12}O_6$$

スクロース　　グルコース　　フルクトース　➡ この反応を転化という

加水分解されて転化糖になると，グルコースもフルクトースも還元性を示すので，転化糖の水溶液は還元性を示すようになるんだ。

他の二糖についても教えてよ。

❷ マルトース

水あめの主成分である**マルトース**は麦芽糖ともいい，デンプンを酵素**アミラーゼ**によって加水分解すると得られるんだ。

マルトースは，**α-グルコース 2 分子が，1 位と 4 位の－OH の間**で H_2O がとれて縮合した構造をもっている。

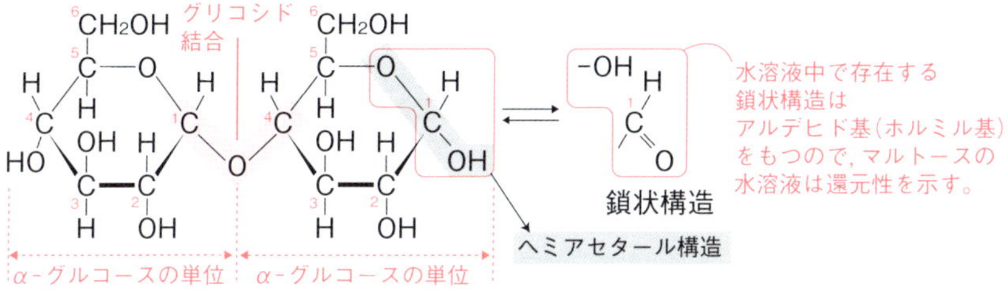

❸ セロビオース

セロビオースは，セルロースを酵素セルラーゼによって加水分解すると得られる。

セロビオースは，**β-グルコース 2 分子が 1 位と 4 位の－OH の間**で H_2O がとれて縮合した構造をもっている。

第7章 高分子化合物

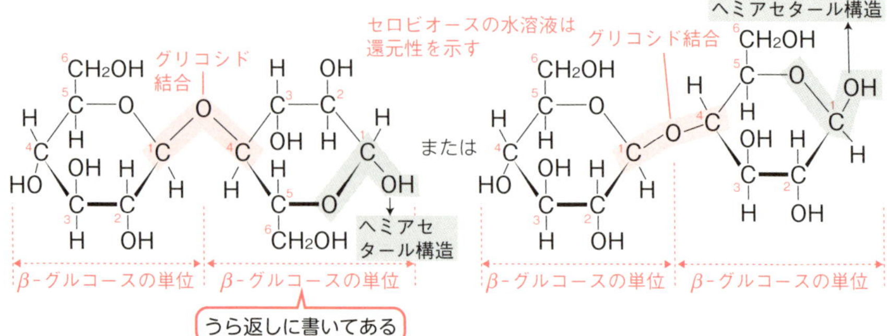

❹ ラクトース

ラクトースは乳糖ともいい，**β-ガラクトースの1位の−OHとβ-グルコースの4位の−OHとの間**でH_2Oがとれて縮合した構造をもっている。

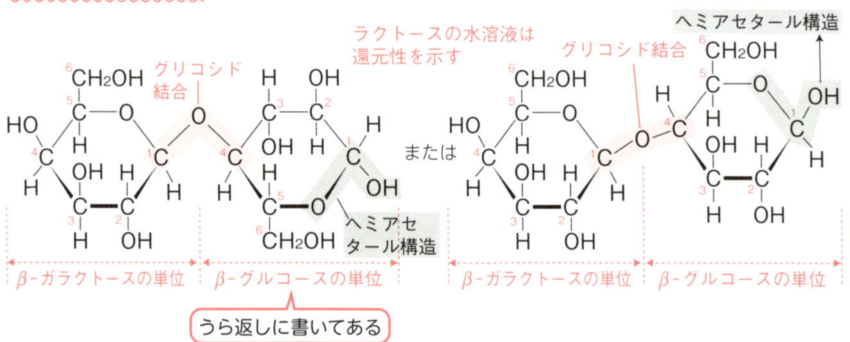

二糖は，加水分解する酵素名も次の表でチェックしておいてね。

名称	構成単糖	加水分解する酵素	水溶液の還元性
スクロース（ショ糖）	α-グルコース（1位のOH）＋β-フルクトース（2位のOH）	インベルターゼ（スクラーゼ）	**なし**
マルトース（麦芽糖）	α-グルコース（1位のOH）＋(α)グルコース（4位のOH）	マルターゼ	あり
セロビオース	β-グルコース（1位のOH）＋(β)グルコース（4位のOH）	セロビアーゼ	あり
ラクトース（乳糖）	β-ガラクトース（1位のOH）＋(β)グルコース（4位のOH）	ラクターゼ	あり

表の二糖以外にも次のような二糖があるんだ。

参考 トレハロース

α-グルコース単位　α-グルコース単位

原子くん。何か気づくことはあるかい？

－OH のくっついた C－O－C が見つからないね。

そうなんだ。トレハロースは，－OH のくっついたエーテル（C－O－C）（➡ ヘミアセタール構造といったね）をもっていないので，**トレハロースの水溶液はスクロースの水溶液と同じように還元性を示さない**んだ。トレハロースの構造式を覚える必要はないけれど，構造式が与えられたときにその水溶液が還元性を示さないと気づけるようにしておいてね。

チェック問題 4

二糖類に関する記述として下線部に誤りを含むものを，次の①～⑤のうちから1つ選べ。

① 二糖は，単糖 2 分子が脱水縮合したもので，この反応でできた C－O－C の構造をグリコシド結合という。
② スクロースとマルトースは，たがいに異性体である。
③ スクロースを加水分解して得られる，2 種類の単糖の等量混合物を，転化糖という。
④ マルトースの水溶液は，還元性を示す。
⑤ 1 分子のラクトースを加水分解すると，2 分子のグルコースになる。

解答・解説

⑤

① グルコースの C^1 やフルクトースの C^2 に結合した－OH と別の分子の－OH との間で脱水し縮合して生じるエーテル結合 C－O－C を，とくにグリコシド結合という。〈正しい〉

（脱水：H_2Oがとれる，縮合：くっつく）

$$C-OH + HO-C \xrightarrow{\text{脱水縮合}} C-O-C$$

（H_2O がとれる）

② 同じ分子式 $C_{12}H_{22}O_{11}$ をもち，構造異性体の関係にある。〈正しい〉

③ スクロースを加水分解して得られる，グルコースとフルクトースの等量混合物を転化糖という。〈正しい〉

④ マルトースは，ヒドロキシ基－OH をもったエーテル C－O－C(ヘミアセタール構造)をもつので，その水溶液は還元性を示す。〈正しい〉

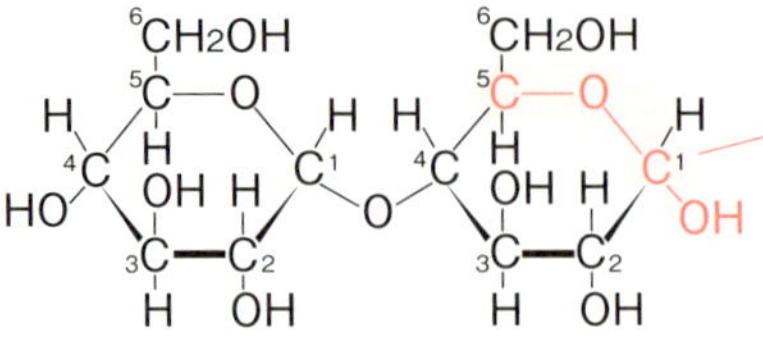

ヘミアセタール構造

マルトース

⑤ ラクトースはガラクトースとグルコースからなる二糖なので，1分子のラクトースを加水分解すると，1分子のガラクトースと1分子のグルコースが生じる。グルコース2分子ではない。〈誤り〉

思考力のトレーニング 2

次の記述(a・b)の両方にあてはまる化合物を，下の①～④のうちから1つ選べ。

a 左側の単糖部分(灰色部分)が α-グルコース構造(α-グルコース単位)であるもの。

b 水溶液にアンモニア性硝酸銀水溶液を加えて温めると銀が析出するもの。

①

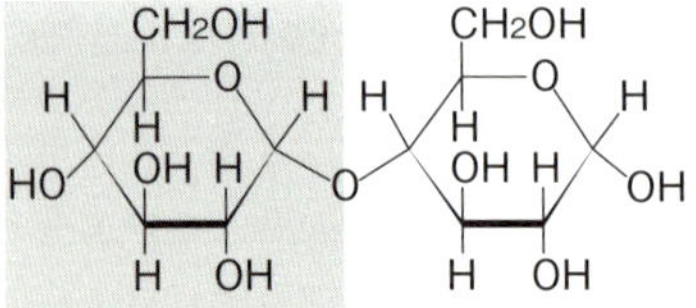

②

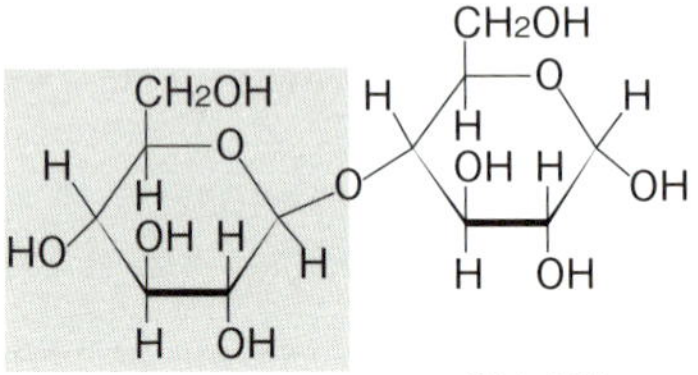

③

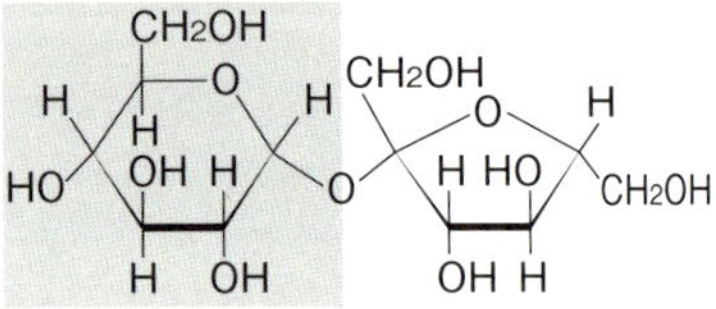

④

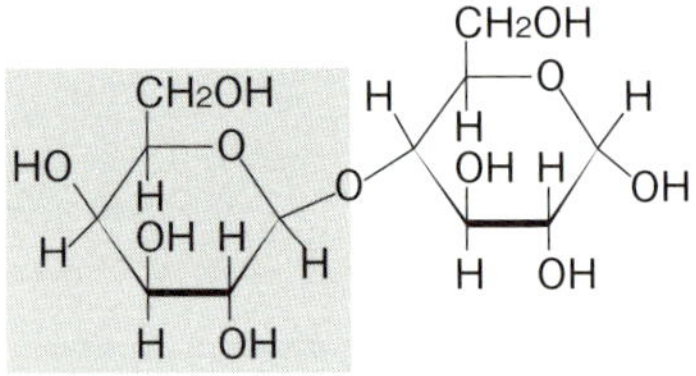

解答・解説

①

与えられた構造式左側の単糖(灰色)部分が α-グルコース 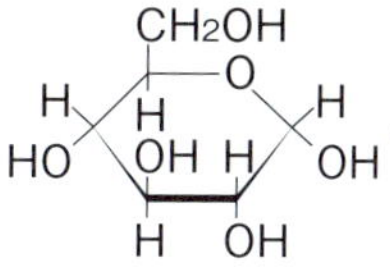 の もつ α-グルコース単位 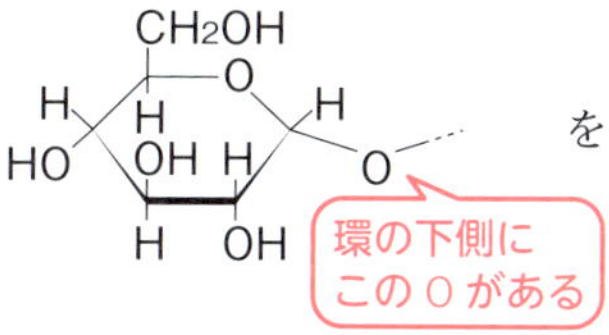 をもつものは，①と③である。

→②の構造式の左側は β-グルコース単位

環の下側にこの O がある

ここで，①と③の水溶液のうち，銀鏡反応を示すつまり還元性を示すものは，ヒドロキシ基 −OH をもったエーテル C−O−C(ヘミアセタール構造)をもつ①のみ。

→①，②，④の構造式の右側に見つけることができる

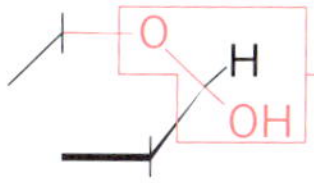

→この部分構造を探せばよい

思考力のトレーニング 3

標準 3分

スクロース水溶液にインベルターゼ(酵素)を加えたところ，図に示す反応により一部のスクロースが単糖に加水分解された。この水溶液には，還元性を示す糖類が 3.6 mol，還元性を示さない糖類が 4.0 mol 含まれていた。もとのスクロース水溶液に含まれていたスクロースの物質量は何 mol か。最も適当な数値を，次の①～⑤のうちから 1 つ選べ。

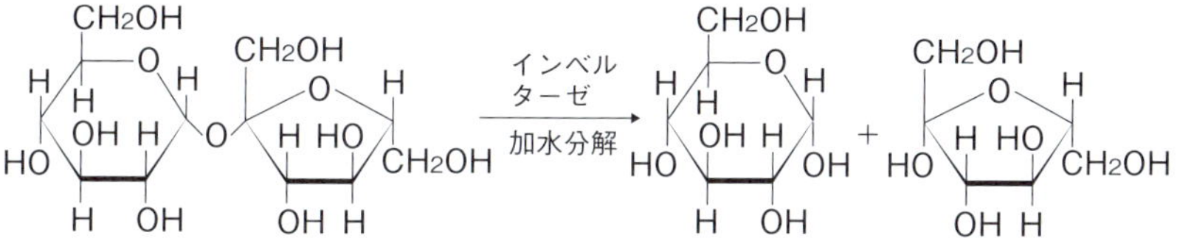

スクロース →(インベルターゼ 加水分解) グルコース ＋ フルクトース

① 3.6　② 4.0　③ 5.6　④ 5.8　⑤ 7.6

解答・解説

④

スクロースは分子式 $C_{12}H_{22}O_{11}$ の還元性を示さない二糖であり，グルコースやフルクトースは分子式 $C_6H_{12}O_6$ の還元性を示す単糖である。

第7章 高分子化合物

$$C_{12}H_{22}O_{11} + H_2O \xrightarrow{\text{インベルターゼ}} 1C_6H_{12}O_6 + 1C_6H_{12}O_6$$

スクロース　　グルコース　フルクトース

反応式の係数から，グルコースとフルクトースは同じ mol 生じることがわかる。

から，加水分解で生じたグルコースやフルクトースは，それぞれ

$3.6 \times \frac{1}{2} = 1.8$ mol ずつになる。

（3.6：還元性を示す糖類〔mol〕，$\times\frac{1}{2}$ の結果：グルコースまたはフルクトース〔mol〕）

よって，$1C_{12}H_{22}O_{11} + H_2O \longrightarrow 1C_6H_{12}O_6 + 1C_6H_{12}O_6$

スクロース 1.8 mol 反応　グルコース 1.8 mol 生成　フルクトース 1.8 mol 生成

となり，スクロースは 1.8 mol 反応したことがわかる。加水分解されず残っていたスクロース（還元性を示さない糖類）が 4.0 mol なので，もとのスクロース水溶液に含まれていたスクロースは，

$4.0 + 1.8 = 5.8$〔mol〕

（4.0：反応せず残っていたスクロース〔mol〕，1.8：反応したスクロース〔mol〕）

となる。

4 多糖について

加水分解で，多数の単糖が生じる糖を**多糖**という。

多糖は n 分子の単糖から $n-1$ 分子の H_2O がとれて縮合した構造

$$nC_6H_{12}O_6 \longrightarrow H\text{-}(C_6H_{10}O_5)_n\text{-}OH + (n-1)H_2O$$

間から H_2O をとるので，ココ ココ ココ $n-1$ 分子の H_2O がとれる

をもつため，$H\text{-}(C_6H_{10}O_5)_n\text{-}OH$ と表せ，その分子式は**通常 n が非常に大きいので両端の H や OH を省略し** $(C_6H_{10}O_5)_n$ と表すんだ。

多糖は，❶ **デンプン** ❷ **セルロース** ❸ **グリコーゲン** を覚えてね。

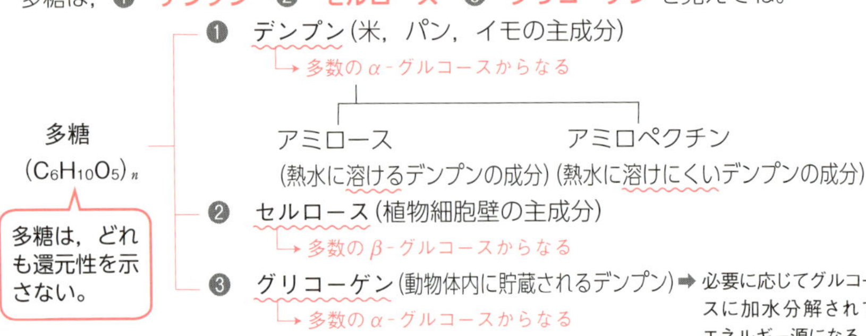

多糖
$(C_6H_{10}O_5)_n$
多糖は，どれも還元性を示さない。
❶ デンプン（米，パン，イモの主成分）
多数の α-グルコースからなる
アミロース
（熱水に溶けるデンプンの成分）
アミロペクチン
（熱水に溶けにくいデンプンの成分）
❷ セルロース（植物細胞壁の主成分）
多数の β-グルコースからなる
❸ グリコーゲン（動物体内に貯蔵されるデンプン）
必要に応じてグルコースに加水分解されてエネルギー源になる
多数の α-グルコースからなる

デンプンといえば，ヨウ素デンプン反応だね。

そうだね。**デンプンやグリコーゲンはヨウ素デンプン反応を示すけれど，セルロースは示さない**。あと，ヨウ素溶液(ヨウ素ヨウ化カリウム水溶液)を加えたときの色の変化は，**デンプン** ➡ **青〜青紫**，**グリコーゲン** ➡ **赤褐色**になるんだ。

❶ デンプン

デンプンは，80℃くらいの熱水に溶ける成分であるアミロースと溶けにくい成分であるアミロペクチンから構成されているんだ。

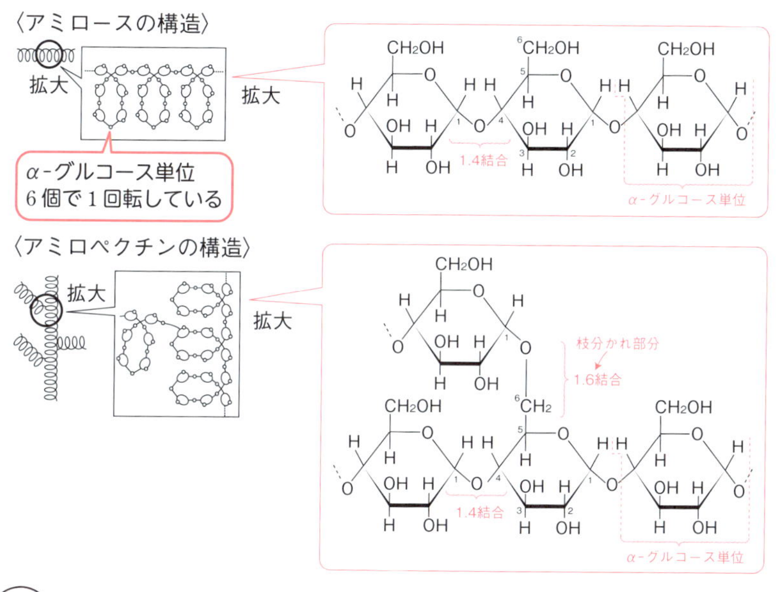

そうなんだ。どちらも分子内の**水素結合**により**らせん構造**をとっているんだ。**アミロースは，α-グルコースが1-4結合(α-1,4グリコシド結合)でつながっていて枝分かれのない直鎖状のらせん構造をとっている。それに対して，アミロペクチンは，α-グルコースが1-4結合(α-1,4グリコシド結合)と1-6結合(α-1,6グリコシド結合)でつながっていて，枝分かれしたらせん構造をとっている**んだ。

	アミロース(熱水に溶ける)	アミロペクチン(熱水に溶けにくい)
構成単糖と立体構造	α-グルコース / **直鎖状**のらせん構造	α-グルコース / **枝分かれ**のらせん構造
結合のようす	1-4結合のみ	1-4結合のほか1-6結合もある
デンプン中の質量%	20%程度	80%程度(モチ米は，ほぼ100%)
分子量	比較的小さい	比較的大きい
ヨウ素溶液を加える(ヨウ素デンプン反応)	**濃青色**	**赤紫色**

アミロースとアミロペクチンでヨウ素デンプン反応の色がちがうね。

そうなんだ。らせん構造が長いほど青色が濃くなるから，らせん構造が長いアミロースは**濃青色**になり，らせん構造が短いアミロペクチンは**赤紫色**になるんだ。

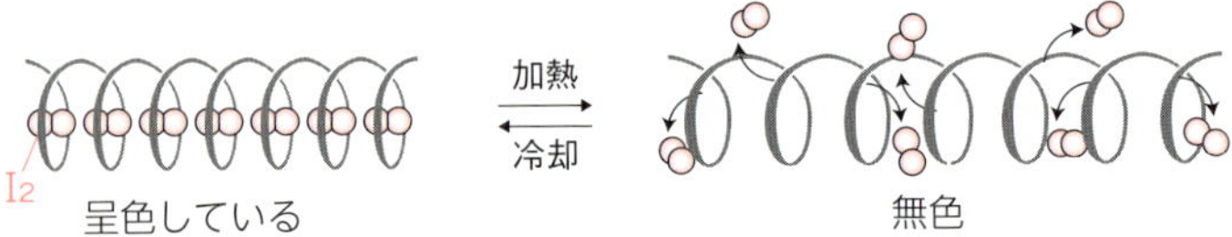

ヨウ素デンプン反応で青紫色に呈色した水溶液を加熱すると，らせんが乱れ I_2 がらせんの外に出るのでこの色が消える。ただし，冷却すると再び青紫色に戻るんだ。

❷ セルロース

植物細胞壁の主成分であるセルロースは，多数のβ-グルコースが長くつながりできた直鎖状の構造をもっている。

セルロースは，分子間で水素結合を形成して集まっているので，水やその他の溶媒に溶けにくく(ただし，シュワイツァー試薬(P.586)には溶ける)，**ヨウ素デンプン反応は示さない**んだ。

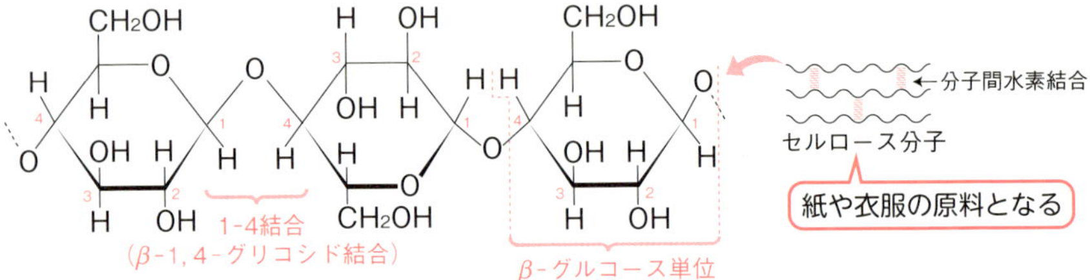

❸ グリコーゲン

動物の肝臓などには，α-グルコースの多糖であるグリコーゲン($(C_6H_{10}O_5)_n$)が多く含まれている。グリコーゲンは**動物デンプン**ともいうんだ。

グリコーゲンは，どんな構造をしているの？

アミロペクチンがもっと枝分かれしたような構造をしていて，グリコーゲンはヨウ素デンプン反応で**赤褐色**に呈色するんだ。

また，デンプン・セルロース・グリコーゲンなどいずれの多糖も還元性を示さない，つまり銀鏡反応を示さず，フェーリング液を還元しない。

次の ポイント のフローチャートを覚えると，今後さまざまな所で役に立ってくれるよ。

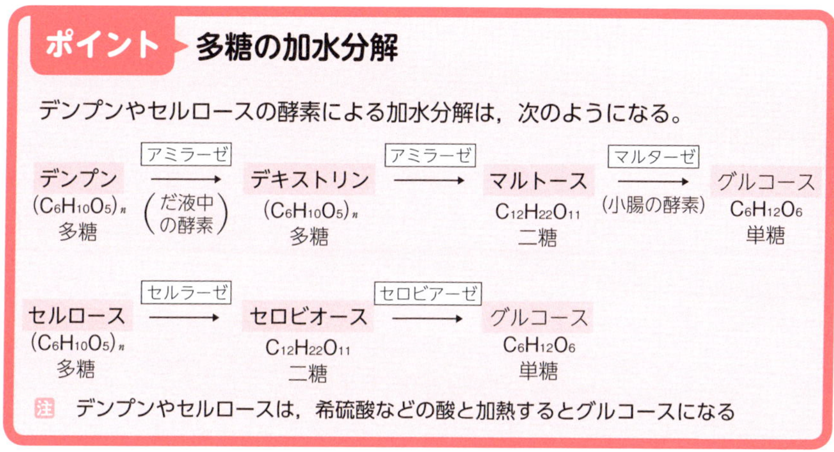

ポイント **多糖の加水分解**

デンプンやセルロースの酵素による加水分解は，次のようになる。

注 デンプンやセルロースは，希硫酸などの酸と加熱するとグルコースになる

デンプン・マルトース，α-グルコースからなる　セルロース・セロビオース β-グルコースからなる

ことは覚えているよ。

そうだね。デンプンからのフローチャートにはα-グルコースからなる多糖や二糖が出てくること，セルロースからのフローチャートにはβ-グルコースからなる多糖や二糖が出てくることをあわせて覚えておくといいね。

第7章 高分子化合物

チェック問題 5

デンプンとセルロースに関する記述として誤りを含むものを，次の①～⑧のうちから2つ選べ。

① デンプンは，α-グルコースが縮合重合した高分子化合物で，らせん状の構造をもつ。
② デンプンは，希硫酸を加えて加熱すると加水分解される。
③ 水中に分散したデンプンは，分子1個でコロイド粒子となる。
④ アミロースは，アミロペクチンより枝分かれが多い構造をもつ。
⑤ ヨウ素デンプン反応により青紫色に呈色した水溶液は，加熱するとこの色が消えるが，冷却すると再び呈色する。
⑥ セルロースは，β-グルコースが縮合重合した高分子化合物で，直線状の構造をもつ。
⑦ セルロース中にあるグルコース単位には，4個のヒドロキシ基が存在する。
⑧ セルロースは，デンプンのようならせん状ではなく，直線状の構造をとる。

解答・解説

④，⑦

② 希硫酸を加えて加熱すると，グルコースにまで加水分解される。〈正しい〉
③ デンプンは，1分子でコロイド粒子の大きさをもつ**分子コロイド**とよばれる。また，デンプンは多くの水分子と水和しているので親水コロイドでもある。〈正しい〉
④ アミロペクチンのほうが，アミロースより枝分かれが多い。〈誤り〉
⑦ セルロース中にあるグルコース単位には，3個のヒドロキシ基－OH が存在する。〈誤り〉

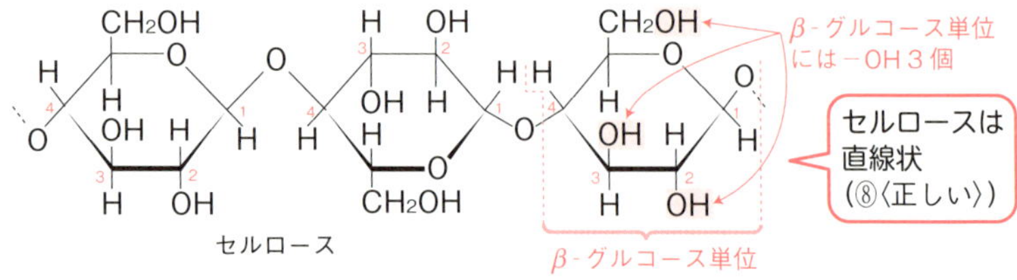

チェック問題 6

ある量のマルトース(分子量342)を酸性水溶液中で加熱し，すべてを単糖Aに分解した。冷却後，炭酸ナトリウムを加えて中和した溶液に，十分な量のフェーリング液を加えて加熱したところCu_2Oの赤色沈殿14.4 gが得られた。もとのマルトースの質量として最も適当な数値を，次の①～⑤のうちから1つ選べ。ただし，単糖Aとフェーリング液との反応では，単糖A 1 molあたりCu_2O 1 molの赤色沈殿が生じるものとし，O = 16，Cu = 64とする。

① 4.28　② 8.55　③ 17.1　④ 34.2　⑤ 51.3

解答・解説

二糖であるマルトース$C_{12}H_{22}O_{11}$ 1個(mol)を完全に加水分解すると単糖A(→グルコースのこと)が2個(mol)生じる。また，単糖A(グルコース) 1 molあたりCu_2O 1 molの赤色沈殿が生じる。

よって，もとのマルトース(分子量342)の質量をx〔g〕とすると，$Cu_2O = 144$より次の式が成り立つ。

$$\frac{x}{342} \times 2 \times 1 = \frac{14.4}{144}$$

より，$x = 17.1$〔g〕

- $\frac{x}{342}$：マルトース〔mol〕
- ×2：A(グルコース)はマルトースの2倍生じる → A(グルコース)〔mol〕
- ×1：A(グルコース)と同じmol Cu_2Oが生じる → Cu_2O〔mol〕
- $\frac{14.4}{144}$：Cu_2O〔mol〕

思 考力のトレーニング 4

図1にはアミロペクチンの構造の一部を示している。アミロペクチンのヒドロキシ基(−OH)の水素原子をすべてメチル基に変換したのち，希硫酸でグリコシド結合を完全に加水分解すると，α-グルコースが部分的にメチル化された3種類の化合物が得られる。このうち，化合物A(分子量208，図2)の生成量からアミロペクチンの枝分かれ構造(図1中の破線で囲まれた部分)の数を推定することができる。平均分子量2.24×10^5のアミロペクチン2.24 gについて上記のメチル化と加水分解を行い，化合物Aを104 mg得た。このアミロペクチン1分子あたり平均何個の枝分かれ構造があるか。最も適当な数値を，次の①～⑥のうちから1つ選べ。

第7章 高分子化合物

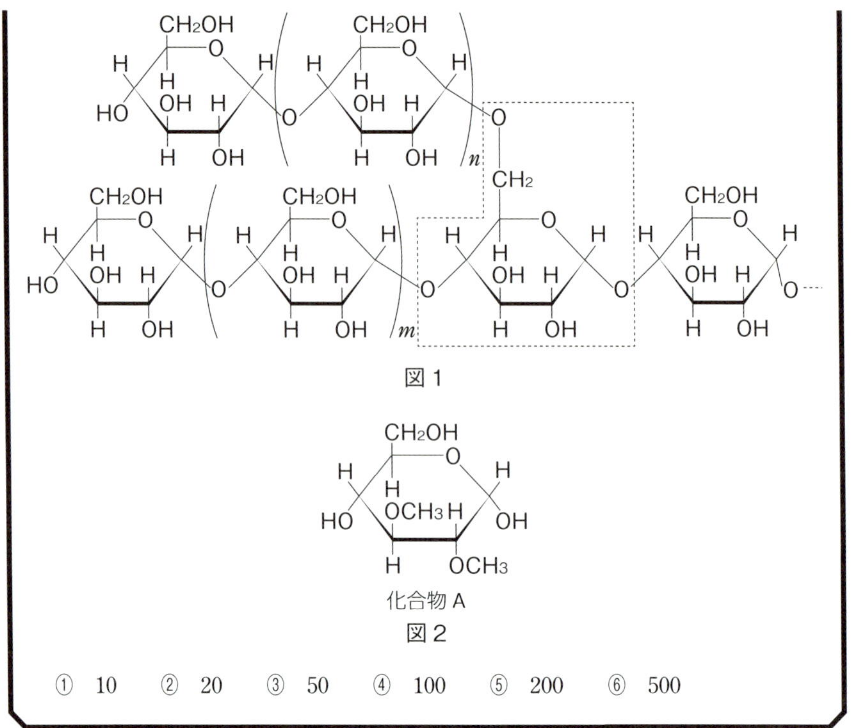

図1

化合物 A

図2

① 10　② 20　③ 50　④ 100　⑤ 200　⑥ 500

解答・解説

③

アミロペクチン $\underset{\text{〔g〕}}{2.24} \times \underset{\text{〔mol〕}}{\dfrac{1}{2.24 \times 10^5}} = 10^{-5}$〔mol〕から得られた化合物 A（分子量 208）は，$\underset{\text{〔mg〕}}{104} \times \underset{\text{〔g〕}}{\dfrac{1}{10^3}} \times \underset{\text{〔mol〕}}{\dfrac{1}{208}} = 5 \times 10^{-4}$〔mol〕とわかる。

（化合物 A → 枝分かれ部分）

つまり，アミロペクチン 10^{-5} mol に 5×10^{-4} mol の枝分かれ構造があった。

ここで，$10^{-5} : 5 \times 10^{-4} = 10^{-5} : 50 \times 10^{-5} = 1 : 50$

なので，アミロペクチン 1 mol（個）あたり平均 50 mol（個）枝分かれ構造がある。

（→ 物質量〔mol〕関係 ＝ 個数関係）

この問題の背景

次のような10個の α-グルコースからなるアミロペクチンのもつ－OH の H をすべてメチル基－CH_3 に変換したのち，希硫酸でグリコシド結合を完全に加水分解したときの変化を考えてみる。

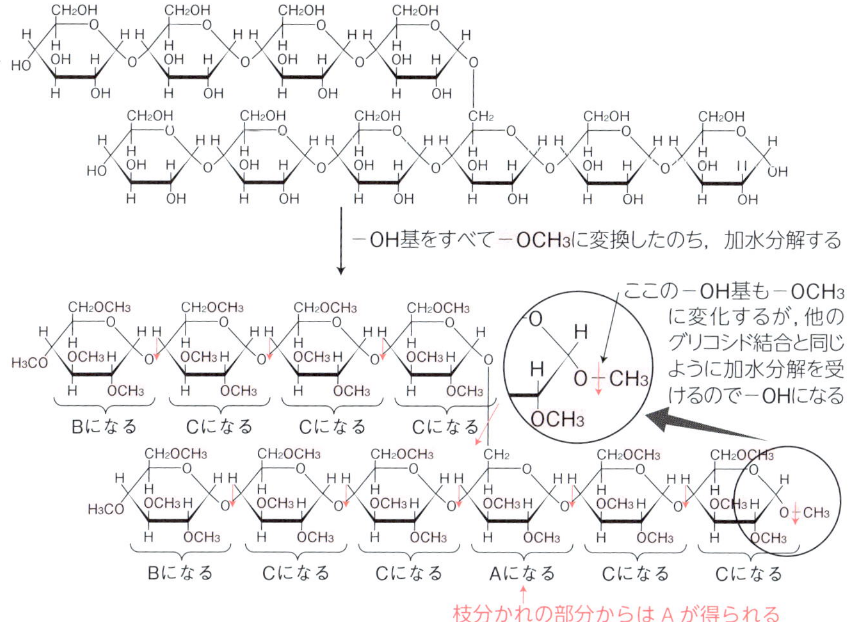

以上より，C が最も多く得られる(7個)。

この加水分解により生じる化合物は次の化合物 A ～ C の 3 種類になる。

図のように，枝分かれの部分だけから化合物 A が得られるので，アミロペクチンから得られる化合物 A の数がアミロペクチンのもつ枝分かれの数となる。

第7章 高分子化合物

39時間目 第7章 高分子化合物
アミノ酸・タンパク質

1 α-アミノ酸について

タンパク質は長い鎖の中でたがいに共有結合した多くのアミノ酸からできている。

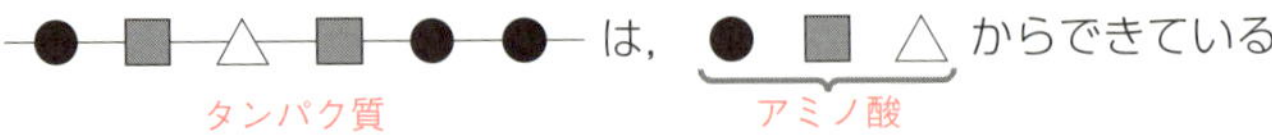

は，
からできている
タンパク質
アミノ酸

アミノ酸は，**アミノ基$-NH_2$とカルボキシ基$-COOH$とをもつ化合物**で，これら2種類の官能基が同じ炭素原子に結合しているものを**α-アミノ酸**というんだ。

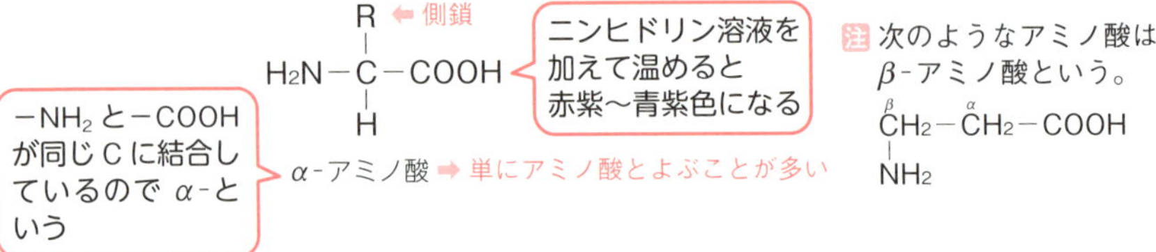

R
側鎖
H2N−C−COOH
H
ニンヒドリン溶液を加えて温めると赤紫～青紫色になる
−NH2と−COOHが同じCに結合しているのでα-という
α-アミノ酸 ➡ 単にアミノ酸とよぶことが多い
注 次のようなアミノ酸はβ-アミノ酸という。
β CH2−α CH2−COOH
NH2

側鎖のR−部分は何を表しているの？

H−，CH_3-などのいろいろな置換基を表しているんだ。R−がH−のα-アミノ酸は**グリシン**という。

$$H_2N-\underset{\large H}{\overset{\large H}{\underset{|}{\overset{|}{C}}}}-COOH$$

グリシン

不斉炭素原子がないので，鏡像異性体（光学異性体）が存在しない

タンパク質をつくっているα-アミノ酸は約20種類が知られていて，そのうち10種類は構造式と名前を覚えておいてほしいんだ。

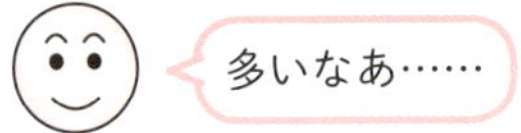

多いなあ……

たしかにね。ただ，側鎖（R−）の違いで分類してから頭に入れていくと覚えることができると思うよ。**R−に−COOHや$-NH_2$をもたないα-アミノ酸は中性アミノ酸，R−に−COOHをもつα-アミノ酸は酸性アミノ酸，R−に$-NH_2$をもつα-アミノ酸は塩基性アミノ酸という**んだ。

じゃあ，覚えてほしい10種類の α-アミノ酸のすべてを紹介するね。

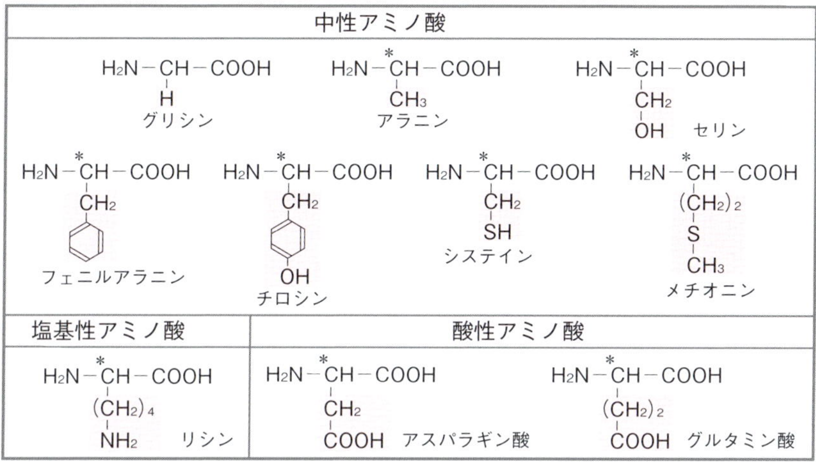

＊は不斉炭素原子

グリシン以外の α-アミノ酸には不斉炭素原子があるね。

グリシンを除く α-アミノ酸には不斉炭素原子があるから，鏡像異性体（光学異性体）が存在する。約20種類の α-アミノ酸のうち動物が体内で合成できない（合成されにくい）ので食品から摂取する必要がある α-アミノ酸を**必須アミノ酸**というんだ。

チェック問題 1

不斉炭素原子をもち，塩基性アミノ酸と酸性アミノ酸のいずれにも分類されないアミノ酸（中性アミノ酸）を，次の①～⑤のうちから1つ選べ。

① H_2N-CH_2-COOH　　② $H_2N-CH_2-CH_2-COOH$

③ $HO-CH_2-\underset{NH_2}{\underset{|}{CH}}-COOH$　　④ $HOOC-CH_2-\underset{NH_2}{\underset{|}{CH}}-COOH$

⑤ $H_2N-(CH_2)_4-CH(NH_2)-COOH$

解答・解説

③

$-NH_2$ の数＝$-COOH$ の数である①，②，③が中性アミノ酸になる（④は酸性アミノ酸，⑤は塩基性アミノ酸）。①，②，③のうち，不斉炭素原子をもつのは③になる。

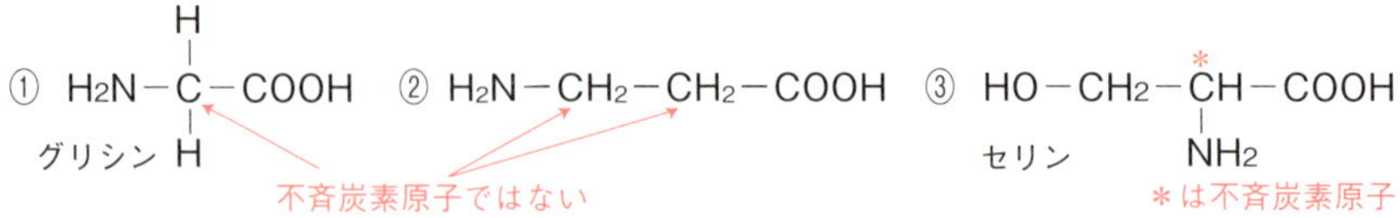

① H_2N-CH_2-COOH（$H_2N-C(H)(H)-COOH$）グリシン　② $H_2N-CH_2-CH_2-COOH$　③ $HO-CH_2-\overset{*}{C}H(NH_2)-COOH$ セリン

不斉炭素原子ではない　＊は不斉炭素原子

α-アミノ酸の覚え方にコツはないの？

たとえば，次のように覚えてみたらどうかな？

α-アミノ酸の覚え方のコツ

Step1　まず，グリシンとアラニンは，がんばって覚える

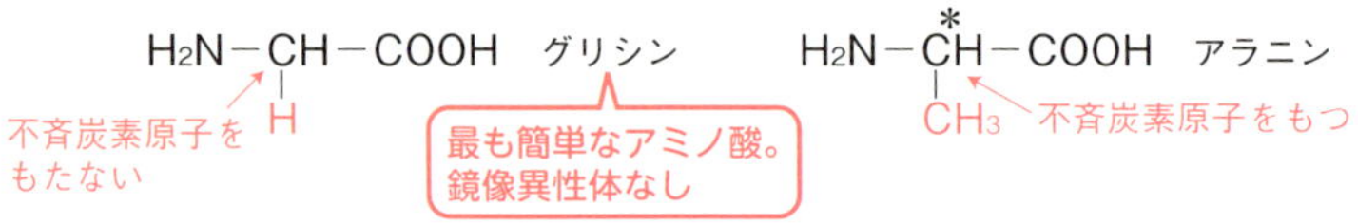

$H_2N-CH(H)-COOH$ グリシン　$H_2N-\overset{*}{C}H(CH_3)-COOH$ アラニン

不斉炭素原子をもたない　最も簡単なアミノ酸。鏡像異性体なし　不斉炭素原子をもつ

Step2　次に，アラニンの側鎖を利用しながら暗記量を増やす

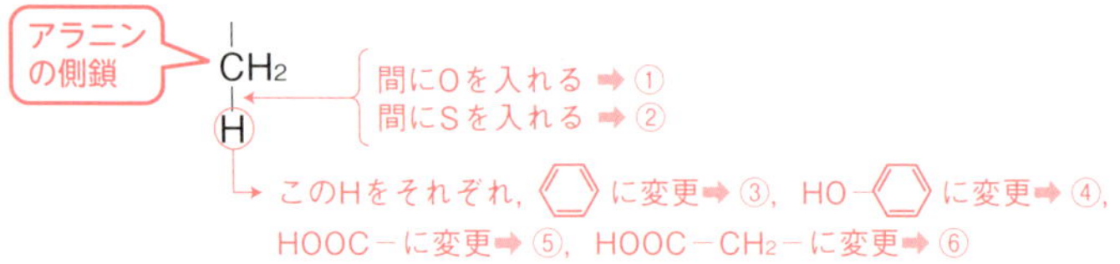

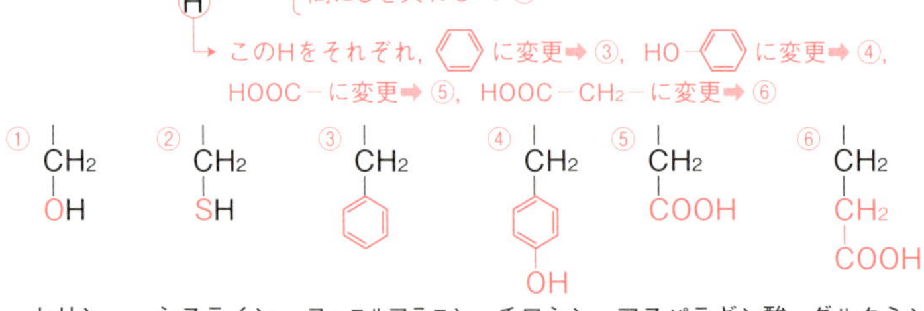

Step3　最後に，メチオニン $-(CH_2)_2-S-CH_3$ と　リシン $-(CH_2)_4-NH_2$ を覚える

Sや$-NH_2$を手がかりにすると覚えやすい

グリシン以外のα-アミノ酸には不斉炭素原子があるから，次のような一対の鏡像異性体(光学異性体)が存在する。

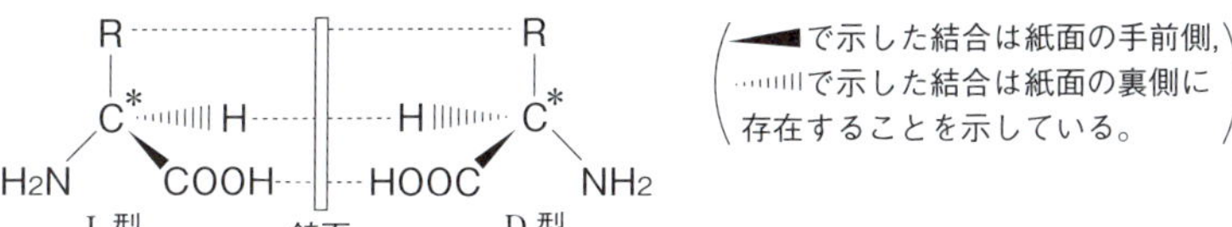

(で示した結合は紙面の手前側，で示した結合は紙面の裏側に存在することを示している。)

天然に存在するα-アミノ酸は，ほとんどが**L型**の構造になるんだ。

チェック問題 2　標準　2分

タンパク質を構成するα-アミノ酸(以後「アミノ酸」と略称する)は，一般式 $RCH(NH_2)COOH$ で表される。R＝Hのアミノ酸の名称は［ア］で不斉炭素原子をもたないが，他のアミノ酸は不斉炭素原子をもつので，1対の［イ］が存在する。Rの部分に硫黄原子を含むアミノ酸には［ウ］があり，またRの部分にもう1つカルボキシ基をもつアミノ酸には［エ］がある。

1つのアミノ酸分子のカルボキシ基と別のアミノ酸分子のアミノ基との間で水1分子がとれて－CO－NH－となり，2分子のアミノ酸が結合した化合物をジペプチドという。この－CO－NH－結合を［オ］といい，とくにペプチドおよびタンパク質においてはペプチド結合という。アミノ酸あるいはペプチドの水溶液にニンヒドリン水溶液を加えて温めると［カ］を示す。

(1) ［ア］，［ウ］，［エ］にそれぞれあてはまる化合物を(a)～(g)から選べ。
　(a) アデニン　(b) グリシン　(c) グリセリン　(d) グルタミン酸
　(e) チロシン　(f) ピクリン酸　(g) メチオニン

(2) ［イ］にあてはまる語を(a)～(d)から選べ。
　(a) 構造異性体　(b) 幾何異性体　(c) 鏡像異性体(光学異性体)
　(d) シス-トランス異性体

(3) ［オ］にあてはまる語を(a)～(d)から選べ。
　(a) エーテル結合　(b) エステル結合　(c) アミド結合　(d) 水素結合

(4) ［カ］にあてはまる語を(a)～(d)から選べ。
　(a) 青紫色～赤紫色　(b) 青緑色～緑青色　(c) 赤橙色～黄橙色
　(d) 灰色～黒灰色

解答・解説

(1) ［ア］(b)　［ウ］(g)　［エ］(d)
(2) (c)　(3) (c)　(4) (a)

(4) アミノ酸の水溶液にニンヒドリン水溶液を加えて温めると青紫～赤紫色になる。この反応を**ニンヒドリン反応**(➡ P.548)という。

第7章　高分子化合物

2 アミノ酸の性質・反応について

α-アミノ酸の結晶は，酸性を示す$-COOH$から塩基性を示す$-NH_2$にH^+が移動した正，負の両電荷を分子内にもつ**双性イオン**からできているんだ。

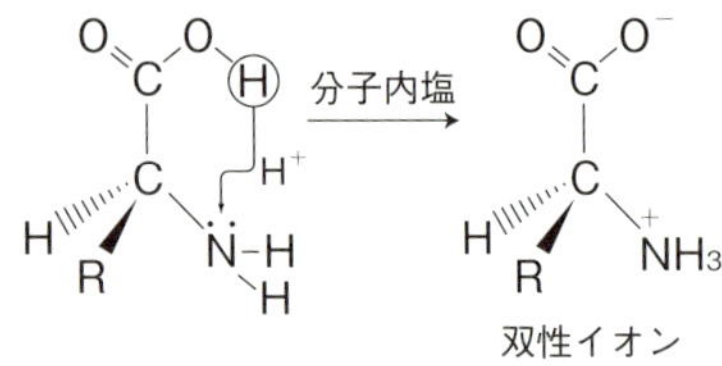

正と負の両電荷をもつので，

❶ イオン結晶のように高い融点をもつ
❷ 水に溶けるが，有機溶媒に溶けにくい

などの特徴がある。

α-アミノ酸の結晶は双性イオンからできていて，融点が高いんだね。

そうなんだ。また，α-アミノ酸は$-COOH$や$-NH_2$をもっているので塩基や酸と反応する**両性化合物**（両性電解質）なんだ。

ただ，アミノ酸の$-COOH$はエタノールC_2H_5OHなどのアルコールでエステル化されると酸としての性質がなくなり，$-NH_2$は無水酢酸$(CH_3CO)_2O$でアセチル化されると塩基としての性質がなくなるんだ。

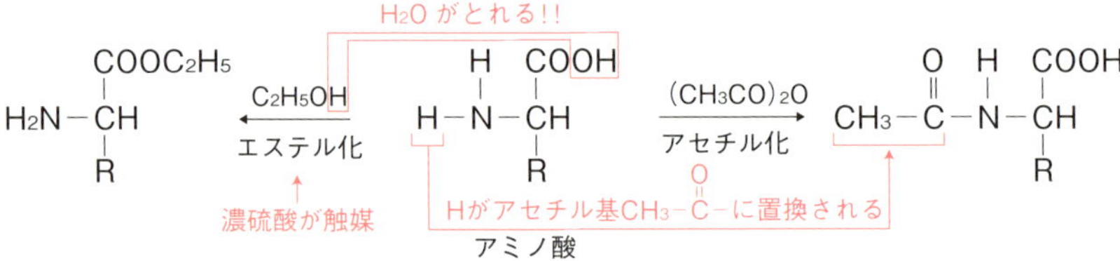

水溶液中のα-アミノ酸は，陽イオン，双性イオン，陰イオンが次のような平衡状態にあり，水溶液のpHによってその割合が変化する。

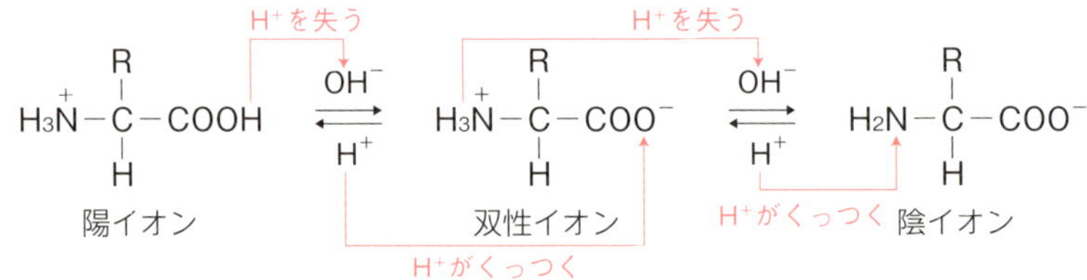

このα-アミノ酸の水溶液を**酸性**にすると陽イオンの比率が大きくなり，**塩基性**にすると陰イオンの比率が大きくなる。

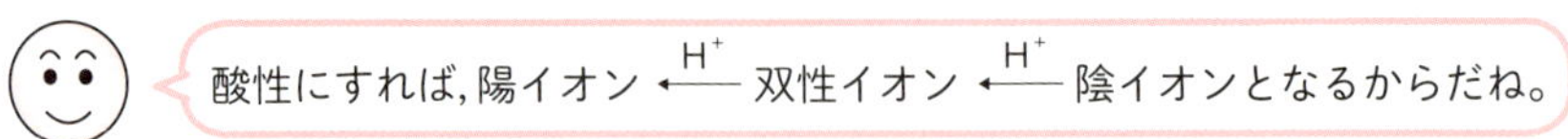

酸性にすれば，陽イオン $\xleftarrow{H^+}$ 双性イオン $\xleftarrow{H^+}$ 陰イオンとなるからだね。

そうなんだ。塩基性にすれば，陽イオン $\xrightarrow{OH^-}$ 双性イオン $\xrightarrow{OH^-}$ 陰イオンとなるね。

たとえば，グリシンの水溶液の電気泳動を行うと，**酸性水溶液中では陽イオンの比率が大きいのでグリシンは陰極側に移動する**。逆に，**塩基性水溶液中では陰イオンの比率が大きいのでグリシンは陽極側に移動する**んだ。

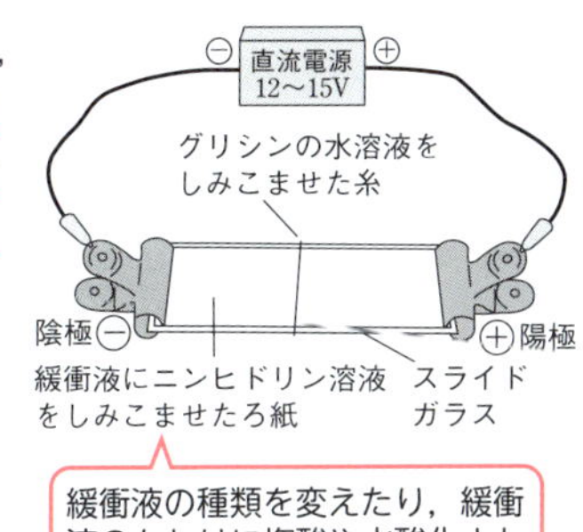

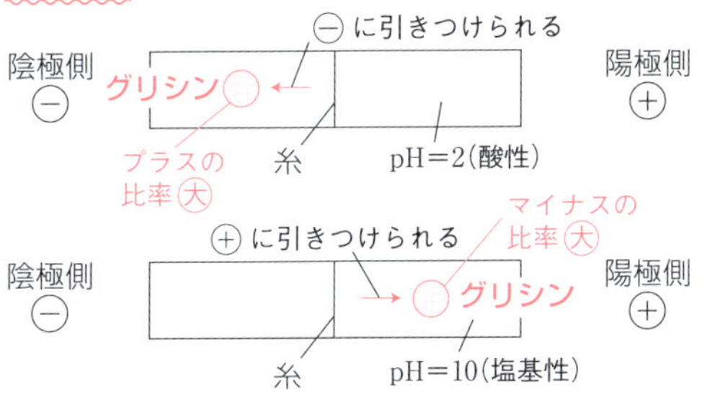

どちらの極へも移動しないこともあるの？

するどいね。**どちらの極へも移動しないときは水溶液中の平衡混合物の電荷が0になっていればいい**よね。

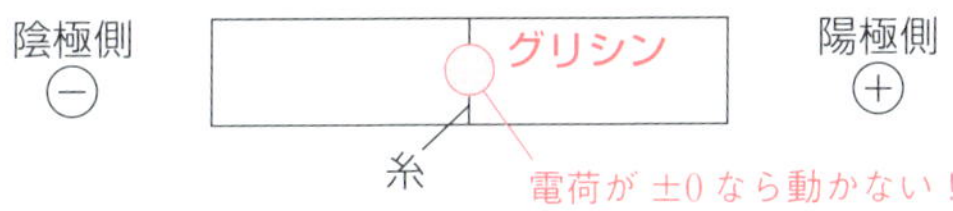

水溶液中でのアミノ酸の平衡混合物の正，負の両電荷がつり合い，全体として電荷が0になるときのpHの値を等電点というんだ。

それぞれのアミノ酸は次のような固有の等電点をもっているんだ。

(酸性アミノ酸)	(中性アミノ酸)	(塩基性アミノ酸)
グルタミン酸3	グリシン6，アラニン6	リシン10

酸性アミノ酸の等電点は酸性側，中性アミノ酸の等電点は中性付近，塩基性アミノ酸の等電点は塩基性側になるんだね。

ポイント　水溶液中のα-アミノ酸について

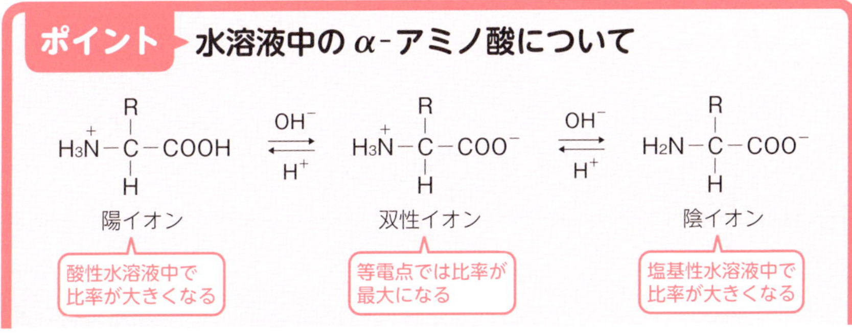

第7章 高分子化合物

等電点：アミノ酸全体の電荷が 0 になっているときの pH
中性アミノ酸が 6 程度，酸性アミノ酸が 3 程度，塩基性アミノ酸が10程度

思考力のトレーニング 1

難 

次の 3 種類のジペプチド(P.543参照)A ～ C の水溶液を，図のように pH 6.0 の緩衝液で湿らせたろ紙に別々につけ，直流電圧をかけて電気泳動を行った。泳動後にニンヒドリン溶液をろ紙に吹きつけて加熱し，ジペプチド A ～ C を発色させたところ，陰極側へ移動したもの，ほとんど移動しなかったもの，陽極側へ移動したものがあった。その組み合わせとして最も適当なものを，①～⑥のうちから 1 つ選べ。

ジペプチド C

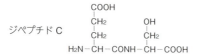

COOH
CH2
CH2　　OH
　　　　CH2
H2N－CH－CONH－CH－COOH

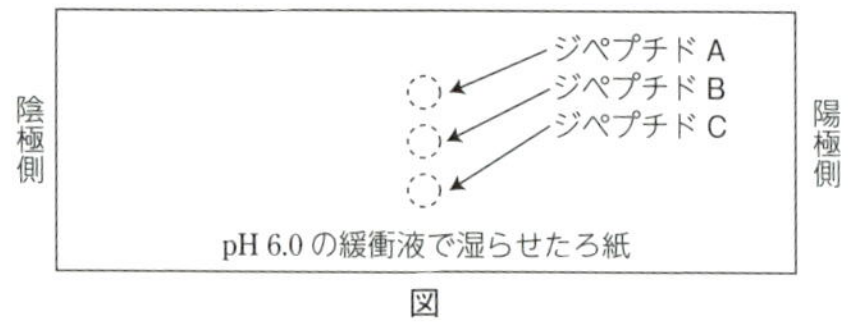

図

	陰極側へ移動したジペプチド	ほとんど移動しなかったジペプチド	陽極側へ移動したジペプチド
①	A	B	C
②	A	C	B
③	B	A	C
④	B	C	A
⑤	C	A	B
⑥	C	B	A

解答・解説

①

ジペプチドAのもつ$-NH_2$は2個，$-COOH$は1個($-NH_2$の数＞$-COOH$の数)なので，ジペプチドAは塩基性アミノ酸によく似た性質をもつと予想できる。つまり，ジペプチドAの等電点は約10(塩基アミノ酸の等電点10に近い値)と予想できる。

ジペプチドBのもつ$-NH_2$は2個，$-COOH$も2個($-NH_2$の数＝$-COOH$の数)なので，ジペプチドBは中性アミノ酸によく似た性質をもつと予想できる。つまり，ジペプチドBの等電点は約6(中性アミノ酸の等電点6に近い値)と予想できる。

ジペプチドCのもつ$-NH_2$は1個，$-COOH$は2個($-NH_2$の数＜$-COOH$の数)なので，ジペプチドCは酸性アミノ酸によく似た性質をもつと予想できる。つまり，ジペプチドCの等電点は約3(酸性アミノ酸の等電点3に近い値)と予想できる。

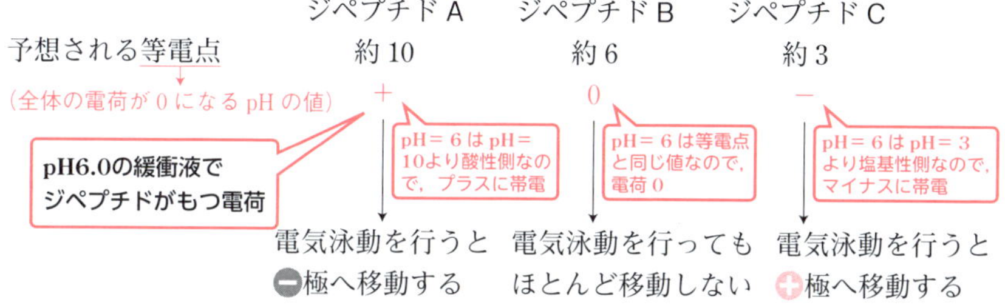

ジペプチドA
ジペプチドB
ジペプチドC
予想される等電点
約10
約6
約3
(全体の電荷が0になるpHの値)
＋
0
－
pH6.0の緩衝液でジペプチドがもつ電荷
pH＝6はpH＝10より酸性側なので，プラスに帯電
pH＝6は等電点と同じ値なので，電荷0
pH＝6はpH＝3より塩基性側なので，マイナスに帯電
電気泳動を行うと－極へ移動する
電気泳動を行ってもほとんど移動しない
電気泳動を行うと＋極へ移動する

等電点はどうやって求めたらいいの？

中性アミノ酸(陽イオンA^+，双性イオン$A^\pm$，陰イオンA^-とする)の等電点は，次のように求めるんだ。

中性アミノ酸の平衡定数(電離定数)K_1，K_2は，

$$A^+ \rightleftarrows A^\pm + H^+ \quad K_1 = \frac{[A^\pm][H^+]}{[A^+]} \quad \cdots\cdots ①$$

$$A^\pm \rightleftarrows A^- + H^+ \quad K_2 = \frac{[A^-][H^+]}{[A^\pm]} \quad \cdots\cdots ②$$

と表せ，全体で電気的に中性(等電点)になるためには，$[A^+]=[A^-]$ ([ ]はモル濃度〔mol/L〕)のように正電荷と負電荷がつり合えばいいね。

ここで，$K_1 \times K_2$を求める。すると，

双性イオンどうしなので消去できる

$$K_1 \times K_2 = \frac{[A^\pm][H^+]}{[A^+]} \times \frac{[A^-][H^+]}{[A^\pm]} = [H^+]^2$$

等電点では$[A^+]=[A^-]$が成り立つので消去できる

第7章 高分子化合物

となり，$[H^+]^2 = K_1 K_2$

$$[H^+] = \sqrt{K_1 K_2} \quad (>0)$$

$$pH = -\log_{10}[H^+] = -\log_{10}\sqrt{K_1 K_2}$$ になる。

等電点の［H^+］は，かけ算した $K_1 \times K_2$ のルート $\sqrt{\ }$ だね。

ポイント 等電点の計算について

- 中性アミノ酸の等電点における［H^+］は［H^+］$= \sqrt{K_1 K_2}$ ⇐ かけ算したもののルートになる。

チェック問題 3

標準 2分

アミノ酸は，水溶液中で陽イオン・双性イオン・陰イオンの形をとり，それぞれのイオンが存在する割合は水溶液の pH によって決まる。アラニンの陽イオン(X^+ と略称する)，双性イオン(Y^{+-} と略称する)，陰イオン(Z^- と略称する)について，水溶液中では次の電離式①と②が成り立つ。

$$\underset{\text{陽イオン }(X^+)}{{}^{+}H_3N-\underset{|}{\overset{CH_3}{CH}}-COOH} \rightleftarrows \underset{\text{双性イオン }(Y^{+-})}{{}^{+}H_3N-\overset{CH_3}{CH}-COO^-} + H^+ \quad \cdots\cdots ①$$

$$\underset{\text{双性イオン }(Y^{+-})}{{}^{+}H_3N-\overset{CH_3}{CH}-COO^-} \rightleftarrows \underset{\text{陰イオン }(Z^-)}{H_2N-\overset{CH_3}{CH}-COO^-} + H^+ \quad \cdots\cdots ②$$

イオン X^+，Y^{+-}，Z^- の濃度をそれぞれ［X^+］，［Y^{+-}］，［Z^-］で表すと，式①と②の電離定数 K_1 と K_2 はそれぞれ次の式で表される。

$$K_1 = \frac{[Y^{+-}][H^+]}{[X^+]} \qquad K_2 = \frac{[Z^-][H^+]}{[Y^{+-}]}$$

さらに，等電点とよばれる pH の水溶液では，アミノ酸のほとんどは双性イオン(Y^{+-})の形をとり，わずかに存在する陽イオン(X^+)と陰イオン(Z^-)は濃度が等しくなって，アミノ酸がもつ電荷は全体として 0 となっている。アラニンの電離定数が $K_1 = 10^{-2.3}$mol/L, $K_2 = 10^{-9.7}$mol/L であるとき，アラニンの等電点は［　　］となる。［　　］に入れる数値を次の①～⑤のうちから 1 つ選べ。

① 3.0　② 4.0　③ 5.0　④ 6.0　⑤ 7.0

解答・解説

④

$$[\mathrm{H^+}] = \sqrt{K_1 K_2} = \sqrt{10^{-2.3} \times 10^{-9.7}} = \sqrt{10^{-12}} = 10^{-6} \text{〔mol/L〕}$$

$$\mathrm{pH} = -\log_{10}[\mathrm{H^+}] = -\log_{10}10^{-6} = 6.0$$

3 ペプチドについて

アミノ酸の分子間で，$-COOH$ と $-NH_2$ の間で H_2O がとれて縮合し，生成した化合物を**ペプチド**という。

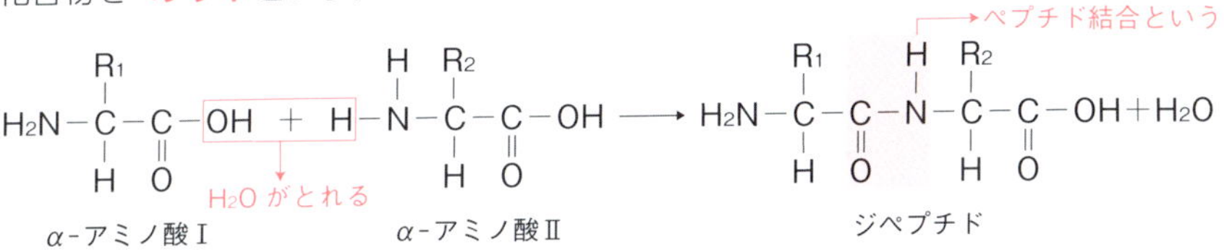

→ペプチド結合という

$$\underset{\alpha\text{-アミノ酸 I}}{H_2N-\overset{R_1}{\underset{H}{C}}-\overset{}{\underset{O}{\overset{\|}{C}}}-OH} + \underset{\alpha\text{-アミノ酸 II}}{H-\overset{H}{N}-\overset{R_2}{\underset{H}{C}}-\underset{O}{\overset{\|}{C}}-OH} \longrightarrow \underset{\text{ジペプチド}}{H_2N-\overset{R_1}{\underset{H}{C}}-\underset{O}{\overset{\|}{C}}-\overset{H}{N}-\overset{R_2}{\underset{H}{C}}-\underset{O}{\overset{\|}{C}}-OH} + H_2O$$

（OH と H の部分から）H_2O がとれる

α-アミノ酸Ⅰ　　α-アミノ酸Ⅱ　　ジペプチド

$\overset{O}{\overset{\|}{-C}}-\overset{H}{\overset{|}{N}}-$ をペプチド結合というんだね。

そうなんだ。**アミノ酸どうしからできたアミド結合** $\overset{O}{\overset{\|}{-C}}-\overset{H}{\overset{|}{N}}-$ **をとくにペプチド結合という**んだ。

ジペプチドなのに，ペプチド結合を 1 個しかもっていないね。

よく気づいたね。「ジ」って 2 を表していたよね。ジペプチドって 2 個のアミノ酸からできているからこうよぶんだ。

「ジ」はペプチド結合の数じゃなくて，アミノ酸の数を表しているんだね。

そうなんだ。だから，3 個のアミノ酸から生成した化合物をトリペプチドというんだ。

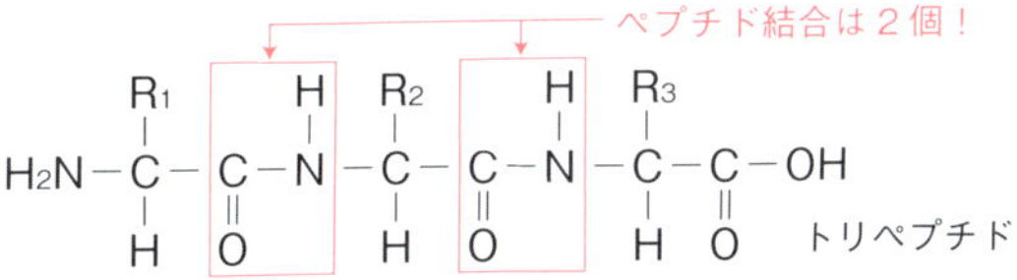

ペプチド結合は 2 個！

$$H_2N-\overset{R_1}{\underset{H}{C}}-\underset{O}{\overset{\|}{C}}-\overset{H}{N}-\overset{R_2}{\underset{H}{C}}-\underset{O}{\overset{\|}{C}}-\overset{H}{N}-\overset{R_3}{\underset{H}{C}}-\underset{O}{\overset{\|}{C}}-OH$$

トリペプチド

あと，多くのアミノ酸から生成したペプチドは**ポリペプチド**とよび，タンパク質はポリペプチドで構成される高分子化合物なんだ。

チェック問題 4

グリシン($C_2H_5NO_2$) 3分子からなる鎖状のトリペプチド中に含まれる窒素の質量パーセントとして最も適当な数値を，次の①～⑥のうちから1つ選べ。ただし，H＝1.0，C＝12，N＝14，O＝16とする。

① 17　② 18　③ 19　④ 20　⑤ 22　⑥ 25

解答・解説

⑤

グリシン $C_2H_5NO_2$ の分子量は75であり，グリシン3分子からなる鎖状のトリペプチドの分子量は $\underbrace{75}_{グリシン} \times 3 - \underbrace{18}_{H_2O} \times 2 = 189$ となる。

H_2O は「間」からとれるため，アミノ酸の個数より1個少ない個数がとれる

このトリペプチド1分子にはNが3個含まれる。よって，Nの質量パーセントは，

$$\frac{\overbrace{14}^{N} \times 3}{189} \times 100 \fallingdotseq 22\,〔\%〕$$

参考

$H_2N-CH_2-C(=O)-OH + H-N(H)-CH_2-C(=O)-OH + H-N(H)-CH_2-C(=O)-OH$

グリシン

H_2Oがとれる　H_2Oがとれる

$\longrightarrow H_2N-CH_2-C(=O)-N(H)-CH_2-C(=O)-N(H)-CH_2-COOH + 2H_2O$

グリシン3分子からなる鎖状のトリペプチド

（ はN原子で3個含まれている）

4 タンパク質について

アミノ酸の分子間で H_2O がとれて生成した化合物をペプチド，このとき生成した $-\overset{\overset{\displaystyle O}{\|}}{C}-\overset{\overset{\displaystyle H}{|}}{N}-$ を**ペプチド結合**といったね。**多くのアミノ酸から構成された**ポリペプチドの構造がタンパク質の構造の**基本**になっているんだ。

$$H_2N-\underset{\underset{\displaystyle H}{|}}{\overset{\overset{\displaystyle R_1}{|}}{C}}-\underset{\underset{\displaystyle O}{\|}}{C}-\boxed{O-H\ +\ H}-\underset{\underset{\displaystyle}{}}{\overset{\overset{\displaystyle H}{|}}{N}}-\underset{\underset{\displaystyle H}{|}}{\overset{\overset{\displaystyle R_2}{|}}{C}}-\underset{\underset{\displaystyle O}{\|}}{C}-\boxed{O-H}\ +\ \cdots\ +\ \boxed{H}-\overset{\overset{\displaystyle H}{|}}{N}-\underset{\underset{\displaystyle H}{|}}{\overset{\overset{\displaystyle R_n}{|}}{C}}-\underset{\underset{\displaystyle O}{\|}}{C}-O-H$$

H_2O がとれる

縮合してつながると…

$$\longrightarrow H_2N-\underset{\underset{\displaystyle H}{|}}{\overset{\overset{\displaystyle R_1}{|}}{C}}-\underset{\underset{\displaystyle O}{\|}}{C}-\overset{\overset{\displaystyle H}{|}}{N}-\underset{\underset{\displaystyle H}{|}}{\overset{\overset{\displaystyle R_2}{|}}{C}}-\underset{\underset{\displaystyle O}{\|}}{C}-\ \cdots\ -\overset{\overset{\displaystyle H}{|}}{N}-\underset{\underset{\displaystyle H}{|}}{\overset{\overset{\displaystyle R_n}{|}}{C}}-\underset{\underset{\displaystyle O}{\|}}{C}-OH\ +\ (n-1)H_2O$$

ペプチド結合

ポリペプチド

↓

多くのタンパク質は，数十～数百個のアミノ酸がペプチド結合してできている

タンパク質にはどんなものがあるの？

α-アミノ酸だけからできている単純タンパク質，α-アミノ酸の他に糖，リン酸，核酸，色素などからできている複合タンパク質があるんだ。

タンパク質
- **単純タンパク質**：α-アミノ酸だけからできている
- **複合タンパク質**：α-アミノ酸以外に糖，リン酸，核酸，色素などからできている

あと，タンパク質は形によって分類することもできるんだ。

タンパク質
- **繊維状タンパク質**：水に溶けない
- **球状タンパク質**：水に溶けるものが多い

よじった糸のようになっている。強くて水に溶けないので，動物のひづめや筋肉をつくっている。

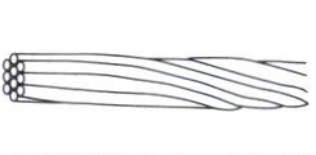

繊維状タンパク質

例 ケラチン，コラーゲン

球状タンパク質

親水基を外側に向けて球形になっており，水に溶けて細胞の中で移動できる。知られている酵素のほとんどは球状タンパク質である。

例 アルブミン，グロブリン

ポイント タンパク質の種類について

- タンパク質
  - 単純タンパク質
  - 複合タンパク質
- タンパク質
  - 繊維状タンパク質
  - 球状タンパク質

タンパク質をつくっている α-アミノ酸の配列順序（くっついている順番）のことをタンパク質の一次構造というんだ。

タンパク質は，ペプチド結合の $\rangle C=O$ と $\rangle N-H$ との間で $\rangle C=O \cdots H-N\langle$ のような水素結合を形成し，規則的な立体構造をつくって安定化している。

タンパク質で見つけることのできるせまい範囲で起こる規則的な立体構造を二次構造といい，α-ヘリックス構造や β-シート構造のような二次構造があるんだ。

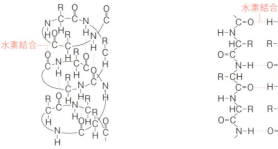

羊毛や爪などに存在するケラチンの
α-ヘリックス構造

絹に存在するフィブロインの
β-シート構造

α-ヘリックス構造って，らせん構造だね。

そうなんだ。**α-ヘリックス構造はふつう右巻きのらせん構造，β-シート構造はひだ状の平面構造**なんだ。

また，多くのタンパク質は，α-ヘリックス構造・β-シート構造・R−どうしの水素結合やイオン結合・**ジスルフィルド結合**−S−S−などで複雑に折りたたまれた立体構造（➡**三次構造**という）になっている。

システインのもつ−SH どうしの間につくられる−S−S−結合のことをジスルフィド結合という。

$$-S\boxed{H + H}S- \xrightarrow{\text{酸化}} -S-S-$$

（システイン）　（システイン）

H_2 1個がとれる

タンパク質の水溶液に，熱・強酸・強塩基・重金属イオン（Cu^{2+}，Hg^{2+}，Pb^{2+} など）**・有機溶媒**（アルコールなど）**を作用させると，水素結合などが切れタンパク質の立体構造が変化することで凝固したり沈殿したりする。**この現象は**タンパク質の変性**とよばれ，変性を起こしたタンパク質はふつうもとには戻らない。

正常なインスリンの立体構造　　変性したインスリン

たしかに，生卵を加熱してゆで卵にしたらもう生卵には戻らないね。

チェック問題 5

タンパク質に関する記述として誤りを含むものを，①～⑨のうちから2つ選べ。

① ポリペプチド鎖がつくるらせん構造(α-ヘリックス構造)では，＞C=O…H−N＜ の水素結合が形成されている。

② ポリペプチド鎖にある2つのシステインは，ジスルフィド結合(S−S 結合)をつくることができる。

③ 加水分解したとき，アミノ酸のほかに糖類やリン酸などの物質も同時に得られるタンパク質を，複合タンパク質という。

④ 繊維状タンパク質では，複数のポリペプチドの鎖が束(束状)になっている。

⑤ 一般に，加熱によって変性したタンパク質は，冷却すると元の構造に戻る。

⑥ タンパク質には，水に溶けやすいものと水に溶けにくいものがある。

⑦ タンパク質の変性は，高次構造(立体構造)が変化することによる。

⑧ 水溶性のタンパク質を水に溶かすとコロイド溶液となる。

⑨ ペプチド結合部分は，酸素−窒素(O−N)結合を含む。

解答・解説

⑤，⑨

① らせん構造(α-ヘリックス構造)やひだ状の平面構造(β-シート構造)は，ペプチド結合の部分で ＞C=O…H−N＜ の水素結合が形成されることで安定化している。これらの構造をタンパク質の二次構造という。〈正しい〉

② システインの−SH 間につくられる S−S 結合をジスルフィド結合という。〈正しい〉

⑤ 一度，変性したタンパク質は，元の構造に戻らないことが多い。〈誤り〉

⑥ 球状タンパク質は水に溶けるものが多く，繊維状タンパク質は水に溶けない。〈正しい〉

⑦ タンパク質の二次構造以上をまとめて高次構造という。〈正しい〉

⑧ タンパク質は分子が大きく，1分子でコロイド粒子の大きさをもち，**分子コロイド**とよばれる。分子コロイドであるタンパク質は水との親和力が大きく，親水コロイドでもある。〈正しい〉

⑨ ペプチド結合 $\overset{\displaystyle O}{\overset{\|}{-C}}-\overset{\displaystyle H}{\overset{|}{N}}-$ の結合部分に O−N 結合はない。〈誤り〉

第7章 高分子化合物

5 タンパク質やアミノ酸の検出反応について

タンパク質やアミノ酸の検出反応として，次の 4 つを知っておいてね。

❶ ニンヒドリン反応（➡ **アミノ基 $-NH_2$ の検出**）

アミノ酸やアミノ基 $-NH_2$ をもつタンパク質に，ニンヒドリン水溶液を加えて温めると**赤紫〜青紫色**になる。

❷ ビウレット反応（➡ **ペプチド結合を 2 つ以上もつトリペプチド以上で起こる**）

水酸化ナトリウム水溶液を加えアルカリ性にした後，硫酸銅（Ⅱ）$CuSO_4$ 水溶液を加えると，**赤紫色**になる。この反応は，2 つ以上のペプチド結合中の N が Cu^{2+} と配位結合で錯イオンをつくることで呈色する。

ペプチド結合

❸ キサントプロテイン反応（➡ **ベンゼン環をもつアミノ酸やタンパク質の検出**）

濃硝酸を加えて加熱すると，ベンゼン環がニトロ化されて**黄色**になり，冷却後，さらに濃アンモニア水などを加えて塩基性にすると**オレンジ（橙黄）色**になる。

例ベンゼン環をもつアミノ酸

$C_6H_5-CH_2-CH(NH_2)-COOH$　フェニルアラニン

$HO-C_6H_4-CH_2-CH(NH_2)-COOH$　チロシン

❹ 硫黄の検出（➡ **硫黄元素 S を含むアミノ酸やタンパク質の検出**）

水酸化ナトリウムを加えて加熱し，冷却後，酢酸鉛（Ⅱ）$(CH_3COO)_2Pb$ 水溶液を加えると，**硫化鉛（Ⅱ）PbS** の黒色沈殿が生じる。

例硫黄 S を含むアミノ酸

$HS-CH_2-CH(NH_2)-COOH$　システイン

$CH_3-S-(CH_2)_2-CH(NH_2)-COOH$　メチオニン

どれも重要な検出反応なので，しっかり覚えておいてね。

ポイント 検出反応について

タンパク質やアミノ酸の検出方法

ニンヒドリン反応	$-NH_2$ の検出
● アミノ酸やタンパク質にニンヒドリン水溶液を加えて温めると赤紫～青紫色になる。	
ビウレット反応	ペプチド結合を2つ以上もつトリペプチド以上のペプチドで起こる
● $NaOH$ を加えた後，$CuSO_4$ 水溶液を加えると，赤紫色になる。	
キサントプロテイン反応	ベンゼン環をもつアミノ酸やタンパク質の検出
● 濃硝酸を加えて加熱すると，ベンゼン環がニトロ化されて黄色になり，冷却後，さらに濃アンモニア水などを加えて塩基性にするとオレンジ(橙黄)色になる。	
硫黄の検出	Sを含むアミノ酸やタンパク質の検出
● $NaOH$ を加えて加熱し，冷却後，$(CH_3COO)_2Pb$ 水溶液を加えると，PbS の黒色沈殿が生じる。	

チェック問題 6

標準 

天然高分子化合物およびその構成成分の呈色反応に関する記述として下線部に誤りを含むものを，次の①～④のうちから1つ選べ。

① 構成アミノ酸にシステインなどの硫黄を含むタンパク質は，水酸化ナトリウム水溶液を加えて加熱した後，酢酸鉛(Ⅱ)水溶液を加えると<u>黒色沈殿を生じる</u>。

② ビウレット反応では，<u>アミノ酸2分子からなるジペプチド</u>が，銅(Ⅱ)錯体を形成することで呈色する。

③ キサントプロテイン反応では，アミノ酸の側鎖にある<u>ベンゼン環がニトロ化される</u>ことで呈色する。

④ アミノ酸は，<u>ニンヒドリンと反応して</u>呈色する。

解答・解説

②

① Sの検出反応。酢酸鉛(Ⅱ)$(CH_3COO)_2Pb$ で PbS の黒色沈殿を生じる。〈正しい〉

② **アミノ酸3分子からなるトリペプチド**が赤紫色に呈色するのがビウレット反応。〈誤り〉

③ ベンゼン環がニトロ化されて黄色になり，濃アンモニア水でオレンジ(橙黄)色になる。〈正しい〉

④　ニンヒドリンでアミノ酸やアミノ基を含むタンパク質が赤紫～青紫色に呈色する。〈正しい〉

チェック問題 7　やや易 

ポリペプチドAは，システイン，セリン，チロシン，リシンの4種類のアミノ酸でできている。ポリペプチドAの水溶液を用いて，次の実験1・2を行った。これらの実験結果から，ポリペプチドAを構成するアミノ酸として確認できるものはどれか。最も適当な組み合わせを，下の①～④のうちから1つ選べ。

実験1　濃硝酸を加えて加熱すると黄色になり，冷却後にアンモニア水を加えると橙黄(とうおう)色になった。

実験2　濃い水酸化ナトリウム水溶液を加えて加熱した後，酢酸で中和し，酢酸鉛(Ⅱ)水溶液を加えると黒色沈殿を生じた。

	実験1から確認できるアミノ酸	実験2から確認できるアミノ酸
①	$CH_2(OH)-CH(NH_2)-COOH$ セリン	$CH_2(NH_2)-CH_2-CH_2-CH_2-CH(NH_2)-COOH$ リシン
②	$CH_2(OH)-CH(NH_2)-COOH$ セリン	$CH_2(SH)-CH(NH_2)-COOH$ システイン
③	$HO-C_6H_4-CH_2-CH(NH_2)-COOH$ チロシン	$CH_2(NH_2)-CH_2-CH_2-CH_2-CH(NH_2)-COOH$ リシン
④	$HO-C_6H_4-CH_2-CH(NH_2)-COOH$ チロシン	$CH_2(SH)-CH(NH_2)-COOH$ システイン

解答・解説

④

実験1はキサントプロテイン反応であり，ベンゼン環をもつ**チロシン**が含まれているために呈色する。

実験2は硫黄Sの検出反応であり，Sをもつ**システイン**が含まれているために PbS の黒色沈殿を生じる。

思 考力のトレーニング 2

やや難 

ジペプチドAは，図1に示すアスパラギン酸，システイン，チロシンの3種類のアミノ酸のうち，同種あるいは異種のアミノ酸が脱水縮合した化合物である。ジペプチドAを構成しているアミノ酸の種類を決めるために，アスパラギン酸，システイン，チロシン，ジペプチドAの成分元素の含有率を質量パーセント〔%〕で比較したところ，図2のようになった。ジペプチドAを構成しているアミノ酸の組み合わせとして最も適当なものを，次の①～⑥のうちから1つ選べ。ただし，H＝1.0，C＝12，N＝14，O＝16とする。

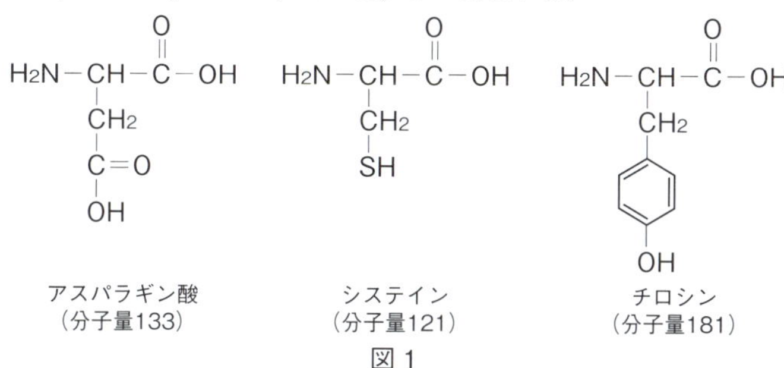

図1

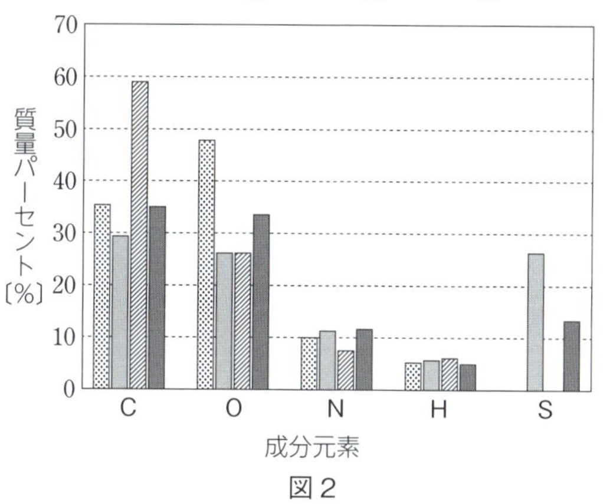

図2

① アスパラギン酸とアスパラギン酸
② アスパラギン酸とシステイン
③ アスパラギン酸とチロシン
④ システインとシステイン
⑤ システインとチロシン
⑥ チロシンとチロシン

解答・解説

②

図２から，ジペプチドＡ■にはＳが含まれていることがわかり，ジペプチドＡにシステインが含まれているとわかる。

└→分子式中にＳあり

加えて，図２から，ジペプチドＡ■に含まれているＳ〔%〕は，システイン■に含まれているＳ〔%〕の半分程度とわかる。

もし，ジペプチドＡが④のシステインとシステインが脱水縮合したジペプチドであれば，ジペプチドＡ■のＳ〔%〕はシステイン■のＳ〔%〕と同程度になるはず（正確な値〔%〕は脱水まで考える必要がある）であり，ジペプチドＡはシステインとシステインが脱水縮合したジペプチドではない。

よって，選択肢中にシステインが含まれている②，④，⑤のうち，システインとシステインの④を除いた②と⑤について検討すればよい。

②と⑤の違いは，アスパラギン酸▩かチロシン▨の違いであり，図２を見るとジペプチドＡ■のＯ〔%〕がシステイン■やチロシン▨のもつＯ〔%〕よりも多くなっている。システインとチロシンを脱水縮合したジペプチドのもつＯ〔%〕がシステインとチロシンのＯ〔%〕を超えることはない。よって，②のアスパラギン酸とシステインが答えになる。

参考　アスパラギン酸（分子量133）とシステイン（分子量121）とからなるジペプチドのＯ〔%〕は，Ｏ＝16より，

$$\frac{16 \times 5^{\text{注}}}{133+121-\underbrace{18}_{H_2O\text{がとれる}}} \times 100 \fallingdotseq 34\ 〔\%〕$$

注　たとえば，

ジペプチド $H_2N-CH(CH_2-COOH)-C(=O)-N(H)-CH(CH_2-SH)-COOH$ は，１分子中にＯを５個もつ。

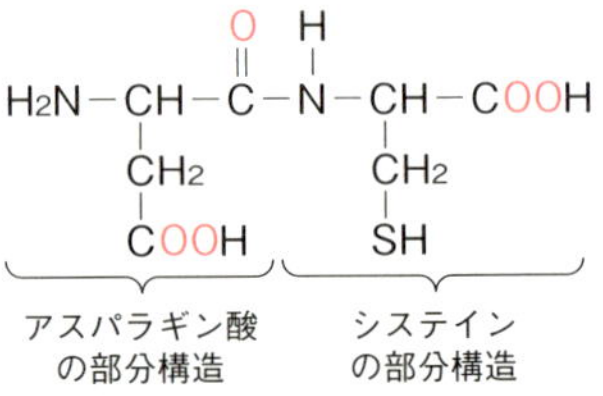

（$H_2N-CH(CH_2-COOH)-$：アスパラギン酸の部分構造，$-CH(CH_2-SH)-$：システインの部分構造）

第７章　高分子化合物

核酸と酵素

1 核酸について

生物の細胞には**核酸**という酸性の高分子化合物が存在し，**遺伝**や**タンパク質の合成**に中心的な役割をはたしているんだ。

DNA だっけ？

そうだね。核酸には **DNA（デオキシリボ核酸）** と **RNA（リボ核酸）** の２種類があるんだ。

核酸	DNA（デオキシリボ核酸）
	RNA（リボ核酸）

DNA や RNA は，下のヌクレオチドが多数つながったポリヌクレオチドなんだ。

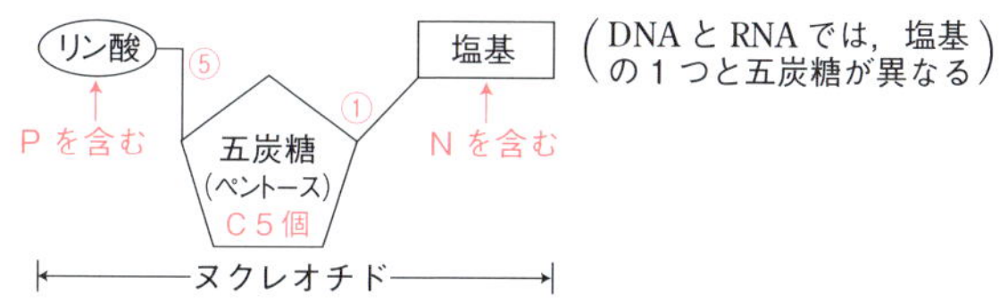

DNA と RNA の違いを教えてよ。

構成している**五炭糖**（ペントース）と N を含む**塩基**（➡ N を含む塩基は４種類ある）**の１種**が違うんだ。また，DNA は細胞の核に存在し**二重らせん構造**をとるけど，RNA は細胞質に存在しふつう一本鎖なんだ。

ポイント　DNA と RNA

	構造	所在	役割
DNA	二重らせん構造	核に存在	遺伝情報を保持し伝える
RNA	ふつう１本鎖の構造	核と細胞質に存在	タンパク質合成に関わる

DNA と RNA ➡ 構成している五炭糖と N を含む塩基の１種が異なる

まず，五炭糖の違いを教えてよ。

DNA や RNA を構成している糖は炭素数が 5 個のペントース(五炭糖)で，それぞれ次のような構造をもっている。

(a) DNA を構成するペントース　　　　(b) RNA を構成するペントース

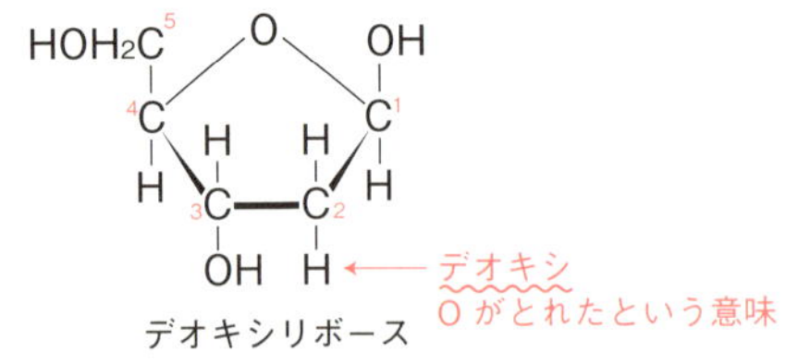

デオキシリボース

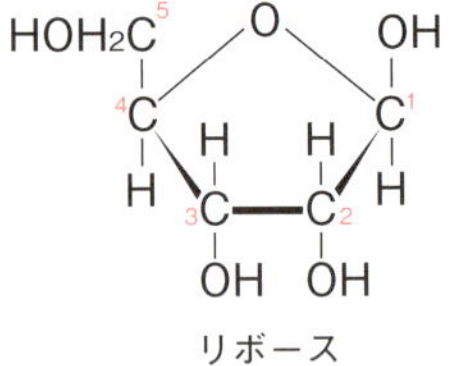

リボース

デオキシリボースの 2 の炭素原子についている H が，リボースの 2 の炭素原子では OH になっているね。

そうなんだ。**構成している五炭糖が DNA はデオキシリボース，RNA はリボースなんだ**。まず，この五炭糖のちがいを覚えてね。

チェック問題 1

核酸はヌクレオチドをくり返し単位とする高分子化合物であり，単糖，リン酸，塩基からなる。図はデオキシリボ核酸 DNA に含まれる糖の構造と，この糖に含まれる炭素原子の位置をア～オで示している。ヌクレオチドの塩基は図の糖の [1] の炭素原子と結合し，リン酸は [2] の炭素原子と結合する。[ ] に最も適しているものを，それぞれ①～⑤から 1 つずつ選べ。

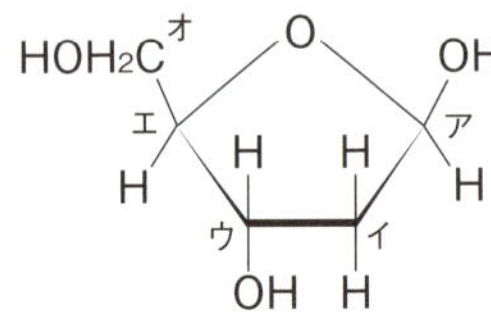

[1]：① ア　② イ　③ ウ　④ エ　⑤ オ
[2]：① ア　② イ　③ ウ　④ エ　⑤ オ

解答・解説

[1] ①　　[2] ⑤

次に，塩基の違いも教えてよ。

DNAやRNAをつくっている塩基は，それぞれ，

DNA ➡ アデニン(A)，グアニン(G)，シトシン(C)，チミン(T)

RNA ➡ アデニン(A)，グアニン(G)，シトシン(C)，ウラシル(U)

なんだ。

つまり，DNAやRNAを構成している**核酸塩基**はそれぞれ4種類で，そのうちの1種が**チミン**(DNA)か**ウラシル**(RNA)の違いがあるんだ。

(a) DNAを構成する塩基

ここが CH_3- であればチミン，$H-$ であればウラシル

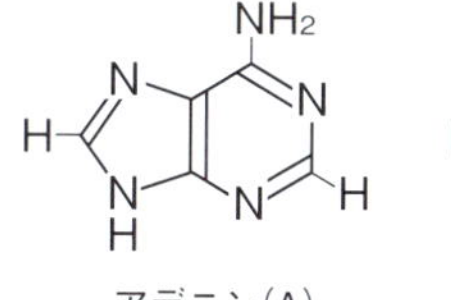

アデニン(A)　グアニン(G)

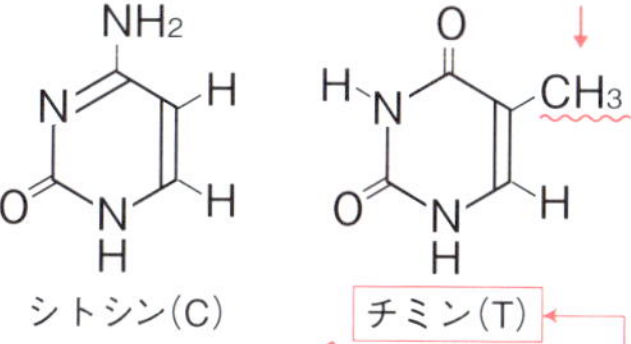

シトシン(C)　チミン(T)

アデニンだけ C=O がない点に注目しよう

チミンとウラシルは C=O が2個ある点に注目しよう

ここがちがう!!

(b) RNAを構成する塩基

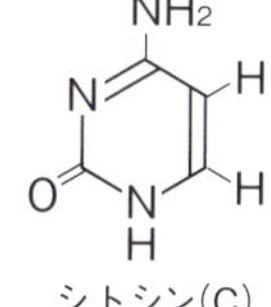

アデニン(A)　グアニン(G)　シトシン(C)　ウラシル(U)

DNAはチミンで，RNAはウラシルなんだね。

そうだね。**「チミンがウラぎる(ウラシル)」**と覚えておいてね。

核酸	DNA(デオキシリボ核酸)	RNA(リボ核酸)
五炭糖(ペントース)	デオキシリボース	リボース
塩基	A(アデニン)・G(グアニン)・C(シトシン)・T(チミン)	A(アデニン)・G(グアニン)・C(シトシン)・U(ウラシル)

A(アデニン)はC=Oなし，T(チミン)やU(ウラシル)はC=O2個と覚えておこう！

これらの塩基が五炭糖(ペントース)**やリン酸** H_3PO_4 **と結合したものをヌクレオチド，ヌクレオチドが多数つながったものをポリヌクレオチド，このポリヌクレオチドが核酸(DNA，RNA)**でいいかな？

その通りだよ。すごいね。

そして，DNA は二重らせん構造で，RNA は 1 本鎖なんだよね。

さすがだね。あとは，DNA の**アデニン**(A)・**チミン**(T)間の**水素結合の数**，**グアニン**(G)・**シトシン**(C)間の**水素結合の数**を覚えてね。

❶ DNA や RNA の構造

❶ DNA の構造

二重らせん構造をとり，A と T，G と C が水素結合で対をつくっている。

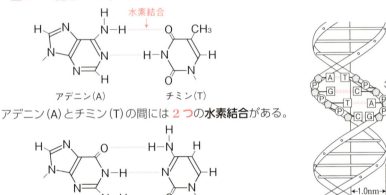

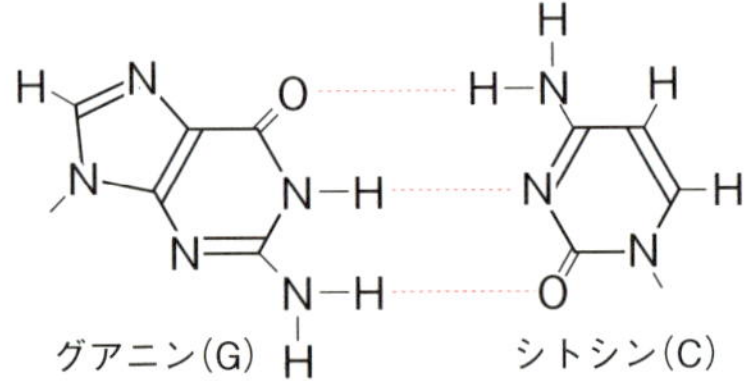

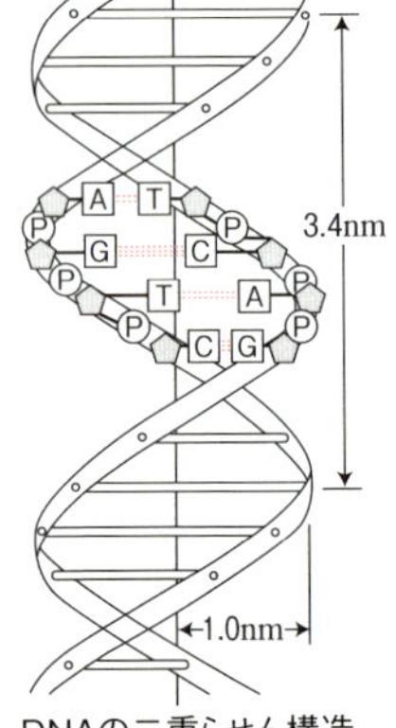

DNAの二重らせん構造

アデニン(A)とチミン(T)の間には **2 つ**の**水素結合**がある。

グアニン(G)とシトシン(C)の間は **3 つ**の**水素結合**がある。

これをまとめて，A 2 T（エーツーティ），G 3 C（ジーさんシー）と覚えるといいよ。

このように，決まった塩基が必ず対になって存在しているので，**A と T，G と C はそれぞれ常に同じ物質量〔mol〕ずつ存在する**。

❷ RNA の構造

DNA と同じポリヌクレオチドだが，ふつう 1 本鎖で存在している。

チェック問題 2

天然に存在する核酸に関する記述として誤りを含むものを，次の①～⑨のうちから2つ選べ。

① 核酸の単量体に相当する分子をヌクレオチドという。
② 核酸は，それを構成する糖のヒドロキシ基とリン酸が縮合した構造をもつ。
③ 核酸は，窒素を含む環状構造の塩基をもつ。
④ RNAは5種類の塩基をもつ。
⑤ DNAは4種類の塩基をもつ。
⑥ DNAの二重らせん構造では，塩基どうしが水素結合を形成している。
⑦ DNAの糖部分は，RNAの糖部分とは異なる構造をもつ。
⑧ DNAとRNAに共通する塩基は，3種類ある。
⑨ DNAとRNAはチミンを共通に含む。

解答・解説

④，⑨

① 核酸(DNAやRNA)は，ヌクレオチド(単量体)が多数つながったポリヌクレオチド。〈正しい〉
② DNAはデオキシリボース(糖)の－OHとリン酸H_3PO_4が縮合した構造をもち，RNAはリボース(糖)の－OHとリン酸H_3PO_4が縮合した構造をもつ。〈正しい〉
③ Nを含む環状構造の塩基(DNAはA，G，C，T，RNAはA，G，C，U)をもつ。〈正しい〉
④ RNAは，アデニン(A)・グアニン(G)・シトシン(C)・ウラシル(U)の4種類の塩基をもつ。〈誤り〉
⑤ DNAは，アデニン(A)・グアニン(G)・シトシン(C)・チミン(T)の4種類の塩基をもつ。〈正しい〉
⑦ DNAの糖部分はデオキシリボース，RNAの糖部分はリボースなので異なる構造をもつ。〈正しい〉
⑧ DNAとRNAに共通する塩基は，アデニン(A)・グアニン(G)・シトシン(C)の3種類。〈正しい〉
⑨ DNAはチミンを含むが，RNAはチミンでなくウラシルを含む。〈誤り〉

第7章 高分子化合物

チェック問題 3

次のデオキシリボ核酸DNAとリボ核酸RNAの記述として，不適切なものを①～⑥のうちから2つ選べ。アデニン，グアニン，シトシン，チミン，ウラシルの各塩基はそれぞれA，G，C，T，Uとする。

① 二重らせん構造をとるDNAの一方の鎖の塩基配列が−C−C−T−A−G−C−A−の部分を考えたとき，この部分の二重らせんの中で形成される水素結合は18個である。
② リン酸と糖の結合はエーテル結合である。
③ 塩基と糖の結合は共有結合である。
④ RNAの構成元素はC，H，N，O，Sである。
⑤ ある細胞の核内のDNAに含まれるGの個数が全ての塩基の個数の24％であるとき，Aの個数の比率は26％である。
⑥ 核酸を構成する繰り返し単位となる物質はヌクレオチドとよばれ，リン酸を含む。

解答・解説

②，④

A2T（エーツーティ），G3C（ジーさんシー）を思い出そう！

① 〈正しい〉

−G−G−A−T−C−G−T−
3 3 2 2 3 3 2 ……は水素結合
−C−C−T−A−G−C−A−

水素結合は，(3＋3＋2＋2＋3＋3＋2)＝18個

② 〈誤り〉エーテル結合ではなく，(リン酸)エステル結合が正しい。リン酸エステルをつくっている。

③ 〈正しい〉

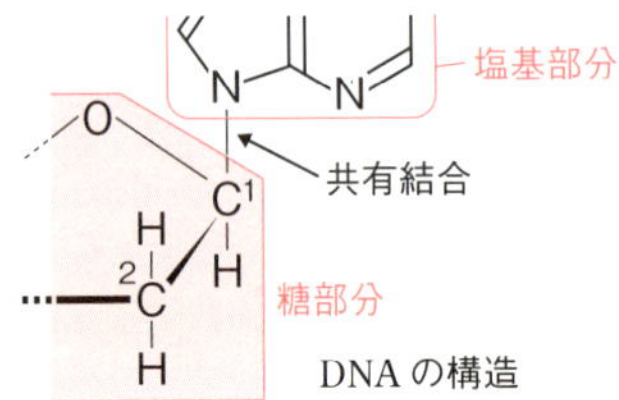

DNAの構造

④ 〈誤り〉SでなくPが正しい。リン酸H_3PO_4を含んでいる。

⑤ 〈正しい〉G＝C＝24％

$$A=T=\{100-(\underbrace{24}_{G}+\underbrace{24}_{C})\}\times\frac{1}{2}=26\%$$

⑥ 〈正しい〉

思考力のトレーニング

難 

DNAは，２本のポリヌクレオチド鎖が塩基の間で水素結合をつくり，二重らせん構造を形成している。DNAのヌクレオチド中の塩基には，図に示すア～エの４種類があり，塩基のＮ原子に結合しているＨ原子(N−H)と，異なる塩基のＮ原子あるいはＯ原子との間で，N−H…N または N−H…O の水素結合を形成する。また，塩基間の水素結合は，塩基の組み合わせによって２つのものと３つのものがあり，異なる塩基どうしを選択的に結びつけている。

DNAがポリヌクレオチド鎖ＸとＹからなり，Ｘが塩基として，ア 225 個，イ 250 個，ウ 220 個，エ 240 個をもつとき，１組のＸとＹからなるDNAの中で形成される塩基間の水素結合の総数はいくつか。最も適当な数値を，下の①～⑥のうちから１つ選べ。

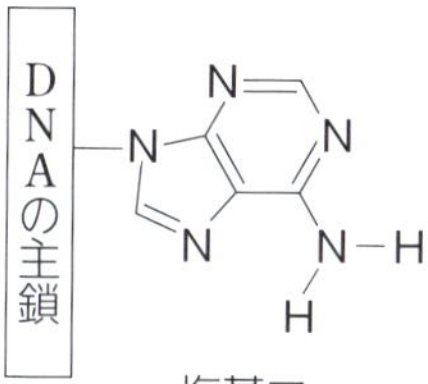

DNAの主鎖

塩基ア

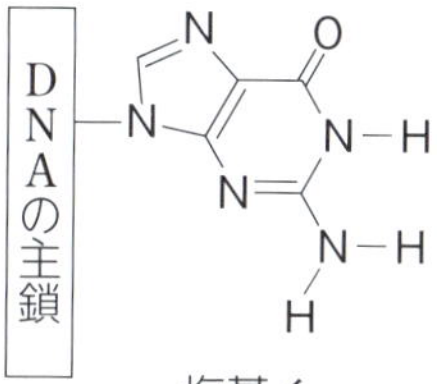

DNAの主鎖

塩基イ

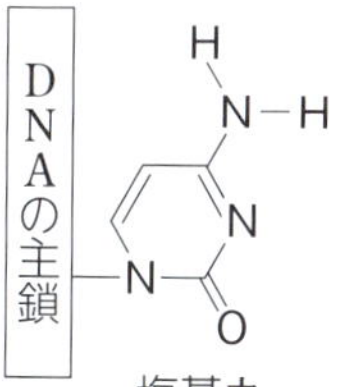

DNAの主鎖

塩基ウ

DNAの主鎖

塩基エ

① 2315　② 2330　③ 2335
④ 2340　⑤ 2345　⑥ 2360

解答・解説

(1) 異なる塩基のＮあるいはＯとの間で，「N−H…N または N−H…O」の水素結合を形成する。

(2) 塩基間の水素結合は，「２つのもの」と「３つのもの」がある。

この(1)と(2)から次のペアを図から見つけ出す。

ペアを見つけ出すポイント　構造式を見ると，塩基アは２つ水素結合を形成すると予想しやすい。比較的，塩基イと塩基ウのペアは見つけやすい。

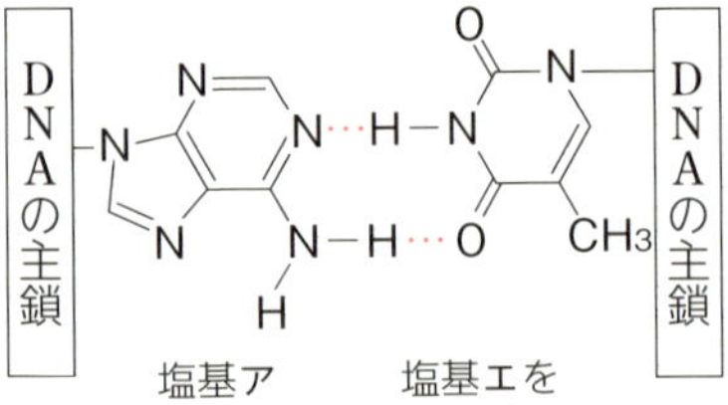

DNAの主鎖　DNAの主鎖

塩基ア　塩基エをうらがえしたもの

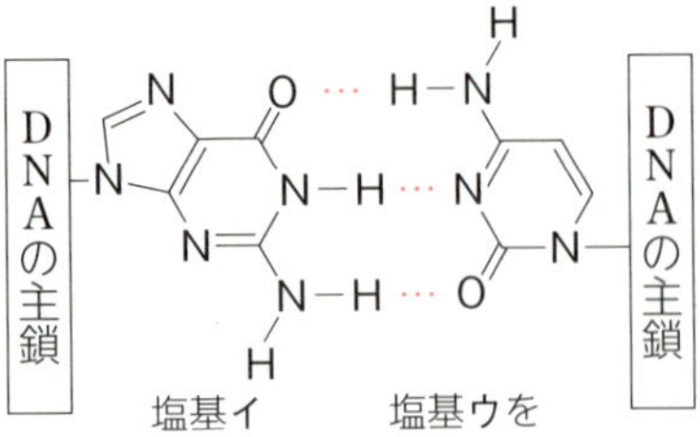

DNAの主鎖　DNAの主鎖

塩基イ　塩基ウをうらがえしたもの

塩基ア　225 個のもつ水素結合は 225× 2 個 ⬅ アのもつ…は 2 個
塩基イ　250 個のもつ水素結合は 250× 3 個 ⬅ イのもつ…は 3 個
塩基ウ　220 個のもつ水素結合は 220× 3 個 ⬅ ウのもつ…は 3 個
塩基エ　240 個のもつ水素結合は 240× 2 個 ⬅ エのもつ…は 2 個

よって，この DNA の中で形成される水素結合の総数は，

$$225 \times 2 + 250 \times 3 + 220 \times 3 + 240 \times 2 = 2340$$ 個

別解　知識を活用して解くこともできる！

塩基アには C=O がない　➡ アデニン(A)とわかる。
塩基エには C=O が 2 個　➡ チミン(T)とわかる。
よって，塩基イや塩基ウはグアニン(G)とシトシン(C)となる。

参考　塩基イはグアニン(G)，塩基ウはシトシン(C)である。

A2T より，塩基ア(A) 225 個のもつ水素結合の数は 225× 2 個
A2T より，塩基エ(T) 240 個のもつ水素結合の数は 240× 2 個
G3C より，塩基イ(G) 250 個のもつ水素結合の数は 250× 3 個
グアニン(G)とわからなくても解ける
G3C より，塩基ウ(C) 220 個のもつ水素結合の数は 220× 3 個
シトシン(C)とわからなくても解ける

よって，この DNA の中で形成される水素結合の総数は，

$$225 \times 2 + 240 \times 2 + 250 \times 3 + 220 \times 3 = 2340$$ 個

2 酵素について

触媒としてはたらくタンパク質を酵素というんだ。

触媒だから，活性化エネルギーを低下させるんだね。

そうなんだ。酵素については，次の 3 つのキーワードを覚えてね。

キーワード 1　基質特異性

酵素が反応する相手を**基質**といい，酵素は決まった基質にしかはたらかない。これを，酵素の**基質特異性**という。たとえば，**リパーゼという酵素は油脂(基質)を脂肪酸とモノグリセリド(グリセリンのエステル)に加水分解する反応の触媒になる。**

油脂 $\xrightarrow{\text{リパーゼ}}$ 脂肪酸 ＋ モノグリセリド(グリセリンのエステル)

また，**アミラーゼという酵素はデンプン(基質)をマルトースに分解する反応の触媒になる。**

デンプン $\xrightarrow{\text{アミラーゼ}}$ マルトース

酵素は特定の基質にのみはたらくから，アミラーゼが油脂に作用したり，リパーゼがデンプンに作用したりはしないんだ。

キーワード 2　最適温度

酵素が触媒としてはたらくとき，反応速度が最大になる温度のことを最適温度というんだ。

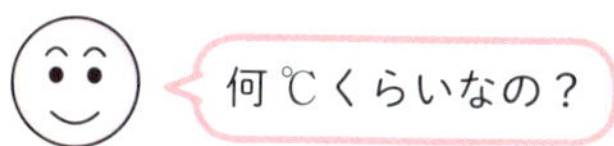

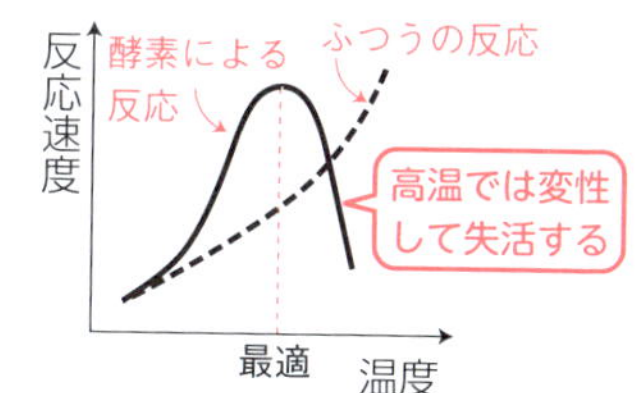

ふつう，35〜40℃くらいで，これより高温になると酵素をつくっているタンパク質が熱で変性してしまう。高温になって酵素がその活性を失うことを**酵素の失活**といい，一度失活した酵素は元の温度に戻してもそのはたらきは回復しないんだ。

キーワード 3　最適 pH

酵素が触媒としてはたらくとき，**反応速度が最大になる pH のことを最適 pH という**んだ。

ペプシンは胃液の中ではたらくから最適 pH は 2 くらいなんだね。

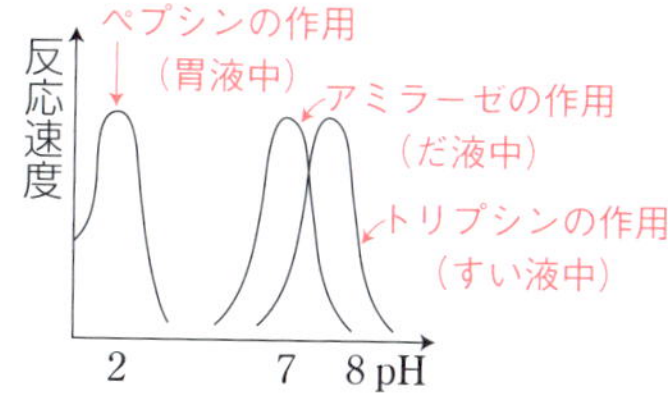

ヒトは，糖類(デンプンなど)，脂肪，タンパク質を食べ，口，胃，小腸などから分泌される加水分解酵素によりこれらを小さな分子にまで分解するよね。このはたらきを消化といい，消化は次のフローチャートを覚えておけばいいんだ。

デンプン（米，パンなど） —アミラーゼ→ デキストリン —アミラーゼ→ マルトース —マルターゼ→ グルコース

脂肪（油脂）（バターなど） —リパーゼ→ モノグリセリド ＋ 脂肪酸

タンパク質（肉，卵など） —ペプシン→ —トリプシン→ —ペプチターゼ→ アミノ酸

チェック問題 4

次の文章は，栄養素の体内への摂取のようすを述べている。空欄 [1] ～ [4] に入れる語として最も適当なものを，①～⑧のうちから1つずつ選べ。[3] と [4] の解答の順序は問わない。

タンパク質はいろいろな [1] が多数結合した高分子である。[2] により，いったん [1] に分解され，腸壁から吸収されたのち，再び結びついて，必要なタンパク質になる。

油脂は水に溶けずそのままでは体に吸収されないので，すい臓の [2] により，[3] と [4] に分解され，腸壁から吸収されたのち，再び結びついて，必要な脂肪になったり，他の物質を合成する材料となったりする。

① グルコース　② 酵素　③ アミノ酸　④ 脂肪酸
⑤ ビタミン　⑥ スクロース　⑦ グリセリンのエステル　⑧ ホルモン

解答・解説

[1] ③　[2] ②　[3] [4] ④，⑦（順不同）

チェック問題 5

生体高分子に関する記述として誤りを含むものを，①～⑤のうちから1つ選べ。

① 酵素と活性部位で複合体を形成できる物質のみが，基質として触媒作用を受ける。
② 酵素の多くが加熱により触媒作用を失うのは，構成するタンパク質が変性するためである。
③ デオキシリボ核酸中では，リン酸部分の3つのヒドロキシ基は，いずれもリン酸エステル結合している。
④ 人体内ではたらく酵素の中には，最適 pH が中性付近でないものがある。

⑤　酵素の濃度が一定の条件では，基質の濃度の増加にともなって酵素反応の反応速度は大きくなり，ある濃度で反応速度は最大値に達するが，それ以上の濃度では反応速度は一定になる。

解答・解説

③

① 〈正しい〉酵素には基質と結合する場所があり，この場所を**活性部位**または**活性中心**という。酵素はこの活性部位で基質と結合し，**酵素－基質複合体**をつくり，その後，基質は生成物に変化する。

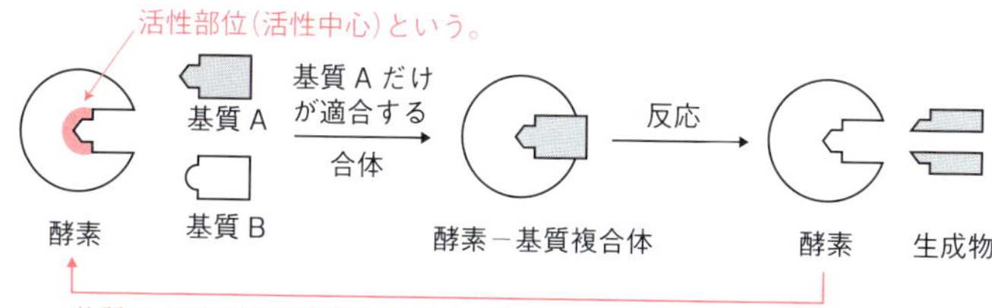

② 〈正しい〉

③ 〈誤り〉いずれもではない

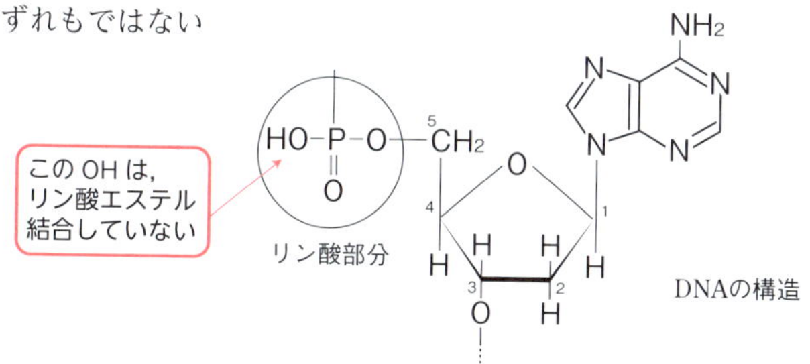

④ 〈正しい〉たとえば，ペプシンの最適pHは約2になる。

⑤ 〈正しい〉基質の濃度がある濃度に達すると，反応速度vは一定(最大速度)になる。

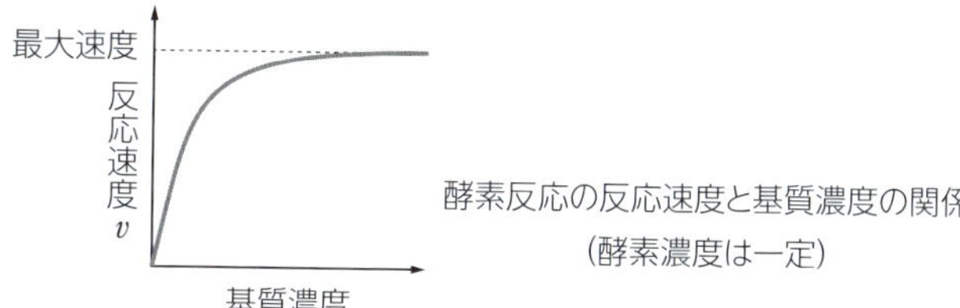

酵素反応の反応速度と基質濃度の関係
(酵素濃度は一定)

41時間目　第7章　高分子化合物

プラスチック（合成樹脂）

1 プラスチックの分類について

プラスチック(合成樹脂)は，石油などを原料として人工的につくられた物質で，**熱による性質の違い**により次のように分類できる。

プラスチック（合成樹脂）
- **熱可塑性樹脂**…加熱すると**軟らかく**なり，冷えると**固まる**性質をもつプラスチック
- **熱硬化性樹脂**…加熱すると**硬く**なる性質をもつプラスチック

熱可塑性樹脂は**付加重合**や**縮合重合**，熱硬化性樹脂は**付加縮合**でつくられるものが多いんだ。

付加重合や縮合重合は覚えているけど，付加縮合ははじめて出てきたんじゃない？

付加縮合は，付加反応と縮合反応をくり返して進む重合のことをいうんだ。だから，付加と縮合をおさえておけば，大丈夫だよ。

プラスチックは，小さな分子が数百から数千以上も共有結合でつながってできている。**小さな分子を単量体**(モノマー)，**モノマーが多数つながったものを重合体**(ポリマー)，単量体が共有結合し重合体になる反応を**重合**というんだ。

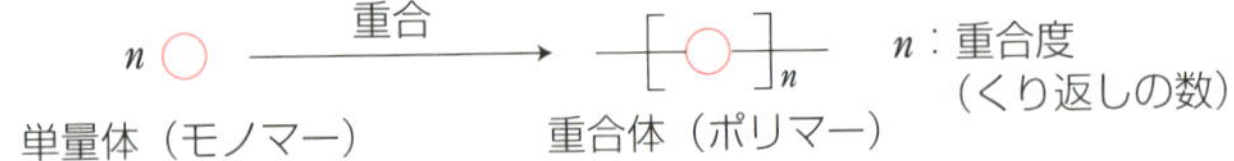

重合のしかたには，付加重合や縮合重合があったね。

❶ 付加重合： C＝C 結合などをもつ化合物が付加反応で，次々と結びつく反応

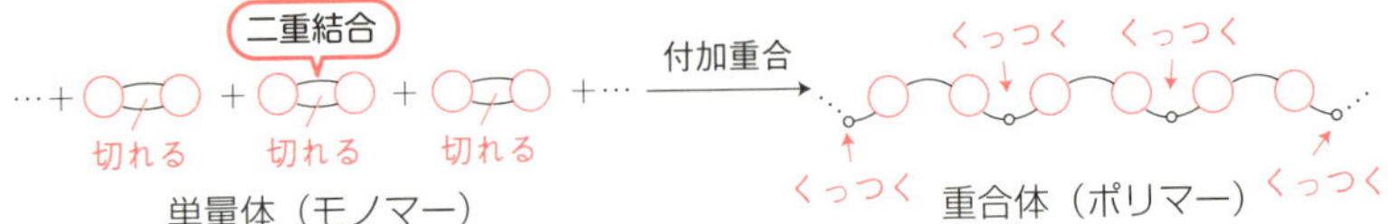

❷ 縮合重合： H_2O などの簡単な分子がとれ，次々と結びつく反応

注　2種類以上の単量体を使い重合を起こすときは，とくに**共重合**という。

チェック問題 1

合成高分子化合物に関する記述として誤りを含むものを，次の①～⑤のうちから1つ選べ。

① 鎖状構造だけでなく，網目状構造の高分子もある。
② 重合度の異なる分子が集まってできている。
③ 非結晶部分(無定形部分)をもたない。
④ 明確な融点を示さない。
⑤ 熱可塑性樹脂は，加熱によって成形加工しやすくなる。

解答・解説

③

① ポリエチレン $\left[CH_2-CH_2\right]_n$ (➡ P.567)のような鎖状構造だけでなく，フェノール樹脂(➡ P.574)のような網目状構造もある。〈正しい〉

② 合成高分子は $\left[CH_2-CH_2\right]_n$ (ポリエチレン)のように表し，この n を重合度という。高分子化合物は，n の値が異なる分子が集まってできている。〈正しい〉
そのため，合成高分子の分子量を考えるときには，平均分子量を用いる。

高分子化合物の構造

③ 高分子化合物は，分子鎖が規則正しく配列した結晶部分と不規則に配列した非結晶部分(無定形部分)からなる。〈誤り〉

④ 明確な融点を示さず，徐々に軟化しはじめて液体になる。〈正しい〉

⑤ 加熱により軟らかくなるので成形加工しやすい。〈正しい〉

第7章 高分子化合物

思考力のトレーニング 1

やや易　2分

平均分子量が M_A と M_B である合成高分子化合物AとBがある。図は，AとBの分子量分布であり，どちらも分子量 M の分子の数が最も多い。M_A，M_B，M の関係として最も適当なものを，下の①〜⑦のうちから1つ選べ。

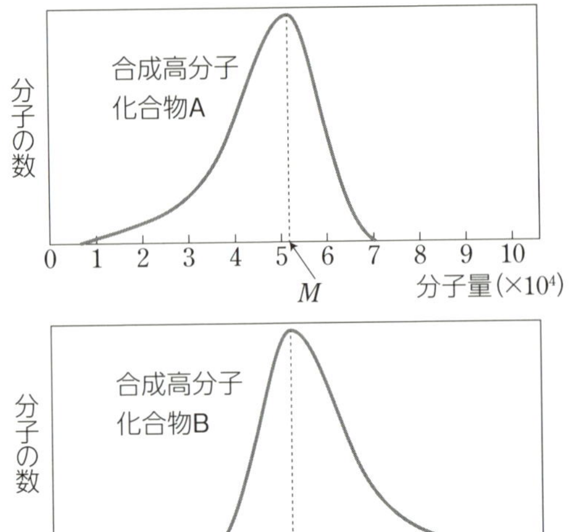

① $M = M_A = M_B$　② $M < M_A = M_B$　③ $M_A = M_B < M$
④ $M < M_A < M_B$　⑤ $M_A < M_B < M$　⑥ $M_A < M < M_B$
⑦ $M_B < M < M_A$

解答・解説

合成高分子化合物Aについては，図より，

M より分子量の小さな分子の数＜M より分子量の大きな分子の数

なので，Aの平均分子量 M_A は M より小さくなる。$M_A < M$　……(1)

合成高分子化合物Bについては，図より，

M より分子量の小さな分子の数＜M より分子量の大きな分子の数

なので，Bの平均分子量 M_B は M より大きくなる。$M_B > M$　……(2)

よって，(1)と(2)から，$M_A < M < M_B$ となる。

2 熱可塑性樹脂について

❶ 付加重合によってつくられる熱可塑性樹脂

付加重合によりつくられるプラスチックのほとんどが**熱可塑性**で，その単量体(モノマー)はビニル基 $CH_2=CH-$ や $>C=C<$ などの C=C 結合をもっていることが多い。

$$\begin{matrix} H & & H \\ & C=C & \\ H & & X \end{matrix} \xrightarrow{\text{付加重合}} \left[\begin{matrix} H & H \\ | & | \\ -C- & C- \\ | & | \\ H & X \end{matrix} \right]_n$$

切れる

ビニル基をもった単量体（モノマー）　　重合体（ポリマー）

$-X$ がさまざま変化することで，さまざまな**熱可塑性樹脂**になるんだ。

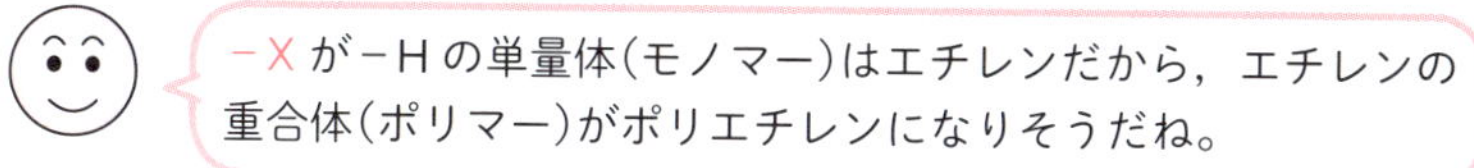

$-X$ が $-H$ の単量体(モノマー)はエチレンだから，エチレンの重合体(ポリマー)がポリエチレンになりそうだね。

そうなんだ。ポリエチレンには低密度と高密度のものがあって，それぞれ低密度ポリエチレン，高密度ポリエチレンという。

$$nCH_2=CH_2 \xrightarrow{\text{付加重合}} \text{[}CH_2-CH_2\text{]}_n$$

エチレン　　ポリエチレン　➡ ポリ袋や容器などに利用

1950年代以前は，**高圧**，約**200℃**で**エチレンを付加重合させて得られる低密度ポリエチレン**しかつくれなかったんだ。**低密度ポリエチレンは，低密度だからすきまが多く，透明でやわらかい性質がある。**

その後，**チーグラー触媒**という触媒が開発され，**低圧**，約**60℃**でエチレンから**高密度ポリエチレン**をつくれるようになったんだ。**高密度ポリエチレンは，高密度だからすきまが少なく，不透明でかたい性質がある。**

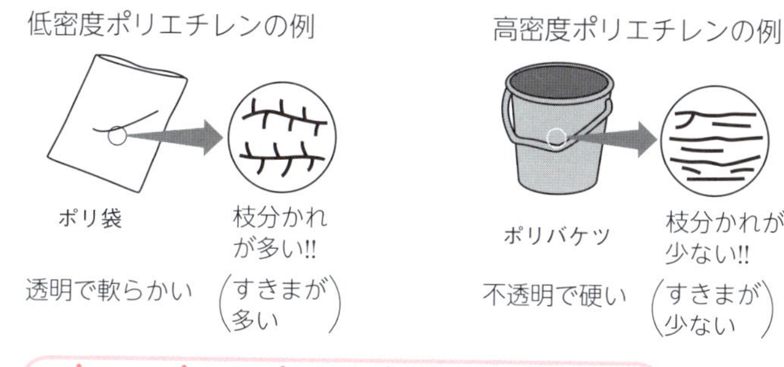

「低密度は高圧」,「高密度は低圧」でつくるんだね。

第7章 高分子化合物

チェック問題 2

ポリエチレンに関する記述として誤りを含むものを，①～⑤から１つ選べ。

① 熱可塑性プラスチックである。
② 付加重合によってつくられる。
③ 結晶性が低いものは，結晶性が高いものと比べて透明で軟らかい性質を有している。
④ 袋や容器などに利用されている。
⑤ 分子中に炭素原子間の単結合と二重結合が交互に並んでいる。

解答・解説

⑤

付加重合によりつくられる(➡②)ポリエチレン $\left[CH_2-CH_2 \right]_n$ は，熱可塑性プラスチックであり(➡①)，袋や容器などに利用されている(➡④)。よって，①，②，④はすべて〈正しい〉。

③ 結晶性が低いもの(低密度ポリエチレン)は，結晶性が高いもの(高密度ポリエチレン)より透明で軟らかい〈正しい〉。

⑤ ポリエチレン $\left[\begin{matrix} H & H \\ | & | \\ C-&C \\ | & | \\ H & H \end{matrix} \right]_n$ の分子中には，C＝C 結合は存在しない。〈誤り〉

チェック問題 3

標準

［　　］にあてはまる文を次の①～⑤のうちから１つ選べ。

ポリエチレンは合成法の違いにより，高圧で合成される低密度ポリエチレンと触媒を用いる高密度ポリエチレンがある。低密度ポリエチレンは高密度ポリエチレンに比べると［　　］。

① 枝分かれが少なく，結晶化しやすく，軟らかくて，透明である。
② 枝分かれが少なく，結晶化しにくく，硬くて，不透明である。
③ 枝分かれが多く，結晶化しにくく，硬くて，透明である。
④ 枝分かれが多く，結晶化しにくく，軟らかくて，不透明である。
⑤ 枝分かれが多く，結晶化しにくく，軟らかくて，透明である。

解答・解説

⑤

付加重合でつくられるプラスチックは，ポリエチレンの他に次の6つを覚えてね。

❶ $n\mathrm{CH_2{=}CH(CH_3)}$ プロピレン $\xrightarrow{\text{付加重合}}$ $\left[\mathrm{CH_2{-}CH(CH_3)}\right]_n$ ポリプロピレン ➡ 容器などに利用

❷ $n\mathrm{CH_2{=}CH(Cl)}$ 塩化ビニル $\xrightarrow{\text{付加重合}}$ $\left[\mathrm{CH_2{-}CH(Cl)}\right]_n$ ポリ塩化ビニル ➡ パイプや消しゴムなどに利用

❸ $n\mathrm{CH_2{=}CH(OCOCH_3)}$ 酢酸ビニル $\xrightarrow{\text{付加重合}}$ $\left[\mathrm{CH_2{-}CH(OCOCH_3)}\right]_n$ ポリ酢酸ビニル ➡ 接着剤などに利用

❹ $n\mathrm{CH_2{=}CH(C_6H_5)}$ スチレン $\xrightarrow{\text{付加重合}}$ $\left[\mathrm{CH_2{-}CH(C_6H_5)}\right]_n$ ポリスチレン ➡ 容器，梱包材などに利用（発泡スチロール）

❺ $n\mathrm{CH_2{=}C(CH_3)(COOCH_3)}$ メタクリル酸メチル $\xrightarrow{\text{付加重合}}$ $\left[\mathrm{CH_2{-}C(CH_3)(COOCH_3)}\right]_n$ ポリメタクリル酸メチル メタクリル樹脂（アクリル樹脂） ➡ 有機ガラスともよばれ，光ファイバーや強化ガラスなどに利用

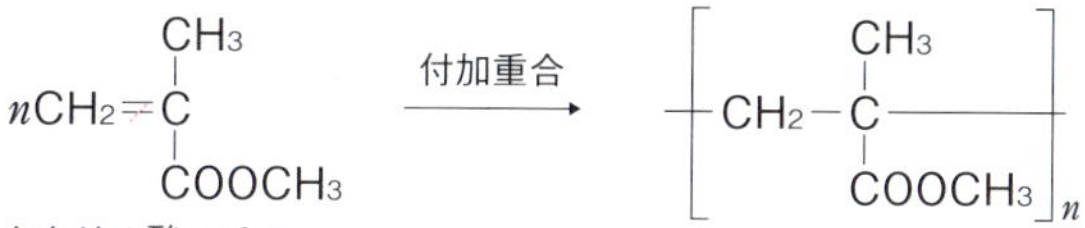

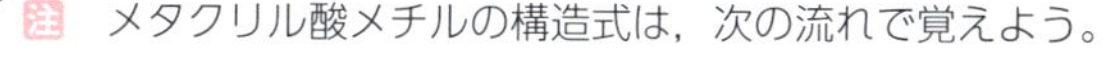
注 メタクリル酸メチルの構造式は，次の流れで覚えよう。

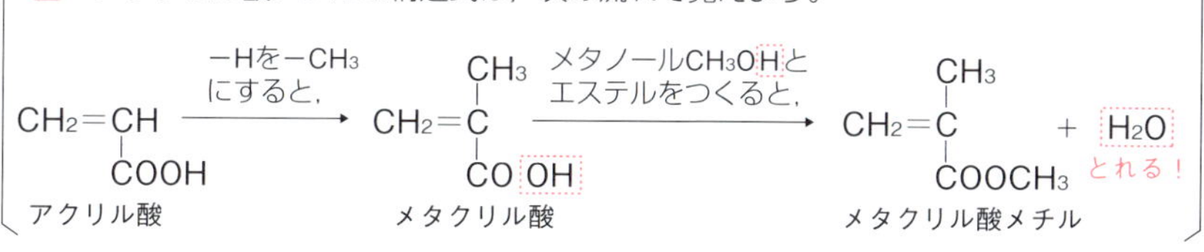

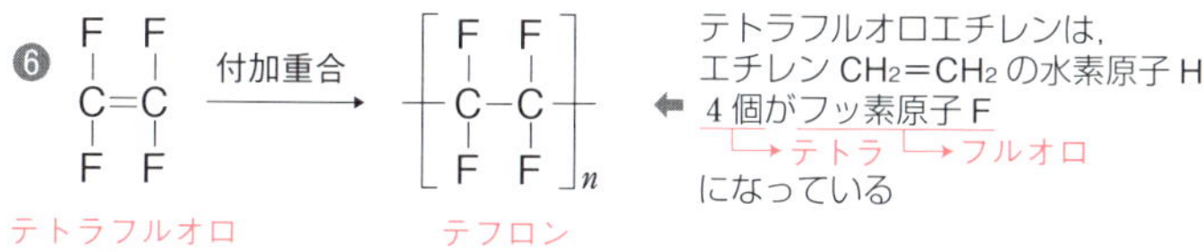

テフロンは熱に強く，フライパンなどの表面の加工に使われている。

ポイント 付加重合によってつくられるプラスチックについて

● ポリエチレン（低密度・高密度），ポリプロピレン，ポリ塩化ビニル，ポリ酢酸ビニル，ポリスチレン，メタクリル樹脂，テフロンを用途とともにおさえておこう。

チェック問題 4

標準 2分

高分子化合物に関する記述として誤りを含むものを，①～⑤から１つ選べ。

① ポリスチレンは，ベンゼン環を含む高分子化合物である。

② 水族館の水槽やプラスチックレンズに用いられるポリメタクリル酸メチルは，付加重合によって生成する。

③ ポリ袋に用いられる低密度ポリエチレンは，ポリ容器に用いられる高密度ポリエチレンより結晶部分が多い。

④ ポリメタクル酸メチル(メタクリル樹脂)は，透明度が高い。

⑤ ポリプロピレンは，加熱すると軟化し，冷却すると硬くなる。

解答・解説

③

① ポリスチレンは，ベンゼン環を含む。〈正しい〉

② ポリメタクリル酸メチルは，メタクリル酸メチルの付加重合により生成する。〈正しい〉

③ 低密度ポリエチレンの結晶部分は，高密度ポリエチレンより少ない。〈誤り〉

④ 透明度が高く，水族館の水槽やプラスチックレンズに用いられる。〈正しい〉

⑤ ポリプロピレンは，加熱すると軟化し，冷却すると硬くなる熱可塑性樹脂である。〈正しい〉

❷ 縮合重合によってつくられる熱可塑性樹脂

縮合重合でつくられるプラスチックは，ナイロンとポリエステルを覚えてね。

ナイロンやポリエステルって繊維じゃないの？

そうだね。ただ，糸状にせず樹脂状にすることもできる。樹脂状にすれば熱可塑性樹脂として使われるんだ。

ナイロンやポリエステルは，H_2O などを分子間でとり除きながら縮合重合によりモノマーを多数つないでつくるんだ。

❶ ナイロン66(6,6-ナイロン)

ヘキサメチレンジアミンのアミノ基$-NH_2$と**アジピン酸**のカルボキシ基$-COOH$間の縮合重合によりナイロン66が合成される。

H_2Oがとれる

$$n\ H-\overset{\displaystyle H}{\overset{|}{N}}-(CH_2)_6-\overset{\displaystyle H}{\overset{|}{N}}-H \quad + \quad n\ HO-\overset{\displaystyle O}{\overset{\|}{C}}-(CH_2)_4-\overset{\displaystyle O}{\overset{\|}{C}}-OH$$

ヘキサメチレンジアミン　　アジピン酸

アミド結合

$$\xrightarrow{\text{縮合重合}} \left[\overset{\displaystyle H}{\overset{|}{N}}-(CH_2)_6-\overset{\displaystyle H}{\overset{|}{N}}-\overset{\displaystyle O}{\overset{\|}{C}}-(CH_2)_4-\overset{\displaystyle O}{\overset{\|}{C}}\right]_n \quad + \quad 2nH_2O$$

ナイロン66

−COOHからOHが，−NH₂からHがとれているね。

そうだね。$-\overset{\displaystyle O}{\overset{\|}{C}}-\overset{\displaystyle H}{\overset{|}{N}}-$ を**アミド結合といった**よね。アミド結合が多数つながっているので，**ナイロン66はポリアミドともいう**んだ。

名前がややこしいね。

そうだね。ただ，「ヘキサ」は6，「メチレン」はメチレン基$-CH_2-$の部分，「ジ」は2，「アミン」はアミノ基$-NH_2$の部分を表していることや「66」はヘキサメチレンジアミンの炭素数とアジピン酸の炭素数を表していることを手がかりに覚えていくといいよ。**ナイロン66(6,6-ナイロン)は摩擦に強く，弾力もあって，靴下やロープなどに使われる**。

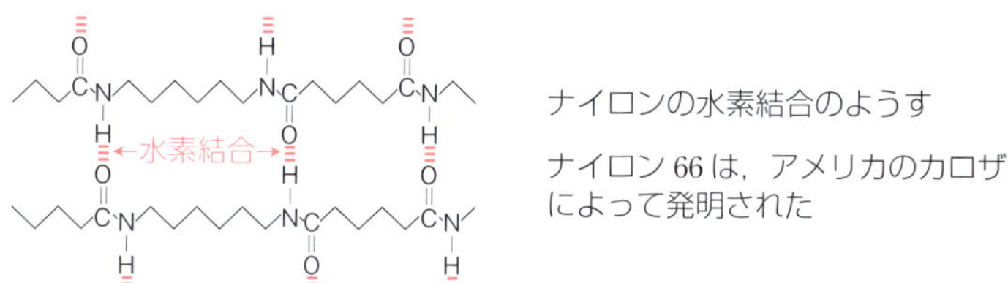

ナイロンの水素結合のようす

ナイロン66は，アメリカのカロザースによって発明された

❷ ポリエチレンテレフタラート(PET)

テレフタル酸のカルボキシ基$-COOH$と**エチレングリコール**のヒドロキシ基$-OH$との間の縮合重合によりポリエチレンテレフタラートが合成される。

H_2O がとれる

$$n\ \mathrm{HO{-}\overset{\overset{\displaystyle O}{\|}}{C}{-}C_6H_4{-}\overset{\overset{\displaystyle O}{\|}}{C}{-}OH} \quad + \quad n\ \mathrm{H{-}O{-}(CH_2)_2{-}O{-}H}$$

テレフタル酸　　　　　　エチレングリコール

$$\xrightarrow{\text{縮合重合}} \mathrm{\left[\overset{\overset{\displaystyle O}{\|}}{C}{-}C_6H_4{-}\overset{\overset{\displaystyle O}{\|}}{C}{-}O{-}(CH_2)_2{-}O\right]_n} + 2n\mathrm{H_2O}$$

エステル結合

ポリエチレンテレフタラート（PET）

－COOH から OH が，－OH から H がとれたエステルだね。

そうだね。ポリエチレンテレフタラートのように，**多数のエステル結合** $\mathrm{-\overset{\overset{\displaystyle O}{\|}}{C}-O-}$ **をもつ重合体はポリエステルという。ポリエチレンテレフタラートは，丈夫で乾きやすいことから，繊維としてはワイシャツなどに使われたり，樹脂としては，ペットボトルなどとして使われたりする**んだ。

チェック問題 5

ポリエチレンテレフタラートはポリエステルの一種であり，エチレングリコールとテレフタル酸との縮合重合により合成される。

あるポリエチレンテレフタラートの分子量を測定したところ 2.0×10^5 であった。このポリエチレンテレフタラート分子には，およそ何個のエステル結合が含まれるか。最も適当な数値を，次の①～⑥のうちから１つ選べ。ただし，H＝1.0，C＝12，O＝16とする。

① 1.0×10^3　② 2.0×10^3　③ 1.0×10^4

④ 2.0×10^4　⑤ 1.0×10^5　⑥ 2.0×10^5

解答・解説

②

$$\mathrm{\left[O{-}(CH_2)_2{-}O{-}\overset{\overset{\displaystyle O}{\|}}{C}{-}C_6H_4{-}\overset{\overset{\displaystyle O}{\|}}{C}\right]_n}$$ より，$192n=2.0\times10^5$

ポリエチレンテレフタラート
分子量　$192n$

$$n=\frac{2.0\times10^5}{192}\fallingdotseq1.0\times10^3$$

ポリエチレンテレフタラートの構造式を

$$\mathrm{\left[(CH_2)_2{-}O{-}\overset{\overset{\displaystyle O}{\|}}{C}{-}C_6H_4{-}\overset{\overset{\displaystyle O}{\|}}{C}{-}O\right]_n}$$ と書き直すと，

エステル結合

エステル結合 $-\overset{\overset{\large O}{\|}}{C}-O-$ はくり返し単位中に2個含まれている。よって，ポリエチレンテレフタラート分子には $n\times2=1.0\times10^3\times2=2.0\times10^3$ 個のエステル結合が含まれる。

（$n=1.0\times10^3$ を代入する）

思考力のトレーニング 2

やや難　3分

次の高分子化合物 A は両端にカルボキシ基をもち，テレフタル酸とエチレングリコールを適切な物質量の比で縮合重合させることによって得られた。1.00 g の A には 1.2×10^{19} 個のカルボキシ基が含まれていた。A の平均分子量はいくらか。最も適当な数値を，①～⑥のうちから1つ選べ。ただし，H = 1.0，C = 12，O = 16，アボガドロ数を 6.0×10^{23} とする。

$$HO-\left[\overset{O}{\overset{\|}{C}}-C_6H_4-\overset{O}{\overset{\|}{C}}-O-(CH_2)_2-O\right]_n-\overset{O}{\overset{\|}{C}}-C_6H_4-\overset{O}{\overset{\|}{C}}-OH$$

高分子化合物 A

① 2.5×10^4　② 5.0×10^4　③ 1.0×10^5
④ 2.5×10^5　⑤ 5.0×10^5　⑥ 1.0×10^6

解答・解説

③

（高分子化合物 A は，テレフタル酸とエチレングリコールの縮合重合によりつくられるポリエチレンテレフタラート(PET)である。）

A はカルボキシ基 $-COOH$ を両はじにだけもつ。

$$HO-\overset{O}{\overset{\|}{C}}-C_6H_4-\overset{O}{\overset{\|}{C}}-O-(CH_2)_2-O-\cdots\cdots-\overset{O}{\overset{\|}{C}}-C_6H_4-\overset{O}{\overset{\|}{C}}-OH$$

←この部分は n 回くり返される→

$-COOH$ は，両はじのみ

つまり，A 1分子（mol）中に $-COOH$ は2個（mol）含まれている。

A の平均分子量を M_A とおくと，次の式が成り立つ。

$$\frac{1.00}{M_A}\times2\times6.0\times10^{23}=1.2\times10^{19}$$

より，$M_A=1.0\times10^5$

（$\frac{1.00}{M_A}$：A〔mol〕，$\times2$：$-COOH$〔mol〕，$\times6.0\times10^{23}$：$-COOH$〔個〕，1.2×10^{19}：$-COOH$〔個〕）

注　与えられている原子量や重合度 n にまどわされないようにしたい。

第7章　高分子化合物

3 熱硬化性樹脂について

1分子中3か所以上に重合する原子や原子団をもつ単量体(モノマー)を使い，この単量体を重合させて得られる重合体(ポリマー)が**熱硬化性樹脂**(熱硬化性プラスチック)になる。**熱硬化性樹脂は，立体網目構造をもち，硬く，熱や薬品に強い性質**をもっているんだ。

分子間に橋架け構造ができていることをいうんだ。熱硬化性樹脂は，**❶ フェノール樹脂　❷ 尿素樹脂　❸ メラミン樹脂**の3つを覚えてね。

❶ フェノール樹脂(ベークライト)

フェノール樹脂(ベークライト)は，フェノールとホルムアルデヒドを反応させ，**ノボラック**や**レゾール**とよばれる中間生成物を経て合成される。

ホルムアルデヒド　切れる　くっつく
フェノール　切れる　付加　くっつく
H_2Oがとれる　縮合

ノボラック (n = 0～10)
(酸触媒を使うとノボラック，塩基触媒を使うとレゾールを経てフェノール樹脂になる。)

参考
レゾール
n=1～2

硬化剤
熱処理
$-CH_2-$で架橋されている

フェノール樹脂(ベークライト)
← 発明者がベークランドなので

最初に実用化された合成樹脂であり，電気絶縁性に優れている。電気部品などに使われている。

付加反応と縮合反応がくり返されてつくられるので，**付加縮合**というんだ。

❷ 尿素樹脂(ユリア樹脂)

尿素とホルムアルデヒドを加熱すると，**付加縮合**が起こり尿素樹脂が得られる。

H_2Oがとれる

熱処理

尿素　ホルムアルデヒド　→　尿素樹脂（ユリア樹脂）

コンセントなどの電気器具や木材の接着剤などに使われている

❸ メラミン樹脂

メラミンとホルムアルデヒドを加熱すると，**付加縮合**が起こりメラミン樹脂が得られる。

メラミン　＋ ホルムアルデヒド　→(熱処理)　メラミン樹脂

塗料，接着剤などに使われている

チェック問題 6

プラスチックに関する次の記述①～④のうちから，誤りを含むものを1つ選べ。

① ポリエチレンとポリスチレンは，ともに熱可塑性樹脂であり，加熱すると軟らかくなるので，いろいろな形に成形できる。
② ポリ塩化ビニルは電気を通しやすいので，電線の被覆材には用いられない。
③ ポリ塩化ビニルの小片を，強熱した銅線につけてバーナーの炎の中に入れると，炎が青緑色になる。
④ フェノール樹脂と尿素(ユリア)樹脂は，ともに熱硬化性樹脂である。

解答・解説

②

② 〈誤り〉ポリ塩化ビニル $\left[CH_2-\underset{Cl}{CH}\right]_n$ は，電気を通しにくいので，電線の被覆材に用いる。

③ 〈正しい〉塩化銅(Ⅱ) $CuCl_2$ が生じ，Cu^{2+} の青緑色の炎色反応があらわれる。(➡ バイルシュタイン試験という。)

チェック問題 7

標準 2分

フェノール樹脂に関する次の文章中の空欄 ア ～ ウ にあてはまる語および構造式の組み合わせとして最も適当なものを，下の①～④のうちから１つ選べ。

フェノール樹脂の合成では，酸を触媒としてフェノールとホルムアルデヒドを反応させると，まず ア 反応により化合物 A($C_7H_8O_2$) が生成し，化合物 A はさらにもう一分子のフェノールと イ 反応を起こす。このとき生成する化合物のうち，主成分の構造式は ウ である。このような ア 反応と イ 反応をくり返すことにより，三次元網目状のフェノール樹脂が生成する。

	ア	イ	ウ
①	縮　合	付　加	OH O OH C
②	縮　合	付　加	OH CH_2 OH
③	付　加	縮　合	OH O OH C
④	付　加	縮　合	OH CH_2 OH

解答・解説

④

OH（ベンゼン環） と H–C(=O)–H を ア 付加 反応させると，OH（ベンゼン環）–CH_2–OH

フェノール（C_6H_6O）　ホルムアルデヒド（CH_2O）　化合物 A（$C_7H_8O_2$）

が生成し，A はもう一分子のフェノールと次のように イ 縮合 反応を起こす。

化合物 A（OH，CH_2–O–H）　H–フェノール（OH）　H_2O がとれる　—縮合→　ウ OH，CH_2，OH ＋ H_2O

このような ア 付加 反応と イ 縮合 反応をくり返す（付加縮合）ことで，フェノール樹脂が生じる。

チェック問題 8

高分子化合物に関する記述として誤りを含むものを，①～⑤から 1 つ選べ。

① ポリエチレンテレフタラートはエステル結合をもつ。
② フェノール樹脂は，熱硬化性樹脂である。
③ フェノール樹脂は，フェノールとホルムアルデヒドの付加縮合でつくられる。
④ フェノール樹脂は，電気伝導性が高い。
⑤ メラミン樹脂は，アミノ樹脂の一種である。

解答・解説

④

① PET は，エステル結合をもつ。〈正しい〉
④ フェノール樹脂は，電気絶縁性に優れている。〈誤り〉
⑤ アミノ基 $-NH_2$ をもつ化合物とホルムアルデヒド HCHO を付加縮合させてつくるメラミン樹脂のような熱硬化性樹脂をアミノ樹脂という。〈正しい〉

チェック問題 9

次の記述(ア～ウ)のいずれにもあてはまらない高分子化合物を，下の①～⑥のうちから１つ選べ。

ア　合成に HCHO を用いる。
イ　縮合重合で合成される。
ウ　窒素原子を含む。

① 尿素樹脂　② ポリアクリロニトリル　③ ナイロン66
④ ポリスチレン　⑤ フェノール樹脂
⑥ ポリエチレンテレフタラート(PET)

解答・解説

④

① 尿素樹脂は，N 原子を含む尿素$(NH_2)_2CO$ とホルムアルデヒド HCHO の付加縮合により得られる。アとウにあてはまる。

② ポリアクリロニトリル $\left[CH_2-CH(CN) \right]_n$ は，N 原子を含み，付加重合により得られる。ウにあてはまる。

③ ナイロン66は，N 原子を含むヘキサメチレンジアミン $H_2N-(CH_2)_6-NH_2$ とアジピン酸 $HOOC-(CH_2)_4-COOH$ の縮合重合で合成される。イとウにあてはまる。

④ ポリスチレン $\left[CH_2-CH(C_6H_5) \right]_n$ は，スチレンの付加重合で合成される。

ア，イ，ウのいずれにもあてはまらない。(答)

⑤ フェノール樹脂は，フェノールとホルムアルデヒド HCHO の付加縮合により得られる。アにあてはまる。

⑥ ポリエチレンテレフタラート PET は，テレフタル酸 $HOOC-C_6H_4-COOH$ とエチレングリコール $HO-(CH_2)_2-OH$ の縮合重合で合成される。イにあてはまる。

4 機能性高分子化合物について

イオンを交換することのできる官能基をもつ合成樹脂(プラスチック)をイオン交換樹脂というんだ。イオン交換樹脂は，陽イオンを交換することができる**陽イオン交換樹脂**と陰イオンを交換することができる**陰イオン交換樹脂**をおさえてね。

イオンはどんなふうに交換されるの？

たとえば，NaCl 水溶液を陽イオン交換樹脂に加えると Na^+ と H^+ が，陰イオン交換樹脂に加えると Cl^- と OH^- が交換されるんだ。

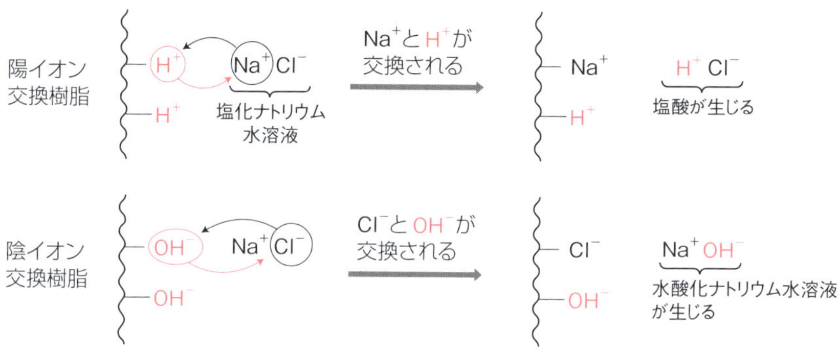

NaCl 水溶液が塩酸や水酸化ナトリウム水溶液に変化しているね。

そうなんだ。陽イオン交換樹脂と陰イオン交換樹脂をあわせて使えば，NaCl 水溶液を純粋な水(純水)にすることができるんだ。

Na^+Cl^-（塩化ナトリウム水溶液） → 陽イオン交換樹脂（Na^+ と H^+ が交換される） → H^+Cl^-（塩酸） → 陰イオン交換樹脂（Cl^- と OH^- が交換される） → H^+OH^-（H_2O 純粋な水になる）

得られた純水を**脱イオン水**という。

イオン交換樹脂ってどうつくるの？

陽イオン交換樹脂のつくり方を紹介するね。

スチレンに少量の*p*-ジビニルベンゼンを混ぜて共重合(➡ P.564)させると，2本のポリスチレンの鎖が連結された架橋構造をもつポリスチレンが得られる。

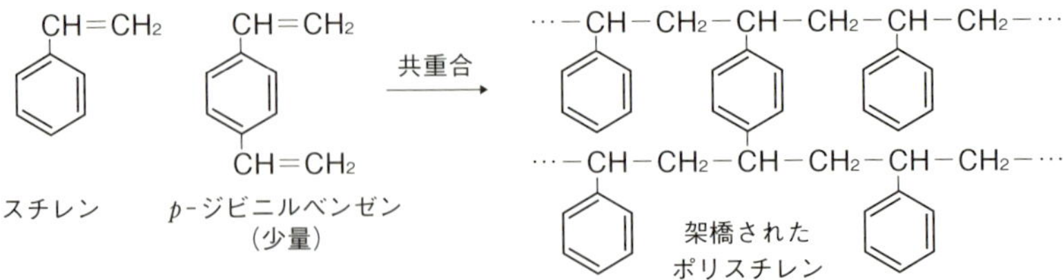

この立体網目状のポリスチレンを濃硫酸でスルホン化すると，ベンゼン環に酸性の基であるスルホ基$-SO_3H$が導入された**陽イオン交換樹脂**をつくることができる。この陽イオン交換樹脂をつめたカラム(筒状容器)の上部から，たとえば NaCl 水溶液を流すと，スルホ基のH^+がNa^+と置き換わり，カラム下部から塩酸 HCl が流出してくる。この性質を利用し，水溶液中の陽イオンをH^+と交換することができるんだ。

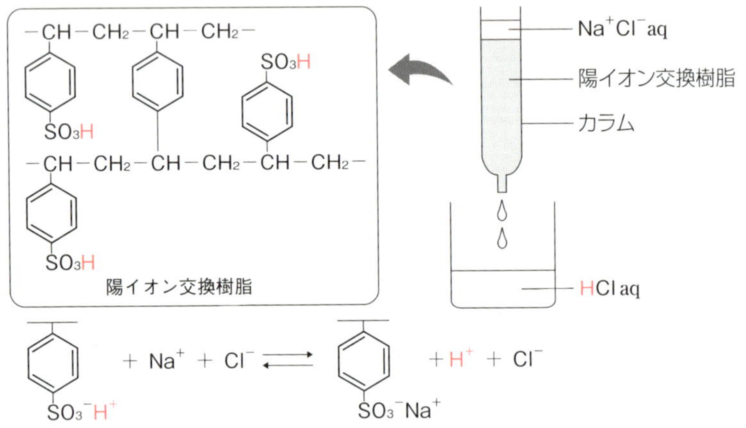

ここで，$-SO_3^-Na^+$となった樹脂に，多量の塩酸 HCl を通すと，樹脂を再び$-SO_3H$に戻すことができる。この操作を**イオン交換樹脂の再生**というんだ。

陰イオン交換樹脂のしくみも教えてよ。

スルホ基のかわりに，塩基性の原子団，たとえば，アルキルアンモニウム基$-N^+R_3OH^-$(R はアルキル基)を導入すると，**陰イオン交換樹脂**をつくることができる。この陰イオン交換樹脂を詰めたカラムの上部から，NaCl 水溶液を流すと，樹脂のOH^-がCl^-と置き換わり，カラム下部から NaOH 水溶液が流出してくるんだ。

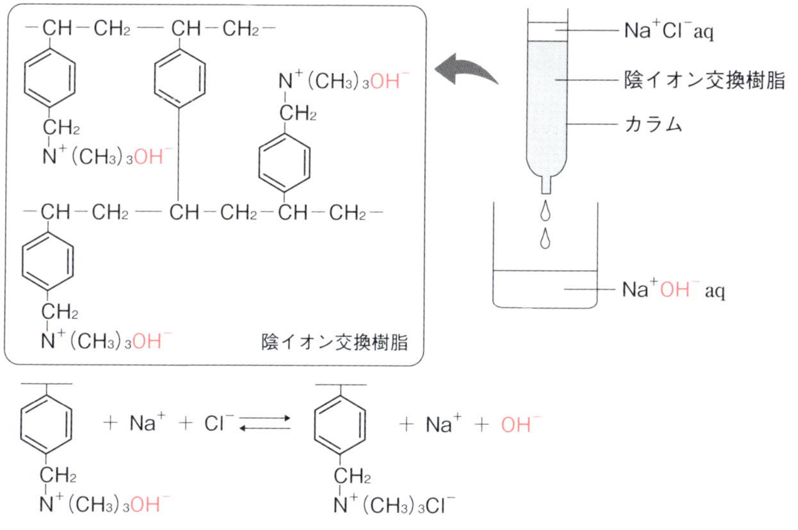

思考力のトレーニング 3

陽イオン交換樹脂を用いると，水溶液に含まれるナトリウムイオン Na^+ を除去することができる。3.0×10^{22} 個のスルホ基 $-SO_3H$ をもつ陽イオン交換樹脂を用いて，0.050 mol/L の硫酸ナトリウム水溶液 60 mL から Na^+ を除去した。完全に除去できたものとすると，硫酸ナトリウム水溶液中の Na^+ との交換に使われたスルホ基は，用いた陽イオン交換樹脂のスルホ基のうち何％か。最も適当な数値を，下の①～⑥のうちから１つ選べ。ただし，アボガドロ定数は 6.0×10^{23}/mol とする。

① 1.2　② 3.0　③ 6.0　④ 12　⑤ 30　⑥ 60

解答・解説

④

アボガドロ定数は，6.0×10^{23} 個 /mol で与えられている。（個がかくれている／1がかくれている）

陽イオン交換樹脂 $R-SO_3H$ に硫酸ナトリウム Na_2SO_4 水溶液を通すと，次の反応が起こる。

$$R-SO_3{}^-H^+ \;+\; Na^+ \longrightarrow R-SO_3{}^-Na^+ \;+\; H^+$$

この反応式から，Na^+ 1 mol がスルホ基 $-SO_3H$ の H^+ 1 mol とイオン交換されることがわかる。よって，0.050 mol/L の Na_2SO_4 水溶液 60 mL 中の Na^+ との交換に使われた $-SO_3H$〔個〕は，

第7章 高分子化合物

$$0.050 \times \frac{60}{1000} \times 2 \times 1 \times 6.0 \times 10^{23} = 3.6 \times 10^{21}\text{個}$$

Na_2SO_4〔mol〕　Na^+〔mol〕　交換された H^+〔mol〕　$-SO_3H$〔個〕
＝
Na^+との交換に使われた$-SO_3H$〔mol〕

よって，$\dfrac{Na^+\text{との交換に使われた}-SO_3H\text{〔個〕}\quad 3.6\times10^{21}\text{個}}{\text{陽イオン交換樹脂のもつ}-SO_3H\text{〔個〕}\quad 3.0\times10^{22}\text{個}} \times 100 = 12$〔%〕

あと，**機能性高分子化合物**として ❶ 導電性高分子，❷ 高吸水性高分子，❸ 生分解性高分子 も覚えておいてね。

❶ 導電性高分子

アセチレン CH≡CH の付加重合によりつくられるポリアセチレンは，I_2 などのハロゲンを添加することで金属に近い電気伝導性を示す。

$$\left[\mathrm{CH{=}CH}\right]_n$$ ポリアセチレン＜単結合と二重結合を交互にもつ

ポリアセチレンのような電気伝導性を示す高分子化合物を**導電性高分子**というんだ。

❷ 高吸水性高分子

架橋したポリアクリル酸ナトリウム $\left[\mathrm{CH_2-CH(COONa)}\right]_n$ は，水の吸収力がとても強く，樹脂中に多くの水を保持することができる。多くの水を吸収・保持してくれるので，紙おむつなどに使われる。

高吸水性高分子の吸収のしくみ

ポリアクリル酸ナトリウムの網目のすき間に水がとりこまれると，$-COONa$ が電離し，親水基の$-COO^-$どうしが反発し，網目のすき間が拡大する。この網目のすき間に大量の水が入り，水は$-COO^-$ や Na^+ に水和することで網目構造に吸収・保持される。

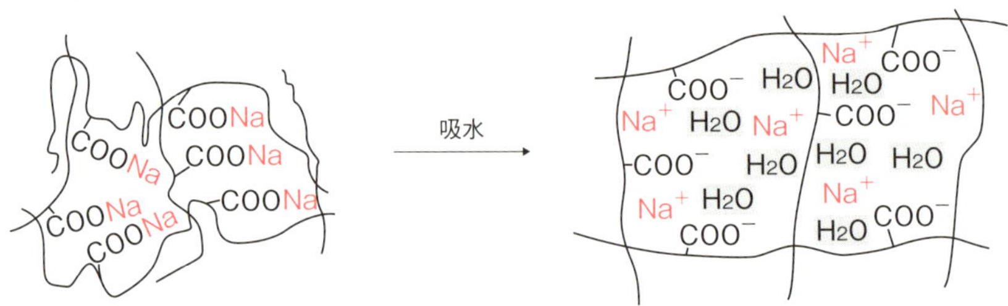

❸ 生分解性高分子（生分解性プラスチック）

ポリ乳酸やポリグリコール酸は，生体内や微生物により最終的に CO_2 と H_2O に分解されるので**生分解性高分子**（生分解性プラスチック）といい，農業用フィルムや手術糸などに使われているんだ。

$\left[\mathrm{O-\overset{*}{C}H(CH_3)-C(=O)}\right]_n$
ポリ乳酸

$\mathrm{HO-\overset{*}{C}H(CH_3)-COOH}$ がエステル結合によりつながっている
乳酸　（＊は不斉炭素原子）

$\left[\mathrm{O-CH_2-C(=O)}\right]_n$
ポリグルコール酸

ポリ乳酸は，乳酸２分子が脱水し縮合した環状のエステルを開環重合(➡ P.590)させ，つくることができる。

乳酸（2分子） —脱水縮合→ 環状ジエステル —開環重合→ $\left[\mathrm{O-\overset{*}{C}H(CH_3)-C(=O)}\right]_n$ ポリ乳酸

チェック問題 10

高分子化合物に関する記述として誤りを含むものを，①～⑤から１つ選べ。

① 高分子化合物の多くは電気を通さないが，ヨウ素などのハロゲンを添加することで金属に近い電気伝導性を示すものがある。
② 陰イオン交換樹脂は，強塩基の水溶液で処理することにより再生できる。
③ カルボン酸のナトリウム塩を分子内に含む網目構造の高分子は，高い吸水性をもち，紙おむつなどに用いられる。
④ 紙おむつに用いられる樹脂が高い吸水性を示すのは，エステル結合が加水分解されるためである。
⑤ 合成高分子には，酵素や微生物によって分解されるものがある。

解答・解説

① ポリアセチレン $\left[\mathrm{CH=CH}\right]_n$ にヨウ素などのハロゲンを加えてつくった金属に近い電気伝導性を示す高分子化合物を導電性高分子という。〈正しい〉
② 使用後の陽イオン交換樹脂や陰イオン交換樹脂は，それぞれ強酸や強塩基の水溶液で処理すると再生できる。〈正しい〉

第７章 高分子化合物

③　高吸水性高分子であるポリアクリル酸ナトリウム $\left[CH_2-\underset{\substack{| \\ COONa}}{CH} \right]_n$ は，カルボン酸のナトリウム塩を含み，紙おむつなどに用いられる。〈正しい〉

④　高吸水性高分子は，吸水により $-COO^-$ と Na^+ に電離し，$-COO^-$ どうしの反発により網目が拡大して水がしみこむ。〈誤り〉

⑤　ポリ乳酸などは生分解される合成高分子化合物であり，生分解性高分子という。〈正しい〉

チェック問題 11

標準 

図に示すポリ乳酸は，生分解性高分子の一種であり，自然界では微生物によって最終的に水と二酸化炭素に分解される。ポリ乳酸 6.0 g が完全に分解されたとき，発生する二酸化炭素の 0 ℃，1.013×10^5 Pa における体積は何 L か。最も適当な数値を，下の①～⑤のうちから 1 つ選べ。ただし，ポリ乳酸は，図に示すくり返し単位(式量72)のみからなるものとする。

$$\left[O-\underset{\substack{| \\ CH_3}}{CH}-\underset{\substack{\| \\ O}}{C} \right]_n$$

①　1.9　　②　3.7　　③　5.6　　④　7.5　　⑤　9.3

解答・解説

③

C 原子に注目して考える。

ポリ乳酸 $\left[O-\underset{\substack{| \\ CH_3}}{CH}-\underset{\substack{\| \\ O}}{C} \right]_n$ 1 分子のもつ C 原子は 3n 個であり，この C 原子が最終的に CO_2 となり発生する。

つまり，ポリ乳酸 1 ~~個~~(mol) から発生する CO_2 は 3n ~~個~~(mol) になる。

また，ポリ乳酸 $\left[O-\underset{\substack{| \\ CH_3}}{CH}-\underset{\substack{\| \\ O}}{C} \right]_n$ の分子量は 72n，0 ℃，1.013×10^5 Pa で CO_2

（くり返し単位の式量72）

1 mol の体積は 22.4 L であることに注意する。

よって，発生する CO_2 は $\dfrac{6.0}{72n} \times 3n \times 22.4 = 5.6$〔L〕 になる。

（$\dfrac{6.0}{72n}$：ポリ乳酸〔mol〕，$\times 3n$：発生する CO_2〔mol〕，$\times 22.4$：CO_2〔L〕）

第７章　高分子化合物

繊維とゴム

1 繊維について

衣服は，繊維からできているね。**繊維には，植物や動物からとれる天然繊維，天然繊維の構造を変化させたり石油からつくられたりする化学繊維があるんだ。**

繊維 ─┬ **天然繊維**…植物や動物からとれる繊維
　　　 └ **化学繊維**…天然繊維の構造を変化させた繊維や石油からつくられる繊維

→ 衣服をつくる

2 天然繊維について

天然繊維には，**綿や麻などの植物からとれる植物繊維，絹（シルク）や羊毛などの動物からとれる動物繊維があるんだ。**

綿は植物のワタ，麻は植物のアサから得られるんだよね。

そうなんだ。どちらも主成分が**セルロース** $[C_6H_7O_2(OH)_3]_n$ であることを知っておいてね。

→ $(C_6H_{10}O_5)_n$ のもつ３個の OH をわかりやすく示した表し方

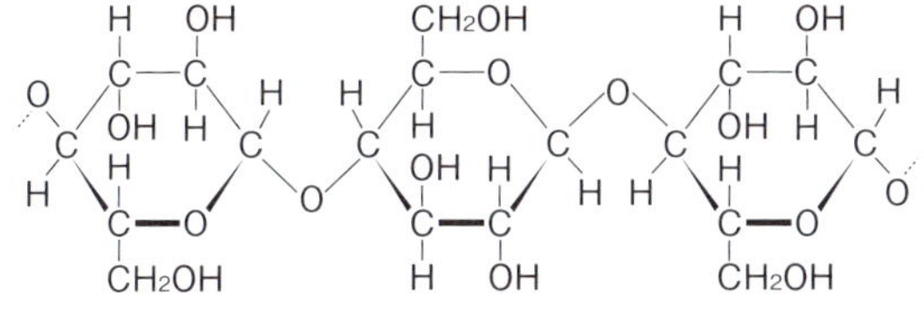

セルロース $[C_6H_7O_2(OH)_3]_n$ の構造

↑ β-グルコースどうしから H_2O がとれてつながった構造をもっている

β-グルコース $C_6H_{12}O_6$

絹（シルク）はカイコのまゆ糸，羊毛はヒツジの体毛から得られ，**どちらも主成分はタンパク質**なんだ。絹をつくるまゆ糸は**フィブロイン**と**セリシン**からできている。このまゆ糸を合わせてつくった生糸からセリシンの一部を除いて絹糸をつくるんだ。

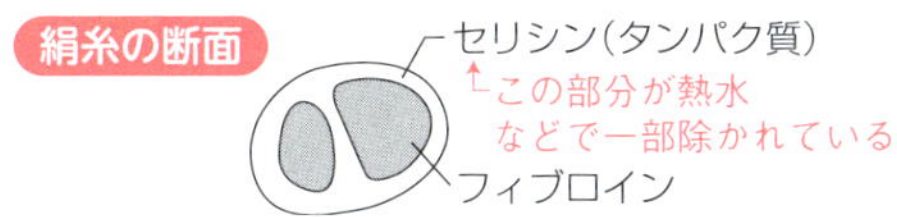

また，羊毛は**ケラチン**とよばれるタンパク質からできていて，S を多く含んでいる。

天然繊維─┬─**植物繊維**…綿，麻
　　　　　└─**動物繊維**…絹（シルク），羊毛

3 化学繊維について

化学繊維には，再生繊維（**レーヨン**），半合成繊維，合成繊維があるんだ。

化学繊維─┬─**再生繊維**（レーヨン）
　　　　　　├─**半合成繊維**
　　　　　　└─**合成繊維**

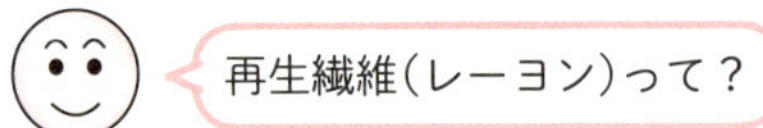

木材から得られるパルプは繊維としては短いので，これを長い繊維として再生したものをいうんだ。つまり，短いセルロース $[C_6H_7O_2(OH)_3]_n$（パルプ）を長いセルロース $[C_6H_7O_2(OH)_3]_n$ として再生するので，再生繊維というんだよ。

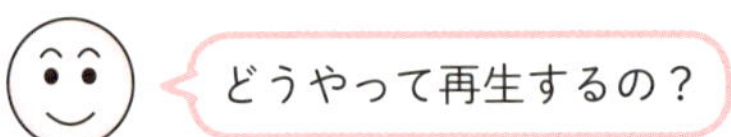

塩基性の水溶液に溶かして，希硫酸などの酸の中で長い繊維として再生する。**塩基性の水溶液として NaOH 水溶液を使い得られる再生繊維はビスコースレーヨン，シュワイツァー試薬を使い得られる再生繊維は銅アンモニアレーヨン（キュプラ）と覚えてね。**

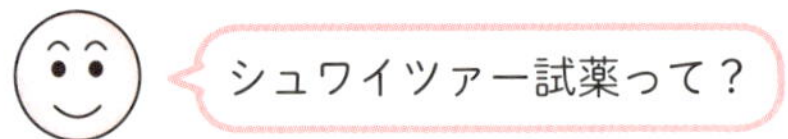

水酸化銅（Ⅱ）$Cu(OH)_2$ を濃アンモニア水に溶かして得られる $[Cu(NH_3)_4]^{2+}$ を含む深青色の溶液のことなんだ。

再生繊維（レーヨン）

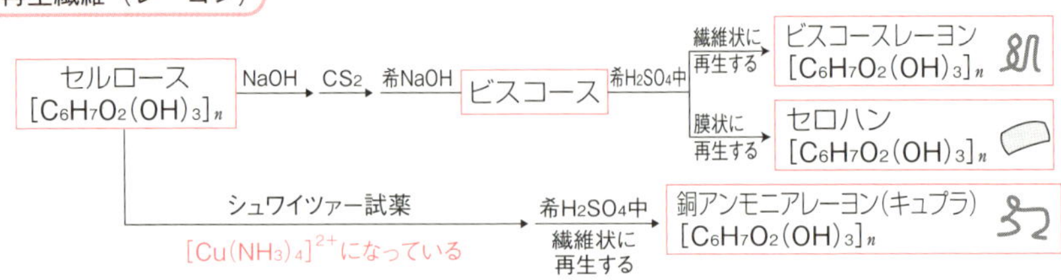

ビスコースをうすい膜状に再生したものをいうんだ。

次は，半合成繊維について教えてよ。

パルプなどから得られるセルロース $[C_6H_7O_2(OH)_3]_n$ のもつ－OH の一部を化学変化させてつくった繊維をいう。天然繊維部分と合成繊維部分が両方存在しているから半合成というんだ。

半合成繊維にはどんなものがあるの？

セルロースのもつ－OH の一部をアセチル化し，酢酸エステル $-O-\overset{\displaystyle O}{\overset{\|}{C}}-CH_3$ にした**アセテート繊維**(アセテート)があるんだ。

半合成繊維

－OH がすべてアセチル化されたもの。
－OH をすべて失うと，繊維としては使えない。

セルロース $[C_6H_7O_2(OH)_3]_n$ ―無水酢酸 $(CH_3CO)_2O$→ トリアセチルセルロース $[C_6H_7O_2(OCOCH_3)_3]_n$

―エステル結合の一部を加水分解する H_2O→ アセテート繊維 $[C_6H_7O_2(OH)(OCOCH_3)_2]_n$

$-O-\underset{\underset{\displaystyle O}{\|}}{C}-CH_3$ を－OH に戻している

チェック問題 1

標準 

3分

繊維に関する記述として下線部に誤りを含むものを，①～⑦から 2 つ選べ。

① アセテート繊維は，トリアセチルセルロースの一部のエステル結合を加水分解してつくられる。

② セロハンは，セルロースに化学反応させてつくったビスコースから，薄膜状にセルロースを再生させてつくられる。

③ 木綿(綿)の糸は，タンパク質からなる繊維をより合わせてつくられる。

④ セルロースの再生繊維は，レーヨンとよばれる。

⑤ セルロースは，β-グルコースが縮合重合した高分子化合物で，直線状の構造をもつ。

⑥ 銅アンモニアレーヨンとビスコースレーヨンは，いずれもくり返し単位の構造がセルロースとは異なる。

⑦ トリニトロセルロースは火薬の原料となる。

第7章 高分子化合物

解答・解説

③，⑥

① トリアセチルセルロース $[C_6H_7O_2(OCOCH_3)_3]_n$ のもつエステル結合 $-O-C(=O)-CH_3$ の一部を加水分解して $-OH$ に戻し，アセテート繊維 $[C_6H_7O_2(OH)(OCOCH_3)_2]_n$ をつくる。〈正しい〉

② ビスコースからセルロースを薄膜状に再生させてセロハンをつくる。〈正しい〉

③ 木綿(綿)は，植物繊維なので**セルロースからなる**繊維をより合わせてつくられる。動物繊維(絹や羊毛)がタンパク質からなる繊維である。〈誤り〉

④ ビスコースレーヨン，銅アンモニアレーヨン(キュプラ)は，いずれもセルロースの再生繊維である。

レーヨンとは，セルロースを原料とした再生繊維のことをいう。〈正しい〉

⑤ セルロースは，β-グルコースが縮合重合した高分子で直線状。〈正しい〉

⑥ レーヨンはセルロース $[C_6H_7O_2(OH)_3]_n$ を繊維状に再生したものなので，再生繊維とよばれている。銅アンモニアレーヨン，ビスコースレーヨンともにその示性式は $[C_6H_7O_2(OH)_3]_n$ と書くことができ，いずれもくり返し単位の構造はセルロースと同じになる。〈誤り〉

⑦ セルロースに濃硝酸と濃硫酸の混合物(混酸)を反応させると，エステル化により火薬の原料となるトリニトロセルロースをつくることができる。

$$[C_6H_7O_2(OH)_3]_n + 3nHNO_3 \xrightarrow{\text{エステル化}} [C_6H_7O_2(ONO_2)_3]_n + 3nH_2O$$

セルロース　　硝酸　　トリニトロセルロース（火薬の原料）

●エステル化のようす

$$-O-H + H-O-NO_2 \longrightarrow -O-NO_2 + H_2O$$

ヒドロキシ基　硝酸　　硝酸エステル

〈正しい〉

チェック問題 2

ジアセチルセルロースはアセテート繊維の原料である。いま，セルロース(くり返し単位の式量 162) 16.2 g を少量の濃硫酸を触媒として無水酢酸と反応させ，すべてのヒドロキシ基をアセチル化し，トリアセチルセルロースを得た。これをおだやかな条件で加水分解し，ジアセチルセルロースを得た。得られたジアセチルセルロースは何 g か。最も適当な数値を，次の①～⑥のうちから 1 つ選べ。ただし，H = 1.0，C = 12，O = 16とし，トリアセチルセルロースは完全にジアセチルセルロースになるものとする。

① 20.4　② 20.7　③ 24.6
④ 25.2　⑤ 28.8　⑥ 29.7

解答・解説

③

次のように，セルロース $[C_6H_7O_2(OH)_3]_n$(分子量 162n)からジアセチルセルロース(アセテート繊維) $[C_6H_7O_2(OH)(OCOCH_3)_2]_n$(分子量 246$n$)を得る。

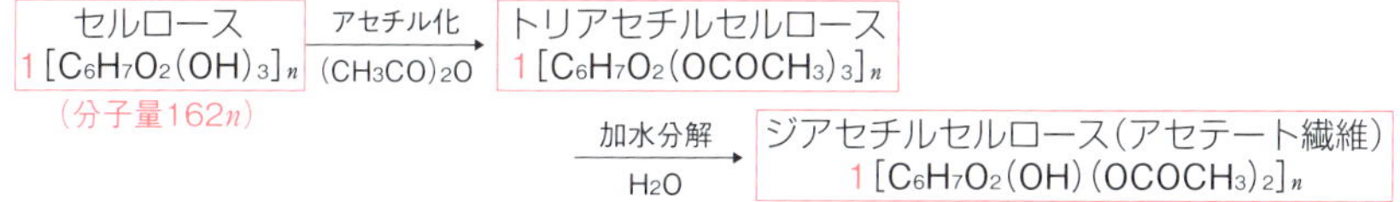

セルロース $1\,[C_6H_7O_2(OH)_3]_n$ (分子量162n)	アセチル化 $(CH_3CO)_2O$ →	トリアセチルセルロース $1\,[C_6H_7O_2(OCOCH_3)_3]_n$	加水分解 H_2O →	ジアセチルセルロース(アセテート繊維) $1\,[C_6H_7O_2(OH)(OCOCH_3)_2]_n$ (分子量246n)

以上から，セルロース(分子量162n) 1 mol からジアセチルセルロース(分子量246n) 1 mol が得られることがわかる。よって，セルロース 16.2 g から得られたジアセチルセルロースを x〔g〕とすると，次の式が成り立つ。

$$16.2 \times \frac{1}{162n} = x \times \frac{1}{246n}$$ より，$x = 24.6$〔g〕

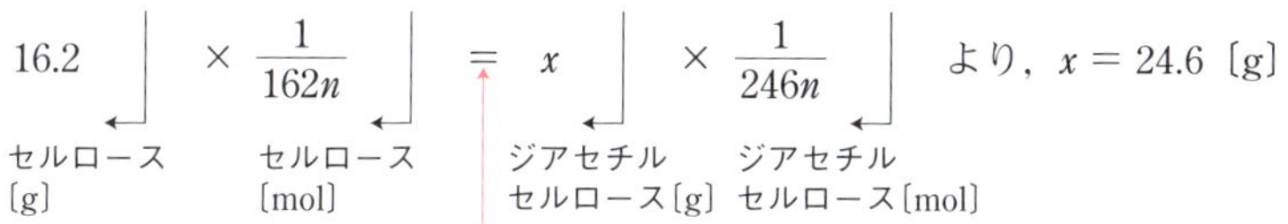

最後は合成繊維だね。

おもに石油から得られる単量体(モノマー)を重合させてつくった重合体(ポリマー)を繊維状にしたものが合成繊維なんだ。

合成繊維は，❶ **アクリル繊維**　❷ **ナイロン**　❸ **ポリエステル**　❹ **ビニロン**

第7章 高分子化合物

が有名なんだ。

❶ アクリル繊維

アクリロニトリルを付加重合させるとポリアクリロニトリルが得られるんだ。

$$n\mathrm{CH_2{=}CH(CN)} \xrightarrow{\text{付加重合}} \left[\mathrm{CH_2{-}CH(CN)}\right]_n$$

アクリロニトリル　　ポリアクリロニトリル

ポリアクリロニトリルを主成分とする繊維を**アクリル繊維**といい，軽くて軟らかく，保温性に優れているので，セーターや毛布などに使われる。

アクリル繊維を高温で処理して得られる繊維が**炭素繊維**(カーボンファイバー)で，軽く，高強度・高弾性でゴルフクラブ，飛行機の翼や胴体などに使われるんだ。

❷ ナイロン(ポリアミド系合成繊維)

多くのアミド結合 $-\mathrm{C(=O)-N(H)}-$ をもつ高分子化合物が**ポリアミド**だったね。

❶ ナイロン66(6,6-ナイロン)

ヘキサメチレンジアミンのアミノ基$-NH_2$ とアジピン酸のカルボキシ基$-COOH$ との間の縮合重合によりナイロン66が合成された。

$$n\,\mathrm{H{-}N(H){-}(CH_2)_6{-}N(H){-}H} + n\,\mathrm{HO{-}C(=O){-}(CH_2)_4{-}C(=O){-}OH}$$

H₂O がとれる

ヘキサメチレンジアミン　　アジピン酸

$$\xrightarrow{\text{縮合重合}} \left[\mathrm{N(H){-}(CH_2)_6{-}N(H){-}C(=O){-}(CH_2)_4{-}C(=O)}\right]_n + 2n\mathrm{H_2O}$$

アミド結合

くつ下やロープなどに使う

ナイロン66(6,6-ナイロン)

❷ ナイロン6(6-ナイロン)

環状の(ε-)(イプシロン)カプロラクタムに少量の水を加え，加熱し**ナイロン 6** を合成する。アミド結合が切れて，次のような**開環重合**が起こる。

七員環はやや不安定で開環しやすい

$$n\,\mathrm{H_2C}\begin{cases}\mathrm{CH_2{-}CH_2{-}C{=}O}\\ \mathrm{CH_2{-}CH_2{-}N{-}H}\end{cases} \xrightarrow{\text{開環重合}} \left[\mathrm{N(H){-}(CH_2)_5{-}C(=O)}\right]_n$$

切れる！

アミド結合

(ε-)カプロラクタム　　ナイロン6(6-ナイロン)

日本で開発された合成繊維

❸ アラミド繊維

テレフタル酸ジクロリドとp-フェニレンジアミンの縮合重合により合成される**アラミド**を覚えておいてね。ベンゼン環をアミド結合が結びつけた高分子化合物をアラミドといい，**アラミドは，高強度(鉄より強い！)で耐熱性・耐薬品性に**

優れているので，防弾チョッキ，消防服などに使われているんだ。

nCl−C(=O)−C₆H₄−C(=O)−Cl + nH−N(H)−C₆H₄−N(H)−H　（HCl がとれる）

テレフタル酸ジクロリド　　p-フェニレンジアミン

縮合重合 → [−C(=O)−C₆H₄−C(=O)−N(H)−C₆H₄−N(H)−]$_n$ + 2nHCl

（アミド結合）

アラミド繊維

❸ ポリエステル（ポリエステル系合成繊維）

多くのエステル結合 −C(=O)−O− をもつ高分子化合物が**ポリエステル**だったね。

ポリエチレンテレフタラート（PET）

テレフタル酸のカルボキシ基−COOH とエチレングリコールのヒドロキシ基−OH との間の縮合重合により**ポリエチレンテレフタラート（PET）**が合成される。

n HO−C(=O)−C₆H₄−C(=O)−OH + n H−O−(CH₂)₂−O−H　（H_2O がとれる）

テレフタル酸　　エチレングリコール

縮合重合 → [−C(=O)−C₆H₄−C(=O)−O−(CH₂)₂−O−]$_n$ + 2$n$$H_2O$

（エステル結合）

ポリエチレンテレフタラート（PET）

乾きやすくてしわになりにくいのでワイシャツなどに使われている

注　繊維にしないで樹脂にすることもできるんだ。

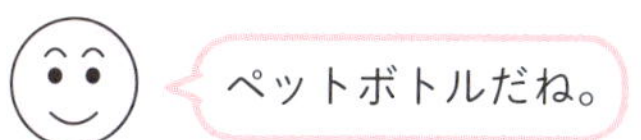

チェック問題 3

化学の応用に関する次の記述ア～ウにあてはまるものを，下の①～⑥のうちから１つずつ選べ。ただし，同じものをくり返し選んでもよい。

ア　絹に似て，絹より強い糸をつくりたいとの願いから合成された最初の繊維。
イ　引っ張ったときの強度が鋼よりも強い繊維。
ウ　歯車や刃物に使われている，軽くて熱に強く耐久性にすぐれた新素材。

① ナイロン　② ビニロン　③ 炭素繊維
④ ポリエステル　⑤ ニューセラミックス　⑥ ステンレス

解答・解説

ア ①　イ ③　ウ ⑤

ア　カロザースは，絹の構造に着目し，ナイロン66をつくることに成功した。

イ　ポリアクリロニトリルを高温で処理すると，元素Cを主成分とする炭素繊維になる。

ウ　ファインセラミックスともいう。無機物質を原料としている。

チェック問題 4

標準 

飽和脂肪族ジカルボン酸 HOOC$-(CH_2)_x-$COOH とヘキサメチレンジアミン $H_2N-(CH_2)_6-NH_2$ を縮合重合させて，図に示す直鎖状の高分子を得た。この高分子の平均重合度 n は100，平均分子量は 2.82×10^4 であった。1分子のジカルボン酸に含まれるメチレン基 $-CH_2-$ の数 x はいくつか。最も適当な数値を，次の①～⑤のうちから1つ選べ。ただし，H = 1.0，C = 12，N = 14，O = 16とする。

$$\left[-\underset{\substack{\|\\ O}}{C}-(CH_2)_x-\underset{\substack{\|\\ O}}{C}-\overset{\substack{H\\ |}}{N}-(CH_2)_6-\overset{\substack{H\\ |}}{N}-\right]_n$$

① 4　② 6　③ 8　④ 10　⑤ 12

解答・解説

③

図の高分子の平均分子量 $\overline{M}$ は，

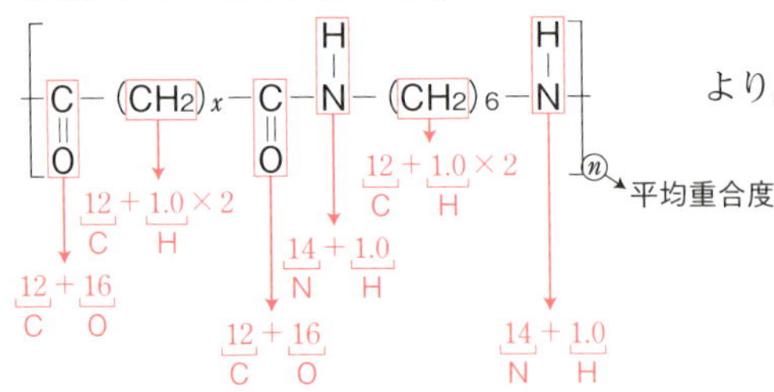

より，

$\overline{M}=\{\underset{C}{12}+\underset{O}{16}+(\underset{C}{12}+\underset{H}{1.0}\times2)\times x+\underset{C}{12}+\underset{O}{16}+\underset{N}{14}+\underset{H}{1.0}+(\underset{C}{12}+\underset{H}{1.0}\times2)\times6+\underset{N}{14}+\underset{H}{1.0}\}\times n$

$=(14x+170)n$

と表せる。ここで，$n=100$，$\overline{M}=2.82\times10^4$ なので，次の式が成り立つ。

$(14x+170)\times100=2.82\times10^4$ より，$x=8$ となる。

❹ ビニロン

ビニロンは綿によく似た感触をもつ日本で開発された合成繊維なんだ。

ビニロンは，ポリビニルアルコール(PVA)の－OH の約 3 分の 1 が**アセタール化**されているので，分子中に親水基である－OH が残っており繊維に適度な吸湿性を与えている。ビニロンは，ロープや魚網などに使われている。

ビニロンはどうやってつくるの？

ビニロンは次の❶～❹の流れでつくるんだ。

❶　アセチレンに酢酸を付加し酢酸ビニルをつくる。

アセチレン

$$H-C\equiv C-H + H-O-\underset{\underset{O}{\|}}{C}-CH_3 \xrightarrow{\text{付加}} \underset{H}{\overset{H}{C}}=\underset{O-\underset{\underset{O}{\|}}{C}-CH_3}{\overset{H}{C}}$$

酢酸　　酢酸ビニル

❷　酢酸ビニルを付加重合させて，ポリ酢酸ビニルをつくる。

$$n\ \underset{H}{\overset{H}{C}}=\underset{O-\underset{\underset{O}{\|}}{C}-CH_3}{\overset{H}{C}} \xrightarrow{\text{付加重合}} \left[\underset{H}{\overset{H}{C}}-\underset{O-\underset{\underset{O}{\|}}{C}-CH_3}{\overset{H}{C}}\right]_n$$

エステル結合　ポリ酢酸ビニル

❸　ポリ酢酸ビニルを加水分解(けん化)してポリビニルアルコールをつくる。

$$\left[\underset{H}{\overset{H}{C}}-\underset{O-\underset{\underset{O}{\|}}{C}-CH_3}{\overset{H}{C}}\right]_n \xrightarrow[\text{けん化}]{n\text{NaOH}} \left[\underset{H}{\overset{H}{C}}-\underset{OH}{\overset{H}{C}}\right]_n + nCH_3COONa$$

ポリビニルアルコール(PVA)

❹　ポリビニルアルコールの多数の－OH の一部をホルムアルデヒド水溶液(ホルマリン)で**アセタール化**してビニロンをつくる。

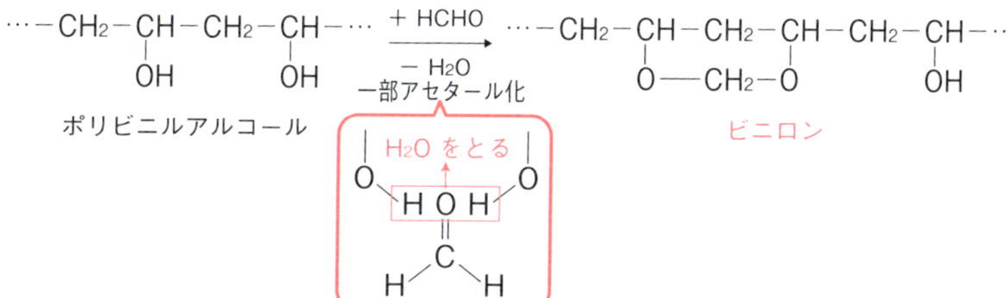

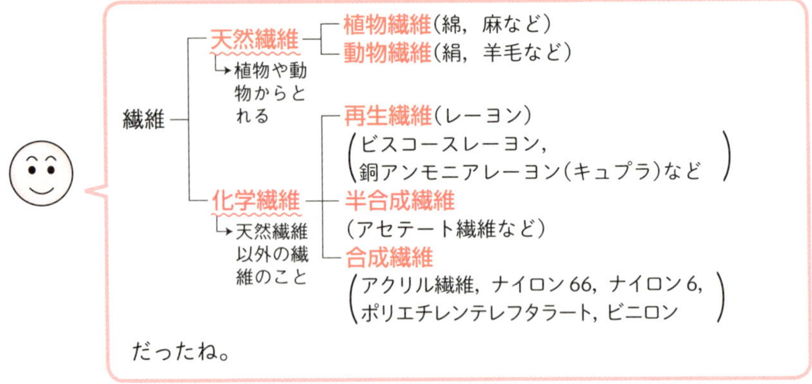

チェック問題 5

繊維に関する記述として誤りを含むものを，次の①～⑥のうちから１つ選べ。

① アクリル繊維のおもな原料は，アクリロニトリルである。
② ビニロンは，ポリビニルアルコールのアセタール化によって合成される。
③ ポリプロピレンは，合成繊維としても利用される。
④ ポリエチレンテレフタラート(PET)は合成繊維として衣服に用いられる。
⑤ アラミド繊維は，付加重合によって得られる。
⑥ ナイロン６は，(ε-)カプロラクタムの開環重合でつくられる。

解答・解説

⑤

① アクリル繊維は，アクリロニトリル $CH_2{=}CH(CN)$ を付加重合させて得られるポリアクリロニトリルを主成分とした合成繊維のこと。〈正しい〉

② ポリビニルアルコール $\left[CH_2-CH(OH)\right]_n$ をホルムアルデヒド HCHO でアセタール化するとビニロンが合成できる。〈正しい〉

③ 容器に用いられるポリプロピレン $\left[CH_2-CH(CH_3)\right]_n$ は，合成繊維としても利用される。〈正しい〉

④ PET はペットボトルの原料として有名だが，乾きやすくしわになりにくいので合成繊維として衣類などに利用される。〈正しい〉

⑤ アラミド繊維は**縮合重合**によって得られる。〈誤り〉

チェック問題 6

標準 3分

高分子化合物の平均分子量は，その希薄水溶液の浸透圧から求めることができる。いま，ポリビニルアルコール(くり返し単位の式量44)0.50 g を水に溶解させて 50 mL とした希薄水溶液の浸透圧は，27℃で 8.3×10^2 Pa であった。このポリビニルアルコールの平均重合度として最も適当な数値を，次の①～⑥のうちから1つ選べ。ただし，気体定数は $R=8.3\times10^3$Pa・L/(K・mol)とする。

① 6.2×10^2　② 6.8×10^2　③ 6.2×10^3
④ 6.8×10^3　⑤ 6.2×10^4　⑥ 6.8×10^4

解答・解説

②

ポリビニルアルコール $\left[CH_2-CH(OH)\right]_n$ (平均分子量 44n)0.50 g の物質量は

（平均重合度をnとする／くり返し単位の式量44）

$\dfrac{0.50}{44n}$〔mol〕になる。$\Pi V = nRT$ より，

$$\underbrace{8.3\times10^2}_{\Pi〔Pa〕}\times\underbrace{\frac{50}{1000}}_{V〔L〕}=\underbrace{\frac{0.50}{44n}}_{n〔mol〕}\times\underbrace{8.3\times10^3}_{R}\times\underbrace{(273+27)}_{T〔K〕}$$

が成り立ち，$n \fallingdotseq 6.8\times10^2$となる。

思 考力のトレーニング 1

平均分子量 17200 のポリ酢酸ビニルを水酸化ナトリウム水溶液で処理したところ，エステル結合の 50％が加水分解され，次に示すくり返し単位をもつ高分子化合物が得られた。この高分子化合物の平均分子量はいくらか。最も適当な数値を，下の①～⑤のうちから1つ選べ。ただし，H = 1.0，C = 12，O = 16 とする。

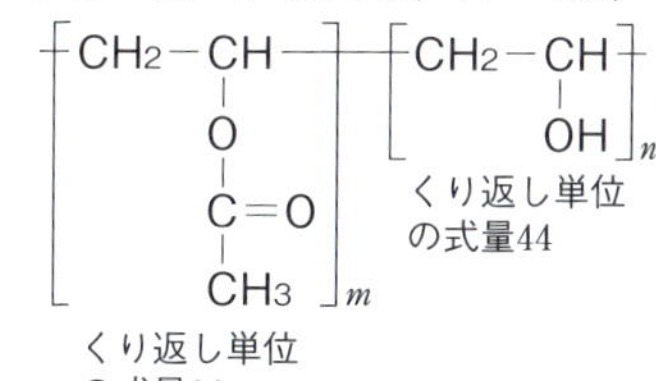

① 4400　② 6500　③ 8600　④ 8800　⑤ 13000

第7章 高分子化合物

解答・解説

ポリ酢酸ビニル

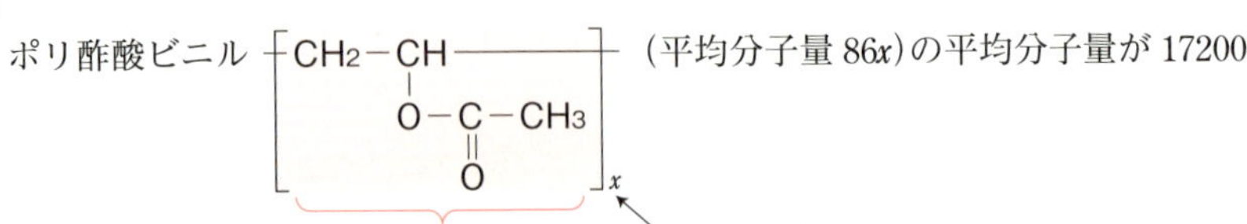

(平均分子量 $86x$)の平均分子量が 17200 なので，$86x = 17200$ より $x = 200$ となり，平均重合度は 200 とわかる。

つまり，このポリ酢酸ビニル 1 分子には平均 200 個の酢酸ビニル単位がある。このポリ酢酸ビニルのもつ酢酸ビニル単位 200 個の 50% を NaOH 水溶液でビニルアルコール単位にけん化(加水分解)している。

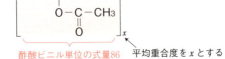

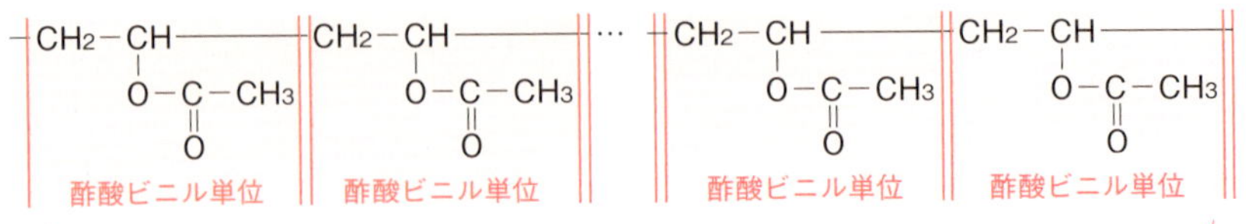

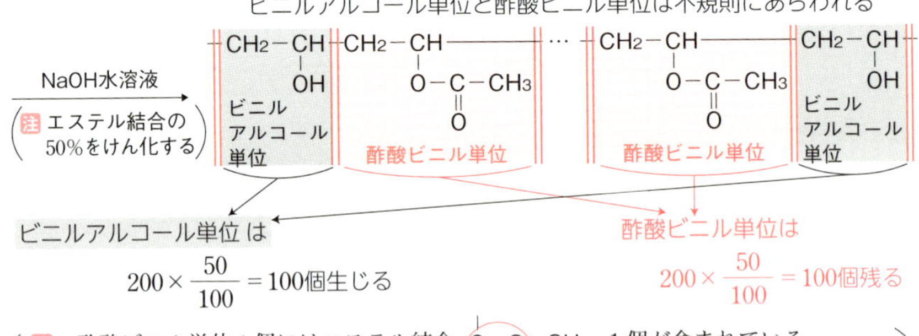

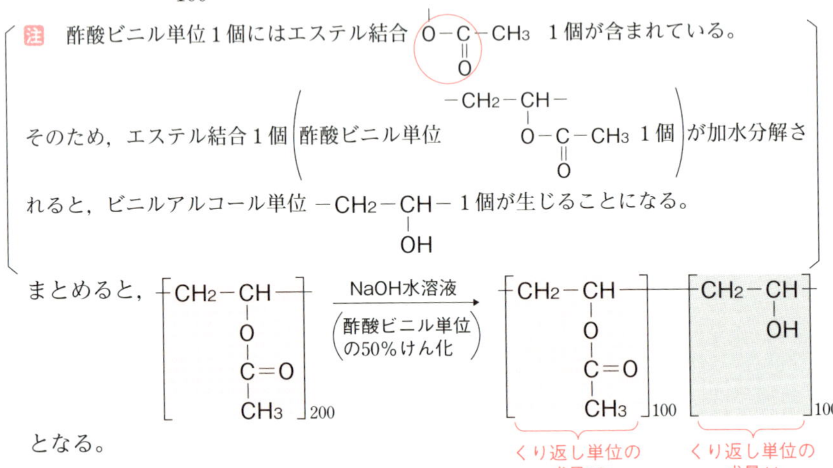

よって，けん化により生じた高分子化合物の平均分子量は，

$$86 \times 100 + 44 \times 100 = 13000$$

思 考力のトレーニング 2

難　5分

図に示すように，ポリビニルアルコール(くり返し単位 $\text{-}[\text{CHOH}-\text{CH}_2]\text{-}$ の式量 44)をホルムアルデヒドの水溶液で処理すると，ヒドロキシ基の一部がアセタール化されて，ビニロンが得られる。ヒドロキシ基の 50% がアセタール化される場合，ポリビニルアルコール 88 g から得られるビニロンは何 g か。最も適当な数値を，下の①～⑥のうちから 1 つ選べ。

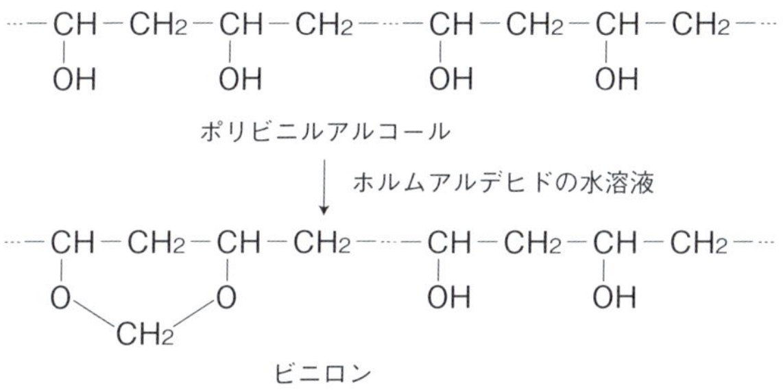

…—CH—CH₂—CH—CH₂—…—CH—CH₂—CH—CH₂—…
(各 CH に —OH)

ポリビニルアルコール

↓ ホルムアルデヒドの水溶液

…—CH—CH₂—CH—CH₂—…—CH—CH₂—CH—CH₂—…
(左 2 つの CH は O—CH₂—O で架橋，右 2 つの CH に —OH)

ビニロン

① 91　② 94　③ 96　④ 98　⑤ 100　⑥ 102

解答・解説

②

ビニロンに関する計算問題は，**くり返し単位を 2 単位でまとめて考える**と解きやすい。

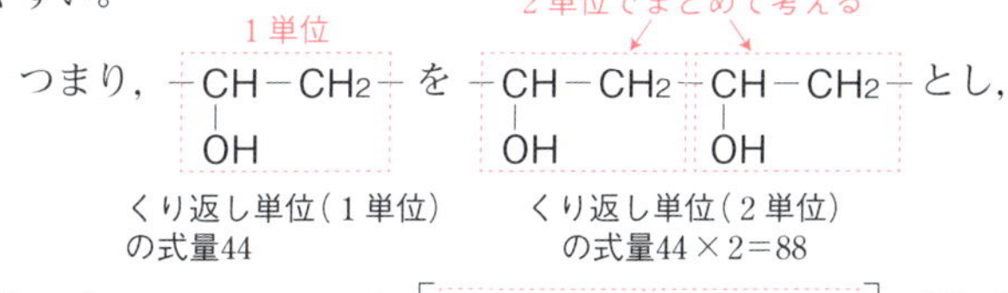

ポリビニルアルコールを $[\text{—CH—CH}_2\text{—CH—CH}_2\text{—}]_n$（各 CH に —OH）(分子量 $88n$)と表す。

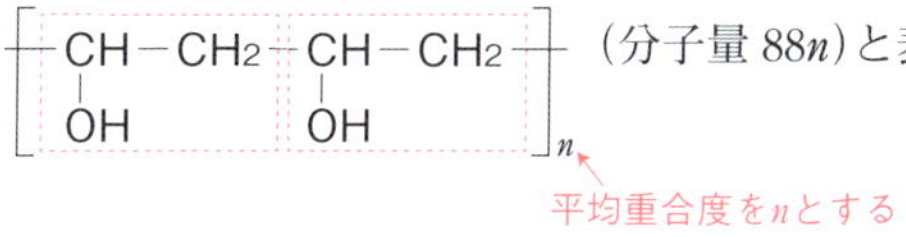

平均重合度を n とする

ここで 思 **考力のトレーニング 1** での考え方を利用する。

ポリビニルアルコールのもつ—OH の 50%がアセタール化されたので，このビニロンは，

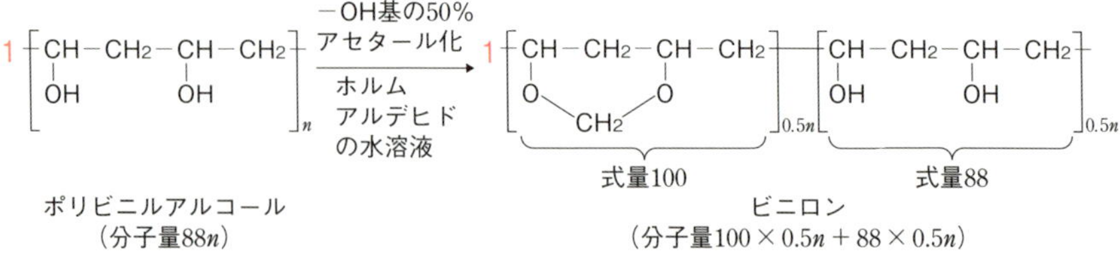

と表せ，ポリビニルアルコール（分子量 88*n*）1 mol からビニロン（分子量100×0.5*n*＋88×0.5*n*＝94*n*）が 1 mol 得られることがわかる。

よって，ポリビニルアルコール 88 g から得られるビニロンを *x* g とすると，次の式が成り立つ。

ポリビニルアルコールからは，同じ mol のビニロンが得られる

$$\frac{88}{88n} = \frac{x}{94n}$$

ポリビニルアルコール〔mol〕　ビニロン〔mol〕

より，$x=94$〔g〕

4 天然ゴムについて

ゴムの木の樹皮に傷をつけると，**ラテックス**（**乳濁液**）とよばれる白い粘性のある液体が得られる。これを集めて，酸を加えて固めたものが**天然ゴム**（生ゴム）で，天然ゴムの主成分は**ポリイソプレン**$(C_5H_8)_n$なんだ。

ポリイソプレンは，イソプレン C_5H_8 が付加重合した構造をもつ。

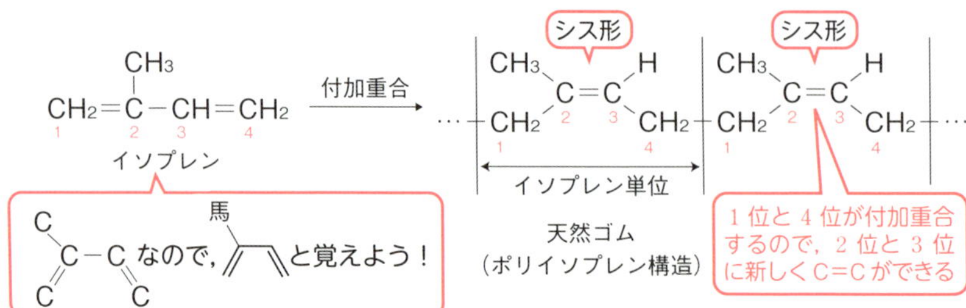

ポリイソプレンは C=C 結合のところでシス形やトランス形をとることができ，**天然ゴムはすべてシス形**になる。また，ある種類の植物の樹液からはトランス形のポリイソプレンを得ることができ，これを**グタペルカ**とよぶんだ。

天然ゴムは弾性が小さく，暑さや寒さに弱く，耐久性があまりないんだ。

天然ゴムは，弱点だらけだね。

そうなんだ。天然ゴムを空気中に放置すると，C=C 結合部分が空気中の O_2 や空気中にわずかにあるオゾン O_3 に酸化されて弾性を失い，劣化していく。この現象を

ゴムの老化というんだ。

このままでは天然ゴムは使いものにならないので，天然ゴムに少量の硫黄 S を加えて加熱し，弾性をもった強度のある**弾性ゴム**にする。

なぜ弾性が大きな，強いゴムになるの？

硫黄 S 原子による架橋構造ができるからなんだ。S を加えて加熱する操作を**加硫**といい，S をより多く加えて長時間加熱すると，**エボナイト**という黒色のかたい物質になるんだ。

S により
橋が架かる

弾性ゴム

ポイント　弾性ゴムについて

- 天然ゴムであるポリイソプレン(シス形)を加硫してつくる。
- 架橋構造をもつ

チェック問題 7

天然ゴム(生ゴム)に関する記述として，誤っているものを①～⑤から 1 つ選べ。

① ゴムノキ(ゴムの木)の樹皮を傷つけて得られたラテックスに酸を加え，凝固させてつくられる。

② イソプレンが付加重合し，$\text{-[}CH{=}C(CH_3){-}CH{=}CH\text{]-}$ のくり返し単位をもつ。

③ 空気中に長く放置すると，二重結合が酸素やオゾンによって酸化されてゴム弾性を失う。

④ 数%の硫黄を加えて加熱すると，弾性が大きくなる。

⑤ 30～40%の硫黄を加え長時間加熱すると，エボナイトとよばれる硬い物質になる。

解答・解説

② 〈誤り〉天然ゴム(生ゴム)は，$\text{-[}CH_2{-}C(CH_3){=}CH{-}CH_2\text{]-}_n$ の構造をもつ(C=C の位置に注意しよう)。

5 合成ゴムについて

イソプレンに似た分子構造をもつ単量体(モノマー)を付加重合させると，**合成ゴム**をつくることができる。

合成ゴムには，ジエン化合物から付加重合でつくる**ブタジエンゴム(BR)**や**クロロプレンゴム(CR)**があるんだ。ジエンの「ジ」は2個，「エン」はアルケン(C=C)を表しているよ。

❶ ブタジエンゴム(BR)

1,3-ブタジエン $\overset{1}{C}H_2=\overset{2}{C}H-\overset{3}{C}H=\overset{4}{C}H_2$ の付加重合で合成し，タイヤ，ホースなどに使われる。

中央に C=C が移動する

$$nCH_2=CH-CH=CH_2 \xrightarrow{\text{付加重合}} \left[CH_2-CH=CH-CH_2\right]_n$$

1,3-ブタジエン　　ブタジエンゴム (BR)（ポリブタジエン）

❷ クロロプレンゴム(CR)

クロロプレン $CH_2=CCl-CH=CH_2$ の付加重合で合成し，コンベアーベルトなどに使われる。

中央に C=C が移動する

$$nCH_2=\underset{\underset{Cl}{|}}{C}-CH=CH_2 \xrightarrow{\text{付加重合}} \left[CH_2-\underset{\underset{Cl}{|}}{C}=CH-CH_2\right]_n$$

クロロプレン　　クロロプレンゴム (CR)（ポリクロロプレン）

2種類以上の単量体(モノマー)を重合させることを**共重合**といったね。たとえば，単量体AとBを共重合(付加重合)させてつくることのできる重合体(ポリマー)は，次のようになる。

$$xA,\ yB \xrightarrow{\text{共重合}} \cdots-A-B-B-A-B-A-\cdots\cdots$$

単量体（モノマー）

$\updownarrow$

$-(A)_x-(B)_y-$ 重合体（ポリマー）

AとBが交互につながるわけじゃないんだね。

そうなんだ。二重結合(C=C)のうち1つが切れてくっつくだけだからね。共重合でつくる合成ゴムは，

スチレンブタジエンゴム(SBR)やアクリロニトリルブタジエンゴム(NBR)

styrene butadiene rubber　　acrylo nitrile butadiene rubber

を覚えてね。

❸ スチレンブタジエンゴム(SBR)

1,3-ブタジエン $CH_2=CH-CH=CH_2$ とスチレン $CH_2=CH-C_6H_5$ を共重合させて合成する。耐摩耗性や耐熱性が大きく，自動車のタイヤなどに使われる。

$$x\,CH_2=CH-CH=CH_2 + y\,CH_2=CH(C_6H_5) \xrightarrow{\text{共重合}} \left[CH_2-CH=CH-CH_2\right]_x\left[CH_2-CH(C_6H_5)\right]_y$$

1,3-ブタジエン　スチレン　スチレンブタジエンゴム (SBR)

❹ アクリロニトリルブタジエンゴム(NBR)

1,3-ブタジエン $CH_2=CH-CH=CH_2$ とアクリロニトリル $CH_2=CH-CN$ を共重合させて合成する。耐油性が大きく，石油ホース，耐油性パッキンなどに使われる。

$$x\,CH_2=CH-CH=CH_2 + y\,CH_2=CH(CN) \xrightarrow{\text{共重合}} \left[CH_2-CH=CH-CH_2\right]_x\left[CH_2-CH(CN)\right]_y$$

1,3-ブタジエン　アクリロニトリル　アクリロニトリルブタジエンゴム (NBR)

合成ゴムも天然ゴムと同じように，加硫して弾性を強く，強度を大きくするよ。

❺ シリコーンゴム(ケイ素ゴム)

シリコーンゴムは，耐熱性，耐寒性，耐薬品性に優れ，電子レンジのパッキンや医療材料などに使われているんだ。

Si に注目しよう

$$\left[Si(R)_2-O\right]_n$$

(R＝CH_3 が通常のシリコーンゴム。
R の一部を $CH_2=CH-$ にするとビニルシリコーンゴム。)

第7章 高分子化合物

チェック問題 8

標準 

合成高分子化合物に関する記述として，誤りを含むものを，①～⑤のうちから1つ選べ。

① 共重合体は，2種類以上の単量体が重合することで得られる。
② スチレン-ブタジエンゴムは，スチレンとブタジエンの共重合でつくられる。
③ 生ゴム(天然ゴム)を乾留すると，おもにイソプレンが生成する。
④ すべての合成ゴムは，分子内に二重結合を2つもつ化合物のみから合成される。
⑤ ポリクロロプレンは，耐熱性に優れた合成ゴムになる。

解答・解説

④

③ 〈正しい〉生ゴム(天然ゴム)を乾留すると，おもにイソプレンが生成する。

$$\left[CH_2-\underset{\underset{CH_3}{|}}{C}=CH-CH_2 \right]_n \xrightarrow{\text{乾留}} nCH_2=\underset{\underset{CH_3}{|}}{C}-CH=CH_2$$

ポリイソプレン(天然ゴム)　　イソプレン

④ シリコーンゴム $\left[\underset{\underset{CH_3}{|}}{\overset{\overset{CH_3}{|}}{Si}}-O \right]_n$ のように，$Cl-\underset{\underset{CH_3}{|}}{\overset{\overset{CH_3}{|}}{Si}}-Cl$ のような二重結合をもたない化合物からつくられる合成ゴムもある。〈誤り〉

⑤ クロロプレンゴム(CR)は耐熱性に優れた合成ゴムでコンベアーベルトなどに使われる。〈正しい〉

思 考力のトレーニング 3

標準 

アクリロニトリル(C_3H_3N)とブタジエン(C_4H_6)を共重合させてアクリロニトリル-ブタジエンゴムをつくった。このゴム中の炭素原子と窒素原子の物質量の比を調べたところ，19：1であった。共重合したアクリロニトリルとブタジエンの物質量の比(アクリロニトリルの物質量：ブタジエンの物質量)として最も適当なものを，次の①～⑦のうちから1つ選べ。

① 4：1　② 3：1　③ 2：1　④ 1：1　⑤ 1：2　⑥ 1：3　⑦ 1：4

解答・解説

⑦

物質量〔mol〕の比は〔個〕の比と同じ値になる点がポイント!!

アクリロニトリル $CH_2{=}CH(CN)$ とブタジエン $CH_2{=}CH{-}CH{=}CH_2$ を共重合させてつくるアクリロニトリル-ブタジエンゴム(NBR)

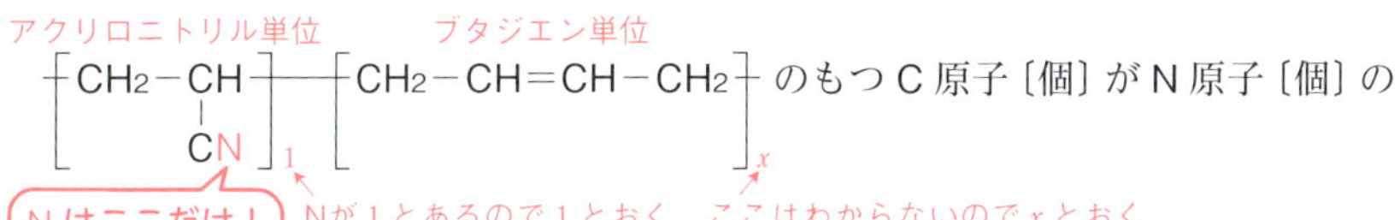

のもつ C 原子〔個〕が N 原子〔個〕の19 倍なので，このゴムのくり返し単位は次のように表すことができる。

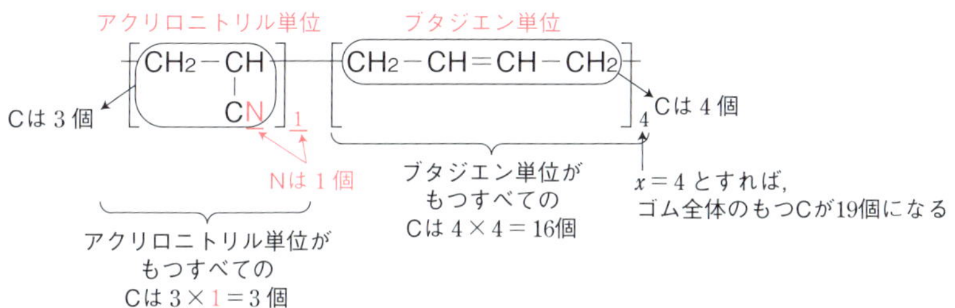

よって，アクリロニトリルとブタジエンの mol の比は，

アクリロニトリル〔mol〕：ブタジエン〔mol〕＝1 ： 4

〔mol〕の比は〔個〕の比と同じ！

思考力のトレーニング 4

スチレン-ブタジエンゴム(SBR)は，スチレンとブタジエンの共重合によってつくられる。構成単位であるスチレン(くり返し単位の式量 104)とブタジエン(くり返し単位の式量 54)の数の比が 1 ： 3，平均分子量が 5.32×10^4 の SBR がある。この SBR 1 分子あたり，ベンゼン環以外にある二重結合は平均何個か。最も適当な数値を，次の①～⑤のうちから 1 つ選べ。

① 0　② 150　③ 200　④ 440　⑤ 600

第7章 高分子化合物

解答・解説

⑤

思考力のトレーニング3での解説で学んだ内容を活用しよう！

スチレンとブタジエンの数〔個〕の比が1：3のスチレン-ブタジエンゴム(SBR)のくり返し単位は，

スチレン単位　ブタジエン単位

$$\left[CH_2-\underset{\substack{|\\ C_6H_5}}{CH} \right]_1 \left[CH_2-CH=CH-CH_2 \right]_3$$

となるので，このスチレン-ブタジエンゴム(SBR)は，

$$\left[\left(CH_2-\underset{\substack{|\\ C_6H_5}}{CH} \right)_1 \left(CH_2-CH=CH-CH_2 \right)_3 \right]_n$$

くり返されている数をnとおく

つまり，

$$\left[CH_2-\underset{\substack{|\\ C_6H_5}}{CH} \right]_n \left[CH_2-CH=CH-CH_2 \right]_{3n}$$

くり返し単位の式量104　くり返し単位の式量54

と表せる。このSBRの平均分子量はnを使って表すと，$104n+54\times3n$となり，この値が5.32×10^4なので次の式が成り立つ。

$$104n+54\times3n=5.32\times10^4 \qquad n=200$$

となり，このSBRは，

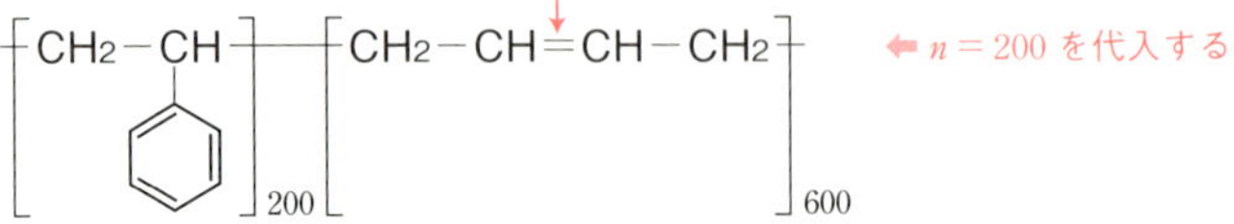

と表せる。よって，このSBR 1分子あたり600個のC＝C結合をもつことがわかる。

最後まで本当によくがんばったね。これからも化学の勉強をしっかり続けていってね！

さくいん

本書の重要語句を
中心に集めています。

あ

い

う

え

お

か

す

せ

き

く

け

こ

さ

し

き

く

け

こ

す

せ

そ

た

ち

て

と

な

に

ぬ

ね

の

は

ひ

ふ

へ

や

ゆ

よ

ら

り

る

れ

ろ

元素の周期表

原子番号 → 1 H ← 元素記号 原子量 → 1.0 水素 ← 元素名	：気体 ：液体 他は固体

	1	2	3	4	5	6	7	8	9
1	1 H 1.0 水素								
2	3 Li 6.9 リチウム	4 Be 9.0 ベリリウム							
3	11 Na 23.0 ナトリウム	12 Mg 24.3 マグネシウム							
4	19 K 39.1 カリウム	20 Ca 40.1 カルシウム	21 Sc 45.0 スカンジウム	22 Ti 47.9 チタン	23 V 50.9 バナジウム	24 Cr 52.0 クロム	25 Mn 54.9 マンガン	26 Fe 55.8 鉄	27 Co 58.9 コバルト
5	37 Rb 85.5 ルビジウム	38 Sr 87.6 ストロンチウム	39 Y 88.9 イットリウム	40 Zr 91.2 ジルコニウム	41 Nb 92.9 ニオブ	42 Mo 96.0 モリブデン	43 Tc 〔99〕 テクネチウム	44 Ru 101.1 ルテニウム	45 Rh 102.9 ロジウム
6	55 Cs 132.9 セシウム	56 Ba 137.3 バリウム	57−71 ランタノイド	72 Hf 178.5 ハフニウム	73 Ta 180.9 タンタル	74 W 183.8 タングステン	75 Re 186.2 レニウム	76 Os 190.2 オスミウム	77 Ir 192.2 イリジウム
7	87 Fr 〔223〕 フランシウム	88 Ra 〔226〕 ラジウム	89−103 アクチノイド	104 Rf 〔267〕 ラザホージウム	105 Db 〔268〕 ドブニウム	106 Sg 〔271〕 シーボーギウム	107 Bh 〔272〕 ボーリウム	108 Hs 〔277〕 ハッシウム	109 Mt 〔276〕 マイトネリウム

ランタノイド	57 La 138.9 ランタン	58 Ce 140.1 セリウム	59 Pr 140.9 プラセオジム	60 Nd 144.2 ネオジム	61 Pm 〔145〕 プロメチウム	62 Sm 150.4 サマリウム	63 Eu 152.0 ユウロピウム
アクチノイド	89 Ac 〔227〕 アクチニウム	90 Th 232.0 トリウム	91 Pa 231.0 プロトアクチニウム	92 U 238.0 ウラン	93 Np 〔237〕 ネプツニウム	94 Pu 〔239〕 プルトニウム	95 Am 〔243〕 アメリシウム

＊2020年６月現在

10	11	12	13	14	15	16	17	18
								2 He 4.0 ヘリウム
			5 B 10.8 ホウ素	6 C 12.0 炭素	7 N 14.0 窒素	8 O 16.0 酸素	9 F 19.0 フッ素	10 Ne 20.2 ネオン
			13 Al 27.0 アルミニウム	14 Si 28.1 ケイ素	15 P 31.0 リン	16 S 32.1 硫黄	17 Cl 35.5 塩素	18 Ar 39.9 アルゴン
28 Ni 58.7 ニッケル	29 Cu 63.5 銅	30 Zn 65.4 亜鉛	31 Ga 69.7 ガリウム	32 Ge 72.6 ゲルマニウム	33 As 74.9 ヒ素	34 Se 79.0 セレン	35 Br 79.9 臭素	36 Kr 83.8 クリプトン
46 Pd 106.4 パラジウム	47 Ag 107.9 銀	48 Cd 112.4 カドミウム	49 In 114.8 インジウム	50 Sn 118.7 スズ	51 Sb 121.8 アンチモン	52 Te 127.6 テルル	53 I 126.9 ヨウ素	54 Xe 131.3 キセノン
78 Pt 195.1 白金	79 Au 197.0 金	80 Hg 200.6 水銀	81 Tl 204.4 タリウム	82 Pb 207.2 鉛	83 Bi 209.0 ビスマス	84 Po 〔210〕 ポロニウム	85 At 〔210〕 アスタチン	86 Rn 〔222〕 ラドン
110 Ds 〔281〕 ダームスタチウム	111 Rg 〔280〕 レントゲニウム	112 Cn 〔285〕 コペルニシウム	113 Nh 〔278〕 ニホニウム	114 Fl 〔289〕 フレロビウム	115 Mc 〔289〕 モスコビウム	116 Lv 〔293〕 リバモリウム	117 Ts 〔293〕 テネシン	118 Og 〔294〕 オガネソン

64 Gd 157.3 ガドリニウム	65 Tb 158.9 テルビウム	66 Dy 162.5 ジスプロシウム	67 Ho 164.9 ホルミウム	68 Er 167.3 エルビウム	69 Tm 168.9 ツリウム	70 Yb 173.0 イッテルビウム	71 Lu 175.0 ルテチウム
96 Cm 〔247〕 キュリウム	97 Bk 〔247〕 バークリウム	98 Cf 〔252〕 カリホルニウム	99 Es 〔252〕 アインスタイニウム	100 Fm 〔257〕 フェルミウム	101 Md 〔258〕 メンデレビウム	102 No 〔259〕 ノーベリウム	103 Lr 〔262〕 ローレンシウム

〈メ　モ　欄〉

〈メ　モ　欄〉